Optics & Photonics

빛과 광기술

김종렬 지음

북스힐

그림 1.1▶비눗방울과 간섭색

(a) photopic vision (주간 시, 晝間視) | (b) mesopic vision (박명 시, 薄命視) | (c) scotopic vision (야간 시, 夜間視)

그림 1.4▶붉은 제라늄 꽃의 주변 조도에 따른 변화

그림 2.1▶미국 MLB와 무지개

그림 2.4▶비행기에서 본 무지개

그림 2.5▶ 오로라

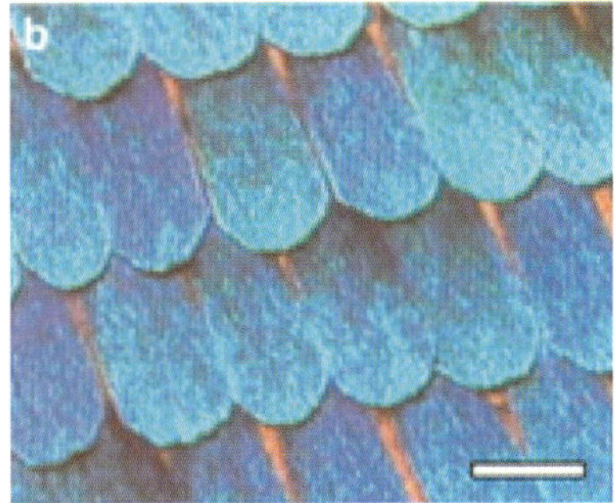

그림 2.14▶ 나비의 날개와 광자결정

그림 2.15▶ 공작의 깃털과 광자결정

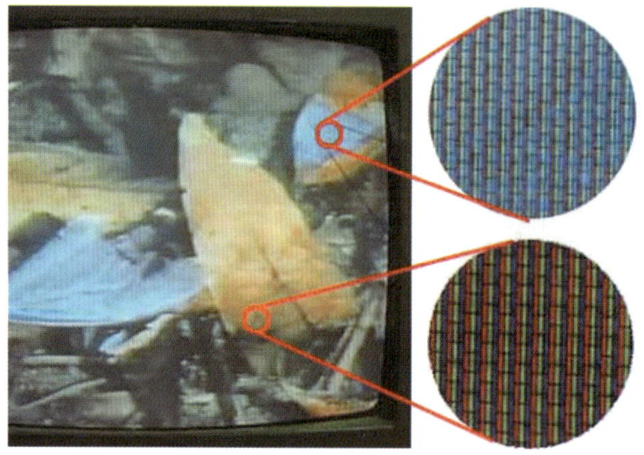

그림 3.13▶CRT의 구조

그림 3.14▶파라솔의 연인(Signac)

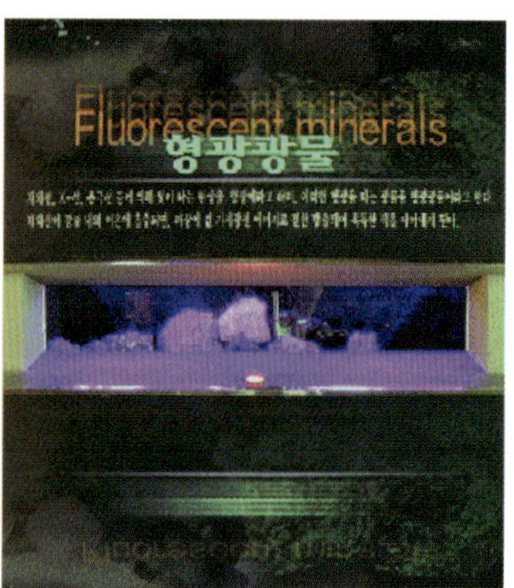

그림 3.18▶형광물질과 형광

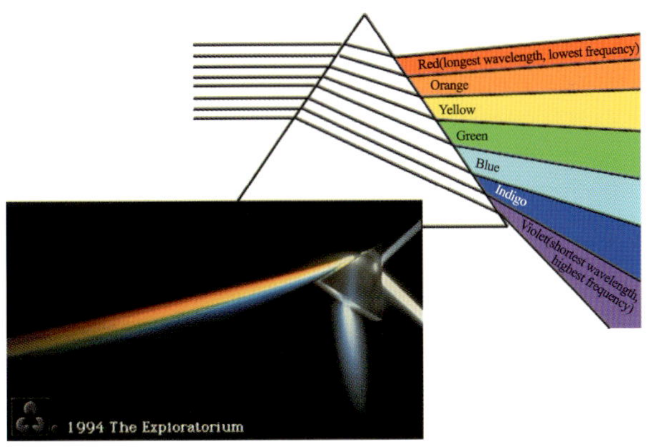

그림 4.9▸ 프리즘에서의 빛의 굴절과 분산

그림 4.15▸ 투명인간

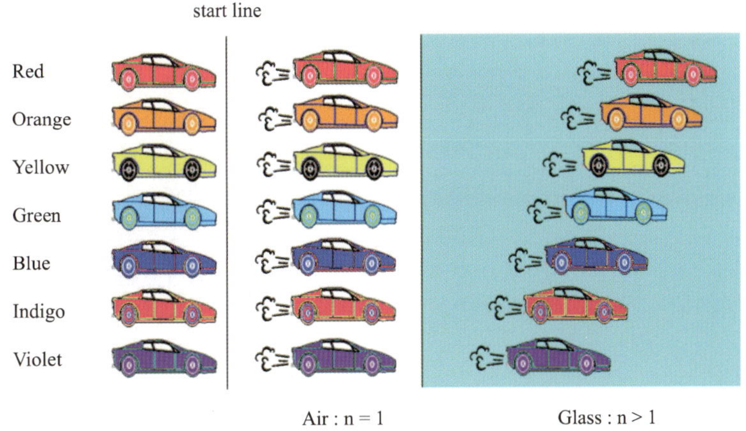

그림 4.37▸ 광섬유에서의 분산

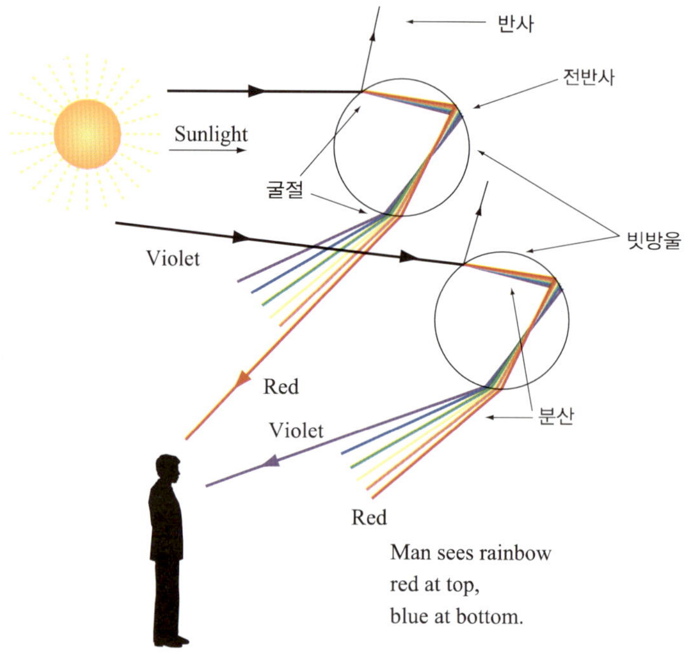
반사
전반사
Sunlight
굴절
빗방울
Violet
Red
Violet
분산
Red
Man sees rainbow
red at top,
blue at bottom.

그림 4.39▶ 쌍무지개

그림 5.5▶ 여러 가지 산란현상

그림 5.6▶ 미 산란과 서울 하늘의 스모그

그림 5.19 ▶ 얇은 막에 의한 여러 가지 간섭

그림 6.4 ▶ LED 조명

그림 6.30▶명화 'October Morning'의 레이저세정 전과 후

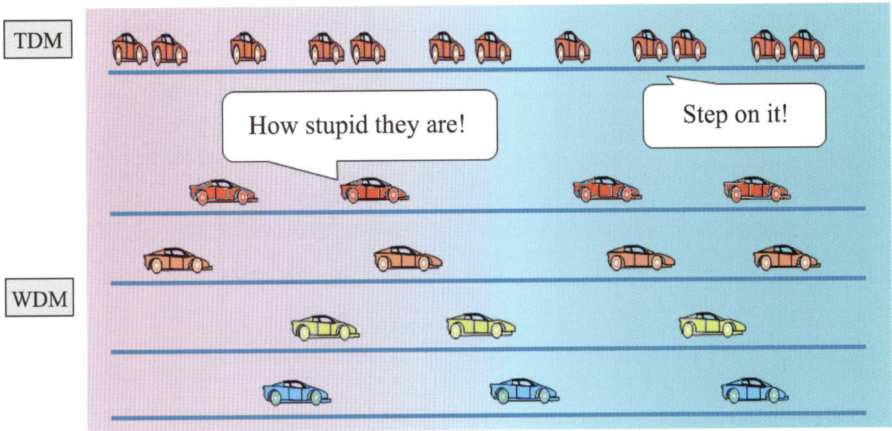

TDM : Time Division Multiplexing
WDM : Wavelength Division Multiplexing

그림 7.41▶TDM과 WDM의 비교

그림 8.12▶적색 반도체레이저

그림 9.3▶ 레이저포인터가 부착된 당구 큐

그림 9.4▶ 크립톤-아르곤 레이저쇼

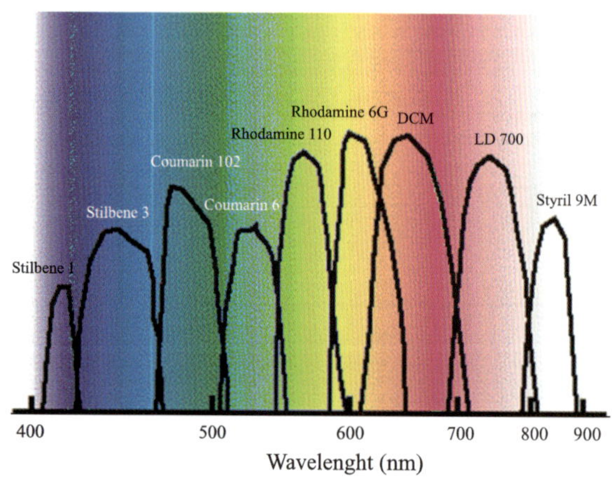

그림 9.29▶ 여러 가지 dye 물질들의 발광대역

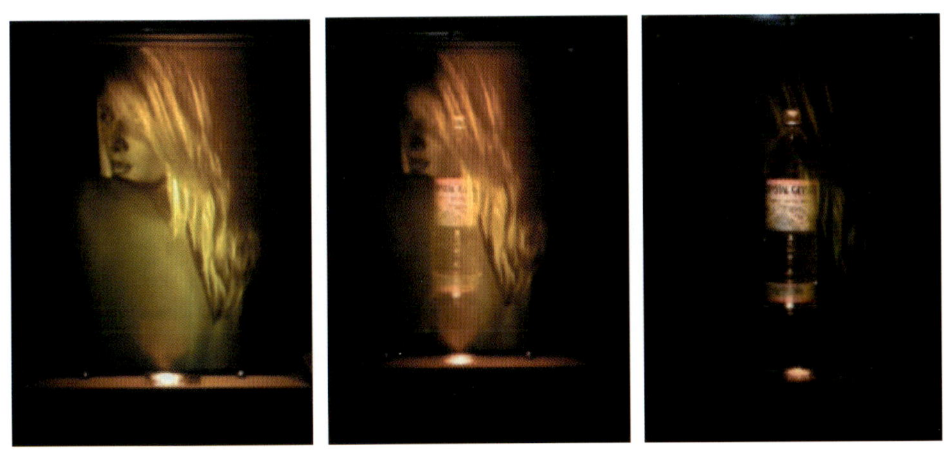

그림 9.34▶ 레이저 홀로그래피

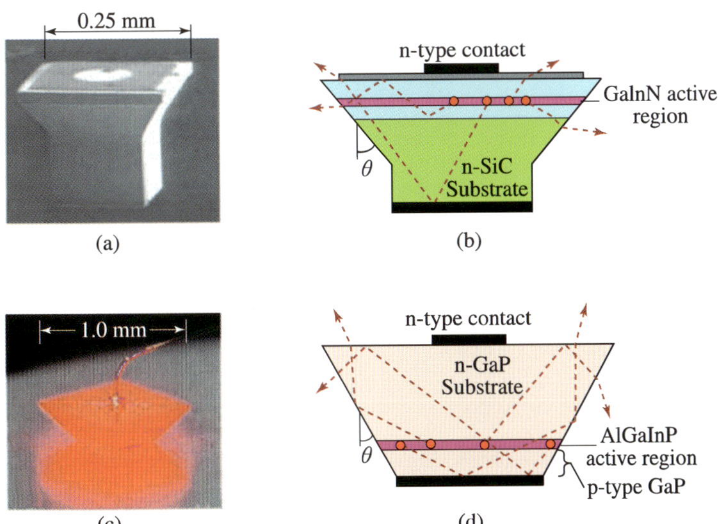

그림 10.27▶ 역 피라미드형 LED (a) and (b) GaInN/SiC LED, (c) and (d) AlGaInP/GaP LED

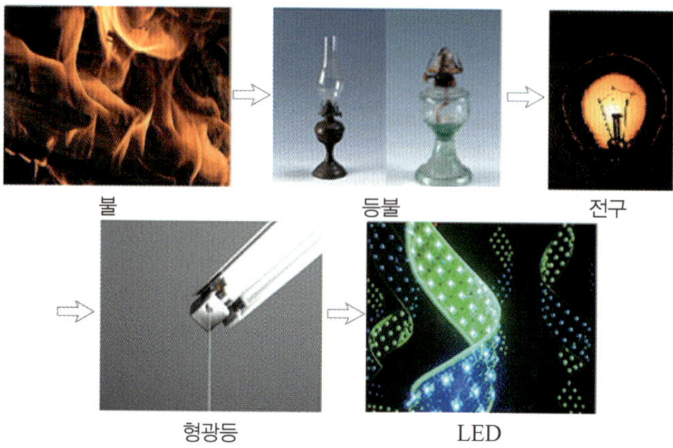

그림 10.35▶조명기술의 발전

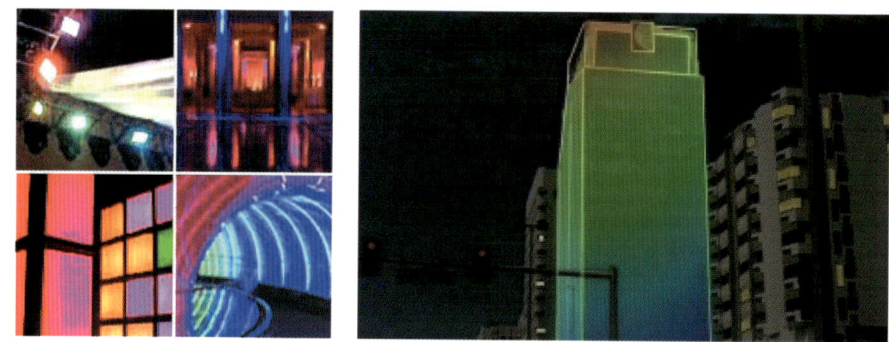

그림 10.37▶LED 조명

그림 10.38▶초대형 LED전광판

그림 10.39 ▶ 자동차용 LED

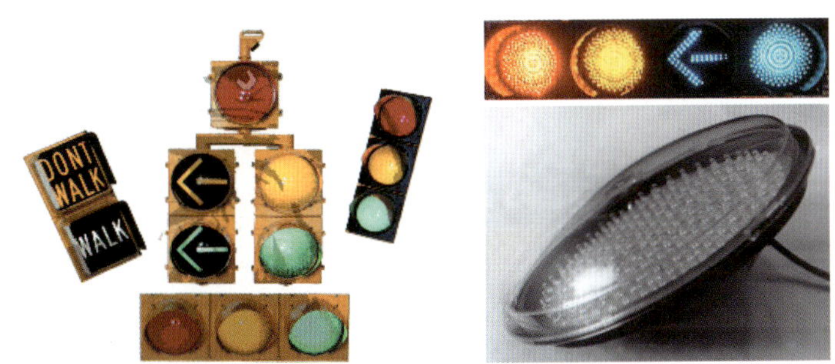

그림 10.40 ▶ LED신호등

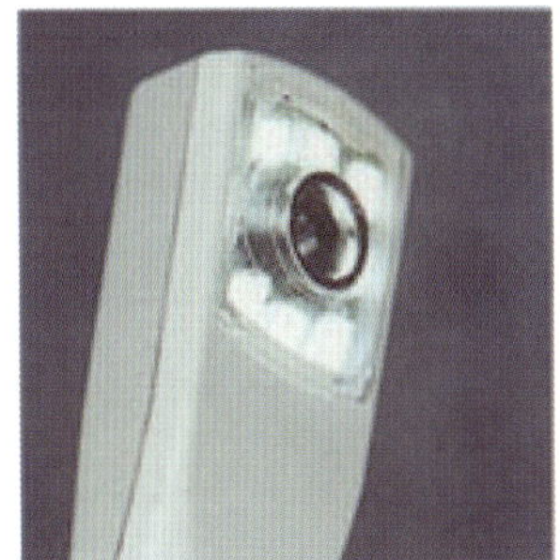

그림 10.41 ▶ LED와 휴대용 가전제품

그림 10.43▶자동차용 LED헤드램프

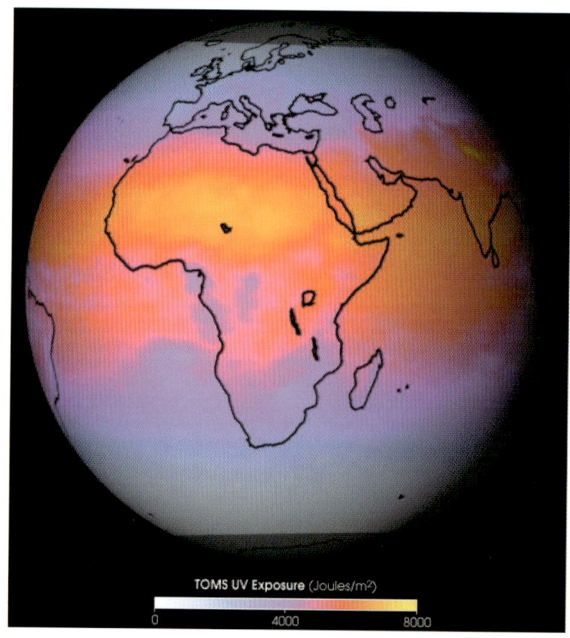

그림 11.17▶TOMS

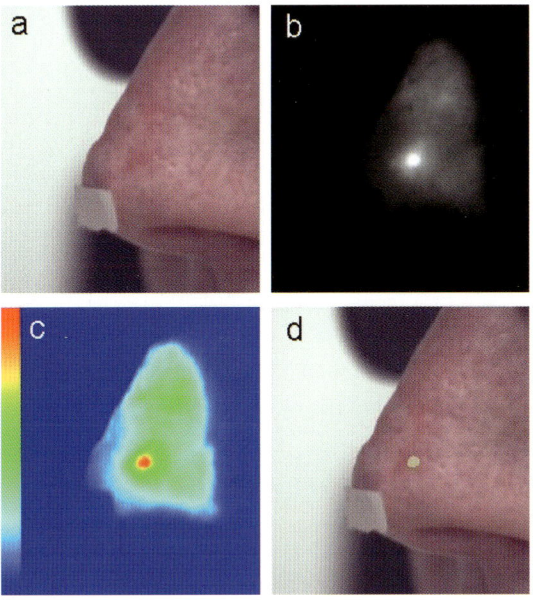

그림 11.34 ▶ 광 동역학 검출법에 의한 피부암 검사

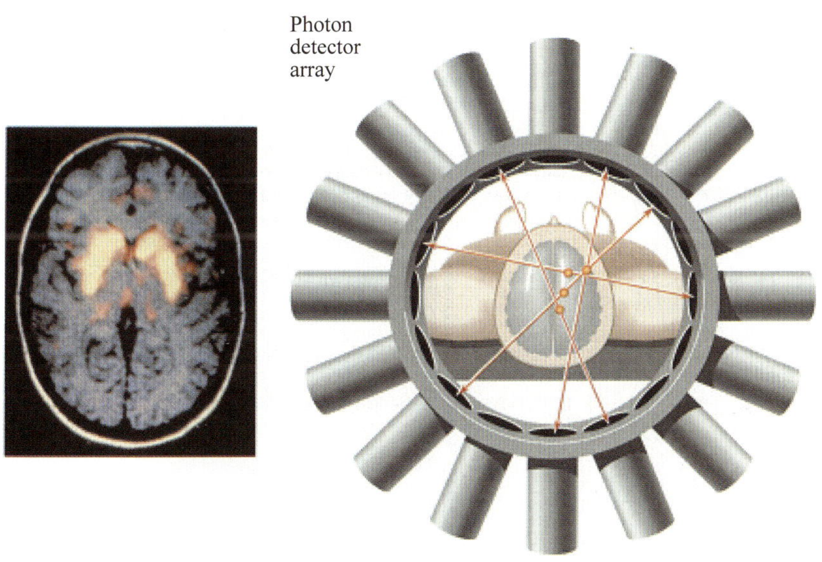

그림 11.35 ▶ 양전자 단층촬영법

그림 11.36 ▶ 빛 치료

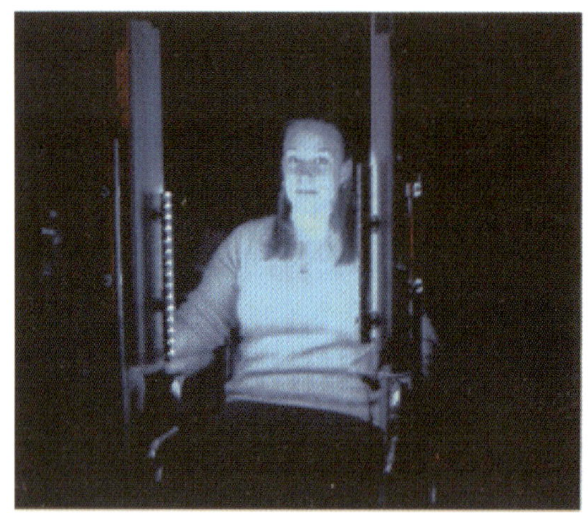

그림 11.37 ▶ 청색 LED를 이용한 빛 치료

그림 12.1 ▶ 영화 'Minority Report'와 디스플레이

"16:9의 와이드 화면"
전자 프로그램 가이드 제공,
선명한 HD 영상과 5.1채널의
고음질 음향, 양방향 데이터 방송,
자막/해설 방송

"4:3의 화면"
방송 수신상태에 따른
화면 노이즈,
FM라디오 수준의 제한된 음향

(a) 디지털 TV(16:9) (b) 아날로그 TV(4:3)

그림 12.5▶ 화면비율 비교

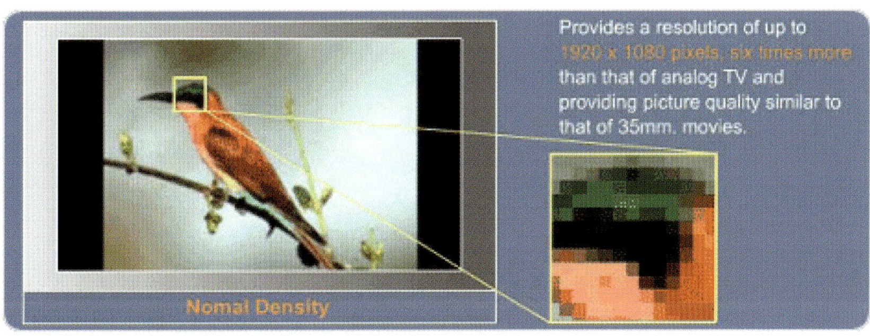

(a) 아날로그 TV (최대해상도: 640×480=307,200픽셀)

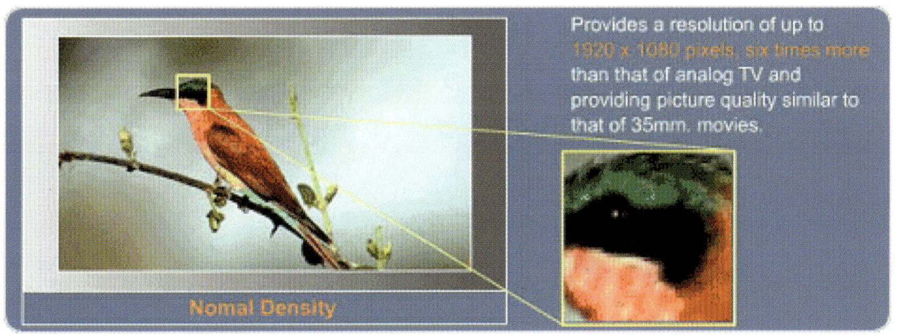

(b) 디지털 TV (최대해상도: 1,920×1,080=2,073,600픽셀)

그림 12.8▶ 해상도 비교

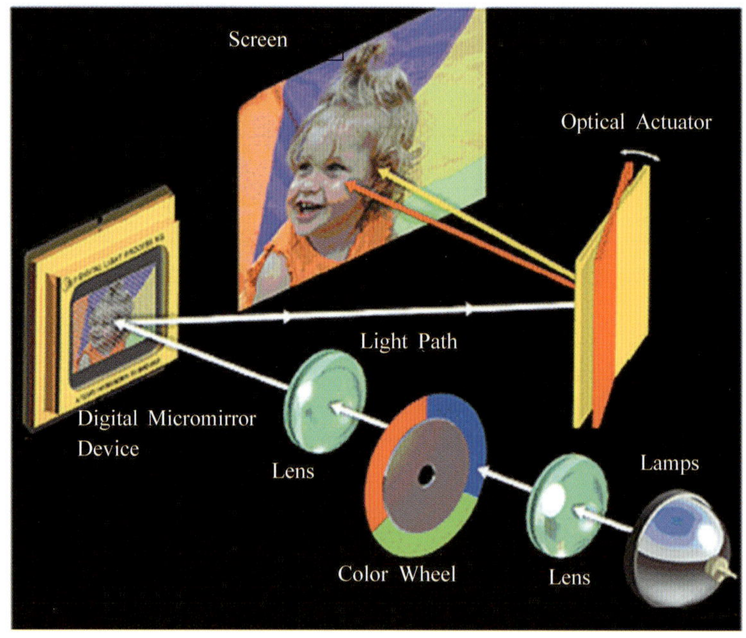

그림 12.10▶DLP의 원리

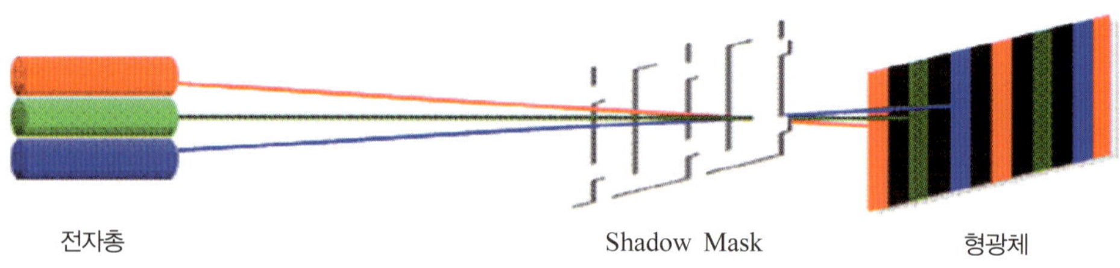

그림 12.15▶컬러 TV의 원리

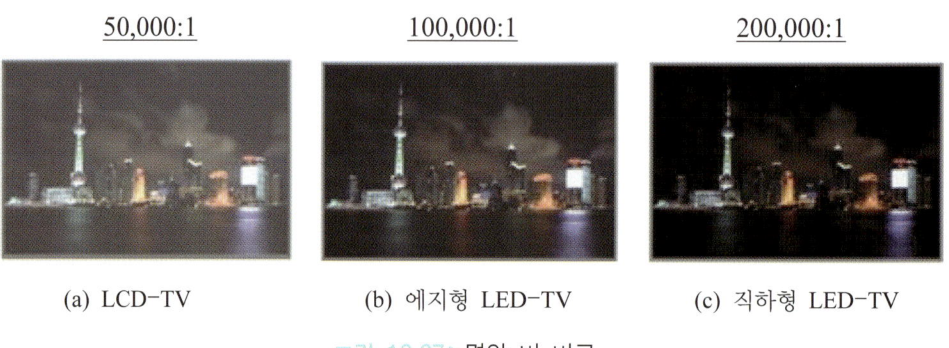

그림 12.27▶명암 비 비교

그림 12.28 ▶ LCD-TV와 LED-TV의 화질 비교

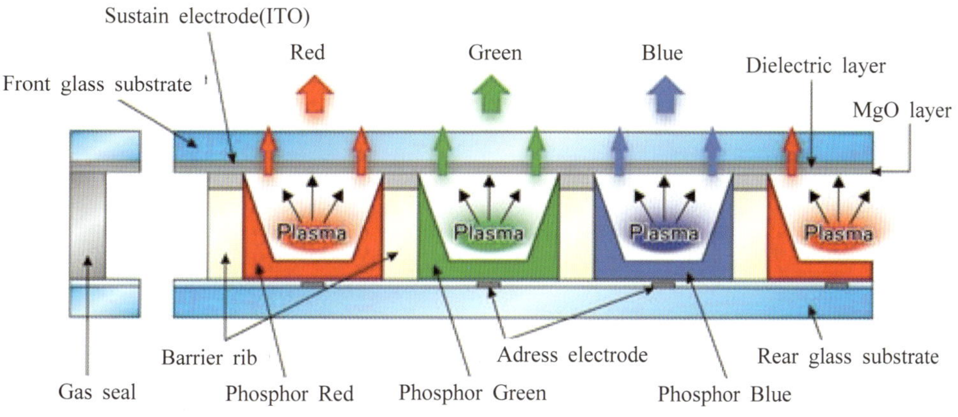

그림 12.37 ▶ AC 형 PDP의 full color 표시원리

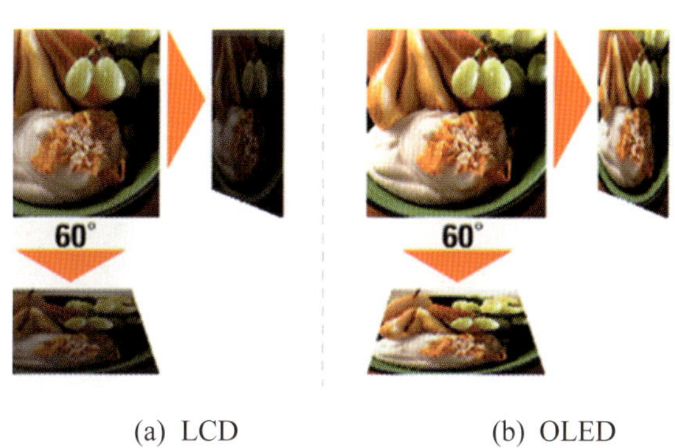

(a) LCD (b) OLED

그림 12.39 ▶ LCD와 OLED의 시야각 비교

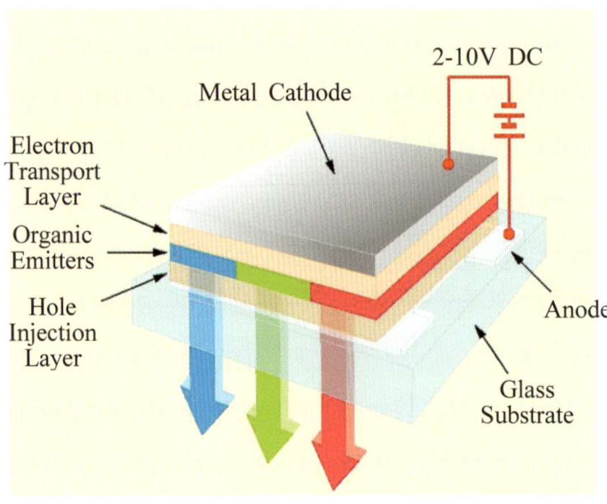

그림 12.42▶ full-color OLED 구조

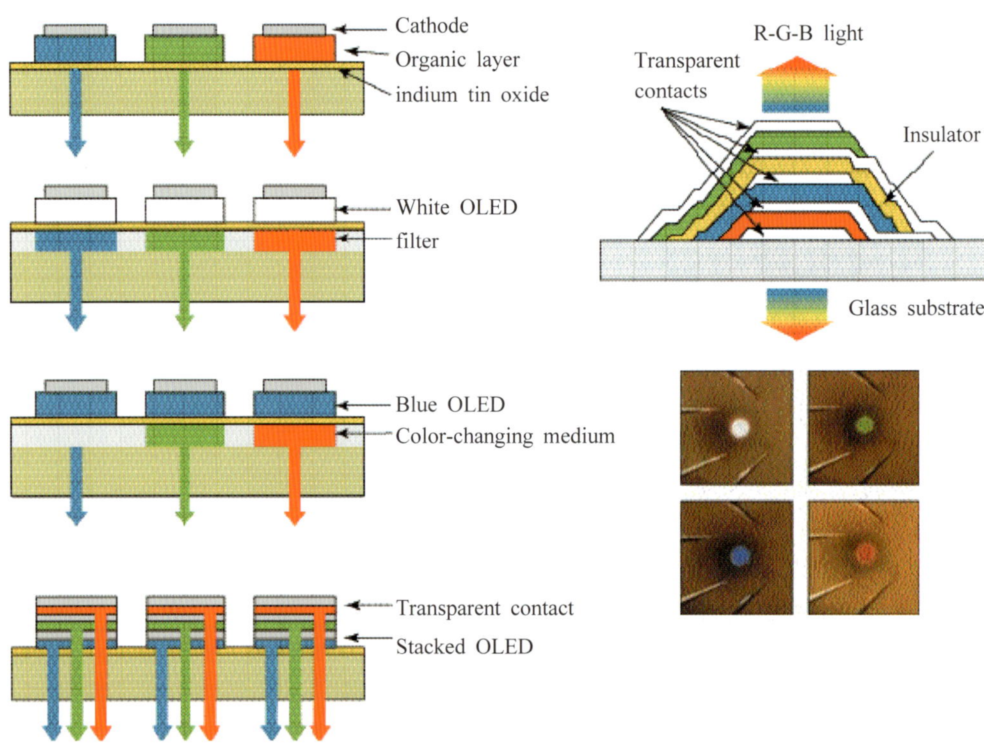

그림 12.46▶ 여러 가지 백색 OLED 구조

Preface

머리말

오늘은 아버지가 재택근무를 하는 날입니다. 서재에 앉아 스마트폰으로 근무시작을 알리는 단추를 누르는 것으로 하루 업무가 시작됩니다. 거래처와 화상전화로 상담을 하거나 팀원들과 컴퓨터 화상회의도 합니다. 그 사이 검토와 결재가 필요한 방대한 용량의 문서들은 FTTH(fiber-to-the-home)로 연결된 초고속 광통신망을 통하여 실시간으로 전송됩니다. 미리 약속한 시간이 되어 업무를 잠깐 멈추고 병원 홈페이지에 접속하여 주치의에게 원격 진료를 받습니다. 같은 시간, 어머니는 주방에 있는 벽걸이형 PDP TV의 대화형 서비스를 통하여 원하는 TV 드라마를 시청합니다. 새로운 창을 띄워 인터넷에 접속한 뒤 요리정보를 검색하여 식사를 준비합니다. 음식이 준비되는 동안 주문형 비디오(VOD)를 통해 좋아하는 아이돌 가수의 최신 뮤직비디오를 감상합니다. 어머니의 옆에는 Maid 로봇이 있어 식사 준비를 도와줍니다. 거실에는 청소용 로봇이 구석구석을 깨끗이 청소하고 있고, 다른 쪽에서는 baby-sitter 로봇이 유모차에 탄 어린 동생을 돌보고 있습니다. 이제 막 학교에서 돌아온 큰 아이는 방에 들어가자마자 벽걸이형 3D 액정 스크린을 켜고 인터넷을 통해 학교 숙제를 합니다. 숙제가 끝나면 사이버 학원에 접속하여 그 날 들어야 할 과목을 학습하며, 질문이 필요하면 선생님과 1대 1의 질의응답을 하기도 합니다. 바로 이것이 미래에 가정을 이룬 여러분들의 일상의 모습이며, 빛이 만들어내는 새로운 세상의 일례입니다. 이처럼 여러분들의 가정으로, 가정 안에서, 또는 가정 밖으로 방대한 양의 정보가 돌아다닐 수 있게 하는 유일무이한 기술은 세상에서 가장 빠른, 빛을 이용한 통신입니다.

우리가 CD나 DVD를 통해 아름다운 음악을 듣거나 BD(blu-ray disk)를 통해 최신 개봉영화를 볼 때에도, 백화점이나 할인매장에서 물건을 구입하고 계산을 할 때에도, 멀리 외국에 떨어져 있는 친구나 친지에게 전화를 걸 때에도, 그리고 가족들과 함께 거실에서 TV를 시청하며 정담을 나눌 때에도 빛은 항상 우리 곁에 있습니다. 고밀도 광 저장기기로 각광을 받는 BD의 경우는 CD만 한 크기에 최대 100 GByte(CD 143장 분량)의 정보 저장이 가능합니다.

빛은 인간과 모든 생명체에 필수적인 에너지의 한 형태입니다. 인간은 빛이 없이는 단 하루도 살 수 없으며 광합성을 근간으로 생장하는 식물들처럼 인간에게도 매일 적당한 시간의 광합성(?)이 정신 및 육체적 건강을 유지하는 데 도움이 된다는 보고가 있습니다. 해가 뜨기 전에 출근하여 온종일 인공조명으로 둘러싸인 실내에서만 생활하다가 해가 진 늦은 시간에 귀가하는 현대인들에게 있어 적당한 광합성은 삶의 활력소가 되기에 충분합니다. 어떤 이들은 태양 빛을 광섬유에 담아 실내조명으로 활용하는 장치를 고안하기도 하고, 또 어떤 이들은 태양광과 스펙트럼 분포가 매우 유사한 백색 LED (light-emitting diode)를 인공조명으로 사용하는 노력도 합니다.

"하느님께서 '빛이 생겨라!'하시자 빛이 생겨났다. 그 빛이 하느님 보시기에 좋았다. 하느님께서는 빛과 어둠을 나누시고 빛을 낮이라, 어둠을 밤이라 부르셨다. 이렇게 첫날이 밤, 낮 하루가 지났다." 성경의 맨 처음에 나오는 이 구절은 빛이야말로 물리적으로는 우주의 기원이자 인류학적으로는 문명의 원동력이 된다는 사실을 단적으로 보여줍니다. 오늘날, 태초에 생겨난 그 빛과 빛을 이용한 다양한 광기술들이 인간생명의 원천으로, 또한 우리의 삶을 윤택하게 하는 첨단기술로 확실하게 자리 잡고 있으며 다가올 미래는 빛이 열어가는 아주 특별하고 새로운 세상이 될 것입니다.

이 책의 구성은 크게 2부분으로 나뉩니다. 전반부에서는 우선 빛의 본질을 이해하고 반사, 굴절, 분산, 흡수, 편광, 간섭 및 회절 등, 빛의 다양한 특성을 소개합니다. 후반부에서는 전반부에서 배운 광학에 대한 기본적인 지식을 토대로 빛을 이용한 정보처리 기술 및 광 통신 기술을 개관하며, 레이저, LED, 의 광학, 광 디스플레이 등 빛을 이용한 다양한 응용에 관하여 기초부터 응용까지 전반적으로 다루고 있습니다.

이 책은 '빛과 정보사회'라는 제목으로 지난 10년간 세종대학교에서 개설되었던 과목의 강의내용을 토대로 저술한 것으로, 아직도 일반인들에게는 생소한 광기술을, 복잡한 수식의 표현이나 어려운 물리적 이론을 가급적 배제하고, 평이(平易)한 언어로 기술하여 빛에 관한 폭 넓은 교양을 쌓아 급변하는 지식정보 사회에 적응하기 위한 기본소양을 쌓는데 그 목적을 둡니다. 이 책은 과학기술 분야에 관심을 가지고 있는 중고등학생부터 물리학이나 광전자공학을 전공하는 대학생들까지 다양한 독자층 모두가 소화할 수 있도록 쓰고자 노력하였습니다만, 책을 완성하고 보니, 과연 저술의도에 충실하게 쓰여졌는지 걱정이 됩니다. 아울러 부족한 지식으로 많은 오류를 범했을 것으로 우려되나, 아무

쪼록 독자제위의 넓은 아량과 날카로운 지적을 부탁드립니다.

이 책의 저술과 편집에 도움을 주신 세종대학교 광전자공학과 광전자소자 연구실 연구원들의 노고에 감사드립니다. 항상 곁에서 묵묵히 내조를 잘 해주는 아내와 사랑스러운 두 딸, 고은, 다운에게 이 책을 바칩니다. 아울러 이 책이 빛을 볼 수 있도록 도움을 주신 도서출판 북스힐의 임직원들께 깊은 감사의 마음을 전합니다.

2011년 겨울,
저 자

Contents

차 례

Chapter 01

빛이 열어가는 새로운 세상

1.1 비눗방울과 광기술 ······ 1
1.2 색의 허와 실 ······ 2
1.3 빛을 이용한 정보 저장 ······ 6
1.4 빛을 이용한 통신 ······ 7
1.5 새로운 빛, LED ······ 8

Chapter 02

빛의 정체를 밝혀라!

2.1 Let there be light! ······ 9
2.2 무지개의 정체 ······ 10
2.3 태양은 생명의 근원 ······ 14
2.4 일식과 월식 ······ 15
2.5 빛의 반사와 전반사 ······ 18
2.6 빛의 굴절과 신기루 ······ 20
2.7 자연 속의 광자결정 ······ 22
2.8 빛은 광파다 ······ 25
2.9 빛의 이중성(duality) ······ 26
2.10 자외선과 피부 ······ 33

Chapter 03

빛과 방사선과 전파는 한 형제

3.1 음파와 파동 ········ 38
3.2 물결 파와 파동 ········ 40
3.3 빛과 전자기파 ········ 42
3.4 전자기파의 종류 ········ 44
3.5 가시광과 광합성 ········ 49
3.6 적외선의 응용 ········ 51
3.7 마이크로파의 응용 ········ 54
3.8 전자파의 폐해와 대책 ········ 57
3.9 색과 색 지각 ········ 59
3.10 빛의 3원색과 색 조합 ········ 61
3.11 광원과 스펙트럼 ········ 64
3.12 빛의 파동성 ········ 69
3.13 천지창조와 빛 ········ 72
3.14 양자론과 광자의 탄생 ········ 74

Chapter 04

빛도 때로는 휘어지고 퍼진다

4.1 대기층과 전자기파 ········ 81
4.2 SI 단위와 접두어 ········ 83
4.3 도플러효과 ········ 84
4.4 빛의 직진 그리고 빛과 그림자 ········ 89
4.5 매질 속에서의 빛 ········ 92
4.6 빛의 반사 ········ 94
4.7 빛의 전반사 ········ 100
4.8 전반사의 응용 ········ 104
4.9 빛의 굴절 ········ 107
4.10 빛의 이상굴절과 신기루 ········ 113
4.11 빛의 분산 ········ 116

4.12 무지개와 빛의 분산 ······ 118
4.13 빛의 굴절과 렌즈광학계 ······ 120
4.14 빛의 반사와 mirror 광학계 ······ 122
4.15 눈 ······ 126
4.16 시력 ······ 130

Chapter 05

빛이 만들어내는 다양한 무늬

5.1 빛의 편광 ······ 137
5.2 빛의 산란 ······ 141
5.3 파동의 중첩과 간섭 ······ 147
5.4 영의 간섭실험 ······ 154
5.5 얇은 막에 의한 간섭 ······ 157
5.6 여러 가지 간섭계 ······ 160
5.7 빛의 회절 ······ 164
5.8 호이겐스의 원리와 회절 ······ 169
5.9 회절과 분해능 ······ 171

Chapter 06

빛이 세상을 지배한다

6.1 지식정보사회 ······ 177
6.2 광산업과 광기술 ······ 181
6.3 LED 조명이 여는 새로운 세상 ······ 184
6.4 광통신 기술 ······ 185
6.5 여러 가지 통신방식 ······ 187
6.6 여러 가지 광 네트워크 ······ 190
6.7 광 픽업과 광 저장장치 ······ 192
6.8 바코드리더 ······ 196
6.9 디지털TV와 디스플레이 ······ 197
6.10 광기술의 군사적 응용 ······ 200

6.11 광기술과 광 가공 ······ 203
6.12 의 광학 ······ 205
6.13 나노기술 및 나노광기술 ······ 206
6.14 광배선 ······ 213

Chapter 07

빛으로 정보를 주고받는다

7.1 통신 기술의 발달 ······ 217
7.2 광통신의 개요 ······ 226
7.3 광섬유 ······ 232
7.4 광변조 ······ 243
7.5 광통신시스템 ······ 246

Chapter 08

빛으로 정보를 담는다

8.1 여러 가지 저장장치 ······ 263
8.2 콤팩트디스크 ······ 266
8.3 DVD ······ 271
8.4 BD ······ 275
8.5 청색레이저 ······ 279
8.6 광자기디스크 ······ 281
8.7 미니디스크 ······ 283
8.8 광디스크와 광 픽업 ······ 284
8.9 차세대 저장장치 ······ 291
8.10 다양한 광 정보처리에의 응용 ······ 292
8.11 레이저디스플레이 ······ 294

Chapter 09

레이저는 천하무적

9.1 생활 속의 레이저 301
9.2 레이저의 원리 303
9.3 마이만과 루비레이저 316
9.4 레이저의 종류 319
9.5 레이저의 응용 325
9.6 반도체레이저의 원리 및 응용 333

Chapter 10

지금은 LED 시대

10.1 LED 시대의 도래 348
10.2 빛과 전자 352
10.3 빛과 반도체 354
10.4 p-n접합 다이오드 357
10.5 LED의 원리와 구조 361
10.6 LED의 광 추출효율 367
10.7 백색 LED 372
10.8 LED의 조명에의 응용 377
10.9 LED와 가시광통신 383
10.10 LED 광원의 전망 385

Chapter 11

빛으로 암을 치료한다

11.1 빛을 이용한 여러 가지 치료법 391
11.2 여러 가지의 광학용 레이저 394
11.3 레이저수술 398

11.4 치과의 레이저 응용 ··· 401
11.5 피부과의 레이저 응용 ··· 404
11.6 광화학치료 ··· 408
11.7 엑시머 레이저 ··· 411
11.8 레이저 안과수술 ··· 414
11.9 라식과 시력교정 ··· 420
11.10 광 동력학 치료법 ··· 421
11.11 양전자 단층촬영법 ··· 425
11.12 빛 치료 ··· 427

Chapter 12

빛으로 만들어내는 영상

12.1 정보화 사회와 디스플레이 ··· 433
12.2 아날로그 TV와 디지털 TV ··· 438
12.3 디스플레이의 분류 ··· 443
12.4 디지털 TV용 디스플레이 ··· 447
12.5 TV의 역사 ··· 449
12.6 CRT의 원리 ··· 451
12.7 액정이란? ··· 454
12.8 LCD의 원리 ··· 459
12.9 LED-backlit LCD-TV(LED-TV) ··· 468
12.10 3D-TV란? ··· 473
12.11 스마트 TV란? ··· 475
12.12 플라즈마란? ··· 477
12.13 PDP의 원리 ··· 480
12.14 OLED의 원리 ··· 485
12.15 플렉시블 디스플레이 ··· 491
12.16 FED의 원리 ··· 493

찾아보기 ··· 500
참고문헌 ··· 509

CHAPTER 01

빛이 열어가는 새로운 세상

1.1 비눗방울과 광기술

아이들이 동네 공터에서 비눗방울 놀이를 합니다. 공중에 떠다니는 비눗방울(soap bubble)의 무지갯빛 무늬는 언제 보아도 아름답습니다. 비눗방울의 무지갯빛 무늬와 같이 흔한 현상 속에도 심오한 빛의 과학이 숨어있습니다. 이 책에서는 비눗방울의 얇은 막에 무지개 색(일종의 간섭색)이 나타나는 이유를 배우게 됩니다.

그런데 비눗방울의 얇은 막에 무지개 색이 나타나는 이유를 꼭 알아야 할까요? 지금

그림 1.1 비눗방울과 간섭색

우리가 사는 이 세상은 상상을 초월하는 빠른 속도로 진화하고 있으며, 다가올 미래는 이러한 속도에 적응하기 위해 다양한 분야의 신기술들을 바로바로 따라잡아 상식과 전문성으로 단단히 무장한 사람들이 더욱 가치를 인정받는 사회가 될 것입니다. 아울러 급변하는 세상의 선두에는 광기술이 크게 한자리를 차지하고 있습니다. 따라서 21세기 미래사회를 선도하는 첨단 광기술에 대한 깊이 있는 이해를 위해서는 그 기초가 되는 광학(optics)에 대한 체계적인 학습이 필수적입니다.

1.2 색의 허와 실

이성 간의 첫 만남에서는 첫인상이 매우 중요하겠지요? 이 책에서는 색의 허(虛)와 실(實)을 잘 파악하여 실전(?)에서 이성의 외모에 대한 정확한 평가를 할 수 있는 능력을 키워줍니다.

만약 "장미꽃의 색깔은 왜 붉게 보일까요?"라고 질문을 한다면 독자들은 어떻게 대답하시겠습니까? 실제로 우리의 눈에 보이는 색깔이란 단순히 빛의 작용에 불과합니다. 색깔이란 물체에 의해 방출되거나 혹은 물체에서 반사된 빛의 파장(또는 진동수)이 관찰자의 눈을 자극함으로써 지각(知覺)되는 것입니다. 우리 눈이 인식하는 색깔의 종류는 우리 눈으로 들어오는 빛의 파장에 따라 달라진다는 뜻입니다. 예를 들어 장미꽃의 색깔이 붉은 이유는 장미꽃이 가시광의 전 영역에서 보라색, 남색, 파란색, 초록색, 노란색, 그리고 주황색 부분의 스펙트럼(spectrum)은 모두 흡수하고, 오직 빨간색만을 반사시키기 때문입니다. 만약 빨간색 장미꽃에 파란색 조명만을 비추면 장미꽃은 검게 보일 것입니다. 그 이유는 파란색 빛에는 반사시킬 빨간색 성분이 전혀 없기 때문입니다.

일반적으로 색깔이 있는 물체는 상당히 넓은 범위의 스펙트럼은 대부분 흡수하고 극히 작은 일부만 반사시킵니다. 그러나 어떤 빨간 물체는 보라색, 남색, 파란색, 그리고 초록색까지는 흡수하지만 빨간색과 더불어 상당한 범위의 노란색 부분과 주황색 부분도 함께 반사하는 경우가 있습니다. 이러한 물체는 반사되는 노란색과 주황색의 정도에 따라 완전한 빨간색으로 보이지 않고 노랑과 주황이 섞인 연한 빨간색으로 색다르게 보일 것입니다. 한편, 자주색(purple)의 물체는 가시광선 스펙트럼의 중간색영역은 모두 흡수하고, 빨간색과 파란색만을 반사시키므로 관찰자의 눈에 자주색으로 보입니다.

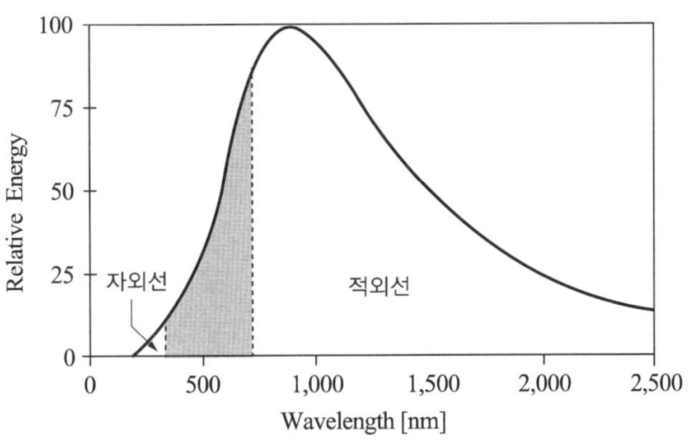

그림 1.2 백열전구의 스펙트럼

우리가 가정에서 조명으로 많이 사용하는 백열전구(incandescent lamp)를 예로 들어 볼까요? 백열전구는 인공적으로 만든 조명이기 때문에 자연광인 햇빛과는 달리 파장이 짧은 파란색과 보라색의 파장성분은 비교적 적은 편입니다. 따라서 햇빛에 노출된 옷의 색깔과 백열전구 조명에서 본 옷의 색깔은 상당히 다른 느낌으로 보일 것입니다. 이는 형광등(fluorescent lamp)의 경우에도 마찬가지입니다. 그러므로 백화점이나 쇼핑몰과 같은 실내에서 옷을 구입할 때에는 인공조명 아래에서 보이는 옷 색깔을 그대로 받아들이지 말고, 옷을 입고 밖에 나갔을 때 과연 어떤 색깔로 보일 것인가를 고려하여 구입해야 합니다. 독자들이 이성의 친구를 처음 만날 때에도 마찬가지입니다. 형광등, 백열등, 그리고 LED 조명과 같은 실내조명등 아래에서는 상대방의 외모가 부드럽고 매력적으로 보일 수 있습니다. 이는 대부분의 인공조명들이 자연광과는 달리 단파장 성분이 약하여 색 인지도(color perception)에 변화를 주기 때문입니다. 한편 조도가 낮은 경우에는 얼굴의 점, 주름, 그리고 잡티 등이 제대로 보이지 않는 문제도 있습니다. 그러나 조도가 높은 자연광(태양광)에 노출되면 외모 상의 문제점들이 있는 그대로 파악됩니다. 따라서 이성을 만날 때에는 항상 야간에 실내에서만 만나지 말고, 주간에도 만나 태양 아래에서 상대방의 진면목을 파악해 보아야 합니다. 이렇게 색깔에 대한 우리의 감각의 문제는 광원의 파장스펙트럼 분포를 고려해야 하는 동시에, 이에 대한 눈의 반응도 고려해야 하므로 생각보다 매우 복잡하고 어렵습니다.

백색광(white light)을 프리즘(prism)에 입사시키면 빛의 파장에 따른 굴절률의 차이로 인하여 빨강, 주황, 노랑, 초록, 파랑, 남색, 그리고 보라의 일곱 가지 색 띠로 분리된다고 알려져 있습니다. 하지만 실제로 우리의 눈에 감지되는 색깔들을 보면 명확하게 일곱 가지의 색깔이라고 구분하기가 참 어렵습니다. 왜냐하면 빨간색 파장의 폭은 대략 650~800 nm로 붉게 보이는 범위가 무려 150 nm나 되어 다른 색의 파장범위에 비해 넓습니다. 그러므로 우리의 눈은 스펙트럼 사진에서 손쉽게 빨간색을 감지해 낼 수 있습니다. 반면에 이 범위 내에서는 파장이 약간 바뀌어도 눈으로는 그 색의 차이를 구별하기가 어렵습니다. 즉, 색에 대한 우리 눈의 감도가 떨어지게 됩니다. 한편 노란색 파장의 폭은 580~590 nm로 노랗게 보이는 범위가 약 10 nm밖에 되지 않아 스펙트럼선 폭의 범위가 가장 좁습니다. 그러므로 프리즘에 의해 분리된 스펙트럼을 보고 노란색 광을 구분해 내기란 매우 어렵습니다.

태양광(solar light)의 스펙트럼을 살펴보면 파장에 따라 빛의 강도(intensity)가 상당히 달라집니다. 예를 들어 노란색에서 파란색 쪽으로 갈수록 빛의 강도가 커지고, 노란색에서 빨간색 쪽으로 갈수록 강도가 낮아집니다. 그러나 파장이 475 nm인 파란색에서 빛의 세기가 최대로 강해지고, 여기에서 보라색 쪽으로 파장이 더 짧아지면 빛의 세기가 급격하게 약해집니다. 태양광의 스펙트럼만을 보면 파란색 영역이 빛의 강도가 가장 크기 때문에 제일 밝을 것으로 예상되지만, 실제로 인간의 눈에는 황록색(yellowish-green) 빛이 제일 밝게 보입니다. 왜냐하면 우리 눈의 시감도가 가장 높은(모든 파장에서 동일한 강도로 빛이 방출될 때 인간의 눈이 가장 밝게 느끼는) 파장은 555 nm인 황록색 빛이기 때문입니다.

인간의 눈은 어두운 곳에 있으면 오히려 감각이 더 좋아집니다. 그래서 밝은 곳에 있을

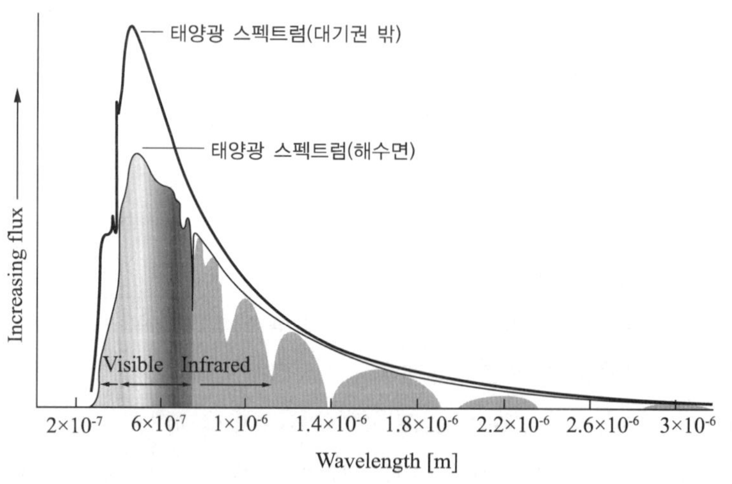

그림 1.3 태양광의 스펙트럼

때의 수만 분의 일 정도의 약한 빛도 감지할 수 있습니다. 어두운 곳에서는 우리 눈의 동공이 최대로 열리기 때문에 아주 약한 빛도 감지해 낼 수 있고, 우리의 시신경이 안정 상태가 되기 때문입니다. 또한 망막의 시세포(간상세포) 속에 들어있는 자홍색의 감광물질인 시홍(視紅, 로돕신, rhodopsin)이 밝은 곳에서는 분해되었다가 어두운 곳에서는 다시 합성되어 충분히 보충되기 때문입니다. 한편, 비타민 A가 결핍되면 시홍의 합성이 제대로 되지 않아서 야맹증(night blindness)의 원인이 됩니다.

우리는 어두운 곳에서 빨간 물체가 검게 보이는 경우나 청록색이 가장 밝게 느껴지는 현상을 경험하는데, 이러한 현상을 퍼킨제 효과(Purkinje effect)로 설명합니다. 퍼킨제 효과는 '주위의 밝기 변화에 따라 물체의 색의 명도가 다르게 보이는 현상'을 말합니다. 어느 날, 체코의 생리학자인 퍼킨제(Jan Evangelista Purkinje)는 온종일 벽에 걸려 있는 그림을 바라보며 상념에 잠겨 있었습니다. 그런데 시간이 흘러 날이 저물며 점점 어두워지기 시작했습니다. 낮에 보았을 때에는 그림의 빨간색이나 노란색 부분이 밝게 보였는데, 주변이 어두워짐에 따라(박명 시, 薄命視, mesopic vision) 밝게 보였던 빨간색이나 노란색 부분은 오히려 어둡게 보이고, 낮에 어둡게 보였던 파란색 부분이 다른 부분보다 밝게 보였습니다. 왜 그럴까요? 우리의 눈은 밝은 곳(주간 시, 晝間視, photopic vision)에서는 555 nm(황록색) 파장에서 가장 밝게 느끼지만 어두운 곳(야간 시, 夜間視, scotopic vision)에서는 507 nm(청록색) 파장에서 가장 밝게 느끼기 때문입니다. 결국 퍼킨제 효과는 주위의 밝기가 어두워짐에 따라 인간의 눈의 시감도 스펙트럼이 청색편이(blue-shift)하기 때문에 나타나는 일종의 암순응(dark adaptation) 현상이며 이는 색을 다루는 데 아주 중요한 요소가 됩니다.

(a) photopic vision
(주간 시, 晝間視)

(b) mesopic vision
(박명 시, 薄命視)

(c) scotopic vision
(야간 시, 夜間視)

그림 1.4 붉은 제라늄 꽃의 주변 조도에 따른 변화

색을 표시하는 데는 색의 3요소인 색상(hue), 채도(chroma), 그리고 명도(brightness)를 이용합니다. 색상은 빨강, 노랑, 파랑과 같은 색의 종류를 말하며, 채도란 진한 색인가, 흐린 색인가를 나타내는 색의 선명함 정도를 말합니다. 그리고 명도란 색의 밝기를 의미합니다. 물감의 기본 3원색은 청색(cyan), 자주(magenta), 노랑(yellow)입니다. 물감이나 프린터(printer)에서는 이 삼원색을 알맞은 비율로 섞으면 여러 가지 색깔을 만들 수 있습니다. 그리고 3원색 모두를 섞으면 검정색에 가까운 색상이 만들어집니다. 그러나 빛의 3원색은 이와 다릅니다. 빨강(red), 초록(green), 파랑(blue)이 빛의 3원색입니다. 또한, 이들 3원색을 혼합하면 백색광(white light)이 됩니다.

1.3 빛을 이용한 정보 저장

어느덧, 손바닥만 한 크기의 광디스크(optical disk) 1장에 고화질, 고음질의 영화를 담아 즐길 수 있는 세상이 되었습니다. 이 책에서는 CD(compact disk), DVD(digital versatile disk) 그리고 BD(blu-ray disk)와 같은 광디스크에 적외선 반도체레이저(파장 780 nm), 적색 반도체레이저(파장 650 nm), 그리고 청자색 반도체레이저(파장 405 nm)를 각각 사용하여 디지털 정보를 기록, 저장, 재생 및 활용하는 광학적 원리를 배우게 됩니다. 광디스크 상의 정보저장밀도는 사용하는 레이저광원의 파장의 제곱에 반비례하기 때문에 광원의 파장이 짧아질수록 기록밀도는 획기적으로 증가하게 되며 이는 빛의

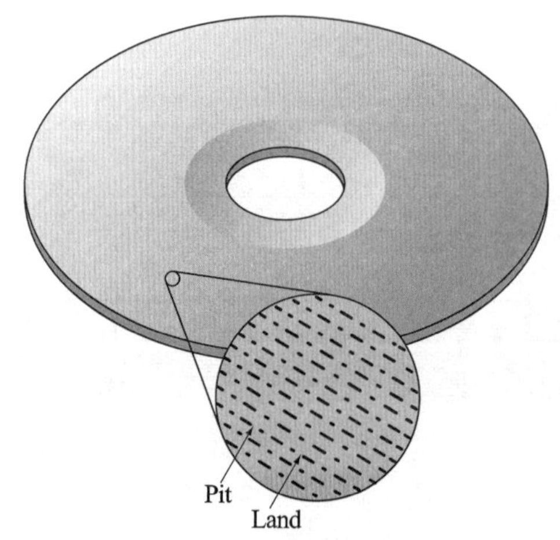

그림 1.5 광디스크 구조

회절(diffraction) 현상과 매우 밀접한 관련이 있습니다. 광디스크 장치는 대용량의 데이터를 광을 이용하여 기록, 저장, 재생 및 활용하기 때문에 광 데이터 저장장치(optical data storage)라 불리기도 합니다.

1.4 빛을 이용한 통신

빛이 다른 어떤 수단보다도 더 많은 양의 정보를, 더 빠른 속도로, 더 먼 곳까지, 더 안전하게 보낼 수 있는 유일무이(唯一無二)한 수단임은 주지의 사실입니다. 이 책에서는 특별히 천문학적인 가격의 초고급자동차(super-car)들에만 선택사양으로 채택되는 플라스틱광섬유(plastic optical fiber, POF) 기반의 광통신 기술을 적용한 자동차용 네트워크(network) 기술들을 소개합니다.

그 중에는 MOST(media oriented systems transport)와 같은 멀티미디어 기반 네트워크뿐만 아니라, 바이트-플라이트(Byte-flight)나 플렉스-레이(Flex-ray)와 같은 주행안전(driving safety) 기반 네트워크들이 주종을 이루고 있습니다. 향후, 이러한 기술들은 여객기, 고속열차 및 대형 여객선 등의 운송 수단들로 더욱더 확대될 것이며, 궁극적으로는 저가격화를 통하여 차세대 홈 네트워크(home network)를 위한 기반기술로 확산될 것으로 기대됩니다.

그림 1.6 빛으로 통신하는 자동차

1.5 새로운 빛, LED

반도체 구조에 전기를 주입하면 빛을 방출하는 LED(light-emitting diode, 발광다이오드)는 최근에 이르러 획기적인 특성의 향상과 기존의 광원들과 차별화되는 수많은 장점들로 인해 기존광원들을 활발하게 대체하고 있습니다. 이 책에서는 LED의 원리, 종류, 특성 및 다양한 응용분야에 대해 소개하고, 향후 전망에 대해서도 소개하고 있습니다.

1907년에 라운드(Henry Round)에 의해 최초로 만들어졌던 LED는, 그 후로 100여년이 넘는 긴 기간 동안 수많은 연구자들에 의해 갈고 다듬어져서, 이제는 형광등, 백열등, 그리고 HID(high-intensity discharge) 램프와 같은 기존의 광원들의 아성을 크게 위협하는 강력한 도전자로 자리매김하고 있습니다. 특히 형광등을 대신하여 LED를 광원으로 사용하는 새로운 LCD TV와, 할로겐(halogen) 램프나 HID 램프를 대신한 자동차 용 LED 헤드램프는 세상의 폭발적인 관심을 끌고 있습니다. 아울러 LED만이 가진 긴 수명과 낮은 소비전력이라는 장점으로 인해 가까운 미래에는 우리 주변의 조명의 대부분이 LED 조명으로 바뀔 것으로 기대됩니다.

그림 1.7 현대 에쿠스 리무진과 LED 헤드램프(2010)

CHAPTER 2

빛의 정체를 밝혀라!

빛은 항상 우리와 함께 하고 있지만 아직까지도 빛의 정체는 완전히 밝혀지지 않았습니다. 지금도 수많은 과학자들이 빛의 정체를 밝혀내기 위해 다양한 연구를 계속하고 있습니다. 좀 더 빛의 실체를 이해하고 빛과 더 친해지기 위해서는 우선 빛의 본질을 이해하고, 빛이 만들어내는 다양한 현상들에 대한 개괄적인 이해의 과정을 거쳐야 합니다.

2.1 Let there be light!

과학자들은 빅뱅(Big-Bang) 이론으로 최초의 빛의 탄생을 설명하고 있습니다. 한편, 성경(holy bible)에 의하면 창세기(Genesis) 1장 3절에 빛의 생성에 관한 내용이 담겨 있습니다. BC 1200년에 이집트의 나일 강 유역에서 구리거울을 사용한 흔적이 발견되었습니다. 한편, 메소포타미아 지역의 동굴에서도 비슷한 시기에 사용한 것으로 보이는 렌즈(lens) 모양의 석영이 발견되었습니다. BC 300년에 유클리드(Euclid)는 "빛은 직선으로 전파해 나간다."고 주장하였습니다. 17세기에는 갈릴레이(Galilei)와 케플러(Kepler)가 천체 망원경을 제작하는 데 성공하였습니다. 1686년에 뉴턴(Newton)은 빛의 분산, 복굴절 및 빛의 입자 설에 대한 이론을 발표하였습니다. 한편, 호이겐스(Huygens)는 파동의 전파에 대한 이론을 정립하고 이로부터 빛의 파동설을 주장하였습니다. 1801년에 영(Young)은 이중 슬릿(slit)에 의한 빛의 간섭현상을 실험적으로 증명하여 빛의 파동설을 뒷받침하였습니다. 비슷한 시기에 프레넬(Fresnel)과 프라운호퍼(Fraunhofer)에 의해 회절이론이 정립되었습니다. 1864년에 맥스웰(Maxwell)의 전자기파 이론이 발표되었고 이는 현대광학에의 바탕이 되었습니다. 1887년에는 헤르츠(Hertz)가 전자기파의 발생 및 검출 실험을 통하여 빛이 전자기파의 일종이라는 사실을 실험적으로 증명하였습니다. 1910년에는 플랑크(Planck)가 흑체(black body)의 복사에너지에 대한 관찰을 통하여 "물체가 흡수하거나 방출하는 복사선에는 불가분의 최소단위가 있다."는 빛의 양자화에 대한 가설을 제안하였습니다. 1916년에 아인슈타인(Einstein)은 광전효과(photoelectric effect)라는 실험을 통하여 빛의 양자화 이론을 더욱 확고히 하였으며 1929년에는 드브로이(de Broglie)의 물질파 이론이 발표되었습니다. 그 후, 말뤼(Malus)는 빛의 편광현상에 대한 이론을 정립하였고, 웨버(Weber)는 Maser를 이론적으로 제안하게 됩니다. 1958년에 타운즈(Townes)는 최초로 암모니아 Maser를 발명하였고, 1960년에 마이만(Maiman)은 최초로 적색에서 발진하는 고체 루비(ruby) Laser를 발명하게 됩니다. 2년 후인 1962년에는 비슷한 시기에 여러 연구그룹에서 GaAs(P)계의 화합물반도체(化合物半導體, compound semiconductor)를 이용한 반도체레이저가 세상에 선을 보이면서 광기술의 본격적인 응용이 시작되게 됩니다.

2.2 무지개의 정체

소나기가 한바탕 지나가고 난 다음, 흠뻑 젖은 대지 위에 밝은 햇볕이 내리쬐고 있을 무렵, 태양의 반대편에 아름답게 펼쳐지는 일곱 빛깔 무지개(rainbow)를 보고 신비스럽게 생각하지 않을 사람은 아마 없을 것입니다.

그러면 무지개는 어떻게 생길까요? 무지개가 나타나기 위해서는 반드시 대기 중에 수많은 물방울들이 떠 있어야 하고 이 물방울들 속으로 태양광선이 굴절해 들어갔다가 반사와 굴절을 거쳐 다시 밖으로 빠져나와야 합니다. 따라서 무지개가 만들어지기 위해서는 비가 오고 난 후라야 하며, 태양을 등지고 전방의 물방울들을 보고 있어야 관찰이 가능합니다. 즉 태양의 반대쪽에 비가 오고 난 후, 공기 중에 분포되어 있던 수많은 수증기나 물방울들에 태양광선이 입사하여 굴절-반사-굴절(또는 굴절-반사-반사-굴절)의 몇 단계 과정을 거쳐 다시 공기 중으로 빠져나와 관찰자의 눈에 들어오는 복잡한 과정을 거쳐 무지개를 볼 수 있게 됩니다.

그림 2.1 미국 MLB와 무지개

백색광인 태양광이 공기 중에서 물방울로 굴절해 들어갈 때 물의 파장에 따른 굴절률(refractive index)의 차이로 인하여 백색광은 여러 가지 색광으로 갈라지게 되는데 이를 빛의 분산(分散, dispersion)이라고 부릅니다. 이렇게 분산된 각각의 색광들은 물방울의 안쪽 벽에서 1차 반사되었다가 공기 중으로 빠져나올 때 각각 다른 방향(각도)으로 굴절이 일어나게 됩니다. 이렇게 다른 각도로 빠져나온 색광들이 우리의 눈에 들어와 아름다운 일곱 빛깔 무지개로 보이게 되는 것입니다.

그림 2.2에서 보듯이, 이 과정을 좀 더 자세히 살펴보면 백색광이 입사해 들어가는 (Ⅰ)에서 빛의 굴절에 의한 분산효과가 일어나게 됩니다. 따라서 굴절률이 더 큰 보라색 계열은 많이 굴절되고 상대적으로 굴절률이 작은 적색계열은 적게 굴절되어 입사했다가,

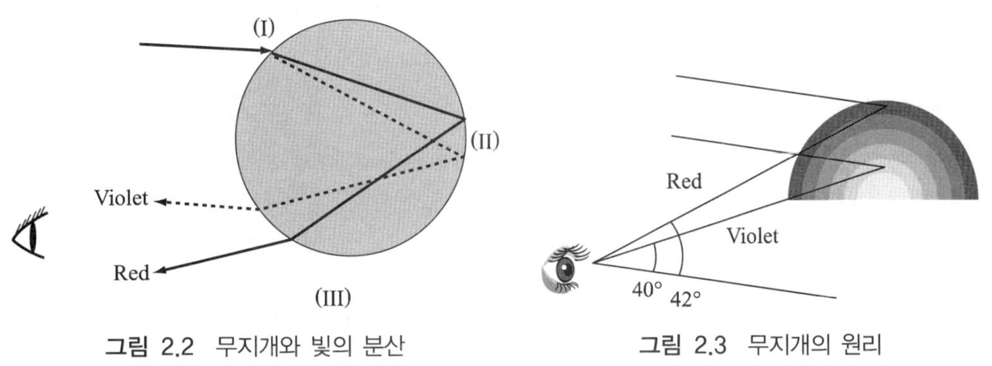

그림 2.2 무지개와 빛의 분산

그림 2.3 무지개의 원리

스넬(Snell)의 반사법칙에 의해 (Ⅱ)에서 물방울의 내부로 반사됩니다. 반사된 색광들은 각각 (Ⅲ)에 도달하여 다시 스넬의 굴절법칙에 의해서 정해진 각도로 밖으로 빠져나오게 됩니다. 따라서 스넬의 굴절법칙과 반사법칙을 이용하면 정확하게 빛의 색(파장)에 따른 광선의 경로를 추적할 수 있습니다.

이 때 그림 2.3에서 보는 바와 같이 적색광은 원래 입사각에 대하여 약 42° 각도로 빠져 나오고, 보라색광은 약 40°로 빠져나옵니다. 그런데 관측자의 눈에 보이는 적색과 보라색은 하나의 물방울에서 나오는 두 색광을 보는 것이 아니고, 하나의 물방울로부터는 하나의 색광만을 보게 됩니다. 만일 임의의 물방울에서 나오는 보라색광을 보게 된다면 그 물방울에서 나오는 빨간색광은 관찰자의 눈 아래쪽으로 진행하므로 볼 수 없습니다. 그러나 더 위쪽의 물방울에서 나온 빨간색광이 관측자의 눈에 들어와서 관측자의 눈에는 두 가지 색깔이 다 보이게 됩니다. 이렇게 하여 관찰자는 일곱 가지의 무지개색광을 모두 볼 수 있는 것입니다. 따라서 관측자의 위치에 따라서 무지개는 달리 보이게 됩니다. 아울러 관측자가 움직이면 무지개도 따라서 움직이게 되므로 무지개를 잡는 것은 불가능합니다. 과학에 의하여 꿈이 깨어지는 대표적인 예라 할 수 있습니다.

무지개는 무지개가 만들어지기 위한 조건만 만족시켜 주면 인공적으로도 만들 수 있습니다. 예를 들어, 태양을 등지고 입에 물을 머금었다가 강하게 뿜어보면 선명하지는 않지만 작은 무지개가 나타났다가 곧바로 사라지는 것을 볼 수 있습니다. 한편, 자동차 세차장이나 인공 분수 등에서도 자주 무지개를 발견할 수 있습니다. 세차를 하기 위해 물을 뿌릴 때 분사기의 노즐을 통해 나오는 아주 작은 물방울 입자들이 태양의 반대편 대기 중에 흩어지면 작은 무지개가 나타나는 것을 볼 수 있을 것입니다. 같은 원리로 인공분수에서 분사되는 물방울들을 태양을 등지고 바라보면 무지개를 어렵지 않게 관찰할 수도 있습니다. 그런데, 이 때 발생하는 무지개의 색깔은 물방울 입자의 크기와 직접적인 관계가 있습니다. 다음의 표 2.1에 정리된 바와 같이 물방울의 지름이 1~2 mm 정도일 때는 적색계열의 색이 선명하게 나타나고 청색계열의 색은 엷게 나타납니다. 그러나 물방울 입자의 지름이 점점 작아지면 적색계열의 색은 약해지고 보라색계열이 점점 뚜렷하게 나타납니다. 그리고 물방울의 지름이 0.06 mm 정도가 되면 무지개는 백색을 띠게 됩니다. 따라서 무지개의 색깔을 관찰하면 물방울들의 평균적인 크기를 대략 파악할 수 있게 됩니다.

공기 중의 물방울에 입사하여 다시 빠져나오는 광선의 대부분은 입사 방향에 대하여 40~42°의 일정한 범위를 이루는 각도로 빠져나옵니다. 따라서 우리 눈으로 들어오는

표 2.1 물방울의 크기에 따른 무지개의 색깔 비교

물방울의 지름(mm)	무지개의 색깔
≤ 0.05	안개 무지개
0.06	1차 무지개의 백색
0.08~0.1	폭이 넓고 보라색 성분이 강하게 나타남
0.2~0.2	폭이 넓고 적색 성분이 잘 나타나지 않음
0.5	적색 성분이 약하게 나타남
1~2	보라색을 제외한 모든 색 성분이 선명하게 나타남

색광들의 평균 각도는 약 42°이며, 적색광선은 보라색광선에 비하여 2° 정도 밖으로 배치되기 때문에, 우리가 보는 무지개의 색 배치는 안쪽에 보라색, 바깥쪽에 적색이 생기게 됩니다. 그러므로 공기 중에 있는 수많은 물방울들 중에서 관측자에게 약 42°의 위치에 있는 물방울들만이 무지개를 만드는 역할을 하게 되는 것입니다. 관측자가 원뿔의 꼭짓점에 있을 때 관측자에 대해서 42°의 방향으로 들어오는 역할을 하는 물방울들은 당연히 원뿔의 표면 근처에 있는 물방울이 될 것입니다. 따라서 대단히 먼 곳으로부터 오는 빛에 의해서 만들어지는 무지개의 모양은 둥근 반 고리(half-ring) 모양으로 관측자에게 나타나게 됩니다. 또한, 이 둥근 반 고리의 양단과 눈을 연결하는 선이 이루는 각도는 2×42°=84°가 될 것입니다.

그렇다면 지상에서 무지개를 보지 않고 비행기를 타고 가다가 무지개를 본다면 무지개는 어떻게 보일까요? 무지개가 나타나는 모든 원리는 지상에서와 마찬가지이지만, 관측자에게 보이는 무지개의 모양은 지상에서와는 달리 장애물이 전혀 없으므로 둥근 반 고리

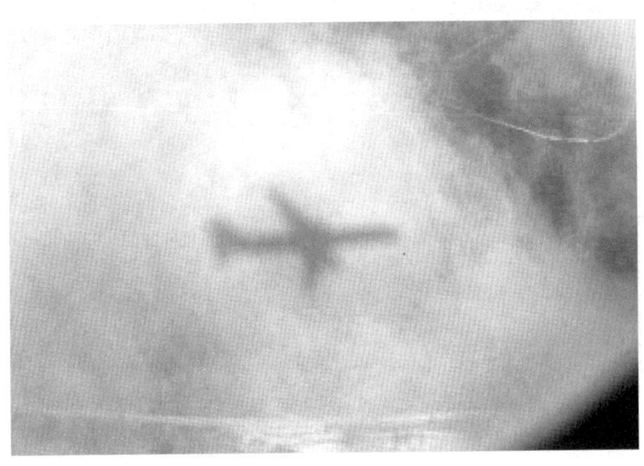

그림 2.4 비행기에서 본 무지개

모양이 아니라 반 고리의 아래쪽도 나타나는 완전한 둥근 고리 형태로 보이게 될 것입니다. 이 때 색깔의 배치는 안쪽에 보라색이, 바깥쪽에 적색이 배치될 것입니다. 따라서 비행기를 타고 가다가 무지개를 보는 경우는 둥근 고리 형태의 무지개의 중심과 관측자와 태양이 일직선을 이루는 경우이므로, 관측자(비행기)의 그림자가 둥근 고리 형태의 무지개의 한가운데에 생기게 됩니다.

2.3 태양은 생명의 근원

고대 사람들은 광합성작용(photo-synthesis)에 대해서 잘 모르고 있었지만, 식물들이 자라는 데 빛이 필요하다는 사실은 경험적으로 알고 있었습니다. 식물들 가운데 일부는 하루 중, 태양의 위치에 따라 그 방향을 바꾸기도 합니다. 해바라기는 꽃 모양이 태양과 비슷하여 'sunflower'란 이름을 얻었으며, 중남미에서는 이 꽃이 태양숭배에 이용되기도 했습니다. 원시부족들 중 대부분은 태양을 신으로 숭배했습니다. 개기일식(total solar eclipse)으로 인하여 태양이 가려지면 그들은 두려움에 떨며 신에게 용서를 빌었습니다. 또한 지배자를 태양의 아들로 여기고 태양을 상징하는 황금가면이나 조각 등을 남겼습니다. 한편, 극지방에서 나타나는 오로라(aurora)나, 비 온 후에 나타나는 무지개를 보면서 사람들은 신의 위대함에 놀라기도 하고 빛이 연출하는 아름다움을 즐기기도 하였습니다. 오로라는 주로 남반구나 북반구의 고위도 지역에서 나타나는 상층대기에서의 발광현상의

그림 2.5 오로라

일종으로 태양으로부터 오는 전기를 띤 입자(주로 전자나 양성자)들이 대기 중의 공기 원자나 분자들과 충돌하면서 플라즈마(plasma) 효과에 의해 빛을 내는 현상입니다.

이와 같이 인간은 태고 이래로 물질과 정신의 양면에서 빛에 전적으로 의지하며 살아 왔습니다. 그런데 태양빛이 없으면 어떻게 될까요? 지구는 몇 시간 이내에 영원히 계속 될 추운 겨울을 맞이하여 수일 내에 연못과 강이 꽁꽁 얼어붙고, 식물과 동물들은 모조리 동사(凍死)하고 말 것입니다. 뿐만 아니라 화석연료를 비롯한 인간이 사용하는 에너지의 대부분은 태양으로부터 온 것입니다. 따라서 태양은 생명을 유지하는 데 없어서는 안 되는 매우 귀중한 생명의 근원이라고 할 수 있습니다.

요즘은 피부노화와 피부암 발병의 원인이 된다는 등, 햇빛의 안 좋은 면이 많이 부각되어 다들 햇빛에 노출되길 싫어하지만 햇빛은 지구상 모든 생명의 근원과 같은 존재로, 사람의 건강에도 큰 영향을 미칩니다. 흔히 장마철이 계속되면 우울하다고 얘기하는 것도 근거가 있는 말입니다. 햇볕을 쬐지 못하면 우울증이 늘고, 겨울철에 아프던 환자가 봄날의 따뜻한 햇볕에 기운을 차리기도 합니다. 우선 적외선(infra-red, IR)은 몸의 면역 기능을 강화시켜주고 상처가 빨리 낫도록 돕습니다. 햇볕을 받으면 피부의 말초혈관이 확장되어 혈액공급이 원활해지고 혈액 속의 백혈구들의 기능이 활발해지기 때문입니다. 또 상처부위의 통증을 진정시켜 주는 효과가 있어 병원에서도 상처치료에 적외선치료기를 많이 사용합니다. 흔히 피해야 할 것으로 알려진 자외선(ultra-violet, UV)도 우리 신체에 없어서는 안 될 긍정적인 기능을 합니다. 비타민 D의 생성이 바로 그것입니다. 피부세포는 햇빛 아래서 콜레스테롤을 이용해 비타민 D를 생성하는데, 비타민 D는 식품으로 섭취가 불가능하기 때문에 햇빛이 더욱 소중합니다. 이렇게 만들어진 비타민 D는 체내의 칼슘(Ca)과 인(P)을 흡수하고 혈액 속에 보관해서 뼈를 튼튼하게 만듭니다. 단순히 햇볕만 잘 쬐어도 칼슘 흡수율은 15%나 증가합니다. 그 밖에도 햇빛은 우울증 치료에 효과가 있으며 전립선암, 자궁암, 고혈압, 심장질환 등 각종 질환의 치료에도 도움을 준다고 알려져 있습니다.

2.4 일식과 월식

태양-달-지구가 일직선으로 놓여 달이 태양을 가리게 되는 경우가 생기는데, 이것을 일식(日蝕, solar eclipse)이라고 합니다. 일식은 지구 주위를 공전하는 달이 태양 면을

(a) 개기일식과 부분일식

(b) 금환일식과 부분일식

그림 2.6 개기일식, 금환일식, 부분일식

가로지를 때 발생하므로 달의 그림자는 지구의 표면 위로 지나갑니다. 그림자의 안쪽 부분인 본그림자(본영, umbra)에는 태양빛이 비쳐지지 않으므로 지구상에서 본영에 있는 관측자에게는 태양 면이 달에 의해 완전히 덮인 것처럼 보이는데 이것을 개기일식이라고 합니다. 한편 달그림자의 바깥쪽 부분인 반그림자(반영, penumbra)에 있는 관측자에게는 달이 태양 면에 부분적으로 겹쳐 투영된 것처럼 보이게 되며 이로 인해 부분일식이 발생됩니다. 식은 1년에 2~4번씩 일어나지만 가끔 그 이상 일어날 때도 있습니다.

(1) 개기일식(皆旣日蝕, total eclipse)

태양이 달에 의해 완전히 가려지는 현상으로 이 동안에는 햇빛이 완전히 차단되므로 평소에는 잘 볼 수 없었던 태양의 얇은 바깥층인 채층과 코로나의 성질에 대한 많은 정보를 주며 태양 주변의 별들을 볼 수도 있습니다. 하지만 본영과 지구가 교차하는 지역이 좁기 때문에 개기일식은 매우 좁은 지역에서만 관측할 수 있으며, 천체의 상대운동 때문에 원뿔 형태의 그림자는 지구표면 위에서 빠르게 이동하므로 지속시간이 너무 짧아, 길어야 8분을 넘지 못합니다.

그림 2.7 개기일식

(2) 금환일식(金環日蝕, annular eclipse)

달의 상대적 크기가 태양보다 작은 경우, 태양을 완전히 가리지 못하고 달이 태양이 있는 안쪽에 들어가 태양이 반지 또는 고리 모양으로 보이는 현상으로 주로 달과 지구 사이의 거리가 멀고, 태양과 지구와의 거리가 가까울 때 일어납니다. 지속시간은 최대 12.5분 정도로 개기일식보다 훨씬 깁니다. 지구는 태양 주위를 타원궤도로 공전하기 때문에, 1년 동안 태양까지의 거리는 약간씩 변하게 됩니다. 또한 달의 궤도도 타원이므로 달의 겉보기 크기도 1개월 동안 약간 변합니다. 만일 지구가 태양과는 가장 가깝고 달과는 가장 멀 때에 식이 발생한다면, 달은 태양을 완전히 가리지 못하고 달의 둘레를 따라 태양의 가장자리가 보이게 됩니다.

그림 2.8 금환일식

(3) 부분일식(部分日蝕, partial eclipse)

달이 태양의 일부를 가리는 현상으로 일식이 보이는 대부분의 지역에서는 부분일식만 볼 수 있습니다. 이 때 가려지는 정도를 식분(蝕分, magnitude)이라고 하는데, 보통 0에서 1 사이의 값을 갖습니다. 식분이 1 이상이면 개기일식을 의미합니다. 금환일식의 경우는 1보다 약간 작은 값을 가집니다. 최근 20년 동안에 한국에서는 최대식분이 0.7~0.8 정도였습니다.

한편, 태양-지구-달이 일직선으로 놓여 달이 지구의 그림자 속에 들어가서 가려지기도 하는데 이것을 월식(月蝕, lunar eclipse)이라고 합니다. 이 때 달 전체가 지구의 본

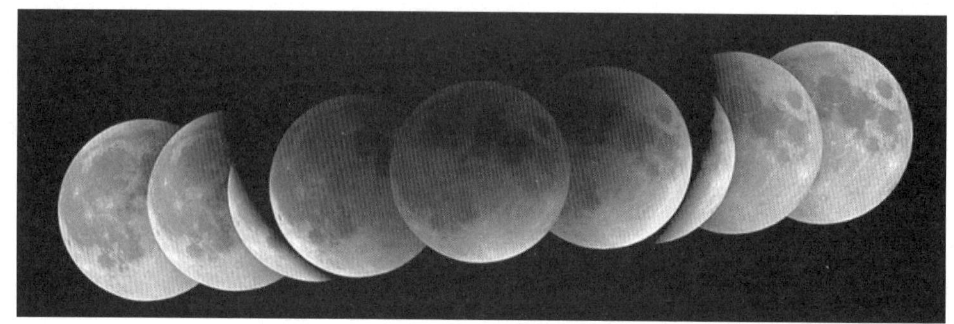

그림 2.9 월식

그림자에 들어가면 개기월식이 되고 일부분이 들어가면 부분월식이 됩니다. 하지만 월식은 일식과는 달리 금환식이 일어나지 않습니다.

2.5 빛의 반사와 전반사

빛은 한 매질에서 진행하다가 다른 매질을 만나게 되면 원래의 매질 쪽으로 돌아오기도 하고 다른 매질 쪽으로 넘어가기도 하는데 전자의 경우를 반사(reflection)라 부르고 후자의 경우를 굴절(refraction)이라 부릅니다. 잔잔한 호수 면은 자연이 만들어 내는 최고의 초대형 평면거울(plane mirror)입니다. 또한 굴절률이 큰 매질에서 굴절률이 작은 매질로 진행하는 빛은 어느 임계각도(critical angle) 이상의 각도로 경계면에 입사하는 경우, 다른 매질로 진행하지 못하고 원래의 매질로 전부 되돌아오게 되는데 이를 전반사(total internal reflection)라 부릅니다.

전반사의 대표적 사례로 많이 언급되고 있는 다이아몬드는 투명도(clarity), 색상(color), 연마(cut), 그리고 캐럿 무게(carat weight)의 4C로 평가됩니다. 여기서 1캐럿은 0.2 g의 무게를 의미하며 같은 품질인 경우에는 일반적으로 캐럿 수의 제곱 비율로 값이 비싸집니다.

가. 투명도(clarity)

투명도는 육안과 10배율의 현미경을 이용하여 다이아몬드 내부의 결함의 존재유무와 그 정도를 측정하여 다이아몬드의 내구성과 외적 미관에 미치는 영향을 고려하여 등급을 결정합니다.

그림 2.10 수면거울

나. 색상(color)

다이아몬드는 분홍색, 적색, 청색, 초록색, 황색, 갈색 또는 무색의 색상을 띠게 되는데 초기 다이아몬드 생성 시, 불순물이 혼입되므로 무색의 경우는 매우 희귀하고 대부분의 다이아몬드는 연한 황색이나 갈색, 회색을 띠게 됩니다.

다. 연마(研磨, cut)

연마가 잘된 다이아몬드가 더 찬란한 빛을 발합니다. 컷이란 다이아몬드의 연마 상태를 말하는 것으로서 연마비율과 끝마무리를 평가하는 것입니다. 다이아몬드는 모두 58면으로 연마되는데 이들 면 사이의 크기와 각의 관계, 그리고 모양과 위치를 평가합니다. 컷은 원석에서 얻을 수 있는 중량과 연마된 돌의 광학적 전반사 효과에 결정적인 영향을 줍니다. 4C 중 다른 세 가지는 자연으로부터 부여된 것이지만 컷은 사람에 의해 직접적으로 영향을 받는 요소입니다. 다이아몬드의 컷은 빛의 전반사 효과에 의한 다이아몬드의 광채(fire)의 발산에 중대한 영향을 미칩니다. 결국 연마사의 기술이 보석의 아름다움을 극대화하여 우리에게 보여준다고 할 수 있습니다. 흔히들 다이아몬드의 컷과 모양을 혼동합니다. 실제 다이아몬드의 컷은 다이아몬드의 면 혹은 면의 각도를 의미합니다. 어떠한 모양의 다이아몬드라도 숙련된 연마기사에 의해 좋은 비율로 가공된다면 더 많은 빛을 반사하여 찬란한 빛과 광채를 발하게 되며, 그 가치 또한 높아지게 됩니다.

라. 캐럿 무게(carat weight)

다이아몬드의 무게측정에 대해 언급된 최초의 자료는 서기 1100년경 영국의 제퍼슨

(Jeferson)이 지은 책입니다. 인도 지방에서 생산되는 커피콩처럼 생긴 캐럽(carob) 나무의 씨앗을 사용하여 저울의 좌우에 다이아몬드와 캐럽 나무 씨앗을 올려 놓고 균형을 이루었을 때의 씨앗의 수로 무게를 나타냈습니다. 이러한 이유로 다이아몬드의 무게표시는 캐럿(carat)으로 사용되게 되었습니다. 1914년 이후, 1carat은 200 mg으로 통일되어 사용되고 있으며 소수점 3자리 이하의 전자저울을 이용하여 무게를 측정합니다. 캐럿은 다이아몬드와 대부분의 다른 보석들을 측정하는 표준중량단위이며, 다른 모든 요소들이 동일하다면 중량이 많이 나가는 보석일수록 가치가 높습니다. 캐럿은 4C 중에서 가장 측정하기 쉬운 요소이지만, 똑같은 캐럿의 두 다이아몬드도 그 연마와 색상, 투명도에 따라 그 가치가 엄청나게 차이가 날 수 있습니다.

그림 2.11 다이아몬드의 전반사

2.6 빛의 굴절과 신기루

빛은 이동할 때 곧게 나아가는 성질이 있으므로, 공기 중이나 물속에서도 직진합니다. 그러나 서로 다른 성질을 가진(굴절률이 다른) 매질을 지나갈 때는 상황이 달라집니다. 예를 들어 공기 중에서 직진하던 빛이 물속으로 들어가거나 물속에서 직진하던 빛이 공기 중으로 들어갈 때에는 그 경계면에서 한 번 꺾이게 됩니다. 이와 같은 현상을 빛의 굴절이라고 합니다. 빛의 굴절이 일어나는 까닭은 매질에 따라 빛이 진행하는 속도가 다르기 때문입니다. 빛은 공기 중에서는 빨리 진행하지만, 물속에는 속도가 조금 느려집니다. 또한 빛은 같은 공기 중이라 하더라도 온도차이로 인해 공간적으로 서로 밀도가 다를 경우에는 굴절률이 달라져서 서로 다른 물질을 지날 때처럼 그 경계면에서 굴절됩니다. 신기루(mirage)는 서로 성질이 다른 공기층 사이에서 빛이 굴절하기 때문에 나타나는 특별한 이상굴절 현상입니다.

열대 사막에서는 강렬한 태양 때문에 모래가 뜨거워지고 모래 위의 공기는 상층의 공기보다 더 온도가 높습니다. 온도가 높은 공기는 온도가 낮은 공기보다 밀도가 낮아

그림 2.12 더운 지방의 신기루

그림 2.13 극지방의 신기루

굴절률이 상대적으로 작습니다. 이처럼 위치가 다른 공기층의 온도차이 때문에, 빛이 지표면에 닿기 직전에 상방으로 구부러지고, 빛이 지나온 길을 볼 수 없는 사람의 눈에는 마치 빛이 지표면의 어느 지점에서 위로 솟아오르는 것처럼 보이게 됩니다. 오아시스의 신기루가 파란 물웅덩이처럼 보이는 이유는 하늘에서 내려오는 파란 빛이 지표면의 뜨거운 공기층에서 위로 굴절하기 때문입니다.

한편 북극지방에도 거대한 신기루가 나타나곤 합니다. 북극지방에서 빙산이나 바다 저 멀리 거대한 도시나 산이 펼쳐져 있는 광경을 볼 수 있다는 전설이 있습니다. 물론 실제로 존재하는 것이 아니라 이른바 '파타 모르가나(fata Morgana)', 즉 신기루라고 할 수 있습니다. 그런 현상은 거리를 가늠하기 힘들 정도로 끝없이 펼쳐져 있는 얼음이나 물에서 주로 발생하며 북극지방에서도 자주 일어나고, 시칠리아 섬과 이탈리아 본토 사이의 메시나 해협에서도 자주 일어납니다. 하지만 그 원인은 아직까지 완전히 밝혀져 있지는 못합니다. 다만 광학적으로 대략 다음과 같이 이해해 볼 수 있습니다. 기본적으로 파타 모르가나는 멀리 있는 물체와 만난 빛이 굴절되어 일어나는 현상입니다. 그 지역의 대기에는 다양하게 다른 온도층이 형성되어 있고, 그런 온도층이 각각 일종의 렌즈 역할을 하게 되고, 이 대기렌즈들을 통해 빛이 굴절되는 것입니다. 요컨대 빛을 다양하게 굴절시키는 여러 렌즈들을 통해 멀리 떨어져 있는 물체를 보게 됨으로써 일어나는 특별한 현상입니다. 조건이 맞아 떨어진다면 멀리 펼쳐져 있는 실제의 대상을 심하게 왜곡, 과장시켜 줄 수 있습니다. 보통, 같은 모습이 반복적으로 펼쳐져 나타나기도 하고, 위쪽 방향으로 반복적으로 쌓여 나타나기도 합니다. 이에 따라 하나의 언덕이 높은 산맥처럼 보이기도 하며, 하나의 빙산이 엄청나게 높은 고층빌딩처럼 보이기도 합니다. 이탈리아어인 파타 모르가나의 어원은 다음과 같습니다. 우선 모르가나(Morgana)는 이탈리아의 전설에 나오는 마녀 모르간(Morgan)의 이름에서 비롯된 말로, 모르간은 물체의 모습을 변화시키거나,

하늘에 성을 띄워 놓거나 하는 재주를 지니고 있었다고 합니다. 파타(fata)는 라틴어에서 운명의 여신을 뜻하는 말로서, 요정을 뜻하는 영어의 fairy에 해당합니다. 결국 파타 모르가나를 문자 그대로 풀이하면 '요정 모르간' 혹은 '마녀 모르간'이 됩니다.

2.7 자연 속의 광자결정

나비의 날개는 기왓장 모양으로 질서정연하게 비늘들이 배열되어 있는데 이것은 나비의 몸을 비에 젖지 않게 보호할 뿐만 아니라 고유의 색채와 무늬를 나타내게 합니다. 나비의 색채와 무늬는 날개에 있는 비늘들에 의해 이루어지는데, 먹이의 소화과정에서 발생되는 화학물질에 의한 색소 색과 날개의 비늘가루의 물리적 성질에 의하여 나타나는 구조 색(또는 간섭색), 이 두 가지의 조합에 의한 복합적인 효과에 의하여 화려하고 현란한 색깔을 나타내게 됩니다. 나비날개의 현란한 색채는 비눗방울에서 무지개 색을 관찰할 수 있는 것처럼 다양한 구조를 갖는 비늘 층에서의 빛의 다중간섭에 의해 현란한 색채로 보이게 됩니다.

수컷공작이 암컷에게 구애하기 위해 펼치는 현란한 꽁지깃의 비밀이 풀렸습니다. 중국 푸단(Fudan)대학 연구팀이 학회지에 게재한 연구결과에 의하면, 현란한 색깔을 내는 수컷공작의 꽁지깃을 전자현미경으로 분석한 결과, 나무줄기 모양의 깃대에 달려 있는 작은 깃가지들이 갖가지 색깔을 내는 이유가 케라틴(keratin) 표면에 덮인 아주 작은 멜라닌(melanin) 봉들 때문이라는 사실을 알아냈습니다. 케라틴은 단백질의 일종으로 모발, 손톱, 발톱, 피부 등의 구조 단백질의 총칭이며 각질이라고도 부릅니다. 멜라닌은 갈색

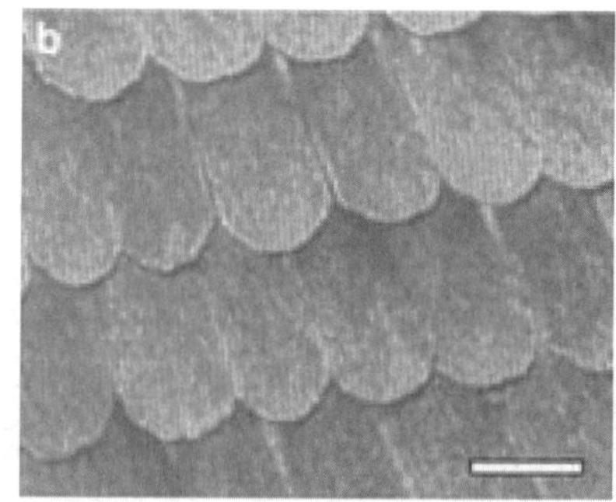

그림 2.14 나비의 날개와 광자결정

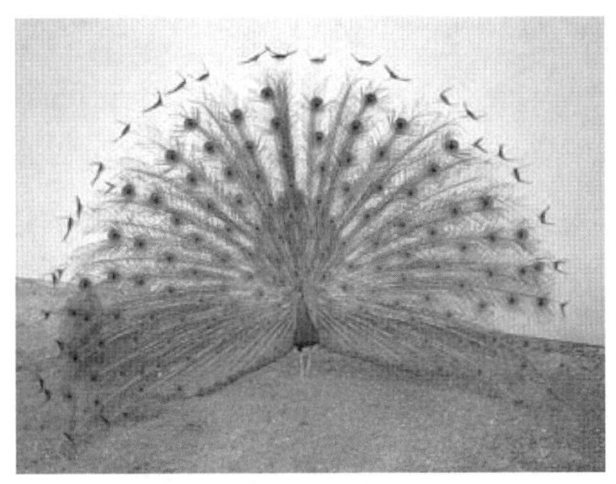

그림 2.15 공작의 깃털과 광자결정

또는 흑색 고분자색소의 총칭으로 인간의 피부색을 결정하는 색소입니다. 보통 동물이나 조류가 나타내는 색깔은 털이나 깃털에 있는 색소 때문입니다. 하지만 공작의 갖가지 다른 색깔은 멜라닌이 갖고 있는 색소 자체가 내는 것이 아니라 멜라닌이 배열된 구조에 따라 자연광이 다중간섭을 일으켜 나타나는 것으로 밝혀졌습니다. 작은 깃가지 단면을 전자현미경으로 확대해 살펴봤더니, 이 멜라닌 봉이 배열된 모양과 구조에 따라 자연광 중 반사되는 색이 달랐습니다. 예를 들면 봉들 사이의 간격이나 얼마나 쌓여 있는지에 따라 어떤 배열은 자연광 중 노란색을 반사해 내고, 또 다른 배열은 파란색을 반사해 낸다는 것입니다. 결국은 배열구조에 따라 반사광의 간섭이 다르게 일어나 보강간섭이 강하게 일어나는 색만 보이게 되는 것입니다.

연구팀은 이를 증명하기 위해 꽁지깃털을 무채색 글리세린용액에 담가 멜라닌 봉 안에 있는 공기구멍을 메웠습니다. 멜라닌 봉의 배열구조를 바꿔 본 것입니다. 이렇게 하니 깃털의 색깔이 달라졌습니다. 이 연구팀은 “뉴턴이 이미 300년 전 공작의 깃털이 색깔을 내는 원인이 색소가 아닌 구조에 있다고 주장했다.”며 “이번 연구는 이를 과학적으로 증명해냈을 뿐”이라고 말했습니다. 이러한 광학적 원리는 디스플레이장치나 광자컴퓨팅 등에 산업적으로도 응용될 수 있을 것으로 과학자들은 전망하고 있습니다.

딱정벌레가 날갯짓을 하면 어두운 숲속에서도 파란색이 반짝거립니다. 하지만 딱정벌레의 날개에는 파란색 색소가 전혀 없습니다. 다만 날개의 표면구조가 독특해 파란색 파장의 빛만을 반사함으로써 그렇게 보일 뿐입니다. 이처럼 색소가 없이도 색깔이 발생하는 경우를 구조 색(structural color)이라고 부릅니다. 그렇다면 딱정벌레의 표면구조는 어떻게 생겼을까요?

날개 표면의 단면을 전자현미경으로 확대해보면 그림 2.16에서 보는 바와 같이 마치 기와를 포개어 얹은 것처럼 다섯 겹의 박막구조가 규칙적인 배열로 나타납니다. 여기에 빛을 비추면 특정파장의 빛만 반사되고 나머지는 통과합니다. 이런 기하학적 형태를 광자결정(光子結晶, photonic crystal)이라고 부릅니다. 광자결정은 특정한 파장의 빛만을 반사시키고 나머지는 흡수하는 성질이 있습니다.

한편 무지갯빛으로 현란한 광채를 발하는 보석인 오팔(opal)도 현미경으로 확대해 보면 작은 구슬알맹이들이 일렬로 규칙적으로 배치돼 있는 일종의 광자결정 구조임을 알 수 있습니다.

광자결정은 박막 층들이 단순히 겹쳐진 광학구조보다 빛의 흐름을 조절하는 데 더 유리합니다. 빛은 1초에 30만 km, 즉 지구를 일곱 바퀴 반이나 도는 빠른 속도를 자랑합니다. 따라서 광통신처럼 먼 곳에 빠른 속도로 대용량의 정보를 전달할 때는 제격이지만 반도체칩처럼 손톱만 한 크기의 공간에 실타래처럼 복잡하게 얽혀있는 복잡한 집적회로망의 내부에서 자유자재로 돌아다니기를 기대할 수는 없습니다. 이것이 빛보다 느리지만 훨씬 말을 잘 듣는 전자가 여전히 반도체의 주역인 이유입니다. 그러나 최근에 들어 전자가 그 한계를 드러내기 시작했습니다. 집적도를 높이려고 칩(chip)의 크기를 줄이다 보니 상대적으로 크기가 커진 전자가 제대로 움직이지 못하고 정보전달에 자꾸 오류가 발생하기 시작합니다. 빛은 전자에 비해 정보처리의 양과 속도 면에서 월등히 우수하므로 빛의 발생과 전달을 우리가 원하는 대로 정밀하게 제어할 수만 있다면 광 집적회로(光 集積回路, photonic integrated circuit)가 가능해집니다. 그렇게 되면, 현재 컴퓨터와는 비교할 수 없을 정도로 빠른 광컴퓨터(optical computer)가 만들어진다는 의미입니다.

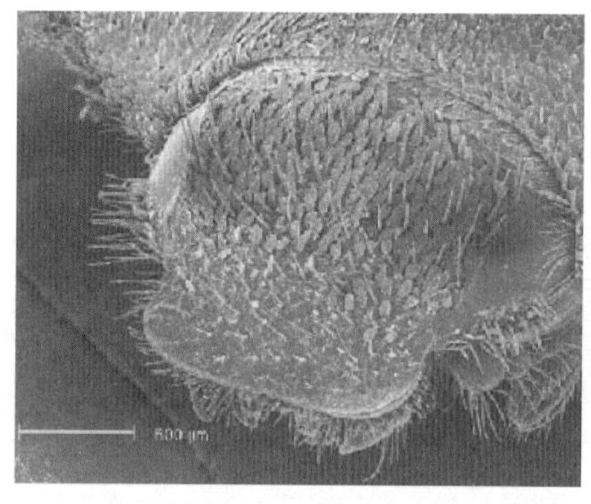

그림 2.16 딱정벌레의 광자결정 구조

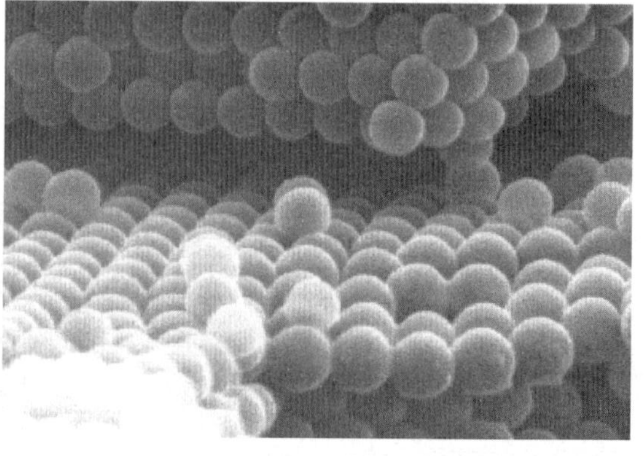

그림 2.17 오팔과 광자결정

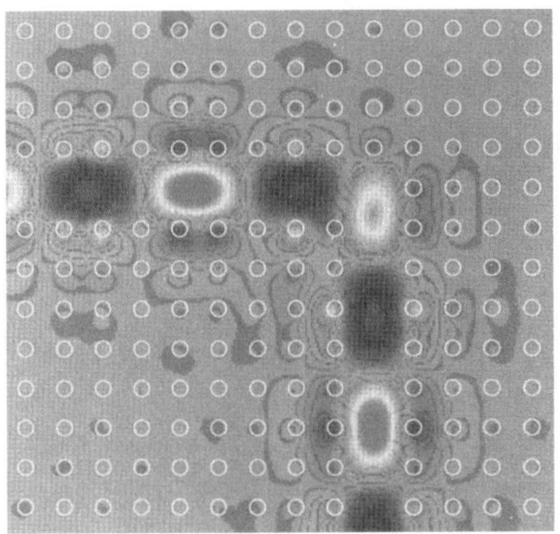

그림 2.18 광자결정 구조에서의 빛의 전파

이상적인 광자결정은 특정 파장의 빛을 100% 반사하므로 광자결정 내부에 공간을 만들어 그 빛을 발생시키면 밖으로 새어 나가지 않게 가둘 수 있습니다. 이 공간에 여러 갈래의 길을 내면 빛이 그 통로들을 따라 이동하는 완벽한 광배선(光配線, optical interconnect)의 광 집적회로를 만들 수 있는 것입니다. 그림 2.18에서 보듯이 빛이 2차원 광자결정 구조에서 별도의 광학장치가 없이도 좁은 공간에서 정해진 경로를 따라 수직으로 꺾여서 진행하는 것을 볼 수 있습니다. 생명체가 오래전에 만들어 놓은 자연의 발명품인 광자결정이 머지않아 과학자들의 손끝에서 화려하게 변신할 것으로 기대됩니다.

2.8 빛은 광파다

빛은 물결 파(water wave)와 같은 일종의 파동입니다. 따라서 빛을 광파(light-wave)라고 부릅니다. 물결 파는 물의 표면을 따라 움직일 뿐, 연직 아래 방향인 물속으로는 많이 전파되지 않기 때문에 수면파라고 하기도 합니다. 어항 속의 물고기를 자세히 관찰해 보면 어항의 수면에서 파도를 일으켜도 물고기는 물결 파의 영향을 별로 받지 않는다는 것을 쉽게 알 수 있을 것입니다. 이러한 물결 파는 우리가 빛의 파동현상을 이해하는데 없어서는 안 될 중요한 모델입니다. 광파는 파장이 매우 짧아 특별한 경우가 아니면 파동현상을 관찰하기가 쉽지 않으나 물결 파는 파장이 관찰이 가능한 수준으로 매우 길어 상대적으로 관찰이 용이합니다.

그림 2.19 물결 파

그림 2.20 물결 파와 파동의 중첩

잔잔한 연못에 돌을 던지면 충돌이 일어난 지점으로부터 동심원 모양의 파동(구면파, spherical wave)이 퍼져 나가는 것을 쉽게 관찰할 수 있을 것입니다. 이러한 물결 파에 의한 파동현상은 눈으로 전파과정을 직접 볼 수 없는 빛의 파동현상을 설명하는 데 아주 유익합니다. 물결 파가 파동의 중첩(重疊, superposition)에 의해 마루(crest)와 골(trough)이 보강(補强, constructive)이 되거나 소멸(또는 상쇄)(消滅, 相殺, destructive)이 일어나는 현상으로부터 빛의 간섭도 파동의 중첩원리로 이해할 수 있습니다. 물리학에서 취급되고 있는 간섭현상은 두 파동이 겹쳐져서 스크린(또는 우리의 눈)에 나타나는 밝고 어두운 무늬를 통해 이해할 수 있습니다. 이 때 나타나는 밝고 어두운 무늬는 새로 만들어지는 것이 아니고, 에너지보존 법칙에 의해서 두 파동의 에너지가 스크린에 정확하게 재배치되어 나타나는 것입니다. 예를 들어 맥놀이현상, 비눗방울의 착색무늬, 곤충의 무늬, 카메라렌즈의 코팅(coating) 무늬, 기타(guitar) 줄의 진동에 의한 정상파, 영(Young)의 이중슬릿(slit) 실험, 두 개의 점파원에 의한 물결 파의 중첩실험 등이 우리 주변에서 볼 수 있는 대표적인 간섭현상들입니다.

2.9 빛의 이중성(duality)

광학분야에서 가장 고전적인 기하광학(幾何光學, ray optics 또는 geometrical optics)에서는 물체에 비하여 파장이 매우 작은 경우에($\lambda \ll a$), 빛을 광선으로 간주하여 빛의 반사(reflection)와 굴절(refraction) 등을 다루고 있으며, 빛의 입자적인 성질을 보여주는 현상에는 흡수(absorption), 발광(emission), 산란(scattering) 등이 있고, 빛의 파동적인 성질을 보여주는 현상에는 편광(polarization), 간섭(interference), 회절(diffraction) 등이 있습니다.

파동광학(波動光學, wave optics)은 물리광학(物理光學, physical optics)이라고도 부르며 물체와 빛의 파장이 비슷한 경우에($\lambda \simeq a$) 일어나는 여러 가지 광학현상들(편광, 간섭, 회절 등)을 잘 설명합니다.

일상생활에서 다양한 현상으로 다가오는 빛의 본질은 무엇일까요? 빛은 무엇으로 만들어져 있으며 어떻게 한 곳에서 다른 곳으로 가는 것일까요? 빛에 대한 연구는 중세에 와서야 본격적으로 이루어졌는데, 그 대표적인 인물이 아랍의 알하젠(Al hazen)이었습니다. 그는 "눈이 물체를 보기 위해 광선을 발사한다."는 고대 학자들의 주장에 반대하였습니다. 그의 주장에 따르면, 물체가 보이는 것은 태양광선이 물체에 닿아 반사한 빛이 우리 눈에 들어오기 때문이라는 것입니다. 그는 광학에 대한 해박한 지식을 바탕으로 빛의 반사와 굴절의 연구, 렌즈에 의한 빛의 수렴에 대한 연구, 포물면경의 연구 등에 대하여 무려 7권의 광학서적을 저술하였습니다. 특히 눈의 구조와 렌즈에 관한 연구는 이후의 광학발전에 큰 밑거름이 되었습니다.

이후 로마시대에서 중세유럽에 걸쳐 과학은 전반적으로 침체상태에 빠져 있었습니다. 그러던 중, 16세기에 이르러 갈릴레이(Galilei)가 망원경을 발명한 것을 기점으로, 빛에 대한 연구는 새로운 국면을 맞게 되었습니다. 1621년에는 라이덴 대학의 수학교수이던 스넬(Snell)이 오늘날에도 유용하게 쓰이는 반사와 굴절에 관한 '스넬의 법칙'을 발견하였습니다. 하지만 유감스럽게도 이 법칙은 스넬이 세상을 떠난 후인 1637년 데카르트(Descartes)에 의해 세상에 알려졌습니다. 데카르트는, "빛이란 공간에 차 있는 물질 속에서 빠른 직선 운동을 하는 작은 입자의 흐름"이라 생각하고 굴절의 법칙 및 다른 광학 현상을 설명하려고 노력하였습니다. 빛의 본질에 대한 그의 생각은 매우 정교하였지만, 과학적 검증이 따르지 못했기 때문에 설득력이 약했습니다. 그렇지만 그의 입자설은 뉴턴(Newton)과 그 후계자들에까지 이어졌습니다.

뉴턴은 1686년에 과학사에서 가장 중요한 책으로 평가받고 있는 '과학철학의 수학적 원리(프린키피아, Principia)'를 발표하였습니다. 또한 1704년에는 광학분야의 연구를 집대성한 저서 '광학(optics)-빛의 반사, 굴절, 변화와 색채에 관한 논문'을 출판하였습니다. 뉴턴은 이 책의 서문에서 "이 책에서 나의 계획은 빛의 성질을 가설에 의하여 설명하려는 것이 아니고, 그 성질을 이론과 실험으로 제안하고 증명하는 것이다."라고 썼습니다.

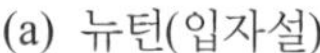

(a) 뉴턴(입자설)

(b) 호이겐스(파동설)

(c) 아인슈타인(광양자설)

그림 2.21 빛의 이중성과 과학자들

뉴턴은 빛은 입자라는 가설로 두 매질의 경계 면에서 빛의 일부가 반사하고 일부는 굴절하는 이유를 설명했습니다. 당시에 뉴턴의 입자설로는 설명이 어려운 회절과 간섭 등의 실험적 사실이 계속 발견되었지만, 물리학에서 뉴턴의 학문적 권위가 절대적이었고, 이를 지키기 위한 제자들의 노력까지 곁들여져 18세기까지 입자설이 옳다고 여겨지고 파동설은 알게 모르게 잊혀지게 되었습니다.

이태리 볼로냐에서 수학교수로 있던 그리말디(Grimaldi)는 처음으로 빛의 파동설을 주장하였습니다. 그는 물체의 그림자가 빛이 직진하여 만든 것보다 좀 더 커진다는 것을 알아내어, 빛이 직선으로만 진행하지 않는다는 사실을 발견했습니다. 그는 또 어두운 방에서 커튼의 구멍으로 들어온 햇빛에 의한 물체의 그림자가 색색의 무늬들로 둘러싸인 것을 발견했습니다. 그는 빛은 정확히 직진하는 것이 아니라 물결처럼 운동하며, 주기가 다르면 색이 달라진다고 생각하였습니다. 그는 자신의 저서 '빛, 색 그리고 시각의 물리과학'에서 "빛은 직진, 굴절, 반사할 뿐만 아니라 제4의 형태인 회절을 통해 진행하거나 퍼진다."라고 적고 있어 놀라운 통찰력을 보여 주고 있습니다.

그리말디의 파동설은 그 후 네덜란드의 물리학자 호이겐스(Huygens)에 의하여 다듬어졌습니다. 호이겐스는 파동설로 빛의 반사, 굴절, 복굴절 등의 현상을 무난히 설명할 수 있다는 것을 증명하였습니다. 그 후 빛의 파동성은 영(Young)의 실험에 의해서 명확히 입증되었습니다. 그는 두 광선이 겹쳐질 때 그것이 서로 간섭함으로써 밝고 어두운 줄무늬가 생긴다는 것을 실험으로 보여 주었습니다. 영은, 빛의 파장이 매우 작기 때문에 선명한 그림자를 만든다고 설명했습니다. 또 그리말디에 의하여 발견된 회절현상도 빛이 가장자리에서 돌아 들어가는 파동성 때문이라고 주장하였으며, 그 때까지 알려진 모든 광학적 현상을 파동설로 설명하였습니다.

영국에서의 파동설의 부활은 프랑스의 입자설을 따르는 학자들을 자극하였습니다. 말뤼(Malus)는 반사광선에서의 빛의 편광현상을 발견했습니다. 편광현상은 빛이 진행 방향과 수직한 방향으로 진동하며 나아간다(빛은 횡파다.)는 중요한 증거입니다. 브루스터(Brewster)는 편광현상을 깊이 연구하여 반사광선과 투과광선의 각도가 직각이 되었을 때 반사광선이 완전히 편광이 된다는 것을 발견하였습니다. 영은 얼마 동안은 편광현상을 파동설로 설명할 수 없다고 생각했으나, 1817년 빛의 파동이 진행방향에 대하여 90° 방향으로 진동을 한다면 두 가지 진동방향(각각 반사광선과 투과광선)이 가능하므로 파동설로 편광현상을 설명할 수 있음을 알았습니다. 같은 해, 프레넬(Fresnel)은, 빛에 관한 모든 현상은 빛이 진행 방향과 직각으로 진동하기 때문에 일어난다는 가설을 발표하였습니다. 호이겐스와 영이 뿌린 씨앗을 프레넬이 꽃피운 셈입니다.

한편, 맥스웰(Maxwell)은 1865년 전자기파 이론을 발표하여 빛도 전자기파의 일종이며 그 속력은 전기와 자기의 상수로 표시할 수 있다고 하였습니다. 전기진동으로 자기장이 변하면, 그 영향을 받아 전기장이 생기고, 또 전기장이 변하면 자기장이 생기며, 이러한 과정이 반복되면서 이것이 파동의 형태로 공간을 퍼져 나가는데, 이와 같은 파동을 전자기파라고 불렀습니다. 맥스웰은 전자기파를 실험적으로 검증하지 못했지만, 결국 1888년 헤르츠(Hertz)가 전자기파의 존재를 입증하였습니다. 오늘날 진동수의 단위로 쓰이는 헤르츠(Hz)는 그의 이름에서 따온 것입니다.

헤르츠에 의한 전자기파의 발견을 계기로 입자설과 파동설의 대립은 파동설이 승리하는 것처럼 보였습니다. 그러나 20세기 초, 입자설을 뒷받침하는 증거들이 새롭게 드러나기 시작하였습니다. 그 시작은 소위 흑체(黑體, blackbody)의 열복사 스펙트럼의 연구에서 비롯되었습니다. 흑체를 서서히 가열하면 처음에는 붉게 달아오르지만 온도를 올릴수록 적색, 주황색을 거쳐 나중에는 청색으로 됩니다. 이것은 온도에 따라 가장 많이 나오는 복사선의 파장이 다르다는 것을 뜻합니다. 흑체의 스펙트럼에서 파장에 따른 복사선의 강도분포를 설명하기 위하여 독일의 플랑크(Planck)는 양자가설을 도입하였습니다. 그는 복사선의 에너지가 아무 값이나 취할 수 있는 것이 아니라 어떤 최소량의 정수배만 가진다고 생각한다면 흑체의 스펙트럼을 잘 설명할 수 있다고 주장했습니다.

아인슈타인(Einstein)은 1905년에 광전효과를 설명하기 위하여 빛도 일정한 에너지를 가진 입자라고 생각하고 그 에너지의 크기는 진동수에 비례한다고 주장했습니다. 입자의 에너지를 나타내는데 파동의 특징인 진동수를 도입하였습니다. 오늘날에는 이 입자를 광자(photon)라고 부릅니다. 아인슈타인은 1879년 3월 14일 독일에서 태어났습니다. 그 해는 바로 전자기학의 대부, 맥스웰이 죽은 해입니다. 묘하게도 뉴턴이 갈릴레이가 죽은 해에 태어났던 것처럼 아인슈타인은 전자기학의 이론을 완성시킨 맥스웰이 죽은 해에 태어났습니다. 그리하여 갈릴레이가 완성하지 못한 역학 체계를 뉴턴이 완성했고, 맥스웰이 이룩한 전자기파 이론이 아인슈타인의 상대성이론으로 이어지게 됩니다. 그리고 더욱더 기이한 인연은 아인슈타인이 최초로 감동을 받은 과학현상이 바로 맥스웰이 일생동안 연구했던 전자기학에 관한 것이었다고 합니다. 아인슈타인은 그가 주창한 광양자설에서 "빛은 파동의 주파수에 비례하는 에너지를 가진 작은 입자 덩어리들"이라고 규정하였습니다. 이로부터 빛이 입자와 파동이라는 배타적인 개념이 양자영역에서 통합되는 시발점이 되었습니다.

그림 2.22 제5차 솔베이 물리학회와 20세기 초의 위대한 과학자들
(이 사진에서 노벨상만 몇 개일까요?)

1923년 미국의 콤프턴(Compton)은 전자에 X선을 쪼였을 때 X선이 에너지의 일부를 전자에 넘겨주고 진동수가 감소하여 산란하는 것을 확인하였습니다. 이 때 에너지를 잃은 X선의 파장은 길어집니다. 그는 이 현상을 광자의 개념을 도입하여 설명했습니다. 이 때 X선 광자와 전자의 충돌 전후의 운동량을 계산하고 이 운동량을 파장으로 환산한 것이 관측결과와 잘 일치하였습니다. 즉, 광자가 운동량과 에너지를 운반하고 있으며, 운동량 보존법칙과 에너지 보존법칙을 만족하는 입자들로 취급할 수 있다는 실험적 증거를 얻은 것입니다.

1924년 드브로이(de Broglie)는 입자도 파동성을 가질 수 있다는 획기적인 제안을 했습니다. 그의 주장에 다르면 움직이는 물체는 경우에 따라서는 파동성을 가진 것처럼 행동하는데, 이 물질파(matter wave)의 파장(λ)은 다음과 같습니다.

$$\lambda = h/p = h/mv \tag{2.1}$$

여기서 p는 물체의 운동량, m은 물체의 질량, v는 물체의 속력이고, h는 플랑크 상수(Planck's constant)로 $6.626 \times 10^{-34}(\mathrm{J \cdot s})$의 값을 갖습니다.

1927년 데이비슨(Davisson)과 거머(Germer)는 니켈에 전자를 입사시킨 결과, 회절무늬를 관찰하고 전자의 파동성을 확인하였습니다. 원래 데이비슨과 거머는 다결정의 니켈 과녁에 전자선을 쪼여 니켈 표면의 원자구조를 알아내려고 하였습니다. 그런데 실수로 진공으로 된 장치의 진공이 파괴되고 고온의 니켈과녁이 산화되어 버렸습니다. 이 산화층을 제거하기 위하여 니켈을 수소 속에서 서서히 가열하면서 환원되도록 하였습니다. 이 기구가 재구성되었을 때의 실험결과는 전과는 매우 달랐습니다. 니켈을 서서히 가열하는 동안, 니켈이 커다란 단결정구조가 되었기 때문입니다. 단결정은 규칙적인 원자의 격자구조를 가지고 있어서 이 격자에서 전자의 회절이 일어났던 것입니다. 이 실험으로 드브로이파의 존재가 확인되어 드브로이는 1929년 노벨상을 받았습니다. 그런데 일상생활에서 접하는 물건들은 왜 파동성이 나타나지 않을까요? 우리 주변의 물체가 파동성이 없는 것처럼 보이는 것은 물질파의 파장이 관측이 불가능한 수준으로 매우 작기 때문입니다.

광양자이론(photon theory)의 성공은 입자설의 부활을 의미하는 것일까요? 이것은 그렇게 단순한 문제가 아닙니다. 광양자를 나타낼 때 파동의 특성인 진동수가 들어있는 것에 주의해야 합니다. 즉, 광양자는 에너지덩어리라는 입자의 성질과 진동수로 대표되는 파동의 성질을 모두 가지고 있는 것입니다. 빛의 입자설과 파동설은 수세기에 걸쳐 다투어 왔지만, 결국 빛은 이중성을 가진 것으로 판명되었습니다. 이것은 앞서 언급한 플랑크, 아인슈타인, 그리고 드브로이 이외에도 수많은 물리학자들이 체계적으로 깊이 있게 연구한 노력의 결실입니다.

그림 2.23에서는 전자기파를 에너지(E)나 진동수(ν)와 파장(λ)을 기준으로 분류하였습니다. 광자로서의 빛의 에너지는 플랑크상수(h)를 비례상수로 하여 그 진동수에 비례하여 증가하게 됩니다. 또한 빛의 진동수는 자유공간에서의 빛의 전파속도(c)를 파장으로 나눈 값과 같으므로 다음 (2.2)의 식으로 표현할 수 있습니다.

$$E = h\nu = hc/\lambda \tag{2.2}$$

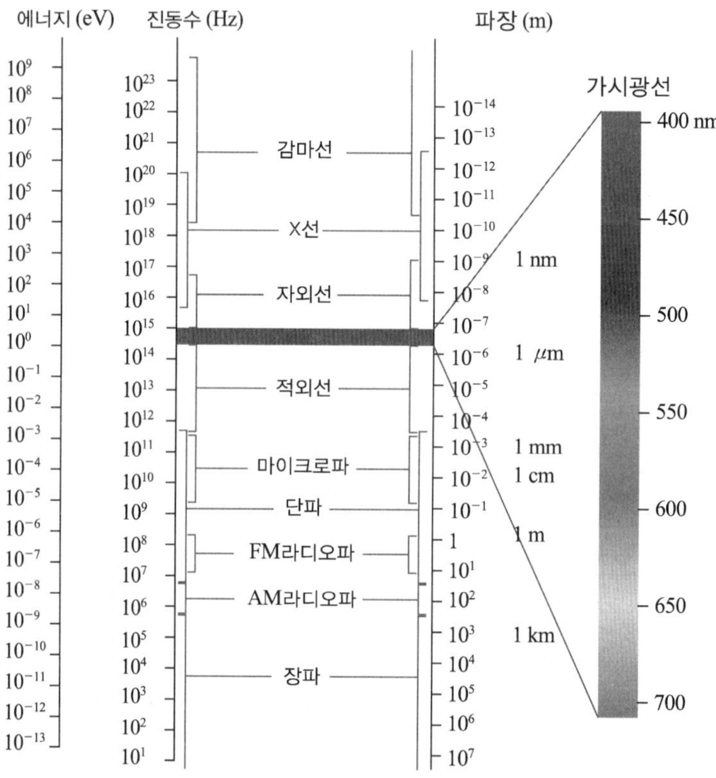

그림 2.23 전자기파의 스펙트럼

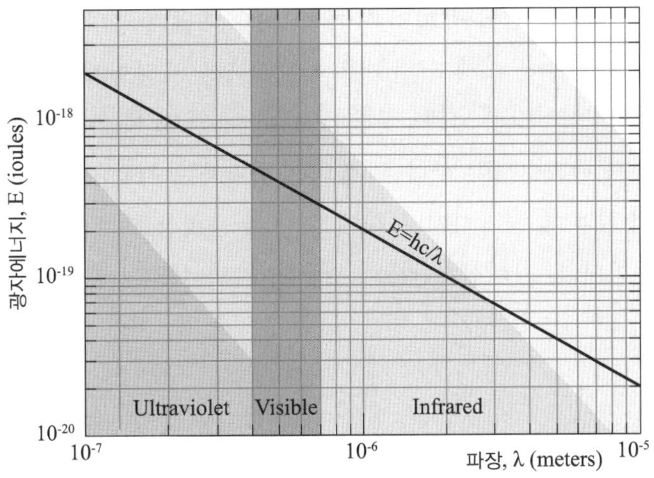

그림 2.24 전자기파의 에너지와 파장의 상관관계

2.10 자외선과 피부

피부는 20대부터 피할 수 없는 노화과정을 걷게 됩니다. 피부노화의 주범은 햇빛, 그 중에서도 자외선입니다. 자외선에 피부가 노출되면 표피의 멜라닌색소가 변성되고, 주름이 늘고, 피부의 탄력성이 떨어지게 됩니다. 또한 멜라닌색소의 과잉생성으로 인해 기미나 검버섯 등의 피부잡티가 잘 생기기도 합니다.

자외선을 세분하면 대기권의 오존(ozone) 층에 의해 흡수, 제거되는 가장 짧은 파장인 자외선 C(200~290 nm)와 창유리에 의해 제거되는 중간파장인 자외선 B(290~320 nm), 그리고 파장이 가장 긴 자외선인 자외선 A(320~400 nm)로 나누어집니다. 340 nm를 기준으로 자외선 A1과 자외선 A2로 세분하기도 합니다. 그 중에 자외선 A와 B가 지상에 도달되며 우리의 피부와 밀접한 관계가 있습니다. 자외선 A는 특성상 파장이 길어 피부 깊숙이 침투해 피부의 진피를 손상시킵니다. 자외선 A는 계절이나 날씨에 별로 영향을 받지 않고 거의 일정량이 지구상에 도달하기 때문에 일광화상, 피부노화, 피부암 발생에 일부 영향을 줍니다. 자외선 A는 자외선의 95%를 차지하고 일출과 일몰까지 하루 종일, 4계절 내내, 구름 낀 흐린 날에도 존재합니다. 유리를 투과하기 때문에 햇볕이 닿는 곳이면 모두 영향을 줍니다. 자외선 B는 에너지가 커서 피부에 영향을 많이 주는데, 피부가 붉게 되고 물집이 생기는 일광화상의 주원인이고 피부노화와 피부암의 발생의 원인이 되기도 합니다. 자외선 C는 에너지가 가장 크기 때문에 발암성도 가장 강하고 위험하지만, 다행히도 오존층에 의해 차단되어 지구상에는 도달하지 않습니다.

자외선 노출을 최소화하려면 자외선차단제(sunscreen, sun block, sun lotion, sun cream, block out)의 사용을 습관화해야 합니다. 자외선 차단제는 자외선을 자체적으로 흡수, 반사 및 산란시켜서 피부에 도달하지 못하게 하여 일광화상, 피부노화 및 피부암 발생을 방지하는 데 기여합니다. 자외선차단제의 효능은 자외선 B의 경우, 자외선차단지수(Sun Protection Factor, SPF)로 표시하고 지수의 값은 다음의 식에 의해 표현됩니다.

$$\text{SPF} = \frac{\text{자외선차단제를 바른 피부가 붉어지기 시작하는 자외선의 양}}{\text{자외선차단제를 바르지 않은 피부가 붉어지기 시작하는 자외선의 양}} \quad (2.3)$$

즉, 자외선차단제의 SPF가 15이면 그 자외선차단제를 바른 피부는 자외선차단제를 바르지 않은 피부보다 15배의 자외선 양에 노출되어야 붉어지는 것입니다. 하지만 엄밀하게 말하면 같은 자외선차단제라도 자외선의 노광조건에 따라 그 값은 어느 정도 변할 수 있습니다. 예를 들어 직사광선 여부, 하루 중 시간, 지리학적 위치, 기상조건 등에 따라 달라집니다. 일반적으로 SPF 15 이상의 자외선차단제를 쓰면 무난하다고 할 수 있습니다. 한편, 자외선 A도 피부노화나 피부암 발생에 일부 영향을 주므로 자외선 A 차단지수도 생각해야 합니다. 자외선 A의 차단지수는 PA(protection of A) 또는 PPD(persistent pigment darkening)로 표시합니다. 보통 +, ++, +++로 표시하며, + 표시가 많을수록 차단지수가 높습니다. 일반적으로 자외선차단제는 자외선 A와 B를 모두 차단할 수 있는 것을 선택하여 2~3시간마다 충분한 양을 바르는 것이 가장 좋은 방법이라 할 수 있습니다.

자외선은 물이나 눈에 반사되어, 조사되는 양이 증가될 수 있으므로 겨울철에도 발라야 합니다. 또한 자외선 A는 구름을 통과하므로 자외선차단제는 흐린 날에도 사용해야 합니다. 그늘에 있거나 양산 또는 썬 캡(sun cap)을 쓰는 경우에도 직사광선은 피할 수 있지만 반사광이나 공기에 의한 산란광은 피할 수 없습니다. 한편, 야외수영장이나 강에서 물놀이를 할 때에, 물속에만 있더라도 자외선은 물을 잘 통과하기 때문에 자외선차단제를 발라야 합니다. 물은 자외선에 대한 투명도가 높아서 185 nm까지의 자외선을 통과시키며, 250 nm의 자외선에 대해서는 두께 5 cm의 물에서 15%, 20 cm의 물에서는 50% 정도밖에 흡수되지 않습니다.

우리나라의 경우, 자외선은 4~8월에 강해지며 6월에 가장 강합니다. 따라서 한여름에만 자외선을 차단하려 하지 말고 봄철과 6월에도 더욱 신경을 써야 합니다.

연습문제

1. Einstein은 “빛은 파동의 (　　)에 비례하는 에너지를 가진 작은 입자 덩어리들”이라 규정하였다.

   ① 진폭　　② 주기
   ③ 파장　　④ 진동수

2. 다음 중, 무지개와 관련이 적은 빛의 성질은?

   ① 반사　　② 간섭
   ③ 굴절　　④ 분산

3. 자외선이 피부세포에 조사되면 만들어지는 영양소는?

   ① 비타민 A　　② 비타민 B
   ③ 비타민 C　　④ 비타민 D

4. 햇무리나 달무리가 일어나는 이유는 어떤 입자의 어떤 산란 때문인가?

   ① 먼지, Mie　　② 얼음, Mie
   ③ 먼지, Rayleigh　　④ 얼음, Rayleigh

5. 다음 중 원리가 다른 현상은?

   ① 신기루　　② 무지개
   ③ 저녁놀　　④ 프리즘

6. 지구상에 개기일식이 일어날 때, 달에 있는 관찰자에게 지구는 어떻게 보일까?

   ① 지구가 하늘에서 사라진다.
   ② 지구가 희미해지고 붉게 변한다.
   ③ 아무 일도 일어나지 않는다.
   ④ 지구면에서 작고 어두운 점이 움직인다.

7. 서로 다른 색깔(파장)의 빛은 서로 다른 (　　)을(를) 의미한다.

   ① 속도　　② 강도
   ③ 편광　　④ 진동수

8. 만약에 태양 빛이 백색광이 아니고 녹색 성분만 있다면 더운 날씨에 가장 편안한 색깔의 옷은?

① 심홍색 옷 ② 노란색 옷

③ 초록색 옷 ④ 파란색 옷

9. 여름에 그늘에만 있어도 피부가 타는 현상으로부터 대기가 (　　) 알 수 있다.

① 적외선을 산란시킴을 ② 적외선을 투과시킴을

③ 자외선을 산란시킴을 ④ 자외선을 투과시킴을

10. 다이아몬드의 4C 중에서 인공적으로 결정되는 요소는?

① Cut ② Carat

③ Color ④ Clarity

11. 다음 중, 지표면에 도달하는 전체 자외선의 대부분을 차지하는 자외선은?

① 자외선 A ② 자외선 B ③ 자외선 C

12. 가시광선의 색광 중, 가장 파장대역이 넓은 색깔은?

① 빨간색 ② 초록색

③ 노란색 ④ 보라색

CHAPTER 03

빛과 방사선과 전파는 한 형제

제3장에서는 전자기파(electromagnetic wave)로서의 빛의 성질에 대하여 개괄적으로 소개합니다. 우선 파동의 발생에 대하여 간단히 살펴보도록 하겠습니다. 파동이란 물질의 한 곳에서 발생한 진동이 다른 곳으로 퍼져 나가는 현상을 말합니다. 이때 물질은 제자리에서 진동하고, 운동 상태(에너지)와 모양의 변화가 물질을 따라 이동합니다.

① 매질(媒質, media) : 음파(sound wave)나 물결 파(water wave)와 같은 파동을 다른 곳으로 전달하는 물질(공기나 물)을 매질이라고 합니다. 대부분의 경우, 매질의 탄성으로 인해 발생하는 운동에 의해 파동이 전달됩니다. 그러나 빛의 경우에는 전자기유도라고 하는 고유의 현상에 의해 전파되기 때문에 매질이 없는 곳에서도 전파가 가능합니다.

② 파원(波原, source) : 파동이 처음 생긴 곳을 파원이라고 하며 바로 진동을 일으키는 물체나 장소라고 할 수 있습니다. 호수에 돌을 던지면 돌이 떨어진 곳의 물이 진동을 하게 되며 이로부터 물결이 사방으로 퍼져 나가게 됩니다. 돌이 떨어진 곳을 파원이라고 하며 물결이 파동이고 여기서 물은 진동을 전달하는 물질인 매질이 됩니다. 떨어진 돌이 물에 일을 하면서 에너지가 주어지고 이 에너지가 물결의 형태로 동심원을 그리며 퍼져 나가는 것입니다.

③ 파동의 전파(propagation) : 파동은 매질의 직접적인 이동 없이 매질의 각 부분들이 파원과 같은 운동을 차례대로 일으킴으로써 진동(에너지)을 다른 곳으로 전달합니다.

3.1 음파와 파동

음파는 빛과 유사한 파동의 성질을 가지고 있으나 파동의 진동방향과 진행방향이 같은 종파(longitudinal wave)입니다. 반면에 빛은 파동의 진동방향과 진행방향이 서로 수직한 횡파(transverse wave)입니다. 대부분의 소리는 물체의 진동에 의하여 만들어진 파동입니다. 북, 병, 그리고 소리굽쇠(tuning fork) 등이 진동하면서 공기를 앞뒤로 밀었다 당겼다 하면 공기에 압축된 부분(밀, 密, condensation)과 희박한 부분(소, 疏, rarefaction)이 번갈아 생기는데 이것이 공기를 통해 전파되어 나갑니다. 그래서 종파를 소밀파(疏密波)라고도 부릅니다. 이렇게 만들어진 파동은 우리의 귀의 고막을 같은 진동수로 진동시키고 이러한 진동이 청각신경을 따라 뇌까지 전달됩니다. 이러한 과정을 통하여 우리는 소리를 듣게 되는 것입니다.

파동의 종류는 파동의 진행방향과 매질의 운동방향을 비교하여 횡파와 종파로 크게 나눕니다. 횡파(transverse wave)는 파동의 진행방향과 매질의 운동방향이 서로 수직인 파동을 말합니다. 줄을 잡고 상하나 좌우로 흔들었을 때 발생되는 파동과 같은 것으로 대표적인 횡파에는 빛이나 전자기파와 지진파(seismic wave) 중의 S파(secondary wave)가 있습니다. 빛과 전자기파는 매질의 운동과는 관계가 없으나 전기장과 자기장의 진동방향이 진행방향에 수직이기 때문에 횡파로 분류합니다.

다음으로 종파(longitudinal wave)는 파동의 진행방향과 매질의 운동방향이 서로 나란한 파동으로 굵은 용수철을 앞뒤로 흔들었을 때 발생되는 파동과 같은 것으로 대표적인

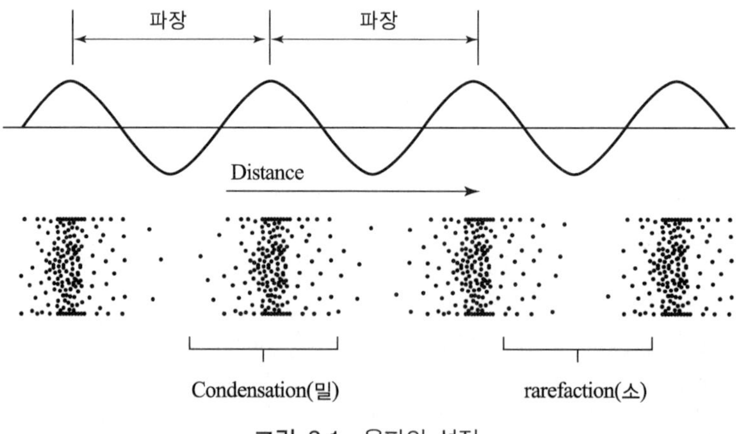

그림 3.1 음파의 성질

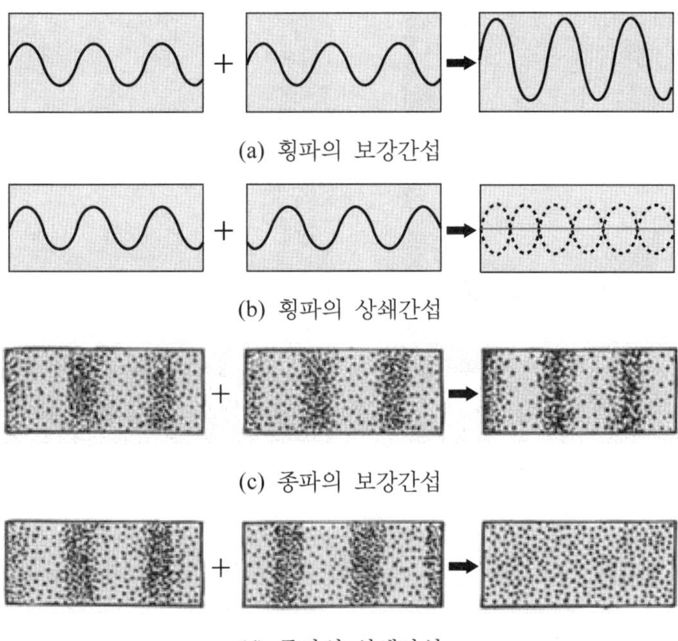

(a) 횡파의 보강간섭

(b) 횡파의 상쇄간섭

(c) 종파의 보강간섭

(d) 종파의 상쇄간섭

그림 3.2 횡파와 종파의 간섭

종파에는 소리(음파)와 지진파 중의 P파(primary wave)가 있습니다. 우리가 소리를 듣는 것은 바로 진행방향에 나란하게 공기를 진동시켜 전파되어온 음파가 역시 우리 귀의 고막을 앞뒤로 흔들기 때문입니다. 음파의 이러한 성질 때문에 큰 폭발사고가 나거나 낮게 비행하는 초음속 비행기에 의한 음속폭음(sonic boom)이 발생하면 근처에 있는 건물의 유리창들이 깨지는 것입니다. 이때는 강력한 충격파(shock wave)가 유리창을 앞뒤로 강하게 흔들기 때문입니다. 1999년 노벨문학상 수상자인 권터 그라스(Gunter W. Grass)의 수상작 ‘양철북(The Tin Drum)’에 나오는 북치는 난쟁이 소년 오스카는 소리를 질러 주변의 온갖 유리들을 깨뜨립니다. 그렇다면 사람이 소리를 질러 유리창이나 유리컵을 깨뜨리는 일이 실제로 가능할까요? 아니면 소설이나 영화에서만 가능한 허구일까요? 그림 3.3에서 보듯이 공진(共振, resonance)이라는 개념을 고려하여 각자 생각해 봅시다.

공기 중에서 음파의 전파속도(propagation velocity)는 기압, 온도, 그리고 습도에 따라 달라집니다. 여러 매질에서의 음파의 속력은 다음의 표 3.1과 같습니다.

일반적으로 음파의 속력이 기체보다 액체, 그리고 액체보다 고체에서 더 빨라지는 이유는 그 물질의 탄성과 관계가 있습니다. 또한 동일한 매질에서도 온도가 높을수록 전파속도는 더 빨라집니다.

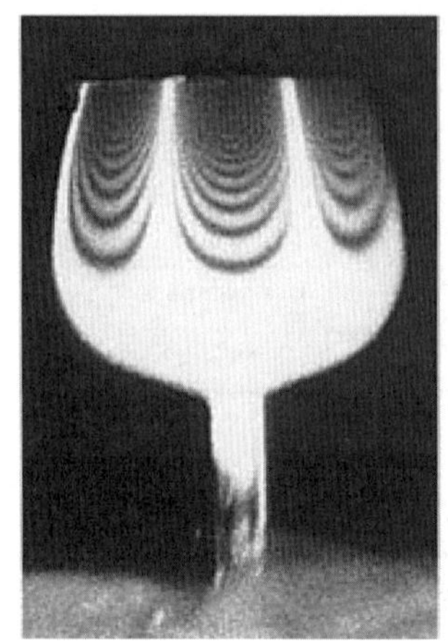

그림 3.3 음파에 의한 유리컵의 공진파괴

표 3.1 각 매질에서의 음파의 속력

매질의 종류	전파속도(m/s)
공기(0 °C)	330
공기(15 °C)	342
물(0 °C)	1,410
물(15 °C)	1,450
구리(20 °C)	3,500
화강암(20 °C)	6,000

3.2 물결 파와 파동

바닷가의 파도(파랑과 너울)나 호수의 잔물결들과 같은 물결 파들은 줄을 위아래로 흔드는 것과는 다른 모습으로 전달됩니다. 줄을 위아래로 흔들 경우, 줄의 일부분은 상하로만 움직이지만 파도는 마치 소리가 전달되는 것처럼 앞뒤로도 진동을 합니다. 따라서 파도의 진행은 횡파와 종파의 성질을 모두 가지고 있고, 그러한 성질로 인해 그림 3.4와 같이 물 입자의 운동은 원운동(circular motion)을 합니다.

그림 3.5에서와 같이 물의 깊이에 따른 물결 파의 운동을 살펴보면 수심이 깊은 곳에서의 물 분자의 운동은 완전한 원운동을 하나 수심이 얕아질수록 종파의 성분이 커져서

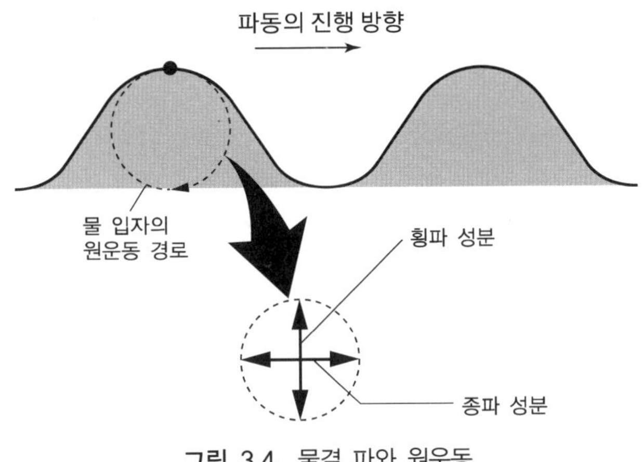

그림 3.4 물결 파와 원운동

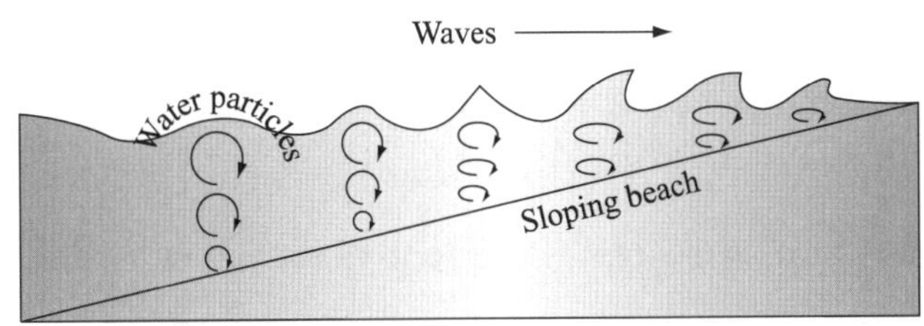

그림 3.5 깊이에 따른 물결 파의 운동

타원운동(elliptical motion)의 경향이 점점 강해집니다.

강가나 호숫가에서 조약돌을 주워 물을 향해 돌팔매질을 해본 경험이 있습니까? 이 때 조그만 조약돌에 의해 충격을 받은 물 분자들은 아래 방향으로 내려가게 됩니다. 그러면 옆에 있던 물 분자들은 밀려서 위쪽 방향으로 올라가 동심원의 첫 물결 파가 발생합니다. 그러나 위쪽 방향으로 올라간 물 분자들은 중력방향으로 힘을 받기 때문에 아래쪽으로 힘을 받고, 아래로 내려갔던 물 분자들은 원래의 위치로 돌아오려는 관성의 법칙에 의해 위쪽으로 힘을 받습니다. 이렇게 해서 물결이 발생하여 퍼져 나가는데 이 때 적용되는 원리가 바로 호이겐스(Huygens)의 원리입니다. 호이겐스의 원리에 의하면 첫 번째 물결 파의 파면에 있는 물 분자들은 새로운 점파원이 되어 작은 파를 만들고, 이 작은 파들이 중첩되어 2차 파면을 만듭니다. 그리고 이 2차 파면 상에 있는 물 분자들은 다시 또 작은 파원을 만들고 이들이 중첩되어 3차 파면을 만듭니다. 이렇게 해서 물결 파는 파원을 중심으로 동심원을 그리며 밖으로 퍼져 나갑니다. 그러나 물 분자들은 아래 위로 진동만 할 뿐, 밖으로 이동하지는 않습니다. 즉, 퍼져 나가는 것은 조약돌의 충격에 의해 만들어진 에너지가 물결 파로 변하여 밖으로 전파되는 것이고, 물 분자들이 이동하는 것은 아닙니다.

3.3 빛과 전자기파

광학(光學, optics)은 자연과학(science)이자 공학(engineering)이기도 합니다. 더불어 광학분야는 풍부한 역사를 자랑하며 지속적으로 성장하는 분야입니다. 광학은 전자기파(electromagnetic wave)라고 부르는 일종의 에너지 파를 연구하는 학문입니다. 광학 엔지니어(optical engineer)들은 과학자(scientist)들이 발견한 광학적인 이론이나 현상들을 이용하여 산업계에서 유용하게 사용될 수 있는 다양한 광학장치(optical devices)들을 설계하고 만드는 역할을 합니다.

전자기파의 스펙트럼은 범위가 대단히 넓으며 서로 다른 파장이나 진동수를 갖는 전자기파들 간에는 공통점이 거의 없는 것처럼 오해할 수 있으나, 사실은 모든 전자기파가 똑같은 물리적 법칙의 지배를 받는다는 사실에 주목해야 합니다. 따라서 어떤 특정한 환경에서의 가시광선(visible light)의 거동을 안다면 같은 환경에서 마이크로파(microwave)가 어떤 거동을 보일지 예측하는 것은 별로 어려운 일이 아닙니다.

전하(전자)가 전기장의 변화에 의해 가속운동을 할 경우, 주위에 전자기파가 발생됩니다. 이 전자기파는 전기장과 자기장의 주기적인 교란에 의해 공간으로 퍼져 나가게 됩니다. 예를 들어, 휴대전화기(cellular phone) 안테나의 전자가 전기장에 의해 상하로 진동하면서 왕복운동을 하면 그 진동수에 해당하는 전자기파가 송출되게 되는 것입니다. 이 진동수는 휴대전화기 고유의 주파수가 되어 많은 전화기 중, 자신의 것을 구분하는 중요한 기준이 됩니다. 전자기파는 전기장과 자기장이 서로 수직으로 진동을 하면서 방출되는데 그 속도는 빛의 속도와 같습니다. 이러한 사실은 17세기 맥스웰(Maxwell)이라는 영국의 물리학자에 의해 밝혀지게 되었는데, 그는 전자기학을 모두 설명할 수 있는 네 가지의 방정식을 완성하면서 이러한 사실을 증명하게 되었습니다. 휴대전화는 자신의 고유한 진동수(주파수)를 가지고 있어서 기지국에서 송출된 전자기파를 수신하는 역할을 하는데 이것 역시 안테나에서 전자들이 고유의 주파수로 공명하면서 일어납니다. 휴대전화기의 안테나를 잘 살펴보면 금속(도체) 봉 표면에 플라스틱으로 코팅이 되어 있으며 이 금속 봉 속의 전자들이 휴대전화기에 설정된 고유의 진동수로 진동하며 전자기파를 방출합니다.

영국의 물리학자 패러데이(Faraday)가 10세기를 대표하는 실험 물리학자라면, 맥스웰은 10세기를 대표하는 이론 물리학자였습니다. 맥스웰은 앞서 알려진 전기와 자기의 상호작용에 주목하고, '만약에 변하는 자기장이 전기장을 만든다면 거꾸로 변하는 전기장도 자기장을 만들 수 있지 않을까?'라고 생각했습니다. 맥스웰은 완전히 이론상의 빈 공간에서 변화하는 전기장이 존재하면 그 곳에 자기장이 만들어지고, 반대로 변화하는 자기장이 존재하면 전기장이 만들어지는 과정이 되풀이되어, 이들 전기장과 자기장의 파동이 공간으로 전파해 나갈 것이라고 예측하였습니다. 그리고 이와 같은 파동을 전자기파라고 불렀습니다. 또한, 맥스웰은 전자기파의 속도가 전기와 자기의 상수만을 포함하여 항상 일정한 값을 갖는다는 중요한 사실을 밝혔습니다. 그런데 이 이론적인 계산 값 ($c = 300{,}000{,}000\ \mathrm{m/s} = 3 \times 10^8\ \mathrm{m/s}$)은 여러 실험 물리학자들이 측정한 빛의 속도와 거의 일치하였습니다. 결국 맥스웰은 빛과 전자기파의 여러 성질을 비교하여 '빛이 곧 전자기파다.'라고 결론지었습니다. 많은 물리학자들은 맥스웰의 이런 주장에 즉각 찬성하지는 않았지만, 맥스웰이 죽은 지 8년 뒤에 독일의 헤르츠(Hertz)가 실험적으로 전자기파를 만들어 맥스웰의 이론을 성공적으로 증명해냈습니다. 또한 헤르츠는 전자기파가 빛의 속도로 전파되고 직진, 반사, 굴절, 간섭 등의 빛의 성질을 그대로 가지고 있다는 사실도 밝혀냈습니다.

원자(또는 분자)는 양전기를 갖는 핵의 주위를 음전기를 갖는 전자들이 돌고 있으며 전자들은 일정한 에너지를 갖고 핵 주위의 원형궤도를 돌고 있습니다. 원자에 속한 전자가 빛에너지를 받으면 여기(勵起, excitation)되어 에너지가 높은 궤도로 전이(transition)하며 이를 광 흡수(光 吸收, photo-absorption)라 부릅니다. 반대로 빛에너지를 방출하면서 에너지가 낮은 궤도로 전이하기도 하며, 이를 광 발광(光 發光, photo-emission)이라 부릅니다.

흡수(absorption)의 특징은 원자 내의 전자가 에너지를 받으면 낮은 에너지궤도(E_1)에서 높은 에너지궤도(E_2)로 전이하는데 높은 진동수의 광을 흡수하면 더 높은 궤도로 전이하고, 낮은 진동수의 광을 흡수하면 상대적으로 덜 높은 궤도로 전이하게 되며, 이 과정에서 에너지는 보존됩니다.

$$E_2 = E_1 + h\nu, \quad (E_2 > E_1) \tag{3.1}$$

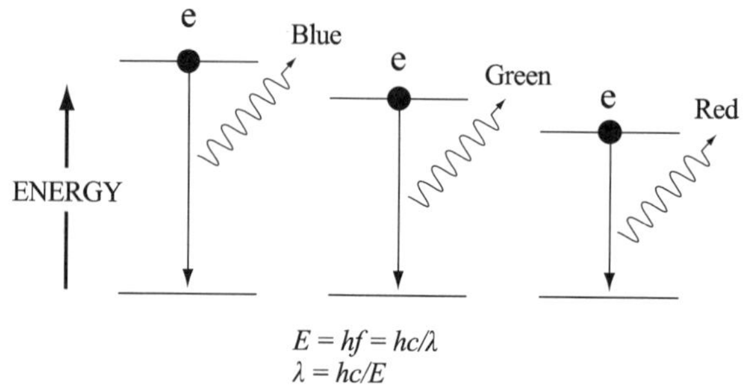

그림 3.6 빛의 흡수와 발광

발광(emission)의 특징은 들뜬(excited) 전자가 자발적으로 원래의 상태로 되돌아오며 높은 에너지궤도(E_2)에서 낮은 에너지궤도(E_1)로 전이하며, 그 과정에서 식 3.2와 같이 두 궤도의 에너지 차이에 해당하는 진동수(ν_{21})를 갖는 빛을 방출합니다. 이 과정에서 에너지는 보존됩니다.

$$\nu_{21} = (E_2 - E_1)/h, \quad (E_2 > E_1) \tag{3.2}$$

3.4 전자기파의 종류

전자기파는 파장이나 진동수에 따라 크게 세 가지 대역으로 구분하는데 파장이 가장 짧고 진동수가 가장 높은 감마선(gamma ray)이나 X선은 방사선(放射線, radioactive rays)이라 부릅니다. 반대로 파장이 아주 길고 진동수가 가장 낮은 마이크로파(microwave)나 밀리미터파(millimeter wave) 등은 전파(電波, electric wave 또는 radio wave)라고 부릅니다. 파장이나 진동수가 방사선과 전파의 중간범위에 드는 자외선, 가시광선, 그리고 적외선은 특별히 광파(光波, light-wave)라 부르며, 광학은 전자기파 중에서도 주로 광파의 영역에 드는 자외선, 가시광선, 그리고 적외선에 대해 연구하고 활용하는 분야라 할 수 있습니다.

(1) 라디오파: 라디오파는 크게 AM(amplitude modulation)파와 FM(frequency modulation)파로 나뉘며 각각 540~1600 kHz와 88~108 MHz의 주파수대역을 가지고 있습니다. 라디오 방송국은 고유의 할당된 반송파주파수(搬送波周波數, carrier-wave frequency)를 가지고 변조(變調)를 행하게 됩니다. 먼저, AM은 진폭변조라고 부르며 전파에서 진폭을 변

화시키는 작업입니다. AM은 장거리 단파방송이나 텔레비전 방송의 영상부분에 채택되고 있습니다. FM은 주파수변조라고 부르며 AM과는 달리 진폭은 변화가 없고 필요에 따라 주파수만을 변화시킵니다. 이러한 유형의 변조방식은 1930년대 미국의 암스트롱(Armstrong)에 의해 개발되었습니다. FM은 AM이 갖는 누화(cross-talk)를 극복하기 위해 개발되었으며, AM보다 누화나 잡음(noise)에 덜 민감합니다. 따라서 천둥, 번개나 그 밖의 기계 등에 의해 생기는 잡음의 침투가 적어서 음질이 AM보다 상대적으로 깨끗합니다. 잡음을 내는 신호는 전파의 진폭에 큰 영향을 주지만 주파수에는 영향을 주지 못하기 때문입니다. FM은 스테레오사운드(stereo sound), TV의 소리 부분 및 장거리전화 등에 채택되고 있습니다. 또한 FM은 AM보다 더 높은 주파수대역을 사용하고 있습니다.

(2) **마이크로파**: 마이크로파는 파장범위로 30 cm～1 mm, 주파수범위로 1～300 GHz의

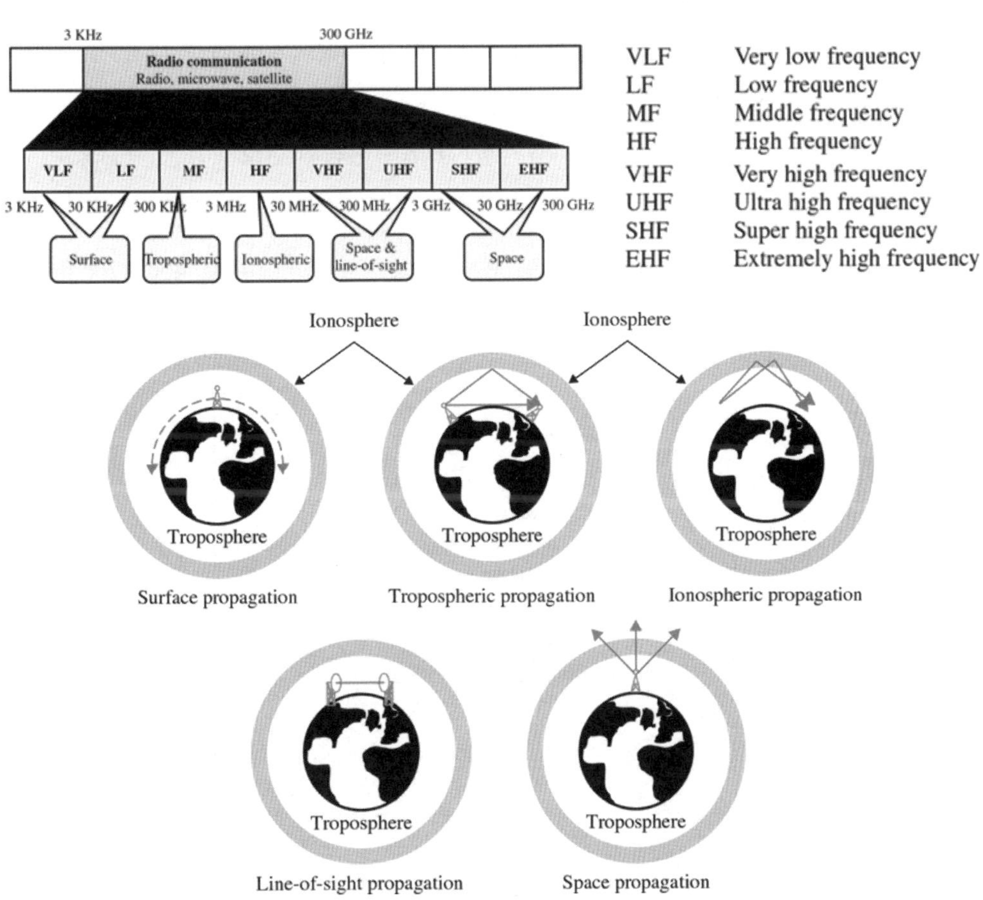

그림 3.7 파장과 주파수에 따른 전자기파의 분류

전자기파를 통칭하고 있으며 휴대전화나 스마트폰 등과 같은 무선통신 및 police radar, 마이크로파 오븐(microwave oven) 등에 폭넓게 사용되고 있습니다. 마이크로파는 광에 비해 상대적으로 파장이 길지만 적외선과 인접한 영역에 있기 때문에 광과 특성이 가장 비슷한 전자기파입니다.

(3) 적외선: 전파영역보다 파장이 짧아지면 적외선영역에 도달합니다. 적외선은 2개 이상의 원자들로 구성된 분자에서 원자 상호 간의 진동이나 분자 전체의 회전에너지가 변하여 전자기파로 방출되는 빛을 말합니다. 적외선은 1 mm~700 nm의 파장범위를 가지며 열작용이 강한 특징이 있어서 열선(thermal light)이라 불리기도 합니다. 따라서 열이 나는 물체에서는 반드시 적외선이 방출됩니다. 이러한 원리를 이용하여 만든 카메라가 적외선카메라(IR camera)입니다.

적외선은 광섬유(optical fiber)를 전송매질로 하는 유선통신 방식인 광섬유통신(fiber-optic communication), 야간투시경(night viewer), 적외선 레이저메스(IR scalpel), 미사일 유도탄(guided missile) 등에 사용됩니다.

적외선은 파장범위에 따라 가시광선에 가장 가까운 근적외선(near IR), 다음으로 중적외선(mid IR), 그리고 가장 먼 원적외선(far IR)의 세 가지로 나눕니다.

(4) 가시광선: 가시광선은 우리가 눈으로 볼 수 있는 파장의 범위로 400~700 nm이며 눈에 보이므로 파장 대신 색깔(color)로 세분하기도 합니다. 그림 3.8에서 보듯이 가시광

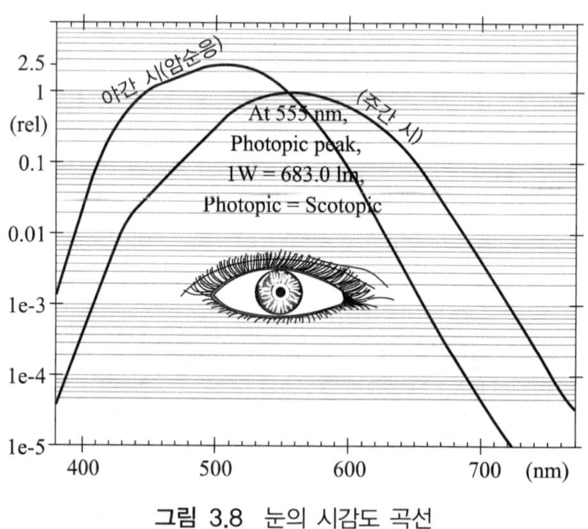

그림 3.8 눈의 시감도 곡선

선 영역에서, 인간의 눈의 시감도가 최대인 파장은 주간에는 555 nm, 야간에는 507 nm 입니다.

(5) 자외선: 자외선은 10～400 nm의 파장범위를 가지며 태양이 주된 근원이 됩니다. 태양에서 나오는 자외선의 대부분은 대기권의 오존(ozone)층에서 흡수됩니다. 자외선은 원자핵 주위를 돌고 있던 전자 중에서 가장 외곽전자가 에너지가 더 높은 상태로 여기되었다가 에너지가 낮은 상태로 떨어지면서 주로 방출하는 빛입니다. 물론 이러한 자외선 중에는 안쪽전자의 전이에 의해서 방출되는 것도 있습니다.

자외선의 특정파장과 그 주된 작용은 다음과 같이 분류됩니다. 먼저 150～200 nm의 자외선에 의해 음이온이 생성되고, 이는 진통, 최면, 상쾌함, 피로회복 등의 효과가 있습니다. 또한 공기 중의 산소에 150～200 nm의 자외선을 조사하면 산소분자의 일부가 오존으로 변화하여 오존이 생성됩니다. 오존은 탈취, 살균, 표백 및 산화작용이 있는 것으로 알려져 있습니다. 다음으로 자외선의 살균작용은 210～330 nm 사이에서 강하게 나타나며, 그 중에서도 250～260 nm의 파장에서 살균작용이 가장 강하게 나타납니다. 현재 시판되는 자외선 살균램프에서 방출되는 253.7 nm 파장의 자외선은 살균작용이 가장 강한 파장대역과 대략 일치하고 있습니다.

자외선은 화학작용이 강하여 화학선(化學線, chemical ray)이라고도 합니다. 자외선을 피부에 조사하면 피부에 홍반현상이 나타나며, 바다나 산과 같이 자외선의 양이 많은 곳에서 특히 자주 나타납니다. 피부에 자외선이 조사되면, 수 시간 후에 홍반현상이라 부르는 모세혈관확장이 시작되며 이 반응과 더불어 피부표피세포의 변성이 일어나고 약 24시간 경과 후에 반응이 종료됩니다. 마지막으로 광화학반응은 빛의 작용에 의해 일어나는 화학반응을 말하며 자외선영역에서 가장 강하게 나타납니다. 예를 들면, 염산의 산화, 유화아연의 환원, 형광작용, 합성화학에서의 광중합(photo-polymerization) 등이 광화학반응에 속합니다.

자외선은 가시광선 밖의 파장이므로 눈에 보이지 않습니다. 자외선살균기의 보라색 램프는 사람들에게 자외선이 나오고 있다는 것을 알기 쉽게 하도록, 형광등에 은은한 보라색을 입힌 것입니다. 자외선은 모든 미생물과 접촉하여 세균을 살균시키는 독특한 기능을 갖습니다. 자외선이 세균을 살균할 수 있는 것은 박테리아, 바이러스, 효모, 곰팡이, 조류의 외부 세포막을 관통하기 때문입니다. 특히 세균이 생존하고 증식하는 데 필요한 DNA를 무력화하고 충격을 가해 파괴시킵니다. 약품, 가열 등 자외선 이외에 다양한 살균방법이 있지만, 자외선살균이 인기를 끌고 있는 이유는 인체에 별다른 영향을 미치지 않을 뿐 아니라, 가열과 같이 번거롭지도 않기 때문입니다. 또한 모든 종류의 세균 및 곰팡이류에 대해 99.7% 이상의 강력한 살균작용을 한다고 알려져 있을 정도로 효과가 좋을 뿐 아니라 전기료도 많이 들지 않습니다. 하지만, 피부투과력이 세기 때문에 인체에 자주 노출될 경우 피부에 붉은 반점(홍반, 紅斑)을 일으키거나, 수포를 발생시키는 등 해로울 수 있으므로 주의해야 합니다. 가정 내 주방에서 흔히 사용하는 수세미, 행주, 싱크대 등이 미생물의 온상지로 지적되면서 최근 소형 자외선소독기를 구비하는 가정도 점차 늘어나고 있는 추세입니다.

(6) X선(X-ray): X선은 10 nm~0.1 pm의 파장범위를 가지며 주로 X선 촬영을 이용한 병의 진단에 사용이 됩니다. X선은 최초의 발견자의 이름을 따서 뢴트겐선이라 부르기도 합니다. 1895년에 독일의 물리학자 뢴트겐(Wilhelm C. Röntgen)은 어떤 실험을 하던 중, 우연히 이 방사선을 발견하기는 했는데 도무지 그 정체를 알 수가 없었습니다. 많은 학자들이 그것을 일종의 빛으로 생각했지만, 빛이라면 당연히 간섭이나 굴절 등의 현상을 보여야 할 텐데 그렇지가 않았습니다. 따라서 뢴트겐이 이 알 수 없는 방사선에 'X선'이라는 이름을 붙인 것은 당연한 일이었습니다. X선은 단단하게 핵에 구속되어 있던 내부전자의 전이에 의해서 방출되므로 에너지가 매우 큰 방사선의 형태로 방출됩니다.

(7) 감마선(gamma-ray, Γ-ray): X선보다 대체로 파장이 더 짧은 감마선은 0.1 nm~10 fm (femto-meter)의 파장범위를 가지며 방사성 물질에서 나오는 방사선의 하나입니다. 감마선은 핵 주위의 전자에 의해서 방출되는 것이 아니라, 원자핵 내의 에너지 변화에 의해서 방출됩니다. 감마선은 전자파 중 가장 높은 에너지를 가지며 그 원천은 외부의 별에서 오는 전자파인 우주선(宇宙線, cosmic rays)이나 방사능물질에서 방출되는 전자기파(nuclear radiation)가 있습니다. 최근에는 가속장치를 이용하여 인공적으로 만들어 내는 고에너지(~1,000 MeV)의 X선도 역시 감마(Γ)선이라 부르며 투과력이 매우 강한 특징을 가지고 있습니다. 1869년 베크렐(Becquerel)에 의해 우라늄(uranium)의 방사능이 발견되고, 1898년 퀴리(Curie) 부부에 의해 라듐(radium)이 발견된 이래, 알파(α)선, 베타(β)선과 함께 방사선의 하나로 널리 알려졌으며 의료용으로 의료기기의 살균이나 여러 가지 암의 진단 및 치료 등에 사용됩니다. 또한 산업분야에서는 주물이나 용접부 등의 내부결함의 검사 및 탐지가 중요한 용도입니다.

3.5 가시광과 광합성

태양은 생명의 근원이라고 합니다. 씨앗에 싹이 돋으려면 알맞은 온도와 습도가 필요합니다. 그러나 이보다 더욱 중요한 것은 적당한 햇빛입니다. 두꺼운 씨앗의 각질을 뚫고 나오는 씨앗의 생명력은 태양에너지에 의해서 만들어지는 것이기 때문입니다. 씨앗에서 일단 새싹이 움트고 나면 뿌리는 중력으로 인해 아래로 향하고, 떡잎은 광합성(光合成, photo-synthesis)을 하기 위해 빛을 찾아 하늘로 향하여 성장해 나갑니다. 식물은 빛을 이용하여 이산화탄소와 물에서 탄수화물을 만들어 내고, 이 탄수화물로부터 단백질이나 지방 등을 합성해 냅니다. 이 과정의 부산물이 산소와 수소입니다. 산소는 인간이 호흡하기 위하여 잠시도 없어서는 안 될 매우 귀중한 것이고, 수소는 새로운 에너지원으로 활용될 수 있는 미래의 주인공입니다. 따라서 지구상의 모든 생물들은 광합성과 그 부산물에 의해서 살아가고 있다고 해도 과언이 아닙니다. 광합성은 녹색식물의 잎 세포 속에 있는 엽록체에서 이루어집니다. 광합성 기관을 공장에 비유하면 식물의 잎은 공장의 건물이라 할 수 있고, 엽록체는 공장에서 돌아가고 있는 여러 기계들에 해당합니다. 엽록체는 4~7μm의 크기를 가지는 입자로 되어 있는데, 그 내부에는 더 작은 녹색입자들이 들어있습니다. 이 작은 입자들 속에서 광합성의 여러 가지 반응이 일어납니다.

그러면 식물들이 햇빛에 얼마나 민감하게 반응하는지를 알아봅시다. 암실에서 발아를 시키면 떡잎은 어느 쪽으로 자라야 할지 몰라서 막연하게 위로 향합니다. 이 때 한쪽 방향에서 빛을 잠시 쪼여 주면 떡잎은 즉시 빛이 있던 방향으로 자라게 됩니다. 심지어 어떤 종류의 식물은 불과 1초 동안만 빛을 쪼이고 제거한 뒤에도 떡잎은 여전히 빛을 쪼여 준 방향으로 향한다고 합니다. 물론 식물의 종류에 따라서 필요한 빛의 세기도 다르지만 필요한 만큼의 빛을 쪼여주지 않으면 어떤 식물도 성장할 수 없습니다.

그런데 식물에는 어떤 파장의 빛이 필요할까요? 어떤 물체가 빛을 받아들이는지, 거부하는지를 알려면 빛을 그 물체에 쪼였을 때 그 빛을 잘 투과하고 반사하는지를 알아보면 됩니다. 우리 눈에 식물의 잎이 녹색으로 보이는 것은 식물의 엽록소가 청색광과 적색광은 흡수하지만 그 사이의 파장인 황색이나 녹색광은 거의 반사하기 때문입니다. 그리고 엽록소는 적외선에 해당하는 파장은 거의 흡수하지 않습니다. 왜냐하면 적외선은 열선이므로, 늘 태양광에 노출되어 있는 식물의 잎에는 도움이 되지 않기 때문입니다. 그러나 추운 지방에 서식하고 있는 침엽수들은 겨울에 적외선을 흡수하여 체온조절에 사용하고 있음이 밝혀졌습니다. 이렇듯 하등한 식물들도 자신의 생명을 유지하기 위하여 계절에 따라, 또는 아침, 저녁으로 받아들이는 빛의 파장을 달리한다는 사실은 참으로 흥미로운 일입니다. 식물들이 적색파장의 빛을 흡수하는 것은 광합성 작용에서 적색파장의 빛의 이용률이 거의 95%나 되기 때문입니다. 만약 식물의 잎이 붉으면 광합성 효과가 우수한 적색파장의 빛을 흡수하지 못하기 때문에 광합성 능력이 떨어져서 잎이 녹색인 식물보다 성장력이 떨어질 것입니다. 그러나 잎의 색깔이 붉다고 해서 전혀 광합성을 못하는 것은 아닙니다.

이와 같이 식물들은 무공해에너지인 태양에너지를 그들이 살아가는 데 필요한 에너지원으로 적절히 활용하는 고도의 시스템을 가지고 있습니다. 일반적으로 인간이 만들어낸 열기관의 에너지 효율이 기껏해야 40%도 넘지 않음을 감안할 때 식물의 에너지이용률은 대단히 높음을 알 수 있습니다. 우리도 식물과 같이 태양에너지만으로도 살아갈 수 있는 높은 효율을 가진 시스템을 개발한다면 공해가 없는 쾌적한 생활환경을 만들어 나갈 수 있을 것입니다.

녹색식물을 녹색조명이 있는 방에 오래 두면 어떻게 될까요? 그것은 녹색조명의 스펙트럼 분포에 따라 다릅니다. 만약 비교적 넓은 스펙트럼을 갖는 광원이라면 단파장과 장파장성분의 일부를 흡수하여 광합성을 할 수는 있습니다. 그러나 광량이 작아 광합성의 효율이 낮으므로 성장이 더딜 것입니다. 만약 스펙트럼선 폭이 좁은 녹색광원이라면 흡수하는 성분이 전혀 없으므로 금방 죽고 말 것입니다.

녹색식물이라고 해서 녹색광이나 황색광이 전혀 불필요한 것은 아닙니다. 표 3.2에서 보듯이 녹색광이나 황색광은 광합성에는 큰 효과가 없지만 녹색광은 오이나 고추의 곰팡이 발생을 억제해 주는 효과가 있고, 황색광은 과일들의 해충을 억제하는 효과가 있다고 알려져 있습니다.

표 3.2 파장에 따른 식물의 생장효과

광색(파장)	작 물	효 과
적색광	잎들깨, 국화, 딸기	광합성 촉진, 개화조절
초적색광	참외, 토마토, 인삼	과실수, 당도, 사포닌 증가
청색광	채소 어린묘	웃자람 방지
녹색광	오이, 고추	곰팡이 발생억제
황색광	사과, 배, 복숭아	해충 억제

3.6 적외선의 응용

1994년 7월 17일부터 인류 앞에 그 모습을 드러내기 시작했던 세기의 우주 쇼인 슈메이커-레비9(Shoemaker-Levy9) 혜성과 목성과의 충돌 시에, 국내 천문학계를 절망하게 한 것은 다름 아닌 적외선망원경(IR telescope)이었는데, 세계 10여 곳의 천문대에서 적외선망원경을 이용하여 충돌장면을 생생하게 포착했지만, 국내천문대의 경우는 제대로 된 적외선망원경이 없어서 실패한 적이 있었습니다.

적외선망원경이란 물체에서 내는 적외선을 관찰할 수 있는 망원경을 말하는데, 태양이 방출하는 에너지 중 거의 절반이 이 적외선입니다.

적외선이 생활주변에 가장 널리 적용되는 것은 다름 아닌 리모컨(remocon)인데, 리모컨에 이용되는 적외선은 원적외선이 아닌 근적외선입니다. 본래 적외선은 파장에 따라 구분하는데, 근적외선은 0.78~3μm, 원적외선은 3μm~1 mm 정도의 전자파로 구분합니다. 적외선은 리모컨 외에도 그 활용분야가 매우 다양합니다. 가시광선보다 긴 파장의 적외선에 감광하는 필름을 사용하여, 가시광선을 흡수하고 적외선만을 투과시키는 필터를 렌즈 앞에 장착하여 촬영하는 사진이 바로 적외선 사진입니다. 주로 감식사진이나 미

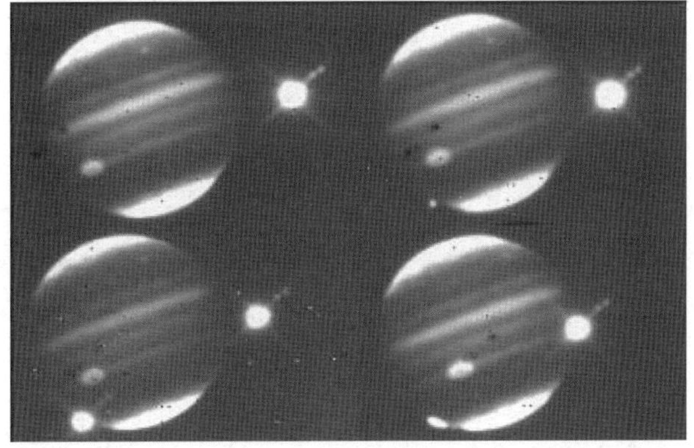

그림 3.9 목성과 Shoemaker-Levy9 혜성과의 충돌 장면

술품의 감정에 이용됨은 물론, 항공사진 등에도 이용됩니다. 한편, 의료분야에서는 소독 및 멸균을 비롯해 관절 및 근육의 치료에 근적외선이 많이 쓰이며 적외선레이저를 활용하여 종양을 제거하거나 외과수술 및 신경의 연결 등에도 많이 이용되고 있습니다. 원적외선의 경우, 인체에 유익하다는 설과 함께, 일부 대학병원에서는 임상실험 효과가 높다는 결과까지 발표한 바 있습니다.

적외선을 오래 쬐면 강한 열작용에 의해 피부에 화상을 입을 우려가 있으나 적당하게 쬘 경우, 혈행(血行)을 좋게 할 뿐 아니라, 진통작용도 있어 류머티즘(rheumatism)이나 신경통 등에 효과가 있다고 합니다.

우리 눈에 보이는 광선은 가시광선입니다. 가시광선은 옷을 통과할 수 없지만 가시광선보다 파장이 긴 적외선은 옷을 통과할 수 있습니다. 투시카메라는 옷 표면에서 반사된 가시광선은 무시하고 옷을 통과한 뒤 피부에서 반사된 적외선만 받아들여 흑백으로 화면에 나타나게 하여 옷 속을 몰래 들여다볼 수 있는 것입니다. 비디오카세트 레코더(video cassette recorder, VCR)의 감광센서(CCD, charge coupled device)는 사람의 눈보다 넓은 영역의 파장을 빛으로 볼 수 있습니다. 따라서 사람이 볼 수 없는 780 nm 이상의 적외선 영역을 여전히 빛으로 인식합니다. 그러므로 VCR에 감광된 장면을 그대로 내보낸다면 실제와는 다른 색상의 영상이 나옵니다. 이런 현상을 막기 위해 VCR의 내부에는 적외선차단필터(IR cutoff filter, ICF)가 설치되어 있습니다. 1998년, 출시되자마자 사회적 물의를 일으켜 곧바로 회수됐던 일본 소니사의 VCR 모델인 '나이트 샷(Night-shot)'은 착탈식 적외선차단필터가 달려있고, 자체에서 적외선을 내보낼 수 있게 제작되었습니다. 본래의 목적은 낮에는 적외선차단필터를 끼워 일반 VCR로 쓰고, 어두운 밤에는 해상력을 높이기 위해 필터를 빼고 마치 플래시를 터뜨리듯 적외선을 내보내 선명한 영상을 얻기 위한 것이었습니다. 그런데 사람들이 이 VCR에 가시광선차단필터(visible-light cutoff filter, VCF)를 끼우고 대낮에 야간모드로 촬영하자 투시영상을 찍을 수 있었습니다.

현재 문제가 되고 있는 투시카메라는 불법적으로 내부의 적외선차단필터를 없애고 렌즈 앞에 가시광선차단필터를 끼운 것입니다. 따라서 이것으로 수영복을 입은 사람을 볼 경우, 수영복의 색을 나타내는 가시광선은 렌즈 앞에서 차단되고 수영복을 통과해 피부에서 반사된 적외선만 감광센서에 잡혀 영상으로 나타납니다. 이것이 바로 투시카메라의 원리입니다. 물론 영상은 흑백으로 명암만 구별됩니다. 따라서 옷이 몸에 착 달라붙지 않을 경우, 제대로 알아보기도 어렵고, 따로 적외선을 비추지 않을 경우, 투시사진의

해상도가 좋지 않습니다. 일반적으로 색은 가시광선 영역의 빛 조합으로 얻어지기 때문에 적외선만으로 수영복에 가려진 피부나 신체부분을 컬러로 보는 것은 근본적으로 불가능합니다. 그럼에도 불구하고 남의 몸을 들여다보는 것은 중대한 범죄입니다.

Night Vision! 흔히 야시경(夜視鏡)이라고 줄여서 부르는 야간투시경은 밤이나 또는 밤과 같이 어두운 장소에서 목표물이나 야시경 자체가 가진 광원에 의존하지 않고, 주위의 존재하는 미세한 빛을 증폭시킴으로써 사용자가 목표물을 볼 수 있도록 해주는 전자광학 장비입니다. 여기서 미세한 빛을 증폭시켜 목표물을 본다는 것은 야시경 내의 형광스크린에 빛이 증폭되어 나타나는 전자적 이미지가 보인다는 뜻입니다. 달빛이나 별빛 등 천연광원이 없는 철저한 어둠 속에서는 적외선 조사장치(IR illuminator)가 사람의 눈에는 보이지 않는 적외선 빔을 목표물에 발사하여 반사되어 돌아오는 빛의 양을 증폭시켜 줍니다. 야시경에는 그 용도와 사양이 각기 다른 다양한 유형의 제품들이 있습니다. 따라서 야시경의 구입 시, 각 제품별 특징과 성능, 사용자의 이용목적을 함께 고려하여 가장 적절한 제품을 선택해야 합니다. 예를 들어, 고글(goggle)형 야시경은 외형상으로는 손을 자유롭게 쓰면서 움직이기 위해 단순히 쌍안 야시경을 헤드마스크에다가 부착한 것처럼 보입니다. 하지만 두 제품 간에는 광학적인 측면에서 분명한 차이점이 있습니다. 고글형 야시경의 관측각도는 보통 35~40° 사이로서 사용자에게 물체의 포착과 행동이 용이한 넓은 시야를 제공합니다. 그리고 1.0의 배율을 적용하여 사용자가 움직이는 중에도 안정적인 장면을 볼 수 있게 해줍니다. 그러나 쌍안 야시경의 경우는 넓은 시야보다는 멀리 볼 수 있는 시야를 더 중요시하는 사용자에게 적합한 제품으로서 관측각도가 8~15° 정도로 좁은 편이며, 배율도 1.0이 아닌 확대된 배율을 가집니다. 야시경은

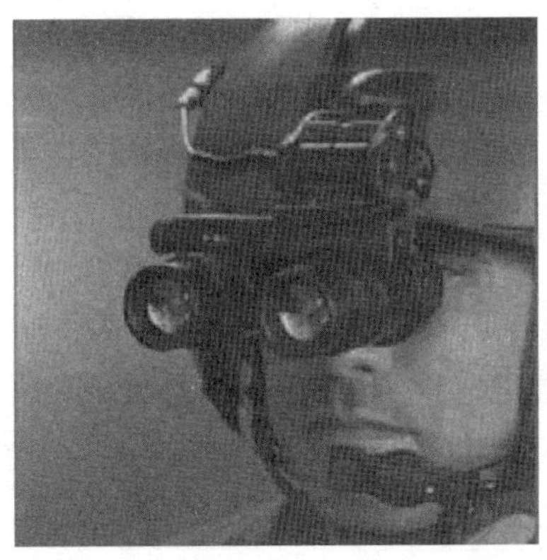

그림 3.10 군사용 night vision goggle

영상증폭용 튜브의 성능에 따라 Gen1, Gen2, Gen3의 순서로 세대구분이 있습니다.

현재 미국에서는 일반사용자들의 경우 Gen1, Gen1+ 등을 주로 사용하며, 전문사용자들은 Gen1+, Gen2 등을, 군사용의 경우는 Gen2+ 이상을 사용하고 있습니다. 참고로 Gen3 이상의 야시경은 일반인들이 구입하기에는 상당히 고가의 장비이며, 현재 미 육군의 주종은 Gen2+입니다.

야시경의 용도는 너무나 광범위하지만, 일반적으로 특수한 전투, 치안, 보안, 사냥, 낚시, 야생동물 관찰, 천문관측, 캠핑, 하이킹, 야간작업, 정전대비 보조 장비 등의 용도에 폭넓게 사용됩니다.

3.7 마이크로파의 응용

'Micro'란 '극히 미소한' 혹은 '100만 분의 1'이란 의미의 접두어로서 여기에 파동이라는 의미의 단어를 합성한 것이 마이크로파이며, 일반적으로 파장이 매우 짧은 전파를 가리킵니다. 마이크로파는 파장이 짧으므로 그 성질이 빛과 비슷하여 넓은 공간을 직진하고 장애물의 배후에는 전달이 잘 안 되는 특징이 있습니다. 또한 평면금속판에 닿으면 빛이 거울에서 반사하는 것처럼 입사방향에 따라 결정되는 반사방향으로 반사됩니다. 한편 유리와 같은 유전체에 부딪치면 굴절하고, 비가 강하게 내리면 빗물에 흡수 및 산란되기 때문에 금방 감쇄됩니다.

마이크로파 통신에서는 반사경(parabola) 안테나를 사용하여 단일방향으로 집중하여 빔 모양으로 방사할 수 있으므로 능률적으로 송수신을 할 수가 있습니다. 또한 주파수가 높으므로 부반송파(sub-carrier wave)를 사용할 수가 있으며, 다수의 통화회선을 늘어놓은 다중화통신이 가능하므로 TV나 다중전화의 원거리 중계회선, 인공위성과 지구국 간의 통신회선으로 쓰입니다. 또한, 마이크로파의 양호한 분해능과 직진성을 이용하여 항해나 항공의 목표물의 위치를 측정하는 레이더에도 쓰이고 있습니다. 그리고 태양, 그 밖의 우주공간으로부터 발사되는 전파를 관측하여 천체의 물리적 연구를 하는 전파천문학(radio astronomy)에서도 주로 마이크로파가 사용됩니다. 그 밖에 특수한 용도로는 의료용 설비, 공업용 가열설비, 가정용 마이크로파 오븐에 쓰입니다. 또한 종이, 필름, 페인트, 약재 등의 건조, 저온살균이나 의료용 살균과 같은 각종 살균, 지방이나 나일론과 같은 재료의 용해와 쓰레기 처리 등에도 유용하게 사용됩니다.

빛과 전자기파의 흡수(absorption)는 원자나 분자들이 전자기파의 에너지를 흡수하여 일어나며 그 대표적인 응용 예로 마이크로파 오븐(microwave oven)을 들 수 있습니다. 여기서 일어나는 흡수는 빛이나 전자기파가 물체에 흡수되는 상황을 논하고 있으며, 이 경우에도 에너지 보존법칙이 철저히 지켜집니다.

누구나 가정에서 마이크로파 오븐을 사용하다가 화기가 전혀 없는데도 음식물이 가열되는 것을 보고 의문을 가져 본 적이 있을 것입니다. 마이크로파 오븐의 에너지원은 전자기파, 즉 전파입니다. 전파 중에 진동수가 대단히 크고 파장이 짧은 마이크로파가 있습니다. 마이크로파 오븐은 이 마이크로파를 이용해서 음식을 조리하는 기구입니다. 그러면 마이크로파가 어떻게 열로 변해 음식물을 가열하는지 알아봅시다. 마이크로파 오븐은 내부에 RF 마그네트론(RF magnetron)이라고 부르는 마이크로파 발생장치에서 전파를 방출하게 되며, 이 전파는 진동수가 2.45 GHz로 진동하게 됩니다.

모든 물질에는 저마다 고유진동수라는 것이 있는데, 이 고유진동수에 해당되는 전파나 파동의 에너지를 강하게 흡수하는 성질이 있습니다. 이런 성질을 공진(resonance)이라고 합니다. 마이크로파 오븐에서 내는 전파의 진동수는 물 분자의 고유진동수와 같기 때문에, 물 분자가 이 전파의 에너지를 흡수하는 공진현상이 일어나게 되며, 이 때문에 물 분자가 진동을 하게 되며 물 분자끼리 서로 충돌하여 마찰열이 생깁니다. 이 열이 식품 전체를 따뜻하게 하므로 에너지손실이 거의 없이 전기에너지가 효율적으로 열에너지로 바뀔 수 있는 것입니다.

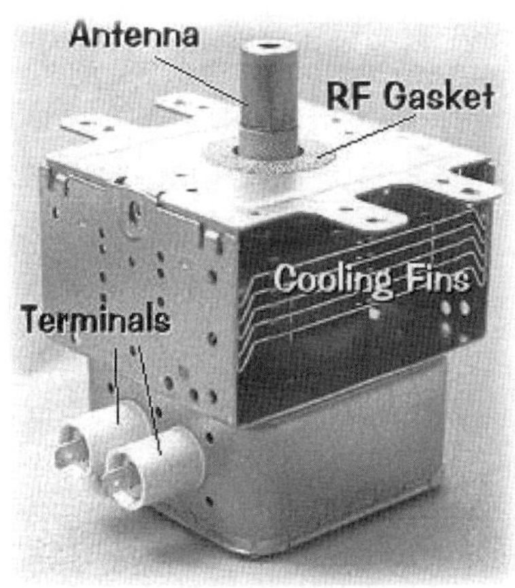

그림 3.11 RF 마그네트론의 구조

일반적으로 마이크로파에 의해 열을 낼 수 있는 물질들은 분극된(polarized) 분자구조를 가지고 있습니다. 다시 말해서 각각 분자의 한쪽 끝은 양극을, 다른 한쪽 끝은 음극을 띠고 있습니다. 예를 들어 물은 산소와 수소로 구성되며 각 분자의 수소 끝에는 양극이, 산소의 끝에는 음극이 있습니다. 만약 분극분자들이 무질서하게 놓여 있는 상태에서 전기장이 매우 빠르게 방향을 바꾸면 분자들은 빠르게 위치를 변경하며 다른 분자들과 상호 간에 마찰을 일으켜 열이 발생하게 됩니다. 진동수 2.45 GHz의 의미는 전기장의 방향이 1초당, 24억 5천만 번 바뀐다는 것을 의미합니다.

마이크로파 오븐을 동작시키면 전파에 의한 에너지는 물이 포함된 음식물에만 흡수되며, 고유진동수가 다른 주변의 공기나 오븐의 몸체, 도자기나 유리 같은 물질로 이루어진 그릇들은 오븐 안에서 전파의 에너지를 흡수하지 못하기 때문에 가열되지 않습니다. 마이크로파 오븐에서 그릇을 꺼낼 때 그릇이 차지 않은 것은 단지 그릇 안에 있는 음식물에 의해 데워졌기 때문입니다.

그러면 마이크로파 오븐에 금속그릇이나 알루미늄 호일(foil)을 사용하면 어떻게 될까요? 금속그릇은 마이크로파를 통과시키지 않고 반사하기 때문에 사용해도 효과가 없으며 음식물을 알루미늄 호일에 싸서 넣는 경우가 있는데 이것도 같은 이유로 절대 금물입니다. 목재그릇도 마이크로파 오븐에 쓰지 않도록 주의해야 하는데, 목재는 약간의 수분을 함유하고 있어 열을 받았을 때 갈라질 수 있기 때문입니다. 금속이 아니더라도 완전히 밀봉된 식품을 넣을 경우, 분자운동이 활발해지면 에너지는 밖으로 방출되려고 하므로 이로 인해 포장재가 파열되기 쉬우므로 각별히 주의하여야 합니다.

현대생활에서는 전자제품이 없이 생활하는 것은 불가능할 정도로 수많은 전자제품을 사용하고 있습니다. 이렇게 매일 사용하는 전자제품에는 인체에 유해한 많은 전자파들이 나오는데 이러한 전자파에의 노출을 방지하려면 어떻게 하면 좋을까요? 전자파를 발생시키는 기기의 사용이 더욱 증가하는 시대를 맞이하여 전자파에 대한 노출을 피함으로써 우리의 건강을 지키는 것이 중요해지고 있습니다. 일단 전자파의 세기는 전자파의 발생원으로부터 거리가 멀어질수록 거리의 제곱에 반비례하여 급격히 감소하므로 이 성질을 이용하여 전자파에 대한 노출을 줄일 수 있습니다. 따라서 마이크로파 오븐을 사용할 때는 최소한 1 m 이상 떨어지도록 해야 합니다. 또한 마이크로파가 주로 기기의 전면에서 많이 발생하므로 사용 중에는 측면에 위치하는 것이 좋습니다. 플러그가 꽂혀 있으면 마이크로파 발생장치가 예열되어 전자파가 나오므로 사용하지 않을 때는 플러그를 뽑아 놓는 것이 좋습니다. 특히 인공심장 박동기를 시술한 사람은 마이크로파 오븐의 마이크로파에 의한 오동작으로 심장이 멈추어 사망할 수도 있습니다. 미국에서는 이를 미연에 방지하기 위하여 학교와 같은 공공장소에 설치된 마이크로파 오븐 부근에는 이에 대한 경고문을 부착하여 주의를 환기시키고 있습니다. 마이크로파 오븐으로부터 마이크로파가 누출되어 인체에 조사될 경우, 특정부위의 체온이 상승하여 후끈거리거나 눈에 통증이 느껴질 수 있는데, 이 경우 즉시 사용을 중지하고 해당 마이크로파 오븐을 폐기하여야 합니다.

3.8 전자파의 폐해와 대책

최근에 휴대전화나 스마트폰을 사용하면 뇌종양이 유발될 위험이 있다는 세계보건기구(WHO)의 경고가 나오면서 전자파의 위험도에 대한 관심이 다시 커지고 있습니다. 또한 전자파가 두통이나 어지러움 등의 증상을 일으키는지에 대한 논란도 다시 일고 있습니다. 휴대전화와 암 발생의 연관성은 2000년부터 꾸준하게 연구되고 있지만 상호 연관성에 대해서 아직까지 과학적 결론이 명확하게 난 것은 아닙니다. 하지만 공신력이 있는 WHO의 경고는 의미하는 바가 매우 크다고 할 수 있습니다. 특히 어린이와 청소년 자녀를 둔 부모들은 요즘 아이들이 휴대전화나 컴퓨터를 사용하는 시간이 많기 때문에 신경이 더 많이 쓰입니다. 또한 집안 곳곳에서 전자제품에 고스란히 노출되는 것도 안심할 수 없습니다.

휴대전화기의 전자파 폐해와 관련하여 스웨덴의 한 대학에서는 청소년들이 휴대전화를 습관적으로 오래 사용할 경우, 중년 이후 알츠하이머(치매)의 발병원인이 될 수 있다고 지적하였습니다. 휴대전화 전자파가 뇌의 학습, 기억, 운동기능을 담당하는 핵심세포들을 파괴하고 치매의 조기발병을 촉발시킬 수 있다고 합니다. 성장기에 휴대전화의 전자파에 자주 노출되면 치매를 담당하는 뉴런이 자극을 받아 성장 후 알츠하이머를 발병시킬 가능성이 있다는 것입니다.

대부분의 전문가들은 10대의 경우, 휴대전화를 반드시 필요한 경우에 한해, 가능한 한 짧게 사용할 것을 권유하고 있습니다. 전자파는 인체에 노출될 경우, 각종 세포의 정상적인 기능을 방해하고 유전자에도 영향을 미치는 것으로 보고되고 있습니다. 휴대전화 전자파는 통화버튼을 눌러 기지국과 연결될 때 가장 많이 발생합니다. 연구결과에 따르면 송신전화가 연결되는 순간의 전자파는 수신단계보다 최고 20배 높았다고 합니다. 따라서 전자파의 해로움을 줄이려면 통화가 연결되는 순간, 휴대전화기를 몸에서 멀리 떼는 것이 좋습니다. 선진국에서는 휴대전화기 사용 시, 이어폰 사용을 적극 권하고 있습니다. 다른 전문가는 전자파는 순간적인 강도보다는 노출되는 시간이 더 중요하다며 휴대전화 통화를 5분 이상 하지 말라고 권고합니다. WHO가 제시한 휴대전화 사용 가이드라인은 가능하면 휴대전화를 몸 가까이 두지 말고, 장시간 통화할 때는 유선전화를 사용하고, 전자파 방출이 적은 휴대전화를 골라 사용하며, 가능하면 통화대신 문자메시지를 활용할 것 등입니다.

휴대전화를 사용할 때 호소하는 증상 중, 두통과 피로, 집중력 저하, 어지러움 등이 전자파로 인한 일반적인 피해로 추정되지만, 이런 증상은 전자파보다는 심리적 원인에서 비롯됐다는 연구결과도 있습니다. 어쨌든 전자파의 영향을 정확하게 밝혀낸 것은 아니지만 휴대전화를 사용하는 많은 사람들이 심리적 부담을 갖고 있음을 알 수 있습니다. 휴대전화를 사용할 때 너무 오랜 통화는 가급적 삼가고 단말기와 머리의 간격을 약간 벌려서 사용해야 하며, WHO의 가이드라인을 준수하는 것이 좋겠습니다.

가전제품을 구입할 때에는 전력소모량이 적고 전자파를 덜 방출하는 제품을 구입하도록 합니다. 컴퓨터는 상대적으로 전자파가 적게 방출되는 편이지만, 매우 가까이에서 사용하기 때문에 주의해야 합니다. 액정표시장치(LCD) 모니터가 브라운관 모니터보다 전자파가 적게 발생하고, 데스크톱 컴퓨터(desktop PC)보다 노트북 컴퓨터(notebook PC)의 전자파가 더 적습니다. 모니터와는 최소한 60 cm 이상 떨어져서 컴퓨터를 사용하고, 모니터 측면이나 후면은 전자파가 더 강하게 나오기 때문에 1 m 이상 거리를 유지하는 것이 좋습니다.

TV는 전자파의 위험이 비교적 높은 편이며 멀리 떨어져 시청할수록 전자파의 측정치가 감소하므로 최소한 1.5 m 이상 떨어져서 시청하는 것이 좋습니다. 아울러 생산된 지 오래된 TV는 전자파 발생량이 상대적으로 높은 것도 사실입니다.

세탁기도 전기모터가 들어 있어서 전자파가 발생합니다. 특히 모터가 급격하게 돌아가는 탈수 시에는 일시적으로 전자파가 증가합니다. 세탁기가 돌아가는 것에 흥미를 느껴 자주 들여다보는 아이들이 있는데, 특히 탈수 중에는 세탁기의 작동이 끝날 때까지, 아이들이 근처에 가지 못하도록 하는 것이 좋습니다.

무선전화기는 휴대전화와 달리 출력을 조절하는 중앙처리장치(CPU)가 없어서 휴대전화에 비해 약 30∼50배에 달하는 전자파가 방출된다고 합니다. 따라서 장시간을 사용하면 휴대전화보다 더 위험할 가능성이 높으므로, 장시간 통화할 경우에는 되도록 유선전화기를 사용하고 무선전화기는 머리맡에 두지 않도록 주의합니다.

최근에는 감전과 같은 전기사고를 예방하기 위해 회로와 땅의 전위(電位)를 0으로 유지하는 접지콘센트나 접지플러그를 사용하는 추세입니다. 접지플러그를 사용하는 전자제품을 접지콘센트에 꽂으면 전자파의 차단효과가 있습니다.

3.9 색과 색 지각

색(color)이란 빛의 스펙트럼의 조성의 차이에 의해서 성질의 차가 인정되는 시감각의 특성을 말합니다. 사람의 눈은 바깥세상을 색과 형태에 의해서 지각하므로 색은 시각의 기본적 요소 중 하나로 되어 있습니다. 물론 꿈에서 색을 보거나 강한 빛을 받고 감은 눈 속에서 색의 잔상(afterimage)을 보는 등, 특별한 색 지각(color perception)도 있지만, 보통은 빛이 눈에 들어와서 색 지각을 일으키게 됩니다.

눈의 망막에는 원추세포(圓錐細胞, cone cell)와 간상세포(杆狀細胞, rod cell)라는 두 종류의 시세포가 있는데, 태양이나 전등과 같은 밝은 조명 밑에서는 원추세포가 작용하여 색 지각을 만들고, 달빛과 같은 어두운 조명 밑에서는 간상세포가 작용하여 흑백사진과 같은 무채색의 지각을 얻습니다. 원추세포에는 빨간색(red, R), 초록색(green, G), 파란색(blue, B)에 민감한 3종류의 세포가 빛에 반응하는 비율에 따라 색의 차이를 느끼게 됩니다. 예를 들어, 파란 빛이 눈에 들어오면 원추세포 모두가 반응하는 것이 아니라 파

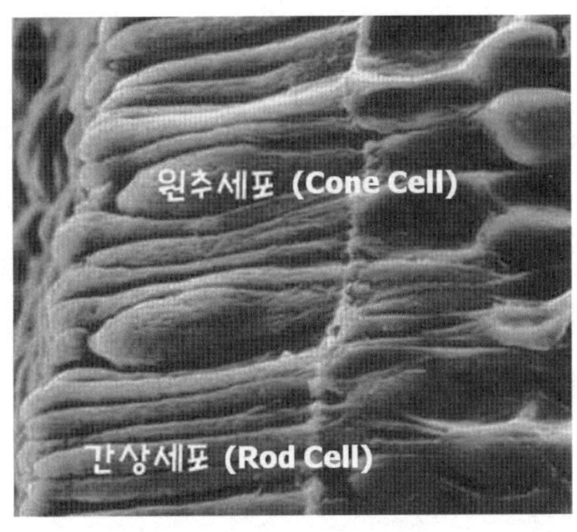

그림 3.12 시세포의 구조

란색에 민감한 세포가 주로 반응하게 됩니다. 따라서 이들 세포가 반응하는 정도에 따라 수백 가지 색의 조합이 가능하고 우리는 수백 가지의 다른 색을 인지할 수 있는 것입니다. 빛의 3원색이 빨간색, 초록색, 파란색으로 정해진 것은 눈에 분포한 원추세포의 성질과 관련된 것이라고 할 수 있습니다. 망막에 있는 이 세 종류의 세포들이 모두 비슷한 자극을 받으면 흰색이라고 인지합니다.

태양과 같은 백색광의 스펙트럼은 보라색에서 빨간색까지의 모든 무지개 색을 비슷한 세기로 포함하고 있으나, 황색을 띤 백열전구의 스펙트럼은 보라색 파장의 세기는 극히 약하고, 장파장 쪽으로 갈수록 차차 강해지며, 빨간색 파장에서 가장 강합니다. 결국 광원의 색은 그 스펙트럼의 성질(또는 분광 조성)에 의해 결정된다고 할 수 있습니다.

빨간 사과, 갈색 맥주 등과 같이 우리는 물체에 색(물체색)이 있다고 느낍니다. 이것은 빛이 물체에서 반사하거나 물체를 투과할 때, 그 물체의 특유한 스펙트럼 특성에 의해 변화를 받기 때문입니다. 사과의 경우는 빨간색이나 주황색 파장을 잘 반사하지만, 노란색 이하의 짧은 파장의 빛을 거의 흡수하므로 반사광이 빨간색이 됩니다. 맥주의 경우는 녹색보다 긴 파장을 많이 투과 및 반사시키지만, 청록색 이하의 짧은 파장은 흡수하므로 투과 및 반사광이 갈색이 됩니다. 이와 같이 물체색은 빛의 반사 또는 투과에 대해 그 물체가 가지는 고유의 스펙트럼 특성에 의해 결정됩니다.

물체색을 크게 구분하면 흰색, 회색, 검정과 같이 채색을 가지지 않는 무채색(achromatic color)과, 빨강, 노랑, 파랑 등과 같이 채색을 가지는 유채색(chromatic color)의 두 가지로 나누어집니다. 무채색에는 예를 들면 흰색은 밝고, 검정은 어둡고, 회색은 그 중간 밝기를 가지는 것처럼 밝기(또는 명도, 明度, brightness)라는 성질이 있습니다. 멜론의 노란색은 밝고 포도의 보라색은 어두우므로 유채색에도 명도가 있습니다. 유채색에는 빨강, 노랑, 녹색, 파랑, 보라와 같이 색에 특성을 부여하는 색상(色相, hue 또는 tone)이라는 성질이 있고, 또 색의 강약을 나타내는 채도(彩度, 또는 포화도, chroma)라는 성질이 있습니다. 결국 명도, 색상, 채도는 색의 기본적 성질이며, 색의 3요소라고 합니다. 유채색은 세 가지 속성을 전부 지니고 있으나, 무채색은 명도만 있고 다른 두 요소는 없는 특별한 색이라고 할 수 있습니다. 광원색의 성질도 기본적으로는 물체색과 같으나, 밝기를 따질 때, 물체 고유의 명도가 아니라 빛의 밝기로서 표현하므로 광 측정량을 가지고 분류하는 점만이 다릅니다.

인간이 구별할 수 있는 색의 수는 색상으로는 약 150~200단계, 명도로는 약 450~500단계, 채도로는 약 20단계로 이를 조합하면 약 200만 가지가 됩니다. 한편, 디스플레이(display) 장치에서 R, G, B 삼색의 광 혼합을 이용하면 약 1,600만 가지 이상의 색상의 표현이 가능합니다.

3.10 빛의 3원색과 색 조합

비가 갠 뒤, 하늘에 예쁘게 걸린 무지개를 물감으로 그려 봅니다. 보통 빨강, 주황, 노랑, 초록, 파랑, 남색, 보라의 일곱 가지 빛깔의 물감을 사용합니다. 그런데 내가 그린 도화지 위의 색과 실제 무지개의 빛은 같은 것일까요? 또 무지개의 일곱 가지 빛깔을 햇빛의 색깔이라고 하는데 왜 그 중 빨간색(red), 초록색(green), 파란색(blue)만 빛의 3원색이라고 특별히 이름을 붙인 것일까요?

태양이 내는 백색광이 모든 가시광선이 혼합된 것이라는 사실은 태양 빛을 프리즘에 통과시킬 때 나타나는 무지개 스펙트럼을 보면 확인할 수 있습니다. 그런데 이 중 빨간색, 녹색, 파란색 빛만으로도 백색광이 조합된다는 것은 매우 흥미로운 사실입니다. 또한 이러한 세 가지 색의 빛으로 모든 빛깔을 만들 수도 있습니다. 이 놀라운 현상은 인간이 가진 눈이 작용하는 방식 때문에 나타납니다. 세 가지 색이 꼭 빨강, 녹색, 파란색이 아니어도 관계없습니다. 그러나 이 세 가지 색들의 색 조합(color mixing)에 의해 가장 많은 가지 수의 다른 색들을 만들 수 있게 됩니다. 그래서 이 세 가지 색을 빛의 3원색이라고 합니다.

TV를 가까이서 들여다보면(물론 오랫동안 들여다보면 눈에 좋지 않습니다.) 아주 작은 직사각형 형태의 점들이 보입니다. 이 점들을 다시 보면 세 종류의 긴 직사각형 모양이 합쳐진 구조로 되어 있는데, TV 브라운관(CRT, cathode ray tube)의 경우 이 세 종류의 직사각형에 빛의 3원색인 R, G, B 형광물질이 발라져 있습니다. 브라운관의 전자총에서 전자를 쏘면 이 세 가지 형광물질에 부딪치게 되는데 그러면 각각의 빛을 내게 됩니다. 예를 들어 빨간색과 녹색에 부딪치면 두 색의 빛이 합성되어 노란색 빛을 내게 되고 빨간색, 녹색, 파란색에 모두 부딪치면 백색을 나타내게 되는 것입니다. 결국 이 세 가지 빛으로 모든 색의 빛을 낼 수 있는데, TV 브라운관은 표면에 이러한 점들이 수백만 개가 있어 각각 정해진 빛을 내게 되며 이 빛들이 모여 다양한 색상과 영상을 표현하게 됩니다.

표 3.3 빛의 색 조합

Red + Green + Blue	White
Cyan + Yellow + Magenta	White
Blue + Green	Cyan
Cyan + Red	White(Cyan과 Red는 보색)
Red + Green	Yellow
Yellow + Blue	White(Yellow와 Blue는 보색)
Red + Blue	Magenta
Magenta + Green	White(Magenta와 Green은 보색)

미술시간에 쓰고 남은 물감을 한 양동이에 담을 경우, 양동이의 물은 검은 색이 됨을 경험으로 알고 있습니다. 물감의 경우에는 적색, 황색, 청색의 색으로 모든 색을 나타낼 수 있습니다. 또한 빛의 3원색인 적색, 녹색, 청색 페인트를 섞으면 흰색이 아니라 암갈색이 된다는 것을 알 수 있습니다. 적색 페인트와 녹색 페인트를 섞으면 적색광과 녹색광을 섞었을 때처럼 노란색이 나오지 않습니다. 페인트나 물감을 섞는 일은 빛의 혼합과는 전혀 다른 과정입니다. 페인트와 물감은 미세하게 쪼개진 색소의 고체입자들로 되어 있어서 그것들이 어떤 진동수의 빛은 흡수하고 어떤 진동수의 빛은 반사합니다. 파란 페인트는 파란색 빛을 대부분 반사하고 보라색이나 녹색 일부를 반사하며 빨강과 주황, 노랑은 흡수합니다. 노란 페인트는 노란색 빛을 대부분 반사하고 빨강과 주황 그리고 녹색을 일부 반사하며 파랑이나 보라색 빛을 흡수합니다. 따라서 파란 페인트와 노란 페인트를 섞으면 녹색을 제외한 거의 모든 빛을 흡수합니다. 둘 다 반사하는 유일한 색이 녹색이므로 두 페인트의 혼합은 녹색이 되는 것입니다. 이 과정은 감법혼색(減法混色, color

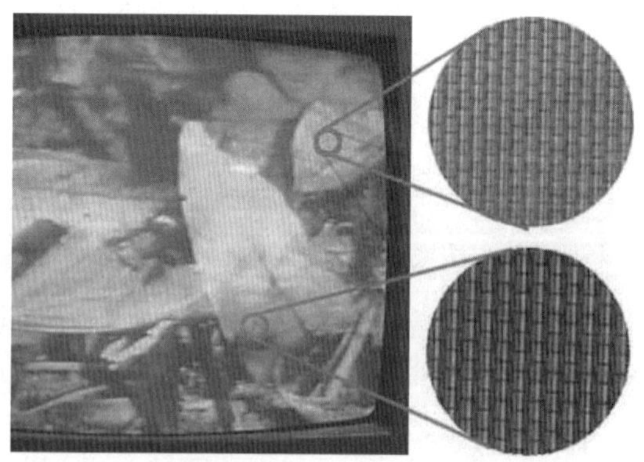

그림 3.13 CRT의 구조

subtraction)이라고 하고, 빛을 혼합하는 것은 가법혼색(加法混色, color addition)이라고 합니다. 백합꽃이 흰색으로 보이는 이유는 모든 색깔의 빛을 반사시키기 때문입니다.

백색광을 컬러필터(color filter)에 통과시키면 많은 수의 색깔을 제거할 수 있습니다. 이것도 일종의 감법혼색입니다. 일반적으로, 빨간색필터를 쓰면, 빨간색을 제외한 나머지 색깔의 빛은 모두 흡수하지만, 실제적으로는 약간의 주황색과 노란색이 투과되어 나옵니다. 반면에 빨강, 파랑, 녹색 빛을 혼합하면 가법혼색에 의해 백색광을 얻을 수 있습니다. 아울러 빛의 삼원색을 적절히 양을 달리하면서 더하면, 여러 가지 색깔을 만들어 낼 수 있습니다.

후기인상파 화가 시냐크(Signac)의 '파라솔의 여인'은 매우 독특한 기법으로 그려진 그림입니다. 이 그림에서 사용한 기법은 작은 색 점들을 동시에 섬세하게 병치시키는 것(점묘법, pointage)으로서, 어느 정도 떨어진 거리에서 보면 하나의 혼합된 색으로 보이는 것을 이용한 것으로 물감에 의한 것과 색광에 의한 것이 있습니다. 물감의 혼합의 경우 빨간색과 노란색을 나란히 놓고 멀리서 보면 주황색으로 보입니다. 인상파 화가들 가운데서도 '점묘파(點描派)'라고 불리는 화가들은 색 물감을 혼합시키지 않고 점으로 찍어서 그렸습니다. 점묘파 화가들은 육안으로는 식별하기 어려운 정도의 작은 점이나 선들로 된 서로 다른 색 반점들을 서로 이웃되게 나란히 칠하여 묘사해 나갔습니다. 이렇게 그린 그림은 멀리서 볼 때 반점들이 혼색된 것처럼 보입니다. 이러한 혼색을 '병치혼색(竝置混色)'이라고 하는데 병치혼색은 중간혼색의 일종이며, 빛이 눈의 망막 위에서 해석되

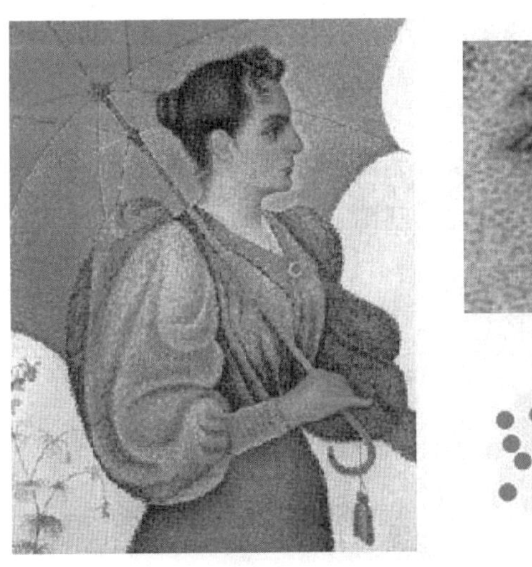
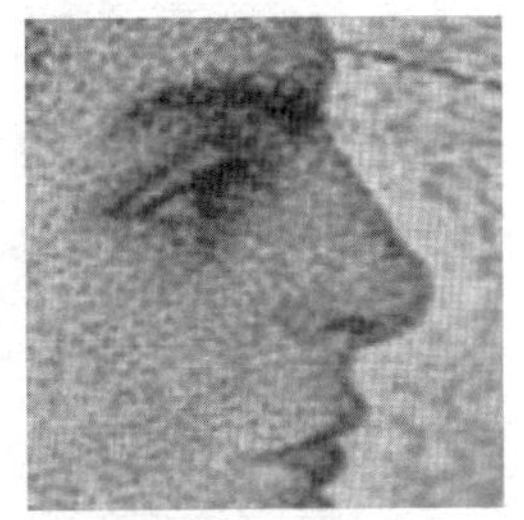
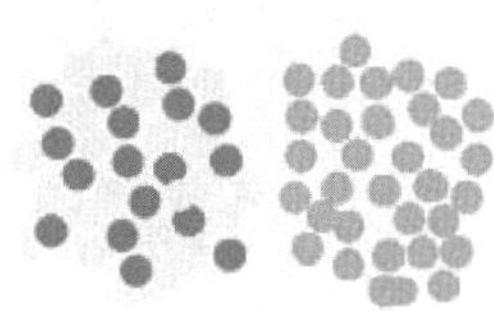

그림 3.14 파라솔의 연인(Signac)

는 과정에서 혼색효과를 가져다주는 일종의 가법혼색으로 그 명도와 채도가 두 색의 합을 면적으로 나눈 평균값으로 지각됩니다. CRT나 LCD와 같이 R, G, B 화소(pixel)들을 나란히 배치하고 발광시켜 여러 가지 색을 표현하는 디스플레이(display) 장치나 컬러프린터(color printer)에서 색을 표현하는 기본원리는 병치혼색입니다. 또 하나의 중간혼색에는 '회전혼색(回轉混色)'이 있습니다. 회전혼색은 회전판에 두 가지 이상의 임의의 색을 적당한 면적비율로 인접하여 배치한 후, 고속으로 회전시키면(약 1초에 30회전 이상) 혼합된 하나의 색으로 보이는 현상으로 색팽이나 바람개비가 여기에 해당됩니다.

3.11 광원과 스펙트럼

별(star)은 스스로 빛을 낸다는 관점에서 지구와 같은 행성(planet)과 구분됩니다. 별은 그 표면온도가 섭씨 6,000도가 넘으며 이온화된 가스형태의 플라즈마(plasma)로 이루어져 있습니다. 요즈음의 도시에서는 야간조명과 대기오염으로, 눈에 보이는 별의 수가 점점 줄어들게 된 것은 정말 안타까운 일입니다. 하지만 맑게 갠 날 밤에는 공기가 맑아 많은 별을 볼 수 있을 것입니다. 육안으로 볼 수 있는 별의 수는 대략 8천 개쯤 된다고 합니다. 망원경을 사용하면 좀 더 많은 별을 관찰할 수 있습니다. 큰 천체망원경으로 볼 수 있는 별의 수는 놀랍게도 30억 개나 된다고 합니다. 하지만 이것도 지금까지 알려져

그림 3.15 별은 플라즈마다.

있는 숫자일 뿐, 우주에는 아직 우리 인류가 본 적이 없는 별이 많이 있는 것은 분명합니다.

독자들께서는 밤하늘을 바라보며 별은 왜 깜빡거릴까 하고 궁금해 한 적이 없었습니까? 그 이유는 지구와 달의 경우를 비교해 보면 쉽게 알 수 있습니다. 달에서 별을 보면, 별이 전혀 깜빡이지 않습니다. 그 이유는 지구에는 있는 대기가 달에는 없기 때문입니다. 지구대기는 우주공간으로부터 오는 별빛이 반사, 굴절, 산란, 그리고 간섭을 일으키는 매질 역할을 합니다. 빛의 성질 중에서 별이 깜빡이는 이유와 관계가 있는 것은 굴절입니다. 일반적으로 굴절은 서로 다른 매질 사이를 빛이 통과할 때 생기지만, 같은 매질 내에서도 국부적인 밀도차이 때문에 일어나기도 합니다. 대기 중의 밀도 차이에 의해 기압의 차가 발생하면 바람이 불게 됩니다. 바람을 일으키는 대기의 밀도 차이 때문에 별빛이 굴절되고, 바람이 많이 불면 빛의 굴절이 더 자주 일어나기 때문에 더 자주 깜빡거립니다. 이와 같이 대기 중에서 빛의 굴절이 자주 일어나기 때문에 우리 눈에는 별이 보였다 안 보였다 하는 것입니다. 결과적으로 말하면, 대기 중의 밀도차이에 의해 별빛의 굴절이 생기고, 그 결과, 우리 눈에는 별이 깜빡이는 것으로 보이는 것입니다.

조명용 광원으로는 백열전구, 형광등, 수은등 등이 많이 사용되고 있습니다. 보통의 백열전구는 유리구 속에 봉입한 텅스텐 필라멘트에 전류를 흘려 약 3,000~4,000 °C 정도의 고온으로 가열하여 빛을 만들어 줍니다. 텅스텐 필라멘트의 발광 스펙트럼의 peak 값은 온도가 올라갈수록 단파장 쪽으로 이동(blue shift)하는 특징이 있습니다. 또한 자연광보다 단파장 성분이 적어서 완전한 백색보다는 약간 노란색을 띠게 됩니다. 고온에

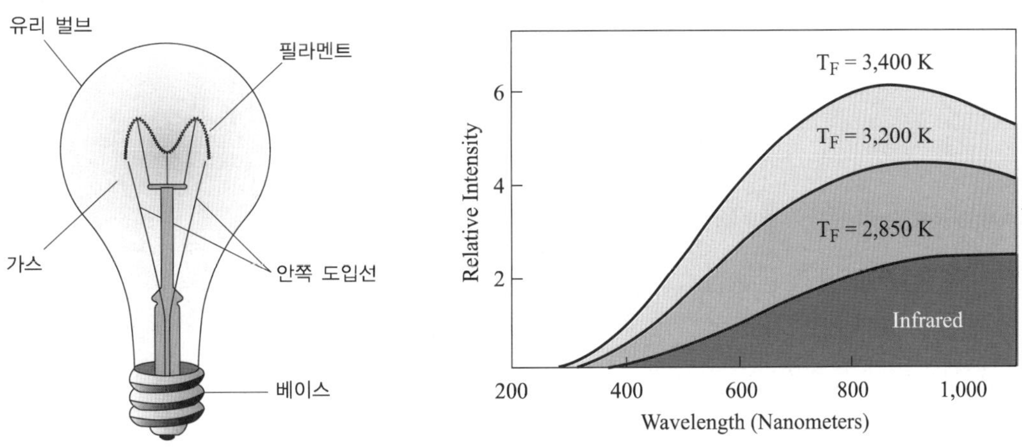

그림 3.16 텅스텐램프와 발광스펙트럼

서 발광을 지속시키기 위하여 유리구 속의 공기를 뽑고, 텅스텐과 반응을 일으키지 않는 아르곤(Ar)이나 질소(N_2)가스 등을 넣은 것이 가스봉입 전구입니다. 진공 또는 가스가 주입된 전구 속의 텅스텐 필라멘트에 전류가 흐르면 빛이 발생됩니다. 그 때 열과 빛이 동시에 생성되지만 빛은 단지 5%에 불과합니다. 전류가 증가할수록 빛의 세기와 색온도(color temperature)는 증가하지만 필라멘트는 급속히 기화되고 점점 얇아져 어느 순간에 이르면 한 부위가 증발하여 없어지면서 램프의 수명이 끝나게 됩니다.

따뜻하고 편안한 빛을 내는 백열전구는 여전히 인공조명의 기본이 되는 램프이며 형광등이나 LED 램프와 비교할 때, 아직까지도 세계적으로 가장 많이 사용되는 램프입니다. 백열전구는 이미 성숙된 단계의 대량생산 제품이지만 여전히 지속적인 기술개발이 이루어지고 있습니다. 최초의 카본(carbon) 필라멘트 백열전구는 발광효율이 1.7 lumen/W인 데 비해 오늘날의 표준형 백열전구는 거의 10배의 광속을 내며 수명도 1,000시간에 달합니다. 오늘날 백열전구에는 가느다란 이중 텅스텐 필라멘트가 나선형으로 감겨 있어 최대의 발광효율을 내도록 설계되어 있습니다.

중대형 평판 TV나 랩톱 PC(laptop PC)나 데스크톱 PC의 모니터로 주로 사용되는 LCD(liquid crystal display)는 R, G, B의 세 가지 컬러필터를 이용하여 풀 컬러(full color)를 만들어 주므로 그 스펙트럼을 측정해 보면 R, G, B의 위치에서 두드러진 강도를 보이게 됩니다.

형광(螢光, fluorescence)이란 들뜬상태(높은 에너지 상태)의 물질이 바닥상태(낮은 에너지 상태)로 되돌아갈 때 전자의 전이에 의해 방출되는 빛 또는 그와 같은 현상을 말하

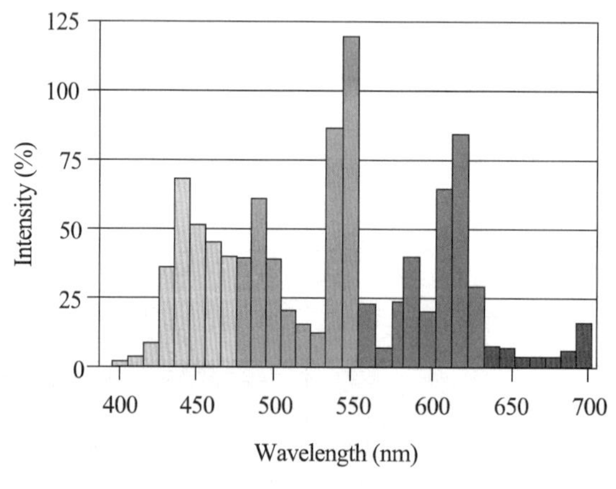

그림 3.17 LCD 모니터의 스펙트럼

며 발광(luminescence)의 일종이라 할 수 있습니다. 종래에는 들뜸(여기)이 끝나면 즉시 발광이 멈추는 것을 형광이라 하고, 들뜸이 끝난 뒤에도 얼마 동안 발광이 계속되는 것을 인광(燐光, phosphorescence)이라 하였으나, 현재는 발광의 원리에 따라 정의하는 경우가 많습니다. 외부에서 빛에너지가 가해지면 물질은 이 에너지를 흡수하여 바닥상태에서 들뜬 상태가 되고, 들뜬 상태는 불안정하여 흡수한 파장과 비슷한 파장의 빛을 방출하여 바닥상태로 돌아가려고 합니다. 형광의 수명은 약 1 ns로 짧으며, 인광은 약 1μs로 약 1,000배 정도 더 깁니다. 형광을 내는 물질을 형광물질이라고 합니다. 형광의 파장은 물질에 따라 다르므로 물질의 구분에도 이용되고 있습니다. 형광스펙트럼은 일반적으로 기체에서는 선스펙트럼(line spectrum), 액체에서는 띠스펙트럼(band spectrum), 고체에서는 연속스펙트럼(continuous spectrum)이 됩니다.

형광은 어떤 광물에 불순물로 들어 있는 이온(예를 들어, Cr, Ti, UO_2, Mn, Sn, Eu, Dy, Gd 등)들이 짧은 파장을 가진 자외선을 흡수하여 이를 파장이 긴 가시광선으로 전환, 방출하기 때문에 생깁니다. 형광은 한 광물에서라도 일정한 색을 나타내지 않습니다. 예로 순수한 '방해석'은 형광특성을 가지지 않으나 Ca 이외의 다른 이온들이 불순물로 함유되면 적색, 황색, 분홍색 등의 형광이 나타납니다. 일반적으로 형광특성을 잘 나타내는 광물로는 적색을 띠는 남정석, 에메랄드 등, 녹황색의 오터나이트, 토버나이트 등, 청백색의 회중석, 적황색의 쿤자이트, 녹색의 윌레마이트 및 분홍색과 청색의 방해석 등이 있습니다.

형광광물과 같은 재료가 가시광선을 형광으로 방출하기 위해서는 이보다 에너지가 큰 자외선을 이용하여 흡수를 일으켜야 하므로 형광광물을 전시한 전시실에서는 조명으로 자외선을 사용하여야 합니다. 만약 일반 백색광을 조명으로 사용한다면 형광현상은 일어나지 않을 것입니다.

형광등(fluorescent lamp)은 저압의 수은(mercury) 방전으로 방출된 자외선을 형광체에 의해서 가시광선으로 변환시켜 빛을 내는 방전등을 말합니다. 최근에는 베이스를 포함한 발광부분을 형광램프라 하고, 안정기 및 조명기구를 포함한 것을 형광등이라 하여 구별하기도 합니다. 형광등은 수명이 길고 휘도(brightness)가 높으며, 발광효율(luminous efficiency) 및 연색성(color rendering index)도 우수하여 주로 직관형이나 환형의 조명등으로 가장 많이 쓰입니다. 백열등은 발광의 원리가 고온 프로세스(hot process)인 반면에 형광등은 저온 프로세스(cold process)이므로 발광효율이 훨씬 우수합니다.

형광램프의 개발은 1859년 프랑스에서 처음 시작되었으나 1938년 미국의 GE 사에

그림 3.18 형광물질과 형광

의해서 열음극 형광램프(hot cathode fluorescent lamp, HCFL)가 실용화되었습니다. 이것이 일반에게 보급된 것은 제2차 세계대전 이후입니다. 환형 형광램프는 100 V 전압으로 점등할 수 있는 30 W 램프로서 1953년에 개발되어 빠르게 보급되었습니다.

가장 널리 쓰이는 열음극 형광램프는 유리관 내벽에 형광물질이 얇게 코팅(coating)되어 있으며 필라멘트전극은 텅스텐선의 2중 또는 3중 코일에 열전자를 방출하기 쉬운 바륨, 스트론튬, 칼슘 등의 산화물이 도포되어 있습니다. 유리관 안에는 소량의 수은과 아르곤이 봉입되어 있습니다. 형광램프에는, 방전현상의 특징상, 방전이 시작되면 램프의 전류가 계속 증가하여 전극을 파괴하므로 전류를 특정 값 이하로 제한하기 위하여 안정기를 사용합니다. 점등에는 점등관(starter lamp)을 쓰는 경우가 많고, 점등관으로 점등되는 램프를 Starter형 형광램프라고 합니다. 스위치로 전압을 가함과 동시에 점등관의 바이메탈(bimetal) 전극과 고정전극 사이에서 방전이 일어나고 이 방전에 의해서 바이메탈 전극은 가열되어 고정전극에 접촉합니다. 이때 램프의 필라멘트 전극에 전류가 흘러 열전자를 방출하기 쉬운 온도로 가열됩니다. 이 동안 바이메탈 전극은 냉각되고, 수 초 후, 고정전극에서 떨어지는 순간, 안정기의 인덕턴스(inductance)에 의해서 펄스전압이 발생하면서 필라멘트 전극에서 열전자가 방출되고, 램프가 작동하여 아크방전(arc discharge)이 일어납니다. 다음으로 저압 수은증기 속의 아크방전에 의해서 방출되는 자외선이 형광체를 들뜨게 하여 가시광선을 방출합니다.

냉음극 형광램프(cold cathode fluorescent lamp, CCFL)는 가는 관 모양의 형광등으로, 발광의 원리는 열음극 형광램프와 비슷합니다. CCFL은 최근 LCD 디스플레이 백라이트

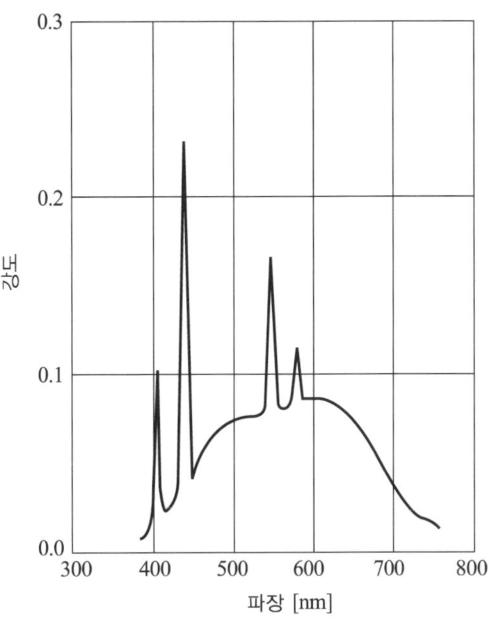

그림 3.19 형광등(주광색)의 스펙트럼

용의 광원으로서 급속히 발전했으며, 소비전력이 작아 건물 내부의 안내등용 광원으로도 많이 사용되고 있습니다.

CCFL이 점등되기 위해서는 특수한 전용 인버터 회로가 필요합니다. HCFL이 전극을 가열하여 열전자를 방출하는 반면에 CCFL은 음극을 가열하지 않고 전자를 방출합니다. 따라서 CCFL은 HCFL에 비해 음극 강하전압이 크고 발광효율이 약간 떨어집니다. 하지만 최근 들어 음극을 제조하는 소재의 개선으로 음극에 걸리는 전압이 크게 낮아져서, 냉음극관의 발광효율은 큰 폭으로 개선되고 있습니다.

3.12 빛의 파동성

빛(light)은 광선(ray)이자 입자(particle)이자 파동(wave)이자 광자(photon)입니다. 파동으로서의 빛은 한 곳에서 다른 곳으로 이동해 가면서 전자기파 스펙트럼의 에너지를 전파합니다. 파동은 한 가지나 그 이상의 주기적인 진동의 합으로 구성되며, 고유의 파장(wavelength), 진동수(frequency), 진폭(amplitude), 위상(phase) 및 편광(polarization)을 가지고 있습니다. 특히 빛의 편광이란 전자기파가 진동하는 방향을 의미합니다.

파동은 일반적으로 주기성을 가지고 있으며 어느 순간 매질의 이동거리가 최대가 되는 지점을 마루(crest) 또는 골(though)이라고 합니다. 파동이 진행하는 동안 매질은 운동하게 되는데 매질들이 원래 위치로부터 최대로 이동한 거리를 진폭(amplitude)이라고 합니다. 이 진폭은 전달되는 에너지와 관련이 있습니다. 이것은 우리가 큰 진폭의 파동을 발생시키기 위하여 용수철이나 줄을 크게 진동시킬 때 많은 일을 해야 하는 것을 보아 쉽게 알 수 있을 것입니다. 즉, 진폭이 클수록 전파되는 에너지의 양이 많게 됩니다. 파동이 전파될 때 같은 운동 상태가 일정한 간격으로 반복되는 것을 볼 수 있는데, 이 반복되는 최소간격을 파장(wavelength, λ)이라고 합니다. 이것은 매질의 각 점들이 일정한 시간간격으로 똑같은 운동을 하기 때문입니다. 즉 파장은 매질의 각 점들이 한 번 진동하는 동안 파동이 진행한 거리라고도 할 수 있습니다. 또는 파동이 진행하는 어느 한 순간 이웃하는 마루와 마루, 골과 골 사이의 거리를 말하기도 합니다. 한편, 매질의 각 점들의 운동 상태는 수시로 변하며, 이 때 어느 순간 어떠한 운동 상태에 있는가를 나타낸 것을 위상(phase)이라고 합니다. 여기서 매질들의 운동을 살펴보면 sine 곡선을 그린다는 것을 알 수 있습니다. 따라서 어느 순간 매질의 운동 상태를 그 때의 sine 곡선에서 각도로 나타내 주면 편리할 것입니다. 또 공간적으로 보면 이러한 운동 상태가 반복되므로 한 파장의 어느 부분에 해당하는가로 나타낼 수도 있습니다. 이와 같이 매질의 진동 상태를 나타내는 위상은 각도나 파장의 비율로 나타내어 사용하고 있습니다. 매질 안에서 위상이 같다는 것은 파동이 진행하고 있을 때 같은 시각에 이동거리와 진동상태가 같은 점들을 말합니다. 파동의 주기(period, T)는 매질의 한 점이 1회 진동하는 데 걸리는 시간을 의미합니다. 파동의 진동수(frequency, f)는 1초 동안에 매질의 한 점이 진동하는 횟수로, 이것은 주기의 역수와 같고 단위는 Hz(헤르츠)를 씁니다. 이 진동수는 파원의 진동수에 의해 결정되며 매질과 관계가 없습니다. 그래서 우리는 파동을 보고 파원에 대한 정보를 얻을 수 있습니다. 목소리를 듣고 바로 목소리의 주인공을 알아낼 수 있는 것도 파동의 이러한 성질 때문이며, 라디오나 TV 등에 전파가 이용되는 것도 이 때문입니다.

파동은 매질이 한 번 진동하는 동안 한 파장만큼 진행하므로 파동의 전파속도(propagation velocity, v)는 다음과 같은 식으로 주어집니다.

$$\text{전파속도}(v) = \frac{\text{이동거리}(s)}{\text{걸린 시간}(t)} = \frac{\text{파장}(\lambda)}{\text{주기}(T)} = \text{파장}(\lambda) \times \text{진동수}(f) \tag{3.3}$$

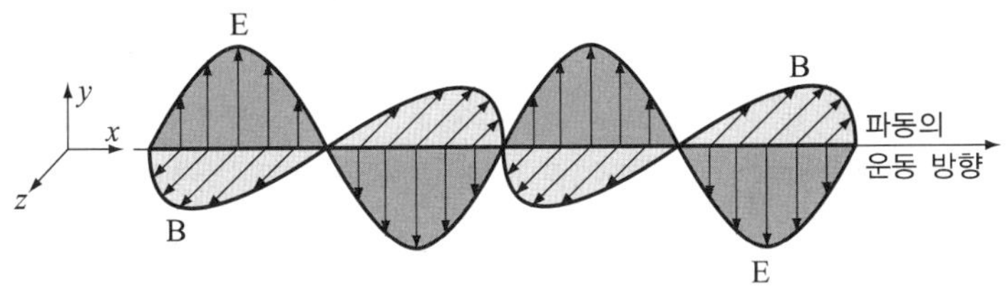

그림 3.20 빛과 전자기파

전자기파(Electromagnetic wave, EM wave)란 진공 또는 물질 속을 전자기장의 진동이 전파하는 현상을 말합니다. 전자기장의 성질은 시간적으로 변화하는 경우와 그렇지 않은 경우에 따라 크게 다른데, 뒤의 경우를 정전기자기장이라 합니다. 전자의 경우에는 전자기파가 발생합니다.

전자기파는 진공 속을 전파하는 물리적 실체이며 에너지(energy), 선운동량(linear momentum), 그리고 각운동량(angular momentum) 등을 가지는 동시에 파동의 성질도 가지므로 파장 또는 진동수에 의해 특징지어질 수 있습니다. 전자기파는 전기장(electric field, $\vec{E}$) 성분과 자기장(magnetic field, $\vec{B}$) 성분으로 구성되는데, 이들은 모두 횡파이며 각각의 진동방향에 의해서 전자기파의 편광의 방향이 정의됩니다.

가장 간단한 형태의 전자기파는 직선적으로 편향된 평면전자기파(plane EM wave)이며, 전기장과 자기장은 서로 직교하는 평면 안에서 진동하고, 전자기파는 이들 평면에 수직한 방향을 따라 전파합니다. 진공 속에서의 전자기파의 전파속도는 파장에 관계없이 일정하며, 그 값은 광속 $c = 2.99792 \times 10^8$ m/s 입니다.

전자기파를 발생하는 근원은 운동하는 하전입자(예를 들어 전자나 원자핵)입니다. 그 운동이 0이 아닌 가속도 성분을 가질 때 발생한 전자기파는 에너지나 운동량을 전파할 수 있습니다. 이 현상을 전자기파의 복사(radiation)라 하며, 복사된 전자기파는 진공 속을 직진합니다. 전자기파는 물질을 만나면 물질 속의 전자나 원자핵 같은 하전입자와 상호작용을 합니다. 이러한 상호작용의 결과, 두 종류의 현상이 일어날 수 있습니다. 그 하나는 물질이 전자기파를 흡수(absorption)하는 것인데, 그 때 전자기파의 에너지는 물질의 내부에너지로 변환됩니다. 다른 하나는, 물질이 전자기파를 산란(散亂, scattering)시키는 것인데, 물질 속의 하전입자는 상호작용으로 인하여 가속도운동을 하게 되기 때문에 전자기파와 상호작용한 하전입자는 전자기파를 복사합니다. 전자기파의 산란은 이렇게 해서 일어나며 복사된 전자기파가 산란파(scattered wave)를 형성합니다. 흡수나 산란의 상세한 성질은 전자기파의 파장이나 물질의 성질에 따라 크게 달라집니다. 산란파 가운데 물질의 외부로 복사된 것이 반사파를 구성합니다. 한편, 물질 속으로 복사된 산란파는 비슷한 산란을 반복하면서 물질 속을 진행합니다. 반복되는 산란과정 때문에 물질 속에서의 전자기파의 전파속도는 일반적으로 진공 속에서의 속도와는 다르며 물질의 성질을 반영하여 정해집니다. 이렇게 매질이 다르면 전파속도가 다르기 때문에 전자기파의 굴절이 생깁니다.

전자기파는 그 전파방향에 0이 아닌 운동량 성분을 가지고 있으므로 물질과 상호작용할 때 물질에 대하여 압력을 미치게 됩니다. 이것을 광압(光壓, light pressure)이라고 합니다.

3.13 천지창조와 빛

미켈란젤로(Michelangelo)는 교황 율리우스 2세(Pope Julius Ⅱ)의 위촉으로 로마 바티칸교황청 내에 있는 시스티나 대성당(Cappella Sistina)의 프레스코(fresco)벽화를 그리게 됩니다. 유화가 개발되기 이전에 주로 사용되던 회화재료였던 프레스코는 이태리어로 fresco(신선한)에서 온 명칭으로 아직 덜 건조되어 젖어있는 신선한 석회 벽 위에 그림을 그리는 벽화법입니다. 석회반죽에 물감이 스며들어, 그림이 그려짐과 동시에 회가 마르면, 석회 벽과 그림은 일체가 되어 오랫동안 보존됩니다. 미켈란젤로는 프레스코 기법에 익숙하지 않았고, 작업 자체도 고개를 뒤로 젖힌 채로, 천장에 그려야 하는 힘든 작업이었습니다. 미켈란젤로는 사다리에 올라가 고개를 뒤로 젖힌 채 장시간 그림을 그린 후유증으로, 뒷목에 혹이 생겼다는 이야기도 있습니다.

미켈란젤로는 천장의 중앙부를 세로로 연속하는 9개의 직사각형 틀로 나누고 그 안에 창세기(Genesis)의 이야기를 그렸습니다. 천장에 그린 '천지창조'의 9장면(너비 13 m, 길이 40 m)은 33세인 1508년부터 약 4년간, 또 정면의 '최후의 심판' 장면(너비 14.5 m, 길이 13 m)은 약 30년 후, 교황 바오로 3세(Pope Paulus Ⅲ)의 위촉으로 1536년부터 1541년까지 5년 반의 세월이 걸려 그려진 대작입니다.

그림 3.21은 미켈란젤로의 명화 천지창조에서 모티브(motive)를 얻어 창세기에서 언급하는 초과학적인 빛의 탄생, 맥스웰에 의해 밝혀진 빛이 전자기파라는 사실, 그리고 아인슈타인에 의해 정립된 광자이론을 각각 그림으로 표현한 것입니다.

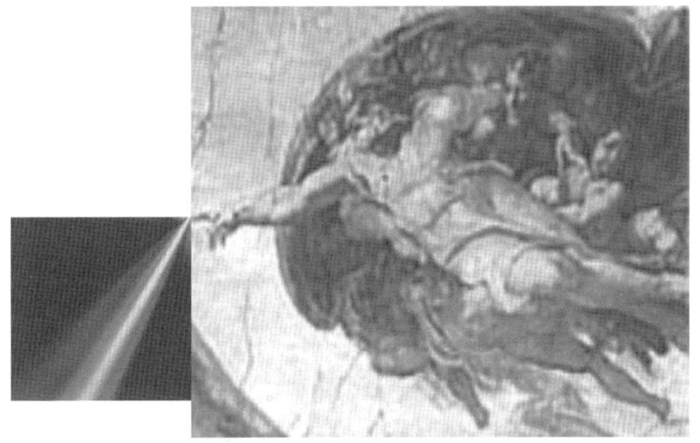

(a) Then God said, Let there be light!, and there was light.

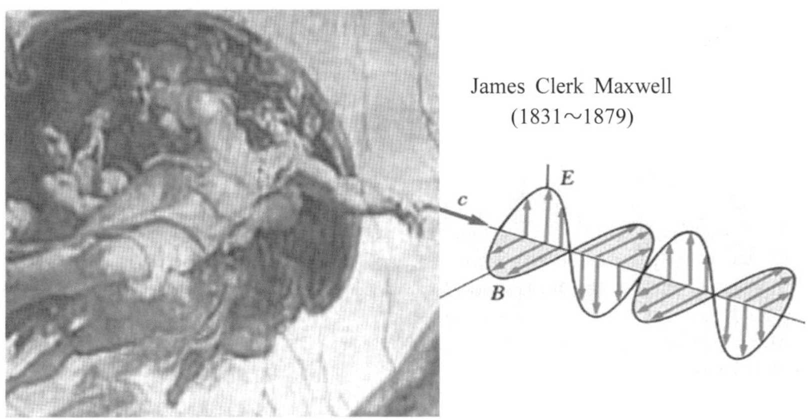

(b) Then God said, Let there be EM waves!, and there were EM waves.

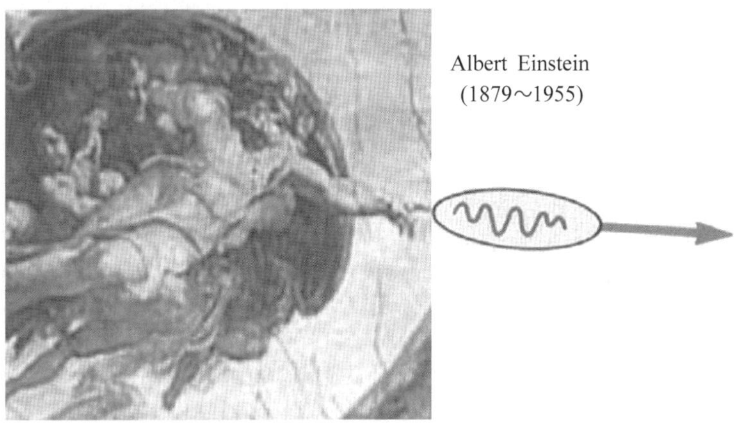

(c) Then God said, Let there be photons!, and there were photons.

그림 3.21 Let there be (a) Light, (b) EM waves or (c) Photons!

3.14 양자론과 광자의 탄생

플랑크(Planck)는 독일의 저명한 물리학자로 뮌헨대학과 베를린대학에서 수학과 물리학을 공부하다가 클라우지우스(Clausius)의 열 이론, 특히 열역학 제2법칙에 심취하여 물리학에 전념하였습니다. 1885년 킬 대학 교수를 거쳐 1889년 키르히호프(Kirchhoff)의 후임으로 베를린대학에 초빙되어 3년 뒤 교수가 되었습니다. 그는 그즈음 중요한 연구 주제였던 열복사의 이론적 연구에 몰두하여 종래의 빈(Wien)의 열복사에너지 분포법칙과 기체분자 운동론에서의 속도분포 법칙을 수정하여, '플랑크의 복사법칙'을 발표하였습니다. 다시 근거를 명확히 하기 위하여 플랑크상수($h = 6 \times 10^{-34}$ J · s)를 도입하여 양자가설을 제시해 양자론 및 양자역학의 발달에 중요한 단초를 제공하였으며, 이 공로를 인정받아 1918년에 노벨물리학상을 받았습니다. 플랑크는 1913년 베를린대학 학장에 취임한 후, 아인슈타인(Einstein)의 특수상대성 이론을 높이 평가하여 그를 베를린대학 교수로 초빙하였습니다.

광전효과(光電效果, photo-electric effect)란 물질이 빛을 흡수하여 자유전자를 생성하는 현상이나 또는 이에 따라 전기전도도가 증가하여 기전력이 나타나는 효과를 말합니다. 여기서 생긴 자유전자를 광전자(photo-electron)라 합니다. 이 현상은 빛의 진동수가 한계진동수(cut-off frequency, f_0) 이상인 경우, 따라서 파장이 한계파장(cut-off wavelength, λ_0) 이하의 경우에 한하여 일어납니다.

한계진동수 f_0나 한계파장 λ_0는 금속의 일함수(work-function)를 W, 전자의 전하량을 e, 진공 중의 빛의 속도를 c, 플랑크상수를 h로 놓으면, 다음의 식으로 정해집니다.

$$f_0 = \frac{c}{\lambda_0} = \frac{e\,W}{h} \tag{3.4}$$

광전효과는 간단한 실험이지만 그 의미는 매우 중요합니다. 만약 빛이 파동이라면 물질에 주입된 에너지가 작다 하더라도 많은 양의 빛을 쬐어주면 전자가 튀어나와야 합니다. 즉, 파도가 바위를 칠 때 에너지가 작더라도 많은 양의 파도가 몰아치면 결국 바위가 부서지는 것처럼 말입니다. 그런데 결과는 예상과 전혀 달랐습니다. 아무리 많은 양의 빛이라도 특정한 진동수(한계진동수) 이하이면 전자는 절대 튀어나오지 않았습니다. 이것은 빛의 파동성으로는 도저히 설명이 불가능한 것입니다.

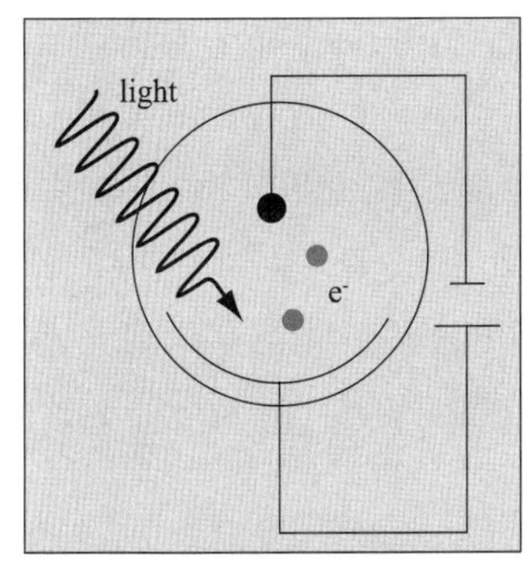

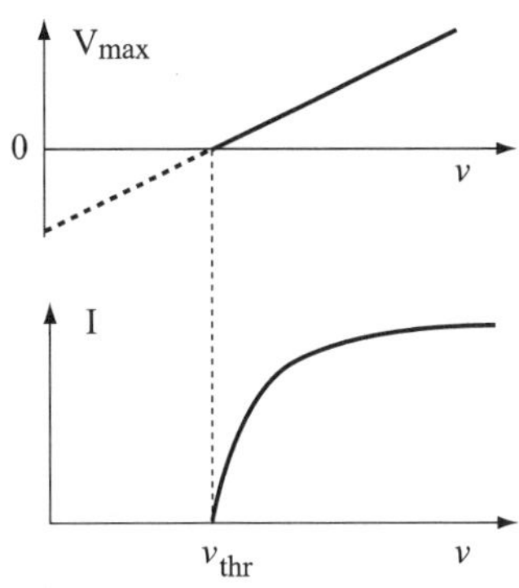

그림 3.22 아인슈타인의 광전효과

만약 빛을 입자(광자)라고 생각해 봅시다. 그러면 광자 각각이 각각의 전자와 충돌하는 상황을 연상할 수 있습니다. 따라서 광자의 양이 적더라도 각각이 지닌 에너지 값이 크면 전자를 튕겨 나오게 할 수 있는 것입니다. 결국 광전효과란 빛의 입자성을 증명하는 결정적 실험이 되는 것입니다.

이것은 아인슈타인의 광양자 가설에 의해 처음으로 설명되었고 양자론의 초석이 되었습니다. 즉 진동수 f의 빛은 에너지 hf의 입자, 즉 광자(photon)로 흡수 또는 방출되는 것이며, 이것을 흡수한 금속 내의 전자는 hf가 한계량 hf_0보다 클 때에 한하여 광자로서 튀어나올 수 있다는 것입니다.

광전효과는 광전관이나 광전자증배관(photo-multiplier tube, PMT) 등에서 빛의 검출, 측정이나 광전변환 등에 널리 쓰이고 있습니다. 아인슈타인은 광전효과를 밝힌 공로로 1921년에 노벨 물리학상을 받았습니다.

빛의 입자성을 증명하는 실험은 여기에서 그치지 않았습니다. 당시 많은 과학자들을 혼란스럽게 했던 것 중에 X선이 있었습니다. 그런데 1923년 콤프턴(Compton)에 의한 콤프턴 효과 실험이 또 한 번 빛의 입자성을 증명하였습니다.

파동은 어떤 물질에 부딪혀도 그 파장이나 진동수에는 변함이 없습니다. 단지 속도에만 영향을 줍니다. 또한 파동이 진행하다가 장애물에 부딪히면 그것에서 퍼져 나가는 회절현상이 발생하는데 이때에도 파의 세기는 약해지지만 진동수나 파장은 변하지 않습니다. 하지만 X선을 물질 표면에 쪼여 물질의 배열구조를 조사하는 실험을 하는 데 있어 그 곳에서 반사되어 오는 X선의 파장이 일부 길어지는 현상이 발생하였습니다. 이것은 X선의 파동성만 가지고는 해석이 힘들고 입자로 설명해야만 해석이 가능합니다. 이처럼 파동으로만 알려진 전자기파가 이것의 내면에는 입자가 가지는 성질도 같이 포함하고 있다는 실험적 근거가 많이 등장하였습니다.

그렇다면 아주 작은 입자인 전자(electron)의 경우는 어떠한가요? 분명 전자는 아주 작지만 질량을 가진 입자입니다. 그러나 빛이 회절현상을 나타내는 아주 좁은 실틈(slit)으로 전자를 통과시키면 빛과 마찬가지로 회절현상을 나타냅니다. 결국 전자가 입자이지만 분명 파동의 성질을 가지고 있다는 사실이 전자빔의 회절현상의 관찰을 통해 증명되는 것입니다.

결국 미시세계에서는 입자냐 파동이냐를 구별하는 것은 의미가 없습니다. 말 그대로 상황에 따라 다르게 나타납니다. 여기에서 발전한 이론이 바로 드브로이(de Broglie)의 물질파(matter wave)이론입니다. 즉, 질량을 가진 입자를 파동의 성질로 해석하는 것입니다. 결국 우리가 빛이라고 하는 것은 전자기파이고 모든 물질의 에너지의 전달형태로 생명 그 자체라고 할 수 있습니다. 지금 내가 움직이고 생각하고 나를 구성하는 모든 본질은 전자들의 이동을 통한 전자기파의 교환이라고 할 수 있는 것입니다.

이휘소 교수는 이론물리학자로 서울 출생이며 미국명은 벤자민 리(Benjamin W. Lee)입니다. 그는 서울대 화학공학과 2학년 재학 중, 미국으로 건너가 마이애미대학 물리학과에 편입하였습니다. 펜실베이니아대학에서 물리학 박사학위를 취득한 뒤, 1961년 펜실베이니아대학 조교수가 되고 1963년 교수로 승진하였습니다. 1974년 뉴욕주립대학을 거쳐 시카고대학의 이론물리학 교수 겸 페르미(Fermi) 가속기연구소 물리부장으로 취임, 세계적인 핵물리학자들 가운데 제1인자로 부상했습니다. 1977년 주한미군 철수가 긴급

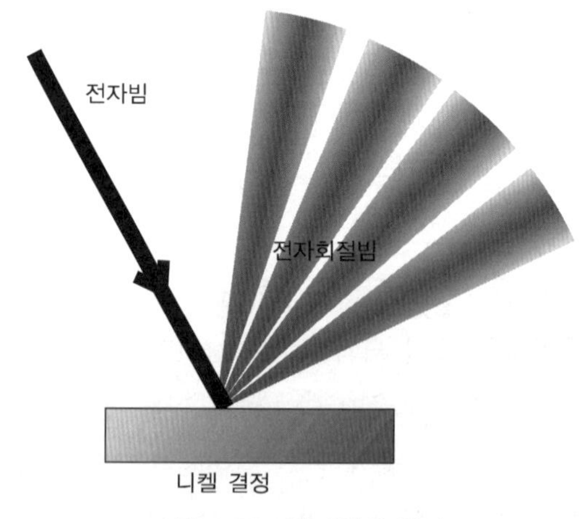

그림 3.23 전자빔의 회절

그림 3.24 생전의 이휘소 교수

현안으로 대두되자, 장거리유도탄과 핵무기의 개발내용을 정리한 문서를 바지 속에 감추고 한국에 들어와 정부당국에 제공하였습니다. 그러나 그해 일리노이 주 남부에서 자동차사고로 의문의 죽음을 당하였습니다.

1977년에 작고한 이휘소 교수는 당시 입자물리학 분야에서 세계 최고수준의 업적을 내고 있었기 때문에 생존했다면 노벨상을 받았을 수도 있었을 것이라고 자주 거론됩니다. 1999년에 노벨 물리학상을 수상한 네덜란드 호프트 교수는 바로 이 박사와 비슷한 분야(gauge 이론)를 연구했던 학자입니다. 호프트 교수는 "이 박사의 이론에서 영감을 얻어 박사학위 논문을 썼으며 이후 이 박사가 이를 재해석해 주었다."며 "학문적으로나 인간적으로나 아주 우수한 물리학자였다."고 술회했습니다. 그에 관한 이야기들 가운데에는 한국정부에 핵무기제조와 관련된 기술을 제공하여 미국정부의 미움을 샀다는 이야기가 있으며, 이를 소재로 국내에서는 '무궁화 꽃이 피었습니다'라는 제목의 소설과 영화가 만들어져 논란이 일기도 하였습니다. 그러나 그의 주요 연구 분야로 볼 때 핵무기 제조와는 크게 관계가 없으며, 설령 그가 핵무기의 제조에 도움을 주었다고 해도 중심인물은 아니었을 것이라는 의견도 많습니다.

그렇다면 물리학자가 아닌 인간 이휘소 박사의 평소 모습은 어떠했을까요? 이휘소 박사를 기억하는 사람들에게 그는 물리학에만 매달린 사람으로 남아 있습니다. 이휘소 박사의 동료들은 그를 '팬티가 썩은 사람'이라고 불렀다고 합니다. 한번 자리에 앉으면 엉덩이를 떼지 않고 학문에 매진하는 생활습관 때문에 붙여진 별명입니다. 한번은 이휘소 박사가 동료와 점심을 먹다가 갑자기 아이디어가 떠오르자 연구실로 들어가더니, 이틀만에 앉은자리에서 한 편의 논문을 완성했다고 합니다. 실로 대단한 집중력의 소유자였던 것입니다.

이휘소 박사의 좌우명은 "남이 아는 것은 나도 알아야 한다. 내가 모르는 것은 남도 몰라야 한다."였습니다. 그것은 단순히 남에게 뒤지고 싶지 않다는 자존심의 문제가 아니었습니다. 그는 남이 알아낸 것을 뒤쫓아 가는 연구가 아니라 스스로 물리학의 새로운 화두를 제시하는 선도적인 과학자가 되고 싶었던 것입니다.

아쉽게도 이휘소 박사의 노벨상 수상은 불가능해졌지만 우리에게 희망은 있습니다. 이휘소 박사가 활약하던 시절과는 비교할 수 없이 많은 한국의 과학자들이 세계적인 업적을 잇달아 내고 있기 때문입니다. 한국 최초로 과학 분야 노벨상을 수상하게 될 날이 머지않은 미래에 반드시 올 것입니다.

위대한 과학자들이나 훌륭한 발명가들의 공통적인 특징은 대부분 어린 시절부터 호기심이 많고 엉뚱한 생각들을 많이 하였다고 합니다. 호기심은 관심을 낳고, 관심은 사람을 생각하게 만들고, 생각은 아이디어를 도출하고, 아이디어는 새로운 발명과 발견으로 이어지게 됩니다. 따라서 우리는 늘 주변에서 일어나고 있는 수많은 현상들이나 사물들에 관해 호기심을 갖고 접근하면 좋겠습니다.

연습문제

1. 다음 중, 매질의 존재 유무와 무관하게 전파가 가능한 파동은?
   ① 음파 ② 전자기파 ③ 수면파 ④ 지진파

2. 다음 중에서 매질과 무관하게 일정한 물리량은?
   ① 파장 ② 속도 ③ 주파수 ④ 전파상수

3. 다음 중 광자와 원자 사이에 일어나는 기본적인 상호 작용이 아닌 것은?
   ① 들뜬 원자의 자발 천이 ② 바닥 원자의 자발 천이
   ③ 들뜬 원자의 유도 천이 ④ 바닥 원자의 유도 천이

4. 전자파 중 가장 높은 에너지를 가지며 암 조직을 파괴하는 데 사용되는 것은?
   ① 자외선 ② X선 ③ 감마선 ④ 가시광선

5. 에너지가 높고 살균작용이 우수하며 오존층에서 주로 흡수되는 전자기파는?
   ① 자외선 ② X선 ③ 감마선 ④ 가시광선

6. 투시카메라에서 사용하는 filter는 어떤 전자기파를 차단하는가?
   ① 자외선 ② 적외선 ③ 가시광선 ④ 마이크로파

7. 일반 가정에서 사용하는 microwave oven은 주파수 2.45 GHz의 마이크로파를 사용한다. 그 이유는?
   ① 전자파의 높은 주파수는 온도가 높아 음식을 잘 익힌다.
   ② 음식물에 들어있는 물이 마이크로파를 잘 흡수하여 데워진다.
   ③ 주파수 2.45 GHz는 철판에 잘 반사되어 음식을 잘 데운다.
   ④ 마이크로파는 음식을 잘 통과하기 때문에 음식을 잘 데운다.

8. 빛이 공기 중에서 1 ns 사이에 움직이는 거리는 얼마나 될까?
   ① 1 nm ② 30 nm ③ 1 cm ④ 30 cm

9. 다음 중 식물의 광합성에 별로 도움이 되지 않는 색의 빛은?
   ① 빨강 ② 녹색 ③ 파랑 ④ 백색

10. 어떤 파동의 에너지의 일부가 열로 방출된다면 파동의 어떤 값이 줄어드는가?

① 속도 ② 파장 ③ 진폭 ④ 주기

11. 100 MHz의 주파수를 갖는 라디오파가 공기 중에서 빛의 속도로 전파된다고 할 때, 이 전파의 파장은 얼마인가?

① 0.3 m ② 3.0 m ③ 30 m ④ 300 m

12. 백열전구의 텅스텐 필라멘트는 온도가 올라갈수록 어떻게 되는가?

① 파장이 red-shift한다. ② 파장이 blue-shift한다.

③ 진동수가 감소한다. ④ 에너지가 작아진다.

CHAPTER 4

빛도 때로는 휘어지고 퍼진다

제4장에서는 빛의 반사, 굴절, 그리고 분산과 관련된 빛의 성질, 현상 및 광학장치들에 대하여 공부합니다.

4.1 대기층과 전자기파

지구의 대기층은 온도분포에 기초하여 지표 부근에서 상층으로 올라감에 따라 순서대로 대류권(對流圈, troposphere), 성층권(成層圈, stratosphere), 중간권(中間圈, mesosphere), 그리고 열권(熱圈, thermosphere)으로 구분되고 있습니다. 그리고 이들 사이의 경계면을 각각 대류권계면(對流圈界面, tropo-pause), 성층권계면(成層圈界面, strato-pause), 중간권계면(中間圈界面, meso-pause)이라고 합니다.

대류권의 높이는 고위도 지방에서 약 8 km, 저위도 지방에서 약 18 km입니다. 대류현상으로 인해, 매일 일기의 변화가 나타나는 곳입니다. 상공으로 올라감에 따라 약 0.6 °C/100 m의 비율로 기온이 떨어집니다.

성층권은 지표 위, 10~50 km 범위에 있는 층입니다. 오존(O_3)을 많이 포함하고 있는 오존층(20~30 km)을 포함하고 있는 층으로 생물에 유해한 자외선의 대부분은 오존층에서 흡수되고 있습니다. 성층권 상부는 하부에 비하여 태양의 자외선 복사를 많이 흡수하여 온도가 더 높습니다. 성층권 하부의 기온은 거의 일정하여 안정한 층을 이루고 있어,

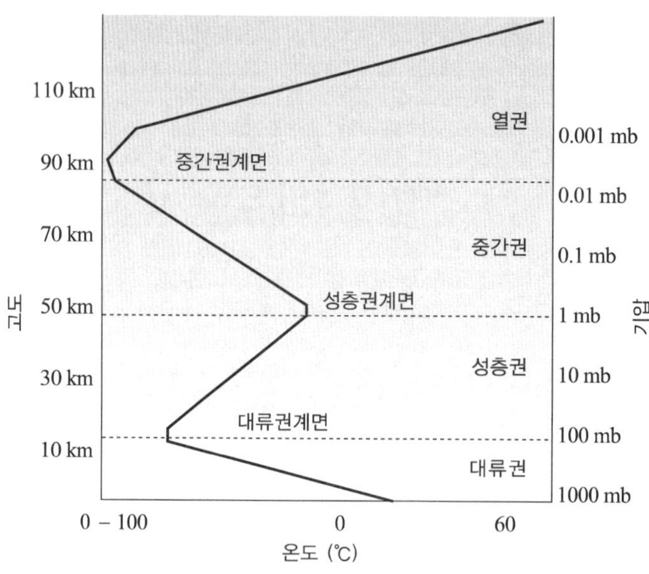

그림 4.1 대기권의 구조와 온도분포

제트(jet)항공기의 항로에 이용됩니다.

중간권은 높이가 약 50~80 km 되는 층으로, 중간권계면에서의 온도는 영하 90 ℃가 됩니다. 대류권과 같이 고도에 따라 기온이 낮아지는 영역으로 대류현상이 일어나지만 공기의 밀도가 적어 일기현상은 없습니다.

열권은 높이가 80 km 이상의 층이며, 공기가 희박하여 높이에 따라 기온이 급격히 증가합니다. 또한 밤과 낮의 온도차가 심합니다. 이는 소량의 공기분자가 태양에너지를 받아 얻는 운동에너지의 차가 매우 심하기 때문입니다. 열권에서는 오로라(aurora)현상이 나타나고, 유성의 출현이 빈번합니다. 오로라현상은 고속의 전자들이 지구 자기에 끌려 지구의 자극 부근에서 공기분자와 충돌하여 빛을 내는 현상으로 주로 고도 80~300 km에서 발생합니다. 유성의 출현은 고도 100~130 km에서 나타나고 소멸은 고도 20~90 km에서 나타납니다.

중간권의 상부 또는 그 위의 열권에서는 공기의 일부가 전리되어 이온과 자유전자를 만듭니다. 이 층을 전리층(電離層, ionosphere)이라 하며, 지표 위, 70~500 km 범위에 넓게 펴져 있습니다. 전리층은 전파를 흡수, 반사 또는 굴절시키므로 전파통신에 영향을 줍니다.

4.2 SI 단위와 접두어

얼마 전에 일본의 NTT 포토닉스 연구소는 10테라비트/초(tera-bit/s 또는 Tbps, 테라는 조, 10^{12})의 초고속 광전송을 가능하게 하는 대도시간(metro) 기간(core) 통신망용 전송기술을 개발했습니다. 이 기술은 서로 다른 256개의 파장의 빛을 하나로 묶거나 묶은 빛을 원래대로 분리하는 장치로, 대용량 초고속 광통신 중, 핵심기술인 파장분할다중화 전송(wavelength division multiplexing, WDM)을 더 고도화시켰습니다.

지금까지 WDM을 이용한 고속 광통신망에서는 지역의 통신 네트워크에서 모은 대용량의 정보를 파장이 다른 40개의 빛에 실어, 그것을 하나로 묶어 전송했습니다. 수신 측에서는 빛의 다발을 다시 40개의 빛으로 분리해 지역 네트워크에 분배합니다. 1개의 파장 당, 2.5기가비트/초(giga-bit/s 또는 Gbps, 기가는 10억, 10^9)의 데이터가 수용되어, 총 전송용량은 100기가비트/초($2.5\ \text{Gbps} \times 40\ \text{channels} = 100\ \text{Gbps}$) 수준이었습니다.

NTT가 새로 개발한 기술은 WDM의 핵심장치가 되는 광 다중화 장치(multiplexer) 및 역 다중화 장치(de-multiplexer)입니다. 이 장치는 과거의 성능의 4배에 해당하는 256 파장의 빛을 묶거나 분리할 수 있습니다. 현재의 기술수준에서 1개의 파장으로 전송이 가능한 데이터는 최고로 매초 40기가비트입니다. 따라서 256개의 파장을 완전히 사용하면, 매초 10테라비트($40\ \text{Gbps} \times 256\ \text{channels} = 10\ \text{Tbps}$)의 데이터전송이 실현될 수 있습니다. 이는 현재의 기간계통 광섬유망의 약 100배나 됩니다. 이 장치는 일본 전국에서 하루에 서적과 TV를 통해서 만들어 낼 수 있는 모든 정보량을 3.4초에 보내는 능력을 갖습니다. 한편, 2시간 분량의 영화를 저장한 DVD에는 1매에 약 40기가비트의 정보가 들어있습니다. 이러한 DVD를 매수로 약 250매 또는 500시간 분량의 정보를 1초에 보낼 수 있다는 계산입니다.

우리나라에서도 4.3 Tera-flops(floating-point operations per second)급 슈퍼컴퓨터가 한국과학기술정보연구원(KISTI)에 설치되어 현재 가동 중에 있습니다. 플롭스(flops)는 초당 수행할 수 있는 부동소수점 연산의 횟수를 의미하는 것으로 컴퓨터의 연산속도를 나타내는 기본적인 척도입니다. 예를 들어 1 Mflops(메가 플롭스)라면 1초에 백만 번의 부동소수점 연산을 처리할 수 있다는 것을 의미합니다. 위에서 말한 4.3 Tflops(테라 플롭스)라면 1초에 4조 3천억 번의 부동소수점 연산을 처리할 수 있다는 것으로 상상을 초월할 정도로 빠른 속도입니다.

표 4.1 SI 단위 접두어

10 exp	SI Prefix	One~times	Meaning in other Countries	10 exp	SI Prefix	One~of	Meaning in other Countries
24	yotta(Y)			−1	deci(d)	tenth	
21	zetta(Z)			−2	centi(c)	hundredth	
18	exa(E)	quintillion	trillion	−3	milli(m)	thousandth	
15	peta(P)	quadrillion		−6	micro(μ)	millionth	
12	tera(T)	trillion	billion	−9	nano(n)	billionth	milliardth
9	giga(G)	billion	milliard	−12	pico(p)	trillionth	billionth
6	mega(M)	million		−15	femto(f)	quadrillionth	
3	kilo(K)	thousand		−18	atto(a)	quintillionth	trillionth
2	hecto(h)	hundred		−21	zepto(z)		
1	deka(da)	ten		−24	yocto(y)		

위의 두 가지 예에서 사용하는 '테라'라는 접두어는 '조' 단위의 물리적으로 매우 큰 값을 간략하게 표현하는 데 유용한 접두어(prefixes)입니다. 반면에, 요즘 새로운 기술용어로 각광을 받고 있는 '나노(nano)'라는 접두어는 '10억분의 1'이란 의미로 물리적으로 매우 작은 값을 간략하게 표현하는 데 유용하게 사용됩니다.

위의 접두어 중에서 메가(mega)는 그리스어 'mega'에서 왔으며 'great'의 의미를 갖습니다. 알렉산더 대왕을 "Alexandros O Megas" 또는 "Megas Alexandros"라고 불렀습니다. 또한 기가(giga)는 라틴어 'gigas'에서 왔으며 'giant'라는 의미를 갖습니다. 한편 테라는 그리스어 'teras'에서 왔으며 재미있게도 'monster'라는 의미를 가진다고 합니다.

4.3 도플러효과

도플러효과(Doppler effect, 또는 Doppler shift)란 음원이나 관측자가 움직일 때, 관측자에게 들리는 소리의 높낮이(즉, 주파수)가 음원과 관측자가 정지한 경우와 다르게 들리는 현상을 말합니다. 아울러 이 개념은 음파뿐만 아니라 광파를 포함한 일반적인 모든 파동에도 똑같이 적용됩니다.

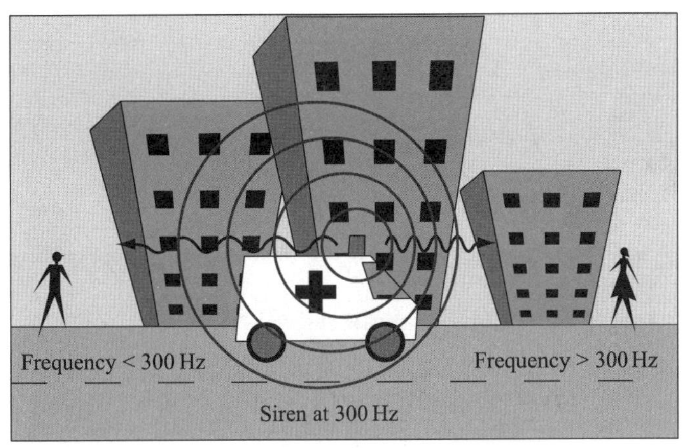

그림 4.2 도플러효과와 주파수편이

도플러효과는 다음의 네 가지 형태로 구분할 수 있습니다. 여기서 f는 정지한 상태의 음원의 주파수, v는 매질에서의 소리의 속도, V_s는 음원의 속도, V_o는 관측자의 속도, f'은 도플러효과에 의한 겉보기 주파수(observed frequency)를 나타냅니다.

(1) 정지한 관측자에(으로부터) 가까워지는(멀어지는) 음원

$$f' = \frac{f}{1 \mp V_s/v} \tag{4.1}$$

(2) 정지한 음원에(으로부터) 가까워지는(멀어지는) 관측자

$$f' = \left(1 \pm \frac{V_o}{v}\right) f \tag{4.2}$$

정리하면, 정지한 관측자에 음원이 가까워지거나 정지한 음원에 관측자가 가까워지는 경우에는 겉보기 주파수가 커지는(겉보기 파장이 짧아지는) 청색편이(靑色偏移, blue-shift)가 나타나며, 반대로 정지한 관측자로부터 음원이 멀어지거나 정지한 음원으로부터 관측자가 멀어지는 경우에는 겉보기 주파수가 줄어드는(겉보기 파장이 길어지는) 적색편이(赤色偏移, red-shift)가 나타나게 됩니다. 한편 도플러효과는 앞서 언급한 주파수에 대한 변화뿐 아니라 음의 크기에 대한 변화도 함께 유발합니다.

차를 타고 가다 보면 길이 훤히 뚫려 있는데도 갑자기 모든 차들이 천천히 가는 구간이 있습니다. 무슨 일이 생겼나 하고 의아해 하지만 곧 '무인 속도측정기 설치구간'이라는

그림 4.3 도플러효과와 음의 크기변화

표지판을 보고 고개를 끄덕입니다. 이 속도측정기는 스피드건(speed gun 또는 speed trap)이라고도 하는데, 달리는 자동차의 속도를 측정하고, 속도를 위반하면 사진을 찍어 과속범칙금을 부가하기도 합니다. 이 속도측정기가 있는 곳에서는 교통사고의 발생이 현저히 줄어든다고 합니다. 또 야구장에서는 투수가 던진 공의 속도를 즉시 TV 화면에 표시해 주기도 합니다. 어떻게 움직이는 물체의 속도를 그토록 신속, 정확하게 측정할 수 있을까요?

속도를 측정하는 데는 여러 가지 방법이 있습니다. 속도측정기는 크게 고정식과 이동식으로 나누어집니다. 고정식 무인카메라는 도로에 센서(sensor)가 내장된 와이어 두 개를 일정한 간격을 두어 매립하고, 이 두 개의 와이어를 지날 때의 경과시간을 측정하여 속도를 계산합니다. 이동식 속도측정기의 경우에는 움직이는 물체에 전파를 보냈을 때 되돌아오는 반사파의 도플러효과에 의한 진동수의 변화로부터 속도를 알아내기도 하고, 신호가 물체에서 반사되어 되돌아오는 데 걸리는 시간을 측정하여 속도를 알아내기도 합니다. 스피드건이 다가오는 야구공이나 자동차를 향해서 레이더(radar) 파를 발사하고, 다시 반사되어 되돌아오는 레이더 파를 감지합니다. 이 때 되돌아온 레이더 파는 도플러효과 때문에 처음 발사한 레이더 파보다 파장은 짧아지고 주파수는 더 커집니다. 이 때, 주파수가 변하는 정도는 야구공이나 자동차가 움직이는 속도에 의해 결정됩니다. 스피드건은 이 변화의 정도를 측정하여 야구공과 자동차의 속도를 정확하게 계산해 줍니다.

경찰이 사용하던 속도측정기는 주로 도플러효과를 이용한 레이더형 속도측정기였습니다. 그러나 경찰이 단속을 하기 위해 방출하는 전파신호를 검출할 수 있는 장비로 단속을 피하는 사람들이 생겼습니다. 그래서 몇 년 전부터는 레이저(laser)를 사용하여 단속을 하고 있습니다.

그림 4.4 도플러효과와 speed trap

레이저 속도측정기는 왕복시간 측정법을 이용합니다. 레이저광의 진동수는 매우 높고 빛의 속도에 비해 자동차의 속도는 상대적으로 매우 느려서 도플러효과에 의한 주파수 편이의 정도가 워낙 미미하기 때문에 왕복시간 측정법에 의해서도 거의 오차 없이 속도 측정이 가능합니다.

속도측정기에서 사용하는 진동수 영역에는 여러 가지가 있습니다. 진동수별로 구분을 하는데 X-band(8~12 GHz), K-band(18~26.5 GHz), Ka wide-band(34.2~35.2 GHz), Ka Super-Wide-Band(33.4~36 GHz)가 있습니다. 레이더 속도측정기에서 사용하는 진동수가 이처럼 다양한 것은, 단속을 피하기 위해 운전자들이 불법으로 설치한 레이더검출기를 무력하게 하기 위해서입니다. 그러나 레이더검출기 제작사들은 앞서 언급한 모든 범위의 진동수는 물론 레이저까지 감지할 수 있는 검출기를 만들어 시판하고 있습니다.

그렇다면 무인 속도카메라 감지기의 원리는 무엇일까요? 첫 번째로 GPS(global positioning system)를 이용한 방법입니다. GPS는 3개 이상의 위성으로부터 정확한 시간과 거리를 측정하여 삼각측량법에 의해 현재의 위치를 계산해 냅니다. GPS 위성에서 특정한 신호를 지상으로 보내고, 지상에서는 수신기를 통해 여러 위성에서 오는 신호를 수신하여 마치 토지측량을 할 때 삼각측량을 하는 것과 같은 원리를 이용해 자신의 현재위치를 파악하는 것입니다. 우리가 흔히 차량 안에서 보는 GPS 내비게이션(navigation) 단말기의 경우, 단말기 안에 내장된 지도데이터 위에 GPS로부터 전송받은 위치정보를 표시하는 것입니다. GPS를 이용한 무인 감시카메라의 감지는 이러한 정보를 이용합니다.

즉, 사전에 차량에 설치된 내비게이션 단말기 지도데이터 위에 무인카메라의 위치정보를 미리 입력해 둔 다음, 차량이 해당위치로 접근 시, 경보를 발생시켜 운전자에게 알려주게 되는 것입니다. 이 때 내비게이션은 무인카메라 정보뿐만 아니라 자동차의 속도에 대한 정보도 보내 줍니다. 예를 들어 시속 60 km/h 구간에서 차량이 이보다 더 높은 속도로 달리면 속도를 줄이라는 경고메시지를 보내는데 이는 GPS가 차량에 보낸 위치정보를 내비게이션이 분석해 평균 차량속도를 유추한 다음, 사전 입력된 구간속도 정보와 차량의 속도를 비교해 입력된 구간속도 정보보다 속도가 더 높은 경우에 과속하고 있다는 경고를 주게 됩니다. 그런데 문제는 새로 무인카메라가 설치되거나 위치이동이 용이한 이동식 무인카메라의 경우에는 사전에 위치를 입력(주기적인 지도데이터의 업데이트)해 두지 않을 경우, 이러한 GPS를 이용한 감지기는 운전자에게 아무런 도움이 되지 않는다는 것입니다.

한편, 이동식 무인카메라는 어떻게 감지할까요? 속도위반 차량의 대부분은 이동식 무인카메라에 의해 단속된다고 합니다. 그만큼 이동식 무인카메라는 위치를 자주 바꾸고 고속으로 이동하면서 육안으로 파악하기 힘들기 때문에 과속차량이 단속에 많이 걸리게 됩니다. 이를 방지하기 위해 몇 년 전부터 사용되기 시작한 것이 차량용 레이더감지기입니다. 이 감지기는 이동식 무인카메라가 레이더나 레이저를 사용한다는 점에 착안, 레이더나 레이저 신호를 사전에 전방에서 감지하여 운전자가 미리 속도를 줄이도록 알려주는 방식을 사용합니다.

이번에는 레이저를 이용하는 레이저 속도측정기의 원리에 대하여 알아봅시다. 레이저 속도측정기에는 펄스(pulse)를 발생시키는 레이저 발생장치가 들어 있습니다. 경찰관이 속도측정기의 방아쇠를 당기면 레이저는 적외선펄스를 좁은 빛살로 보냅니다. 이 펄스는 움직이는 차에 의하여 반사되는데 반사한 펄스신호를 받아들인 측정기의 검출기는 펄스의 왕복시간을 측정합니다. 이 왕복시간 t에 공기 중에서의 광속도 c를 곱하고 왕복이므로 반으로 나누면 자동차까지의 거리 L이 계산됩니다.

$$L = ct/2 \tag{4.3}$$

자동차까지의 처음 거리를 측정한 직후 두 번째 측정을 합니다. 이 두 번째 거리는 차가 경찰관 쪽으로 오느냐 멀어지느냐에 따라 약간 줄어들기도 하고 늘어나기도 합니다. 처음 측정한 거리와 두 번째 측정한 거리의 차를 2회 측정하는 시간 간격으로 나누면 바로 자동차의 속도를 측정할 수가 있습니다.

$$v = \left| \frac{L_1 - L_2}{t_1 - t_2} \right| \tag{4.4}$$

물론 자동차까지의 거리는 자동차가 빠른 속도로 움직이고 있기 때문에 아주 정확한 것은 아닙니다. 따라서 속도측정기는 약 0.5초 이내에 이와 같은 측정을 10회 이상 반복하여 매우 정확하게 차의 거리와 속도를 표시합니다.

단속에 걸린 어떤 사람들은 자기의 억울함을 주장하기도 하고, 또 어떤 사람들은 측정기가 측정 못할 정도로 빨리 지나가면 단속을 피할 수 있다고도 하지만, 이것은 속도측정기의 원리나 성능을 잘 모르고 하는 말입니다. 자동차로 빛보다 빠르게 달릴 수 있을까요? 우리나라는 길도 좁고 워낙 길에 차들이 많아서, 제한속도를 넘겨 운전을 해 봐야 시간을 단축하기도 쉽지 않고, 십중팔구는 곡예운전을 할 수밖에 없습니다. 과속운전이나 곡예운전으로 얻는 시간상의 이익은 생각보다 크지 않습니다. 오히려 곡예운전과 고정 및 이동식 감시카메라에 대한 스트레스만 쌓일 뿐입니다.

제임스 딘(James Dean)이나 다이애나 황태자비(Princess Diana)는 자동차 사고로 요절한 사람들입니다. 제한속도 준수, 양보운전, 방어운전, 이 세 가지만 잘해도 교통사고로 요절할 확률이 획기적으로 줄어듭니다. 지금 이 시간에도 과속을 하려는 운전자와 이를 단속하기 위한 경찰의 팽팽한 신경전이 이곳저곳에서 펼쳐지고 있는지도 모릅니다. 어떻게 보면 GPS 내비게이터나 단속감지기들이 운전자들에게 과속단속에 대한 안전(?)을 지켜 준다는 긍정적인 의미도 있겠으나, 스스로 교통법규를 지켜 나가는 준법운전자로서 양심이라는 마음의 감지기를 통해 운전을 하는 것이 더욱 바람직할 뿐 아니라 진정한 안전을 지키는 길이 아닐까요?

4.4 빛의 직진 그리고 빛과 그림자

빛은 기체인 공기, 액체인 물, 그리고 고체인 유리 속에서 직진합니다. 공기 중에서 빛이 곧게 진행하는 모습을 직접 보려면 연기(향불 연기나 담배 연기 등)가 있는 곳에서 적색이나 녹색의 레이저포인터(laser pointer)를 비추어 보면 됩니다. 경제적이나 시간적으로 여유가 있는 분들은 클럽이나 놀이동산에 가서 레이저 쇼(laser show)를 볼 수도 있겠습니다.

그림 4.5 빛의 직진

물속에서 빛이 직진하는 모습을 보려면, 수조 속에 물을 채운 다음, 우유 몇 방울을 떨어뜨리고 나서 레이저포인터를 비추면 레이저 빛이 직진하는 모습을 관찰할 수 있습니다.

우리는 어린 시절, 손으로 여러 가지 동물모양을 만들어 벽에 그림자를 만드는 놀이를 해 본 적이 있습니다. 또 길을 가다가 어떤 신기한 모양의 그림자를 보고 발길을 멈춘 적도 있을 것입니다. 빛은 동일한 매질 속에서는 직진하며 장애물에 의해 그림자를 만듭니다.

조선 세종 때, 장영실, 정초 등의 과학기술자들이 오랜 연구 끝에 정밀한 해시계들을 제작하였습니다. 이때 제작된 해시계들은 해 그림자를 받는 면인 시반이 반구형의 대접과 같은 모양인 앙부일구(仰釜日晷), 평면의 시반을 수평을 이루기 위해 기둥에 추를 매달아 그 추가 일정한 지점에 오게 해서 수평상태를 유지하도록 한 현주일구(懸珠日

그림 4.6 빛과 그림자

晷), 현주일구와 비슷하나 수평을 유지하기 위해서 시반 면 위에 작은 구멍을 파고 그 곳에 물을 담아 수평상태를 파악할 수 있도록 한 천평일구(天平日晷), 자석을 사용하지 않아도 시계의 남북 방향이 저절로 정확히 정해지도록 만든 정남일구(定南日晷) 등이 있습니다.

앙부일구는 조선 세종 16년(1434년)에 제작된 해시계의 일종으로 그림자가 비치는 면이 오목한 가마솥과 같은 반구형으로 되어 있어 이런 이름이 붙여졌습니다. 앙부일구에는 24절기를 나타내는 위선(가로줄)과 시각을 나타내는 경선(세로줄)이 있어, 시각과 절기를 동시에 알 수 있게 하였습니다.

앙부일구는 글을 모르는 일반 백성들도 시간을 쉽게 알아볼 수 있도록 쥐, 소, 호랑이, 토끼 등과 같은 12간지의 그림으로 시간을 표시해서 백성들이 다니는 길가에 설치한, 최초의 공중시계였습니다.

광원에서 나오는 빛이 어떤 표면을 비추었을 때 그 사이에 빛을 차단하는 어떤 물체가 있어 표면상에 만드는 어두운 부분을 그림자(shadow)라고 합니다. 광원이 어떤 크기를 가지고 있을 때, 물체의 뒤쪽에 생기는 그림자 가운데 빛이 전혀 도달하지 않는 완전히 어두운 부분을 본영(本影, 본그림자, umbra)이라 하고, 빛이 일부분 도달한 약간 어두운 부분을 반영(反影, 반그림자, penumbra)이라 합니다. 예를 들어 월식은 태양의 빛이 지구에 의해 차단되어 지구의 그림자가 달의 표면에 닿는 현상인데, 그 반영에 드는 지역에서는 부분월식이, 본영의 영역에 드는 지역에서는 개기월식이 관측됩니다.

그림 4.7 앙부일구

4.5 매질 속에서의 빛

같은 파동이지만 빛은 소리와는 본질적으로 다르다고 할 수 있습니다. 우선 소리는 공기, 물, 쇠 등과 같은 매질을 통해서만 전달될 수 있습니다. 그 예로 유리병 속에 벨을 넣어 놓고 진공펌프로 유리병 속의 공기를 빼내면 소리는 점점 작아지다가 마침내는 들리지 않게 됩니다. 그러나 빛은 진공 중에서도 진행하기 때문에 공기를 빼내기 전이나 빼낸 후나 유리병 속의 벨이 똑같이 잘 보입니다.

일반적으로 빠르기는 어떤 물체가 단위시간 동안에 얼마나 멀리 가느냐로 나타냅니다. 이것을 흔히 그 물체의 속도라고 합니다. 또 20세기에 들어서면서 진공 속에서의 빛의 속도가 항상 일정하다는 것이 알려지면서, 진공 속에서의 광속을 c(일정하다는 뜻인 'constant'의 첫 자)로 나타내고 있습니다. ($c = 299{,}792{,}458$ m/s) 광속은 길이의 표준이 되었으며 1 m는 '빛이 진공 중에서 1/299,792,458초 동안 진행한 경로의 길이'로 정의됩니다.

한편, 매질에 무관하게 빛의 진동수는 일정하므로 매질에서의 빛의 진행속도는 그 매질에서의 빛의 파장과 비례합니다. 만약 빛이 매질 1에서 매질 2로 진행한다고 하고 각각의 굴절률이 n_1과 n_2($n_2 > n_1$로 가정)로 주어질 때, 빛의 진행속도는 $v_2 < v_1$이 되며 파장은 $\lambda_2 < \lambda_1$으로 주어집니다.

$$v = \frac{c}{n} = f \cdot \lambda \tag{4.5}$$

가시광선 영역에서 빛이 진공 중에서 1초 동안 진행한 거리는 약 300,000 km라 할 때, 같은 파장의 빛이 유리에 입사하는 경우에는 굴절률이 약 1.5이므로, 1초 동안 진행한 거리는 약 200,000 km로 줄어들게 됩니다. 또한 물에서는 225,000 km, 그리고 다이아몬드에서는 125,000 km로 주어집니다.

태양광과 같은 백색광(white light)을 프리즘(prism)에 입사시키면 빛이 굴절과 분산(dispersion) 현상에 의하여 그림과 같이 빨강, 주황, 노랑, 초록, 파랑, 남색, 보라의 일곱 가지 색 띠로 분리됩니다. 이렇게 백색광이 일곱 가지 색깔로 분리되는 것은 곧 빛은 여러 파장의 색깔이 모여서 만들어졌다는 것입니다.

가시광선 영역에서의 빛의 색깔은 바로 파장을 의미하는데 이 파장은 에너지나 진동수와 밀접한 관계가 있습니다. 파장이 짧을수록 에너지와 진동수가 크고, 파장이 길수록

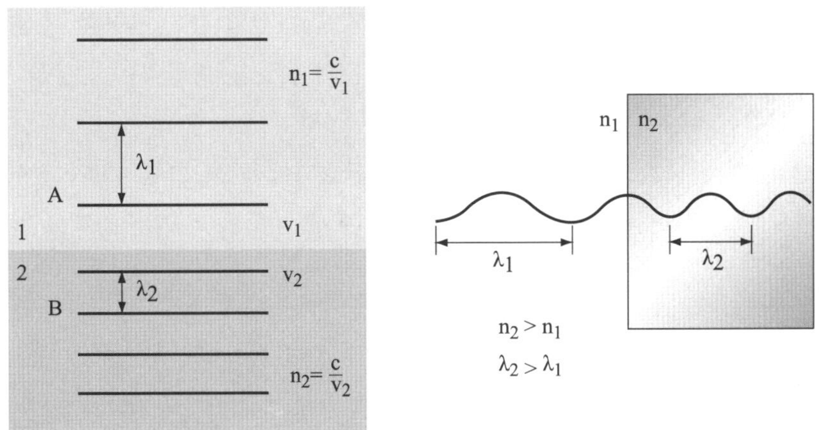

그림 4.8 서로 다른 매질에서의 파동의 파장과 속도

에너지와 진동수가 작습니다.

$$E = hf = hc/\lambda \tag{4.6}$$

그런데 프리즘에 의해서 분리된 이 색광들은 보라색 쪽으로 갈수록 파장이 짧고, 빨간색 쪽으로 갈수록 파장이 깁니다. 그리고 파장이 긴 빨간색광은 프리즘을 구성하는 매질인 유리에서의 굴절률이 작아서 프리즘을 굴절해 나갈 때 작은 각도로 꺾이고, 파장이

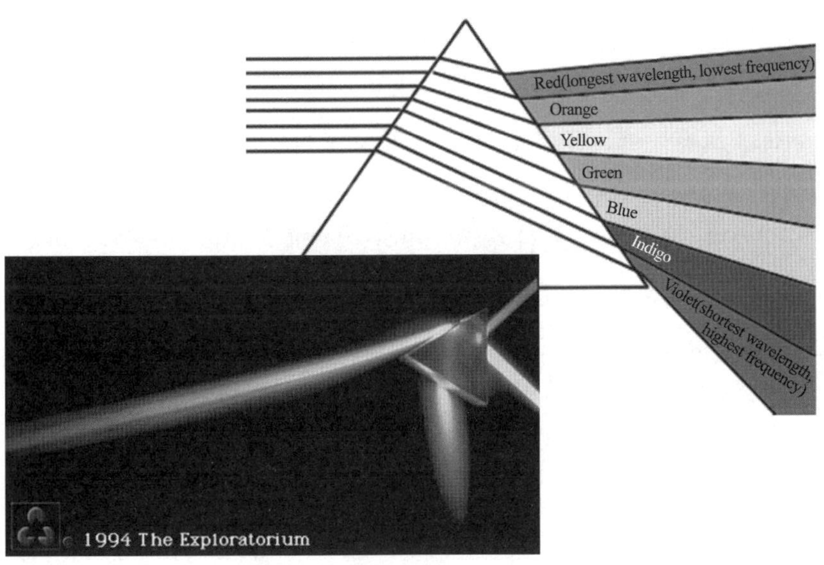

그림 4.9 프리즘에서의 빛의 굴절과 분산

짧은 보라색광은 매질에서의 굴절률이 커서 큰 각도로 꺾입니다. 이처럼 특정매질이 파장에 따라 굴절률이 달라져서 여러 가지 파장성분의 빛들을 퍼뜨리는 현상을 빛의 분산이라고 부릅니다.

프리즘을 굴절해 나간 색광들은 프리즘의 분산효과에 의해 그림 4.9와 같이 넓게 퍼져 여러 가지 색으로 아름답게 펼쳐집니다. 이러한 색 띠들을 우리는 스펙트럼(spectrum)이라 부릅니다.

4.6 빛의 반사

우리는 비가 온 뒤, 마른 땅에 비해 젖은 땅이 더 어두워 보이는 현상을 본 적이 있을 것입니다. 물 때문에 땅이 더 어두워 보이는 이유는 무엇일까요? 마른 땅의 표면을 보면 매끈하지 못하고 울퉁불퉁하여 요철이 있는 면으로 되어 있습니다. 이때 빛다발이 요철이 있는 면에 닿으면, 빛다발은 제각기 다른 방향으로 반사합니다. 이를 난반사(亂反射, diffuse reflection 또는 scattered reflection)라고 합니다. 해안의 모래는 난반사를 일으키기에 알맞은 크기이기 때문에 이러한 현상이 더욱 확연히 나타납니다. 이 이유에서 태양빛을 받은 모래사장이 눈부시게 빛나기 때문에 백사장(白沙場)이라고 부릅니다. 한편 물은 투명도가 크지만, 표면에서의 반사는 의외로 작습니다. 길을 볼 때에도 비가 왔었는지, 안 왔었는지 색깔을 보고 곧 판별할 수 있습니다. 이것은 물을 길 위에 끼얹으면 난반사가 없어져서 어둡게 보이기 때문입니다. 그 밖에 투명한 아크릴(acrylic)판을 사포로 문지르면 하얗게 보이는 현상이나 종이가 하얗게 보이는 것도 모두 난반사로 인한 현상들입니다.

그러면 난반사란 무엇일까요? 난반사란 빛이 입사하면 여러 방향으로 반사되는 현상을 말합니다. 비록 각각의 광선은 스넬의 반사의 법칙을 따르지만, 각각의 입사광선이 서로 다른 각도로 입사하기 때문에 여러 방향으로 반사하게 되는 것입니다. 난반사의 문제는 옷에 물을 떨어뜨릴 때에도 해당이 됩니다. 섬유류는 보통 특수한 색깔만 반사하고 다른 색깔은 흡수하는데, 물에 젖으면 그 부분의 색깔이 더욱 짙어집니다. 색깔이 짙어진다는 것은 파장도 같고(색이 다르다는 것은 반사광의 파장이 다르다는 의미임), 물에 젖음에 따라 반사광의 성질도 변하지 않지만, 반사강도가 감소한다는 의미입니다.

그림 4.10에서 보는 바와 같이 반사에는 크게 세 가지의 종류가 있습니다. 정반사(正

反射)는 specular reflection이라 부릅니다. 여기서 'specular'는 '거울의, 거울과 같은'이란 뜻이고 'speculum'은 고대 그리스의 청동거울을 말합니다. 난반사에는 방향성이 전혀 없는 완전난반사(diffuse reflection)와 어느 정도의 방향성을 가지고 있는 부분난반사(spread reflection)의 두 가지 종류가 있습니다.

우리 주변에 존재하는 자연적인 거울 중 수면거울(water-mirror)만큼 반사율이 높고 큰 거울은 없을 것입니다. 이 거대한 수면거울의 특징은 가까이 있는 작은 물체에 대한 반사율은 낮지만 먼 곳에 있는 큰 물체에 대한 반사율은 대단히 높다는 것입니다. 수면 위에 비쳐진 높은 산의 선명한 모습은 아래 위를 구분할 수 없을 만큼 완전히 상하 대칭으로 나타나 있지 않습니까? 인간이 만든 그 어떤 거울도 이렇게 넓은 공간을 선명한 상으로 만들어 내지는 못할 것입니다.

그리스 신화에 의하면, 나르키소스(Narcissus)라는 잘생긴 목동이 있었습니다. 그는 에코(Echo, 나르키소스를 사랑한 나머지 수척해져서 마침내 목소리만 남았다는 요정의 이름)의 사랑도 뿌리치고, 다른 요정들의 관심에도 꿈적하지 않았습니다. 어느 날, 나르키소스는

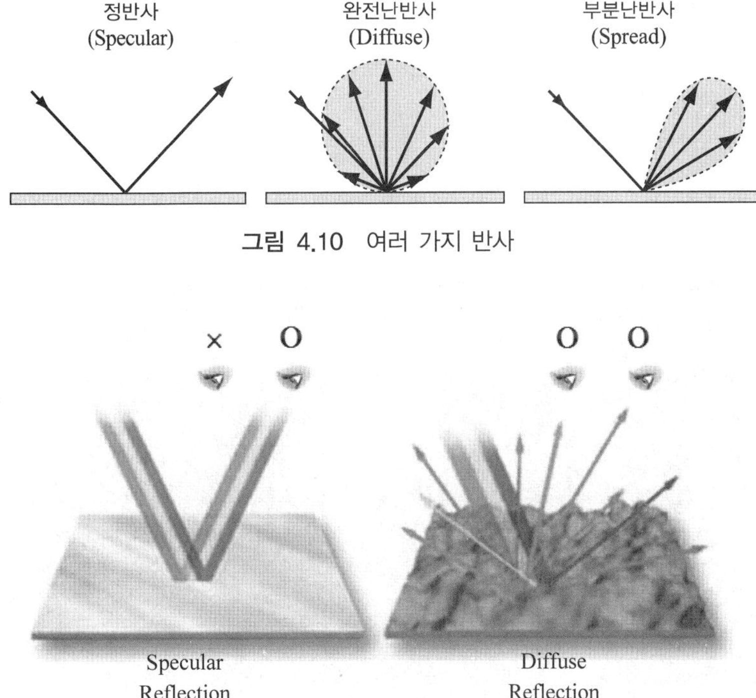

그림 4.10 여러 가지 반사

그림 4.11 정반사와 난반사

그림 4.12 수면거울

숲 속으로 사냥을 나갔습니다. 더위와 갈증으로 지쳐 샘물을 찾아다니던 그는 깊은 산 속에서 옹달샘을 발견하고 몸을 굽혀 물을 마시려 했습니다. 이 때, 물속에서 자신을 응시하고 있는 멋있는 한 사람을 발견했습니다. 나르키소스는 순간적으로 물속에 있는 그가 이 샘에 살고 있는 아름다운 요정인줄 알았습니다. 물속에 있는 요정의 빛나는 눈동자는 맑고 아름다웠고, 붉은 입술은 불타는 듯 요염했습니다. 나르키소스는 물속에 있는 요정의 매력적인 모습에 정신을 빼앗겨 한참 동안 넋을 잃고 쳐다보았습니다. 나르키소스가 물속 요정을 포옹하려고 두 팔을 벌려 물속으로 집어넣는 순간, 물속의 요정은 산

그림 4.13 에코와 나르키소스(John William 그림)

산조각이 나서 없어지고 말았습니다. 나르키소스의 실망은 이만저만이 아니었습니다.

이번에는 요정에게 키스를 하려고 허리를 굽혀 수면에 입술을 살며시 다가갔습니다. 그러나 이번에도 물속 요정의 모습은 파문이 생겨 일그러지고 말았습니다. 실의에 빠진 나르키소스는 이렇게 외쳤습니다. "아름다운 자여 그대는 왜 나를 피하는가? 나의 얼굴이 그대가 피할 정도로 그렇게 못나지는 않았을 텐데, 어찌하여 사라지고 없어지는가?" 이렇게 독백을 하며 물 위에 비친 자신의 모습에게 사랑을 갈구하던 나르키소스는 결국 식음을 전폐하고 죽음에 이르게 됩니다. 나르키소스가 죽은 후, 그 옹달샘 가에는 한 송이의 수선화가 피었다고 합니다. 그래서 사람들은 수선화를 'Narcissus'라 부르고 자아도취증을 'Narcissism'이라 합니다.

그림 4.14에서 보듯이, 자신의 키의 정확히 절반크기인 거울을 가지면 자신의 전신을 볼 수 있습니다. 우리나라도 성인남녀의 평균 신장이 많이 커져서 키가 작으면 '패배자(loser)'라고 불리는 세상이 되었습니다. 하지만 키가 작아서 유리한 점은 어지간한 크기의 거울이면 자신의 전신을 충분히 볼 수 있다는 점입니다. 옷을 살 때에도 키가 큰 사람들은 성인용 의류만 구입해야 하지만, 키가 작은 사람들은 아동복도 추가로 이용할 수 있으니 얼마나 좋습니까? 자신감을 가져도 좋습니다.

영국의 소설가 웰스(Wells)의 작품인 '투명인간'(invisible man, 1897)이라는 공상과학소설에서는 눈에 보이지 않는 인간이 주인공으로 등장합니다. 투명인간과 관련된 이야기는 예로부터 동서양을 막론하고 많이 있었는데, 웰스는 체내의 색소제거와 빛의 굴절률 조작 등, 과학적 요소들을 소설에 최초로 도입하였습니다. 이 소설은 또한 투명인간

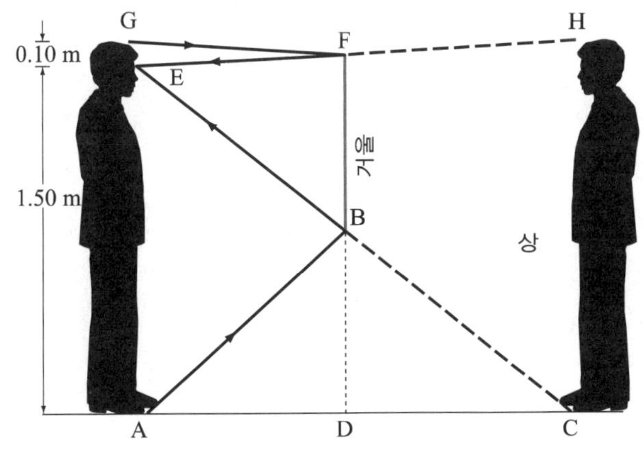

그림 4.14 전신거울

그림 4.15 투명인간

의 이로움보다 그 비극성을 강조한 점에서도 획기적입니다. 그러나 과학적으로는 색소 자체가 생명작용을 하고 있고, 눈이 어둠상자와 수정체를 잃게 되면 볼 수 없게 된다는 사실을 간과하는 등 약점도 많이 있습니다.

미 국방성에서는 투명인간이 되는 방법이 연구 중에 있습니다. 실제로는 투명인간이 아니라 투명인간이 되는 군복을 개발 중이며, 좀 더 정확히 말하자면 자동으로 보호색이 만들어지는 장비를 개발하고 있다고 합니다. 기본적으로 작은 유리구슬(beads)들로 덮인 복장인데 군인의 뒤쪽에 있는 배경색과 이미지를 받아들여 복장의 전면에 내보냄으로써 정면에서 봤을 때 배경과 복장을 식별하기가 어렵게 만드는 방식입니다.

우리가 상점의 쇼윈도(show window)를 바라보면 자신의 모습을 흐릿하게 볼 수 있는 반사영상을 관찰할 수 있습니다. 이러한 반사영상은 유리에 가시광선이 투과될 때 유리 표면과 그 반대편의 이면에서 생기는 반사로 인해 나타나는 현상입니다. 또한 이러한 반사영상은 실내와 실외의 조도(照度, 조명의 밝기)차에 의해서 더 뚜렷하게 나타나기도 합니다. 즉 햇빛이 강한 날, 쇼윈도 내부를 어둡게 하면 실내와 실외의 조도차가 커져서 반사영상을 더 뚜렷하게 볼 수 있습니다. 반대로 흐린 날씨에 실내조명이 밝으면 반사영상은 잘 보이지 않습니다.

반사유리는 보통 유리보다 가시광선 혹은 적외선의 반사율을 높이기 위해 금속 막을 유리표면에 코팅한 제품입니다. 이러한 반사유리들은 코팅 면을 보호하기 위해 보통 실내 측 유리면에 반사막을 코팅합니다. 코팅하는 금속박막의 종류에 따라 다양한 색상을 연출할 수도 있습니다. 일반적으로 가시광선의 반사율이 약 20% 이상만 되어도 우리 눈으로

그림 4.16 유리의 반사

실내를 관찰하기가 쉽지 않습니다. 이것은 반사유리 고유의 반사효과와 실내외의 조도차로 인한 결과입니다. 즉 낮에는 실내에서 반사유리를 통해 실외를 볼 수 있지만, 어두운 밤에는 반대로 거울처럼 보여 실외를 잘 볼 수 없습니다. 이러한 효과는 수사기관의 취조실에서 사용되는 유리를 상상하시면 됩니다. 예를 들어 가시광선의 반사율이 높은 유리창을 설치하고, 취조실 내부의 조도는 아주 밝게, 반대로 실외는 아주 어둡게 하면 취조실 내에서는 실외를 거의 볼 수 없게 됩니다.

스넬(Snell, 1591~1626)은 네덜란드의 천문학자이자 물리학자로 레이덴(Leyden) 출생이며 1613년 아버지의 뒤를 이어서 레이덴 대학의 수학과 교수가 되었습니다. 그는 1620년 빛의 반사와 굴절법칙(스넬의 법칙)을 실험적으로 발견하였지만, 논문으로 발표하지는 않았습니다. 그러나 후일 데카르트(Descartes)가 이론적으로 빛의 굴절의 법칙을 논한 것이 기회가 되어 세상에 알려지게 되었습니다. 또한 호이겐스(Huygens)가 1703년에 쓴 논문에 스넬의 발견을 인용함으로써 비로소 관심이 모아지게 되었습니다. 스넬은 지구상의 두 점 사이의 거리측정에 삼각측량을 처음으로 적용한 것으로도 알려져 있습니다.

스넬의 반사의 법칙에 의하면 빛이 물체의 표면에 닿아서 반사될 때는 수직선(법선)을 기준으로 반사되기 전, 진행하는 각도(입사각)와 반사되고 난 후 진행하는 각도(반사각)가

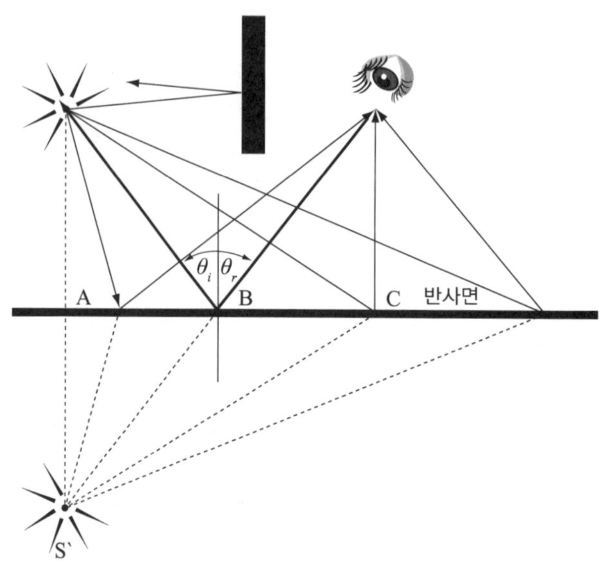

그림 4.17 Hero의 최단경로의 법칙

같게 됩니다. 이것을 반사의 법칙이라고 하는데, 이렇게 입사각과 반사각이 같은 이유는 빛이 직진하기 때문이며, 또한 빛이 진행할 때 가장 짧은 경로로 진행하는 성질(Hero's principle of shortest path)이 있기 때문입니다. 이 반사의 법칙은 반사면이 평면이 아니라 곡면일 경우도 마찬가지로 성립합니다. 즉, 입사파가 반사면을 만나면 그 만나는 면의 법선에 대하여 입사각과 같은 크기의 반사각으로 반사됩니다. 역시 입사파와 법선, 반사파는 같은 평면상에 있게 됩니다.

4.7 빛의 전반사

굴절률이 큰(밀) 매질에서 작은(소) 매질로 빛이 입사할 때, 그 경계면에서 빛이 100% 반사되는 현상을 전반사(total internal reflection, TIR)라 부릅니다. 굴절률이 큰 매질에서 작은 매질로 빛이 입사할 때에는 굴절각이 입사각보다 크며, 입사각이 점점 증가하면 어떤 임계각도에서는 굴절각이 90°가 됩니다. 이때의 입사각을 전반사 임계각(critical angle)이라 부릅니다. 입사각이 임계각을 넘게 되면 빛은 굴절되지 않고 전부 반사하게 됩니다.

빛이 매질 1에서 매질 2로 입사하는 경우에 $n_1 > n_2$를 가정하면 스넬의 굴절의 법칙에 의하면 다음과 같이 쓸 수 있습니다.

$$n_1 \sin\theta_1 = n_2 \sin\theta_2 \quad (4.7)$$

전반사가 일어나는 임계조건에서는 입사각은 $\theta_1 = \theta_c$이고 굴절각은 $\theta_2 = 90°$이므로 전반사 임계각도 θ_c는 다음의 식으로 표현할 수 있습니다.

$$\theta_c = \sin^{-1}(n_2/n_1) \quad (4.8)$$

물(굴절률 1.33)에서 공기 중으로 나오는 빛의 전반사 임계각은 48°30′이며, 유리(굴절률 1.52)에서 공기로 나오는 빛의 경우는 41°10′입니다. 금속을 코팅한 거울로 99% 이상의 안정된 반사율을 얻기는 매우 어렵지만, 전반사는 반사율이 100%이고 영속적입니다.

직각이등변삼각형의 유리로 된 프리즘에서 빗면에 수직으로 빛을 입사시키면 밑면에 대한 입사각(45°)이 유리와 공기사이의 임계각보다 크기 때문에 빛은 전반사됩니다. 전반사된 빛은 내부에서 다시 한 번 전반사를 거쳐 빗면에 대하여 수직으로 나오게 되며 이와 같은 프리즘을 전반사프리즘이라 합니다.

밤하늘이 영롱하게 빛나는 별빛 때문에 아름답다면, 어둠의 땅속은 아름답게 빛나는 보석들이 숨어있어서 신비롭습니다. 그러나 땅속 깊이 묻혀있는 보석들은 채굴되어 가공되기 전까지는 아름다운 광채를 낼 수 없습니다. 보석은 고체인 지각을 구성하고 있는 기본물질인 광물들 가운데 특히 아름답고 희귀한 광물들을 가공하여 만든 예술품으로 원석상태에서는 그 가치를 발휘할 수 없습니다. 이 세상에 존재하는 광물의 종류는 약 3,000여 종에 달하지만 보석의 종류는 겨우 50여 종밖에 되지 않습니다.

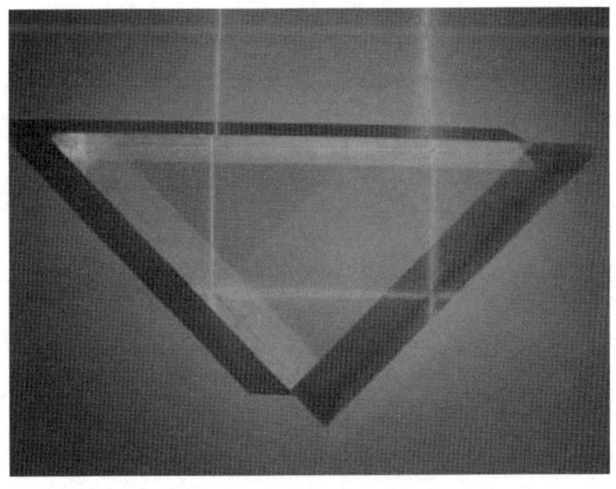

그림 4.18 프리즘에서의 전반사

보석이 생성되는 환경조건은 크게 세 가지로 분류할 수 있는데, 첫째는 마그마가 식으면서 그 속에 용해되어 있던 90여 종의 화학원소가 결합하여 보석의 원석이 되는 경우, 둘째는 기존의 암석이 열이나 압력에 의한 변성작용에 의하여 변성암으로 변하는데 이때 변성암에서 보석이 만들어지는 경우, 그리고 셋째는 사암이나 화산암이 분포되어 있는 곳에서 열수(hot water)에 녹아 있던 규사성분이 침전되어 보석이 만들어지는 경우가 있습니다. 첫 번째 경우에서는 대개 다이아몬드(diamond), 에메랄드(emerald), 자수정(violet quartz) 등이 만들어지고 두 번째에서는 루비(ruby), 사파이어(sapphire), 에메랄드(emerald), 연옥(kidney stone) 등이 만들어지며, 세 번째에서는 오팔(opal)과 같은 보석이 만들어집니다. 물론 이들 중, 가장 으뜸으로 치는 보석은 다이아몬드입니다.

다이아몬드는 킴벌라이트(kimberlite)라는 화성암에서 주로 발견됩니다. 다이아몬드는 순수할 경우에는 무색, 투명합니다. 그러나 불순물로 붕소(B)를 함유하고 있으면 파란빛을 띠고, 질소를 함유하고 있으면 노란빛을 띱니다. 다이아몬드가 붕소를 함유하고 있으면 원자번호가 3인 붕소는 원자번호가 4인 탄소(C)보다 전자가 하나 적기 때문에 비어 있는 공유결합 자리에 전자를 하나 채우려고 합니다. 이 때 노란색 파장은 흡수하고 파란색을 내보내기 때문에 우리의 눈에 파랗게 보입니다. 그러나 다이아몬드가 질소(N)를 함유하고 있으면 탄소보다 원자번호가 하나 더 많은 질소는 전자를 하나 떼어내기 위하여 파란색 파장의 에너지는 흡수하고 노란색 파장의 빛을 내보냅니다. 그러므로 질소가 포함되어 있는 다이아몬드는 노란빛으로 보입니다. 이렇게 다이아몬드는 포함된 불순물에 따라 특정한 색깔을 띠게 됩니다. 그러나 어떤 보석이든 불순물이 포함되어 있으면 가치가 떨어지듯이 다이아몬드도 가능한 한 불순물이 없이 맑고 투명해야 높이 평가됩니다.

순수한 무색의 다이아몬드는 빛을 잘 굴절, 분산시키는 능력을 가지고 있어서 가시광선의 다양한 색상을 맑고 투명하게 밖으로 내보낼 수 있습니다. 예컨대 태양광이 다이아몬드 속으로 들어가면 분산된 파장의 색깔에 따른 굴절률의 차이로 태양광은 다이아몬드 속에서 여러 가지 색으로 퍼지게 됩니다. 이렇게 분산되어 나온 빛들은 총천연색의 화려한 광채를 띠게 됩니다. 따라서 다이아몬드를 가장 아름답게 빛나게 하기 위해서는 다이아몬드 표면으로 들어간 광선이 잘 분산되어 여러 색광으로 나누어지고, 이 분산된 색광들이 쉽게 밖으로 새어나오지 않고 전반사에 의해 전면으로만 방출되도록 다이아몬드의 두께와 구조를 알맞게 연마(cut)해야 합니다. 그래야 여러 색광들이 다이아몬드 속에서 빠져나오지 못하고 전반사되어 전면에서 반짝반짝 빛날 것입니다.

1870년 영국의 과학자 틴달(Tyndall)은 실험 중에 물탱크에서 뿜어져 나오는 물줄기

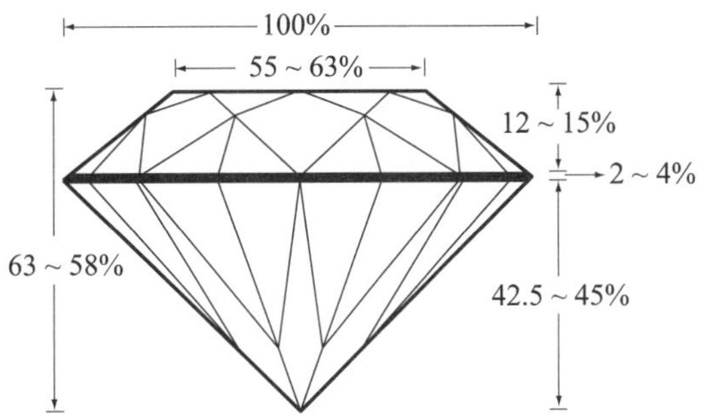

다이아몬드 각 부분의 이상적인 길이 비율

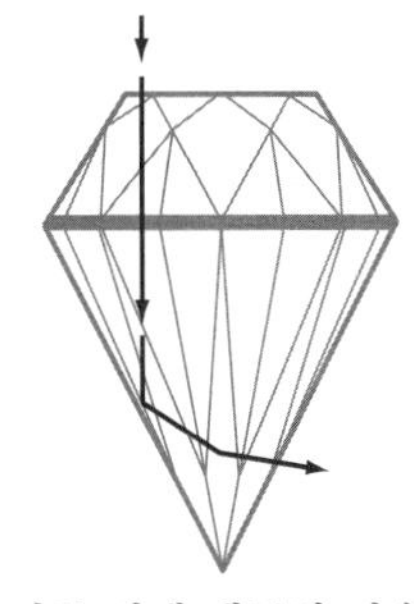

너무 깊게 세공된 경우

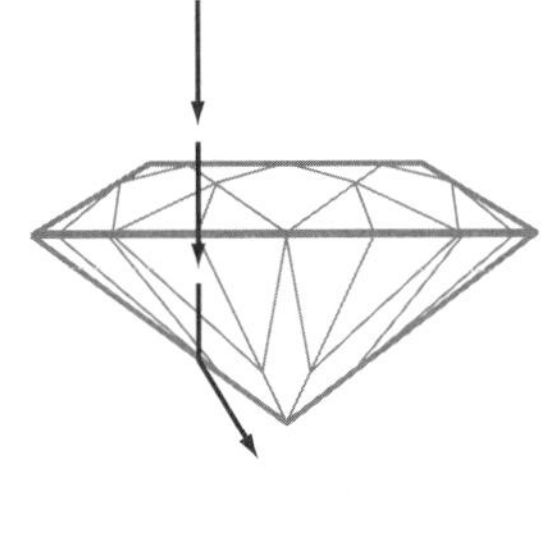

너무 얕게 세공된 경우

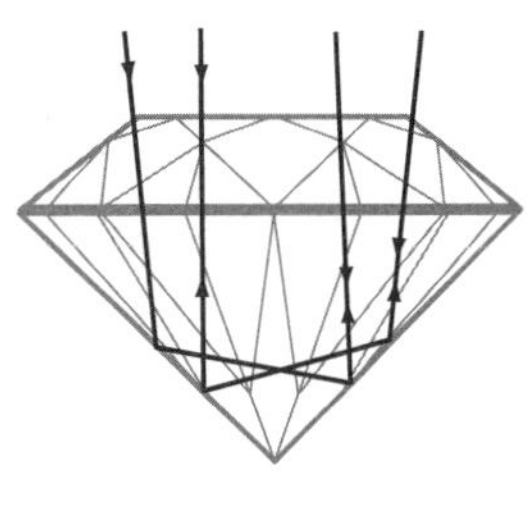

완벽한 비율로 세공된 경우

그림 4.19 다이아몬드에서의 전반사

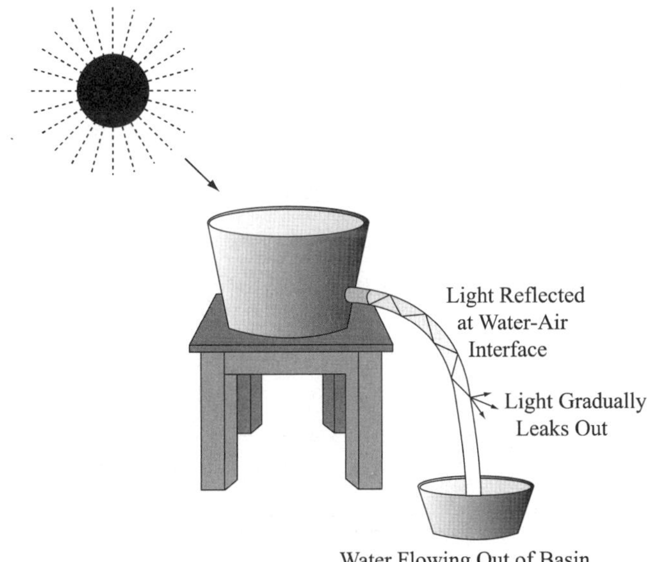

그림 4.20 틴달의 전반사 실험

안으로 빛을 비추자 아주 신기한 현상이 일어나는 것을 발견하였습니다. 쪼인 빛이 곡선을 그리며 바닥으로 떨어지는 물 안에 갇혀서 진행하는 것처럼 보였던 것입니다. 즉 물줄기는 빛을 물 안에 가두는 관 역할을 하는 것 같았습니다. 이 현상은 오늘날 우리에게 전반사로 알려져 있는데, 빛이 물처럼 밀한 매질에서 공기처럼 소한 매질로 진행하다가 경계면을 만날 때 어떤 각도 내에서 100% 반사되는 현상입니다. 이 실험은 오늘날의 광섬유(optical fiber)를 이용한 광통신이 가능하게 한 아주 중요한 발견입니다.

4.8 전반사의 응용

전반사현상이 적용되는 가장 대표적인 분야는 바로 광통신입니다. 빛에 정보를 담아서 전달하는 광통신은 광섬유케이블을 통해 빛을 전송함으로써 이루어집니다. 광섬유의 내부에는 코어(core) 층이 있고 그 둘레를 클래딩(cladding) 층이 원통형 대칭성(cylindrical symmetry)을 가지고 둘러싸고 있는 구조입니다. 이 때 코어의 굴절률이 클래딩보다 약간 크도록 설계되어 있어 코어에 입사된 광신호가 코어와 클래딩의 경계면에서 전반사를 계속 일으키면서 코어의 내부로만 전파되므로 광신호의 손실이 거의 없이 먼 거리까지 전송할 수 있는 구조로 되어 있습니다. 앞서 언급한 틴달의 실험과 비교해보면 코어가 물줄기에 해당하고 클래딩이 공기에 해당됩니다.

광섬유를 통해 정보를 보낼 때에는 전송할 정보를 매우 짧은 펄스형태의 빛으로 변환하여 전송합니다. 광통신기술의 비약적인 발전으로 이제 한 가닥의 광섬유로 1초 동안 수 테라비트(1 Tb는 1조 비트) 이상의 정보를 보낼 수 있습니다. 1바이트(byte)가 8비트(bit)로 이루어져 있으므로 '1초에 1테라비트'란 700메가바이트 CD 약 180장, 또는 고화질 영화가 담긴 4기가바이트 DVD 30여 장을 1초 만에 전송할 수 있는 속도입니다. 이제

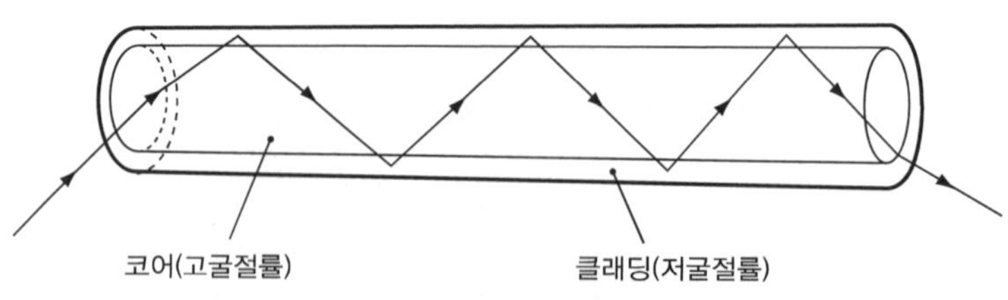

그림 4.21 광섬유에서의 전반사

광케이블을 이용한 광통신은 각 가정의 통신망까지 파고들면서 새로운 형태의 방송통신융합 광 네트워크 구축에 활용되기 시작하고 있습니다. 또한 병원에서는 사람의 몸속 어느 곳이든지 광섬유내시경(fiber endoscope)을 통해 빛을 보내서 관찰하고 진단하고, 필요한 경우에는 레이저를 쏘아서 치료도 할 수 있게 되었습니다.

전리층은 대기권의 상층부에 있는 이온화된 공기의 층을 말합니다. 초고층 대기에서는 고도 약 70 km 근처부터 대기의 이온화도가 증가하기 시작하여, 고도와 함께 이온화도도 높아집니다. 고도의 상한으로는 분명한 경계선이 없으나 실제로는 고도 400 ~ 500 km까지를 말하는 경우가 많고, 그 보다 더 상층부는 플라즈마(plasma)권이라고도 합니다. 기온분포의 구조에서 본 대기의 구분에 의하면 열권이 이 고도영역에 해당합니다. 초고층 대기의 전리도가 높은 이유는 태양에서 방출하는 X선과 극자외선 복사로 인한 이온화작용으로 대기 중의 원자와 분자가 이온화되고, 유리된 자유전자와 이온이 쌍을 만들기 때문입니다. 전리층 내에서는 자유전자와 이온이 같은 양으로 존재하고 전체적으로는 전기적으로 중성이지만 전기전도도가 높습니다. 전리층은 전기전도도가 높아 전파를 반사하므로 단파전파를 사용한 장거리무선통신에 이용됩니다. 실제로 전리층 내의 굴절률분포를 보면 지표를 기준으로 멀어질수록 점점 굴절률이 작아지므로, 이 부분이 전파를 강하게 반사하는 반사기(reflector) 역할을 하게 되어 장거리무선통신이 가능해 집니다.

기하광학(geometrical optics 또는 ray optics)에서는 전반사가 일어날 경우 빛은 굴절

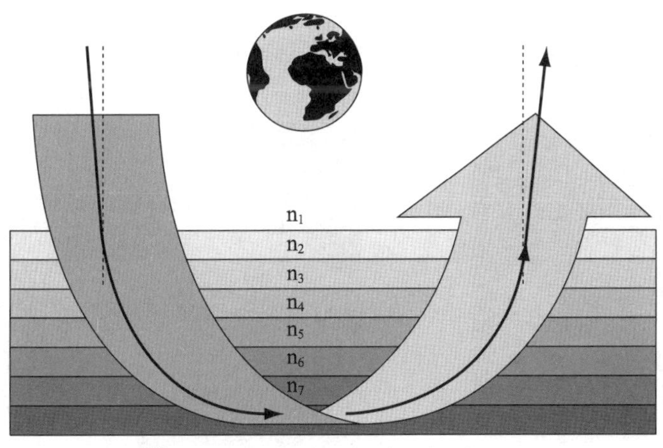

그림 4.22 전리층에서의 전반사

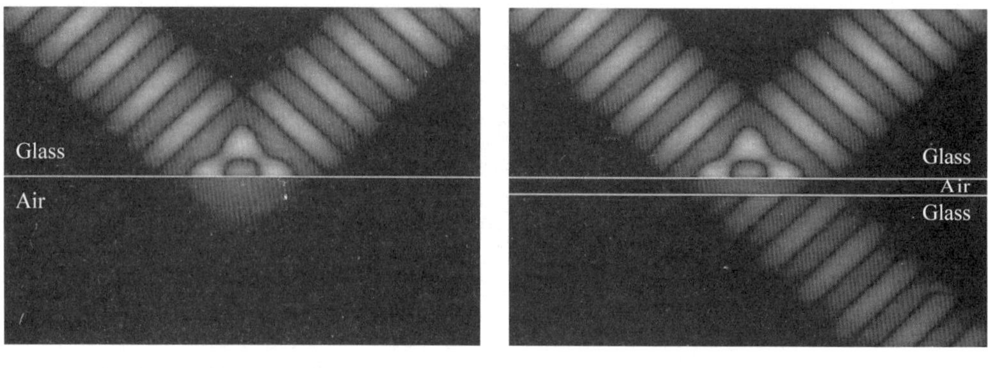

(a) TIR (b) FTIR

그림 4.23 전반사와 에버네슨트 파

률이 작은 매질 쪽으로는 전혀 넘어가지 못하고 100% 반사된다고 설명합니다. 하지만 파동광학(wave optics 또는 physical optics)에서는 그림 4.23(a)와 같이 전반사를 하고 있는 면의 외측, 즉 굴절률이 작은 매질 쪽으로 파동의 에너지가 일부 넘어가게 되는데 이러한 파동을 에버네슨트 파(소멸광파, 消滅光波, evanescent wave)라 합니다.

만약 매질 경계면의 외측에 빛의 파장 정도의 간격을 두고 굴절률이 높은 매질을 다시 가까이하면 그림 4.23(b)와 같이 일부의 파동은 전반사로 되돌아오지만 나머지 파동은 다음 매질로 투과하는 현상이 일어납니다. 우리는 이러한 현상을 optical tunneling이라 부르고, 한편으로는 전반사가 깨지는 상황이기 때문에 FTIR(frustrated total internal reflection)이라고도 부릅니다.

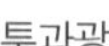

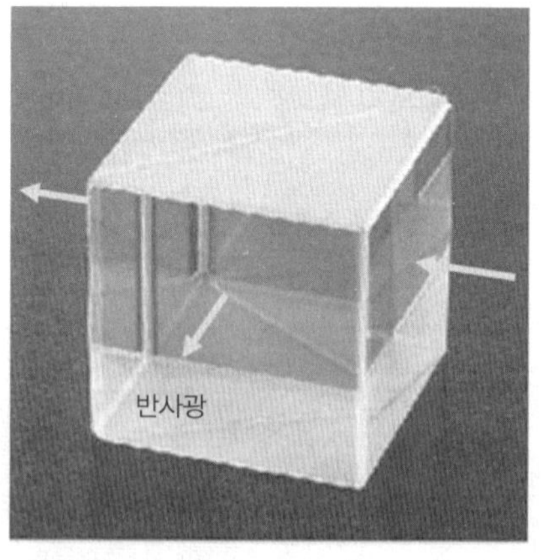

그림 4.24 Optical tunneling과 광파분리기

Optical tunneling의 원리를 이용하여 두 개의 프리즘 사이에 굴절률이 작은 박막을 얇게(사용하는 파장 수준) 끼워 넣으면 광파분리기(光波分離器, beam splitter cube)를 손쉽게 만들 수 있습니다. 이 경우, 반사광과 투과광의 비율은 삽입한 박막의 두께와 굴절률에 의존하여 변화시킬 수 있습니다.

4.9 빛의 굴절

빛이 서로 다른 매질의 경계면에서 휘어지는 현상을 굴절(refraction)이라고 합니다. 물속의 젓가락이 휘어진다든가 각종 렌즈(lens)로 상(image)을 크게 또는 작게 볼 수 있는 것 등이 굴절에 의한 대표적인 현상이라고 볼 수 있습니다. 이때 굴절되는 정도는 굴절률(refractive index 또는 index of refraction)로 정해지는데, 굴절률은 진공에서의 빛의 속도를 그 매질에서 빛의 속도로 나눈 비로 정해집니다.

물질이 투명하다면 굴절률은 대체로 그 물질의 밀도와 비례합니다. 진공에서의 굴절률을 1로 보면 가시광선 영역에서 물은 약 1.33, 유리는 약 1.5, 다이아몬드는 약 2.42입니다. 이렇게 빛이 물질의 표면에서 휘어지는 이유는 매질에서의 속도차이 때문인데 굴절률이 큰 물질일수록 빛이 많이 휘어지며 두 매질의 굴절률, 입사각, 그리고 굴절각으로 주어지는 스넬의 굴절법칙을 따릅니다.

스넬의 굴절법칙은 다음과 같습니다. 빛이 한 매질(1)을 진행하다가 다른 매질(2)로 입사할 때, 입사광선과 굴절광선은 법선의 양쪽에 있고, 법선과 동일한 평면 내에 있습니다. 또한 입사각과 굴절각의 sine 값의 비는 일정하며, 이 값은 각 물질에서의 빛의 속도의 비와 같습니다.

$$n_{12} = \frac{\sin\theta_1}{\sin\theta_2} = \frac{v_1}{v_2} = \frac{\lambda_1}{\lambda_2} = \frac{n_2}{n_1} \tag{4.9}$$

진공에 대한 어떤 물질의 굴절률을 절대굴절률이라 하고, 진공을 제외한 서로 다른 물질사이의 굴절률을 상대굴절률이라고 합니다. 굴절률이 큰 물질을 광학적으로 밀(optically dense)하다고 하고, 굴절률이 작은 물질을 광학적으로 소(optically rare)하다고 합니다. 빛이 소한 매질에서 밀한 매질로 진행할 때에는 굴절각이 입사각보다 작아지고(법선에 대하여 수렴하고), 밀한 매질에서 소한 매질로 진행할 때에는 굴절각이 입사각

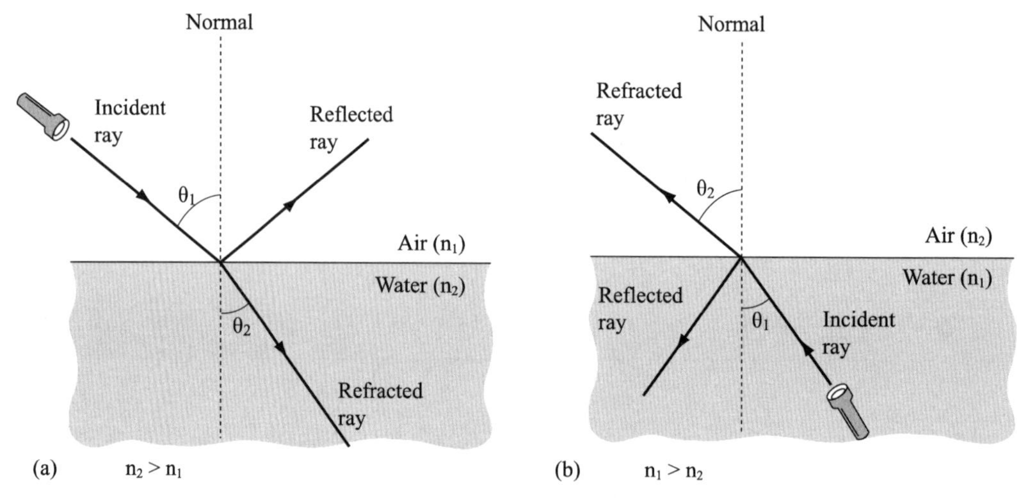

그림 4.25 굴절의 법칙

보다 커집니다.(법선에 대하여 발산합니다.)

페르마의 최소시간의 원리(Fermat's principle of least time)에 의하면 빛은 두 지점 사이를 이동할 때, 가장 빠른 시간에 도달할 수 있는 길을 선택하여 이동합니다. 한 물질 내에서 가장 빠른 길은 직선이 되므로 빛은 직진하게 되고, 다른 물질의 경계에 도달하면 가장 빠른 길을 찾아 그 방향으로 굴절하게 됩니다.

그림 4.26에서와 같이 매질 1(굴절률 n_1, 속도 $v_1 = c/n_1$)에서 매질 2(굴절률 n_2, 속도 $v_2 = c/n_2$)로 빛이 진행할 때, 걸리는 시간 t는 다음과 같습니다.

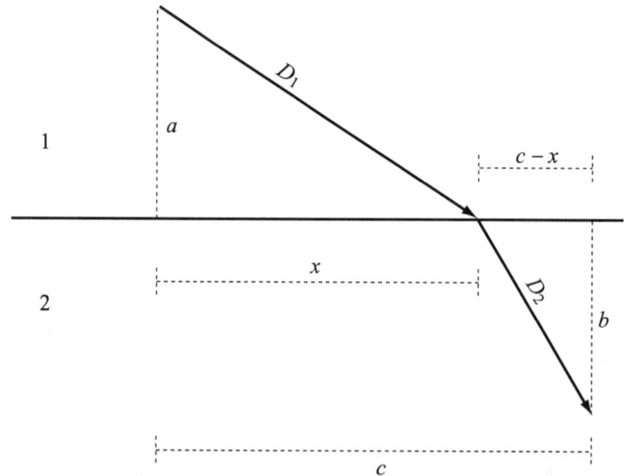

그림 4.26 페르마의 최소시간의 원리와 스넬의 굴절의 법칙

$$t = t_1 + t_2 = \frac{D_1}{v_1} + \frac{D_2}{v_2} = \frac{n_1\sqrt{x^2+a^2}}{c} + \frac{n_2\sqrt{(c-x)^2+b^2}}{c} \tag{4.10}$$

최소시간의 원리에 의해 시간 t가 가장 적게 걸리는 x를 결정하기 위해 $\partial t/\partial x = 0$인 조건을 구하면 스넬의 굴절의 법칙이 간단히 증명됩니다.

$$\frac{\partial t}{\partial x} = \frac{n_1 x}{c\sqrt{x^2+a^2}} - \frac{n_2(c-x)}{c\sqrt{(c-x)^2+b^2}} = \frac{1}{c}(n_1\sin\theta_1 - n_2\sin\theta_2) = 0 \tag{4.11}$$

한편, 그림 4.27에서 보듯이 빛의 굴절에 의한 물의 겉보기깊이(apparent depth)를 간

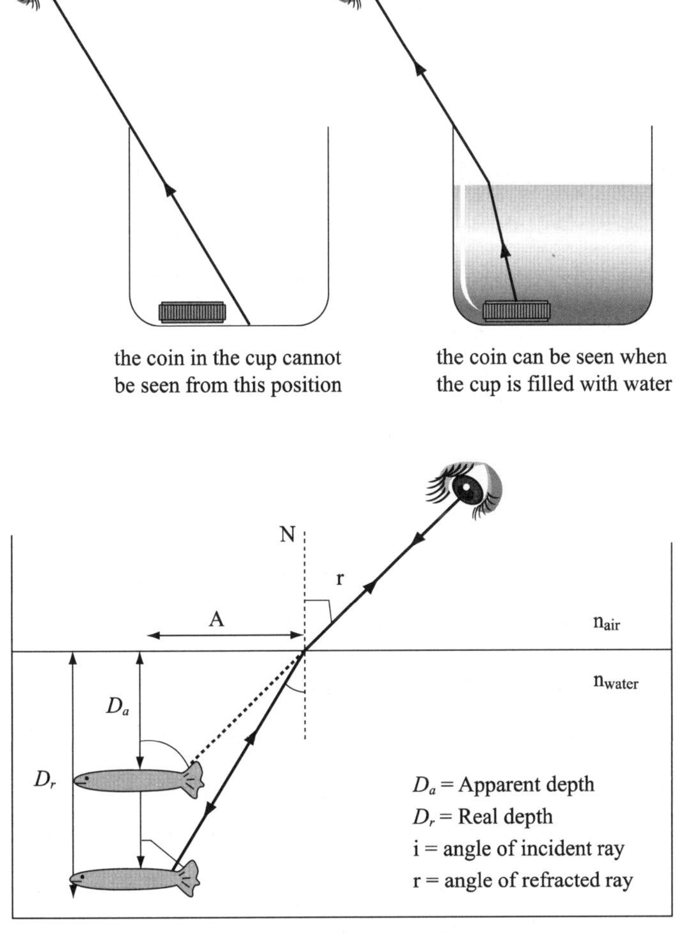

그림 4.27 물의 겉보기깊이

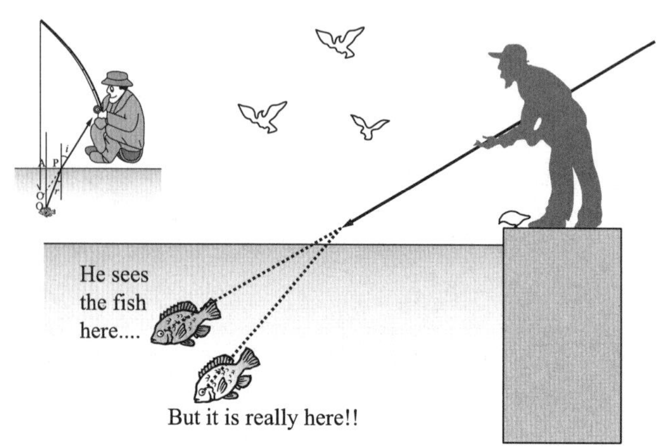

그림 4.28 겉보기깊이와 fishing

단히 구할 수 있습니다. 여기서 입사각과 굴절각이 충분히 작다는 가정에 의해 $\sin\theta_i \cong \tan\theta_i$ 및 $\sin\theta_r \cong \tan\theta_r$의 조건을 이용하면 물의 겉보기깊이는 근사적으로 $D_a \cong D_r / n_{\text{water}}$가 됩니다.

그림 4.28처럼 겉보기깊이에 의해 눈에 보이는 고기의 위치는 실제 고기의 위치보다 높습니다. 이것은 우리 눈이 빛의 굴절을 인식하지 못하기 때문인데 마치 실제위치보다 좀 더 물의 표면에 가까이 있는 것처럼 보입니다. 그러므로 작살로 물고기를 잡을 때는 실제로 보이는 위치보다 약간 아래로 던져야 잡을 확률이 높습니다. 반면에 강력한 레이저(laser) 총을 쏴서 물고기를 잡는다면 실제로 보이는 그대로 쏘면 됩니다. 레이저 빔은 빛이므로 물 표면에서 굴절해서 실제 고기의 위치에 정확히 도달하기 때문입니다. 작살 등으로 고기를 잡아 생활하는 열대 원주민들은 이런 물리법칙을 잘 이용하여 고기를 잡을 때, 비스듬하게 관찰하는 것이 아니라 물고기 바로 위에서 작살을 내리꽂아 잡습니다. 이렇게 하면 빛이 굴절이 되지 않아 눈에 보이는 위치가 곧 물고기가 있는 위치이므로 고기를 좀 더 쉽게 잡을 수 있습니다.

물속의 물고기들이 보는 바깥세상은 좀 특별합니다. 물(밀)에서 공기(소)로 진행하는 빛은 임계각도(critical angle) 이상에서는 전반사가 일어나므로 전반사 임계각도의 두 배에 해당하는 원뿔영역을 통해서만 물 바깥의 정보가 들어오고 나머지 각도에서는 물속의 모습이 전반사되어 보여집니다. 하지만 물과 공기와 만나는 계면에서의 굴절에 의해 물 바깥의 영상은 좀 더 넓은 원뿔영역을 포함하게 됩니다. 따라서 물고기가 물 위를 지나가는 비행기를 본다면 실제크기보다 더 작게 보일 겁니다. 호수나 연못 속의 올챙이는

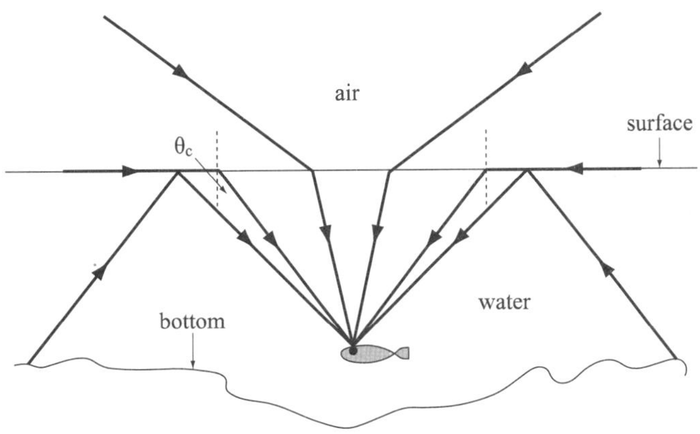

그림 4.29 물고기가 세상을 보는 방식

호수 바깥의 하늘만 보는 것이 아니라 호수 주변의 언덕이나 먼 산의 모습도 물속에서 볼 수 있게 됩니다.

물총고기(archer fish)는 수면 아래에서 물을 분사하여 물 바깥의 나뭇가지에 매달려 있는 벌레를 맞추어 추락시켜 사냥을 하는 특별한 물고기입니다. 만약 물총고기가 물속에서 물 밖의 벌레를 볼 때에 법선에 대하여 30°의 각도로 보인다면, 물총고기가 수면 아래에서 벌레에게 물총을 쏘아 명중시키기 위해서는 어떤 각도로 물을 쏘아야 할까요?

그림 4.30에서와 같이 물총고기가 물 밖의 벌레를 사냥하는 법 몇 가지를 예측할 수

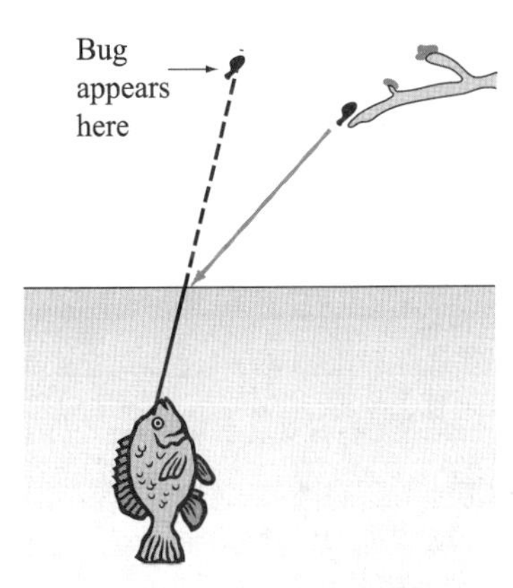

Refraction occurs when sighting at an angle to the normal; the bug appears to be located where it isn't.

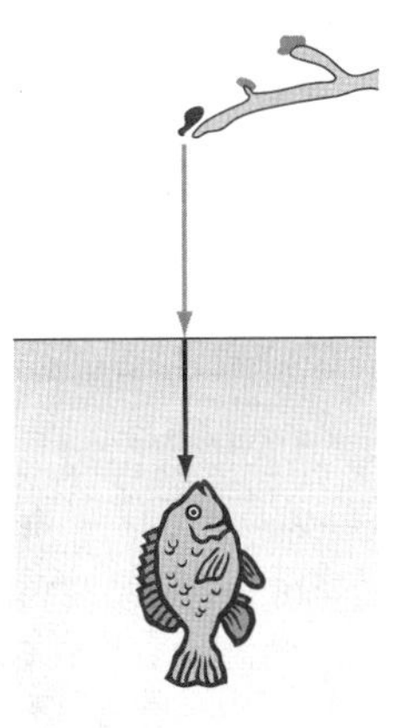

Refraction does not occur when sighting along the normal to the surface.

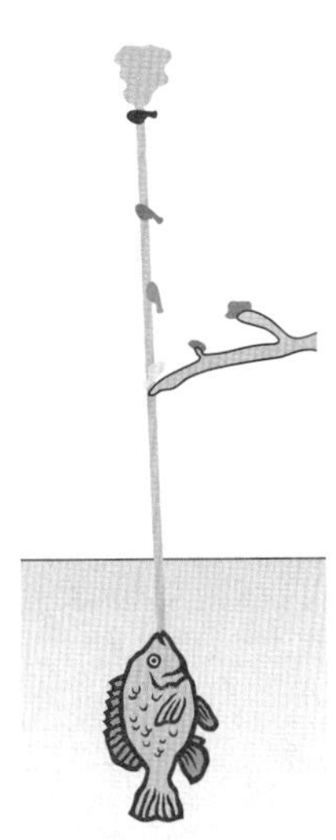

그림 4.30 물총고기의 사냥방법

있습니다. 첫째로, 수면 아래에서 스넬의 굴절법칙을 따라 각도를 보정하여 물총을 쏩니다. 이 경우 계산에 의하면 약 42°의 각도로 물을 발사하면 명중이 가능합니다. 그러나 당연히 물총고기는 삼각함수에 서투를 것입니다. 둘째로, 수면으로 입을 내밀고 조준하여 물총을 쏘는 방법이 있습니다. 그러나 벌레도 바보가 아닌 이상, 물총고기가 수면으로 입을 내미는 순간, 도망가 버릴 것입니다. 정답은 물총고기는 꼭 수면 아래에서 수직방향으로 벌레를 조준하여 물을 쏩니다. 아마도 수직방향이 아니면 빛의 굴절로 인하여 사냥이 어렵다는 것을 경험적으로 학습하여 수직방향으로만 물을 쏘는 것일지도 모릅니다.

우리가 새해를 맞이하면서 일출을 볼 때, 기하학적으로 아직 태양이 지평선(또는 수평선) 아래에 있을 때부터 이미 일출이 시작됩니다. 또 일몰의 경우는 기하학적으로 이미 태양이 지평선(또는 수평선) 아래에 있을 때에도 여전히 태양이 보입니다. 이것은 대기의 굴절률 차에 의하여 빛이 지평선(또는 수평선) 아래로 굴절에 의해 꺾이기 때문에 일어나는 현상입니다. 대기의 굴절률은 미소한 차이이지만 대체로 지표에 가까울수록 크고 지표에서 멀어질수록 점차 작아지므로, 빛은 지표에서 멀어질수록 법선에 대하여 발산하는 방향으로 구부러져서 굴절이 일어납니다.

한편, 복굴절(複屈折, birefringence 또는 double refraction)은 빛을 광학적으로 비등방성(非等方性, anisotropy)을 갖는 매질에 입사시켰을 때, 두 개의 굴절광선이 생기는 현상입니다. 백지에 빨간 점을 하나 그리고, 그 위에 방해석(calcite, $CaCO_3$)의 단결정을 놓고 위에서 보면, 빨간 점이 둘로 보이는데, 이것이 복굴절입니다. 하나는 원래 지면에

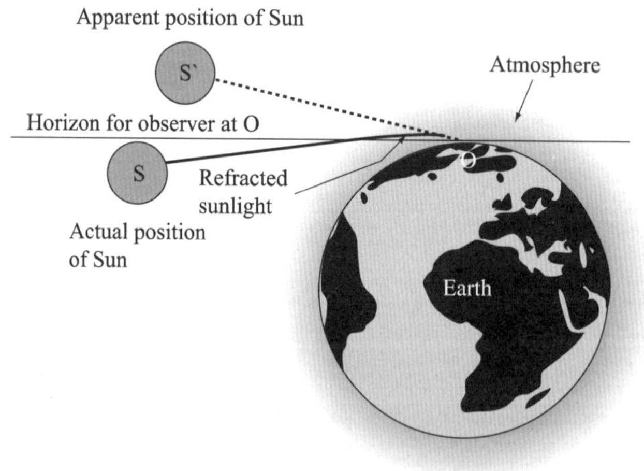

그림 4.31 빛의 대기에 의한 굴절

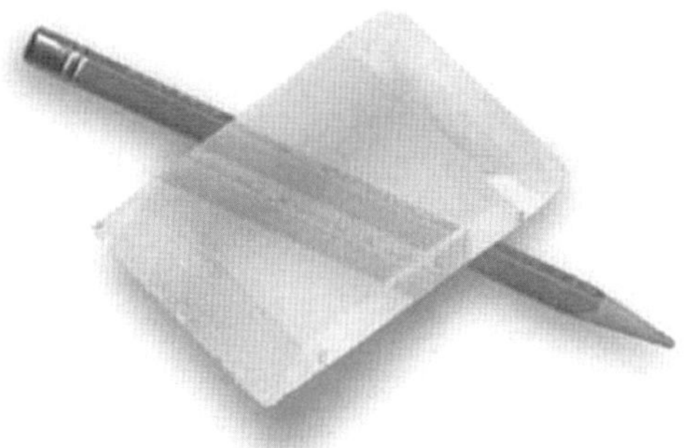

그림 4.32 방해석의 복굴절

그려진 위치에 있으나, 또 하나는 그것에서 벗어난 곳에 보입니다. 지면 위에 방해석을 놓은 상태로, 방해석을 회전시키면 지면상의 점과 일치해 있는 빨간 점은 그대로이나, 또 하나의 빨간 점은 원래의 점을 중심으로 원주 위를 이동하여 방해석이 한 바퀴 돌면 원래 위치로 돌아옵니다. 원주 위를 회전하는 점은 지면상의 빨간 점에서 나온 광선이 방해석 안에서 이상 굴절하여 생긴 것으로 이를 이상광선(extraordinary ray)이라고 하며, 원래의 점에 일치하도록 나타나는 광선을 정상광선(ordinary ray)이라 합니다. 좀 더 구체적으로 말하자면 비등방성 매질은 빛의 입사방향에 따라 굴절률이 다른 물질을 의미합니다. 따라서 빛의 입사방향에 따라 굴절각이 달라지므로 복굴절이 나타나는 것입니다. 방해석의 복굴절현상은 1669년 덴마크의 바르톨리누스(Bartolinus)에 의해 처음으로 보고되었고, 그 뒤 편광(polarization)의 발견과 빛의 횡파설의 제창으로 이어졌습니다.

4.10 빛의 이상굴절과 신기루

신기루(mirage)란 대기 중의 빛의 이상굴절에 의해 물체가 실제의 방향에서 벗어나 보이는 현상입니다. 광학적인 원인에 의해 하방굴절 신기루, 상방굴절 신기루, 측방굴절 신기루의 3가지로 나뉩니다. 이들은 대기의 이상굴절로 생기는 허상이 각각 위쪽, 아래쪽, 옆쪽에서 보이는 것을 뜻합니다.

이중 가장 흔히 보이는 것이 하방굴절(stooping) 신기루입니다. 하방굴절 신기루는 뜨거운 여름철 한낮에 도로가 충분히 데워졌을 때에 도로 위에 나타나는 신기루로 마치 도로 위에 물웅덩이가 있는 것처럼 자동차의 상이 그 아래쪽으로 거꾸로 보이는 현상입니다. 이 현상은 지면에 대해 눈의 위치를 낮게 하는 편이 보기 쉽습니다. 이 신기루는 사막 등에서도 흔히 볼 수 있습니다. 나폴레옹 1세의 이집트원정 때 종군하였던 프랑스의 수학자 몽즈(Monge)가 처음으로 이 현상을 기술했기 때문에 '몽즈의 현상'이라고도 합니다.

상방굴절(looming) 신기루는 극지방의 해면이나 눈이 녹은 차가운 물이 흘러 들어가는 만(bay)과 같은 곳에는 해면의 기온이 낮고 고도가 높을수록 기온이 상승하는 기온의 역전 상태가 나타납니다. 이러한 경우의 이상굴절 현상은 허상이 실상의 위쪽에 나타나

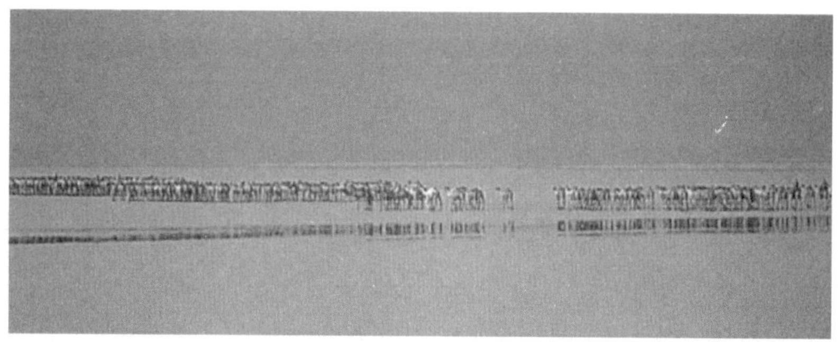

그림 4.33 하방굴절 신기루

그림 4.34 상방굴절 신기루

는데 이것이 상방굴절 신기루입니다. 이 현상을 처음으로 보고한 영국의 빈스(Vince)의 이름을 따서 '빈스의 현상'이라고도 부릅니다. 상방굴절 신기루는 허상이 실상 그대로 떠올라 보이는 경우와 거꾸로 보이는 경우가 있습니다.

측방굴절 신기루는 수평방향으로 빛의 이상굴절이 일어나는 것으로 수직인 벼랑이나 벽이 햇빛을 받아 뜨거워진 경우나, 해안의 얕은 곳과 깊은 곳의 수온이 다른 경우 등이 이와 같은 조건을 만듭니다. 측방굴절 신기루는 하방굴절과 상방굴절이 복합되어 나타나는 경우도 적지 않습니다. 신기루라는 명칭은 중국에서 상상의 동물인 '이무기'가 숨을 내쉴 때 보이는 누각이라는 뜻에서 붙여진 이름입니다.

여름날 차를 운전하면서 여행을 하다 보면 비도 오지 않았는데 갑자기 고속도로에 물이 쫙 깔려 있는 것 같은 경험을 해 본 적이 있을 것입니다. 이런 현상을 '위수면(僞水面) 현상'이라 합니다. 이러한 위수면 현상은 어떻게 나타나는 것일까요? 대기의 밀도는 지표면에서 최대가 되고, 상층부로 올라갈수록 점점 감소합니다. 따라서 굴절률도 대기의 높이에 따라 달라집니다. 굴절률이 다른 임의의 경계면을 빛이 진행할 때 빛의 경로가 꺾인다는 사실은 이미 알고 있을 것입니다. 이 때 빛의 경로를 추적해 보면 스넬의 법칙에 의해 경계면에서 꺾여 굴절됩니다. 그런데 만약 대기밀도의 경계가 뚜렷하지 않고 서서히 변한다면 광선은 직선적으로 굴절하지 않고, 진로가 휘게 될 것입니다.

사막에서 신기루가 나타나는 현상도 이와 비슷합니다. 사막은 대단히 덥고 지표면의 온도가 매우 높기 때문에 빨리 가열되어 대류현상을 일으킬 것입니다. 즉, 뜨거운 공기는 상층부로 올라가고 차가운 공기는 지표면으로 내려오기 때문에 상대적으로 지표면의 공기 밀도가 낮아집니다. 따라서 광선은 공기밀도가 큰 쪽, 다시 말해서 온도가 낮은 쪽으로

그림 4.35 위수면 현상

모습이 가까운 곳에 있는 것처럼 보이굴절하여 광선의 진로가 굽어 들어옵니다. 그러므로 아주 멀리 있는 오아시스(oasis)의 모습이 가까운 곳에 있는 것처럼 보이거나, 땅 위에 있는 물체가 아닌 파란 하늘이 땅에 비쳐 오아시스처럼 보이기도 합니다.

우리가 보는 밤하늘의 별들의 위치는 실제 별의 위치와 같을까요? 그렇지 않습니다. 실제 별의 위치보다 더 높은 곳에 있는 것처럼 보입니다. 관측자가 지표면에서 밤하늘의 별을 보고 있다고 가정합시다. 관측자와 별 사이에는 두껍게 대기층이 놓여 있습니다. 그리고 이 대기층은 지표면 근처에서 밀도가 최대이고 위로 올라갈수록 점점 밀도가 작아집니다. 그런데 밀도가 큰 곳에서는 굴절률이 커서 빛의 속도가 느려지고 밀도가 작은 곳에서는 굴절률이 작아서 빛의 속도가 빨라지기 때문에 별에서 오는 광선은 직선으로 우리 눈에 들어오지 못하고 조밀한 쪽으로 진로가 굽어 굴절하게 될 것입니다. 따라서 지표 위의 관측자에게 들어오는 광선은 접선방향에 별이 있는 것처럼 보일 것이므로 우리가 보는 별의 위치는 실제의 위치보다 높은 곳에 있는 것처럼 보입니다.

4.11 빛의 분산

매질에서 진동하는 전자의 고유진동수에 가까운 진동수의 빛일수록 그 매질에서 느리게 진행합니다. 이것은 빛에너지가 그 매질의 전자들 사이에서 흡수와 방출이라는 과정을 통해 더 많은 상호작용을 겪어야 하기 때문입니다. 대부분의 투명한 광학매질에서의 고유진동수는 자외선영역이기 때문에 가시광선 중에서도 높은 진동수의 빛이 낮은 진동수의 빛보다도 더 느리게 진행합니다. 보통 유리에서는 보라색 빛은 빨간색 빛보다 1% 정도 느립니다. 투명한 매질에서 서로 다른 진동수의 빛이 서로 다른 속도로 진행하기 때문에 다른 각도로 굴절하게 되는 것을 빛의 분산(dispersion)이라 합니다.

백색광이 프리즘을 통과할 때 분산에 의해 나누어진 색의 띠를 스펙트럼이라고 합니다. 스펙트럼의 종류에는 다음의 세 가지가 있습니다. 첫째로, 고온의 고체나 액체에서 나온 빛의 스펙트럼을 보면 빨강에서 보라까지의 빛이 연속적으로 나타나는데, 이를 연속스펙트럼(continuous spectrum)이라고 합니다. 둘째로, 원자나 분자상태의 기체를 방전관에 넣고 방전시키면 스펙트럼이 특유의 선으로 나타나는데, 이를 선스펙트럼(line spectrum)이라고 합니다. 셋째로, 고온의 물체에서 나온 연속스펙트럼을 저온의 기체층에 통과시키면 그 기체가 고온이었을 때 내는 선스펙트럼이 위치해 있던 자리에 검은

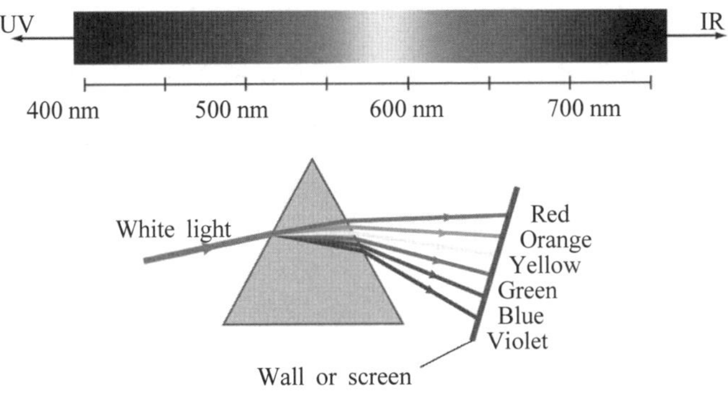

그림 4.36 프리즘에서의 분산

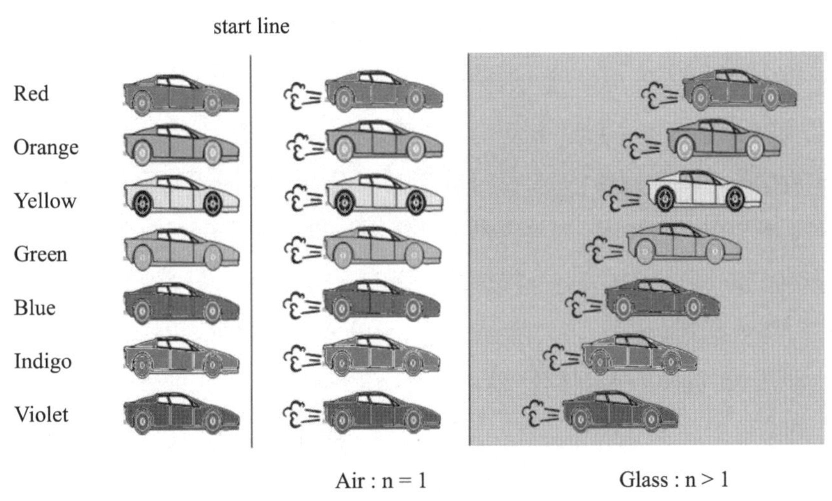

그림 4.37 광섬유에서의 분산

띠가 나타납니다. 이 검은 선은 그 파장에 해당하는 빛이 저온의 기체원자에 흡수되어 나타나는 것으로 이런 스펙트럼을 흡수스펙트럼(absorption spectrum)이라고 합니다.

유리(SiO_2 또는 silica) 재질의 광섬유도 가시광선이나 적외선 파장대역에서 파장에 따라 굴절률이 달라지는 성질을 갖습니다. 따라서 광섬유와 같이 파장에 따라 굴절률이 달라지는 매질을 분산매질(dispersive medium)이라고 부릅니다. 광섬유와 같은 분산매질에서는 광신호의 파장에 따라 굴절률이 다르므로 광섬유 내에서의 전파속도가 다르게 됩니다. 만약 광신호가 단일파장을 갖지 않고 여러 개의 파장성분을 가지고 있다면 광신호의 퍼짐(pulsc spreading)을 피할 수 없게 됩니다. 하나의 광 펄스가 광섬유 내를 진행하면서 분산에 의해 심하게 퍼지게 되면 인접한 다른 광 펄스와 겹치게 되어(inter-symbol interference, ISI), 수신오류(detection error)를 야기하게 되므로 오류 없이(error-free) 광 전송을 하기 위해서는 분산을 줄이거나 보상(補償, compensation)할 수 있는 여러 가지 방법을 사용해야 합니다.

4.12 무지개와 빛의 분산

무지개의 형성과정에 관한 탐구는 최초의 기상학 저서를 쓴 아리스토텔레스(Aristotle)에 의해서 기술되기 시작하였는데 그는 "무지개의 반지름은 시간에 따라 변한다."고 말하였습니다. 그는 공기 중에 흩어져 있는 물방울들이 증발되어 사라지면서 무지개가 서서히 사라지는 것을 보고 반경이 시간에 따라 변한다고 생각하였지만 이러한 관측결과는 잘못된 것이었습니다. 그러나 아리스토텔레스는 항해하는 뱃머리에서 튀기는 물방울들에 의해 발생하는 무지개를 보고 무지개가 생기기 위해서는 물방울의 반대쪽, 즉 관측자의 뒤쪽에 태양이 있어야 된다는 중요한 사실을 밝혀내기도 하였습니다. 그 후 13세기에 비텔로(Witelo)는 무지개는 광선이 물방울로 굴절해 들어감으로써 만들어진다고 설명하였고, 베이컨(Bacon)은 무지개는 구름 속의 물방울들이 구슬 모양으로 작용하고 있기 때문에 상이 휘어져서 색깔이 생긴다고 생각하였습니다. 또한 도미니스(Dominis)는 1차 무지개와 2차 무지개에 대해서 언급하였는데 1차 무지개는 빛이 물방울에 의해

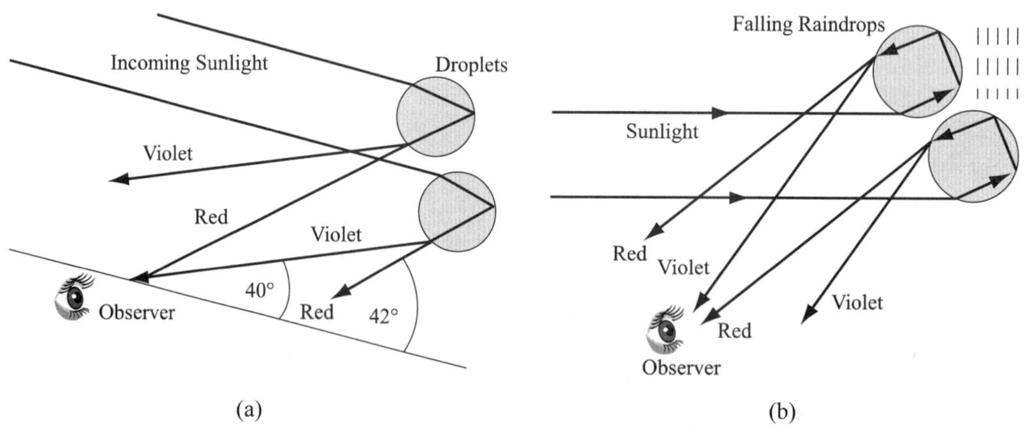

그림 4.38 (a) 1차 무지개와 (b) 2차 무지개

서 2회의 굴절과 1회의 반사에 의해서 형성되며, 2차 무지개는 2회의 굴절과 2회의 반사에 의해서 형성된다고 설명하였습니다.

그러면 쌍무지개(double rainbow)는 어떻게 해서 만들어질까요? 흔하게 볼 수는 없지만 아주 가끔 운이 좋으면 쌍무지개를 볼 수 있는 기회가 있습니다. 무지개는 크게 1차 무지개(primary rainbow)와 2차 무지개(secondary rainbow)로 나눌 수 있는데, 1차 무지개는 안쪽에서부터 바깥쪽으로 보라, 남색, 파랑, 초록, 노랑, 주황, 빨강의 순서로 색이 배치되어 있고 2차 무지개는 안쪽에서부터 바깥쪽으로 빨강, 주황, 노랑, 초록, 파랑, 남색,

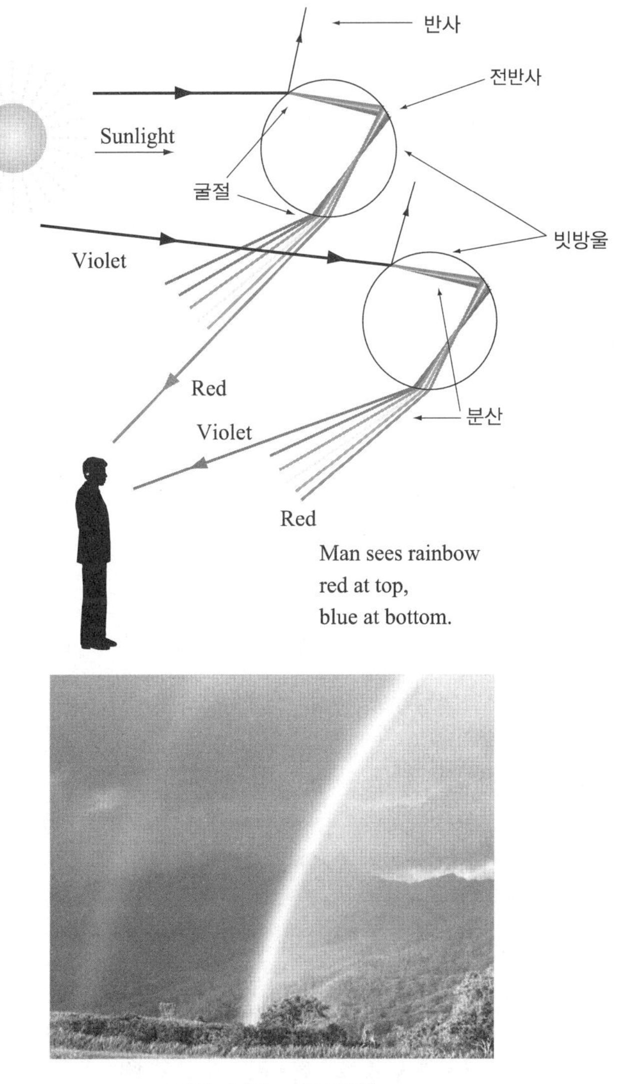

그림 4.39 쌍무지개

보라의 순서로 색깔이 배치되어 있습니다. 이렇게 1차와 2차 무지개의 색 배치가 다른 이유는 무엇일까요? 그 이유는 도미니스가 예측한 바와 같이 1차 무지개는 빛이 물방울에 의해서 2회의 굴절과 1회의 반사에 의해서 형성되나 2차 무지개는 2회의 굴절과 2회의 반사에 의해서 형성되므로 물방울 내에서의 두 번의 반사로 인하여 색 배치가 반대로 나타납니다. 따라서 1차 무지개의 바깥쪽과 2차 무지개의 안쪽에는 같은 색인 빨간색이 되고, 1차 무지개의 안쪽과 2차 무지개의 바깥쪽은 보라색이 됩니다. 또한 1차 무지개의 반지름은 42°의 원호를 그리는 반면, 2차 무지개의 반지름은 약 50°의 약간 더 큰 원호를 그리게 되며 1회의 반사가 추가되어 1차 무지개보다 2차 무지개가 더 희미합니다.

4.13 빛의 굴절과 렌즈광학계

광선은 다른 물질을 지날 때 굴절률의 차이에 의해 전파속도가 달라지기 때문에 굴절현상이 일어나며, 굴절의 법칙에 따라 진행방향이 변하게 됩니다. 이 때 경계면의 모양을 잘 조절하면 광선들을 모으거나 퍼뜨리게 할 수 있습니다. 바로 빛의 굴절현상을 이용한 것이 렌즈(lens)이며 렌즈에는 크게 볼록렌즈(convex lens)와 오목렌즈(concave lens)가 있습니다.

물체의 한 점에서 나온 광선들이 렌즈를 지나게 되면 굴절현상이 일어나서 실제로 한 점에 모이거나 한 점에서 나오는 것처럼 진행합니다. 바로 이 점을 상(image)이라고 하며 이 상은 몇 가지 굴절광선의 진행경로를 알면 쉽게 구할 수 있습니다. 다만 렌즈의 두께가 그 반경에 비하여 얇아서 두께가 주는 효과를 무시할 수 있고 또한 렌즈에 입사하는 광선이 렌즈의 중심축과 크게 벗어나지 않는 경우, 광선이 이 렌즈에 의해 굴절되는 형태는

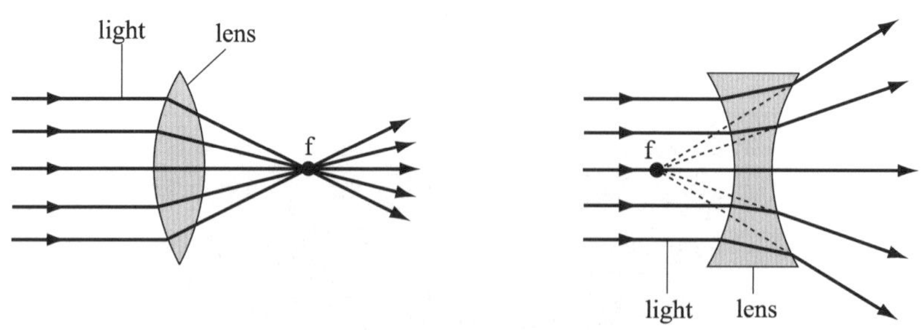

그림 4.40 볼록렌즈와 오목렌즈

간단하게 작도해 낼 수 있으며 이러한 조건의 렌즈를 얇은 렌즈(thin lens)라 합니다. 이와는 반대로 렌즈의 두께를 무시할 수 없는 일반적인 렌즈를 두꺼운 렌즈(thick lens)라고 합니다. 우리가 흔히 사용하는 안경은 얇은 렌즈로 쉽게 취급할 수 있으나 고급광학기기에 들어가는 렌즈들은 대부분 두꺼운 렌즈로서 결상의 과정을 이해하기가 조금 어렵습니다. 그러나 두꺼운 렌즈도 근사적으로는 얇은 렌즈의 거동을 한다고 볼 수 있습니다. 여기서 얇은 렌즈의 광선의 작도법을 알아보고 물체의 상이 렌즈의 위치에 따라 어떻게 변하는지, 즉 결상(結像)의 원리를 알아보도록 합시다.

1. 렌즈의 중심축(광축, optic axis)에 나란하게 입사하는 광선들은 굴절 후, 렌즈의 초점(focal point)을 지나거나 초점에서 나오는 것처럼 진행합니다.
2. 렌즈의 초점을 지나는 광선들은 굴절 후, 광축에 나란하게 진행합니다.
3. 렌즈의 중심을 지나는 광선들은 진행방향이 변하지 않습니다.

얇은 렌즈의 공식은 다음과 같습니다.

$$\frac{1}{a}+\frac{1}{b}=\frac{1}{f} \tag{4.12}$$

여기서 a는 물체까지의 거리, b는 상까지의 거리로 실상은 (+), 허상은 (−), 그리고 f는 초점거리로 볼록렌즈는 (+), 오목렌즈는 (−)을 의미합니다.

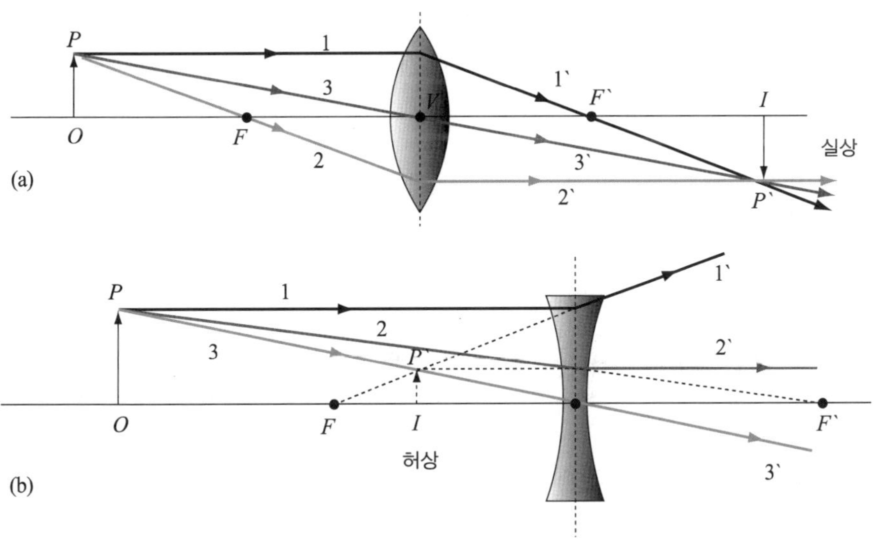

그림 4.41 (a) 볼록렌즈와 (b) 오목렌즈의 상

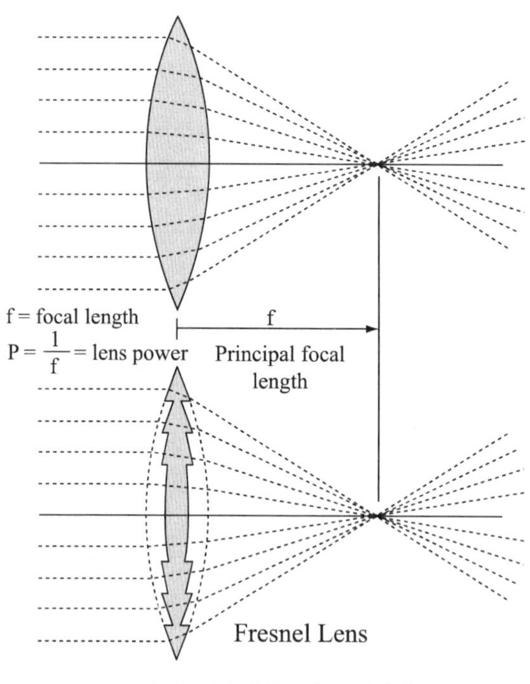

그림 4.42 볼록렌즈와 프레넬렌즈

볼록렌즈의 경우, 물체가 렌즈의 초점 밖에 있으면 도립실상이 생기며, 초점 안에 있으면 확대된 정립허상이 생깁니다. 그러나 오목렌즈의 경우에는 물체의 위치에 관계없이 언제나 축소된 정립허상이 생기게 됩니다.

한편, 프레넬(Fresnel)렌즈는 볼록렌즈처럼 빛을 모아주는 역할을 하면서도 두께와 무게는 획기적으로 줄인 렌즈로 오목하거나 볼록한 특성을 가질 수밖에 없는 렌즈의 한계를 극복한 얇은 렌즈입니다. 주로 자동차 미등이나 OHP(over-head projector)와 같이 빛을 집중시켜야 하는 곳이나 높은 배율을 유지하면서 무게를 줄여야 하는 응용분야에 많이 사용합니다.

4.14 빛의 반사와 mirror 광학계

볼록렌즈나 오목렌즈의 역할을 거울로 실현할 수 없을까요? 이것이 가능하다면 색에 따라 렌즈의 굴절률이 달라서 생기는 색수차(色收差, chromatic aberration)의 문제를 피할 수 있을 것입니다. 반사면을 오목하거나 볼록하게 만들어준 거울이 각각 볼록렌즈나 오목렌즈의 역할을 할 수 있을 것이라는 것은 쉽게 상상할 수 있습니다. 이렇게 반사면을 구면의 일부분으로 하여 오목하게 만든 거울은 오목거울(concave mirror), 볼록하게 만든 거울은 볼록거울(convex mirror)이라 하며 이에 대한 결상의 방정식도 렌즈와 마찬가지로 쉽게 유도할 수 있습니다.

구면거울(spherical mirror)로 향하는 광선들 역시 반사의 법칙에 의해 반사되는데 구면거울의 특정한 점들과 이 점들을 지나는 광선들의 진행경로를 알면 다른 광선들의 진행경로를 쉽게 알 수 있습니다. 구면거울의 중심과 구심의 중간점에 초점이 있습니다. 거울에서의 상은 다음의 몇 가지 반사 광선의 진행 경로를 알면 쉽게 구할 수 있습니다.

1. 거울의 중심축(광축)에 나란히 지나는 광선들은 반사 후, 거울의 초점을 지나거나 초점에서 나오는 것처럼 진행합니다.
2. 거울의 초점을 지나는 광선들은 반사 후, 광축에 나란하게 진행합니다.

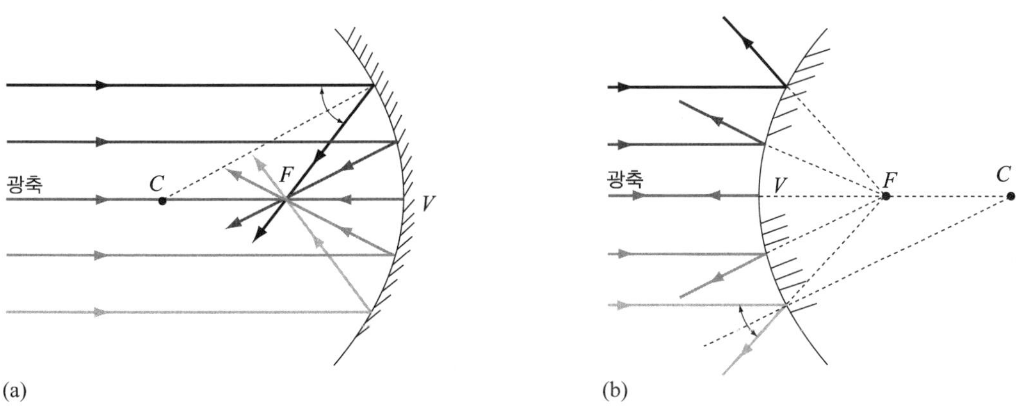

그림 4.43 (a) 오목거울과 (b) 볼록거울

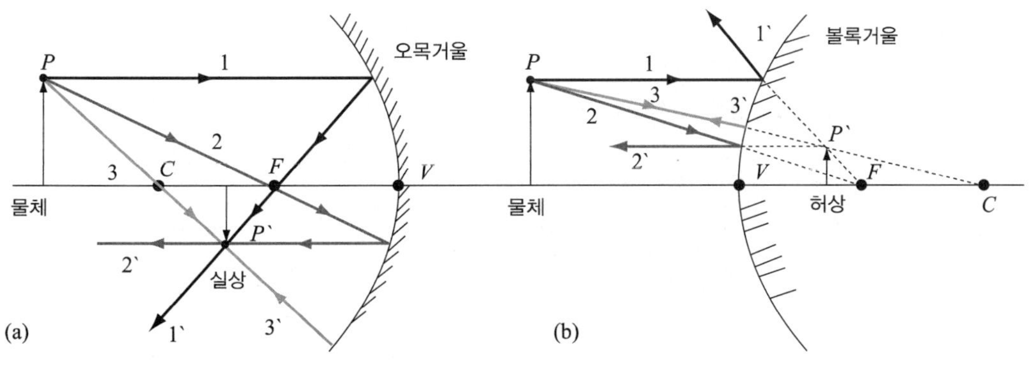

그림 4.44 (a) 오목거울의 상과 (b) 볼록거울의 상

3. 거울의 중심에 입사된 광선들은 반사 후, 온 길을 되돌아갑니다.

구면거울의 공식은 다음과 같습니다.

$$\frac{1}{a}+\frac{1}{b}=-\frac{2}{R}=\frac{1}{f} \tag{4.13}$$

여기서 a는 물체까지의 거리, b는 상까지의 거리로 실상은 (+), 허상은 (−), R은 거울의 곡률반경으로 오목거울은 (-), 볼록거울은 (+), 그리고 f는 초점거리로 오목거울은 (+), 볼록거울은 (−)를 의미합니다.

결상의 형태는, 오목거울의 경우, 물체가 초점거리 안쪽에 있으면 확대된 정립허상이 생기며 그 바깥쪽에 있으면 도립실상이 생깁니다. 그러나 볼록거울의 경우에는 물체의 위치에 관계없이 항상 축소된 정립허상이 생깁니다. 볼록거울의 이러한 특성을 이용하여 구부러진 길에서 운전자의 시야를 넓혀주기 위한 목적으로 평면거울 대신 볼록거울이 많이 사용되고 있습니다. 상이 맺히는 경향을 보면, 오목렌즈와 볼록거울이, 그리고 볼록렌즈와 오목거울이 같은 형태로 결상이 됨을 알 수 있습니다.

아르키메데스(Archimedes)는 그리스의 수학자, 물리학자, 발명가로 부력 및 지레의 원리를 발견한 것으로 유명합니다. 2세기 무렵 고대 로마의 작가 루키아노스의 기록에 의하면, 아르키메데스는 거대한 구면경을 몇 개 사용하여 자신이 태어난 고향인 시라쿠사(Siracusa, 지금의 시실리 섬)를 로마함대의 공격으로부터 지켰다고 기록하였습니다. 적의 배 쪽으로 구면거울을 비춰서 돛을 불태웠다고 합니다. 아르키메데스 열선이라고도

그림 4.45 아르키메데스의 거울

불리는 이 무기는 햇볕을 한데 모아 불을 붙이는 기구였습니다. 이러한 무기로 효과적인 공격이 가능한지에 대해서는 르네상스 시대까지 논란이 되었습니다. 데카르트는 실제 그런 무기가 만들어지지 않았을 것이라 여겼지만 근대에 들어 존 웨슬리 등은 당시에도 그런 무기의 제작이 가능하였을 것이란 의견을 피력하였습니다. 구리나 청동으로 제작된 거울을 포물면 반사판과 같이 배치하여 초점거리를 적절히 조정하면 실제로 불을 붙일 수 있습니다. 오늘날에도 구면거울은 태양에너지를 이용하는 태양열 발전소에서 사용하고 있습니다. 구면거울의 초점이 증기화로에 맞춰져 있고 그 안의 물은 태양에너지를 공급받아 차츰차츰 온도가 올라가 결국 끓게 됩니다.

오늘날 제작되고 있는 새로운 현대식거울은 깨지지 않습니다. 옛날의 구식거울은 반사면이 유리의 뒷면에 칠해져 있기 때문에 반사면의 앞에 있는 물질이 투명해야 했습니다. 그래서 반사면의 앞면에 유리를 사용하였던 것입니다. 그러나 현대식거울은 반사면이 앞에 코팅되어 있어서 유리가 필요하지 않습니다. 특히 이런 현대식거울은 입사광이나 반사광이 유리에 흡수되지 않기 때문에 더욱더 밝은 상을 얻을 수 있다는 장점이 있습니다. 따라서 더욱 선명한 상을 얻을 수 있는 전면코팅 거울이 만들어지게 되었습니다. 특히 요즘에는 스테인리스강(stainless-steel)에 알루미늄 박막을 코팅하여 반사면을 만들었기 때문에 땅에 떨어뜨려도 깨어지지 않습니다. 도로의 굽은 길에 설치되어 있는 볼록거울이 바로 이렇게 스테인리스강에 알루미늄을 코팅해서 만든 거울이기 때문에 결코 깨지는 일은 없습니다. 아폴로 11호가 달에 설치한 전면코팅 반사경으로 지난 20여년 동안 과학자들은 지구상에서 달에 레이저 빔을 쏘아 달까지의 거리를 정확하게 측정하였습니다. 그 결과 과학자들은 달이 매년 3.8 cm씩 지구로부터 멀어지고 있다는 사실도 발견하게 되었습니다.

레이저(laser)도 한 쌍의 거울에 의해서 빛이 증폭됩니다. 레이저가 발진하기 위해서는 최소한 다음 세 가지의 조건-이득매질(gain medium), 펌핑(pumping), 그리고 간섭계(interferometer) 구조-을 충족해야 하는데 그 중의 하나가 바로 한 쌍의 거울이 마주보고 있는 간섭계입니다. 이 간섭계를 광 공진기(optical cavity, optical oscillator, 또는 optical resonator)라고도 합니다. 이 공진기는 이득매질에서 방출된 빛을 양쪽에 있는 거울이 서로 반사시켜 이득매질의 내부에서의 유도방출(stimulated emission)에 의한 빛의 증폭을 극대화시키는 역할을 하며 이러한 간섭계를 패브리-페로(Fabry-Perot) 간섭계라고 합니다. 이 때 사용되는 두 거울 중, 어느 한 쪽에 있는 거울은 거의 100%의 반사율로 코팅된 거울로 '후면거울(rear mirror)' 또는 '고반사경(high reflector)'라고 합니다.

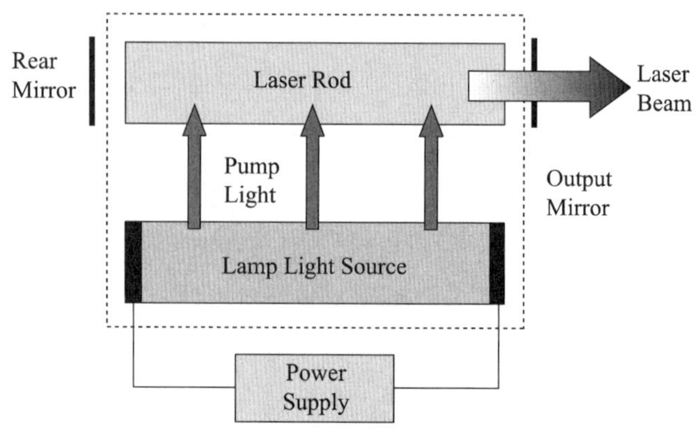

그림 4.46 레이저의 구조

그리고 나머지 한 쪽에 있는 거울은 100%보다 작은 반사율을 갖기 때문에 발진된 레이저광의 일부를 투과시켜 밖으로 빠져나오게 합니다. 이 거울이 '출력거울(output mirror)'입니다. 이렇게 거울은 레이저광을 증폭시키는 데 아주 중요한 역할을 합니다.

4.15 눈

눈(eye)은 두 쌍의 볼록렌즈(각막과 수정체)를 통해 바깥세상을 보기도 하고, 자신의 마음의 상태를 표현하기도 합니다. 우리가 흘리는 눈물은 각막(角膜, 볼록렌즈)에 낀 먼지나 불순물을 닦아 내는 세정액의 역할도 하지만 외부의 자극에 반응하는 마음의 상태도 표현하기도 합니다. 우리 몸은 수많은 신체기관으로 이루어져 있습니다. 그리고 이 기관들은 나름대로 없어서는 안될 만큼 중요한 역할을 수행하고 있습니다. 그 중에서도 외부세계를 인식하고 새로운 정보를 수집하는 데 있어서 눈은 가장 중요한 기관입니다. 눈은 외부세계와 내면의 세계를 연결하는 통로 중에서도 유일하게 빛이 다닐 수 있는 길입니다. 우리가 사물을 볼 수 있는 것은 우리 눈이 각막과 수정체(水晶體)로 들어온 빛을 망막에 모아 상을 맺기 때문입니다. 그러므로 평균 가로 22 mm, 세로 24 mm인 둥근 젤리형의 우리 눈은 소형광학기기라고 볼 수 있습니다. 이 소형광학기기는 거의 모든 가시광선 영역을 감지할 수 있으며 모든 기능이 두뇌의 명령에 따라 자동으로 작동합니다.

인간의 눈을 모델로 만든 것이 카메라(camera)입니다. 카메라의 볼록렌즈와 같은 기능을 하는 것이 눈의 각막(cornea)과 수정체(lens)입니다. 각막은 수정체를 보호하는 얇은 막이지만 각막도 볼록렌즈 역할을 해서 눈으로 들어오는 빛의 약 70%를 집속(focusing)시킵니다. 각막의 굴절률은 약 1.376으로 물의 굴절률인 1.333과 비슷하기 때문에 물속에서는 잘 보이지 않습니다. 수정체는 대략 지름이 9 mm, 두께가 4 mm인 볼록렌즈로 약 22,000개의 섬유질로 되어 있습니다. 각막을 통과한 광선은 이 수정체를 통과하는데, 수정체의 모양이 볼록렌즈 형태로 되어있어 구면수차(球面收差, spherical aberration)가 생깁니다. 구면수차란 렌즈의 가장자리를 통과한 광선은 크게 꺾이고, 렌즈의 중심부를 통과한 광선은 덜 꺾이게 되어 한 점에 모이지 않는 현상을 말합니다. 이렇게 구면수차가 생기면 상이 흐려집니다. 구면수차를 줄이기 위한 방법은 여러 개의 렌즈를 조합해서 사용하면 됩니다. 그렇다면 우리의 눈에서는 어떻게 구면수차를 해결하였는지 알아봅시다. 조물주는 구면수차 문제를 해결하기 위해서 수정체에 들어있는 젤리와 같은 물질의 굴절률을 위치마다 다르게 배치하였습니다. 즉, 광선이 많이 꺾이는 렌즈의 가장자리 부분에는 굴절률이 작은($n = 1.386$) 액체를 채워서 광선이 덜 꺾이도록 만들었고, 광선이 적게 꺾이는 렌즈의 중심부분에는 굴절률이 큰($n = 1.406$) 액체를 채워서 많이 꺾이도록 하였습니다. 참으로 멋진 아이디어가 아닙니까?

또 그것만이 아닙니다. 눈으로 들어오는 빛의 양을 자동적으로 조절하게 하기 위하여 수정체를 모양체(毛樣體, ciliary body)로 고정시켰습니다. 이 모양체의 수축과 이완에

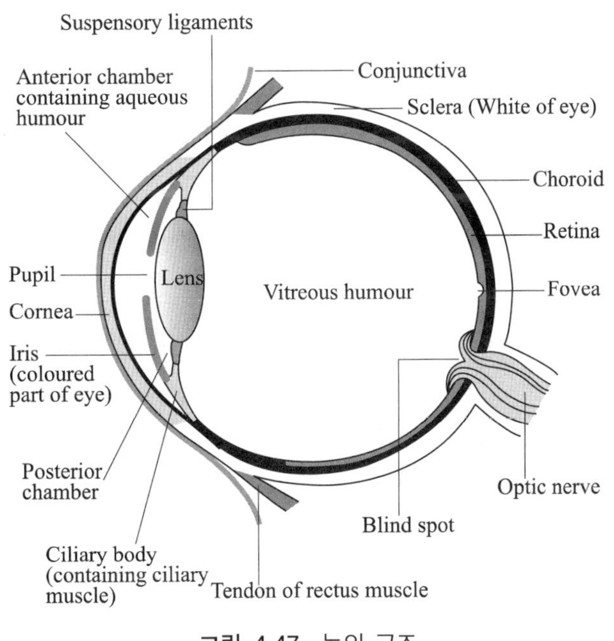

그림 4.47 눈의 구조

따라 홍채(虹彩, iris)의 크기가 달라집니다. 이 홍채는 카메라의 조리개에 해당합니다. 그래서 빛이 더 필요하면 동공(瞳孔, pupil)이 크게 열리고 적게 필요하면 적게 열립니다. 우리 눈의 홍채는 동공을 통해 들어오는 빛의 양을 조절하고, 나아가 물체의 거리나 사람의 기분에 따라서 자동적으로 동공의 크기를 조절합니다. 예컨대 가까이 있는 물체를 볼 때는 조리개가 동공을 작게 하여 상의 선명도를 높이려고 노력합니다. 그러나 먼 곳에 있는 물체를 볼 때는 상에서 나오는 빛의 양이 적으므로 눈동자의 크기를 크게 하고자 동공을 크게 열어 놓습니다. 또한 기분이 좋을 때는 크게 열리고, 기분이 좋지 않을 때는 작게 열립니다. 그리고 밝은 곳에서는 빛의 양을 제한하기 위하여 동공의 크기를 작게 하고, 어두운 곳에서는 많은 빛을 받아들이기 위하여 동공을 크게 열게 됩니다.

만약 망막(網膜)의 중심부분에 분포되어 있는 원추세포가 고장을 일으킨다면 어떻게 될까요? 원추세포는 카메라의 필름에 해당하는 망막의 중심부분에 있는 세포로 모양이 원뿔모양을 하고 있어 붙여진 이름입니다. 이 원추세포는 낮은 주파수(R), 중간 주파수(G), 높은 주파수(B)에 각각 반응하는 세 가지 형태로 이루어져 있기 때문에 물체에서 나오는 파장(색깔)을 구별할 수 있습니다. 이렇게 색깔을 구별할 수 있는 원추세포는 포유류 중에서도 영장류와 다람쥐 종류만이 가지고 있는 특이한 것입니다. 다른 포유류의 망막에는 흑백만 감지하는 세포만 있어서 흑백영화처럼 명암에는 민감하지만 빛깔에는 민감하지 않습니다.

우리 주변에는 정상인과 달리 특정한 색을 구별하지 못하는 색약(色弱, partial color blindness)인 사람이나, 색깔을 전혀 구별하지 못하는 색맹(色盲, color blindness)인 사람들이 있습니다. 색약인 사람들은 전체 인구의 약 10%에 해당하고, 여자보다는 남자에게서 많이 나타납니다. 왜냐하면 남자가 색약이 되는 경우는 부모 중 한 사람만 색약이어도 유전되는 데 반해 여자가 색약이 되는 경우는 부모 모두 색약자일 때에만 나타나므로 훨씬 드물게 나타납니다.

눈의 구조를 좀 더 상세히 알아보겠습니다. 각막은 눈의 가장 바깥쪽에 있는 투명한 무혈관 조직으로 흔히 검은 동자라고 합니다. 각막의 기능은 안구를 보호하는 방어막의 역할과 광선을 굴절시켜 망막으로 도달시키는 창(window lens)의 역할을 하며 공기로부터 가장 먼저 만나는 렌즈로서 각막의 굴절률은 1.376입니다. 공기의 굴절률이 1.0이라고 생각하면 빛은 각막에서 가장 큰 굴절을 일으키게 됩니다. 그러므로 흔히 얘기하는 엑시머(excimer) 레이저를 이용한 시력교정 수술은 이 각막의 모양과 두께를 조절함으로서 눈의 이상을 교정하는 것입니다. 성인의 각막의 두께는 중심부가 0.5~0.6 mm, 주변부가 0.65~1 mm이며 직경은 수직방향으로 10.6 mm, 수평방향으로 11.7 mm 정도입니다.

홍채는 들어오는 빛의 양을 조절하는 카메라의 조리개 역할을 하여 명암을 조절합니다. 각막과 수정체 사이에 위치하며 홍채의 색은 인종 별로 개인적으로 차이가 있을 수 있습니다. 색소가 많으면 갈색, 적으면 청색으로 보입니다. 동공은 특별히 있는 조직은 아니고 홍채의 중앙에 빛이 통과할 수 있도록 열려 있는 부위를 말합니다. 수정체는 양면이 볼록한 돋보기 모양의 무색, 투명한 구조로서 두께는 4 mm, 직경은 9 mm 정도입니다.

수정체는 하나의 매질로 이루어져 있지 않고 약 22,000개의 미세한 섬유질이 쌓여서 이루어져 있는데 위치마다 굴절률이 다른 GRIN(graded-index) 구조로 이루어져 있어서 굴절률이 약 1.386에서 1.407까지 연속적으로 변하며 구면수차가 거의 없는 구조로 되어 있습니다. 이것은 홍채 뒤의 모양체에 의해 매달려 있으며 초점거리는 수정체의 양쪽 끝에 있는 모양체로 두께를 바꿔가며 조절합니다. 수정체의 기능은 각막과 함께 눈의 주된 굴절기관이며 탄력성이 있어서 가까운 곳을 볼 때는 모양체의 수축으로 좀 더 통통하고 두꺼운 모양이 되어 굴절력을 증가시키게 됩니다.

망막(retina)은 안구의 후면 2/3를 덮고 있는 투명한 신경조직으로 두께는 앞쪽은 0.1 mm, 뒤쪽은 0.2 mm 정도입니다. 망막은 카메라의 필름에 해당하는 부위로 눈으로 들어온 빛이 최종적으로 도달하는 곳으로 망막의 시세포들이 시신경(optic nerve)을 통해 뇌로 신호를 보내는 기능을 합니다. 우리가 사진을 찍으면 가끔 눈이 붉게 나오는 것은(적목현상, 赤目現象 red-eye), 망막의 바깥쪽을 싸고 있는 맥락막(脈絡膜, choroid)에 혈관이 풍부하게 있어 색이 붉기 때문입니다. 망막은 여러 층의 구조를 갖고 있는데 이곳에서 각각의 시세포에서 받은 시각자극이 체계적으로 처리됩니다. 망막 위에 분포되어 있는 시세포들은 간상세포(rod cell)와 원추세포(cone cell)들인데, 시축을 중심으로 각기 다른 밀도로 분포되어 있습니다. 시축을 중심으로 약 2° 이내에는 원추세포만 조밀하게 분포되어 있고 2°에서 4° 사이에는 원추세포와 간상세포가 섞여 있습니다. 간상세포는 이중막 구조의 원판모양의 조직들이 차곡차곡 쌓여 있고 맨 위의 원판이 광에 반응하여 활동하다가 다시 해체되고 그 다음 원판이 하루에 약 10 μm 씩 차례로 밀고 올라옵니다. 간상세포에서는 로돕신(rhodopsin)이라는 물질이 추출되는데 이 물질이 광반응에 관련되는 것으로 알려져 있습니다. 원추세포에는 비슷한 물질이 있을 것으로 예상되는데 추출이 안 되는 이유는 원추세포가 보다 섬세한 구조를 갖고 있기 때문으로 추측됩니다.

실험에 의하면 원추세포에는 세 종류의 염료(pigment)가 있어서 각기 다른 분광흡수도를 갖고 있는 것으로 알려져 있습니다.

황반(黃斑, yellow spot)은 망막의 뒤쪽에 있는 부위로 빛이 들어와서 초점을 맺는 부위를 말합니다. 이 부분은 망막이 얇고 색을 감지하는 세포인 원추세포가 많이 모여 있습니다. 황반부의 시세포는 신경섬유와 연결돼 시신경을 통해 뇌로 영상신호가 전달됩니다.

맹점(blind spot, 盲點)은 시신경은 망막에 붙어서 눈에 들어온 빛이 망막에 닿았을 때, 그 때의 신호를 뇌에 전달하는 역할을 합니다. 이 시신경이 망막에 연결되는 부분에는 시세포가 없기 때문에 이곳에 빛이 닿았을 때 사람은 인지하지 못합니다. 따라서 이 부분을 우리는 맹점이라고 부릅니다.

4.16 시력

사람들이 어떤 물체를 본다고 하는 것은 광학적으로 설명할 때, 빛의 굴절에 의한다고 할 수 있습니다. 엄밀하게 이야기하면 매우 많은 굴절이 일어나지만 간단하게 말하면 약 4번의 굴절이 일어나고 그 후에 망막에 그 물체의 상을 맺게 된다고 설명할 수 있습니다. 빛이 한 매질에서 다른 매질로 들어갈 때 일어나는 굴절의 양은 물체의 고유한 특성인 굴절률의 차이에서 비롯됩니다. 즉, 굴절률의 차이가 크면 더 큰 굴절이 일어나는 것입니다. 그러므로 흔히 사람들이 눈에서의 굴절은 수정체에서 일어난다고 하는 것은 잘못된 상식이고, 사실은 공기와 만나는 부분인 각막에서 가장 큰 굴절이 일어나는 것입니다. 각막의 모양이 원형으로 이루어져 있기 때문에 이를 광학렌즈로 생각할 수 있습니다. 그러나 이 각막에서 굴절되는 빛이 망막에 바로 맺히는 것은 아닙니다. 이 빛은 수정체를 싸고 있는 액체에서 약간의 굴절이 일어나고 바로 수정체에서 굴절이 일어납니다. 수정체는 아주 부드러운 물질로 되어 있으며, 주위에 있는 모양체 근육을 통하여 그 형상을 조절하고 이것이 물체의 위치가 어디에 있든지 망막에 그 상을 맺을 수 있도록 하는, 눈에서의 가장 중요한 역할을 합니다. 각막에서 가장 큰 굴절이 일어나는 이유는 바로 눈이 공기와 맞닿아 있기 때문입니다. 그러므로 사람이 물속에 들어가게 되면 각막에서 원하는 굴절을 일으키지 못하기 때문에 아무리 수정체에서 보정(calibration)을 한다고 해도 제대로 망막에 상을 맺지 못하게 되고, 그렇기 때문에 상이 흐릿하게 보이는 것입니다. 하지만 근시인 사람은 정상인보다 물속에서 더 잘 보이게 됩니다. 만약 물안경을 쓰고 물속에 들어간다면, 눈은 물이 아니라 공기와 맞닿게 되기 때문에 제대로 굴절을 하여 상을 맺을 수 있습니다. 눈에 가까이 있는 물체를 망막에 상을 맺기 위해서는 수정체가 두껍게 만들어져야 합니다. 반면에 물체가 멀리 떨어져 있을 경우는 수정체가 얇게 만들어져야 제대로 상을 맺게 되는 것입니다. 물체의 한 점이 완전히 초점을 이루기 위해서는 빛이 망막에 정확하게 맺어야 하고, 이 정보가 시신경을 통하여 뇌에 전달되게 됩니다.

우리의 눈은 볼록렌즈로 이루어져 있기 때문에 물체의 상은 망막에 거꾸로 맺게 되고, 사람의 뇌는 이를 제대로 있는 것으로 인지하게 됩니다. 이것이 인간의 뇌의 미묘한 점 중의 하나입니다. 아주 정상적인 눈을 가진 사람은 약 10 cm 정도의 거리에 있는 물체로부터 아주 멀리 떨어져 있는 물체까지 제대로 볼 수 있습니다. 그러나 많은 사람들이 눈에 결점을 가지고 있어서 어떤 사람은 가까운 물체를 제대로 볼 수 없고, 다른 사람은 멀리 있는 물체를 잘 볼 수 없는 경우가 발생합니다. 그래서 많은 사람들이 안경이라는 보조수단을 통하여 물체를 제대로 볼 수 있게 됩니다. 눈의 이상에는 크게 세 가지의 종류가 있는데 바로 근시(near-sighted, myopia), 원시(far-sighted, hyperopia), 그리고 난시(astigmia)입니다.

근시는 수정체를 제대로 펴 주지 못해서 상이 망막의 앞에 맺히게 되기 때문에 나타나는 현상입니다. 가까운 물체는 제대로 볼 수 있는 반면에 멀리 있는 물체는 망막의 앞에 상이 맺게 되어 물체가 흐릿하게 보이는 것입니다. 근시안의 눈에서는 기본적으로 빛이 너무 많이 굴절됩니다. 그러므로 이런 상태를 조절하기 위해서는 오목렌즈로써 보정이 가능합니다. 외부에서 오는 빛은 눈에 들어오기 전에 오목 렌즈에서 밖으로 발산이 되어 결과적으로 빛이 망막에 정확하게 초점을 이루게 되는 것입니다.

원시안을 가진 사람은 근시와 정반대의 현상이 일어납니다. 이는 제대로 수정체가 굴절을 일으키지 못하기 때문에 물체의 상이 망막의 뒤에 맺히게 되어 물체가 흐릿하게 보이는 것입니다. 근시안과 반대로 멀리 있는 물체는 제대로 보이지만 가까운 물체를 제대로 볼 수 없는 결과가 나타나게 되는 것입니다. 원시안을 가진 사람은 눈에서 굴절을 제대로 일으키지 못하기 때문에 눈앞에 볼록 렌즈를 두어 눈에 들어오기 전에 굴절을 일으키고 결과적으로 빛이 정확하게 망막에 초점을 이루도록 합니다.

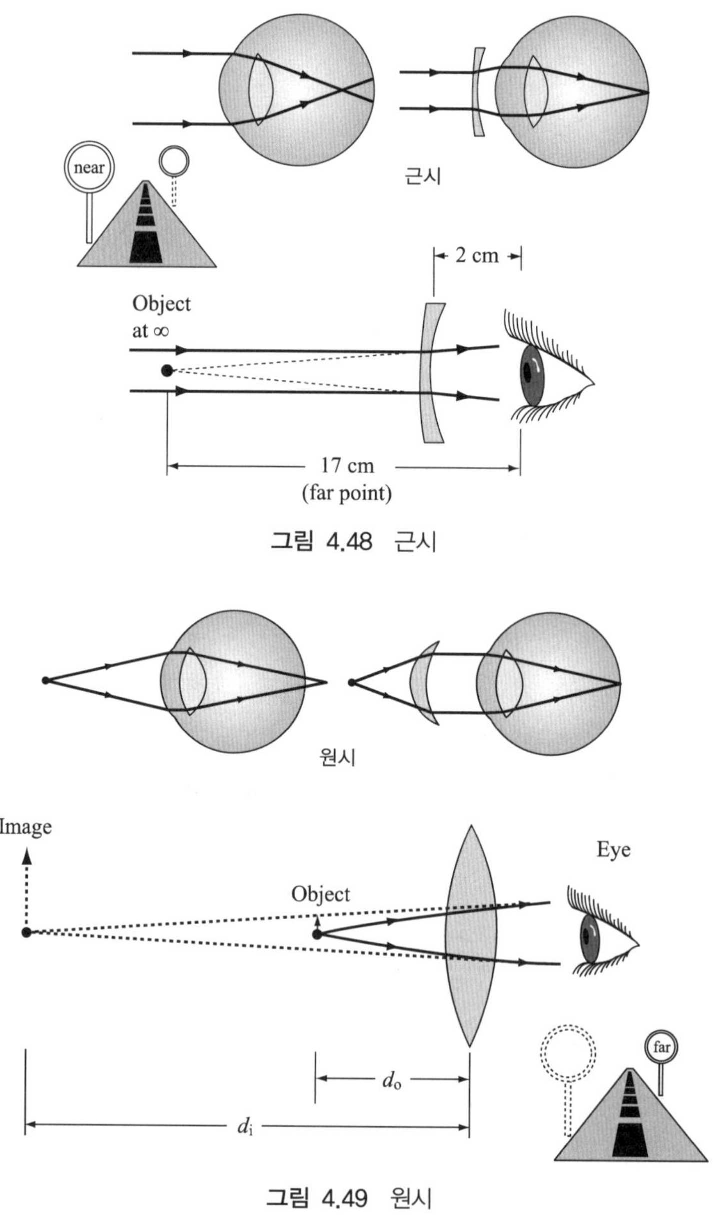

그림 4.48 근시

그림 4.49 원시

원시와 비슷한 것으로 착각할 수 있는 것이 노안(老眼)이라는 시력이상으로 이는 눈의 수정체의 탄력성이 감소되어 가까이 있는 물체에 초점을 맞추는 능력을 잃는 것을 말합니다. 가까이 있는 것과 멀리 있는 것에 초점을 맞추는 조절능력은 수정체의 탄력성과 모양체의 작용으로 생겨납니다. 대체로 수정체는 나이가 듦에 따라 점점 탄력성을 잃어 점점 조절능력을 잃게 되며 이는 40대에 가장 빠르게 진행됩니다. 그러나 근거리용

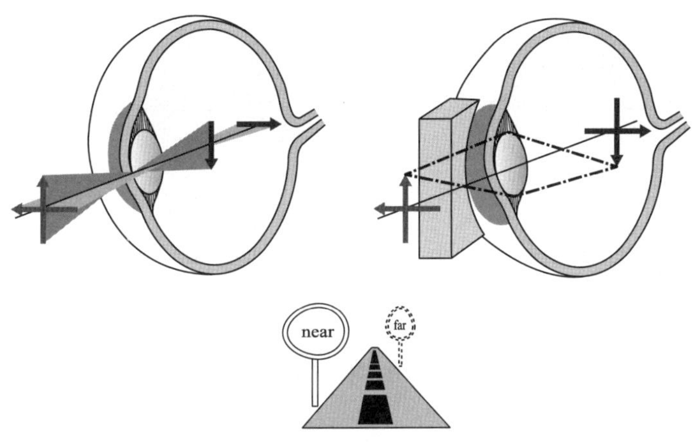

그림 4.50 난시

안경(돋보기)과 같은 교정렌즈를 사용하면 노안인 사람도 글씨를 볼 수 있고, 가까이 있는 것을 볼 수 있게 됩니다.

한편 이미 근시인 사람에게 노안이 오는 경우에는 근시와 노안을 동시에 해결하기 위하여 다중초점 렌즈(progressive lens)를 사용한 특수한 안경을 착용하는 것이 효과적입니다.

마지막으로 눈 안에 들어오는 평행광선이 각막 또는 수정체에 초점을 만들지 못하는 상태를 난시(亂視)라고 합니다. 가까운 곳과 먼 곳 양쪽에 대하여 심한 시력장애가 오고, 눈이 쉽게 피로하며, 물체가 이중으로 겹쳐 보이기도 하고 머리가 몹시 아플 때도 있습니다. 난시에는 정난시(astigmatism)와 부정난시가 있는데, 보통 원이 타원으로 보이는 정난시가 많습니다. 정난시는 각막이나 수정체의 비점수차(astigmatism)에서 비롯된 것으로 원주렌즈(cylindrical lens)를 통한 자오선의 강약 굴절을 통해 교정하면 정시의상태로 됩니다. 부정난시는 각막 표면에 요철이 있어 구면이 불규칙하게 되는 경우에 일어나는 것으로, 때로는 생리학적으로 발생하는 경우도 있습니다. 이 경우, 안경을 이용한 교정은 불가능하고 콘택트렌즈(contact lens)나 각막이식 수술로만 교정이 가능합니다.

연습문제

1. 가시광선 영역에서 공기, 유리, 물, 다이아몬드의 빛의 전파속도를 제대로 나타낸 것은?

   ① 공기 > 유리 > 물 > 다이아몬드　　② 공기 > 물 > 유리 > 다이아몬드

   ③ 공기 > 다이아몬드 > 유리 > 물　　④ 공기 > 다이아몬드 > 물 > 유리

2. Snell의 법칙에 의하면 전반사가 일어나기 위해서는 굴절각이 얼마가 되어야 하는가?

   ① 0°　② 30°　③ 60°　④ 90°

3. 투명한 유리가 가루가 되면 뿌옇게 보이는 이유는?

   ① 산란　② 굴절　③ 전반사　④ 간섭

4. 대기의 굴절은 일조 시간을 어떻게 만드는가?

   ① 더 길게 만든다.

   ② 더 짧게 만든다.

   ③ 여름엔 더 길게 겨울엔 더 짧게 만든다.

5. 프리즘에 의해 백색광의 분산이 일어나는 이유는 프리즘에 입사하는 빛의 색깔 (파장)이 다르면 무엇이 달라지기 때문인가?

   ① 진동수　② 속도　③ 에너지　④ 강도

6. 1차 무지개와 2차 무지개의 차이를 잘못 설명한 것은?

   ① 2차 무지개는 1차 무지개의 위쪽에 존재한다.

   ② 1차 무지개와 2차 무지개의 색의 순서는 반대이다.

   ③ 2차 무지개가 1차 무지개보다 더 선명하다.

   ④ 태양 빛의 입사 각도의 차이에 의해 무지개의 위치가 달라진다.

7. 백색광이 공기에서 물로 입사할 때 가장 많이 굴절되는 빛은?

   ① red light　② green light

   ③ blue light　④ violet light

   ⑤ 굴절의 정도는 모두 똑같다.

8. 1차 무지개와 2차 무지개의 물방울 내부에서의 반사 횟수를 맞게 짝지은 것은?

① 1-1　　② 1-2　　③ 2-2　　④ 2-3

9. 물속에서 안경을 쓰지 않고도 물 바깥에서보다 더 잘 보이는 사람은?

① 근시　　② 원시　　③ 난시　　④ 정상시력

10. 물속의 물고기를 창을 던져 잡으려면 어떻게 조준하여야 하는가?

① 보이는 대로

② 보이는 위치보다 약간 위쪽

③ 보이는 위치보다 약간 아래쪽

11. 10^{15}을 뜻하는 접두어는?

① Zetta　　② Exa　　③ Tera　　④ Peta

12. 10^{-15}을 뜻하는 접두어는?

① yocto　　② femto　　③ pico　　④ atto

13. 굴절률이 작은 매질에서 굴절률이 큰 매질로 빛이 진행할 때 전파 속도는?

① 느려진다.　　② 빨라진다.　　③ 변화 없다.

14. 굴절률이 큰 매질에서 굴절률이 작은 매질로 빛이 진행할 때 빛의 파장은?

① 길어진다.　　② 짧아진다.　　③ 변화 없다.

15. 전자가 E_2의 에너지를 갖는 궤도에서 E_1의 에너지를 갖는 궤도로 떨어질 때, 방출하는 전자기파의 진동수는 얼마인가? 단 $E_2>E_1$이다.

① $(E_2-E_1)h$　　② $(E_2-E_1)/h$　　③ $(E_2-E_1)c/h$　　④ $(E_2-E_1)hc$

16. 프리즘에 백색광이 입사하는 경우에 그 결과를 잘못 표현한 것은?

① 파장에 따라 굴절되는 정도가 다르다.

② 보라색은 적게 굴절되고 빨간색은 많이 굴절된다.

③ 굴절되는 정도는 프리즘의 재질에 따라 달라진다.

④ 프리즘의 분광 효과는 프리즘의 분산 특성 때문이다.

17. 다층 박막을 이용하여 전반사를 유도하고자 할 때 빛의 진행 방향으로 굴절률의 분포는 어떠해야 하는가?

① 점점 작게 한다.

② 점점 커지게 한다.

③ 일정하게 한다.

④ 크고 작고를 반복하게 하게 한다.

18. 빛에 관한 도플러효과(Doppler effect)의 가장 적합한 설명은?

① 관측자가 광원으로 접근할 때 빛의 파장이 증가한다.

② 관측자가 광원에서 멀어질 때 빛의 파장이 증가한다.

③ 관측자가 정지되어 있으면 빛의 파장은 광원의 속도에 무관하다.

④ 광원이 정지되어 있으면 빛의 파장은 관측자의 운동과는 무관하다.

19. 해안의 백사장이 흰색으로 밝게 보이는 이유는 빛의 어떤 현상 때문인가?

① 굴절 ② 난반사 ③ 간섭 ④ 산란

CHAPTER 5

빛이 만들어내는 다양한 무늬

제5장에서는 빛의 편광, 산란, 간섭, 그리고 회절과 관련된 빛의 성질, 현상 및 광학장치들에 대하여 공부합니다.

5.1 빛의 편광

빛은 전자기파입니다. 즉 전기장과 자기장의 주기적인 진동에 의한 파동입니다. 파동이 일정한 방향으로만 진동할 때 이 파동은 '선편광(linearly polarized)'되었다고 합니다. 그리고 이 때 전기장의 진동방향을 편광(偏光)의 방향이라고 합니다. 우리가 흔히 사용하는 백열전등, 형광등 및 아크등은 편광이 되지 않은 빛을 방출합니다. 왜냐하면 빛을 만들어 내는 전하가 일정한 방향으로만 진동하는 것이 아니고 여러 방향으로 진동하기 때문입니다. 하지만 편광자(polarizer)를 지나면 이러한 빛은 편광자의 방향과 같은 방향으로 선편광 됩니다.

상태가 무질서하게 섞여 있는 빛에서 특정한 방향으로의 선편광이 된 빛을 선택적으로 투과시키는 광학기구를 편광자라고 합니다. 흔히 편광은 위와 같은 그림의 모델로 자주 설명됩니다. 편광이 되지 않은(무 편광, unpolarized) 빛이 수직으로 배열된 편광자를 통과하면 수직방향으로 선편광이 된(vertically polarized) 빛을 얻을 수 있습니다. 이 빛이 처음 편광자와 90° 수직으로 배치된 편광자를 지나게 되면, 빛은 전혀 통과하지 못하게

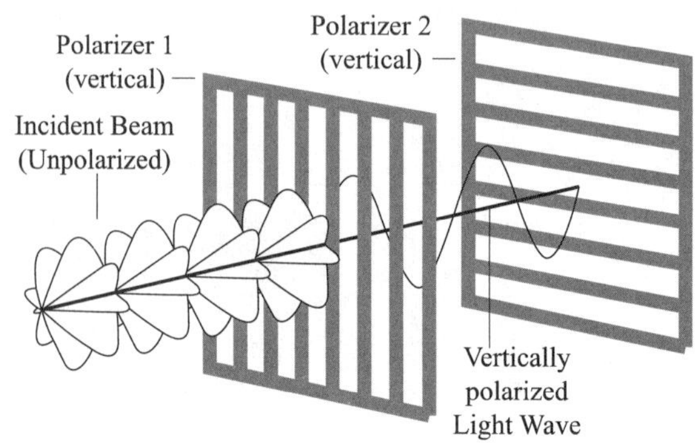

그림 5.1 편광자와 선편광

됩니다. 이를 통해 빛은 편광을 가지고 있는 횡파라는 사실을 잘 이해할 수 있습니다.

그림 5.2에서 보듯이 두 개의 편광자를 나란히 놓으면 포개진 부분으로 빛이 투과되지만 두 개의 편광자를 서로 수직하게 배치하면 포개진 부분으로는 빛이 통과하지 못함을 확인할 수 있습니다.

다음으로 그림 5.3의 실험내용을 함께 살펴봅시다. (a)는 두 편광자가 나란한 경우로 빛이 투과됩니다. (b)는 두 편광자 사이의 각도가 90°인 경우로 예측하는 바와 같이 빛이 전혀 투과되지 않습니다. 한편 (c)의 경우는 (b)의 조건에서 두 편광자 사이에 각도가 45°인 편광자를 추가한 것으로 다시 빛이 투과되는 것을 확인할 수 있습니다. 이 현상은 편광의 원리를 잘 모르면 마치 마술처럼 보일 수 있으나 말뤼(Malus)의 법칙을 통해 간단히 이해할 수 있게 됩니다.

한 편광자의 편광 축과 θ의 각도를 이루는 선편광이 된 빛이 들어오는 경우, 그 빛의 편광 축 성분만이 통과할 수 있으며 투과광의 강도는 다음과 같은 식으로 쓸 수 있으며, 이를 말뤼의 법칙이라 부릅니다.

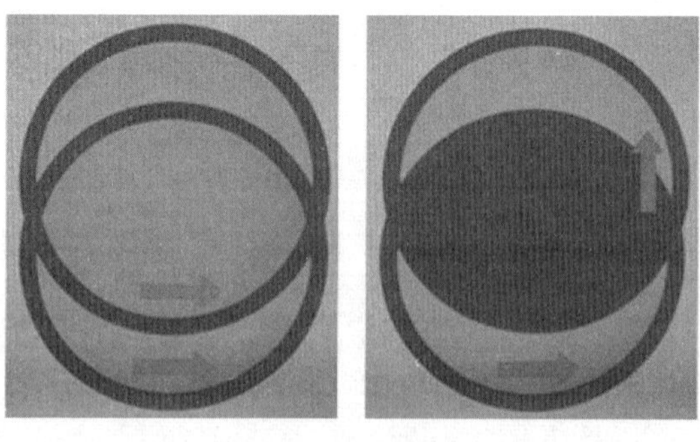

그림 5.2 편광자

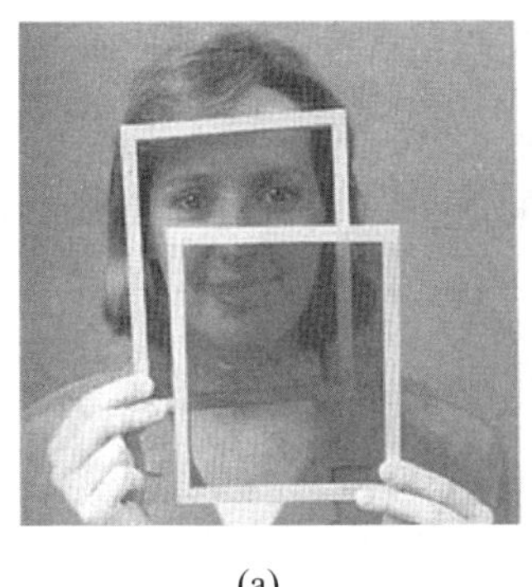
(a)

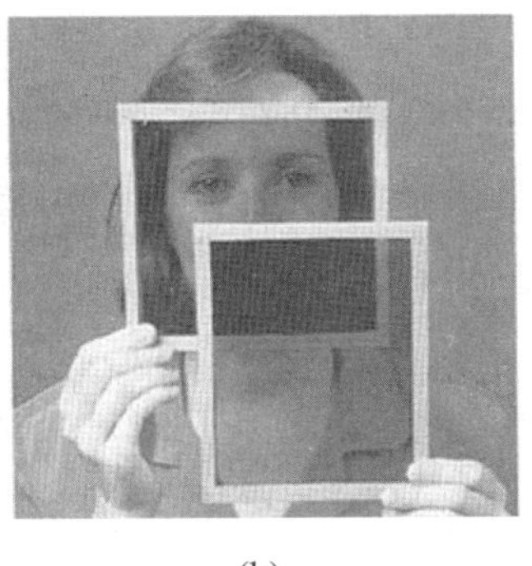
(b)

(c)

그림 5.3 편광과 말뤼의 법칙

$$I(\theta) = I(0)\cos^2\theta \tag{5.1}$$

따라서 (b)의 경우에는 $\theta = 90°$이므로 투과광이 전혀 존재할 수 없으나, (c)의 경우에는 첫 번째 편광자를 통과하여 선편광이 된 빛의 강도를 $I(0)$이라 할 때 $\theta = 45°$로 두 번을 통과하므로 세 번째 편광자를 통과한 투과광의 강도는 0이 아니라 $(1/4)I(0)$가 됨을 쉽게 알 수 있습니다. 말뤼의 법칙으로부터 빛의 전기장이나 자기장이 성분으로 분해되기도 하고 합성되기도 하는 벡터(vector)의 성질을 가지고 있음을 알 수 있습니다.

바이킹(viking)은 7~8세기 무렵에 북유럽의 서북부해안을 무대로 약탈과 침략을 일삼았던 해적들이었습니다. 바이킹은 매우 호전적이고 난폭해서 북서부해안을 항해하는 뱃사람들에게는 항상 공포의 대상이었습니다. 그들은 상선이 다니는 항로를 정확하게 예측하여 신출귀몰하게 나타나 물건을 빼앗고, 선원들을 죽이곤 했기 때문에 바이킹의 해적선깃발이 멀리서 나타나기만 해도 선원들은 겁을 먹고 도망가곤 했답니다. 그런데 그 당시는 아직 나침반도 발명되지 않았던 시절인데 바이킹들은 어떻게 상선들이 다니는 뱃길을 정확하게 예측하여 약탈을 할 수 있었을까요?

일설에 의하면 바이킹들은 보석의 일종인 근청석(iolite)을 사용하여 항로를 결정했다는 이야기가 있습니다. 이들이 사용한 근청석은 노르웨이 해안가에서 발견되는 코르디얼릿(cordierite)으로 강한 이색성(dichroism)을 띤 청색의 돌입니다. 이색성이란 어느 한 쪽 방향으로의 편광성분만을 강하게 흡수하고 그 방향에 수직인 성분들은 투과시키는 성질로 결국, 그 방향에 수직한 선편광자로의 역할을 할 수 있는 성질입니다. 이 돌의 주성분은 마그네슘(Mg), 알루미늄(Al), 철(Fe)의 규산염들로 구성되어 있습니다.

그러면 바이킹들은 이 근청석을 어떻게 이용하여 방향을 결정했을까요? 우선 태양광이 오는 방향으로부터 90° 방향을 향하여 하나의 편광자를 회전시켜 보면 편광자를 통과해 들어오는 빛의 세기가 주기적으로 밝았다 어두워졌다 하는 것을 발견할 수 있을 것입니다. 왜 그럴까요? 실험실에서 두 장의 편광자 중 하나는 고정시키고 나머지 하나를 회전시키면 빛의 세기가 주기적으로 밝았다 어두워졌다 합니다. 그러나 한 장의 편광자만으로는 빛의 세기가 주기적으로 변하지 않습니다. 그런데 왜 태양광의 90° 방향을 향하여 하나의 편광자를 회전시키면 빛의 세기가 주기적으로 변할까요? 자연광은 어느 한 방향으로만 진동하지 않고 여러 방향으로 진동합니다. 만약 한 장의 편광자를 회전시켰을 때 빛의 세기가 밝았다 어두웠다 하였다면 이 때 들어오는 광은 자연광이 아니라 이미 편광이 된 빛(polarized light)이어야 합니다. 따라서 태양광이 오는 방향으로부터 90° 방향을 향하여 하나의 편광자를 회전시켰을 때 빛의 밝기가 주기적으로 밝았다 어두웠다 하였다면 이 편광자로 들어온 빛은 자연광이 아니고 편광이 된 빛입니다.

그러면 어떻게 해서 태양광의 90° 방향에서 들어오는 빛은 편광이 된 빛일까요? 그 이유는 다음과 같습니다. 태양에서 온, 편광이 되지 않은 자연광이 공기 중을 통과할 때는 공기 중에 있는 작은 입자들(공기, 수증기, 먼지 등)과 충돌을 할 것입니다. 이 때 빛의 파장이 짧은 빛은 크기가 작은 입자들과 충돌해서 그 진로가 바뀌게 됩니다. 이런 현상을 산란(scattering)이라고 합니다. 그런데 자연광이 산란을 일으키면 이 빛은 선편광이 된(linearly polarized) 빛으로 바뀝니다. 따라서 한 장의 편광자를 회전시켜도 투과해 들어오는 빛의 세기는 주기적으로 밝아졌다 어두워졌다 할 것입니다. 이와 마찬가지로 바이킹들도 태양광의 90° 방향을 향하여 근청석을 회전시키면 빛의 세기가 주기적으로 바뀌는 현상을 경험적으로 알고 있어서 원하는 목적지를 결정하는 방향타로 삼았을 것입니다. 따라서 그들은 이미 일장석이 편광결정이라는 사실을 알고 있었다는 것이고, 태양광이 많은 미립자들과 충돌하여 산란광이 만들어지는데 이 산란광은 편광이 된 빛이라는 과학적 사실을 알고 있었다고 추정할 수 있습니다.

이런 아이디어는 사람들만 사용한 것이 아니라 몇몇 곤충들도 이런 원리를 도입하여 자기 집을 찾아갑니다. 예를 들어 벌들이 집을 떠나 꿀을 채취하러 멀리 나갔다가 자기 집을 정확하게 찾아오는 것이나, 개미들이 먹이를 구하러 나갔다가 자기 집으로 돌아올 수 있는 이유도 같은 원리입니다. 이들 벌이나 개미는 산란광에 의해 편광이 된 빛을 눈으로 감지하여 일정한 방향을 찾아낼 수 있다고 합니다. 그러면 흐린 날에는 어떻게 집을 찾아올까요? 날씨가 흐리다고 해서 빛이 없는 것은 아닙니다. 다만 빛이 구름을 투과해 들어와야 하므로 빛의 강도가 떨어졌을 뿐이지 빛은 그대로 있기 때문에 한 장의 편

그림 5.4 폴라로이드 안경

광자로 회전시켜 보면 여전히 빛의 세기가 주기적으로 변합니다. 따라서 벌이나 개미들은 날씨가 흐려도 손쉽게 자기 집을 찾아올 수 있습니다.

우리가 입체영화를 볼 때 쓰는 안경이 바로 폴라로이드(polaroid) 안경입니다. 이 안경을 쓰고 영화를 보면 화면이 입체적으로 보이는데, 안경을 벗고 보면 영화의 화면이 이중으로 겹쳐서 어지럽게 보입니다. 폴라로이드 안경은 직각으로 돌려놓은 두 개의 편광자로 구성되어 있습니다. 그러므로 서로 90°의 각을 이루고 있는 두 편광자를 통과한 광선이 우리의 두 눈에 의하여 입체감을 느끼도록 만든 것이 입체영화입니다.

편광현상은 음파나 액체의 표면파와 같은 종파(縱波, longitudinal wave)에서는 나타나지 않습니다. 반드시 빛이나 전자기파와 같은 횡파(橫波, transverse wave)에서만 나타나는 횡파의 특성입니다. 따라서 편광현상으로부터 빛은 단순히 파동일 뿐만 아니라 횡파이기도 하다는 사실을 확인할 수 있습니다.

5.2 빛의 산란

오랜 장마가 끝나고 오랜만에 구름 한 점 없는 파란 하늘을 만나서 가슴속까지 상쾌해졌던 기억들이 있을 것입니다. 그런데 하늘은 왜 파랄까요? 하늘이 파랗게 보이는 이유는 태양광선 중에서 유독 파란색 파장만이 우리 눈으로 들어오기 때문입니다. 그럼 왜 하필이면 파란색 파장만이 우리 눈에 들어올까요?

대기권에는 수많은 공기 분자들, 입자들, 물방울들, 그리고 크고 작은 먼지 알갱이들이 떠돌아다니고 있습니다. 그런데 태양으로부터 쏟아져 들어오는 빛들은 이 크고 작은 입자들과 충돌하여 정상적인 경로를 벗어나 우리의 눈으로 들어오게 됩니다. 하늘이 파란 이유는 공기 중의 분자들(주로 산소나 질소)이 주로 가시광선의 높은 주파수를 산란시키는 공명자(resonators) 역할을 하기 때문입니다. 입자(또는 물체)가 작으면, 고유진동수도 크지만 산란(散亂)도 잘됩니다.

작은 입자에 의한 산란과 관련한 최초의 정량적인 연구는 1891년 레일리(Rayleigh)에 의해서 이루어졌으며 이러한 산란을 종종 레일리산란(Rayleigh scattering)이라고 부릅니다. 이 법칙에 의하면 산란의 세기는 산란입자의 체적의 제곱과 입사세기에 비례하고, 입사광의 파장이 짧을수록 강하며, 파장의 4제곱에 반비례합니다. 다시 말하여 입자의 일정한 크기에 대하여 파장이 긴 파는 짧은 파보다 산란이 잘 안 되는 것입니다. 파장이 720 nm의 적색광은 파장이 400 nm의 보라색광보다 약 1.8배 긴 파장을 가지므로, 이 두 색의 파장보다 짧은 입자는 보라색광을 적색광보다 1.8의 4제곱 배, 즉 약 10배 더 산란하는 것을 이 법칙은 예언합니다.

이러한 현상은 전자기파의 원리와 같습니다. 파장이 긴 장파는 웬만한 산봉우리쯤은 충돌하지 않고 그냥 넘어갈 수 있습니다. 그러나 극초단파와 같이 파장이 짧은 파들은 산봉우리는 물론 큰 건물조차도 넘어가지 못하고 충돌합니다. 그래서 높은 빌딩의 뒤편에서는 TV파를 수신하기가 어렵습니다. 따라서 이런 난시청지역에서 TV를 시청하려면 중계기나 안테나가 있어야 합니다.

백색광이 담배연기와 같은 아주 작은 입자로부터 산란된다면 산란된 광은 항상 푸른색을 띱니다. 또한 입자의 크기가 증가하여 파장에 비하여 적지 않은 크기를 갖는다면

그림 5.5 여러 가지 산란현상

입자의 표면에서의 난반사의 결과로써 빛은 흰색을 띠게 됩니다. 대단히 작은 입자에 의한 산란에 대해서는 푸르게 보이며 그 색이 입자의 크기에 달려 있는 것은 틴달(Tyndall)이 처음 실험적으로 연구하였습니다. 그의 이름을 연관시켜 이를 '틴달 현상'이라 합니다. 대기의 대부분을 차지하는 질소와 산소분자는 전자기파 스펙트럼 중에서 자외선의 고유진동수를 가진 매우 작은 공명자입니다. 태양으로부터 오는 자외선은 주로 대기의 질소와 산소에 의해 산란됩니다. 태양광선이 대기에 들어올 때, 파장이 짧은 보라색 빛과 파란빛은 대부분 산란되고 초록, 노랑, 주황, 빨강의 순으로 산란이 적게 됩니다. 비록 보라색 빛은 파란빛보다 대기 중의 공명자로부터 더 많이 산란되지만 사람의 눈은 보라색 빛보다는 파란빛에 훨씬 더 민감하므로 우리가 보는 하늘의 합성색은 연한 파란빛으로(light blue) 나타납니다. 그러므로 미세한 입자와 충돌하여 진로가 꺾인 파란색 계통의 빛들만이 우리의 눈에 들어오기 때문에 하늘이 파랗게 보이는 것입니다.

이런 과정을 좀 더 자세하게 살펴보면 다음과 같습니다. 빛이 양전하와 음전하로 되어있는 전기쌍극자(electric dipole) 형태의 단일분자에 입사하면 빛의 전기장 성분 때문에 쌍극자는 진동을 합니다. 이때의 진동은 주로 가벼운 전자로 인해 일어나는데 이 진동은 새로운 전자기파를 방출합니다. 이 때 방출된 전자기파와 입사광의 주파수는 같습니다. 이렇게 입사광의 에너지를 흡수해서 이들 중 일부를 재복사하는데 이런 과정을 광산란(light scattering)이라 합니다. 그런데 파장이 짧은 빛이 파장이 긴 빛보다 더 많이 산란되며 이 산란된 빛이 우리 눈으로 들어와 하늘이 파랗게 보이는 것입니다.

만약 공해로 인하여 대기가 공기 중의 질소나 산소분자보다 훨씬 더 큰 크기의, 수많은 먼지나 입자로 들어차 있을 때에는, 더 많은 진동수의 빛이 더 많이 산란되어 하늘은 덜 푸르게 보이고 희끄무레한 색으로 물들게 된다는 것이죠. 공해(smog)가 심한 서울의 하늘은 푸른색이기보다는 희끄무레한 경우가 더 많습니다. 그러나 심한 폭풍우나 소나기 뒤에는 큰 먼지입자들이 대부분 씻겨나가므로 하늘은 다시 짙은 푸른색으로 변합니다. 그러나 달에서 하늘을 보면 파랗게 보이지 않고 까맣게 보입니다. 그것은 색광이 우리 눈으로 들어오지 않고 있기 때문입니다. 즉, 대기가 없으므로 산란체가 없다는 뜻입니다.

공항의 유도등이 청색등이 아니고 녹색이나 적색등인 이유를 생각해 보았습니까? 공항의 유도등은 비행기를 조종하는 조종사가 높은 하늘에서 잘 볼 수 있어야 합니다. 그런데 이 착륙유도등이 파란색이면 광 산란으로 파란색의 유도등이 잘 식별되지 않습니다. 그래서 공항의 착륙유도등은 녹색이나 적색등을 사용합니다.

그러면 붉게 타오르는 저녁놀의 색깔은 왜 붉은색 계열의 아름다운 색깔로 보일까요? 맑은 날에 저녁놀은 잘 나타나지 않고 오히려 서편하늘에 작은 먼지입자들이나 수증기의 함량이 많을 때 더 잘 나타납니다. 빛 중에서 파장이 긴 빛들은 대기의 주성분인 질소와 산소분자에 의해 매우 적게 산란됩니다. 따라서 파장이 짧은 보라와 파란색보다는 파장이 긴 빨간색과 주황, 노란색이 대기를 더 많이 통과하게 됩니다. 따라서 백색광이 두꺼운 대기층을 통과할 때 파장이 짧은 빛은 잘 산란되고, 파장이 긴 빛은 적게 산란됩니다. 일몰 때에는 태양빛이 상대적으로 두꺼운 대기층을 통과하게 되는 것입니다. 반면에 정오의 태양빛은 가장 엷은 대기층을 통과하여 지표면에 도달하게 되는데, 이때 파장이 긴 빛은 상대적으로 적은 양이 산란되므로 태양은 노랗게 보입니다. 그러나 시간이 지나 태양의 고도가 낮아질수록 태양빛이 대기층을 통과하는 경로가 길어지게 되고 파란빛은 더 많이 산란됩니다. 파란색이 적어지게 되면 태양은 조금 더 붉게 보입니다. 시간이 지나 점점 더 일몰이 될수록 태양은 노란색에서 주황으로 그리고 빨강으로 점점 더 붉게 변합니다. 일몰의 빛깔을 형성하는 과정은 빛깔 혼합의 법칙이 그대로 적용됩니다. 백색광에서 파란색이 제거되면 남게 되는 보색은 노란색입니다. 파장이 짧은 보라색이 제거되면 남겨지는 보색은 주황색이 됩니다. 또한 중간 정도의 파장인 녹색이 제거되면 자홍색이 남게 됩니다. 일몰 때 우리가 보게 되는 태양의 빛깔은 대기의 상태에 따라 조금씩 다릅니다.

구름은 다양한 크기의 물 분자들이 모여서 만들어졌습니다. 그러므로 제각기 다른 크기의 물 분자들 만큼이나 산란되는 빛의 주파수들도 다양합니다. 예컨대 가장 작은 물 분자는 파란색 파장을 산란시키고, 조금 더 큰 물 분자는 주황색을, 더 큰 물 분자는 빨간색을 산란시켜 이들 파장의 빛들이 합쳐져서 전체적으로 하얗게 보이는 것입니다. 그런데 물 분자의 크기가 더 커지면 산란되는 빛의 양은 적어지고 오히려 물 분자에 빛이 흡수되어 버립니다. 따라서 구름의 색깔이 어두울수록 흡수되는 빛의 양이 많아 어두워지고, 구름을 형성하고 있는 물 분자의 크기가 크기 때문에 소나기가 내릴 확률이 많습니다.

산란현상은 크게 두 가지로 나뉩니다. 먼저, 레일리산란(Rayleigh scattering)은 입사파의 파장이 산란체보다 클 경우에 일어나는 산란을 통칭합니다. 그 대표적인 예로는 파란 하늘이나 저녁놀 등을 들 수 있습니다. 또 다른 산란에는 미 산란(Mie scattering)이 있으며 이는 입사파의 파장이 산란 체와 거의 같거나 짧을 때 일어나는 산란을 말합니다. 그 대표적인 예로는 구름이 하얗게 보이는 것, 스모그로 뿌연 하늘 등을 들 수 있습니다. 산란시키는 입자가 상대적으로 커지게 되면 미 산란이라 불리는 영역에 속하게 됩니다. 태양빛이 대기 중의 작은 물방울이나 연기, 먼지, 스모그 등에 의해 산란되는 경우가 이에 해당됩니다. 따라서 대기 중에 불순물이 많이 존재하게 되면 긴 파장의 빛들도 많이 산란시키게 되어서 하늘이 흐려 보이는 것입니다.

미 산란으로 인한 대표적인 효과 중에 '우산효과(umbrella effect)'가 있습니다. 대기 중으로 방출된 이산화황, 일산화탄소, 먼지 등이 구름의 형성을 촉진하거나 햇빛을 산란시켜 마치 우산이나 양산처럼 햇볕이 내리쬐는 것을 막아 결국 지구표면에 도달하는 햇빛의 양을 줄어들게 만들어서 지표면의 온도가 내려가게 하는 효과를 말합니다. 햇볕의 양이 1% 감소하면 지표의 온도는 대략 0.8 °C가량 하강하게 됩니다. 우산효과는 '온실효과(greenhouse effect)'와 반대되는 개념으로, 미국국립 기상자료센터와 지구관측소에서 처음으로 발표했습니다. 이 우산효과는 온실효과, 엘니뇨(El-Nino), 라니냐(La Nina), 라마마(La Mama) 등과 더불어 지구환경오염의 대표적인 경우로, 화산폭발과 같은 자연재해 및 도시와 공장의 생활폐수와 산업폐수를 비롯해 산업폐기물 등을 대량으로 배출한 결과로도 생겨납니다.

엘니뇨는 스페인어로 '남자아이', '아기예수'를 의미하며, 남미해안에서 중태평양에 이르는 넓은 열대 태평양지역의 해수면온도가 평균적인 해수면온도보다 높아지는 현상입니다. 학자나 국가에 따라 약간씩 다르게 정의되고 있으나 대체적으로 적도 동태평양의 해수면온도의 평균값이 평상시보다 0.5 °C 이상 따뜻한 상태가 5개월 이상 지속될 때를 엘니뇨시기로 정의합니다.

반면에 라니냐는 스페인어로 '여자아이'란 의미로, 열대 중동 태평양지역의 해수면온도가 평상시보다 더 낮아지는 현상입니다. 라니냐 시기는 엘니뇨와 반대로 해수면온도의 평균값이 0.5 °C 낮은 상태가 5개월 이상 지속되는 때로 정의됩니다.

스페인어로 "La"는 여성명사에 붙이는 정관사이며 "Mama"는 어머니를 의미합니다. 라마마는 엘니뇨나 라니냐와는 달리 태평양 상의 북쪽에서 서쪽, 그리고 남쪽으로 이어져 나타나는 말발굽형태의 고수온대가 태평양 동쪽의 저수온대를 감싸고 나타나는 현상을 말합니다. 이 라마마 현상은 우리나라와 근접한 서태평양상의 수온변화이기 때문에 우리나라의 기상과 아주 밀접한 관계를 갖고 있습니다. 라마마는 제트기류와 동아시아 상층기압골의 발달에 영향을 미쳐 우리나라에도 고온현상을 초래하는 등 이상기후현상의 주요한 원인으로 주목되고 있습니다.

그림 5.6 미 산란과 서울 하늘의 스모그

카멜레온(chameleon)이라는 동물은 적들로부터 공격을 받거나, 주변의 온도나 기타 환경적인 변화가 감지되면 피부색을 바꾸는 재주가 있습니다. 피부의 가장 하부에는 멜라닌(melanin)색소를 포함하는 세포들이 있고, 그 다음으로는 산란층(scattering layer)이 자리를 하고 있습니다. 카멜레온은 위험이나 변화가 감지되면 호르몬(hormone)이 배출되어 색소세포에 자극을 주게 되고 산란층과의 상호작용으로 주변의 색과 유사한 피부색으로의 변신이 가능한 것입니다.

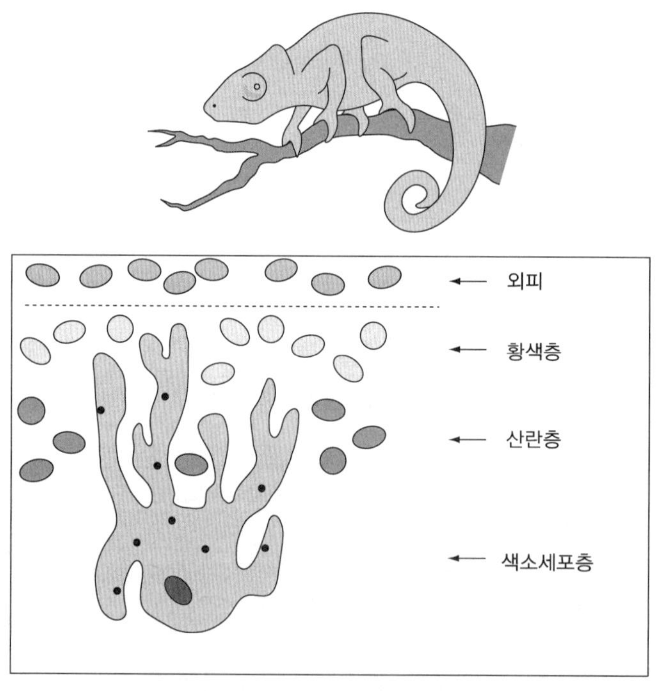

그림 5.7 카멜레온의 변신과 산란

5.3 파동의 중첩과 간섭

간섭(interference)은 음파나 광파 등, 둘 이상의 같은 종류의 파동이 한 지점에서 만났을 때, 그 둘이 겹쳐져 서로 강해지기도(보강, construction) 하고 약해지기도(상쇄, destruction) 하는 현상을 말합니다. 따라서 간섭현상이 일어나기 위해서는 반드시 둘 이상의 파동이 있어야 하며, 이 파동들이 서로 다른 경로를 거쳐 다시 만나야 합니다. 이때 두 파가 만나서 겹쳐지면 '파동의 중첩원리(superposition principle)'에 의해 합성된 파의 에너지는 커지거나 약해집니다. 그 결과로 나타나는 현상을 간섭이라 하며, 이러한 간섭현상을 우리 주변에서 쉽게 찾아볼 수 있습니다.

파동들이 진행하다가 만나면 중첩에 의해 복잡한 모습을 나타내지만 잠시 후, 겹쳐진 상태를 벗어나 처음의 모습으로 되돌아가서 원래의 진행방향으로 진행해 가는 것을 볼 수 있습니다. 즉 파동들은 서로 영향을 주거나 받지 않는 성질을 갖고 있는데, 파동의 이러한 성질을 파동의 독립성이라고 합니다. 파동의 이러한 성질 때문에 여러 가지 소리가 들리는 곳에서도 우리는 소리들을 구별할 수가 있으며 라디오나 TV 등에서 원하는 방송을 선택할 수 있는 것입니다. 공간의 한 곳에서 두 물체가 만나면 충돌하여 속도가 변하는 것과는 달리 파동들은 동시에 같은 곳에 있을 수 있습니다. 같은 장소에 있는 파동들은 중첩의 원리에 의해 겹쳐지는데 그 합성파의 모습은 어떤 모습을 할까요? 두 파동이 만났을 때 합성파는 위치에 따라 진폭이 다르게 되는데 이러한 현상을 파동의 간섭이라고 합니다. 두 파동의 위상에 따라 파동의 진폭이 커지는 곳과 작아지는 곳이

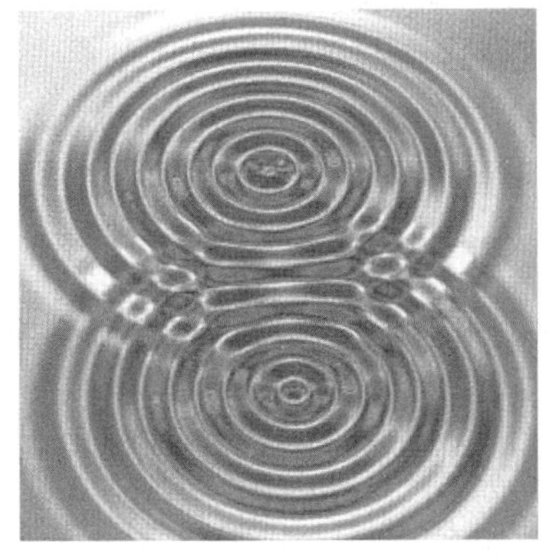
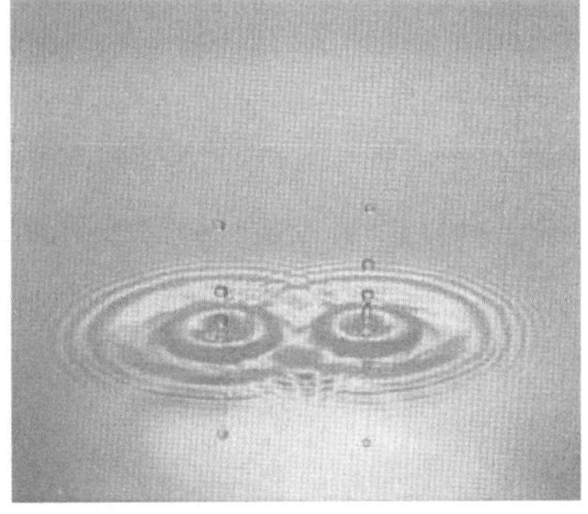

그림 5.8 물결 파의 간섭

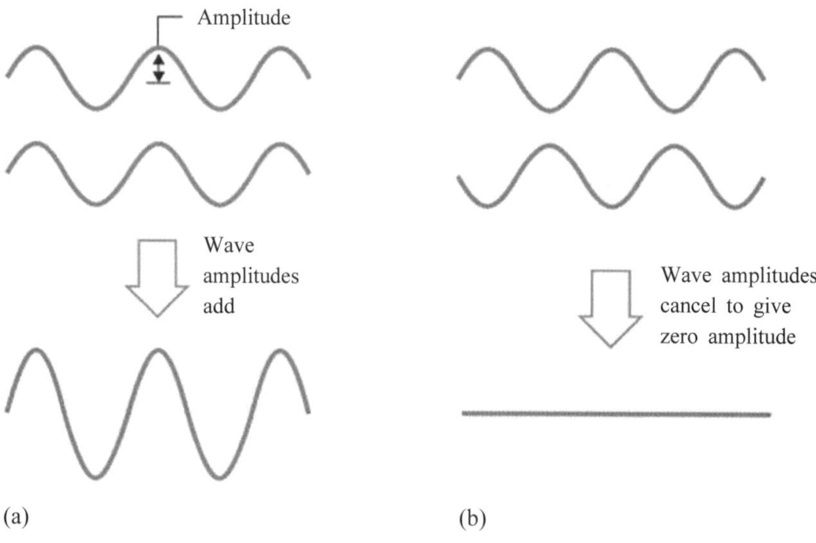

그림 5.9 (a) 보강간섭과 (b) 상쇄간섭

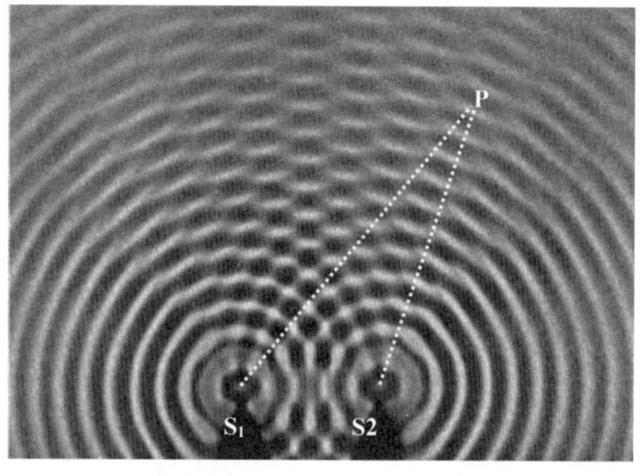

그림 5.10 물결 파의 간섭모델

생기며 진폭이 커지는 현상을 보강간섭(constructive interference)이라고 하고 진폭이 작아지는 현상을 상쇄간섭(destructive interference)이라고 합니다.

물결 파의 간섭에서는 같은 위상으로 진동하는 두 점파원에서 발생한 물결 파가 중첩되는 경우에, 보강간섭이 되는 부분과 상쇄간섭이 되는 부분이 선으로 나타나는 것을 볼 수 있습니다.

보강간섭에서는 두 점파원에서 발생한 두 파동이 같은 위상(phase)을 가지고 만나야 하므로, 보강간섭은 두 점파원에서 광 경로 차(optical path difference)가 반파장의 짝수 배가 되는 곳에서 일어납니다.

$$|S_1P - S_2P| = 2m \cdot \frac{\lambda}{2} = m\lambda,\ (m = 0,\ 1,\ 2,\ \cdots) \tag{5.2}$$

상쇄간섭에서는 두 점파원에서 발생한 두 파동이 반대위상(위상차 180°)을 가지고 지나야 하므로 두 점파원으로부터 광 경로 차가 반파장의 홀수 배가 되는 곳에서 일어납니다.

$$|S_1P - S_2P| = (2m+1) \cdot \frac{\lambda}{2},\ (m = 0,\ 1,\ 2,\ \cdots) \tag{5.3}$$

만약 두 점파원의 위상이 반대로 진동하면 보강간섭과 상쇄간섭이 되는 곳은 위의 두 조건이 바뀌게 됩니다.

프랑스의 전투기 라팔(Rafale)은 파동의 상쇄간섭 효과를 이용하여 적 레이더의 탐지를 무력화하는 능동소거(active cancellation)라는 방식으로 스텔스(stealth) 기능을 수행한다고 알려져 있습니다. 우선 적의 레이더에서 전파가 날아오면, 이 신호를 감지하여 들어온 신호와 모든 물리량이 똑같고 위상만 180°가 차이가 나는(out-of-phase) 전파를 내보냅니다. 그렇게 되면 전투기에서 반사된 반사파와 완전한 상쇄간섭을 일으키므로적의 레이더 수신기에서는 전혀 전파를 감지할 수 없게 됩니다.

맥놀이(beat)는 두 개의 파동이 간섭을 일으켜, 두 주파수의 차에 따라서 진폭이 주기적으로 변하는 합성파가 되는 현상을 말합니다. 서로 엇비슷한 진동수의 소리가 겹쳐서

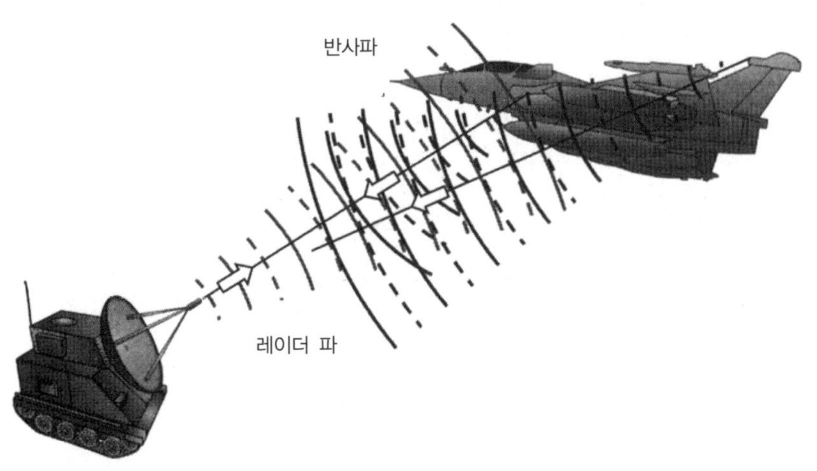

그림 5.11 능동소거 방식 스텔스의 원리

들릴 때 주기적으로 소리가 커졌다 작아졌다 하는데 이것이 대표적인 맥놀이현상입니다. 예를 들어, 진동수가 약간 다른 두 개의 발음체(음파)를 동시에 울리면 2개의 음파가 간섭을 일으켜서 음의 세기가 주기적으로 약해졌다 강해졌다 하는 현상을 쉽게 관찰할 수 있습니다. 한편, 꼭 두 발음체가 아니라 한 발음체에서도 진동수가 부분적으로 다를 때에는 맥놀이현상이 일어나는 경우가 있습니다. 예를 들면 범종의 은은한 여음 같은 것인데, 이것은 재질이나 두께의 불균일성, 모양의 비대칭성 등이 원인이 되어 종의 각 부분에서 다른 진동수의 소리가 나오기 때문에 생기는 맥놀이의 일종입니다.

그림 5.12에서 보듯이 10 Hz와 11 Hz의 주파수를 갖는 두 파동이 중첩되면 합성파는 10.5 Hz의 평균주파수(average frequency)로 원래의 파동들과 큰 차이가 없이 진동하지만 합성파의 진폭은 0.5 Hz의 매우 낮은 변조주파수(modulation frequency)로 천천히 진동하는 맥놀이의 전형적인 특성을 보여줍니다.

최근의 연구결과에 의하면 에밀레종(봉덕사종 또는 성덕대왕신종)의 아름다운 소리의 비밀은 맥놀이에 있다고 합니다. 신화에 의하면 30여 년이나 신종주조에 매달려 왔던 신라인들은 실패가 계속되자 신종의 소리를 얻기 위해 어린아이를 희생양으로 바치기로 했답니다. 결국 엄마젖을 빨던 한 어린아이가 펄펄 끓는 쇳물항아리에 바쳐졌습니다. 그리고 종은 완성됐습니다. 그런데 종을 칠 때마다 "에밀레, 에밀레" 하는 소리가 났습니다.

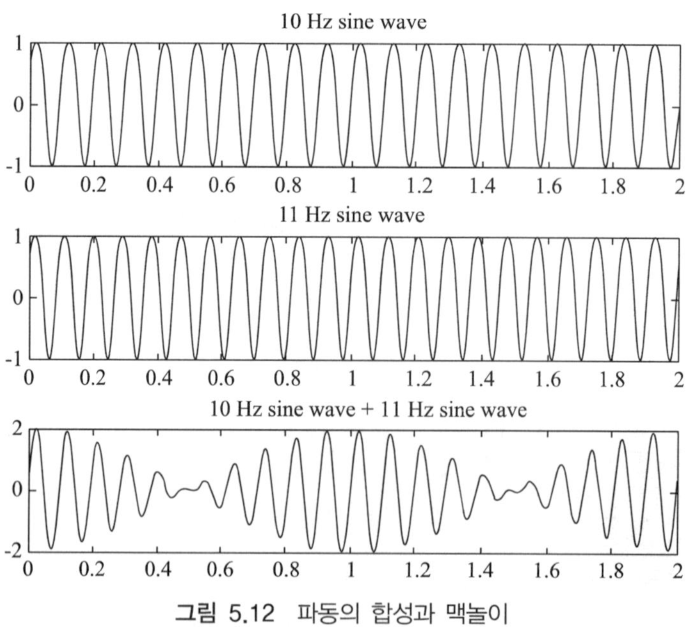

그림 5.12 파동의 합성과 맥놀이

어린아이가 엄마를 부르는 애절한 소리가 종소리 속에 깃든 것입니다. 이것이 성덕대왕 신종이 '에밀레종'이라 불리게 된 내력입니다. 높이 3.66 m, 무게 18.9톤의 신종은 종의 규모, 예술성, 은은한 여운을 내는 소리 등 어느 면으로 보나 최고의 걸작으로 국보 29호로 지정돼 있습니다. 타종 때마다 퍼져 나가는 낮고 긴 여운은 1천3백여 년 동안 변함없이 우리 민족의 심금을 달래 주었습니다. 그러나 신종에는 신라인들의 음향공학의 정수가 깃들여져 있다는 것이 현대과학으로 밝혀졌습니다. 경주국립박물관을 주축으로 신종의 종합적인 건강을 진단하고, 음향실험을 한 결과, 신종이 고도의 과학적인 설계를 거쳐 완성된 것임이 밝혀진 것입니다. 과연 어떤 소리, 어떤 종을 만들기 위해 신라인들은 34년 동안이나 종 하나에 매달렸을까요?

종의 생명은 소리에 있습니다. 소리는 종의 몸체에 외부타격으로 만들어진 진동이 주변공기를 진동시키고, 이 진동이 귀의 고막을 진동시켜 감지되는 것입니다. 종을 치면 종의 몸체는 지름방향, 원주방향, 길이방향으로 3가지 진동을 만드는데, 이 중에서 가장 큰 진동은 지름방향에서 만들어집니다. 타종 후 종소리는 대체로 3구간으로 나누어 볼 수 있습니다. 제1구간은 타종 직후 1초 이내에 소멸되는 소리로, 탕! 하고 울리는 순간적인 타격 음을 말합니다. 여기에는 종 전체에서 발생하는 각종 진동수 성분이 섞여 있습니다. 제2구간은 타격 후 10초 이전까지 계속되는 고음성분으로 먼 곳에서 종소리가 들리는 것은 이 구간 때문입니다. 제3구간은 타격 후, 1분 이상 계속되면서 점차 감쇠되는 소리로 흔히 '여음(餘音)'이라고 합니다. 여음은 은은한 울림(맥놀이)이 뚜렷하고 긴 것일수록 좋은 소리로 칩니다. 타종 직후에는 많은 부분 진동음이 발생하지만 시간이 흐르

그림 5.13 에밀레종과 맥놀이

면서 이들은 감소하고 기본진동과 울림만이 남게 되어 종의 고유의 소리를 나타냅니다. 신종의 소리 또한 기본진동음이 오래도록 계속되는 은은한 여음이 생명인데, 신라인들은 이 소리를 만들기 위해 여러 가지 첨단음향학적인 설계를 신종에 적용했다는 것이 최근의 연구로 밝혀진 것입니다.

신종의 소리는 맥놀이 현상으로 대표되는 독특한 소리를 지니고 있습니다. 진동수가 다른 두 파동이 진행하면서 합쳐진 파동의 세기는 반복적으로 커졌다 작아졌다 하는 변화가 생깁니다. 신종은 타종한 직후에 여러 가지 진동수의 음파들이 나타나지만 시간이 흐르면서 이들은 차츰 제거되고 기본진동수의 음파가 맥놀이현상을 일으켜 신종이 가진 고유의 소리를 만듭니다. 신종의 소리는 기본 진동수 64 Hz 근방의 음파와 168 Hz 근방의 음파가 주성분입니다. 그런데 기이하게도 이들 기본 진동수의 음파들이 각각 진동수가 조금씩 차이가 나는 두 쌍의 음파로 구성돼 있다는 것이 밝혀졌습니다. 이들은 각각 64.06 Hz와 64.38 Hz, 168.31 Hz와 168.44 Hz로 이들 진동수의 미묘한 차이가 음파의 맥놀이를 일으키는 것입니다. 때문에 신종은 타종 후 소리가 퍼져 나가면서 이들 기본진동수들의 맥놀이현상으로 인해 은은한 울림을 지속적으로 만들어냅니다.

신라인들은 어떻게 이러한 맥놀이를 만들었을까요? 신종의 맥놀이는 신라인들의 정교한 음향기술을 보여 주는 대표적인 예입니다. 신라인들은 은은한 여음을 만들기 위해 고도의 계산을 통해 맥놀이를 일으키도록 종을 설계했던 것입니다. 신종의 맥놀이는 종의 형태나 재료가 미묘한 비대칭을 이루기 때문이라고 합니다. 그렇다면 신라인들은 맥놀이를 만들기 위해 일부러 종을 균일하지 않게 제작한 셈입니다. 아직까지 종의 각 부분에 따른 성분차이나 구조적인 비대칭성이 조사된 적은 없습니다. 그러나 종의 내부를 보면 부분적으로 매끄럽지 않은 철 덩어리가 덧대어진 것을 볼 수 있는데 이것이 바로 종의 비대칭성을 만들기 위해 신라인들이 일부러 설계한 것입니다. 과거에는 이 철 덩어리들은 신라인들의 주물제작기술이 뒤떨어져서 생긴 것으로 치부됐으나 이것이 정교한 설계의 산물임이 1천3백 년 후에 밝혀진 것입니다.

한국의 종의 특징은 모두 종 아래에 구덩이를 파고 종을 설치했는데, 이 또한 좋은 소리를 만들기 위한 첨단과학의 산물입니다. 이상적으로 생각하면 울림통의 진동수가 맥놀이를 일으키는 기본진동수인 64 Hz가 되면 종소리와 울림통이 공명을 일으켜 좋은 울림, 즉 긴 여음을 낼 수 있습니다. 그런데 조사한 바에 따르면, 종의 내부와 울림통에서 느껴지는 신종의 고유진동수는 67 Hz 정도였습니다. 이는 신종의 기본진동수 64 Hz와 약 3 Hz 정도 차이가 납니다. 최근까지 신종이 설치돼 있던 경주박물관의 울림통이 완전한 공명을 일으키기에는 조금 작은 것입니다. 이로써 미루어 볼 때 신종이 처음 주조되고 설치됐던 봉덕사의 울림통은 지금보다 크기가 커서 고유진동수가 64 Hz에 정확히 맞았을 것으로 추측됩니다. 울림통은 종을 설치하면서 여러 가지 크기로 실험을 해 가면서 종의 맥놀이 현상을 가장 오래 지속시킬 수 있는 크기를 찾아서 만들 수 있습니다. 이미 맥놀이를 만드는 비대칭적인 구조로 종을 설계, 제작한 신라인들의 음향공학적인 능력에서 보면 이것은 그리 어려운 일이 아니었을 것입니다. 조사에 따르면, 울림통이 완전한 기능을 발휘할 수 있는 부피는 지금보다 약 3배 큰, 3.96 m^3 정도이고, 울림통의 유효반지름은 0.83 m, 유효깊이는 1.83 m가 될 것으로 계산됐습니다. 신종의 소리를 더욱 완벽하게 재현하려면 울림통을 지금보다 키워야 한다는 이야기입니다.

경주박물관에 설치된 신종의 울림통이 원래 신라인들이 만든 것을 재현하지 못했던 것으로 알 수 있듯이, 우리는 지금까지 신종에 들어있는 우리 민족의 과학을 깨닫지 못하고 있었습니다. 첨단장비도 없이 사람의 귀에만 의지해서 이러한 첨단의 신종을 만들어낸 우리 민족의 과학정신의 뿌리를 오늘날의 우리는 잊고 살아왔던 것입니다. 신종의 비밀이 밝혀진 것을 계기로 우리 문화유산 속에 깃든 조상들의 과학정신을 더 많이 발굴하고 계승하여야 할 것입니다.

모기장과 같은 망사 두 장이 겹쳐있을 때 망사를 이루는 세밀한 직물의 격자간격보다 훨씬 크고 변화가 다양한 얼룩무늬를 볼 수 있습니다. 이렇게 주기적인 무늬가 겹쳐서 원래의 주기보다 더 큰 무늬를 만드는 현상을 무아레 간섭(moire interference)이라 하고 이때 생기는 무늬를 무아레 무늬(moire fringe)라 부릅니다. 이 무아레(moire)는 프랑스

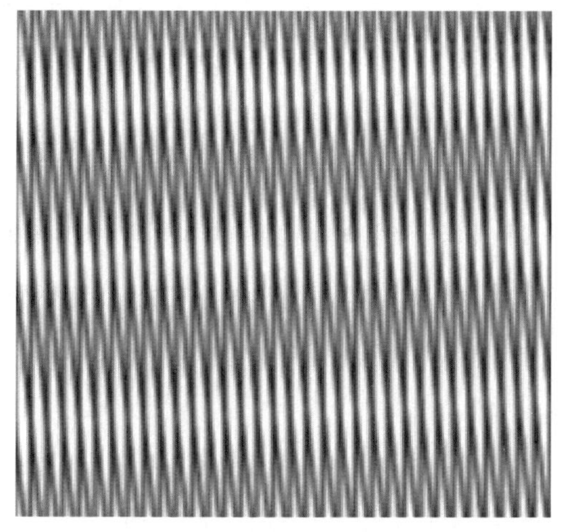

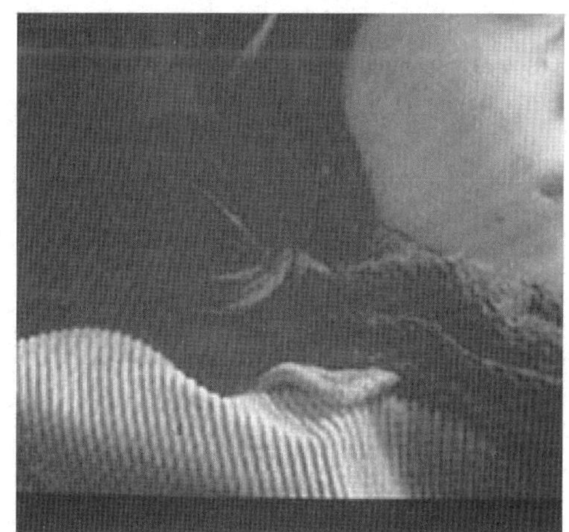

그림 5.14 무아레 간섭

말로 '물결무늬'의 뜻을 가지고 있습니다.

무아레 무늬는 원래의 격자무늬보다 훨씬 크게 나타날 뿐만 아니라, 그 움직임도 하나의 격자의 움직임보다 훨씬 빠를 때가 많아서 미소한 변위나 회전, 곡면의 왜곡, 물체의 3차원의 형상인식 등 산업에 널리 쓰입니다.

한편, 무아레 간섭무늬는 일상생활에서 널리 관측되는데, 텔레비전에 줄무늬의 옷이나 다른 규칙적인 구조물을 비출 때 간섭무늬가 나타나는 것을 볼 수 있습니다. 이는 TV에 규칙적으로 배열된 화소들과 화면에 비추어지는 무늬가 서로 간섭을 일으켜서 나타나는 것입니다.

5.4 영의 간섭실험

이 실험은 1801년 영국의 물리학자인 토마스 영(Thomas Young)이 발표한 실험으로, 뉴턴(Newton)의 빛의 입자 설에 반대하여 빛의 파동성을 밝히는 중요한 근거가 되었습니다. 영은 이중슬릿(double slit)에 간섭성광원을 쪼여주면, 스크린에 일정한 간격의 밝고 어두운 무늬가 나타난다는 사실을 실험적으로 보였습니다. 이 무늬는 두 슬릿을 통과한 각각의 광파가 서로 다른 경로로 진행하다가 스크린 상의 한 점에서 만날 때 중첩된 것으로 두 파동의 간섭에 의하여 밝고 어두운 무늬가 나타난다고 해석하였습니다. 즉, 빛이 입자가 아닌 파동임을 밝힌 것입니다.

이중슬릿에 레이저 빛을 비추면 두 점파원에서 발생한 물결 파의 간섭과 같은 현상을 빛에서도 볼 수가 있습니다. 만약 레이저가 없으면 광원 앞에 작은 구멍이나 슬릿을 놓아 이것을 통과한 빛에 이중슬릿을 지나게 함으로써 레이저와 마찬가지로 가 간섭성(coherence)을 갖게 하면 간섭무늬를 볼 수 있습니다. 두 슬릿을 지나는 빛은 같은 위상을 가진 두 개의 점광원 역할을 하여 스크린까지의 광 경로 차(optical path difference)에 의해 빛의 세기가 변하게 됩니다. 스크린 상에서 생기는 무늬를 간섭무늬(interference pattern 또는 interference fringe)라고 합니다. 즉 광 경로 차가 반파장의 짝수 배인 곳에서는 보강간섭이 일어나 밝은 무늬가 생기고, 광 경로 차가 반파장의 홀수 배인 곳에서는 상쇄간섭이 일어나 어두운 무늬가 생기게 됩니다.

영의 간섭실험에 의하면 두 슬릿 S_1, S_2에서 스크린 상의 한 점 P 사이의 광 경로

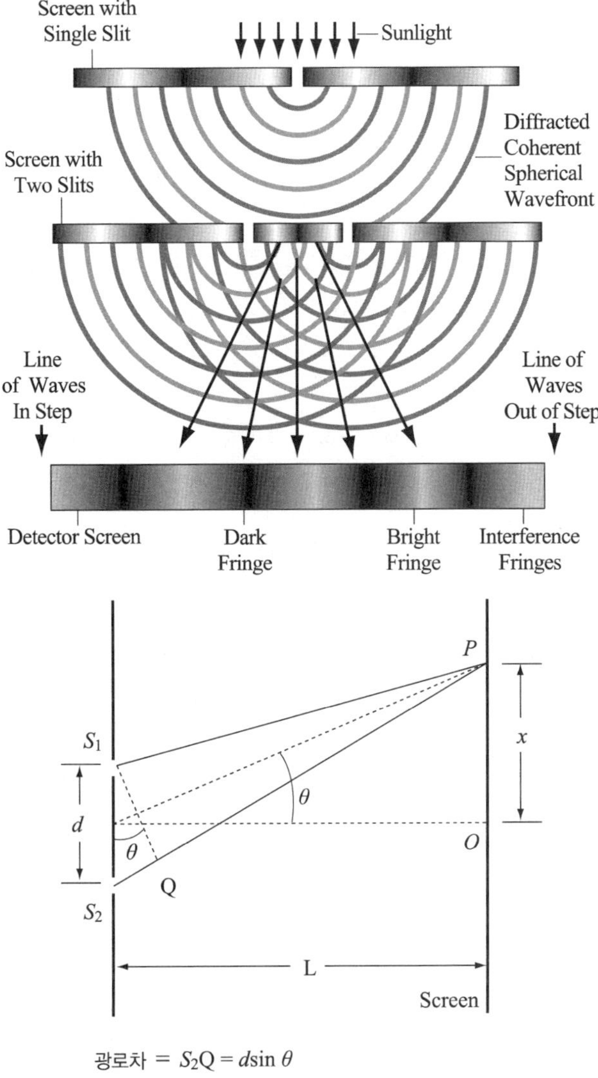

그림 5.15 Young의 간섭실험

차 $|S_1P-S_2P|$는 다음의 식으로 표현됩니다.

$$|S_1P-S_2P|=d\sin\theta\cong d\theta\cong d\tan\theta=\frac{dx}{L} \tag{5.4}$$

여기서 d는 두 슬릿 S_1과 S_2 사이의 거리, θ는 x축과 선분 $\overline{\mathrm{OP}}$ 사이의 각도, L은 슬릿에서 스크린까지의 거리, x는 x축에서 점 P까지의 거리를 의미하며, d에 비하여 L이 충분히 크기 때문에 θ가 충분히 작다고 가정할 수 있습니다. 따라서 밝은 무늬와 어두운 무늬가 생기는 위치는 다음의 조건을 만족하는 곳이어야 합니다.

$$\frac{dx}{L} = 2m \cdot \frac{\lambda}{2} = m\lambda, \ (m = 0, 1, 2, \cdots) \text{; 밝은 무늬} \tag{5.5}$$

$$\frac{dx}{L} = (2m+1) \cdot \frac{\lambda}{2} = (m + \frac{1}{2})\lambda, \ (m = 0, 1, 2, \cdots) \text{; 어두운 무늬} \tag{5.6}$$

위의 결과로부터, 이중슬릿에 의한 영의 실험에서 나타나는 인접한 간섭무늬(인접한 밝은 무늬 또는 인접한 어두운 무늬) 사이의 간격 Δx와 슬릿사이의 거리 d와 스크린까지의 거리 L 사이의 관계식은 다음과 같습니다.

$$\Delta x = (\lambda \cdot L)/d \tag{5.7}$$

즉 파장(λ)과 인접한 무늬 사이의 간격(Δx)은 비례하므로 파장이 짧아지면 무늬 사이의 간격도 짧아집니다. 따라서 빨간색광원에 의한 간섭무늬 간격보다 파란색광원에

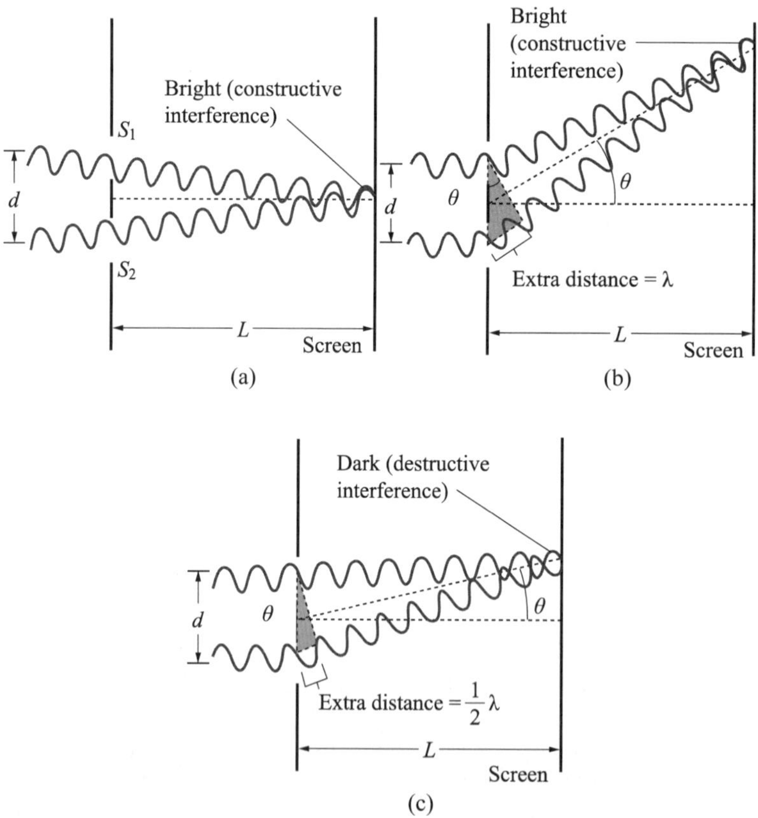

그림 5.16 Young의 간섭실험과 간섭무늬의 위치

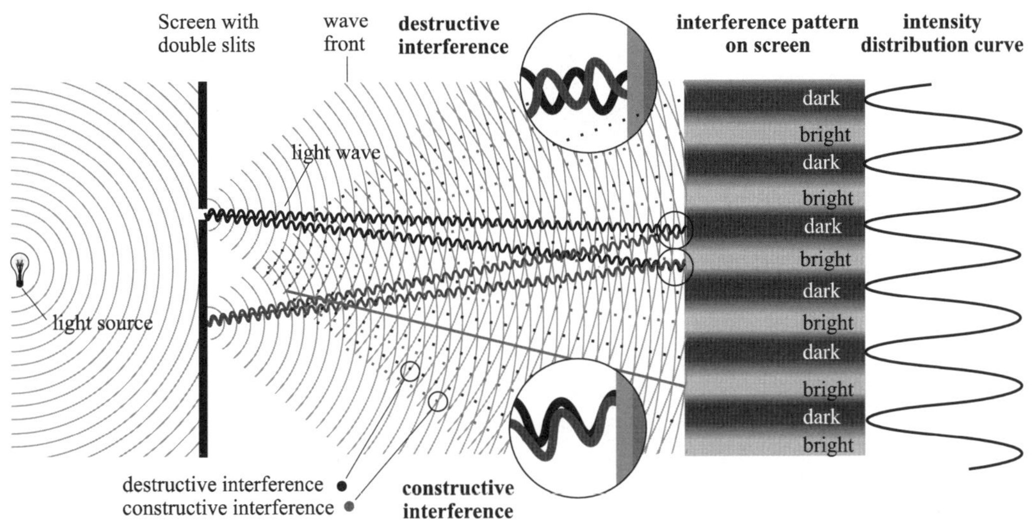

그림 5.17 Young의 간섭실험과 간섭무늬

의한 간섭무늬 간격이 더 좁게 나타납니다. 스크린에 나타나는 무늬의 간격(Δx)을 넓게 하려면, 슬릿 사이의 거리(d)를 작게 하거나, 파장이 긴 광원을 사용하거나, 또는 슬릿과 스크린 사이의 거리(L)를 크게 하면 됩니다. 특히 마이크로파를 사용하면 간섭무늬 사이의 간격이 매우 넓어 관찰이 더욱 용이합니다.

5.5 얇은 막에 의한 간섭

파동은 한 매질에서 전파되다가 다른 매질을 만나면 그 경계면에서 파동의 일부가 되돌아오게 되는데 이러한 현상을 파동의 반사(reflection)라고 합니다. 이 때 두 매질의 상대적인 성질에 따라 반사되는 파동의 위상이 변할 수도 있으며 변하지 않을 수도 있습니다.

용수철에서 생긴 파동이 굵은 철사를 만나면 그 경계점에서 그 모양이 뒤바뀌어 반사됩니다. 이와 같이 반사될 때 파동의 위상이 180° 변하는 매질의 경계면을 고정단(固定壇)이라고 하고 이때의 반사를 고정단 반사라고 합니다. 용수철에서 생긴 파동이 가벼운 실을 만나서 반사되는 파동의 모습을 보면 위상이 바뀌지 않고 그대로 되돌아옵니다. 이와 같이 반사될 때 파동의 위상이 변하지 않는 매질의 경계면을 자유단(自由壇)이라고

하고 이때의 반사를 자유단 반사라고 합니다.

다시 말해서 광학적으로 소한 매질에서 밀한 매질로 진행하는 파동의 반사는 고정단 반사이고, 이 때 파동의 위상이 180° 변합니다. 반면에 광학적으로 밀한 매질에서 소한 매질로 진행하는 파동의 반사는 자유단 반사이고, 이 때 파동의 위상은 변하지 않습니다.

빨래를 할 때 세제를 탄 물에서 둥글게 피어오르는 비눗방울이 착색되어 무지개 색을 띠는 것을 보았습니까? 아니면 전복의 속껍질의 매끈매끈한 표면에 나타나는 색 무늬를

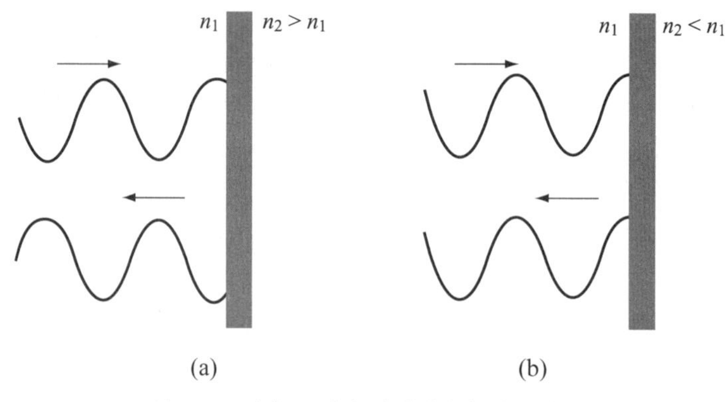

그림 5.18 (a) 고정단 반사와 (b) 자유단 반사

그림 5.19 얇은 막에 의한 여러 가지 간섭

본 적이 있습니까? 아니면 비단벌레와 같은 곤충의 등 위에 나타나는 아름다운 색깔을 본 적이 있습니까? 저렇게 멋있는 색깔이 어떻게 나타날까 하고 의문을 품어 보지 않았나요? 자동차가 지나다니는 길 위에 있는 물웅덩이에 나타나는 총천연색의 착색된 무늬도 관찰해 보세요. 과학은 관찰자의 호기심에서부터 모든 것이 출발됩니다. 어떻게 이렇게 아름다운 무늬가 생길까요? 궁금하지 않습니까?

근본적으로 우리가 어떤 색깔을 본다는 것은 빛이 있기 때문입니다. 즉, 빛이 물체에 비치면 빛의 일부는 물체의 표면에서 반사되어 나가고 나머지 빛이 물체에 흡수되어 색광이 나타나게 되는데 이 색광이 다시 반사되어 우리가 색깔을 볼 수 있는 것입니다. 예컨대 백색광을 붉은 셀로판지에 통과시키면 셀로판지는 다른 색광들은 모두 흡수해 버리고 빨간색만 통과시키기 때문에 빨갛게 보이는 것입니다. 또한 백색광을 적색 물체에 비추면 물체는 적색광만 반사시키고 나머지 빛은 모두 흡수하기 때문에 적색광만이 우리 눈에 들어오게 되는 것입니다.

따라서 우리가 보는 물체의 색은 물체가 어느 파장의 빛을 반사 또는 흡수(absorption)하느냐에 의해서 결정됩니다. 그러므로 우리는 빛과 물질과의 상호작용 때문에 형형색색의 아름다운 색 무늬를 볼 수 있는 것입니다.

예를 들어, 아래의 그림 5.20과 같이 굴절률이 $n(>1)$이고 두께가 d인 얇은 비눗방울 박막이 공기 중에 떠 있다고 가정합시다. 그런데 이 비눗방울 박막에 백색광선이 입사해 들어오면, 광선은 제1면(공기-물)에서 일부는 반사되고 동시에 일부는 굴절해 들어갈 것입니다. 빛을 파동으로 취급하여 반사와 굴절을 동시에 생각해 봅시다. 이 때 제1면

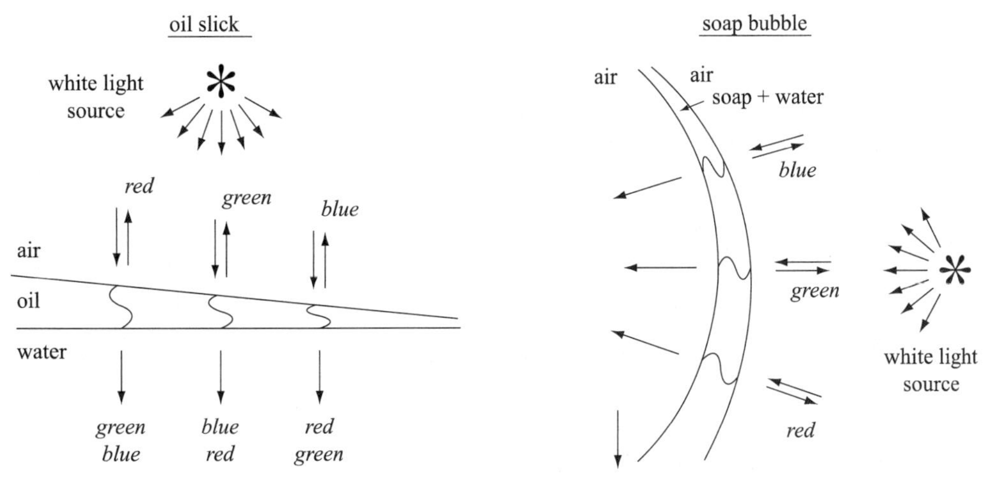

그림 5.20 얇은 막에 의한 간섭

에서 반사하는 반사광선은 소한 매질에서 밀한 매질로 진행하였으므로 작용과 반작용의 법칙에 의해서 매질의 경계면에서 위상이 뒤집혀 반사해 나갑니다. 또한 매질 안으로 들어간 굴절광선은 관성의 법칙에 의해서 위상이 뒤집히지 않고 진행합니다. 이 때 제1면에서 반사되어 공기 중을 진행하는 광선보다 굴절률이 n인 비눗방울 박막을 진행하는 굴절광선은 느리게 진행합니다. 그리고 이 굴절광선은 제2면(물-공기)에서 반사되는데 위상이 뒤집히지 않고 원래의 모습을 유지하면서 진행합니다. 따라서 반사광은 두 개의 다른 경로를 거쳐서 눈에 들어옵니다. 처음에 제1면에서 반사된 빛보다 제2면에서 반사되어 오는 빛이 조금 더 멀리 진행했다가 들어오게 됩니다. 이 두 빛의 광 경로 차에 의해 밝고 어두운 무늬가 나타납니다. 여기서 주의할 점은 고정단 반사를 거친 광선과 자유단 반사를 거친 빛이 만나서 간섭을 일으키는 경우는 기본적으로 180°의 위상차가 존재하므로 영의 간섭실험과는 달리 보강간섭과 상쇄간섭이 일어나는 조건이 뒤바뀐다는 점입니다. 따라서 다시 만나는 두 빛이 반파장의 광 경로 차가 나면 보강간섭이 일어나서 밝은 무늬가 만들어질 것이고, 두 빛의 광 경로 차가 생기지 않으면 상쇄간섭이 되어 어두운 무늬가 생길 것입니다.

만약 얇은 막의 두께가 일정하지 않다면 백색광이 입사하는 부위에 따라 보강간섭에 의해 강하게 반사되는 파장은 달라질 것입니다. 그렇게 하여 비눗방울 박막의 색이나 아스팔트 위의 기름막이 총천연색으로 보이는 것입니다. 기름막이나 비눗방울 박막에 백색광이 입사하면 두께에 따라 조건에 맞는 파장만 강하게 반사하므로 여러 가지 색깔(간섭색)로 보입니다. 여기서 간섭색은 박막의 두께에 의존하므로 간섭색을 이용하면 박막의 두께를 개략적으로 측정할 수 있습니다.

5.6 여러 가지 간섭계

편평한 유리판(광학정반, optical flat) 위에 볼록렌즈를 올려놓고 위에서 내려다보면, 광학정반에서 반사(고정단 반사)된 빛과 볼록렌즈 아래면(자유단 반사)에서 반사된 빛이 간섭되어 원형의 간섭무늬가 나타납니다. 이러한 무늬를 뉴턴 링(Newton ring)이라고 합니다. 이 경우에도 두 반사광 사이에는 180°의 위상차가 존재하므로 밝은 무늬와 어두운 무늬가 생기는 조건은 영의 간섭실험의 결과와 반대입니다. 다시 말해서 광 경로 차가 반파장의 홀수 배인 경우에 보강간섭이 일어나서 밝은 무늬가 관찰되고, 광 경로 차가 반파장의 짝수 배(또는 파장의 정수배)인 경우에는 상쇄간섭이 일어나서 어두운 무늬가 관찰됩니다. 뉴턴 링은 볼록렌즈와 광학정반 사이의 공기층의 두께가 볼록렌즈의 곡률에 의해 연속적으로 변하므로 간섭무늬도 동심원 형태로 밝은 무늬와 어두운 무늬가 반복됩니다.

이 장치는 주로 볼록렌즈의 광학적 검사(optical testing)를 위한 것으로 광학정반 위에 측정하고자 하는 볼록렌즈를 올려놓고 링 형태의 간섭무늬를 관찰하여 볼록렌즈의 가공 정밀도를 측정하게 됩니다.

광학적 검사의 또 다른 방식으로는 쐐기(wedge)를 이용한 측정법이 있습니다. 광학유리의 평탄도(flatness)를 측정하기 위하여 시편과 광학정반 사이에 spacer를 끼워 쐐기형태로 만든 다음, 간섭무늬를 관찰합니다. 이 경우는 간섭이 일어나는 조건은 뉴턴 링과 동일하나 쐐기에 의해서 만들어진 공기층의 두께는 선형적으로 변하며, 간섭무늬는 등 간격의 평행한 무늬가 관찰됩니다. 따라서 발생한 간섭무늬를 관찰해 보면 시편의 평탄도(flatness)를 검사할 수 있습니다.

그림 5.22의 (a)는 측정의 개략도이고 (b)는 평탄도가 우수한 광학유리의 간섭무늬이며 (c)는 수차나 두께에 불균일성으로 인해 간섭무늬가 왜곡된 경우입니다.

마이켈슨 간섭계(干涉計, Michelson interferometer)는 한 점광원을 반 은도금된 거울(half silvered mirror), 즉 반을 통과시키고 반을 반사시키는 광파분리기(beam splitter)를 이용하여 파면을 둘로 나누어 다른 경로를 이동한 후, 다시 만나게 하는 구조로 되어 있습니다. 이는 파면을 그대로 둘로 분리시키므로 완전히 동일한 형태의 파동을 만들 수 있고, 따라서 이렇게 나누어진 빛은 가 간섭성(可干涉性, coherence)을 가지게 됩니다.

마이켈슨 간섭계는 주로 렌즈나 거울 등의 여러 가지 수차(aberration)에 의한 간섭무늬의 왜곡을 관찰하고 검사를 수행하는 장치입니다.

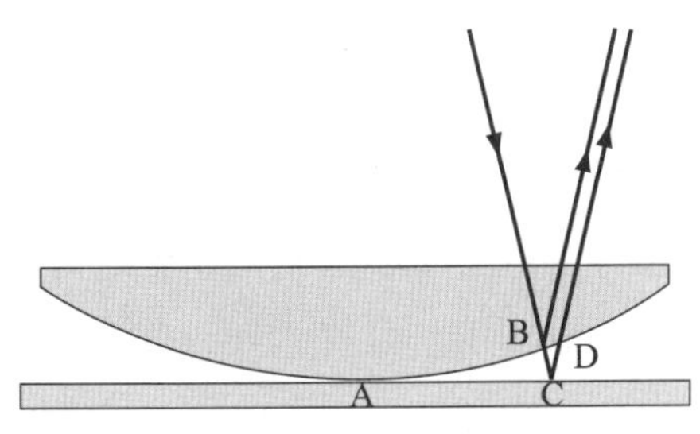

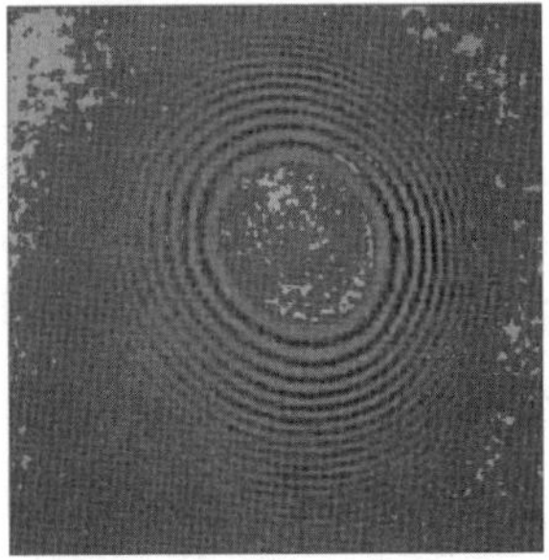

그림 5.21 뉴턴 링에 의한 간섭무늬

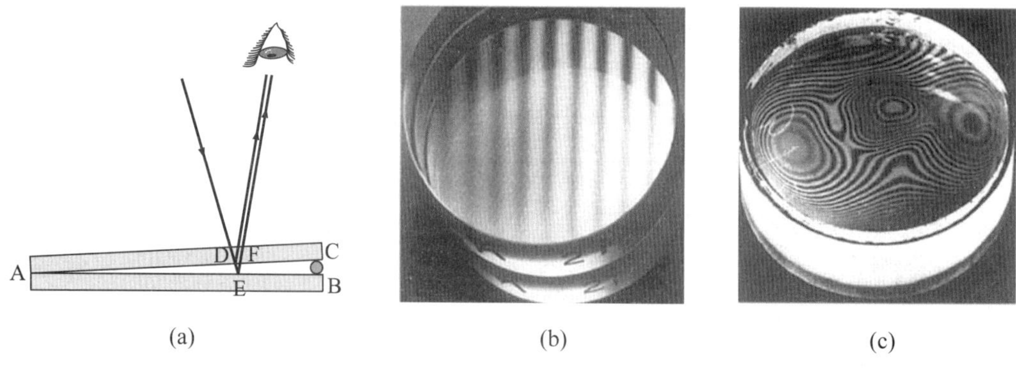

그림 5.22 쐐기에 의한 간섭무늬

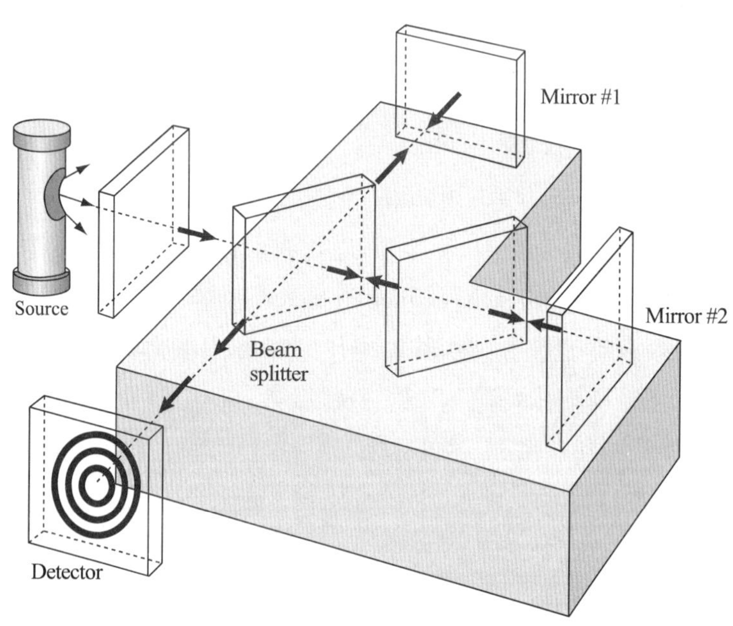

그림 5.23 마이켈슨 간섭계

마이켈슨 간섭계처럼 반거울로 파면의 밝기를 둘로 나누어 가 간섭성의 빛을 만드는 방법을 진폭분리형 간섭계라 합니다. 마이켈슨 간섭계와 비슷하게 진폭분리를 이용한 간섭계로는 마흐-젠더(Mach-Zehnder) 간섭계와 사냑(Sagnac) 간섭계 등이 있습니다.

광학부품의 반사율이나 투과율을 조절하기 위해서는 이 광학부품을 구성하는 물질과 굴절률이 상이한 광학박막(optical thin film)을 단일층이나 다층으로 코팅하는 방법을 사용하여야 하는데 이를 광학코팅(optical coating)이라 합니다.

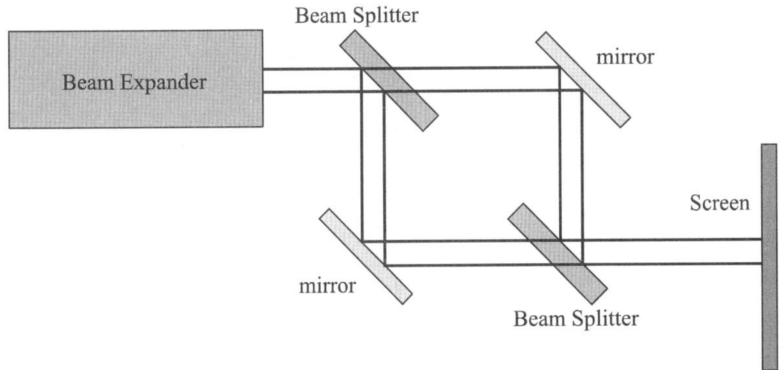

그림 5.24 마흐-젠더 간섭계

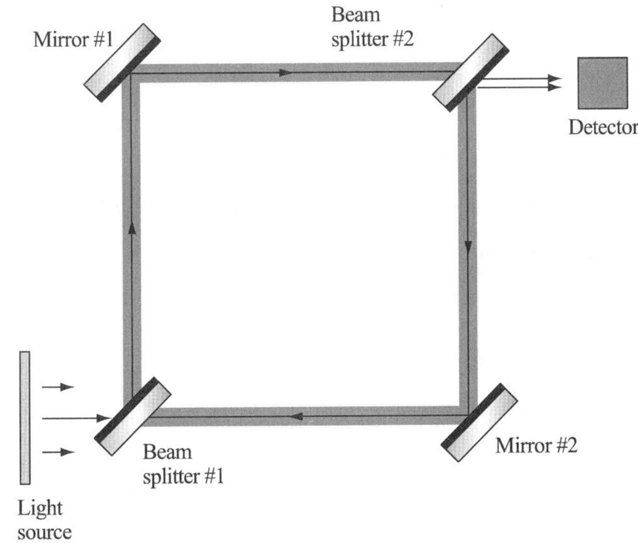

그림 5.25 사냑 간섭계

특히, 광학코팅 중에서 렌즈나 광학유리와 같은 광학부품에 빛의 투과도를 극대화하기 위해서는 무 반사(AR, anti-reflection) 코팅을 행하게 되는데, 그 중에서도 가장 간단한 방법은 단일박막 코팅을 이용한 무 반사 코팅입니다.

무 반사 코팅에서는 그림 5.26에서 보는 바와 같이 1차 반사광과 2차 반사광이 서로 완전한 상쇄간섭을 일으키는 조건이 되어야 하므로, 코팅된 박막의 굴절률(n_F)은 공기(n_A)와 유리(n_G)의 굴절률의 기하평균과 같아야 합니다.

$$n_F = \sqrt{n_A \cdot n_G} \tag{5.8}$$

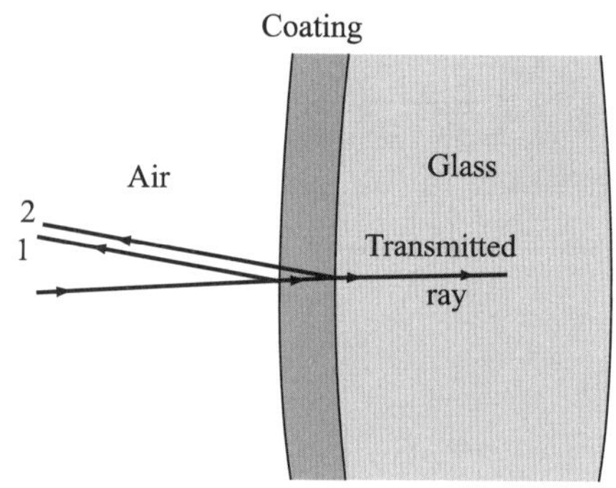

그림 5.26 무 반사 코팅

또한 코팅된 박막의 두께는 다음의 조건을 만족하여야 합니다.

$$d = \frac{m\lambda}{4n_F}, \quad (m : odd\ integer) \tag{5.9}$$

여기서 $m = 1$인 경우가 박막의 두께가 가장 얇고 경제적이어서 주로 사용하는 두께입니다. 이 값은 박막 내에서의 광학파장(optical wavelength)의 1/4에 해당하는 값이므로 'quarter lambda AR coating'이라고 부르기도 합니다.

한편, 레이저 공진기의 거울(mirror)과 같이 특별히 높은 반사율을 필요로 하는 경우의 광학코팅을 위해서는 고 반사(HR, high-reflection) 코팅을 사용합니다. 높은 반사율을 얻기 위해서는 단일박막 코팅만으로는 불가능하고, 굴절률이 큰 물질(n_H)과 굴절률이 작은 물질(n_L)을 각각 quarter lambda의 두께($\lambda/4n_H$ 및 $\lambda/4n_L$)로 교대로 여러 번 적층하여 다층박막(multi-layer thin film)의 형태로 구성하는 것이 일반적입니다.

고반사 코팅의 효과는 코팅물질 간의 굴절률의 차이가 클수록, 코팅하는 다층박막의 쌍의 수가 많을수록 더 좋아집니다. 구체적으로 코팅물질 간의 굴절률의 차이가 클수록 고 반사 대역폭(stop band)이 넓어지며, 코팅하는 다층박막의 쌍의 수가 많으면 많을수록 반사율이 100%에 좀 더 가까워집니다.

5.7 빛의 회절

우리는 문을 꼭 닫고 있어도 문밖의 소리를 약하게나마 들을 수 있습니다. 이와 같이 파동은 진행도중 장애물을 만나면 그 모서리에서 휘어져 장애물의 뒤쪽으로 전파되는 성질이 있는데 파동의 이러한 성질을 파동의 회절(diffraction)이라고 합니다. 회절은 파동이 장애물을 돌아서 그 뒤쪽까지 전파되는 현상으로 슬릿(slit)에 평면파(plane-wave)를 통과시켰을 때 슬릿의 폭이 파장과 비슷한 정도가 되면 파동은 슬릿을 중심으로 원형으로 퍼져 슬릿의 뒤쪽으로 돌아 들어갑니다. 또 파동이 장애물을 만났을 때도 장애물의 크기가 파장에 비해 작으면 장애물의 기하학적 그림자 부분으로도 파동이 돌아 들어갑니다.

슬릿의 간격과 장애물의 크기가 파장에 비해 클 때에는 직진현상이 뚜렷하고, 반대로 파장이 클 때에는 회절현상이 뚜렷해집니다. 일반적으로 파장이 길수록 회절이 더 잘 일어납니다. 따라서 파장이 긴 음파는 쉽게 회절이 일어나 장애물 뒤쪽의 음원으로부터도 소리를 들을 수 있습니다. 이에 대해 빛의 경우에는 회절에 의해 빛이 그림자부분으로 돌아들어간 곳에 사진건판을 두면 회절광의 세기에 따라 명암의 줄무늬가 생기는데, 이것을 회절상(diffraction pattern)이라고 합니다.

파동의 회절은 다음과 같은 두 가지의 큰 특징을 가지고 있습니다. 첫째, 파동의 회절은 파장이 길수록 잘 일어납니다. 둘째, 파동의 회절은 슬릿의 크기가 작을수록 잘 일어납니다. 우리가 일상생활에서 듣는 소리는 파장이 70 cm 정도로 문틈에 비하여 매우 크기 때문에 회절이 잘 일어납니다. 그래서 문틈을 통과한 밖의 소리를 방안 어디에서도 잘 들을 수가 있는 것입니다. 그러나 소리보다 파장이 짧아 회절이 잘 안 일어나는 초음파(supersonic wave 또는 ultrasonic wave)는 직진이 잘되어 장애물의 영향을 잘 받게 됩니다.

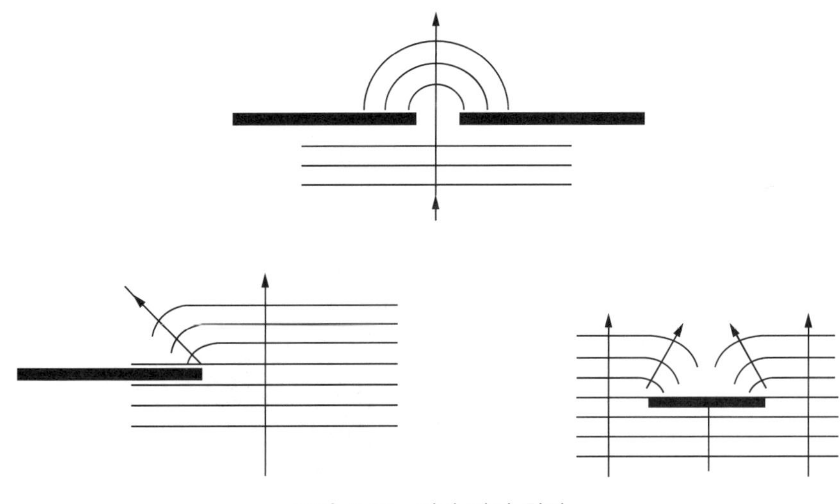

그림 5.27 여러 가지 회절

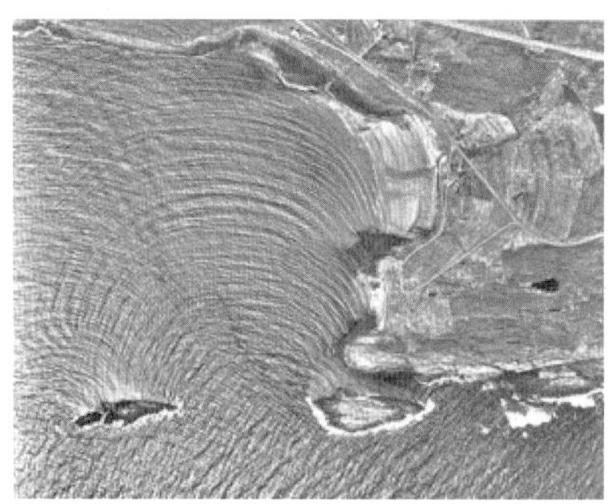

그림 5.28 바닷물과 회절현상

박쥐는 초음파의 이러한 성질을 이용하여 어두운 동굴 속에서도 장애물에 충돌하지 않고 잘 날아다닌다고 합니다.

수면파(water wave)도 음파나 빛과 같은 파동이므로 회절현상이 관찰됩니다. 그림 5.29에서 보는 바와 같이 수면파의 회절은 동일한 슬릿간격에서 파장이 길수록 더 잘 일어나므로 장애물 뒤로 더 많이 돌아들어갑니다. 또한 그림 5.30에서 보는 바와 같이 수면파의 회절은 동일한 파장에서 슬릿간격이 좁을수록 더 잘 일어나므로 장애물 뒤로 더 많이 돌아들어갑니다.

빛을 물체에 비추면 물체의 그림자가 잘 나타나는 것으로부터 빛은 회절이 잘 안 일어난다는 것을 알 수 있습니다. 그런데 파동의 회절은 파동의 파장이 클수록, 물체의 크기와 구멍의 크기가 작을수록 잘 일어난다는 것을 알고 있습니다. 따라서 빛의 파장을 크게

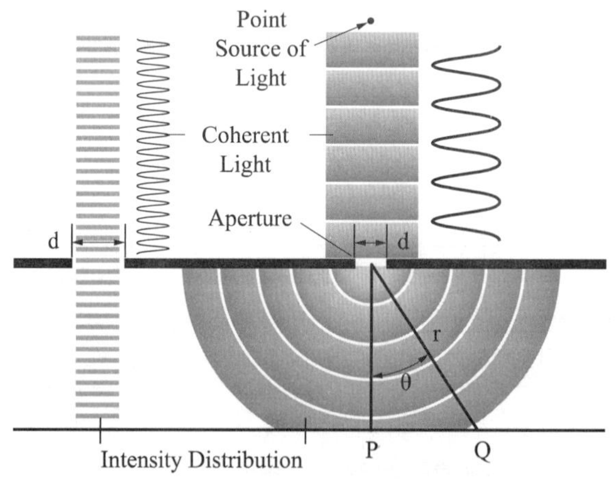

그림 5.29 슬릿의 간격에 따른 회절의 차이

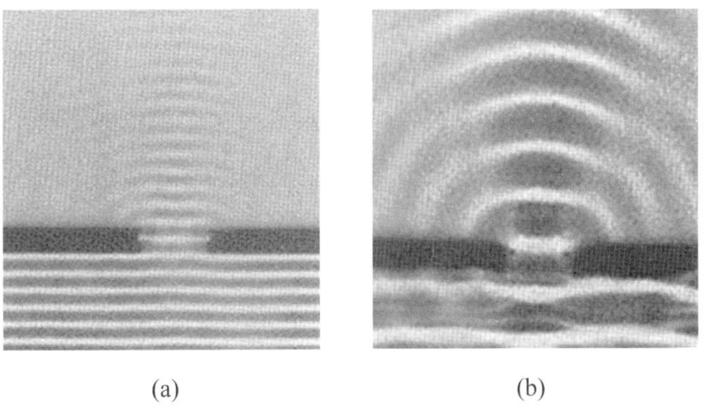

그림 5.30 수면파의 파장에 따른 회절의 차이

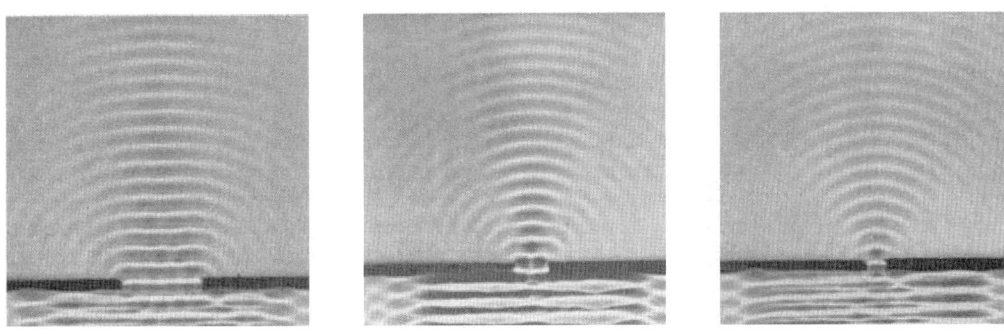
그림 5.31 수면파의 슬릿간격에 따른 회절의 차이

하거나 또는 물체의 크기나 구멍의 크기를 작게 하면 빛의 회절 현상을 볼 수가 있을 것입니다.

그림 5.32는 레이저 빛을 면도날에 비추었을 때 스크린 상에 나타나는 그림자를 찍은 것입니다. 면도날 주위에 밝고 어두운 무늬가 있음을 볼 수 있습니다. 이것은 빛이 파

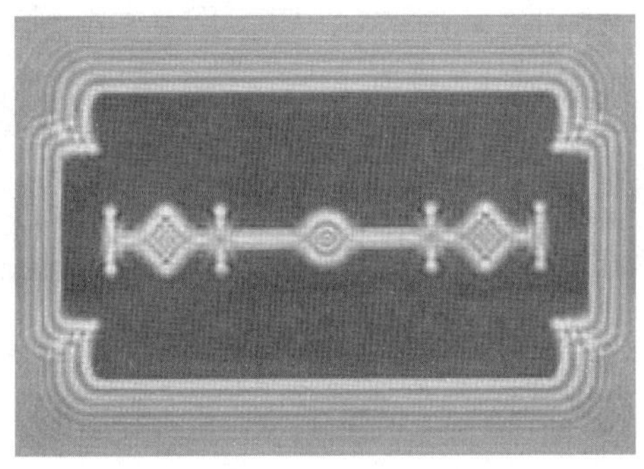
그림 5.32 면도날에서의 회절

동처럼 회절현상을 일으킨다는 것을 알 수 있으며 슬릿의 폭과 구멍의 크기가 작을수록, 그리고 빛의 파장이 클수록 더 잘 일어납니다. 그림 5.33과 그림 5.34는 레이저 빛을 아주 작은 원형슬릿(circular slit)과 정사각형 모양의 슬릿(square slit)에 비추었을 때 스크린에 나타나는 회절무늬들을 보여 주고 있습니다. 원형슬릿에서는 밝고 어두운 무늬가 동심원 형태로 나타나며 정사각형 슬릿에서는 x-y 방향으로 대칭성을 갖는 회절무늬를 보임을 알 수 있습니다. 바로 빛의 이러한 회절성질 때문에 광학현미경이나 망원경으로 확대하여 보는 데 한계가 있으며, 배율이 큰 것일수록 큰 직경의 렌즈를 사용하게 됩니다.

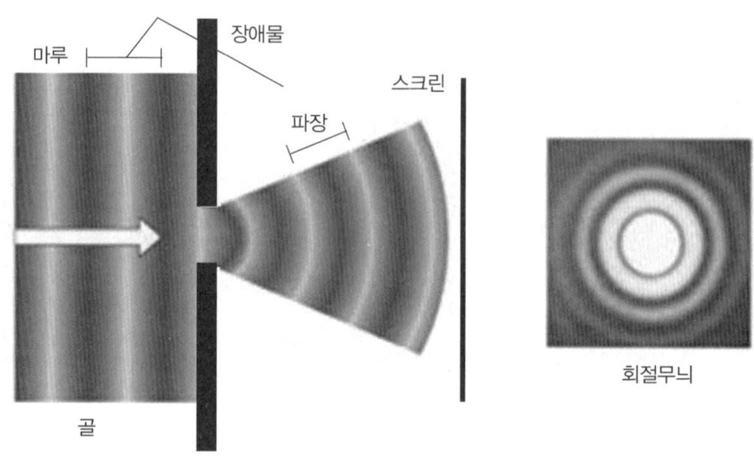

그림 5.33 원형 단일슬릿에서의 회절

그림 5.34 정사각형 모양 단일슬릿에서의 회절

5.8 호이겐스의 원리와 회절

파면 상의 모든 점들은 진동수가 같은 새로운 파동을 만드는 점파원과 같다는 것을 '호이겐스(Huygens)의 원리'라고 합니다. 한 파면 상의 모든 점들에서 발생한 파동들이 서로 중첩되어 생기는 모습을 보면 마치 원래의 파면이 이동하는 것처럼 보인다는 것입니다. 이 호이겐스의 원리로 파동의 전파과정에서 나타나는 파동의 여러 가지 특성들을 쉽게 이해할 수 있습니다. 아울러 회절현상도 그림 5.35와 같이 호이겐스의 원리로 설명이 가능합니다.

빛의 회절에는 한정된 거리(near field)에서 회절을 일으키는 프레넬(Fresnel)회절과 무한히 먼 거리(far field)에서 회절을 일으키는 프라운호퍼(Fraunhofer)회절이 있습니다. 프레넬회절에서 슬릿과 스크린의 간격이 무한히 멀어지면 프라운호퍼회절에 가까워집니다. 회절현상을 설명하는 이론에는 크게 호이겐스-프레넬(Huygens-Fresnel) 이론과 양(Yang)의 이론이 있습니다. 전자는 호이겐스의 원리를 기초로 회절이 일어나는 슬릿과 장애물 부분에 이차적인 구면파(spherical wave)를 형성하는 2차 파원을 가정하고 2차 파원에서 발생하는 구면파의 다중간섭으로 회절 현상을 설명합니다. 후자는 주변 회절파의 원리라고도 합니다. 회절현상을 일으키는 슬릿이나 장애물 주변에서 회절파가 발생하여, 그 주변회절파와 주변 이외의 부분을 같이 통과하는 평면파의 간섭으로 회절현

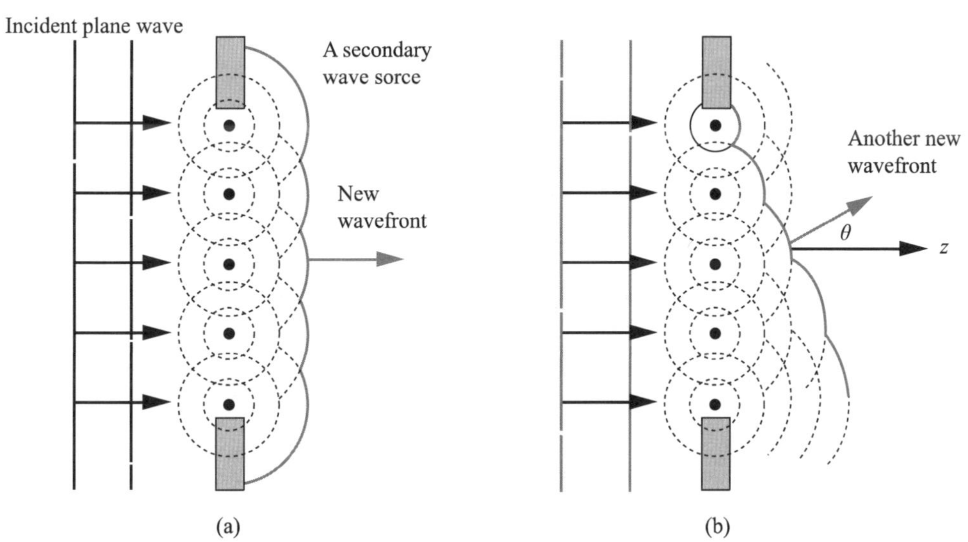

그림 5.35 호이겐스의 원리와 회절

상을 설명합니다. 이론적으로 호이겐스-프레넬의 회절이론은 회절 면에서의 면 적분(surface integral)으로 귀착되므로 그 계산이 쉬워 오늘날까지 많은 사람들에 의해 발전되어 왔습니다. 한편 양의 주변회절파 이론은 회절을 일으키는 주변의 선 적분(line integral)으로 귀착되므로 주변의 형상이 복잡해지면 그 계산이 어려워지지만, 물리적 배경이 이해하기 쉬워, 최근에 급속한 발전이 이루어지고 있습니다.

회절현상은 모든 파동에서 나타나며 특히 X선, 전자선, 중성자선 등과 같이 파장이 매우 짧은 파동에 의한 회절은 고체결정구조의 해석 등에 이용되고 있습니다.

단일슬릿에 의한 회절에서 구멍(aperture)의 중심에서 회절무늬의 주 극대(principal maximum)까지의 발산각도(divergence angle)는 2θ이며, 각도 θ, 광원의 파장 λ, 그리고 구멍크기(aperture size) a의 사이에는 다음과 같은 관계가 있습니다.

$$\sin\theta \sim \lambda/a \tag{5.10}$$

따라서 구멍크기가 작을수록, 파장이 길수록 발산각도가 커지고, 아울러 회절무늬도 더 넓어집니다. 이때 단일슬릿에 의한 회절상에서 중앙부의 2차원적인 주 극대 영역을 에어리디스크(Airy disk)라 부릅니다.

그림 5.37과 같은 직사각형 슬릿(rectangular slit)에서는 x-y 방향의 슬릿의 폭의 차이에 의해 회절의 정도에 차이가 생기며 슬릿의 형태와 회절상의 에어리디스크의 형태가 반전되어 나타납니다. 같은 이유로 그림 5.38에서 보듯이 반도체레이저의 발광영역의 비대칭성 때문에 레이저광의 발산각도(divergence angle)도 수평방향과 수직방향이 서로 다른 타원 형태로 방출됩니다.

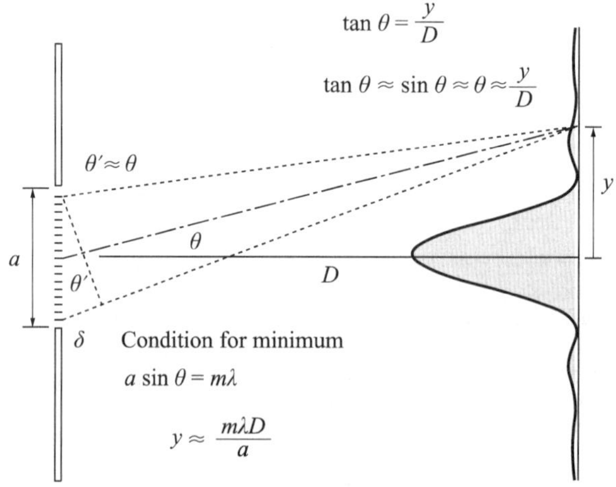

그림 5.36 단일슬릿에서의 회절

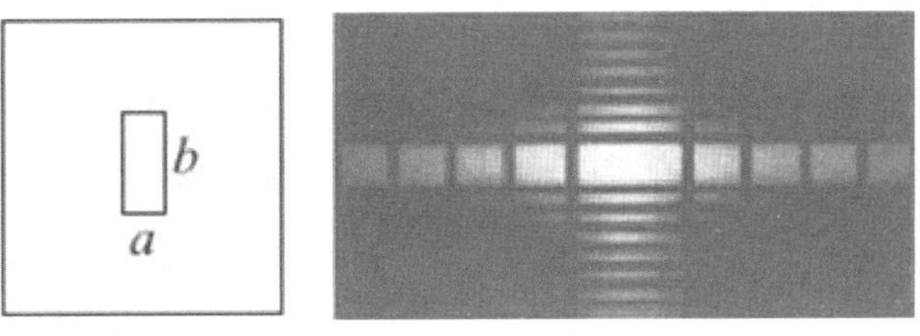

그림 5.37 직사각형 슬릿에서의 회절

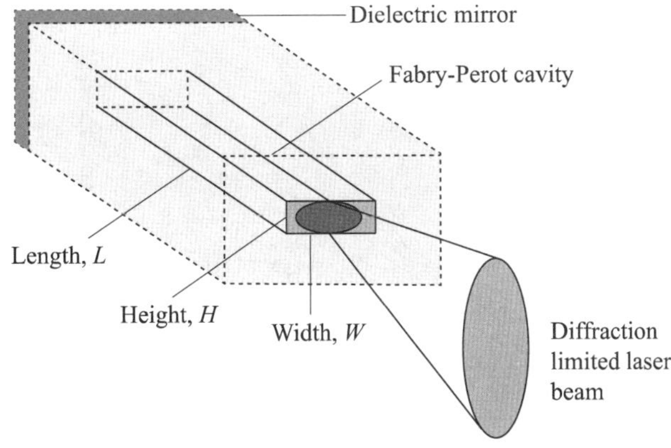

그림 5.38 반도체레이저에서의 회절과 발산각도

5.9 회절과 분해능

분해능(resolution 또는 resolving power)이란 광학계의 결상성능을 나타내는 용어로 그 평가방법으로는 대상이 되는 광학계에 따라 여러 가지 종류가 있습니다. 망원경이나 현미경 등의 광학기기나 눈 등에서는, 두 개의 점 또는 두 개의 선을 분리하여 식별할 수 있는 능력을 분해능(分解能)이라 합니다. 이러한 광학기기로 2개의 접근해 있는 같은 광도의 점이나 선의 상(image)을 관찰하다 보면, 그 간격을 좁혀 감에 따라 결국에는 분리된 것으로 보이지 않게 됩니다. 이 한계거리나 한계 각도를 광학기기의 분해능이라고 합니다.

그림 5.40에서 보듯이 원형슬릿에서 가운데의 가장 밝은 원형회절무늬를 에어리디스크라고 부릅니다. 분해능은 다음의 두 가지 조건으로 정의되는데, 레일리(Rayleigh) 조건은 그림 5.40(b)에서 보듯이 한 개의 에어리디스크의 중심이 다른 에어리디스크의 첫 번째 최소에 놓이게 되는 조건에서의 분리각도를 말하며, 두 개의 피크(peak) 사이에 안장

점(saddle point)이 존재합니다. 스패로우(Sparrow) 조건은 그림 5.40(c)에서 보듯이 레일리 조건에서 두 점 광원의 거리가 점점 더 가까워지면 안장점이 막 없어지는 상태에 해당하는 분리각도를 말합니다.

회절이나 수차에 의해 점상(point image)은 유한한 넓이를 가지게 되므로 분해능을 '영(zero)'으로 할 수는 없습니다. 망원경의 분해능은 빛의 파장을 λ, 대물렌즈(objective lens)의 유효지름을 D라 할 때, 약 $1.2\lambda/D$(단위는 라디안)로 정의됩니다. 따라서 광학

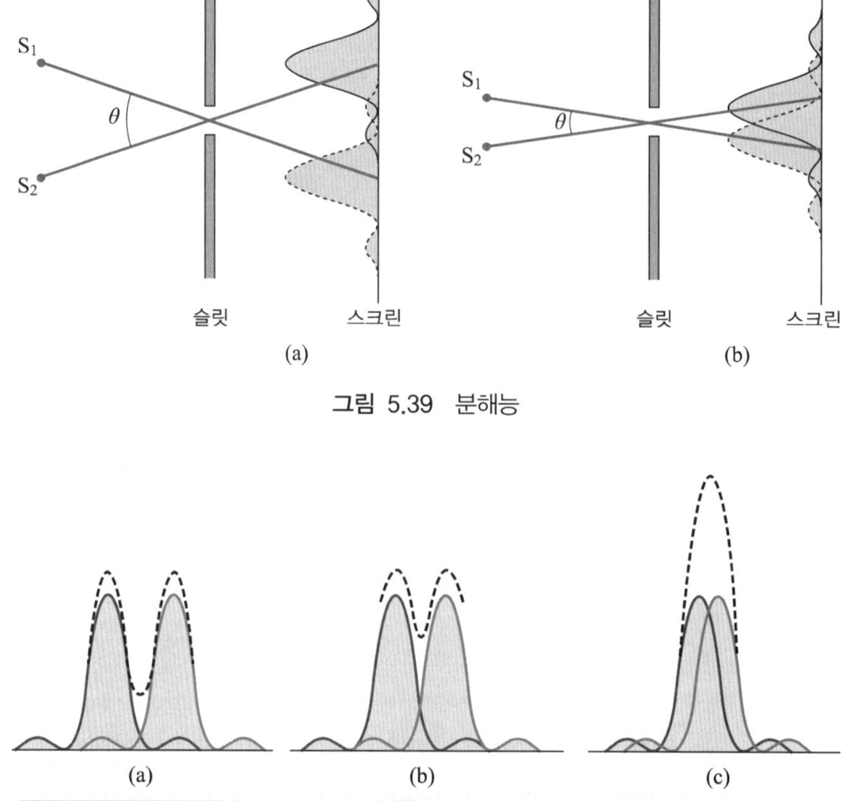

그림 5.39 분해능

그림 5.40 레일리 조건과 스패로우 조건

기기의 분해능을 좋게 하려면 파장이 짧은 광원을 사용하거나 렌즈의 구경이 큰 광학계를 사용하여야 합니다. 참고로, 허블천체망원경(Hubble space telescope)은 사용하는 거울의 직경이 2.5 m로 사람의 눈의 수정체의 직경이 약 5 mm임을 감안할 때, 동일한 파장을 기준으로 눈보다 약 500배 이상의 높은 분해능을 가집니다.

또 다른 예로는 광 정보저장장치(optical data storage)를 들 수 있습니다. CD(compact disk), DVD(digital versatile disk), 그리고 BD(blu-ray disk) 등과 같은 광 저장매체에 정보를 기록하거나 재생하기 위해서는 소형이면서도 출력, 수명, 소비전력의 관점에서 매우 우수한 반도체레이저 광원을 사용하게 됩니다. 이 때, 사용하는 레이저의 파장에 따라 광디스크 상에 결상되는 레이저빔의 크기가 달라지며, 이 또한 회절현상의 지배(diffraction-limited)를 받습니다. 레이저빔의 파장이 짧을수록 모드 크기(spot-size 또는 mode-field)가 작아지므로 동일한 면적에서 더 많은 양의 정보를 기록 및 재생할 수 있게 됩니다.

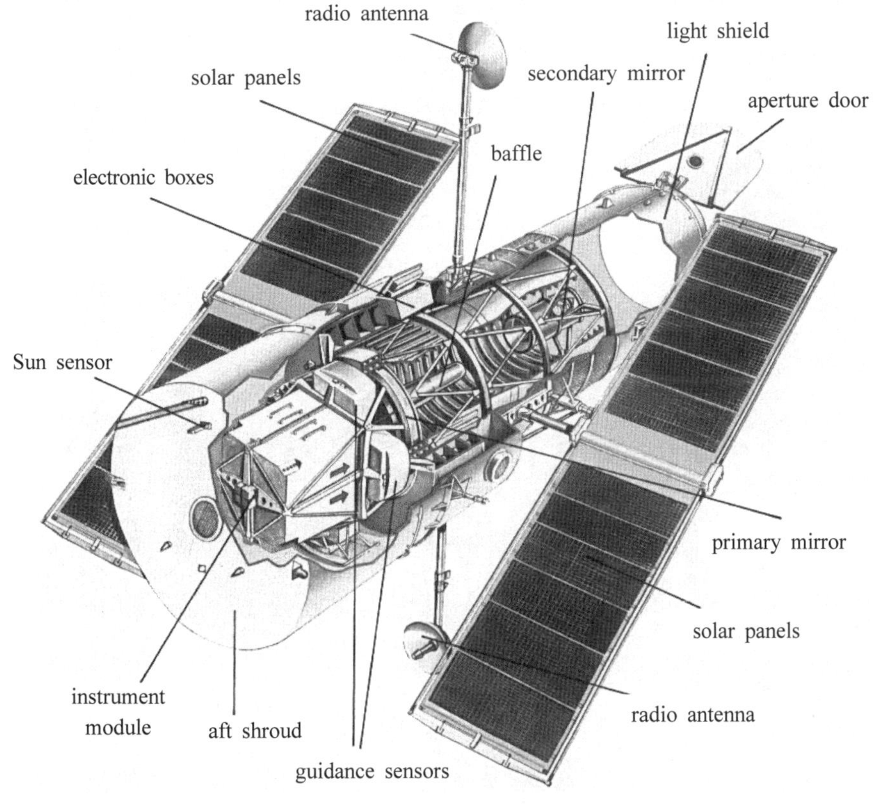

그림 5.41 허블 천체망원경

이제 왜 CD(700 MB)에서는 780 nm(적외선)의 GaAs/AlGaAs계 반도체레이저가 사용되고, DVD(4.7 GB)에서는 650 nm(적색)의 GaInP/AlGaInP계 반도체레이저가 사용되며 25 GB(단면단층기록)~100 GB(양면복층기록)의 엄청난 정보용량을 자랑하는 BD에서는 405 nm(청자색)의 AlGaN/GaInN계 반도체레이저가 사용되는지 그 이유를 잘 이해할 수 있을 것입니다.

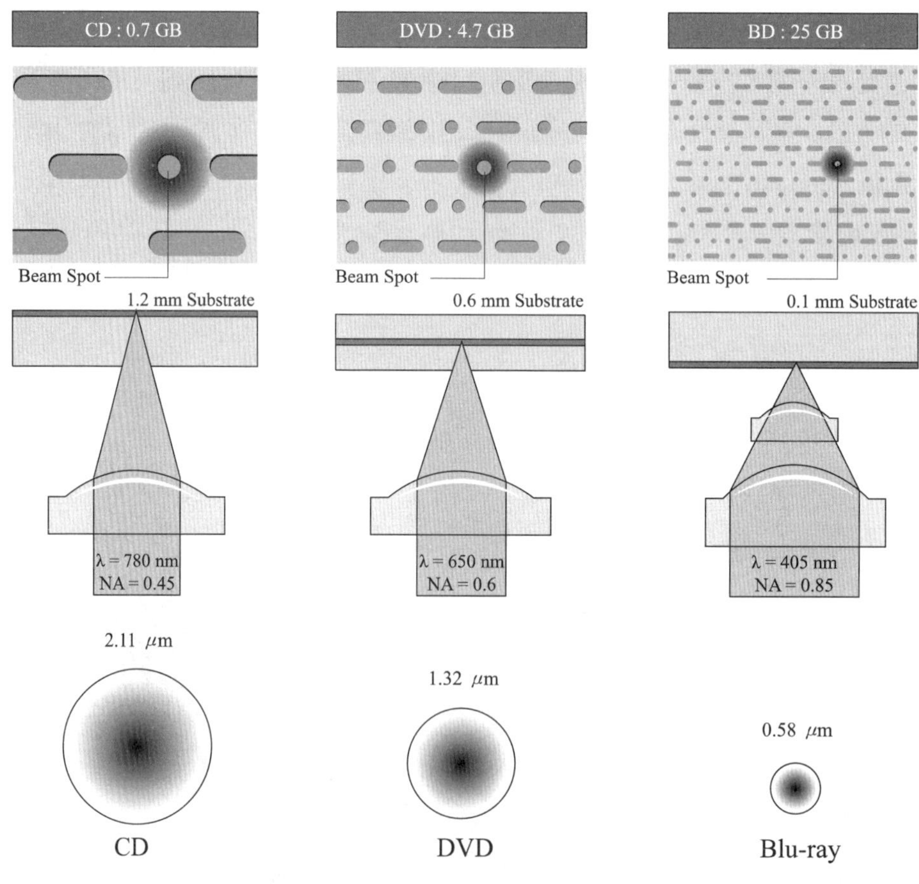

그림 5.42 광디스크별 결상과 기록밀도

연습문제

1. 파장이 380 nm인 보라색 빛의 산란의 세기는 파장이 760 nm인 빨간색 빛의 산란의 세기의 몇 배인가?

① 1/16배 ② 1/4배 ③ 4배 ④ 16배

2. Young의 간섭실험에서 두 슬릿 사이의 간격을 늘이면 스크린 상의 무늬 간격은?

① 늘어난다. ② 줄어든다. ③ 변화 없다.

3. Young의 간섭실험에서 스크린 상의 무늬 간격에 영향을 주지 않는 것은?

① 광원의 파장

② 스크린까지의 거리

③ 두 슬릿 사이의 거리

④ 단일슬릿과 더블슬릿 사이의 거리

4. 무 반사 코팅의 경우, 1차 반사광과 2차 반사광 사이에 어떤 현상이 일어나서 반사율이 작아지는가?

① 보강간섭 ② 상쇄간섭 ③ 맥놀이 ④ 공진

5. 다음 중 회절 현상이 강화되는 조건은?

① smaller opening-longer wavelength

② smaller opening-shorter wavelength

③ larger opening-longer wavelength

④ larger opening-shorter wavelength

6. 다음 라디오파들 중에서 도심 속에서 회절이 가장 잘 일어나는 전파는?

① AM 라디오파 ② FM 라디오파 ③ 모두 똑같다.

7. 미(Mie) 산란이 일으키는 대표적인 기상효과는?

① 온실효과 ② 우산효과 ③ 엘니뇨 ④ 라니냐

8. 단일박막으로 무 반사 코팅(AR)을 하기에 적당한 두께는?

① 반파장의 정수 배　　② 1/4 파장의 정수 배

③ 반파장의 홀수 배　　④ 1/4 파장의 홀수 배

9. 사용하는 파장 영역에서 굴절률이 4인 반도체 기판에 1/4 파장의 AR coating을 하려고 한다. 다음 중 굴절률이 얼마인 광학 재료가 가장 적합하겠는가?

① $n=1$　　② $n=1.5$　　③ $n=2$　　④ $n=4$

10. 반도체레이저의 방사각을 원형으로 만들기 위해서는 aperture의 모양을 어떻게 만들어야 하는가?

① 정삼각형　　② 정사각형　　③ 누운 직사각형　　④ 세운 직사각형

CHAPTER 6

빛이 세상을 지배한다

태초에 하느님께서 빛이 생겨나라 하시니 빛이 생겨났고 오늘날, 그 빛과 빛을 이용한 다양한 광기술들이 인간생명의 원천으로, 또한 우리의 삶을 윤택하게 하는 첨단기술(尖端技術)로 확실하게 자리를 잡고 있으며 다가올 미래는 빛이 열어가는 아주 새로운 세상이 될 것입니다. 제6장에서는 빛이 만들어 내는 새로운 세상과 광기술의 다양한 응용분야에 대하여 개괄적인 소개를 하겠습니다.

6.1 지식정보사회

흔히 현대를 '제2의 산업혁명의 시대'라고 합니다. 제2의 산업혁명은 기존의 산업혁명과는 달리 고도의 과학적, 기술적 혁신에 의해 이루어지고 있는 새로운 산업혁명이라는 특징이 있습니다. 과학적, 기술적 혁명의 시대는 바로 '지식의 혁명'이 일어나는 시대이며, 또한 '지식의 폭발'이 일어나고 있는 시대를 의미합니다. 특히 20세기 후반부터 지금까지 지속적으로 이루어지고 있는 정보기술(IT, Information Technology) 분야의 눈부신 발전은 가히 '기술의 유토피아(utopia)'를 예상케 하는 '지식정보사회(知識情報社會, knowledge information driven society)'라는 새로운 형태의 사회를 실현시켜가고 있습니다. 이러한 사회를 맞아 기존의 모든 사회적 패러다임(paradigm)은 변화되거나 붕괴되지 않을 수 없는 상황에 직면하고 있습니다.

그림 6.1 지식정보사회

지식정보사회란 지식(knowledge)과 정보(information)가 부가가치창출의 근원이 되는 사회를 말합니다. 이러한 지식정보사회에서 개인, 기업, 그리고 국가가 성공하기 위해서는 언제, 어디서나 유용한 정보를 획득하여 필요한 형태로 가공 및 활용할 수 있는 환경과 능력을 갖추는 것이 요구됩니다. 이러한 시대적인 흐름에 발을 맞추고 다른 나라보다 비교우위에 있는 IT기반 인프라(infrastructure)를 적극 활용하여 국가경쟁력을 강화하기 위하여 더욱 노력하여야 합니다. 특히 국가를 구성하는 주체들이 다양한 활동을 통해 지식과 정보를 창출하고 고도화된 정보통신 인프라를 기반으로 생산된 지식과 정보를 공유 및 활용하여 국가의 제반 활동을 더욱 효율적으로 영위할 수 있는 체계적인 제도와 시스템의 수립 및 정착이 중요한 시기입니다.

지식정보사회에서는 뉴미디어와 컴퓨터가 결합하여 엄청난 양의 정보수집과 분배가 가능해졌음에도 불구하고 이것이 공공복지나 국가이익을 도외시한 소수에게 독점된다면, 오히려 다량의 왜곡된 정보만 유통될 가능성이 높아집니다. 또한 정보를 많이 보유한 정보독점계층이 그렇지 못한 계층들에 비해 사회적으로 우위에 설 수 있게 되며, 권력의 집중화를 초래해 정보통제사회를 출현시킬 위험성이 대두되고 있어 지식정보사회의 미래를 낙관할 수만은 없게 됩니다.

지식정보사회에 대한 문제점들을 개인적 측면과 사회적 측면으로 나누어 정리하면 다음과 같습니다.

6.1.1 개인적 측면

첫째, 급격한 사회변화에 따른 개인의 부적응문제(문화지체, 文化遲滯 cultural lag)가 발생합니다. 산업사회 기반에서 생활하여 온 일반국민들은 고도의 지식정보사회로의 진입이라는 급격한 환경변화에 당황할 가능성이 큽니다. 특히 고용, 실업 등에 대한 심리적 불안이 가중될 수 있습니다. 물론 교육을 통하여 어느 정도 정보마인드(mind)를 구축하고 새로운 환경변화에 대응하고 있는 신세대는 몰라도, 정보화 사회와 관련한 기초지식이 미약한 구세대에 있어서는 지식정보사회라고 하는 것은 하나의 공포의 대상으로 여겨지게 될 것이며, 이 과정에서 개인적인 소외현상이 일어나는 등, 전반적인 사회병리로 발전할 가능성이 큽니다.

둘째, 사생활(privacy) 침해의 증대가 심각하게 우려됩니다. 우리나라의 경우도, 완비되어 가고 있는 정보통신네트워크의 구축과 관련하여 개인의 정보가 권력기관이나 타인에게 노출되어 불법적으로 사용될 가능성이 매우 높아지고 있습니다. 개인의 프라이버시 보호와 관련하여 아직 구체적인 대응방안이나 확실한 법규를 마련하지 못하고 있는 우리의 현실을 고려할 때, 프라이버시침해 문제의 심각성은 그 우려를 더해주고 있습니다.

셋째, 기계에 대한 인간의 종속화(從屬化) 경향의 심화를 들 수 있습니다. 산업사회만 하더라도 인간과 기계는 엄연히 구별될 수 있는 독립적인 실체로서 인식되었으며, 인간의 기계에 대한 종속이라는 문제는 그다지 큰 심각성을 내포하지 않았습니다. 하지만 컴퓨터기술의 고도화로 대변되는 고도의 지식정보사회에 있어서는 인간생활에 보조적 기능을 수행했던 기계가 독립적, 지배적 위치로 격상되는 현상을 유발하게 되었습니다.

6.1.2 사회적 측면

첫째, 정보격차(information gap)의 발생을 들 수 있습니다. 즉, 사회적, 정치적, 경제적 능력의 차이에 따라 정보력의 격차가 발생하여 정보에의 접근을 불평등하게 할 가능성이 있으며, 또한 이는 빈부의 격차로 연결될 가능성이 매우 높습니다. 정보격차와 관련한 이러한 우려는 아직 우리의 일상생활을 통하여 뚜렷한 징후가 포착되고 있지는 않습니다. 하지만 근래 정보문제와 관련하여 논의되고 있는 한 국가 내의 지역 간, 계층 간의 정보격차 문제뿐만 아니라 선진국과 후진국 간에 이루어지고 있는 TDF(trans-border dada flow) 논쟁의 심각성을 고려할 경우, 정보격차 문제가 단지 국가차원의 문제만으로 한정되리라고는 기대하기 어렵습니다.

둘째, 컴퓨터범죄의 증가를 들 수 있습니다. 컴퓨터범죄라고 하는 것은 고도정보사회의 핵심도구로서 사용되는 컴퓨터를 이용한 신종범죄의 일종으로서, 이는 아직 초보단계에 머무르고 있는 우리의 정보중심 사회구조의 취약한 기반을 위협하고 있다는 점에서 그 우려의 수준을 높게 하고 있습니다. 정보통신 기술의 발달로 컴퓨터가 생활의 거의 모든 영역에서 필수불가결하게 되면서, 해킹(hacking)이나 크래킹(cracking) 등의 컴퓨터 보안문제가 심각한 수준입니다.

컴퓨터범죄의 정의에 대해서는 학문적으로 아직 확립된 개념은 없으나 컴퓨터시스템, 소프트웨어, 컴퓨터시스템 상의 데이터에 대한 범죄들을 컴퓨터관련 범죄(computer related crime)라고 할 수 있겠습니다. 이러한 컴퓨터범죄에는 컴퓨터 등 정보처리장치의 부정조작, 데이터의 부정입수, 원격통신범죄, 전자기록의 위조 및 변조, 컴퓨터사기 등이 있습니다. 컴퓨터범죄의 특징으로는 발각과 입증의 곤란, 반복성과 계속성, 자동성과 광범위성, 범죄고의입증의 곤란성 등이 있으며, 이러한 정보범죄를 막지 않고 방치해두면 국가와 사회의 중요한 자료가 파괴됨으로서 사회적 혼란과 통제 불능의 정보망의 확산으로 결국은 우리의 모든 정보통신망을 폐쇄하지 않으면 안 되는 상황까지 갈 수도 있습니다.

컴퓨터범죄에 효과적으로 대처하기 위해서는 이와 관련한 새롭고 엄격한 법의 제정 및 개정과 더욱 완벽한 정보보안기술의 개발 등이 시급히 이루어져야 합니다. 하지만 보다 근본적인 문제해결 방법은 컴퓨터범죄에 대한 사회의 인식을 올바르게 정립하는 것입니다. 자신의 행위가 범죄가 될 수도 있다는 점을 잘 모르는 사람들이 많은 사회에서는 아무리 형벌로써 처벌한다 하더라도 근본적인 처방이 될 수는 없는 법입니다. 정보범죄가 많이 발생하게 된 데에는 사회적 책임도 크다고 봅니다. 왜냐하면 지금까지의 컴퓨터의 교육방법이 컴퓨터의 사용과 조작에 대한 기능적인 측면만 강조하였고, 컴퓨터만 있으면 무엇이든지 할 수 있다는 호기심을 얻는 도구로 인식되도록 교육되고 있는 것이

그림 6.2 Are computers everything?

지금의 정보범죄를 일으키는 데 일조하였기 때문입니다. 따라서 이제부터라도 교육을 통해 학생들에게 컴퓨터를 사용하면서 타인에게 해를 끼쳐서는 안 된다는 의식을 심어주어야 하며, 대중매체들도 이러한 인식이 사회전체에 널리 퍼질 수 있도록 해야만 정보사회의 역기능에 순조롭게 잘 대처해 나갈 수 있을 것입니다.

6.2 광산업과 광기술

광산업(光産業, photonics industry)이란 광전자(光電子, opto-electronics)나 광통신(光通信, optical fiber communication) 기술을 핵으로 한 산업의 총칭으로 광통신, 광정보처리, 광디바이스, 광재료, 레이저가공, 광에너지 응용 등 다양한 분야들이 있습니다. 렌즈나 프리즘 등, 카메라에 들어가는 핵심 광학부품들은 광산업에 포함되지만 카메라 자체는 포함되지 않는 점에서 광산업과 종래의 광학산업(optical industry)이 구별됩니다. 지금까지 광산업을 지탱해온 광통신뿐 아니라, 최근에는 DVD나 BD 등 반도체레이저를 이용한 광 저장장치가 주요제품군을 형성하고 있습니다. 아울러 LED 기반의 새로운 광산업분야가 폭발적으로 성장을 지속하고 있어서 광산업의 미래는 더욱 밝다고 할 수 있겠습니다.

광산업은 과학적으로 규명된 빛의 고유한 성질들을 이용한 여러 가지 연구개발(R&D, Research and Development)을 통하여 실생활에 도움이 되는 다양한 제품들과 기술들을 만들어 내는 분야로 빛의 생성, 전환, 제어, 응용 등의 기술을 활용하는 지식기반산업입니다.

광기술은 빛이 갖는 성질에 따라, 빛의 파동적 특성을 이용한 기술, 빛의 입자로서의 특성을 이용한 기술, 에너지로서의 빛의 고출력특성을 이용한 기술, 빛과 물질과의 상호작용 특성을 이용한 기술, 광선으로서의 빛의 직진 및 굴절성(기하 광학적 특성)을 이용한 기술 등 다양한 응용기술을 개발하는 것입니다. 광기술 및 제품은 통신, 정보처리, 정보저장, 정밀가공, 계측, 의료, 우주과학, 방위산업, 오락 등 다양한 산업분야에 응용 또는 활용되고 있습니다.

광기술의 특징은 초대용량(超大容量)성, 초고속(超高速)성, 초병렬(超竝列)성, 고휘도(高輝度), 그린에너지(green energy), 그리고 신기능(新技能)이라는 몇 개의 키워드로 요약할 수 있습니다.

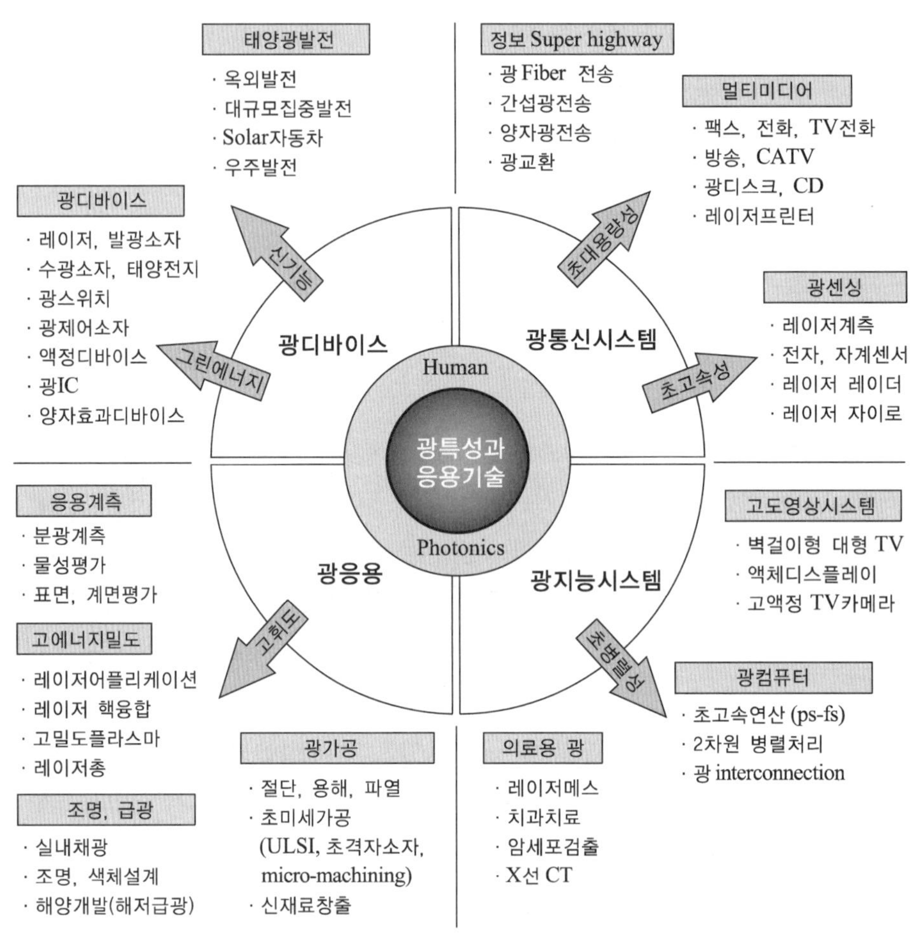

그림 6.3 광기술분류와 관련 응용분야(KOPTI 제공)

광산업은 직설적으로 표현하면 "광(光) 팔아 돈 버는 산업"입니다. 광을 제대로 팔려면 다음의 5가지 노하우(know-how)를 꼭 알아야 합니다.

첫째, 앞의 사람들이 다 "고우(Go!)"를 외쳐야 광을 팔 수 있습니다. 그 말은 광기술과 연계된 다른 산업이 성숙되고 기술이 포화(saturation)되어야 좋은 기회가 온다는 뜻입니다. 예를 들어 DSL(digital subscriber line, 디지털 가입자회선)이 성숙되어 많은 가입자들이 생겨났기 때문에, 결국 대역폭(bandwidth)이나 전송용량이 포화되어 일부러 나서지 않아도 자연스럽게 광통신의 필요성이 대두되었습니다.

둘째, 우선 자기 손에 광이 많이 들어와야 돈을 많이 벌게 됩니다. 앞에서 다 "Go!"를 하더라도 손에 광이 없으면 아무것도 아닙니다. 다시 말해서, 광기술만이 갖는 차별화된 장점을 살려 다양한 분야와 제품을 잘 발굴하고 개발해야 가치를 높일 수 있게 됩니다.

셋째, 광 값이 커야 돈이 됩니다. 광이 많아도 광 값이 적으면 그렇게 큰 장점이 없어집니다. 다시 말해서 광이 가진 고급기술(첨단기술)로서의 가치를 제대로 제품에 녹여내서 고부가가치의 제품을 창출해야 더욱 가치를 높일 수 있게 됩니다.

넷째, 그 판을 끝마칠 때까지 본인이 광을 팔았다는 사실과 몇 장이나 팔았는지를 꼭 기억해야 합니다. 물론 경기 전에 미리 광 값을 정산하는 룰(rule)도 있으나, 대부분 판이 끝나야 광 값을 정산합니다. 따라서 광 값을 꼭 받기 위해서는 자리를 뜨지 말고 계속 사람들에게 본인이 광을 팔았다는 사실과 매수를 주지시킬 필요가 있습니다. 다시 말해서 광기술의 대중화를 지적하고자 합니다. 사실 일반인들에게는 광기술은 막연히 어렵고 아직 갈 길이 멀고 비싸기만 한 기술로만 인식되고 있는 것이 사실입니다. 실제로 일부의 광기술들은 개념적으로 대단히 어렵고 여전히 비싸며 갈 길이 아직 먼 것도 사실입니다. 하지만 광기술을 좀 더 알리고 보급하여 일반인들에게 정말 비싼 만큼 제값을 하는 참 좋은 기술이란 사실을 인식시킬 필요가 있습니다. 아울러 기술개발에 좀 더 심혈을 기울여 성능향상과 더불어 저가격화를 위한 노력도 병행하여야 합니다.

마지막으로, 자리를 잘 잡아야 합니다. 실력이 있는 사람(자주 1등을 하는 사람) 뒤에 있어야 광을 팔 기회가 많이 생깁니다. 항상 잃기만 하는 사람 뒤에 있으면 광이 많이 들어와도 "Go"하거나 "Drop"하거나 해야지, 광을 팔 수 없습니다. 그 말은 광기술과 다른 핵심기술을 접목한 융합기술(fused technology)을 발굴하여야 더욱 의미가 크다는 뜻입니다. 예를 들어, 지나치게 IT 분야만 고집하지 말고, 새롭게 각광받는 NT(nano-technology)나 BT(bio-technology) 등과 광기술을 접목하여 새로운 분야들을 많이 발굴한다면, 장기적으로도 광기술이 지금보다 더욱 큰 경쟁력을 가지게 될 것입니다.

광산업 발전의 역사를 살펴보면, 1960년대까지는 자연광을 제어하는 광학(optics) 중심으로 발전되었으나 레이저의 발명을 계기로 새로운 응용기술들의 개발이 시작되었고, 1990년 이후 새로운 광원들의 등장과 응용기술의 실용화가 본격화되면서 인공광원을 활용하는 포토닉스(photonics)를 중심으로 비약적인 발전을 이루고 있습니다. 따라서 21세기의 광산업은 광의 외형적인 형태를 활용하기보다 광이 가지는 물리적 특성을 활용하는 단계로 진입했다고 볼 수 있습니다.

광산업과 관련된 패러다임의 변화는 다음의 3가지로 요약할 수 있습니다. 첫째, 아날로그(analog) 기술에서 디지털(digital) 기술로의 변화입니다. 1980년대 중반, 디지털기술인 CD가 발전하면서 기존의 아날로그방식인 레코드(LP, long play)를 완전히 대체했고, 1990년대 후반에는 MD(mini disk)가 카세트테이프를 축출하였습니다. 21세기에 들어서 디지털방송이 본격화되면서 디스플레이(display) 장치를 비롯한 새로운 비즈니스가 창출되고 있습니다.

둘째, 급속한 융합화(融合化)와 복합화(複合化)의 진전을 들 수 있습니다. 광기술과 전자기술, 광기술과 정밀기계기술 등 다양한 기술들과의 융복합화가 진행되면서 새로운 제품이 창출되었습니다.

셋째, 네트워크화의 진전을 들 수 있습니다. PC나 스마트폰(smart phone)의 네트워크(network)접속률 증대와 유무선 인터넷산업의 급속한 발전으로 화상정보의 활용이 일반화되면서 디지털카메라(digital camera), 이미지스캐너(image scanner), 광디스크(optical disk), 컬러프린터(color printer) 등의 수요가 폭증하는 등, 지식정보화가 급진전되면서 네트워크접속에 따른 광제품의 수요가 폭발적으로 증가하고 있습니다.

6.3 LED 조명이 여는 새로운 세상

현재 주거용조명은 백열등, 사무용조명은 형광등, 가로등은 나트륨등이 주종을 이루고 있으나, 21세기로 접어들면서 발광다이오드(light-emitting diode; LED)나 유기 LED(organic LED; OLED) 등의 반도체광원이 기존의 판도를 바꾸어 나가고 있습니다. 1960년대 이후 각종장치의 계기판 표시등으로 시작된 LED는, 1993년 일본의 나카무라(Shuji Nakamura)에 의해 GaN 청색 LED가 실용화되면서 오늘날 신호등뿐만 아니라 옥내 및 옥외조명과 대형디스플레이 등으로 그 응용범위를 넓혀가며 조명의 개념을 근본적으로 바꿔 나가고 있으며 기존의 백열전구나 형광등조명이 가까운 시일 내에 상당부분, LED 조명이나 OLED 조명으로 대체될 것으로 전망됩니다.

LED는 반도체 p-n 접합(junction) 구조에 전류를 주입하여 반도체 내에서의 들뜬(excited) 전자(electron)와 정공(hole)의 재결합(recombination)에 의해 빛을 만들어 내는 소자로 크기가 작고, 발광효율이 높으며, 소비전력이 작고, 수명이 $10^5 \sim 10^6$시간으로 매우 길어, 차세대조명으로 각광을 받고 있습니다.

LED는 기존의 조명과는 달리 빛을 방출하는 파장대역폭이 좁아서 아직까지는 단일 칩(single chip)으로 백색광을 만들어 내는 것은 용이하지 않으므로 형광체(phosphor)와 조합을 하거나 R, G, B의 LED들을 조합하여 백색광을 만드는 기술이 주종을 이루고 있습니다.

그림 6.4 LED 조명

현재까지는 LED의 밝기(brightness, 휘도) 및 연색성(color rendering), LED 조명의 수명 및 가격 등에서 추가적인 개발이 필요한 상황으로 가까운 시일 내에 성능의 획기적인 향상이 이루어져서 기존의 조명들을 대체하는 큰 시장으로 성장할 것으로 기대됩니다.

빛의 연색성은 스펙트럼분포의 관점에서, 인공조명이 자연조명(태양광)에 가까운 정도를 의미하며 연색성지수(演色性指數, color rendering index)로서 표현합니다. 태양광을 100으로 할 때의 상대적인 값으로 표현되므로 연색성지수가 100에 가까울수록 자연광에 가까운 인공조명이라 할 수 있습니다.

6.4 광통신 기술

광기술의 선두주자로 광통신 기술(fiber-optic technology)을 들 수 있습니다. 광통신기술은 정보를 전달하기 위한 주된 수단으로 빛을 사용합니다. 빛은 전송손실(propagation loss)을 최소화하기 위하여 주로 광섬유(optical fiber)를 전송매질로 하여 광섬유 안에 빛을 가두어 전반사에 의해 도파(導波, wave-guiding)합니다. 광통신에서는 광섬유의 주재료인 유리(glass)에서의 손실(loss)이 가장 작은 적외선을 정보캐리어(information carrier)로 사용합니다.

광통신 기술은 대용량의 정보(음성, 영상, 데이터 등)를 빠르게 안정적으로 보낼 수 있는, 비용효과(cost-effectiveness) 또는 가격 대비 성능(cost performance)이 가장 우수한 통신기술입니다. 무엇보다 빛은 전자기간섭에 무관한 장점을 가지고 있으며, 광섬유

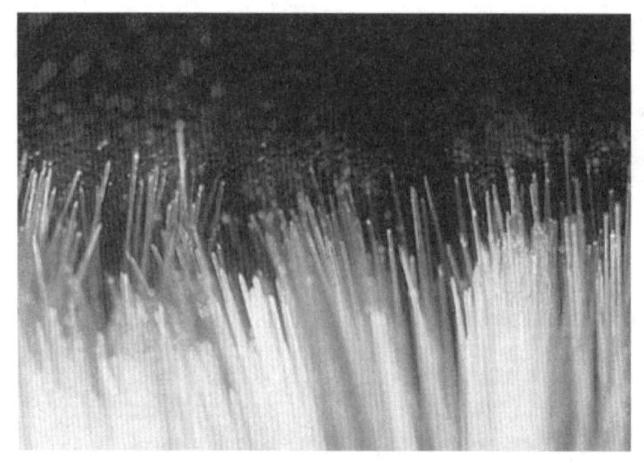

그림 6.5 광섬유와 광통신

그림 6.6 광섬유와 구리선

케이블은 동급의 전기케이블(구리선)과 비교하여 가볍고 공간도 적게 차지합니다. 광통신 기술의 주된 응용분야는 전화망(telephone network), 데이터통신망(data communication network), 케이블TV망(cable TV network) 등을 들 수 있습니다.

대역폭(Bandwidth)은 네트워크에서 이용할 수 있는 신호의 최고주파수와 최저주파수의 차이를 말합니다. 일반적으로는 통신에서 이용 가능한 최대 전송속도, 즉 정보를 전송할 수 있는 능력을 뜻하며, 그 기본단위로는 bps(bits per second)를 사용합니다. 기존의 유선통신 방식인 구리선(일반전화선이나 동축케이블)의 경우는 최대 전송속도가 수십 Mbps를 넘지 못하는 반면에 빛은 이론적으로 대역폭이 무한대에 가까우며, 현존하는 여러 가지 광통신기술을 총망라한다면, 광섬유 1회선으로 최대 100 Tbps의 전송이 가능하다고 알려져 있습니다.

2011년 3월 10일에 일본의 NICT(National Institute of Information and Communication Technology)에서는 새로운 구조의 광섬유 1회선을 사용하여 109 Tbps의 전송률로 16.8 km 전송에 성공했다고 발표하였습니다. 그 전까지의 기록은 69.1 Tbps였는데 이를 훨씬 능가한

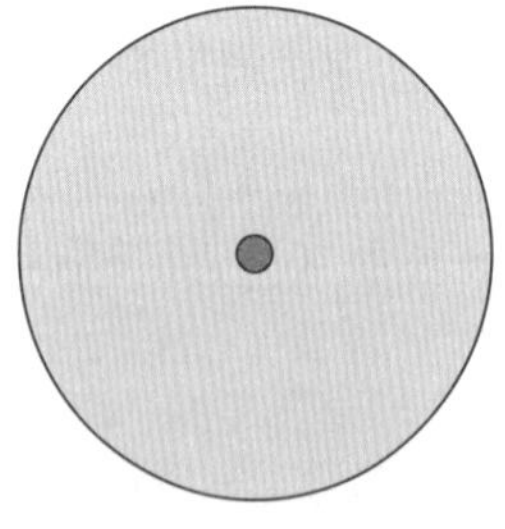

(a) 표준 단일코어 광섬유

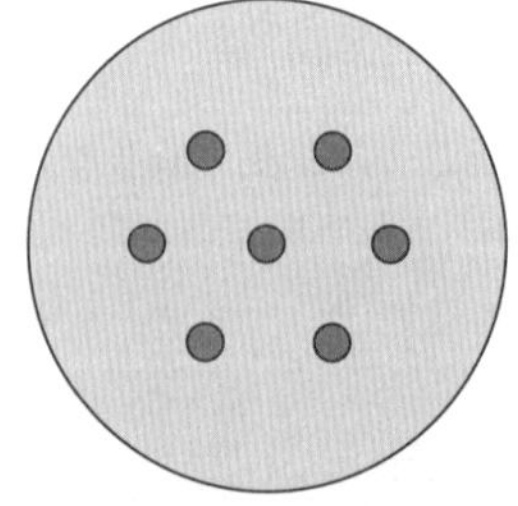

(b) 7 core 광섬유(NICT)

그림 6.7 NICT의 멀티코어 광섬유

우수한 결과일 뿐만 아니라, 광섬유 1회선으로 전송할 수 있는 물리적인 한계로 알려진 100 Tbps의 전송률을 넘어섰다는 것에 큰 의미가 있습니다.

금번에 NICT에서 109 Tbps의 전송에 사용한 광섬유는 그림 6.7에서 보는 바와 같이 7개의 코어를 단일 회선 내에 삽입한 구조로, WDM을 이용하여 각 코어당 15.58 Tbps의 전송률로 신호를 만든 다음, 7개의 코어에 동시에 공간적으로 광 결합을 할 수 있는 장치를 사용하여 109 Tbps(15.58 Tbps×7=109 Tbps)의 전송이 가능하도록 하였습니다. 하지만 단일코어를 이용하여 전송을 행한 것이 아니므로 진정한 의미에서 100 Tbps의 물리적 한계를 극복했다고 보기는 어렵습니다.

다음으로, 케이블TV(CATV)에 대하여 알아봅시다. 전파가 아니라 케이블을 통해 각 가정으로 서비스가 된다는 점에서 중계유선과 케이블TV를 같은 서비스로 생각하는 사람이 많은데 거기에는 많은 차이가 있습니다. 먼저 프로그램을 봐도 알 수 있듯이 케이블TV에는 P/P(Program provider)라 하여 전문제작 방송국들이 있습니다. 이들 방송국에서 제작을 하여 방송통신위성(satellite) 또는 광 네트워크로 각 지역방송국(S/O, System Operator)으로 보내고 지역방송국에서는 각 가입자에게 신호를 분배하게 됩니다. 사업자 측면에서 본다면 앞서 설명한 P/P, 지역방송국, 그리고 N/O(Network Operator)라 하여 망 사업으로 크게 분류됩니다. 또한 인터넷시대에 걸맞게 초고속인터넷 서비스도 시행하고 있습니다.

CATV는 공중파 방송과는 달리 쌍방향(interactive) 서비스로 현재 CATV대역(5~750 MHz) 중, 사용하지 않는 대역을 통하여 인터넷을 이용합니다. 이 밖에도 원격방범, VOD(Video on Demand, 주문형 비디오) 등, 통신과 방송이 융합된 다양한 멀티미디어 서비스(multimedia service)를 즐길 수 있습니다.

6.5 여러 가지 통신방식

광통신은 광섬유를 이용한 유선통신방식입니다. 이에 반하여 DSL(digital subscriber line, 디지털가입자회선)은 기존의 전화선이나 동축케이블(coaxial cable)을 이용한 유선통신 방식입니다. 마이크로파통신은 마이크로파를 이용한 무선통신 방식입니다. 또한 위성통신은 통신위성을 이용한 무선통신방식입니다. 무선통신은 전파를 이용한 통신의 총칭입니다.

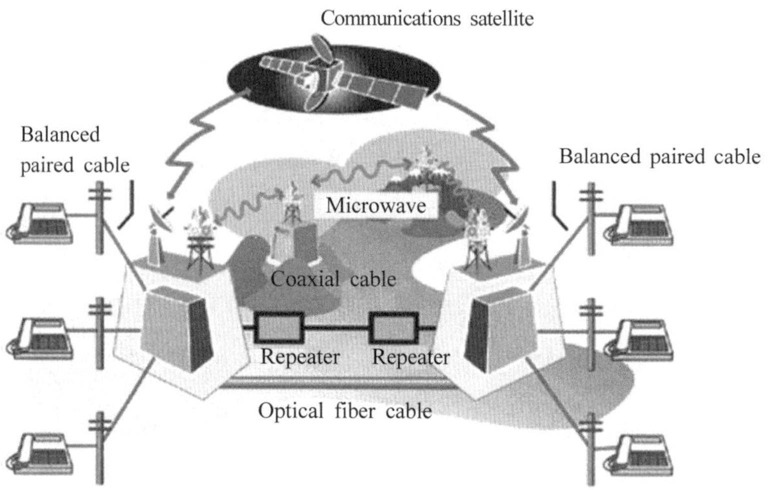

그림 6.8 여러 가지 통신방식

전파를 처음으로 통신에 이용하여 성공한 사람은 1896년 이탈리아의 마르코니(Marconi)입니다. 그는 100 m의 구리선을 공중에 높이 매달고 한쪽 끝을 땅속에 묻었는데, 이것이 안테나(antenna)의 시초가 되었습니다. 그 후 진공관의 출현에 따른 전자공학의 진전으로 무선통신은 급속히 발전하여 현재는 모든 분야에서 사용되고 있습니다.

무선통신을 용도 면에서 구분하면 고정통신(fixed communication), 이동(체)통신(mobile communication), 위성통신(satellite communication)의 세 가지로 크게 구분할 수 있습니다.

먼저, 고정통신은 고정된 지점 사이의 통신으로, 여러 가지의 방식이 있으나 마이크로파를 이용한 방식이 주류를 이룹니다. 장거리통신 방식은 4 GHz대, 5 GHz대, 6 GHz대, 단거리통신 방식에서는 2 GHz대, 11 GHz대, 15 GHz대가 주로 사용되며, 전송용량도 한 시스템 당, 전화 2,880회선의 방식이 실용화되어 있습니다.

이동(체)통신은 발신과 수신 중 한쪽 또는 양쪽이 이동하면서 통신하는 것입니다. 현재 실용화된 이동통신으로는 선박전화, 자동차전화, 휴대전화, 항공기전화 등이 있습니다. 이동통신에 사용되는 주파수대는 VHF대 및 UHF대가 있습니다.

마지막으로 위성통신은 우주공간에 있는 인공위성을 중계하여 행하는 통신으로, 정지위성 발사기술의 진전과 국제 통신수요의 증대에 따라 근래에 급속히 발전하였습니다. 위성통신은 1개의 위성으로 넓은 범위에 걸쳐 통신할 수 있기 때문에 국제통신 외에 낙도와의 통신이나 재해 시의 통신 등에도 이용됩니다. 사용되는 주파수대로는 '전파의 창'이라 불리는 1~10 GHz 사이가 주로 사용되는데, 전송용량의 증대에 따라 10 GHz 이상의 주파수대역도 사용되고 있습니다.

그 밖에 '우주광통신(space laser communication)'을 간단히 알아봅시다. 레이저광을 이용한 우주광통신 시스템은, 전파와 비교해서 소형, 경량의 기기로 고속, 대용량의 통신이 가능하다는 것과 주파수대역이 넓고, 레이저 빛살의 특징상, 통신시스템 상호 간에 간섭이 없다는 점 등의 장점을 가지고 있어, 장래 우주정거장 등으로 대표되는 인류의 우주활동을 지지해 주기 위한 기반기술로서 적극적으로 개발되고 있습니다.

현재 지상에서 위성으로의 연결에는 파장 510 nm, 출력 10 W의 아르곤이온레이저(Ar-ion laser)를, 위성에서 지상으로의 연결에는 파장 830 nm, 첨두 출력(peak power) 30 mW의 적외선 반도체레이저를 이용하고 있습니다. 위성까지의 약 38,000 km의 거리에 이르는 광 신호를 전송하기 위해서는, 20 mrad 이하의 높은 지향성(directionality)을 가진 레이저광을 정확하게 상대위성에 조사하기 위한 레이더 기반의 방향추적 기술이 필요합니다.

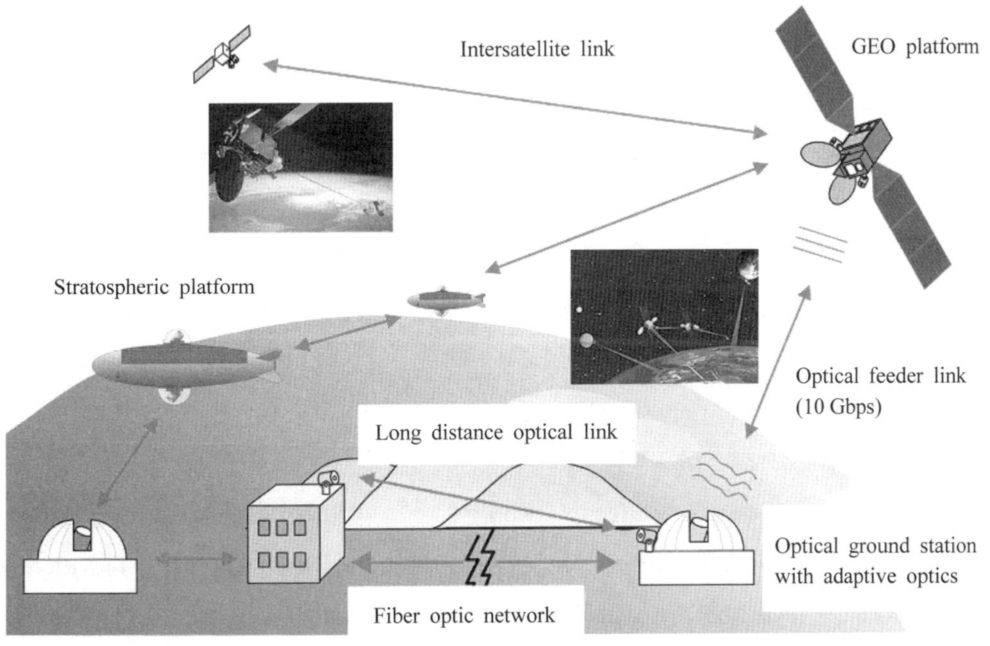

그림 6.9 우주광통신

6.6 여러 가지 광 네트워크

홈 네트워크(Home Network)는 가전제품 안에 별도의 통신기능을 부여해서 기기끼리 서로 통신은 물론 인터넷에도 연결될 수 있도록 만든 시스템을 말합니다. 홈 네트워크는 유무선 인터넷을 통해 냉장고, 에어컨, 마이크로웨이브 오븐, TV 등 주요 가전제품을 제어하고 기기 간 콘텐츠(contents)를 공유할 수 있는 기술로, 차세대 디지털가전시장의 핵심이 될 요소로 꼽히고 있습니다. 홈 네트워크가 갖춰지면 집 안에서건, 집 밖에서건, 리모컨이나 휴대용단말기로 마음대로 전자제품을 제어할 수 있게 됩니다. 또한 가전제품을 통해 가정 내부와 외부에서 인터넷접속, 동영상전송, e-mail 송수신이 가능해져 진정한 사이버 홈(cyber home) 구축이 가능하게 되는 것입니다.

홈 네트워크는 용도에 따라 컴퓨터를 중심으로 집안의 정보통신기기를 엮어주는 데이터네트워크(data network), TV 및 오디오 등을 한데 엮는 A/V네트워크(A/V network), 백색가전을 위시한 가전기기들의 정보가전네트워크(home appliance network), 방범/방재, 냉난방 및 가스제어 등 제어를 위한 제어네트워크(control network)로 크게 구분할 수 있습니다. 홈 네트워크 기술은 유선과 무선으로 구분되며 유선은 기존의 전화선(Home PNA, home phone-line networking alliance)이나 전력선(PLC, power line communication)을 이용하는 방법이 보편적인 반면, 무선은 별도의 배선이 필요가 없고 이동성과 유연성이 보장되며 네트워크 구조변경이 용이하여 선호됩니다.

기존의 보수적인 의미의 홈 네트워크는 높은 대역폭을 필요로 하지 않기 때문에 기존의 통신 솔루션(solution)으로 해결이 될 수 있으나, 사람들이 꿈꾸는 지능형 홈 네트워크를 위해서는 지금보다 훨씬 높은 대역폭을 필요로 하므로 광통신이 유일한 대안으로 대두될 것으로 보입니다. 결국 차세대의 지능형 홈 네트워크에서는 광 홈 네트워크 기술이 그 핵심이 될 것으로 보입니다.

광통신 기반의 자동차네트워크(car network)에는 멀티미디어네트워크 기반의 MOST (media oriented systems transport)와 차량안전네트워크 기반의 Byteflight 및 FlexRay 등이 있습니다. 그 중에 MOST는 자동차 인포테인먼트(infotainment) 시스템에 사용되는 차량용 통신시스템입니다. 차량의 성능이 개선되고 더욱 다양한 기능을 수행하게 되면서 여러 가지의 멀티미디어기기가 자동차에 장착되고 있는 상황에서 각 기기들을 연결하고 데이터를 전달할 필요성이 높아졌지만 기존의 차량용 통신시스템들은 대역폭도 좁고 멀티미디어 관련 응용지원도 미약했으므로 이러한 문제점들을 해결하기 위해 주로 독일의 자동차회사들과 광통신부품회사들을 주축으로 MOST가 등장했습니다.

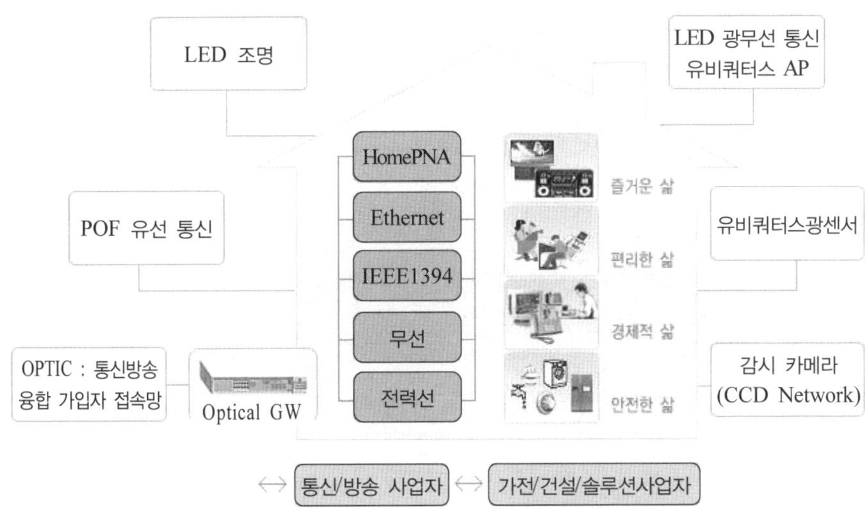

그림 6.10 광 홈 네트워크(KOPTI 제공)

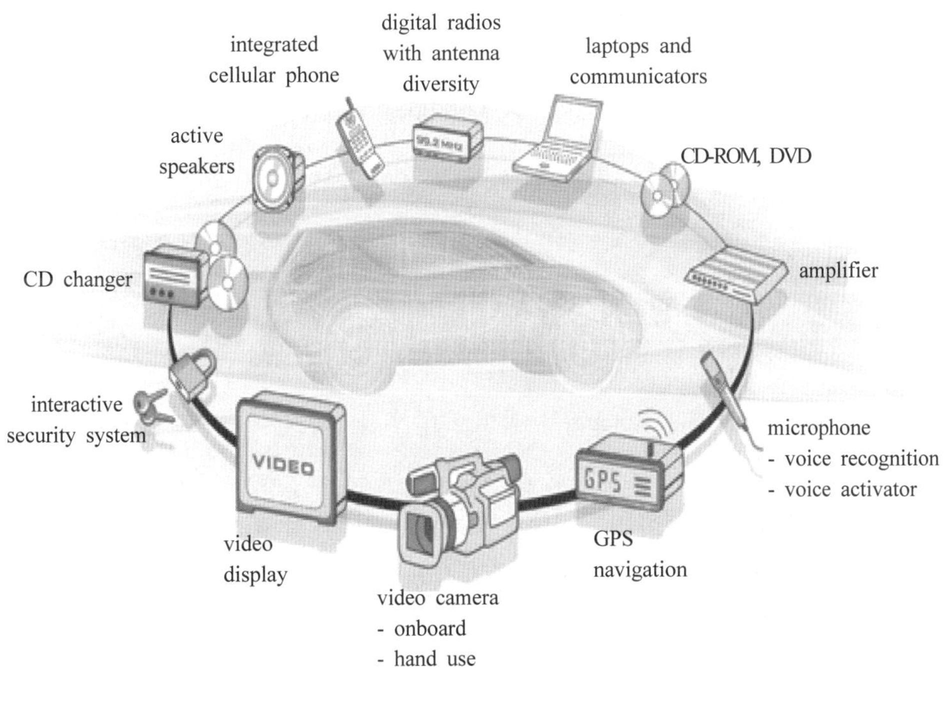

그림 6.11 MOST

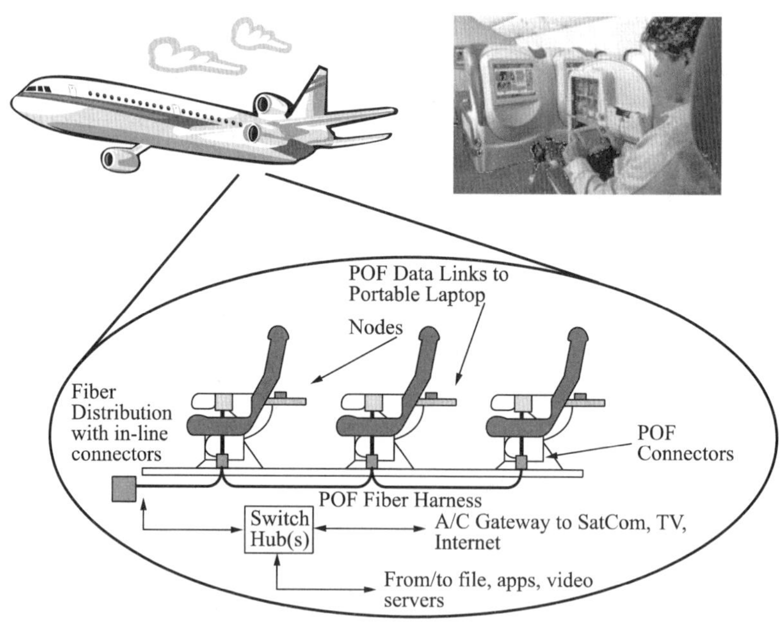

그림 6.12 aircraft optical network

현재의 항공기(aircraft)네트워크에서는 자동차용 광 네트워크와 매우 유사하게 플라스틱 광섬유(POF, plastic optical fiber) 데이터링크(data link)를 사용하며 광 송신기(optical transmitter)로는 650nm 적색 LED, 광 수신기(optical receiver)로는 Si PD(photo-diode)를 사용하여 네트워크를 구성합니다.

6.7 광 픽업과 광 저장장치

광 저장장치(optical data storage)를 살펴보면 우선 정보를 가지고 있거나 기록할 수 있는 광디스크(optical disk)와 정보를 기록 또는 재생하는 장치로 나누어 볼 수 있습니다. 정보를 기록하고 재생하는 장치는 광 픽업(optical pickup) 또는 광 헤드(optical head) 부와 데크(deck) 등의 기계 부, 그리고 각종 신호와 제어를 위한 회로 부로 나누어 볼 수 있습니다. 광 저장장치의 경우에 있어서, 광학부품이라고 할 수 있는 것은 광 저장장치 전체무게의 수백분의 일 정도에 지나지 않는 몇 가지의 광학부품과 이에 관계되는 몇 개의 소자(device)들에 불과합니다. 그러나 이러한 광학소자들이 장치 전체에 있어서

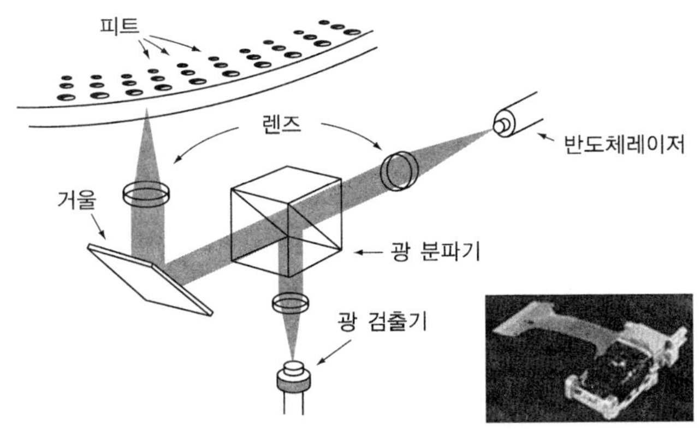

그림 6.13 광 픽업 구조

신호처리 방식과 제어수준 및 방법, 정밀가공의 정도 및 열적환경 등을 좌우한다고 한다면, 이것은 광학에 의하여 모든 기술이 지배된다고 할 수 있을 것입니다. 이렇게 광 저장장치의 모든 특성을 결정하는 핵심부품을 광 픽업 또는 광 헤드라고 합니다. 따라서 광 저장장치의 원리를 이해하고 문제점을 해결하고, 새로운 기술을 확보하기 위해서는 광 픽업에 대하여 이해할 필요가 있습니다. 광 픽업을 살펴보면, 각종 광학부품, 레이저 다이오드(laser diode) 및 포토다이오드(photodiode) 등과 이를 지지해주는 고정부와 광을 조사하고 정보를 읽어 들일 수 있도록 된 구동부가 있습니다. 구동부에는 대물렌즈가 장착되어 고정부와 광학적 특성이 연결되도록 되어있습니다. 광 픽업은 트래킹(tracking) 및 포커싱(focusing) 에러를 보정하여 원하는 트랙을 빨리 찾아 초점을 잘 맺게 하는 방식으로 정보를 기록하고 재생합니다.

광 픽업은 레이저광을 광학적 수단을 통하여 광디스크 상의 정보피트(pit)에 무 수차로 조사하여 광디스크 상의 정보피트(pit)의 유무에 의하여 반사광 및 회절광을 광 검출기가 받아들여 이를 전기신호로 변환하거나, 또한 이와 더불어 주어진 신호에 따라 동일한 방식에 의하여 무 수차의 레이저광에 의하여 광디스크 상에 정보를 기록할 수 있는 장치의 총칭입니다. 이는 광원으로서 반도체레이저를 사용하므로 반도체레이저 픽업이라고도 칭하며, 광 저장장치의 핵심부품이라고 할 수 있습니다. 광 픽업이 널리 사용되고 알려진 것은 아마도 CD(compact disk)에 의해서였을 것입니다. 물론 영상을 중심으로 했던 LD(laser disk)가 CD에 비해 먼저 상용화되기는 했지만 소프트웨어의 빈약 등 여러 가지 이유로 인해 관련시장이 크지는 못한 상태에서 현재는 DVD(digital versatile disc)란 새로운 형태의 광디스크의 출현으로 인하여, LD는 곧바로 사장되었습니다. 현재

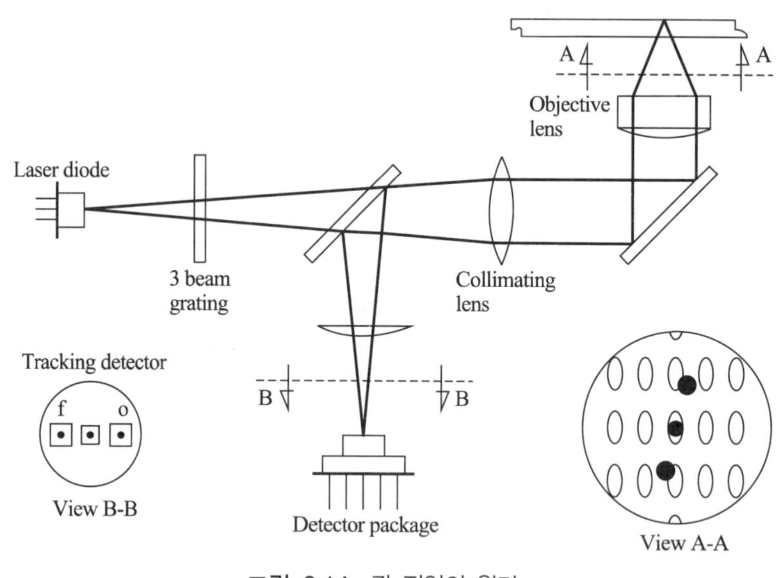

그림 6.14 광 픽업의 원리

CD를 중심으로, CD 및 CD-ROM(Read Only Memory) 등의 시장이 매우 큰 상태였으나 이미 포화되었고, 현재 DVD와 BD 등의 계속적인 성장이 이루어지고 있는 분야입니다.

그러면 CD 방식에서는 기존의 LP(long play 또는 long playing record)와 무엇이 다른가를 살펴보는 것도 중요합니다. 첫째는 신호를 읽는 접촉식 바늘과 비접촉식인 광 픽업의 차이가 있고, 디스크의 크기가 다르며, LP와는 달리 CD의 경우에는 디스크의 회전속도가 CLV(constant linear velocity)로서 disk의 내주와 외주에서의 회전속도가 다릅니다. CD 방식에서는 선속도(linear velocity)가 1.2～1.4 m/sec로 일정하게 정해져 있으며, LP와는 달리 CD의 재생은 내주부터 재생하여 외주로 이동하는 방법을 쓰고 있습니다. 선속도가 일정하다는 의미는 내주부분에서는 반지름이 작으므로 각속도가 크고(회전이 빠르고) 외주부분에서는 반지름이 크므로 각속도가 작다(회전이 느리다)는 의미로 디스크 상의 어느 영역을 사용하느냐에 따라 회전속도가 계속 변한다는 뜻입니다. 반면에, CAV(constant angular velocity)는 LP, HDD(hard disk drive), FDD(floppy disk drive) 및 LD 등에 사용되는 읽기 및 쓰기 모드입니다. CAV를 사용하면, 디스크의 어느 부위를 액세스(access)하고 있든 관계없이 디스크는 일정한 회전속도로 회전합니다. 이것이 안쪽 트랙을 액세스할 때 더 빨리 회전하는 CLV와 다른 점입니다. 일부의 최신 CD-ROM 드라이브는 CAV와 CLV를 배합하여 사용하기는 해도, 일반적으로 CD-ROM은 CLV를 사용하는 데 반해, LP나 HDD는 CAV를 사용합니다. CAV의 장점은 모터의 회전속도를 변경할 필요가 없으므로, 설계와 생산이 더 간단하다는 데 있습니다. 더구나 CLV는 드라이브의 회전속도가 변경될 때마다, 시간이 잠시 지연되기 때문에 초고속 CD-ROM의 경우에는 문제가 생길 수 있습니다. CAV는 CLV에 비해 디스크용량을 낭비하지만, 데이터 검색을 빠르게 할 수 있으므로, 고화질 사진이나 비디오를 저장하는데 좋은 방법입니다.

반면에 BD와 같은 고밀도광디스크의 경우, 저속(2x~4x)에서는 CLV를, 중속(4x~6x)에서는 ZCLV(zoned CLV)를, 고속(6x~12x)의 기록용 장치에서는 CAV를 사용합니다. 여기서 ZCLV는 전체의 디스크영역을 복수의 영역(zone)으로 나누어 CLV의 기록속도를 점점 빠르게 하는 방식입니다.

BD(blu-ray disk)는 디지털방송 시대의 차세대 DVD로 개발된 대용량 광디스크의 새 규격입니다. BD는 현행 DVD가 적색레이저(파장 650 nm)를 광원으로 사용하는 데 비해 청자색레이저(파장 405 nm)를 이용함으로써 최소 5배 이상의 기록용량을 가지게 되었을 뿐 아니라 기록 층을 다층화하여 최대 1,000억 바이트 급(100 Gbyte급)의 광디스크 기술도 가능하도록 하였습니다.

원격장(遠隔場) 광학(far field optics)과 근접장(近接場) 광학(near field optics)의 근본적인 차이는 광원과 광학계 사이의 거리와 결상방식에 있습니다. CD, DVD나 BD에서 사용하는 원격장(far-field) 저장기술에서는 빛이 가진 회절특성으로 인해 일반적인 렌즈를 통해서는 파장보다 빛을 작게 모을 수 없습니다. 이를 극복하기 위해서 근접장

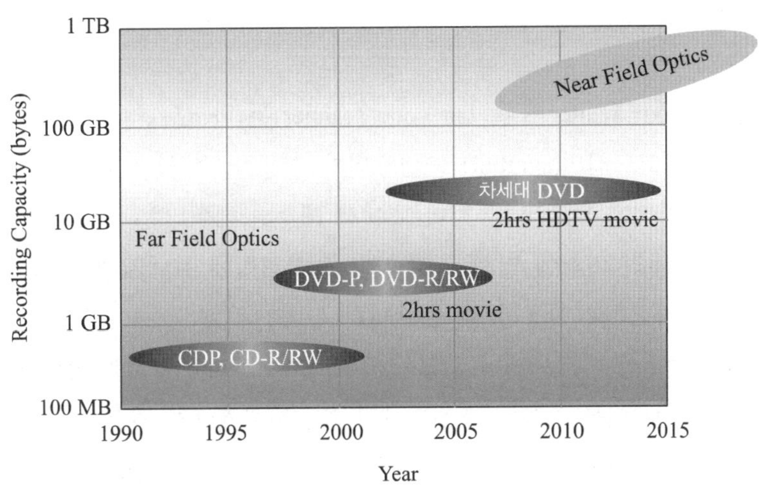

그림 6.15 차세대 광 저장장치 로드맵

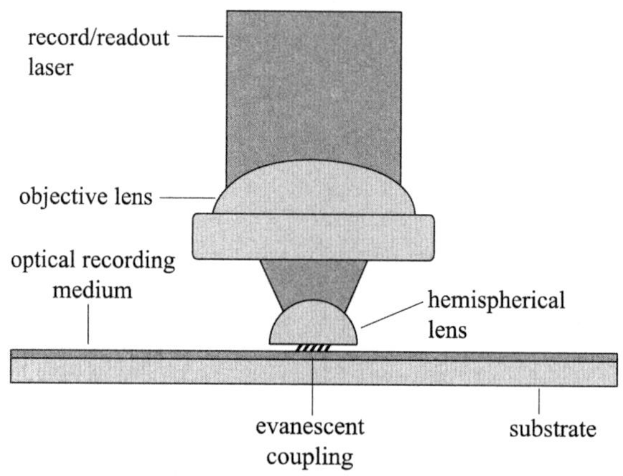

그림 6.16 근접장 광 기록의 원리

(near-field) 광기술이 이용되는데, 파장보다 작은 크기의 탐침이나 나노개구(nano-aperture)를 통해서 작은 크기(수십 nm)의 빛을 형성할 수 있게 됩니다. 하지만 이렇게 형성된 빛은 근접장 영역에서만 그 크기가 유지되기 때문에 사용하려는 기판이 탐침과 수십 nm 범위로 매우 가까이 있어야 합니다. 이렇게 형성된 작은 크기의 빛은 테라바이트급 이상의 차세대 고밀도정보저장기기에 응용이 가능하며 현재 이 분야에 대한 연구가 매우 활발합니다.

6.8 바코드리더

바코드리더(bar code reader 또는 bar code scanner)는 바코드판독기로도 불리는데, 광학적으로 표현된 바코드심벌(symbol)을 컴퓨터가 수용할 수 있는 디지털데이터로 변환하는 기능을 가진 장비를 말합니다. 리더 내에서 해독된 데이터는 곧바로 컴퓨터로 전송되거나, 또는 리더 내의 버퍼에 임시로 저장된 후 한꺼번에 보내지거나, 리더 내에 머무르는 응용프로그램에 의해 이용될 수 있습니다.

그림 6.17에서 보듯이 바코드리더는 크게 두 부분으로 나누어져 있습니다. 즉, 바코드심벌에 빛을 주사해서 이를 감지하는 광학계부분과 광학계에서 받은 전기신호를 데이터로 변환하는 해독기부분으로 구성됩니다. 광학계부분은 스캐너(scanner)라 불리고 해독기부분은 디코더(decoder)라 불립니다.

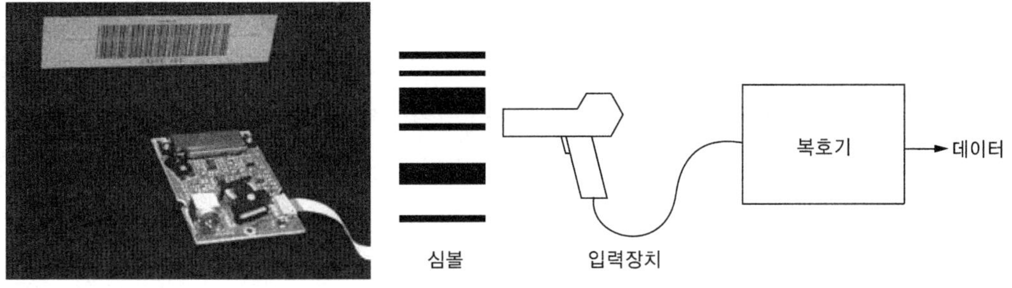

그림 6.17 바코드리더

그림 6.18 바코드리더의 구조 및 측정원리

오늘날 사용되는 스캐너의 종류는 매우 다양하므로, 그 구분이 단순하고 용이하지 않습니다. 스캐너용 광원으로는 과거에는 LED나 헬륨-네온 레이저(He-Ne laser)가 주로 사용되었으나 현재에는 성능이 우수하고 소형인 적색 반도체레이저가 주종을 이루고 있습니다.

6.9 디지털TV와 디스플레이

디지털TV(Digital TV)의 강점은 무엇보다 선명한 초고화질과 영화관 수준의 초고음질입니다. 디지털TV는 표준화질(SD, standard definition)과 고화질(HD, high definition)로 나뉘는데 SD급은 아날로그TV보다 2배 이상, HD급은 5배 이상 선명합니다. 화면비율 역시 16 : 9로 기존 아날로그TV의 4 : 3과 확연히 차이가 납니다.

다음으로 디스플레이 방식입니다. 상용제품으로는 크게 브라운관(CRT, cathode ray tube), TFT-LCD(thin-film transistor liquid-crystal display), 플라즈마디스플레이 패널(PDP, plasma display panel), 그리고 프로젝션디스플레이(projection display) 등으로 구분됩니다. 그중에 브라운관이 가장 저렴하고, 프로젝션 TV, PDP, TFT-LCD로 갈수록 가격이 높아집니다. 디지털 TV의 대명사격인 PDP-TV와 LCD-TV는 본체기준으로 두께가 수 cm 안팎에 불과하여 평판디스플레이(FPD, flat-panel display)라 불리며, 반사장치를 가리기 위해 화면 아래쪽에 덮개를 단 프로젝션 TV와는 달리 깔끔한 디자인을 자랑합니다. '벽걸이 TV'란 이름처럼 벽에 걸어두면 집의 품격을 높여 주지만, 인테리어 비용이 만만치 않습니다.

최근에는 CCFL 대신에 LED를 사용한 LCD-TV인 LED-TV가 기존의 LCD-TV 시장을 빠른 속도로 대체하고 있으며, 기존의 FPD에 3D(3차원) 입체영상의 시청이 가능하도록 한, 대형 3D-TV 시장도 급속히 늘어나고 있어 관심이 집중됩니다.

프로젝션 TV는 작은 LCD나 미세거울을 이용해 화면을 투사 및 확대하는 기술을 적용한 제품으로, 40~60인치 대가 주종입니다. 가격은 LCD나 PDP의 절반 정도로 대 화면을 즐길 수 있어 좋지만, 브라운관이나 FPD에 비해 밝기가 다소 떨어집니다. 또 수년마다 램프(lamp)를 교환해 주어야 합니다. 일반 프로젝션TV는 가격이 저렴한 편이지만 화면 아래쪽의 덮개가 답답한 느낌을 줍니다.

브라운관 TV는 가격은 매우 저렴하나, 기존 32인치 제품의 경우 두께가 60 cm에 달하는 등 공간을 많이 차지하는 것이 치명적인 약점입니다. 하지만 브라운관 제조업체들이 두께를 30 cm 이하로 획기적으로 줄인 제품들을 출시하여 호평을 받고 있습니다. 슬림 브라운관(slim-CRT)은 디지털TV 시대에도 브라운관이 주류의 지위를 어느 정도 유지할 수 있음을 보여 줬다는 의미가 있습니다만 PDP-TV나 LCD-TV의 가격이 지속적

그림 6.19 108인치 LCD-TV(2010, 샤프, AQUOS)

그림 6.20 152인치 3D PDP-TV(2010, 파나소닉)

그림 6.21 75인치 3D LED-TV(2011, 삼성, Mari)

그림 6.22 84인치 3D LCD-TV(2011, LG)

으로 하락하고 있기 때문에 향후에도 비교우위를 지속할 수 있을지 그 결과가 주목됩니다.

그 밖에 주목받는 Display장치로는 유기 LED(OLED, Organic LED)디스플레이를 들 수 있습니다. OLED는 유기 EL(Organic Electro-luminescent)디스플레이라고도 부르며, 전압을 가하면 유기물반도체가 빛을 방출하는 특성을 이용합니다. 유기물반도체에 따라 R, G, B를 방출하는 특성을 이용해 풀 컬러(full color)를 구현하는 것이 기본적인 발광 원리입니다. 무기물반도체를 발광물질로 사용하는 반도체LED와 원리적으로는 차이가 없으며 자체발광소자이기 때문에 휘도(brightness)와 색 순도(color purity) 특성이 뛰어납니다. LCD와 비교한 OLED의 가장 큰 장점은 '자체발광형'이라는 것입니다. 이는 소자 자체가 스스로 빛을 내는 것으로 어두운 곳이나 외부의 빛이 들어올 때도 시인성이 좋은 특성을 가지며 아울러 넓은 시야각(viewing angle)을 갖습니다. OLED는 응답속도가 LCD의 약 1,000배 수준으로 매우 높아 텔레비전 화면수준의 동화상재생에도 자연스러운 영상을 표현할 수 있습니다. 또한 LCD와는 달리 백라이트(back light)나 외부광원이 필요가 없기 때문에 LCD의 약 절반 수준의 저소비전력과 LCD-TV 두께의 1/3 수준의 초박형이 가능합니다. 하지만 아직은 유기물반도체의 신뢰성 때문에 중대형디스플레이의 출시가 늦어지고는 있으나, 가까운 시기에 20~40인치 급의 OLED 모니터와 TV가 세상에 등장하면 디스플레이 시장 전체에 큰 변화를 줄 수 있을 것으로 기대됩니다.

꿈의 디스플레이로 불리는 전계발광 디스플레이(FED, field emission display)는 CRT와 평판디스플레이의 장점을 접목한 것으로 CRT와 같은 전자총이 미세한 크기로 무수히 많은 개수로 제작되어 수많은 전자를 방출하여 각각의 형광체와 충돌시켜 빛을 내고 영상을 만듭니다. FED는 소비전력이 매우 낮고 영상의 색감이 뛰어나며, 두께가 얇고

그림 6.23 40인치 OLED-TV(2011, 삼성)

그림 6.24 19인치 플렉시블 디스플레이(2010, LG)

가벼워서, 대형화가 용이한 차세대 디스플레이기술로 평가됩니다. FED는 하나의 셀(cell)이 하나의 브라운관 기능을 하며, 수백만 개의 미세한 셀(브라운관)이 하나의 디스플레이를 구현한다고 이해할 수 있습니다. 하지만 미세전자총들의 수명문제로 아직은 상용화에 시간이 걸릴 것으로 예상됩니다.

평판디스플레이를 넘어선 그 다음 세대의 기술은 플렉시블 디스플레이(flexible display)를 들 수 있습니다. 플렉시블 디스플레이는 얇은 기판 위에 디스플레이를 구현하여, 구부리거나(bendable) 접거나(foldable) 말아도(rollable) 손상되지 않는 새로운 개념의 디스플레이입니다. 플렉시블 디스플레이는 구현하는 제품의 용도에 따라서 종이를 대체하는 용도(전자종이, e-paper)와 현재의 디스플레이장치를 대체하는 용도로 폭넓게 사용될 것으로 예상됩니다.

6.10 광기술의 군사적 응용

지향성에너지 무기(DEW; directional energy weapon)란 전자기에너지를 집속하여 표적을 파괴, 무력화, 내지는 성능을 저하시키는 무기체계를 말합니다. 지향성에너지 무기의 대표적인 무기로는 고에너지 레이저(HEL, high-energy laser) 무기와 고출력 마이크로파(HPM, high-power microwave) 무기 등이 있습니다.

그동안 고에너지 레이저 무기체계의 개발은 미국이 주도적으로 추진해 왔습니다. 미국은 1970년대부터 시작된 고에너지 레이저의 연구를 바탕으로 1983년에 시작된 '별들의 전쟁(star wars)', '노틸러스(Nautilus) 계획' 등을 거쳐 레이저무기를 꾸준히 개발해 왔습니다. 한편 미국 이외의 개발 국가로는 러시아, 중국, 그리고 유럽의 국가들이 레이저무기를 개발하고 있는 것으로 알려져 있습니다. 현재 고에너지 레이저 무기체계는 설치장소나 탑재장치를 고려하여 지상배치 레이저(GBL, ground based laser), 항공기탑재 레이저(ABL, air borne laser), 함정탑재 레이저(SSD, ship self-defence), 우주배치 레이저(SBL, space based laser)의 네 종류로 분류됩니다.

이 가운데 지상배치 레이저는 고에너지 레이저시스템을 지상의 일정한 공간에 설치해 단거리유도탄, 유도로켓, 소형항공기 등을 요격하는 시스템입니다. 이미 미국과 이스라엘이 공동으로 개발한 이동식 전술 고에너지 레이저(M-THEL: mobile tactical high energy laser) 무기를 그중의 한 예로 들 수 있습니다. THEL은 적으로부터 대량으로 발사된 각각의 로켓에 강력한 출력의 적외선 화학레이저(chemical laser)빔을 쏘아 로켓을

그림 6.25 고에너지 레이저무기

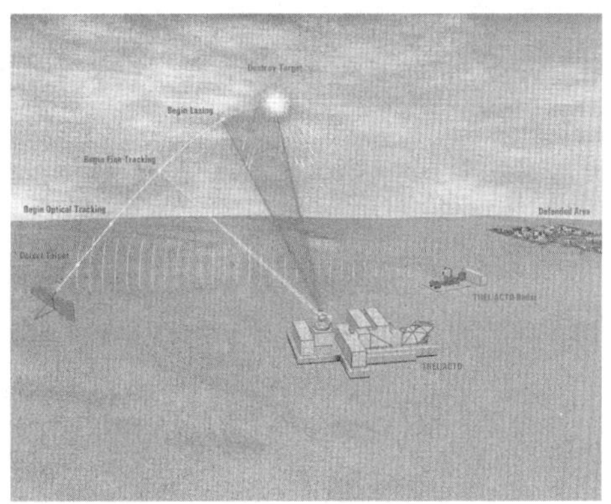

그림 6.26 THEL의 원리

무력화하는 최첨단무기입니다. 크게 레이더(radar)와 레이저(laser)로 구성된 THEL은 컨테이너 차량에 설치될 정도로 장비가 간소해 기동성도 탁월한 것으로 알려졌습니다. 미국은 1996년 일련의 단거리미사일이 이스라엘을 공격한 사건이 발생하자, 이스라엘과 공동으로 THEL의 개발에 나섰습니다. 미국과 이스라엘은 2000년 6월 이 레이저무기의 시험발사에 성공했습니다. THEL의 요격 성공에 따라 THEL은 미국의 과학 잡지인 파퓰러 사이언스지 2000년 12월호에서 2000년도 최고의 발명품으로 선정한 바가 있습니다. THEL은 미국이 탄도미사일의 요격을 위해 추진 중인 미사일방어체제와 함께 미사일방어(MD, missile defence) 시스템의 한 축으로 자리 잡을 전망입니다.

한편, 이동이 불가능한 시스템으로는 초대구경광학계를 이용해 정찰위성의 센서를 손상시키거나 파괴시키기 위해 현재 미국에 의해 기술개발이 추진되고 있는 지상배치 레이저(GBL) 시스템을 들 수 있습니다.

항공기탑재 레이저는 부스터(booster) 단계의 탄도탄 요격을 위한 레이저무기로서 현재 개발 중에 있습니다. 항공기는 약 4,000피트 상공에 머물며, 적국으로부터 발사된 탄도미사일이 구름층을 뚫고 나오면 10초 이내로 조준 및 추적을 완료한 후, 레이저광을 발사하여 8초 이내로 요격을 완료하게 됩니다. 미국은 북한의 장거리 탄도미사일 발사에 대비해 2008년부터 탄도미사일을 요격할 수 있는 고성능레이저(ABL)를 탑재한 항공기를 극동지역에 배치한 것으로 알려지고 있습니다.

우주배치 레이저는 부스터 단계 및 중간단계의 탄도탄 요격을 위한 레이저무기로서 기술개발이 진행되고 있습니다.

함정탑재 레이저는 함정의 자체방어를 위해 원거리에서 함대함유도탄의 센서에 손상을 가하고(soft-kill), 근거리에서 유도탄의 몸체에 손상을 가하는(hard-kill) 개념으로, 무기체계에 응용이 가능한 자유전자레이저(free-electronic laser, FEL)의 기술개발이 현재 미 해군에 의해 추진되고 있습니다. FEL은 전자빔을 높은 에너지로 가속하여 교번자기장에 의해 고출력 레이저빔을 발생시키는 기술입니다.

레이저무기의 사정거리는 용도에 따라 지상배치 형은 수십 km, 항공기탑재 형 및 우주배치 형은 수백 km에 이르는 것으로 알려져 있으나, 실제사정거리는 레이저의 출력과 표적의 종류에 따라 가변적입니다. 특히 미국은 지상에서 실제 인공위성을 향해 레이저를 발사시키는 실험을 수행한 적이 있습니다만 그 결과는 알려지지 않았습니다.

6.11 광기술과 광 가공

레이저를 이용한 광 가공은 열처리(annealing), 마킹(marking), 절단(cutting), 용접(welding), 구멍 뚫기(drilling), 합금화(alloying)처리, 경화(hardening), 제염(decontamination), 애블레이션(ablation) 등 여러 가지 용도로 활용되고 있으며 레이저광의 에너지밀도(J/cm^2)에 영향을 주는 두 가지 변수인 레이저광의 출력밀도(W/cm^2)와 레이저광 조사시간(sec)을 조절하면 용도에 알맞게 가공을 할 수가 있습니다.

$$\text{에너지밀도}\ [J/cm^2] = \text{출력밀도}\ [W/cm^2] \times \text{조사시간}\ [sec] \tag{6.1}$$

여러 가지 용도 중 가장 높은 에너지밀도를 필요로 하는 공정은 절단이나 용접 분야입니다. 고출력레이저로는 산업용으로 개발, 응용된 이산화탄소(CO_2) 레이저와 네오디뮴-야그(Nd:YAG) 레이저가 대표적입니다. 최근에 이들에 더하여 단파장의 엑시머(Excimer) 레이저가 쓰이고 있습니다.

표 6.1은 광 가공 분야별로 필요한 출력밀도, 레이저광의 조사시간 및 총 에너지밀도를 정리한 표입니다.

표 6.1 여러 가지 광가공과 에너지밀도

	출력밀도(W/cm^2)	조사시간(s)	에너지밀도(J/cm^2)
경화, 제염	High	Short	Medium
구멍 뚫기	High	Short	Medium
합금화처리	Medium	Short	Low
절단, 용접	Medium	Long	High
열처리	Low	Long	Medium

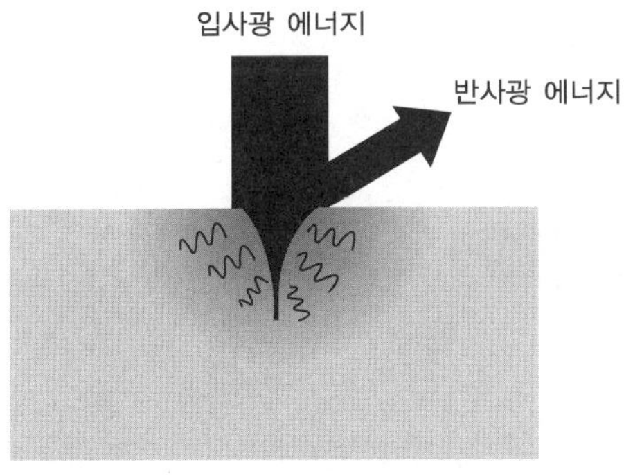

그림 6.27 레이저를 이용한 광 가공의 원리

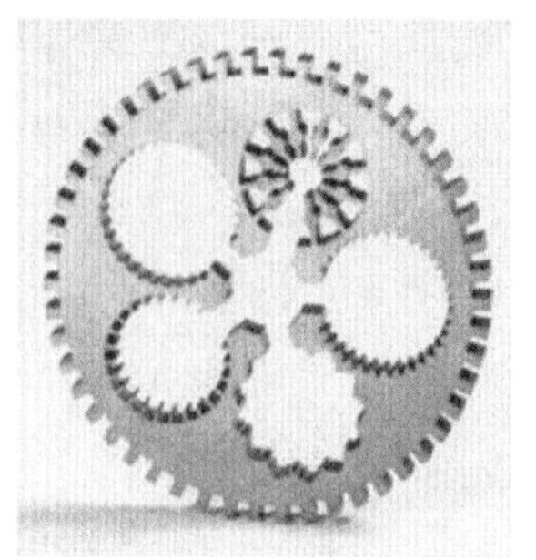

그림 6.28 레이저를 이용한 절단

광가공용 레이저는 높은 광 출력(optical power)을 자랑하지만, 가공용으로는 단위면적 당 레이저광 출력(출력밀도, W/cm^2)도 중요합니다. 레이저가 절단, 용접 등의 재료가공에 유효한 것은, 레이저의 높은 결맞음(coherence)으로 인하여 렌즈를 통하여 매우 작은 면적에 집광, 조사되고, 그 결과로 매우 높은 출력밀도가 가능하기 때문입니다. 또 레이저광은 비접촉으로 원격제어를 통한 가공이 용이합니다. 레이저가공에서는, 종래의 가공법으로 불가능한 형태를 정밀하게 단시간 안에 가공할 수 있습니다.

레이저 애블레이션(ablation)이란, 펄스레이저 광을 물체(표적)에 조사하여 물체표면을 깎아내는 것을 말합니다. 레이저 애블레이션은 크게 두 가지 목적으로 사용되고 있습니다. 하나는 표적이 되는 물체의 가공이고, 또 다른 하나는 표적에서 분리되어 나온 물질로 막을 만드는 것입니다.

레이저세정(laser cleaning)은 오염제거 대상물에 에너지밀도가 높은 레이저광을 조사해 애블레이션을 일으키는 것으로써 표면오염물을 제거하는 것입니다. 표면오염물과 모재(host material)와의 애블레이션의 차이를 이용해서 모재에 영향을 주지 않고 표면에

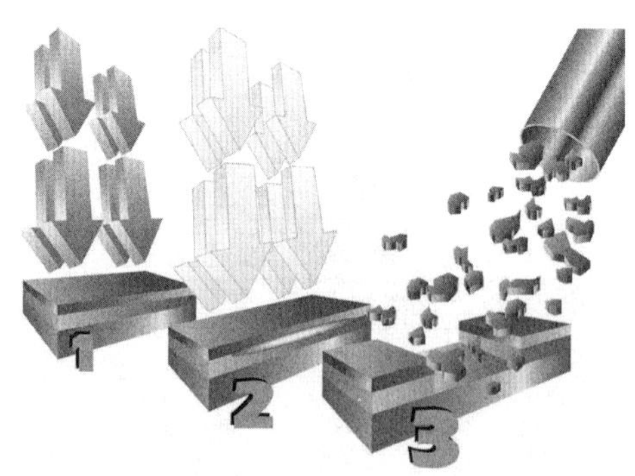

그림 6.29 레이저세정의 원리

그림 6.30 명화 'October Morning'의 레이저세정 전과 후

붙어있는 오염물만을 선택적으로 제거할 수 있으므로, 칠을 벗겨 내거나 예술작품 및 문화재의 청소 등에 이용되고 있습니다.

6.12 의 광학

의 광학(醫光學, medical optics 또는 medical photonics)은 빛이 생체조직과 일으키는 상호작용을 이용하여 환자의 치료나 진단에 효과적으로 활용하는 학문입니다. 엑시머 레이저를 이용한 시력교정시술, 각종 레이저수술, 형광을 이용한 암세포의 조기진단 및 광 동력학 치료(PDT, photo-dynamic therapy) 등, 광학과 광기술의 생체과학 및 의료공학에의 응용은 실로 다양하며, 앞으로도 의학 전 분야에의 지대한 공헌과 발전이 기대되는 분야입니다.

의 광학 분야에서 사용하는 광원들은 매우 다양하지만, 높은 광 출력성, 단색성(monochromaticity), 지향성(directionality), 결맞음성(coherence) 등으로 인해 생체조직과의 상호작용이 가장 잘 일어나는 레이저를 가장 많이 사용하게 됩니다. 레이저의 적용분야는 신경외과학(neurosurgery), 위장병학(gastroenterology), 비뇨기학(urology), 피부병학(dermatology), 이비인후과학(otorhinolaryngology), 심장학(cardiology), 부인과학(gynecology), 정형외과학(orthopedics), 안과학(ophthalmology), 치과학(dentistry, odontology) 등, 거의 모든 분야에 폭넓게 적용되고 있습니다.

The Perils of Early Laser Surgery

그림 6.31 레이저 시력교정수술의 위험성(?)

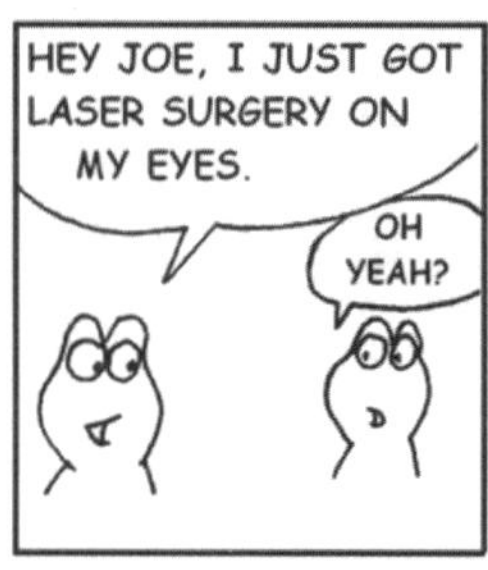

그림 6.32 레이저 시력교정수술의 효과(?)

6.13 나노기술 및 나노광기술

미국 코넬(Cornell)대학에서 단세포 하나보다도 작은, 세계에서 가장 작은 기타(나노기타, nano-guitar)가 실리콘(silicon)결정으로 조각되어 만들어졌습니다. 이 나노기술(nano-technology, NT)은 광전자공학, 디스플레이, 센서, 전자공학 등 다양한 분야에서 수요가 있을 것으로 기대되는 새로운 기술입니다. 여기서 이들은 마이크로 전자기계 장치(MEMS, micro-electro-mechanical system) 또는 나노 전자기계 장치(NEMS, nano-electro-mechanical system)라는 기술을 이용하여 특정구조들을 매우 작은 크기로 만들어 사람들을 나노크기의 세계로 이끌고 갑니다.

이 나노기타는 모두 6개의 현을 가지고 있고, 폭은 각각 50 nm입니다. 다시 말하면 약 200개 원자의 길이에 해당입니다. 예를 들어, 이 나노기타에 원자력현미경(AFM, atomic-force microscope)이나 레이저로 현을 뜯는다면 현은 공명할 것입니다. 물론 사람이 들을 수 있는 진동수는 아닐 것입니다. 이 기타의 전체길이는 10μm 정도로서 단세포만 한 크기입니다. 그들은 소규모 기계탐침(probe), 고속반응이나 매우 작은 힘을 측정하는 상황에서 이 기술이 유용할 것이라고 말합니다.

나노기술의 핵심은 전자선석판술(electron beam lithography)입니다. 이것은 집적회로를 만드는 데 필요한 미세패턴(pattern)을 만드는 기술입니다. 초기에 주사전자현미경(SEM, scanning electron microscope)으로부터 유래된 이 기술은 절연도료(PR, photo- resist)라고 부르는 얇은 막으로 덮은 표면을 전자선으로 주사하는 것입니다. 전자빔은 이 절연도료에 화학적 변화를 일으키고 표면에 패턴을 만듭니다. 대부분의 MEMS는 광석판술(optical lithography)과 화학적 에칭(chemical etching)으로 제작되어 1μm 내외의 최소 크기를 갖습니다. μm 보다 더 작은 nm 수준의 NEMS를 만들기 위해서는 새로운 제작기술을 이용한 접근이 필요합니다. 사람의 머리카락의 직경은 약 100μm, 즉 100,000 nm입니다. 선의 직경이 50～100 nm에 불과한 이 새로운 구조물들과 비교해 본다면 머리카락은 어마어마하게 큰 것입니다. 이들은 고압전자선석판술(high-energy electron beam lithography)을 사용하여 산화물기판 위에 단결정실리콘으로 그들의 구조물들을 조각했습니다. 절연도료는 실리콘으로 된 맨 위층에 무늬를 넣기 위해서 사용되었습니다. 이 층의 하부에 있는 실리콘산화물은 습식화학에칭(wet chemical etching)으로 선택적으로 제거될 수 있습니다. 그 결과, 실리콘결정 안에 독립적으로 서있는 구조물이 완성되었습니다.

나노기술이란 원자나 분자 단위에서 물질을 제어하고 합성, 조립하는 21세기의 신기술

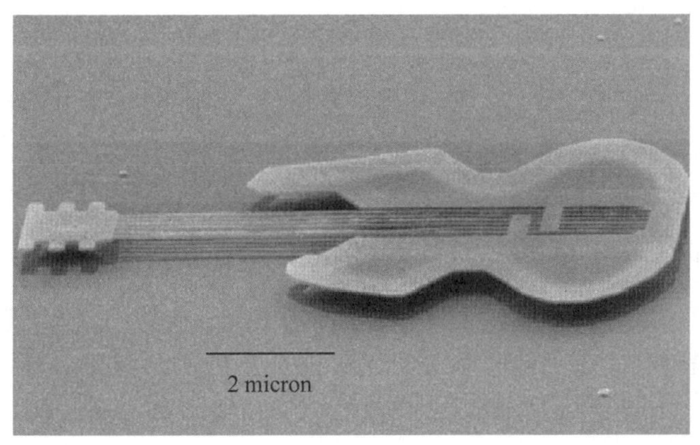

그림 6.33 나노기타와 레이저를 이용한 기타 연주

을 말합니다. 1981년 스위스의 IBM 취리히연구소에 근무하던 로러(Rohrer) 박사와 비니히(Binnig) 박사는 원자단위의 크기를 관찰할 수 있는 주사 터널링 현미경(STM, scanning tunneling microscope)을 발명하여 반도체 표면의 원자 하나하나를 선명하게 식별할 수 있는 최초의 사진을 학계에 발표했습니다. 이처럼 특수한 전자현미경을 이용하여 원자를 직접 볼 수 있게 만든 업적으로 이들은 1986년 노벨물리학상을 수상했는데, 이들이 만든 장치는 그 후 단순히 원자 및 분자들을 관찰할 뿐만 아니라 이동시키고 조립시키는 데도 쓰이게 되어 새로운 나노과학기술시대의 서막을 열었습니다.

나노는 '10억분의 1'을 의미하며 1나노미터(nm)는 원자 3~4개가 배열된 정도의 매우 미세한 크기입니다. 나노기술은 원자나 분자 정도의 작은 크기단위에서 물질을 제어하고 합성, 조립하며 혹은 그 성질을 측정, 규명하는 기술입니다. 일반적으로는 크기가 1~100 nm 범위인 재료나 대상에 대한 기술이 나노기술로 분류됩니다. 참고로 유전자를 이루는 디옥시리보핵산(DNA, deoxyribo-nucleic acid) 이중나선의 폭이 2 nm로서 DNA, RNA(리보핵산, ribo-nucleic acid), 단백질 등도 나노의 범위에 듭니다. 나노기술은 원자나 분자들을 적절히 결합시킴으로써 기존물질의 특성개선은 물론 신물질, 신 소자 창출에 더욱 적합하여 그 응용분야가 전자, 재료, 통신, 기계, 의약, 농업, 에너지, 환경, 방위산업 등 미치지 않는 곳이 없을 정도로 경제적, 기술적 파급효과가 막대합니다.

나노기술이 세계적으로 각광받기 시작한 것은 2000년 클린턴 미국대통령이 국가 나노기술구상(NNI; national nano-technology initiative)을 발표하면서입니다. 이 연설을 통해 클린턴은 솜털 같은 무게로 강철보다 10배 강한 물질을 합성하고, 각설탕만 한 부피에 미국 국회도서관의 자료전체를 수록할 메모리를 만들며, 암세포가 만들어지자마자 곧 감지할 수 있는 새로운 나노기술 개발에 연방정부가 적극 개입하여 기술종주국의 위치를 고수하겠다는 강력한 의지를 표명했습니다. 이어 일본과 유럽 각국들도 그 중요성을 인식하고 국가종합계획 등을 마련하여 대응하고 있으며, 우리나라도 마찬가지입니다.

나노기술은 다양하게 발전하고 있어 정해진 분류법이 있는 것은 아니지만 크게 세 가지의 핵심 분야와 기타 분야로 나눌 수 있습니다. 첫째, 나노소재(nano material)로 극미세크기의 새로운 물질과 재료를 합성하는 기술입니다. 둘째, 나노소자(nano device)인데 나노크기의 재료들을 조합하거나 배열하여 일정한 기능을 발휘하는 장치를 제작하는 것입니다. 셋째, 나노기술을 생명공학에 응용하는 것(nano-bio technology)입니다. 나노기술로 많이 거론되는 분야는 첫 번째로 차세대 반도체 및 차세대전지에의 응용입니다. 특히 차세대반도체 분야는 특별히 새로운 기술을 도입하지 않고도 현재의 탑다운

(top-down) 방식만으로(반도체를 미세하게 가공해 점점 더 작은 구조를 만드는 방식) 반도체공정을 계속 발전시켜 그 크기가 지속적으로 줄어들고 있습니다. 한국은 세계 최고수준의 반도체메모리 기술을 보유하고 있고 반도체관련 수출액이 총 수출액의 상당부분을 점유하고 있으며 나노기술을 반도체분야에 적용하는 연구도 매우 활발히 이루어지고 있습니다. 차세대 나노기술의 두 번째 핵심 분야는 NEMS입니다. NEMS의 대표적인 응용으로는 바이오테크놀로지(생명공학, BT, bio-technology)와 융합시키는 것입니다. 예를 들어, 나노-바이오 모터(nano-bio motor)는 인체의 모세혈관 속을 잠수함처럼 다니면서 질병을 진단하고 치료할 목적으로 연구되고 있습니다. 세 번째로 TV, 컴퓨터모니터, 차량 내 표시판, 야외전광판 등을 포함한 디스플레이(display) 분야입니다. 특히 차세대 기술로서 FED(전계방출디스플레이)는 소비전력이 적고, 혹독한 외부조건(날씨, 온도)에 내구성이 강할 뿐 아니라, 완벽한 동영상, 넓은 시야각, 대화면확장의 용이성, 공정의 단순 및 용이성 등으로 주목받고 있습니다. 한국은 나노기술 분야 중 특히, 탄소나노튜브(carbon nano-tube, CNT) FED 관련 기술 및 특허에서 압도적 우세를 점하고 있습니다. 나노 기술에서 또 하나의 핵심 분야는 나노소재입니다. 물질을 1～100 nm 크기의 극 미세입자로 만들 때 여러 가지 새로운 특성이 나타나는데 이것을 잘 이용하면 현재의 여러 산업기술을 획기적으로 개선하거나 전혀 새로운 소재를 합성할 수 있습니다. 각종 화학공정과 석유정제 등 에너지관련 분야의 촉매에도 나노기술을 이용한 나노입자가 대량으로 쓰일 것으로 전망됩니다. 가령, 정전기를 방지하기 위해 탄소나노튜브가 응용되고 있는데 빠른 시간 안에 전 세계 대부분의 자동차에 쓰일 것으로 전망됩니다. 은(Ag) 나노입자의 경우, 그 항균, 살균력을 이용하여 유아용 기구, 병원 내 환자복 및 기기, 에어컨, 냉장고, 공기청정기 등에 코팅하거나 재료 속에 혼합시켜 위생기기로 쓰이고 있습니다. 철(Fe) 나노입자를 이용한 환경오염물질 제거효과는 이미 입증되었고, 휴대전화의 경우 출력을 대폭 줄일 수 있으므로 전자기파를 인체에 거의 무해한 정도로까지 줄일 수 있습니다. 탄소나노튜브를 이용한 FED는 열을 가하지 않고 TV화면을 밝히기 때문에 이를 응용하면 에너지소비가 획기적으로 줄어들 것으로 예상됩니다. 나노기술은 21세기 기술의 중요한 부분을 차지할 것이며 소재에서도 반도체의 뒤를 이어, 또한 반도체와 함께 각광받는 새로운 차세대 재료로 자리매김할 것입니다.

2010년 10월, 사제지간이기도 한, 맨체스터대학 교수 안드레 가임(Andre Geim)과 콘스탄틴 노보셀로프(Konstantin Novoselov)가 그동안 그래핀(graphene)을 연구한 업적을 인정받아 노벨물리학상 수상자로 선정, 발표되었습니다.

그래핀은 연필심에 쓰이는 흑연의 구성 물질로 흑연을 뜻하는 graphite와 화학에서 탄소이중결합을 가진 분자를 뜻하는 접미사 '-ene'을 결합해 만든 용어입니다. 전자현미경으로 연필심을 확대해 보면 켜켜이 쌓인 얇은 판이 관찰되는데 탄소원자들이 무수히 연결돼 6각형의 벌집 모양으로 수없이 쌓아올린 3차원구조입니다. 그래핀은 여기서 가장 얇게 한 겹을 떼어낸 것이라고 보면 됩니다. 즉 탄소원자 한 층으로 되어 있는, 두께 0.35 nm의 2차원 평면형태의 얇은 막 구조로 현존하는 세상에서 가장 얇은 물질입니다. 그래핀은 지난 2004년, 영국 맨체스터 대학의 연구팀이 상온에서 처음으로 제작했습니다. 그래핀의 탄생 배경은 꽤 흥미로운데, 스카치테이프의 접착력을 이용해 매우 간단하

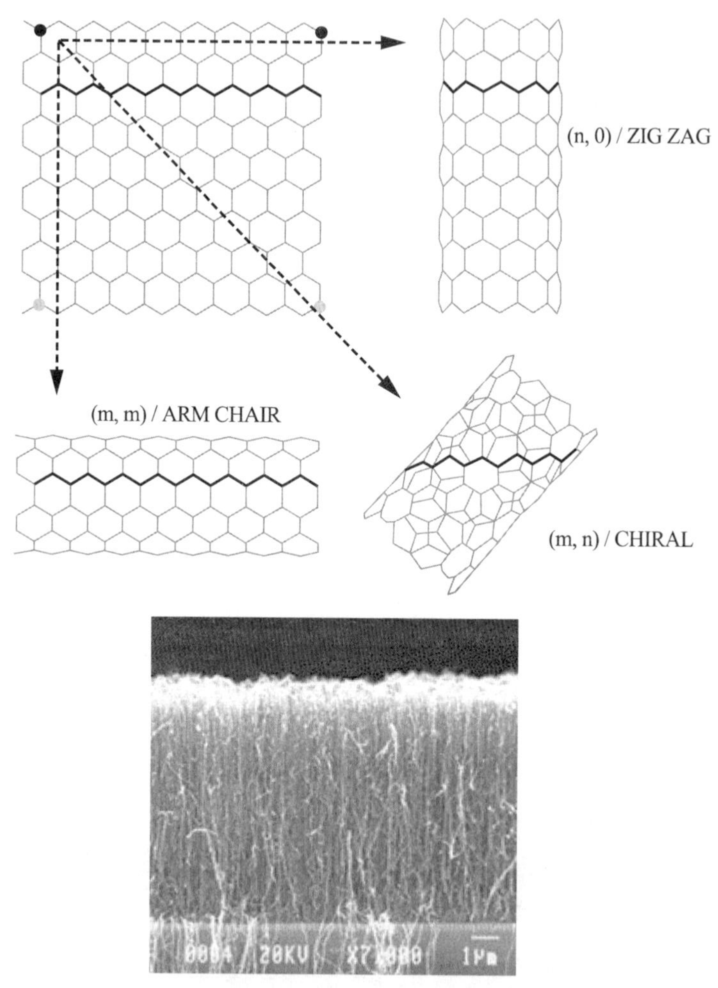

그림 6.34 카본나노튜브

게 발견되었기 때문입니다. 흑연 결정을 넓게 펼친 뒤 스카치테이프를 붙였다 떼면 얇은 단원자 층의 탄소덩어리가 떨어져 나오는데 이것이 바로 그래핀입니다. 그래핀이 겹겹이 쌓이면 흑연이 되고, 김밥처럼 말리면 탄소나노튜브가 됩니다.

현재, 세계 물리학계의 화두는 그래핀입니다. 그렇다면 세계의 과학자들은 왜 그토록 그래핀에 열광하는 것일까요? 그 이유는 우수한 성질을 지닌 그래핀의 특징 때문입니다. 그래핀은 상온에서 단위면적당 구리보다 약 100배 많은 전류를, 실리콘보다 100배 이상 빠르게 전달할 수 있을 뿐만 아니라 열전도성이 최고인 다이아몬드보다 2배 이상 높고, 기계적 강도는 강철보다 200배 이상 강합니다. 게다가 신축성이 좋아 늘이거나 접어도 전기전도성을 잃지 않습니다.

탄소가 마치 그물처럼 연결돼 벌집 구조를 만드는 그래핀은 이때 생긴 공간적 여유로 신축성이 생겨 구조가 변해도 비교적 잘 견딜 수 있습니다. 게다가 육각형의 탄소구조가

그림 6.35 그래핀

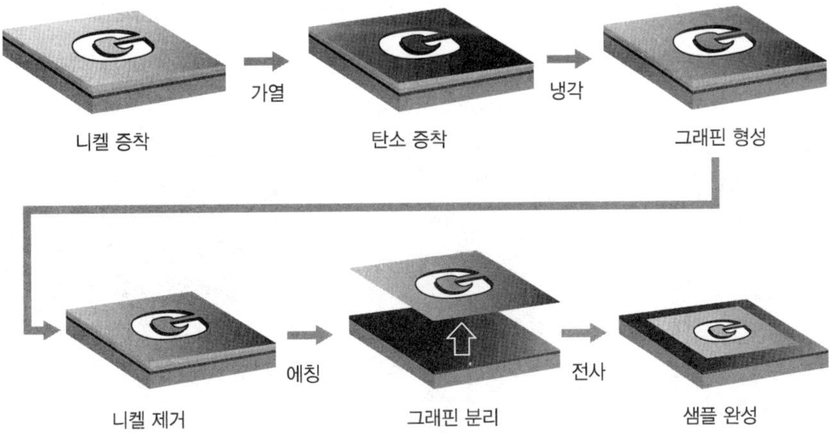

그림 6.36 화학증기증착법에 의한 그래핀 합성

가지는 전자배치특성 때문에 전도성을 잃지 않아 화학적으로 안정한 것입니다. 이 말은 곧 미래기술로 각광받는 플렉시블 디스플레이나 입는 컴퓨터(wearable computer)에 적용될 수 있다는 말입니다. 산업적 활용에 대한 기대도 큰데, 기존의 실리콘반도체를 대체하거나 휘어지는 액정화면이 가능해 손목시계형 등 다양한 모양의 휴대전화를 만들 수 있습니다. 또 태양전지와 두루마리 컴퓨터, 접어서 들고 다니는 전자종이 등에도 사용할 수 있습니다. 과학자들은 그래핀으로 일반반도체보다 저장용량이 큰 컴퓨터칩과 전자소자 등 초고속 나노메모리를 만들 수 있을 것으로 기대합니다.

물론 아직 갈 길은 멉니다. 단결정이어야 소자제작이 용이한데 다결정이 섞여 나오는 문제가 있으며 반도체처럼 밴드 갭(band-gap)을 가지고 있지 않아 트랜지스터의 제작에도 기술적인 어려움이 있습니다. 하지만 학문적으로만 연구되던 그래핀을 이용하여 현재 상용화 연구를 가장 활발하게 하고 있는 곳이 우리나라로, 반도체, 디스플레이, 그리고 에너지 분야에서 그래핀이 효자노릇을 톡톡히 할 날이 머지않은 것으로 보입니다.

나노포토닉스(나노광기술, nano-photonics)는 극 미세영역에서 빛을 만들고 조작하는 기술입니다. 나노포토닉스란 나노기술과 광기술이 융합된 새로운 기술 분야로 양자통신이나 양자정보처리 등에 활용됩니다. 수~수십 nm 크기의 양자점(quantum dot)을 이용한 발광소자나 광자결정(photonic crystal)을 이용한 광자회로 등을 개발합니다. 나노포토닉스는 전기를 흘려서 신호를 주고받는 일반 반도체와 달리 광으로 신호를 주고받는 광 반도체의 핵심기술입니다. 기존 반도체의 경우 회로선폭이 좁아질수록 저항의 증가로 신호처리속도가 늦어지고 부품의 집적도가 높아져 열 발생이 크지만 광 반도체의 경우, 이러한 문제점에서 자유로울 수 있습니다.

이 기술은 극 미세전자기기, 자기저장장치, 의 광학 등 미래사회를 주도할 여러 분야의 핵심기술이 될 것은 물론, 나노기술 분야에서도 가장 빠르게 성장할 것으로 전망됩니다.

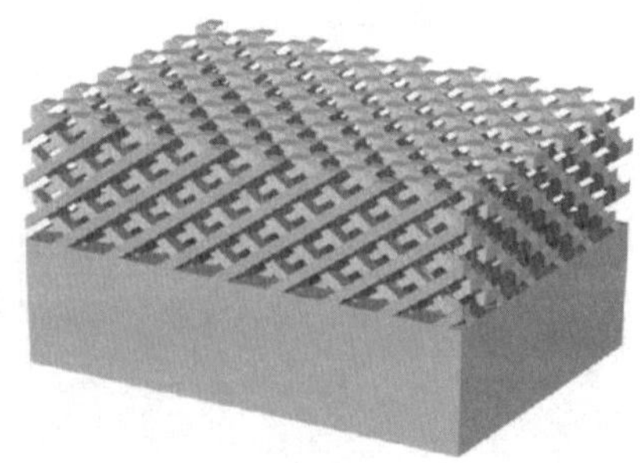

그림 6.37 여러 가지 광자결정

6.14 광배선

전자부품과 전자제품이 갈수록 소형화, 고속화 및 다기능화가 심화됨에 따라 전기배선의 전송속도에 심각한 제약이 발생하게 됩니다. 따라서 광배선(光配線, optical interconnection)이 고속보드 설계자의 선택 대상 중 하나가 됩니다. 광배선을 통하게 되면 무려 10 Gbit/s를 넘는 전송속도가 손에 들어옵니다. 또한 전자기파간섭(EMI, electro-magnetic interference) 대책 등 전자 잡음 문제에서도 해방됩니다. 가격문제만 해결되면, 광 배선은 전기배선과 같은 무대에 오르게 됩니다.

전송로를 사용하는 배선이라는 개념에서는 전기와 빛에 본질적인 차이는 없습니다. 앞으로 전자공학엔지니어나 전기엔지니어도 빛을 모르고서는 아무것도 할 수 없는 세상이 옵니다.

최근, 대용량의 데이터를 신속히 전송할 수 있는 광 인쇄회로기판(optical PCB, optical printed circuit board)에 대한 기술 개발이 활발히 이루어지고 있습니다. 광 PCB는 구리를 이용해 전기신호를 전달하는 기존의 PCB와는 달리 기판 내에 내장된 초박막형의 광회로를 통해 잡음이 가장 적은 광을 신호전송의 매개체로 이용하는 기술로, 기존의 PCB에 비해 수십 배 이상 월등한 전송속도를 나타내고, 단위면적당 배선집적도가 10배나 높고, 전기 선로 간의 높은 누화(cross-talk, 서로 다른 전송선로 상의 신호가 정전결합, 전자결합 등 전기적 결합에 의해 다른 회선에 영향을 주는 현상으로 통신의 품질을 저하시키는 직접적인 원인) 및 전자파 발생이 거의 없는 등 우수한 특성을 나타내고 있습니다. 광 PCB는 고속 대용량 신호의 전송선로가 되는 광선로가 포함된 인쇄회로기판으로서, 보드의 표면에 실장되는 반도체레이저와 같은 광원소자를 이용하여 보드 내에 형성된 광선로를 통해 다른 보드나 시스템으로 광신호를 전달하는 접속시스템으로 기존의 PCB가 갖는 전송용량 및 신호품질의 한계를 극복하여 초고속 대용량 신호전송이 가능하고, 칩 내(intra-chip), 칩 간(chip-to-chip), 보드 간(board-to-board), 보드와 백 플레인 간(board-to-back plane) 등의 신호전송에 광선로를 이용하는 광배선 체계로 향후 전기배선 체계를 교체할 미래형 기술입니다. 또한 전기신호 대신 광 신호를 사용하므로 우수한 전송속도를 나타내며, 전자파를 거의 발생시키지 않고 전파방해 등의 극한상황에서도 오동작이 거의 없어 정보통신, 데이터통신, 우주/항공, 자동차, 광컴퓨터, 가전 등의 시스템부터 소형전자기기에 이르기까지 모든 고속 전자기기에 활용될 것으로 예상됩니다.

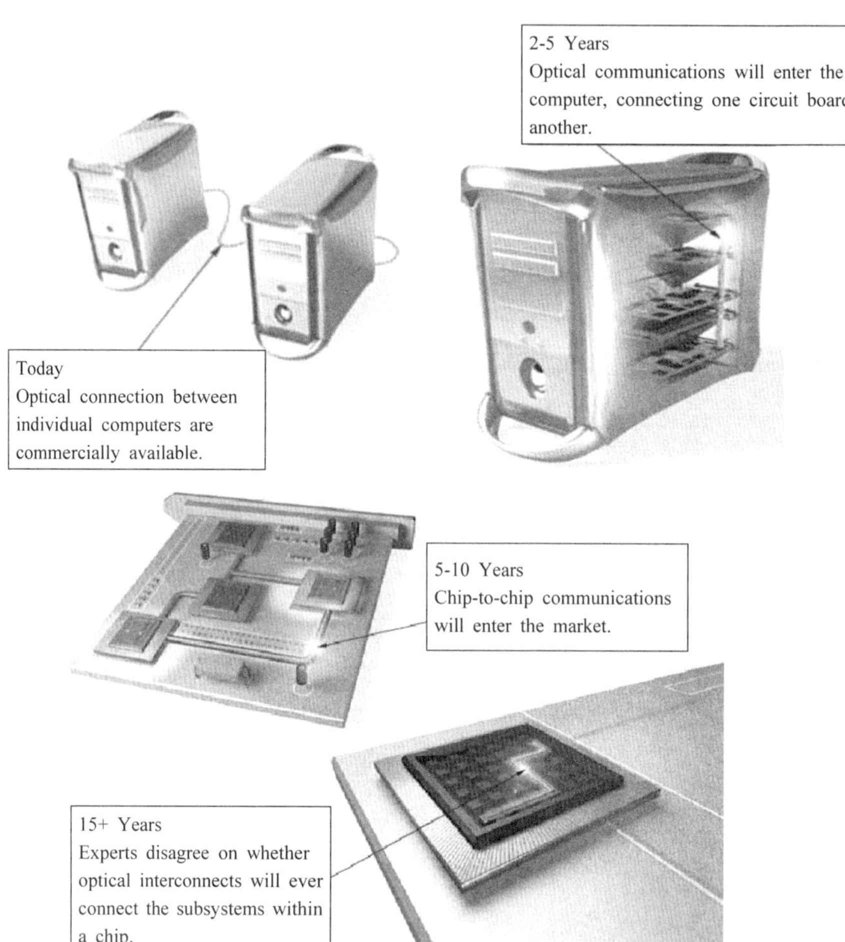

그림 6.38 광배선의 현재와 미래

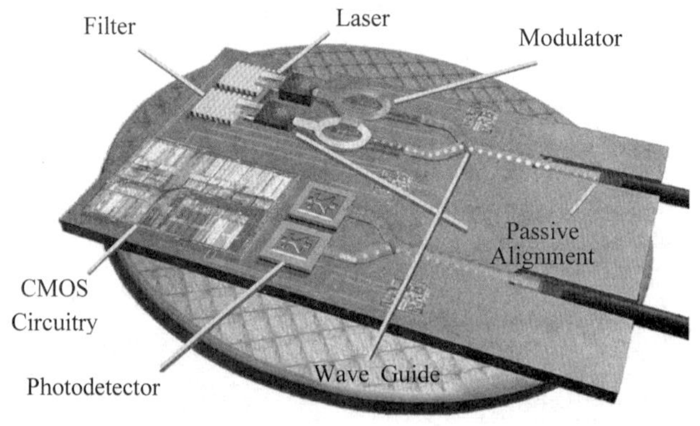

그림 6.39 광배선용 광 송수신기(Intel)

연습문제

1. 다음 레이저 가공 기술 중 가장 높은 에너지 밀도를 필요로 하는 기술은?

   ① 열처리 ② 경화 ③ 절단 ④ 합금화

2. Optical interconnect의 진화 방향을 바르게 나열한 것은?

   ① board-to-board → intra-chip → chip-to-chip

   ② board-to-board → chip-to-chip → intra-chip

   ③ chip-to-chip → board-to-board → intra-chip

   ④ chip-to-chip → intra-chip → board-to-board

3. 원자 차원의 가공이나 제어를 통하여 신소재나 신 소자를 만드는 기술을 무엇이라 하는가?

   ① 마이크로 기술 ② 나노 기술 ③ 피코 기술 ④ 펨토 기술

4. 다음 중, 광기술의 특징을 나타내는 key-word가 아닌 것은?

   ① 대용량 ② 초고속 ③ High Energy ④ 고휘도

5. 다음의 저장장치 중, CAV(constant angular velocity) 방식으로 구동되지 않는 것은?

   ① LP ② HDD ③ CD ④ FDD

6. 다음 중, MD(mini-disk)에 대하여 잘못 설명한 것은?

   ① 일본의 Sony사에서 개발한 오디오 기록 포맷이다.

   ② CD와 같은 오디오 저장 방식을 갖는다.

   ③ 2.5″의 사각 카트리지 모양으로 되어 있다.

   ④ 광자기 디스크의 응용 제품이다.

7. 다음 중, 나노(nano)에 대하여 잘못 설명된 것은?

   ① 나노는 10억분의 1을 의미한다.

   ② 1 nm는 원자 10개 정도가 배열된 극 미세한 크기이다.

   ③ DNA 이중나선의 크기가 2 nm 정도이다.

   ④ 사람의 머리카락의 굵기는 약 100μm(=100,000 nm)이다

8. 다음 중, 바코드 리더(bar-code reader) 용 광원으로 가장 부적당한 것은?

① 수은 램프 ② He-Ne 레이저 ③ 적색 LD ④ 적색 LED

9. 다음 중, 항공기 용 광 네트워크의 구성 요소와 거리가 먼 것은?

① POF ② 적색 LED ③ Si PD ④ 적외선 LD

10. 다음 중, 광 우주통신에서 사용하는 장치가 아닌 것은?

① Ar-ion 레이저 ② He-Ne 레이저 ③ LD ④ radar

CHAPTER 7

빛으로 정보를 주고받는다

제7장에서는 통신 전반에 대한 소개와 더불어 광섬유(光纖維, optical fiber), 광 증폭기(光增幅器, optical amplifier) 등 광통신용 부품 및 광통신시스템 전반에 대하여 소개를 하겠습니다.

7.1 통신 기술의 발달

7.1.1 통신이란?

'통신(communication)'이란 '공유, 나눔'을 의미하는 라틴어 'communicare'가 어원입니다. 통신의 목적은 상대방에게 자신의 의사를 정확히 전달하는 것입니다. 통신의 3요소에는 정보원, 통신매체, 그리고 프로토콜(protocol)이 있습니다.

그림 7.1 통신의 3요소

통신이란 송신자와 수신자 사이에 효과적으로 정보를 교환하는 과정입니다. 현대사회가 복잡해지고 광역화됨에 따라 통신에 대한 사회적 요구가 두드러지게 고도화, 다양화되고 있으며, 또 이것에 대응하여 통신기술의 발전도 눈부십니다. 최근 이러한 변화는 통신혁명이라고 할 정도의 규모를 가지며 그 결과는 모든 분야에 신속하게 파급되고 있습니다.

프로토콜(Protocol)이란 간단히 설명하자면 일종의 약속입니다. 데이터를 주고받는 데서로 약속을 정해 놓은 것입니다. 예를 들어 외국인이 한글로 된 문서를 읽는다면 읽을 수가 없을 것입니다. 그러나 상호 간에 공통적으로 사용하는 언어로 보낸다면 얘기는 달라질 것입니다. 프로토콜이란 것도 통신상의 오류를 막기 위하여 데이터를 주고받을 때 미리 이렇게 보내면 저렇게 받자는 약속을 해 놓은 것입니다. 이러한 통신상의 약속은 참 많습니다만 대표적인 두 가지만 살펴보겠습니다.

먼저 HTTP(hyper text transfer protocol)입니다. HTTP는 WWW(world-wide web)의 하이퍼텍스트 문서의 전송을 위해 쓰이는 프로토콜이란 뜻입니다. 간단히 말하면 우리가 작성한, 그리고 우리가 웹상에서 보는 'html' 문서를 전해주기 위한 약속이라는 뜻입니다. html은 'hyper text markup language'의 약자입니다. 그러나 뜻에서 보이는 하이퍼텍스트 문서만이 아니라 음성, 화상, 데이터 등과 같이 거의 모든 형식을 전송할 수 있습니다.

다음으로 FTP(file transfer protocol)입니다. FTP는 인터넷상에서 파일을 주고받을 수 있는 프로토콜입니다. FTP를 이용하여 접속한 원격지시스템(remote system)과 사용자시스템(local system) 간에는 파일을 가져올 수도 있으며 사용자시스템의 파일을 원격지시스템에 갖다 놓을 수도 있습니다. 특정호스트(host)에 자신의 계정이 있다면, 이 계정을 이용하여 FTP호스트에 접속할 수 있습니다. 대부분의 사용자들은 FTP서버(server)로부터 자신에게 유용한 파일들을 가져옵니다.

'SOS'는 1912년 호화여객선 타이타닉(Titanic)호가 침몰했을 때, 위력을 발휘했습니다. 해운사상 유례없는 대참사에서 700명 이상이 살아남을 수 있었던 것은 SOS 덕분이었습니다. 그 이듬해 SOS는 공식 조난신호로 채택되었습니다. SOS는 흔히 "Save Our Souls" 또는 "Save Our Ship"의 약자로 알려져 있으나, 단지 가장 알기 쉬운 신호라서 선택됐을 뿐입니다. 모스부호(Morse code)로 SOS는 각각 세 번씩 짧게, 길게, 그리고 또 짧게 (…,———,…) 사용합니다.

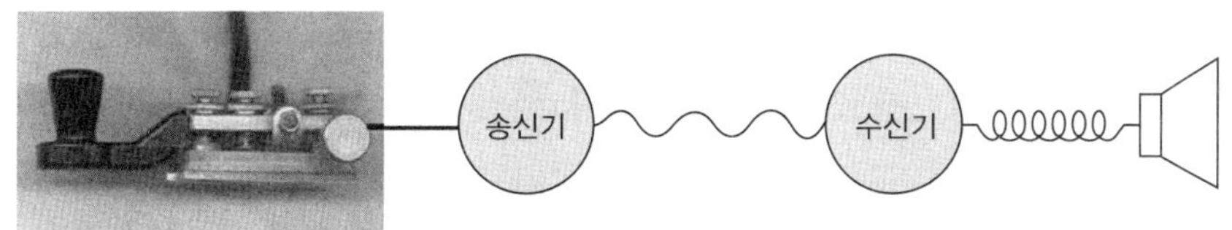

그림 7.2 모스부호

모스(Morse)는 초상화를 그리던 미국의 뜨내기 화가였습니다. 1832년 그는 뉴욕행 증기선에 몸을 싣고 있었습니다. 배에서 우연히 만난 어떤 대학교수와 전자기에 관한 대화를 나누다 무릎을 쳤습니다. “전류의 단속을 통해 알파벳과 숫자를 표시할 수 있지 않을까?” 그는 즉석에서 단점(dot)과 장점(dash)을 조합한 전신부호를 스케치북에 그려 나갔습니다. 그렇게 단어와 간단한 문장을 짜 맞춘 8,000개의 은어표가 만들어졌으니 그것이 모스부호입니다. 1844년 5월 24일, 모르스는 워싱턴 국회의사당에서 64 km 떨어진 볼티모어(Baltimore)까지 전선을 설치하고 역사적인 전신(telegraphy) 시연을 가졌습니다. 그때 띄운 전문은 이랬습니다. “하느님께서 행하신 일이 어찌 이리 큰가!”(구약 민수기)

전신선은 이내 미국 전역으로 뻗어 나갔고, 1852년에는 유럽 전체에 깔리게 되었습니다. 이후 무선전신(wireless telegraphy, radio-telegraphy)이 개발되면서 모스부호는 장거리통신의 총아로 떠오르게 되었습니다. 2차 세계대전 당시 연합군은 베토벤의 ‘운명 교향곡’을 즐겨 들었는데, 세 번 짧고 한 번 긴 박자, ‘단단단 다(···,—)’가 모스부호의 ‘V’(Victory의 약자)를 연상시켰기 때문이라고 합니다. 타임(Times)지는 전신을 콜럼버스의 신대륙 발견에 비견된다고 높이 평가했습니다. 그것은 인류최초의 ‘실시간(real-time)’ 통신이었습니다. 전신은 기존 통신수단의 시간지체(time delay)를 극복했습니다. 전신이 보여준 정보의 동시성(同時性, concurrence)은 공간의 공유, 그 원격조종과 지배를 가능하게 했습니다. 말하자면, 세계화의 전초였던 것입니다.

7.1.2 통신의 역사

인류는 문자를 발명하기 이전부터 시각이나 청각의 부족을 보충하는 여러 가지 방법을 고안, 발명하여 자신들의 의사, 감정, 정보를 교환하였습니다. 기원전 13세기 무렵에는 그리스와 트로이 간의 전쟁에서 그리스 군이 불을 릴레이로 전하여 고국에 승리를 알렸다는 기록이 있습니다. 기원전 550년 무렵, 페르시아의 통치자 키루스(Cyrus)는 수도를 중심으로 방사형의 탑을 세워 그 위에 군인을 배치하여 큰 소리로 차례차례 정보를 전하게 했다고 합니다. 전설에 따르면 알렉산더(Alexander) 대왕은 같은 형태의 탑에 거대한 메가폰을 가설하여 군인의 음성을 19 km 떨어진 곳까지 들리게 했다고 합니다. 한편 가나(Ghana)의 아샨티(Ashanti) 족은 옛날의 조상으로부터 이어받은 2000년 이상이나 되는 특수한 북으로 오늘날에도 통신을 하고 있습니다. 미국 서부의 인디언이 사용하는 봉화는 서부영화에서 흔히 볼 수 있는데, 이 봉화도 역사 이전부터 세계각지에서 사용한 통신수단의 하나입니다.

문자가 발명되면서 통신은 편지형식을 취하게 되었는데 그 전달의 수단으로 등장한 것이 파발꾼이나 역마차입니다. 편지는 전달의 정확성이나 풍부한 통신량 등으로 그 전까지의 어느 다른 통신수단보다 뛰어났으나, 편지를 배달하는 데 드는 시간이 문제였습니다. 이 시간문제를 해결하기 위해 사용된 것이 전서구(傳書鳩, carrier pigeon)인데, 이것도 전달의 정확성이 적은 단점이 있었습니다.

망원경이 발명된 뒤, 1793년 프랑스의 샤페(Chappe)는 세마포르(semaphore)라는 통신탑을 230 km나 되는 파리와 릴 사이에 약 10 km 간격으로 세웠습니다. 탑 위에는 그 형상을 바꿀 수 있게 고안된 커다란 풍차 모양의 완목(腕木)을 설치하여 이 완목의 형상의 변화를 망원경으로 관찰하여 내용을 파악한 뒤, 차례차례로 그 내용을 전달하였습니다. 완목의 변화는 무려 192가지에 이르러 복잡한 내용도 충분히 전달할 수 있었다고 합니다. 또한 이 시스템이 1794년 프랑스 혁명전쟁에서 큰 역할을 하였다고 합니다. 이것은 프랑스 혁명정부에 시스템의 중요성을 크게 인식시켜 프랑스 안에 세마포르의 통신망이 확장되었습니다.

이러한 시스템은 그 뒤 유럽의 여러 나라에도 보급되어 모스 전신기가 발명될 때까지 활발하게 사용되었습니다. 빛의 속도로 통신이 전달되는 이 통신시스템은 당시로서는 이 이상의 장거리 통신시스템은 발명되지 않을 것이라는 신념을 갖게 하였습니다.

세마포르는 미국의 모스(Morse)가 1837년에 발명한 모르스 전신기의 실용화로, 그 역할을 끝맺게 되었습니다. 1844년 5월 24일 모스는 워싱턴과 볼티모어 사이에서 통신실험을 하여 전신시대의 막을 열었습니다. 남북전쟁이 끝나는 1865년까지 북군은 2만 4,000 km의 전신망을 설치하여 650만 통의 군용통신을 교신하였다고 합니다. 1866년 7월에는 대서양케이블이 미국과 유럽대륙 사이에 가설되어 뉴욕과 런던 사이의 통신이 초단위로 가능하게 되었습니다.

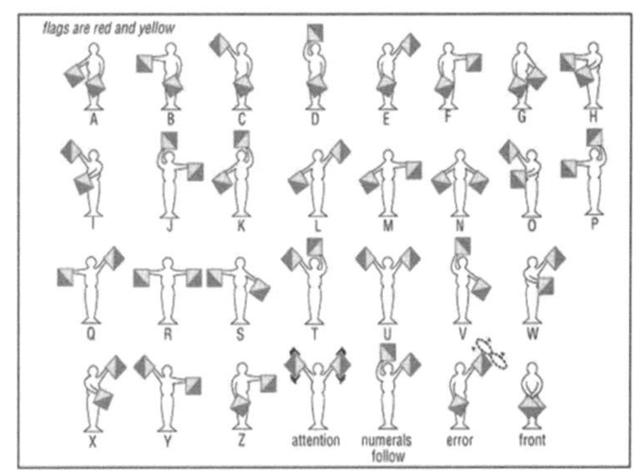

그림 7.3 세마포르

한편 모스가 전신기를 발명한 직후부터 여러 과학자들이 전선을 통하여 인간의 음성을 전할 수 있는 방법에 대하여 연구하기 시작하였습니다. 이 방법은 미국의 벨(Bell)이 1876년 2월 14일 '텔레폰(telephone)'이라는 장치의 특허를 출원함으로써 해결되었습니다. 벨이 발명한 전화는 소리의 음파를 전기적인 신호로 변환시켜 송신한 뒤, 수신자가 다시 전기적인 신호를 음파로 변환시켜 소리를 인식할 수 있도록 만든 정보통신 매체입니다. 오늘날에는 선박, 항공기, 자동차 등과 같은 이동체 사이의 통신에서 전선을 사용하지 않고 전화망(telephone network)과 연결하는 무선전화가 많이 이용됩니다.

전화의 대표적인 장점은 다음과 같습니다. 첫째, 말하고 듣는 사람이 전혀 훈련을 받지 않고도 통신수단으로 사용할 수 있습니다. 둘째, 일대일로 언어 정보를 전달하는 것이 기본 특징이므로 전국적인 전화망이 구성되면 정보망을 형성할 수 있습니다. 셋째, 세계에서 가장 보편적인 전기통신입니다. 전화는 앞으로도 계속하여 주요 통신장치의 역할을 할 것입니다. 팩시밀리, 컴퓨터, 유선텔레비전, 비디오텍스를 비롯한 모든 종류의 데이터들도 전화망을 통해 전달할 수 있습니다. 그러나 전화는 일반적으로 어떤 지점과 지점을 연결하는 점-대-점(point-to-point) 통신이므로, 확산성이 작은 단점이 있습니다.

전신은 송신자와 수신자 사이를 전선으로 연결하고, 그 전선을 흐르는 전기로 통신하는 기술로서 유선통신(cable communication, wired communication)이라 합니다. 이와 대조적으로 1888년 독일의 물리학자 헤르츠(Hertz)는 전파가 공간을 통해 전달되는 것을 입증하였습니다.

1896년 이탈리아의 마르코니(Marconi)가 전선을 연결하지 않고도 장거리통신이 가능한 무선전신(wireless telegraphy)을 발명하여 브리스톨(Bristol)해협 너머로 무선통신(wireless communication)을 보내는 데 성공했습니다. 이때, 전송거리는 약 14 km에 불과했습니다. 또한 1899년에는 영국해협 횡단의 무선통신에 성공하였습니다. 한편 1898년 미국-에스파냐 전쟁에서 에스파냐는 본국의 훈령이 함대에 도착하지 못하여 미국함대에 의해 산티아고(Santiago)에서 격멸되었습니다. 본국에서 에스파냐 함대에 발송된 전보는 영국을 거쳐 해저전신(submarine telegraphy)으로 미국에 도착하여 다시 쿠바에 이른 뒤 함대에 배달되도록 되어 있었습니다. 그러나 이 전보는 적국인 미국에게 간단히 압수당해 훈령을 기다리는 에스파냐 함대는 혼란 속에 격멸된 것입니다. 이것은 서유럽 열강에게 통신정책의 중요성을 인식시키는 계기가 되었고, 해저케이블(submarine cable)을 지배하고 있던 영국의 입장을 한층 강화시킨 동시에 무선통신에 대한 관심도를 높였습니다. 제1차 세계 대전에서는 항공기에 무선통신장치를 탑재하여 정찰임무를 하였고, 제2차 세계 대전에서는 단파와 초단파, 극초단파까지 사용할 수 있는 진공관이 개발되었으며, 레이더(radar)나 로란(LORAN, 전파항법 중 쌍곡선 항법의 한 방식. long range navigation의 약칭) 시스템 등이 등장하였습니다. 그리고 이와 같은 무선장비의 우열이 전쟁의 승패를 좌우하였다 해도 과언이 아니었습니다.

유럽에 무역길드(guild)가 한창 형성되던 중세에 개인 기업으로 우편사업이 탄생되었습니다. 그 뒤 국가기관이 우편업무도 시작하였는데, 당시에는 거의 공용문서만 다루었고 사적인 편지는 당국의 검열을 받았습니다. 1653년 프랑스에서 공인된 사설 우편사업이 개설되어 파리 시내에 11개소의 우편함을 설치하고 하루 3번 집배를 하였습니다. 그러나 불행히도 우편차가 불량배의 습격을 받아 강탈되는 사례가 빈발하여 폐업하게 되었습니다. 1657년 영국에서는 400개소가 넘는 우편접수처를 런던 시내 외에 설치하여 하루 12회 이상의 집배를 하는 우편업무를 시작하였습니다. 이것도 자주 불량배의 습격을 받았으나 당국에서는 이들을 세계 최초의 우편집배원으로 고용함으로써 그 폐해를 줄이는 데 힘썼습니다. 우표를 요금납부의 증거로 삼는 근대 우편제도는 1840년 5월 영국에서 1페니(penny)짜리 우표를 발행함으로써 그 기반이 구축되었습니다.

현대의 통신에서는 신호를 전송할 때 전자파를 이용하는 무선통신과 도체선로(또는 광섬유)를 이용하는 유선통신 가운데 어느 한쪽의 방식을 쓰거나 양쪽 다 쓰는 경우도 있습니다. 이와 같이 통신기술의 발달에 따라 유무선 통신의 구분이 모호해지고 있지만, 보는 관점에 따라 통신방식을 여러 가지로 나눌 수 있습니다. 일찍이 세계를 지배하던 모스통신은 해상통신에서 지금도 조난통신을 주축으로 하는 통신시스템으로서 활용되고 있습니다. 그러나 원양선박전화, 연안 선박전화, 국제 항만전화 등이 보급되고 또한 일기도, 뉴스 등의 입수도 단파에 의한 팩시밀리가 주역을 맡게 됨으로써, 모스통신의

그림 7.4 국제해사 위성

지위는 갈수록 약화되고 있습니다. 게다가 국제해사 위성(international maritime satellite, INMARSAT)에 의한 선박지구국이 창설되어 텔레타이프나 전화를 사용하는 육상 또는 선박 상호 간의 위성통신이 이루어지고 있습니다. 또한 INMARSAT을 이용하는 팩시밀리나 데이터통신도 널리 보급되고 있어 선박과 육상의 사무소가 온라인으로 접속됩니다.

한편 단파통신회선을 이용하는 것으로 선택호출과 오자정정 기능도 가지고 있는 협대역(narrow-band) 직접인쇄 전신시스템이 세계적으로 보급되고 있어 모스통신은 조만간 그 자취를 감추게 될 것 같습니다. 무선통신은 사용하는 주파수에 따라 장파(LF), 중파(MF), 단파(HF), 초단파(VHF), 극초단파(UHF), 마이크로파통신, 레이저(laser) 광통신 등으로 구분할 수 있습니다. 보통 30 MHz 이하의 주파수대는 전리층의 반사를 이용할 수 있으며, 원거리통신에 매우 중요합니다.

국제통신위성기구(international telecommunication satellite organization, INTELSAT)의 통신위성은 1978년 3월에 발사된 프라이머리(Primary)를 시초로 하여 지금은 수많은 통신위성들이 지구궤도 상에 있습니다. 한국은 1967년 2월 INTELSAT에 가입하여 1970년 6월과 1977년 9월에 태평양 및 인도양의 위성통신을 위한 지구국을 금산에 설치, 전 세계 어느 곳과도 위성통신을 통해 방안에서 TV 뉴스 시청이 가능하게 되었습니다. 그 뒤 1995년 8월에는 한국 최초의 통신, 방송용 인공위성인 무궁화위성 1호를 쏘아 올리게 되었습니다.

지상에서 현재 이용되고 있는 통신회선은 전화, 텔레타이프, 팩시밀리, 데이터통신 등 모두가 시분할다중화(TDM; time division multiplexing) 방식에 의해 수천 건, 수만 건의 통화가 한 가닥의 통신회선을 통하여 동시에 전송됩니다. 또한 하나의 통화는 펄스부호변조(PCM, pulse code modulation)로 디지털화하여 수신 측에서 재생될 경우, 오류나 착오를 최소로 줄일 수 있으므로 종래의 장거리전화에서 경험한 잡음이나 감도의 불량성이 거의 없어지게 되었습니다. 주반송파는 GHz 단위의 마이크로파이며, 변조방식은 위상편이변조(PSK, phase shift keying) 방식으로 광대역화됩니다. 이 대역폭을 지나치게 확대하지 않고 고속화할 수 있는 변조방식으로서 최소편이변조(MSK, minimum shift keying) 방식이 개발되어 고속데이터 전송회선 등(특히 인공위성을 사용하는 원격감지 화상데이터의 전송)에 사용되고 있습니다. 광대역화와 고속화의 극한에 있는 것이 광통신인데, 현재 초고속광통신 시스템도 실용화되고 있습니다. 이러한 통신기술의 발전은 주로 펄스부호변조 기술의 발달에 기인하는 바가 큰데, 이러한 기술발달의 원동력은 진공관을 대신하는 트랜지스터로 대표되는 반도체소자의 발달입니다. 이 소자를 활용하여 플립플롭(flip-flop), 카운터, 메모리 등을 집적회로(IC)화하였고 다시 마이크로프로세서(microprocessor), 컴퓨터로 발전하여 펄스부호변조 기술을 지원하는 기초기술이 되었으며 이어 생각하는 통신장치로 발전되어가고 있습니다.

현 단계에서 인간은 단순히 통신뿐 아니라 다른 행성에 발사한 탐사 비행체의 관측시스템을 원격조작, 센서나 카메라를 정확하게 목표를 향하게 함으로써 데이터나 사진을 전송케 하거나 프로그램에 따른 복잡한 순서로 관측시키고, 상황을 판단하여 다음 행동을 취하게 하는 등의 기술까지 개발하였습니다. 이러한 고도의 기술은 군사적으로 이용되면 인류를 파멸로 몰아넣을 것이나 원격감지(remote sensing)와 같은 평화적인 목적에 이용한다면 새로운 자원의 발견이나 과학, 천문학상의 연구와 발전을 돕는 유용한 자산이 될 것입니다. 현재 기상관측위성이 발사되어 태풍, 저기압, 전선 등의 정보를 정확하게 알려 주고 있는 것이 그 좋은 예입니다.

7.1.3 전화의 발명

전화기는 벨이 발명한 것으로 알려져 있습니다. 하지만 전화의 발명 뒤에는 승자와 패자의 웃음과 눈물이 숨어있습니다. 엄청난 열정과 재능을 지닌 사람들이 같은 때, 같은 일에 매달리는 경우, 거기에는 승자와 패자가 생기게 마련입니다. 그리고 역사는 승자만을 기억합니다. 전화기의 발명에 있어 패자가 된 불행한 천재는 ‘그레이(Elisha Gray)’라는 사람입니다. 1876년 2월 14일 오후, 그레이는 자신의 발명품인 전화기를 등록하기 위해 특허청을 방문해 서류를 제출했습니다. 당시 41세의 그레이에게는 그야말로 가슴 벅찬 순간이었을 것입니다. 그는 대장장이, 목수 등으로 어려운 젊은 시절을 보냈습니다. 22살에야 다시 고등학교로 돌아가 학업을 마치곤 그 후에는 전화기 발명에

그림 7.5 벨과 그의 전화기(1875)

인생을 걸었습니다. 따라서 그레이가 느꼈을 성취감을 충분히 짐작할 수 있습니다. 그런데 신은 그레이에게 매우 짓궂었습니다. 어쩌면 그럴 수 있을까 싶게, 같은 날 오전에 벨도 전화기 발명의 특허를 신청했고 결국 이런 몇 시간 차이 때문에 미국특허국은 전화기에 대한 특허를 벨에게 내주었습니다. 서양에서는 이렇게 오래전부터 특허권이 확실히 보장되었으며 이런 제도는 오늘날의 산업발전을 촉진시켰습니다.

사실 벨이 전화기를 들고 나왔을 무렵은 모든 이가 모스 전신에 익숙해서 별로 불편을 모르고 있을 때였습니다. 잘 숙련된 사람은 모스 통신기로 1분에 약 40~50단어를 송수신할 수 있었으니까 거의 눈으로 읽어 내려가는 속도입니다. 당시 많은 사람은, 벨이 발명한 전화기는 그저 과학적인 장난감에 불과하지 실제로 쓰일 물건은 절대 아니라는 평가를 했습니다. 그러나 벨의 전화기는 빠르게 발전했고 1900년에는 이미 미국에 135만 대의 전화가 등록되었으며, 1920년에는 그 숫자가 1,300만 대에 이르게 되었습니다.

그림 7.6 메우치와 그의 전화기(1860)

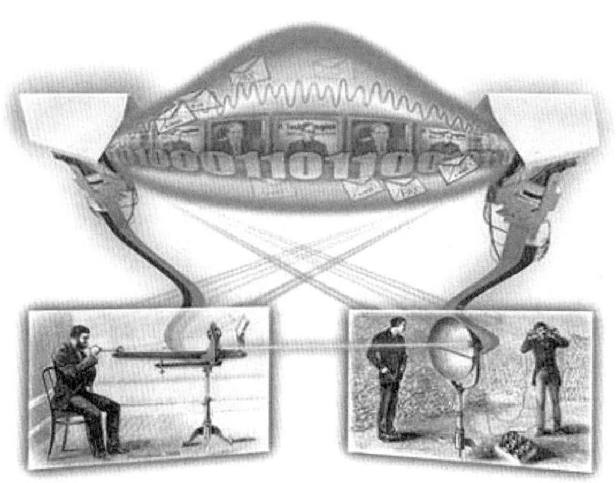

그림 7.7 벨의 광전화기(1880)

한편 전화기를 최초로 발명한 사람은 미국의 벨이 아니라 이탈리아 출신의 이민자 '메우치(Meucci)'라는 사실을 최근 미국 의회가 인정했다고 합니다. 미국하원은 표결을 통해 메우치가 발명해 1860년 뉴욕에서 시연한 장치가 최초의 전화기이며 벨은 메우치의 자료를 입수해 16년 뒤 특허를 획득했음을 인정했습니다. 그동안 역사학자와 이탈리아계 미국인들은 미국 정부 등을 상대로 메우치가 최초의 전화기 발명자임을 설득해 왔습니다.

1880년 벨은 송화기에 평판반사경을 붙여 음성의 진동을 빛을 이용하여 전달하는 광전화기(photo-phone)를 발명하였습니다. 이 장치는 구리선이 없이 자유공간 상에서 자유롭게 전화를 할 수 있다는 장점이 있으나 해질녘이나 흐린 날, 그리고 날씨가 나쁠 때는 통화가 불가능한 문제가 있었습니다. 이것은 약 200 m 거리의 음성전달을 겨우 할 수 있어서, 상용화에는 실패하였으나 근대적인 의미의 '광통신의 효시'가 된 발명으로 높게 평가받고 있습니다.

7.2 광통신의 개요

7.2.1 광통신이란?

광통신 기술은 정보를 전달하기 위한 주된 수단으로 빛을 사용합니다. 빛은 전송손실을

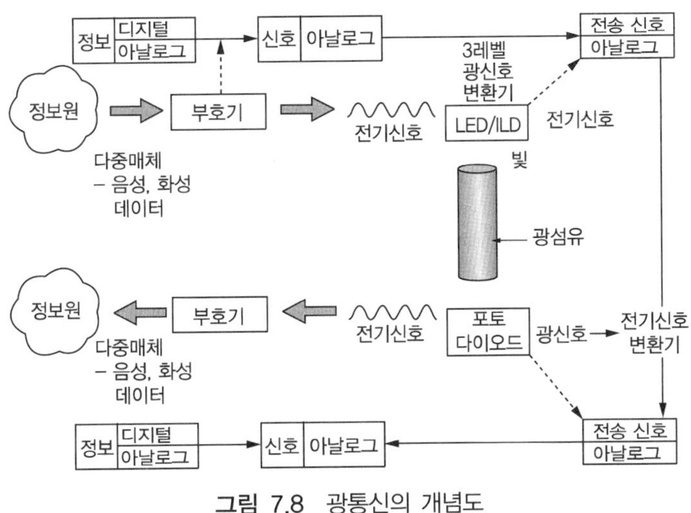

그림 7.8 광통신의 개념도

최소화하기 위하여 주로 광섬유(optical fiber)를 전송매질로 하여 광섬유 안에 빛을 가두어 전반사에 의해 도파(導波, wave-guiding)합니다. 광통신에서는 실리카(silica) 계의 광섬유에서 우수한 전송특성을 보이는 적외선(Infrared, IR)을 주된 정보캐리어(information carrier)로 사용합니다.

광통신(optical fiber communication, OFC)의 3요소에는 광원(light source) 또는 광 송신기(optical transmitter), 전송채널(transmission channel), 광 검출기(photo detector) 또는 광수신기(optical receiver)가 있습니다. 광원에는 LED와 LD(laser diode)가 있고 전송채널로는 광섬유(optical fiber)와 자유공간(free space, 무선광통신에 해당)을 생각할 수 있으며, 검출기로는 PD(photo detector 또는 photo diode)가 이용됩니다.

7.2.2 광통신의 역사

빛을 이용한 통신은 전혀 새로운 것이 아닙니다. 인류가 유리를 처음으로 손에 넣은 것은 약 5,000년 전이라고 하며, 1790년대에 프랑스에서 샤페가 광 전신(optical telegraph) 시스템을 설치했는데 이것은 수기를 이용해 메시지를 매 15분마다 약 230 km를 중계하였습니다. 이후 오랜 기간 동안 유리나 플라스틱 내의 광의 전송에 관한 연구를 해 왔으나, 광이 가느다란 투명체를 따라 전송하는 원리를 과학적으로 기술한 것은 1870년 영국의 물리학자 틴달(Tyndall)이 처음이라 합니다. 1886년에 콜라돈(Colladon)은 물통의 아랫부분에 구멍을 뚫어 흘러나오는 물기둥(water-jet) 내부에 집속된 빛을 조사하여, 빛이 물과 공기와의 경계면에서 전반사하면서 전파하는 것을 발견하고, 틴달의 이론을 실험적으로 규명했습니다.

1881년에 미국의 윌러(Wheeler)라는 엔지니어는 건물 내에 광 배관을 통해 조명을 분배하는 장치에 관한 특허를 출원하였습니다. 그는 전기방전을 이용한 고휘도 광원을 건물지하에 설치하고, 반사 관(reflective lining)과 확산광학계(diffusing optics)를 이용하여 건물 내의 곳곳에 조명을 분배할 수 있다고 주장하였습니다. 그 당시의 기술로는 실용화되기 어려운 아이디어였지만, 광통신과 관련하여 큰 의미를 가지는 최초의 특허로 여겨지고 있습니다.

광을 통신에 응용하는 것은 전기통신의 개발 초기인 1880년에 벨이 태양광을 이용한 광전화기(photo-phone)를 발명한 것을 시작으로 활발하게 이루어졌으며, 레이저의 개발 이후로 광통신에 관한 연구는 본격적으로 이루어지게 되었습니다.

레이저를 이용한 초창기의 광통신계는 송·수신기 간에 임의의 직선 경로를 설정하여 대기 중으로 광을 보내는 비유도형(non-waveguided) 광통신계라고 할 수 있습니다. 비유도형 광통신은 맑은 날씨에 광의 전파가 용이하며, 송수신기 간에 직선 경로가 설정되어야 가능하였습니다. 특히, 레이저를 대기 중에 발사함으로써 인체에 많은 영향을 미치게 되어 실험적인 단계에 머물렀습니다. 따라서 광통신을 구현하는 데 있어서 광을 유도할 수 있는 전송로의 개발이 시급한 과제로 등장하게 되었습니다.

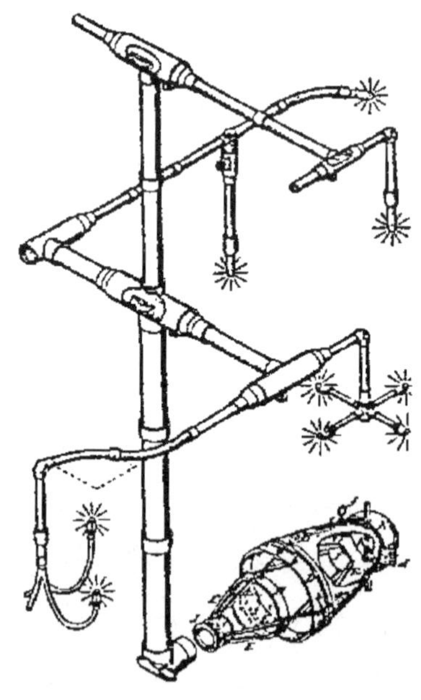

그림 7.9 최초의 광배관 관련 특허

광전송로는 렌즈나 거울을 이용한 광 렌즈 가이드(optical lens guide) 방식과 광섬유로 대표되는 유전체도파로(dielectric wave-guide)를 사용한 방식이 집중적으로 연구되었습니다. 파이프 등의 밀폐된 공간에 렌즈나 거울을 설치하여 광을 전송하는 광 렌즈 가이드 방식은 렌즈 혹은 거울의 위치나 각도의 안정적인 제어가 매우 어려워 실용화되지 못하였습니다.

유리를 이용한 광의 전송은 1951년에 처음으로 이루어졌지만, 광의 전송손실이 1,000 dB/km로 통신용으로는 적합하지 못하였습니다. 초창기에 개발된 유리광섬유는 유리봉을 가늘게 늘여서 만든 것으로 공기와의 굴절률 차에 의해 빛이 도파가 되도록 만든 원시적인 'bare fiber'입니다. 이것은 그림 7.10에서 보듯이 다른 광섬유나 다른 물질에 접촉되면 그 접촉지점에서 전반사가 깨져서 빛이 새어나가며, 표면에 지문이나 오염물질이 묻어도 그 부분으로 빛이 새어나간다는 치명적인 문제점을 가지고 있었습니다.

따라서 이러한 문제점을 해결하기 위해 한센(Hansen)은 bare fiber의 겉면에 마가린(margarine)을 발랐고, 힐(Heel)은 bare fiber의 겉면에 밀랍(beeswax)이나 플라스틱을 바르거나 덧댄 원시적인 클래드 파이버(clad fiber)를 만들었습니다. 그 후, 커티스(Curtiss)는 bare fiber의 겉면에 굴절률이 더 작은 유리로 둘러싼 유리재질의 clad fiber를 개발하였습니다.

1966년에 영국 STL 연구소의 카오(Kao)는 광섬유전송의 장래성에 대하여 역사적 논문을 발표하였습니다. 그 후 각국에서 저손실 광섬유의 연구가 시작되었습니다. 1968년 일본에서 다성분 유리(glass)를 이용한 언덕굴절(GI, graded index)형 광섬유가 개발되었습니다. 당시의 전송손실은 약 200 dB/km이었습니다. 1970년에는 미국 코닝(Corning)사의 3명의 연구자들이 20 dB/km를 갖는 저손실 광섬유의 제작에 성공하였으며 그 후

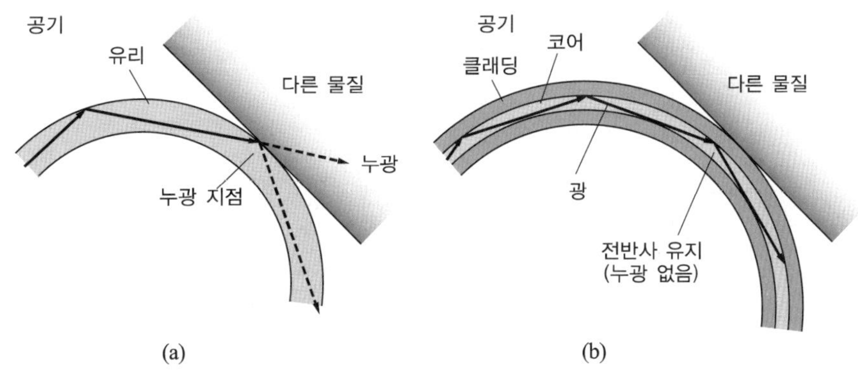

그림 7.10 (a) bare fiber와 (b) clad fiber

10 dB/km 이하의 저손실화에 성공했습니다. 한편 같은 해, 미국 벨연구소는 반도체레이저의 실온 연속발진을 실현했습니다. 이 광섬유의 저손실 파장영역, 반도체레이저의 발진 파장영역과 광 검출기의 수신 파장영역이 모두 0.85μm 영역이라는 우연의 일치가 광섬유통신의 실용화를 급속하게 진전시켰습니다. 그 후 광섬유의 저손실화가 집중적으로 추진되어 일본의 NTT사를 중심으로 광섬유의 수분을 제거하는 연구가 진행된 결과, 1976년에는 파장 1.3μm에서 0.47 dB/km, 1979년에는 파장 1.55μm에서 0.2 dB/km의 이론한계에 가까운 광섬유를 실현했습니다.

광섬유의 첫 번째 창(first window, 800~900 nm)은 가장 먼저 개발된 창으로 전송손실(loss)과 빛의 분산(dispersion)에 의한 신호퍼짐(spreading)이 크지만 광원과 광 검출소자가 먼저 개발되어 가장 먼저 적용되었습니다. 이 창은 소자들의 가격이 저렴하여 시스템구성에 비용이 적게 소요되므로 단거리의 전송에 지금도 많이 활용되고 있습니다.

두 번째 창(second window, 1,250~1,350 nm)은 빛의 분산이 가장 적은 파장대역으로 광원과 광 검출소자가 개발되면서 두 번째로 개발된 창이며, 분산특성이 양호하여 다중모드광원을 사용하더라도 전송특성이 우수하므로 가입자망(subscriber network) 또는 액세스 망(access network)에 주로 사용됩니다. 이 창은 첫 번째 창보다는 작지만, 어느 정도 전송손실이 있어서 장거리전송에는 부적합합니다.

세 번째 창(third window, 1,500~1,600 nm)은 광섬유의 손실이 가장 적고 분산특성이 비교적 양호하여 도시망(metro network) 이상의 장거리(long-distance) 전송에 적합합니다. 그러나 우수한 전송특성을 얻기 위해서는 단일모드(single-mode) 레이저를 사용하여야 하며, 전송거리를 늘이기 위해서는 증폭기(amplifier)나 중계기(repeater 또는 regenerator)

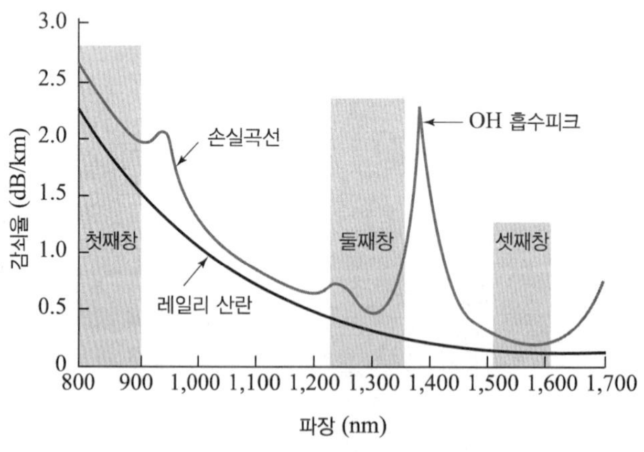

그림 7.11 광섬유의 창

를 사용해야 하고, 필요에 따라 분산보상(dispersion compensation)을 해 주어야 하므로 비용이 많이 드는 문제가 있습니다.

반도체레이저에 있어서는 장수명화에 대한 연구가 중점적으로 진행되어 1977년에 벨연구소와 NTT사에서 실온에서의 추정수명이 100년을 초과하는 실용적인 AlGaAs 반도체레이저의 개발에 성공했습니다. 한편 장파장에서의 광섬유의 저손실화에 호응하여 1976년에 1.3μm 대 InGaAsP 반도체레이저가, 1979년에 1.55μm 대 InGaAsP 반도체레이저가 실온연속발진에 성공했습니다. 1976년에 1.3μm 대 InGaAsP 반도체레이저의 개발과 0.5 dB/ km의 최저손실 광섬유의 개발로 일본 NTT사와 미국 벨연구소의 교환기 간 시험을 거쳐 그 이듬해 벨연구소에 의해 1.5 Mb/s급과 45 Mb/s급의 광통신망 실험이 시카고에서 행해졌습니다. 1978년에는 일본 NTT사에 의해 6 Mb/s급, 32 Mb/s급, 그리고 100 Mb/s급 광통신망 실험이 동경에서 이루어졌습니다. 1979년에 1.55μm 대 InGaAsP 반도체레이저의 개발이 이루어지고 1980년에는 이 파장에서 손실이 0.2 dB/ km인 광섬유가 개발되었습니다. 그리고 NTT 사에 의해 400 Mb/s급의 대용량 통신망의 현장 시험이 동경에서 이루어졌습니다. 1988년에는 실리카 계 광섬유의 최저손실 파장대인 1.55μm 파장대의 양자우물(Quantum-well) 반도체레이저가 개발됨으로써 기간망에 광통신을 응용할 수 있게 되었습니다. 1989년에 일본 NTT사는 기존의 실리카광섬유에 어븀 이온(erbium ion)을 도핑한 어븀-도프 광섬유증폭기(EDFA, erbium doped fiber amplifier)를 이용하여 무중계거리가 200 km에 이르는 1.8 Gb/s급 광통신시스템의 실험에 성공하였습니다. 1991년에 벨연구소에서는 NRZ(non-return-to-zero) 신호를 이용하여 무중계거리가 9,000 km에 달하는 5 Gb/s급의 해저 광케이블(undersea optical cable) 시스템을 실험하였습니다. 특히, 이 실험에서 비트오류율(bit error ratio, BER)은 9,000 km 당 10억분의 1로 해저 광케이블을 이용한 무 중계 전송시스템의 가능성을 제시하였습니다. 1992년에는 520 km의 광 솔리톤(optical soliton) 전송실험이 일본 NTT사에 의해 성공적으로 일단락이 되었는데 실험에 의하면 100만km 이상 전송하는 경우에도 신호왜곡은 거의 나타나지 않는 것으로 분석되었습니다. 미국의 AT&T사는 파장분할다중화(WDM, wavelength division multiplexing) 방식과 EDFA를 사용하여 6.8 Gb/s급의 대용량 광통신망실험에 성공하였습니다. 1993년에는 북미와 일본을 연결하는 1.2 Gb/s급 해저 광케이블을 이용한 140 Mb/s HD-TV 신호전송이 성공적으로 이루어짐으로써 광케이블을 통한 HD-TV 신호전송에 새 장을 열게 되었고, 같은 해에 벨연구소는 10 Gb/s급 광 솔리톤을 20,000 km 이상 전송하는 데 성공하였습니다.

7.3 광섬유

7.3.1 광섬유의 구조 및 원리

광섬유는 유선 광통신의 전송매질로 광도파로 구조를 가지고 있어 전반사에 의해 광 신호를 작은 손실로 전송할 수 있는 유용한 수단입니다. 광섬유는 굴절률이 큰 코어(core) 주위를 굴절률이 작은 클래딩(cladding)이 원통형대칭(cylindrical symmetry) 구조를 가지고 둘러싸고 있으며 그 주위로 버퍼(buffer, 완충물질)와 재킷(jacket, 외피)이 덮여 있는 구조입니다.

광섬유가 가진 장점들을 살펴보면 다음과 같습니다. 광섬유는 한 개의 채널(channel)로 엄청난 양의 정보를 보낼 수 있습니다. 광섬유는 적외선파장대(1250∼1650 nm)에서 매우 작은 전송손실을 가지고 있어서 중계기가 없이도 멀리까지 정보를 전송할 수 있습니다. 광섬유는 광 신호를 전송하기 때문에 광이 가진 특성상, 다른 통신방식과는 달리 전자기파간섭에 대하여 면역성(immunity)을 가지고 있습니다. 광섬유는 가볍고 부피가 작아 설치에 작은 공간을 차지하며 설치가 간단하고 화재, 폭발, 점화의 위험이 전혀 없습니다. 무엇보다도 광섬유가 가진 큰 장점 중의 하나는 전송의 안정성을 들 수 있습니다. 광섬유를 이용한 통신은 다른 통신 방식과는 달리 데이터도청(data tapping)이 불가합니다. 광섬유는 제조기술의 발달로 저가격화가 급속히 진행되고 있으며 신뢰성이 높은 장점도 가지고 있습니다.

광섬유와 구리선(copper wire)의 주파수특성을 살펴보면 다음과 같습니다. 10 MHz의 주파수로부터 신호의 주파수가 증가할수록 구리선 내에서의 신호의 감쇠는 증가하여

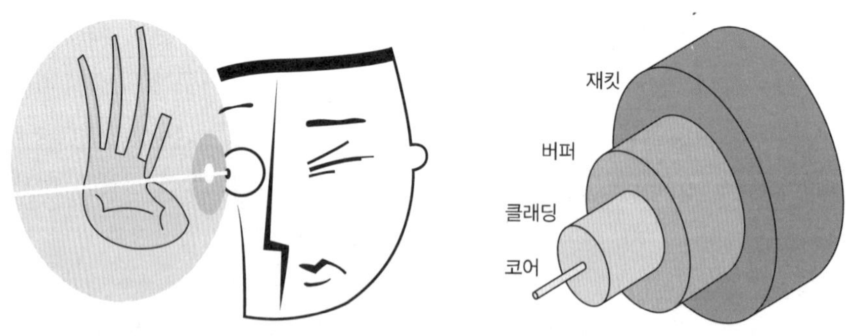

그림 7.12 광섬유란?

GHz 이상의 주파수가 되면 신호의 손실이 심각한 수준이 되지만, 광섬유에서는 이 주파수 대역에서 주파수에 의존하는 신호의 감쇠는 없습니다. 구리선에서 신호의 주파수가 증가하게 되면 더 빨리 움직이는 전자는 유도전류를 만들어 내고 결국은 이 전류에 의한 임피던스가 전자의 움직임을 방해하여 손실이 발생됩니다.

전송 매질로서의 광섬유가 장점만 가지고 있는 것은 아닙니다. 광섬유 간의 연결을 위해서는 스플라이싱(splicing)과 같은 영구적인 연결방식과 커넥터(connector)를 이용하는 착탈식의 두 가지 방법이 있는데 기본적으로 광축(optic axis)을 정확히 정렬(align)하여야 하므로 정밀한 연결을 위해서는 기술적으로 어렵고 비용이 많이 드는 문제가 있습니다. 광섬유는 유지 및 보수 면에서 기술적으로나 비용측면에서 어렵습니다. 광송신기나 광수신기는 전송채널인 광섬유와의 연결을 위해 광섬유와 연결된 형태(fiber pigtail)로 제품을 만들어야 하는데 이를 위해서는 광소자(LED, LD, PD 등)와 광섬유 간의 광결합(optical coupling)이 필수적입니다. 이러한 광 결합은 기술적으로 매우 어렵고 비용도 많이 소요되며 아주 높은 효율을 기대하기는 어렵습니다. 광섬유를 구부리면 곡률반경이 작은 곳에서는 전반사가 깨져서 빛이 밖으로 빠져나오게 되어 구부림 손실(bending loss)이 발생합니다. 따라서 광케이블 선로의 포설 시에 주의를 기울여야 합니다. 광섬유와 광통신은 표준화가 느리게 진행되고 있어 이 부분에 대한 전반적인 관심과 노력이 필요합니다. 광섬유의 주재료인 실리카(SiO_2)는 감마선(gamma-ray)이나 높은 전기장(electric field)에 노출되면 결정이 파괴되어 제 역할을 못하게 되므로 포설(install) 시에 주의하여야

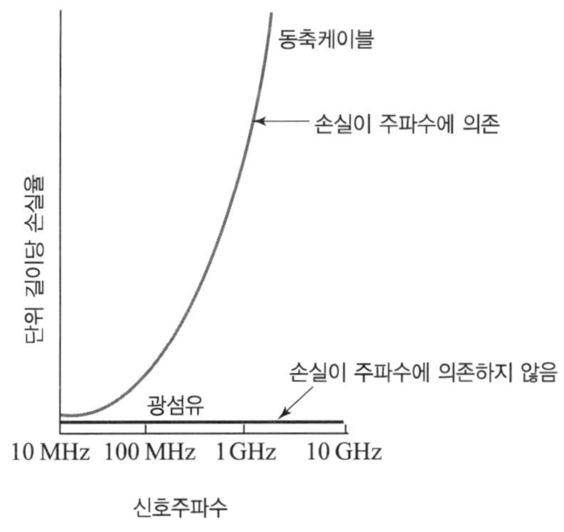

그림 7.13 광섬유와 구리선의 주파수 특성

합니다. 또한 해저포설 시에는 상어의 공격에 대비하여야 하고, 사막과 같은 곳에서는 땅다람쥐(gopher)나 흰개미(termite)와 같은 동물들의 공격에도 대비하여야 합니다.

광섬유케이블은 크게 옥내(indoor)용, 옥외(outdoor)용, 해저(submarine)용으로 구분하며 포설하는 지역의 환경에 적합한 구조의 광섬유케이블을 사용하는 것이 필수적입니다. 일반적으로 옥내용은 온도 및 습도 등 외부환경이 일정하므로 비용이 저렴하면서도 안정적인 구조를 선택하는 것이 좋습니다. 한편, 옥외용은 온도나 습도 등 환경변화에 의해 전혀 영향을 받지 않는 광섬유케이블을 선택하여야 하며 해저용은 수압에 견딜 수 있고, 상어의 날카로운 이빨에 버틸 수 있도록 매우 튼튼하게 설계되어야 합니다.

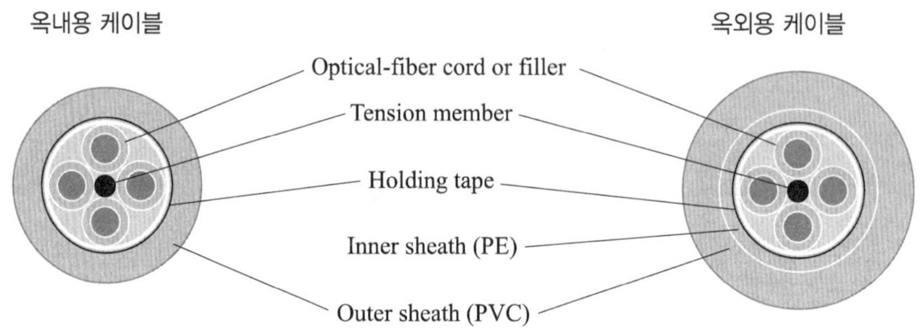

그림 7.14 옥내용 및 옥외용 광섬유케이블 구조

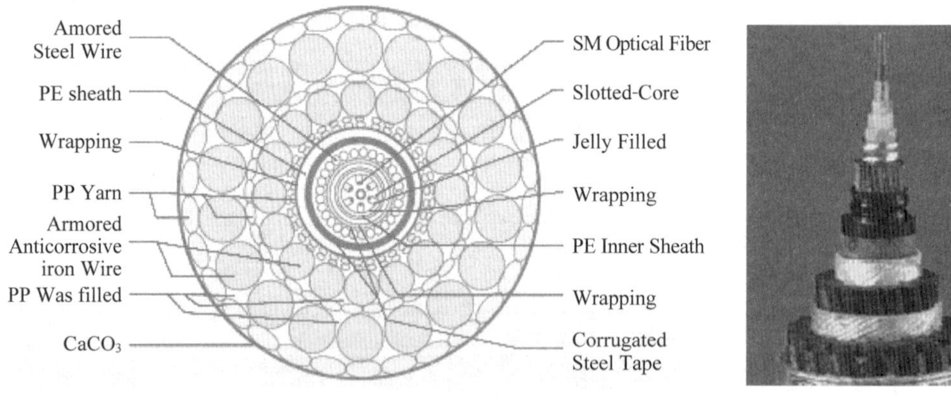

그림 7.15 해저용 광섬유케이블 구조

7.3.2 여러 가지 광섬유

광섬유 내에서 광 신호는 광섬유코어를 따라 클래딩과의 전반사를 반복하면서 진행합니다. 전반사 임계각도보다 작은 입사각으로 클래딩에 입사하는 빛들은 클래딩으로 굴절되는 성분이 발생하기 때문에 급격히 신호가 약해집니다. 따라서 전반사조건을 만족하는 여러 가지 전파모드(mode)들은 각각 정해진 광 경로를 따라 지그재그(zig-zag)로 진행하게 되며 코어의 직경이 크면 클수록 이러한 모드들의 개수는 많아집니다.

광섬유 중에서 코어와 클래딩 사이에 계단형 굴절률분포(SI; step-index)를 갖는 광섬유를 계단굴절형 광섬유(step-index fiber)라 부릅니다. 또한 이러한 계단굴절형 광섬유 중에서 코어의 직경이 커서 다중전파모드(multi-mode)가 발생하는 광섬유를 계단굴절형 다중모드 광섬유(SI-MMF, step-index multi-mode fiber)라 부릅니다. 다중모드 광섬유에서 코어의 직경을 점점 감소시키면 결국 임계직경 이하가 되어 전파모드가 한 개만 존재하는 광섬유를 만들 수 있는데 이를 계단굴절형 단일모드 광섬유(step-index single-mode fiber, SI-SMF)라 부릅니다. 한편 계단굴절형 다중모드 광섬유의 문제점을 해결하기 위해 코어의 굴절률분포를 일정한 값 대신 언덕형 굴절률분포(graded index)를

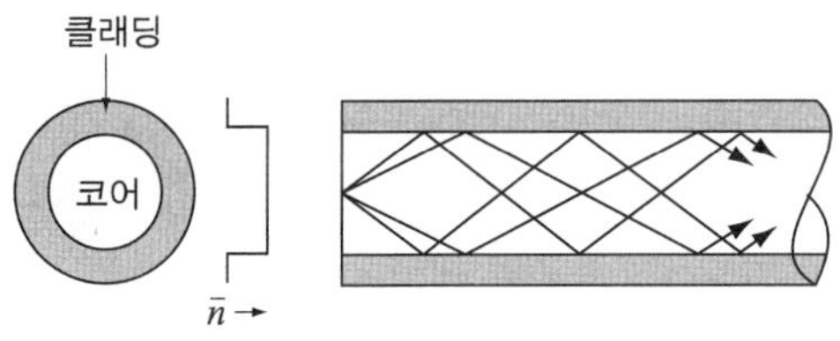

(a) 계단굴절형 다중모드 광섬유

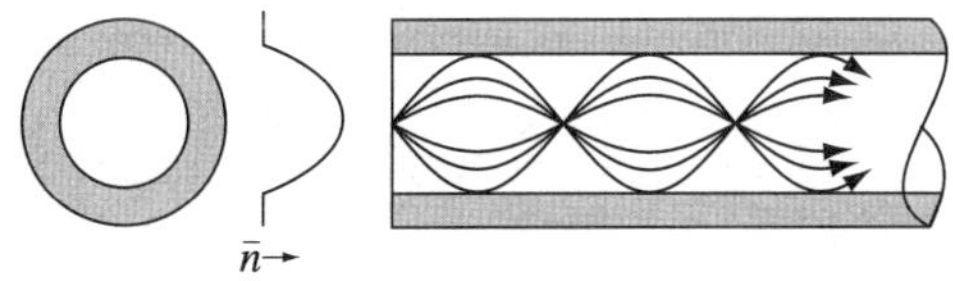

(b) 언덕굴절형 다중모드 광섬유

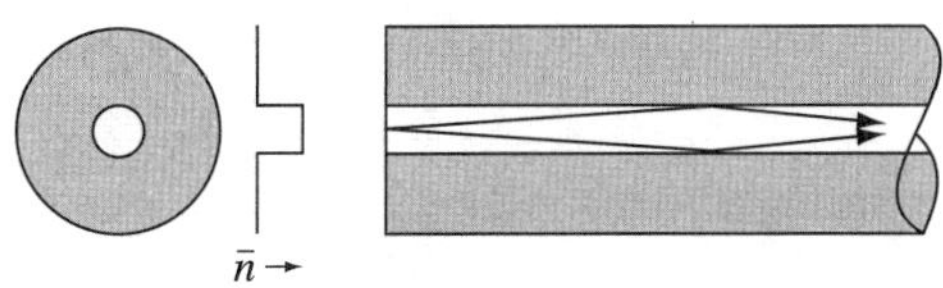

(c) 계단굴절형 단일모드 광섬유

그림 7.16 광섬유의 종류

갖도록 만든 광섬유를 언덕굴절형 다중모드 광섬유(graded-index multi-mode fiber, GI-MMF)라 부릅니다. 한편 이와는 별도로 특별한 목적으로 만든 복잡한 굴절률분포를 갖는 특수 광섬유들이 있습니다. 예를 들어, 분산천이광섬유(dispersion shifted fiber, DSF), 분산보상광섬유(dispersion compensated fiber, DCF), 분산평탄화광섬유(dispersion flattened fiber, DFF) 등이 특수 광섬유에 속합니다.

계단굴절형 다중모드 광섬유는 클래딩과 코어의 굴절률이 계단식으로 변화하고 있으며, 광섬유에 입사된 광은 코어와 클래딩의 경계에서 전반사를 반복하면서 전파합니다. 코어 속을 전파하는 광 경로 길이(OPL, optical path length)는 광섬유의 입사각에 따라 다 달라집니다. 입사각(입사각은 입사지점의 법선과 입사되는 빛이 이루는 각을 의미)이 큰 광은 전반사의 횟수가 적기 때문에 광 경로 길이가 짧아집니다. 반면에 입사각이 작은 광은 전반사를 여러 번 반복하기 때문에 광 경로 길이가 훨씬 길어집니다. 이로 인해 광섬유에 동시에 입사된 광이라도 입사각이 큰 광은 출사면(output facet)에 신속히 도달하며, 입사각이 작은 광은 늦게 도착합니다. 따라서 폭이 아주 좁은 광 펄스를 입사하여도 출사 면에서는 펄스의 폭이 넓어지며(pulse broadening) 이러한 현상을 다중모드분산(multi-mode dispersion)이라 부릅니다.

전송에 의해 광신호의 펄스폭이 넓어진다는 의미는 점점 넓어지다 보면 인접한 펄스와 맞닿아 신호에러가 발생하게 되므로 전송대역이 좁다는 것을 의미합니다. 이렇게 다중모드분산에 의한 신호퍼짐 현상으로 전송대역이 제한되는 문제를 해결하기 위하여 언덕굴절형 다중모드 광섬유가 개발되었습니다.

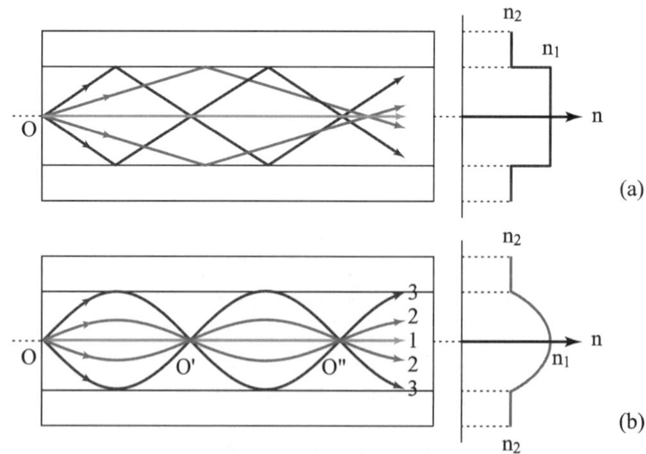

그림 7.17 (a) 계단굴절형과 (b) 언덕굴절형 다중모드 광섬유

언덕굴절형 다중모드 광섬유는 코어의 굴절률이 코어의 중심에서 가장 크며, 주변으로 진행해감에 따라 완만하게 줄어들어 클래딩과의 경계면에서 클래딩의 굴절률과 같아지는 분포를 가지고 있습니다. 언덕굴절형 다중모드 광섬유의 원리를 이해하기 위해서는 다음의 두 가지 관계식을 이해하여야 합니다.

$$v = \frac{c}{n} \tag{7.1}$$

$$t = \frac{L}{v} = n\frac{L}{c} \tag{7.2}$$

여기서 c는 진공 중에서의 빛의 속도, v는 코어 내에서의 빛의 전파속도, n은 코어의 위치에 따른 굴절률, t는 광신호가 광섬유를 빠져나오는 데 걸리는 시간, L은 광섬유 내에서의 모드에 따른 광 경로 길이라 합니다. 위의 식에서 보듯이 매질에서의 광의 전파속도는 굴절률에 반비례하기 때문에 코어의 중심부근을 지나는 광은 광 경로 길이는 짧고 속도는 느려집니다. 이에 반해 코어의 가장자리를 지나는 광은 광 경로 길이는 길지만 속도는 빨라지게 됩니다. 따라서 광섬유에 동시에 입사된 광은 입사각에 관계없이 출사 면에는 거의 동시에 도달하게 됩니다. 이 때문에 언덕굴절형 다중모드 광섬유의 전송대역은 계단굴절형 다중모드 광섬유에 비해 대폭적인 개선이 이루어지게 됩니다. 하지만 언덕굴절형 다중모드 광섬유의 굴절률 분포를 아무리 잘 조절하여도 다중모드 분산을 완전히 해결할 수는 없습니다.

일반적인 계단굴절형 다중모드 광섬유는 코어의 직경은 100μm, 코어를 포함한 클래딩의 직경은 140μm 이고 클래딩의 외부에는 총 직경이 250μm 이 되도록 플라스틱 코팅이 되어 있습니다. 이에 반하여 일반적인 언덕굴절형 다중모드 광섬유는 코어의 직경은 50μm, 코어를 포함한 클래딩의 직경은 125μm 이고 클래딩의 외부에는 총 직경이 250μm 이 되도록 플라스틱 코팅이 되어 있습니다.

다중모드 광섬유의 다중모드분산을 해결하는 방법은 코어의 직경을 매우 작게 만들어서 코어 내에 단 한 개의 전파모드만 존재하도록 하는 것입니다. 이를 위해 1,300~1,550 nm 파장 대역의 광전송에서는 코어의 직경이 10μm 이하로 유지되어야 합니다. 이렇게 코어의 직경을 극단적으로 작게 만든 광섬유를 단일모드광섬유(single-mode fiber, SMF)라 부르며, 단일모드광섬유는 계단형 굴절률분포를 가지고 있기 때문에 정확하게는 계단굴절형 단일모드광섬유(SI-SMF, step-index single-mode fiber)라 부릅니다. 단일모드광섬유는 코어의 직경이 매우 작기 때문에 제작이 어려워서 다중모드 광섬유보다 비용은 많이 들지만 전송대역이 획기적으로 개선되기 때문에 장거리전송에서는 필수적으로 사용됩니다.

빛이 광섬유 내를 전파하는 과정에서 여러 가지의 손실(loss) 요인에 의해 광신호의 감쇠(attenuation)가 일어납니다. 신호감쇠의 원인에는 실리카(유리)매질 내에서의 빛의 흡수(absorption), 매질 내에서의 빛의 산란(scattering), 그리고 빛의 누설(light leakage)의 세 가지가 있습니다.

광섬유 내에서의 빛의 흡수는 사용하는 파장과 존재하는 불순물의 종류 및 양에 의존합니다. 유리매질에서의 빛의 흡수는 1.75μm 이상의 파장에서 급격하게 증가하는 경향이 있습니다. 광섬유 내에서의 빛의 산란은 레일리산란의 지배를 받으므로 파장이 짧아질수록 산란손실이 많아집니다. 실리카광섬유에서의 빛의 손실이 가장 적은 파장은 1,550 nm 근처이므로 이 파장이 장거리전송에 가장 적합합니다.

마지막으로 빛의 누설은 광섬유의 구부림(fiber bending)에 의한 것, LD나 PD와 같은 소자와의 결합손실(coupling loss), 그리고 광섬유 간의 접속손실(connection loss)로 나뉩니다. 접속손실에는 접속방식에 따라 스플라이싱 손실(splicing loss)과 커넥터 삽입손실(connector insertion loss)의 두 가지가 있습니다.

광섬유의 구부림 손실에는 광섬유의 포설 시에 발생하는 매크로 구부림 손실(macro-bending loss)과 광섬유의 제작 시에 발생하는 마이크로 구부림 손실(micro-bending loss)이 있습니다.

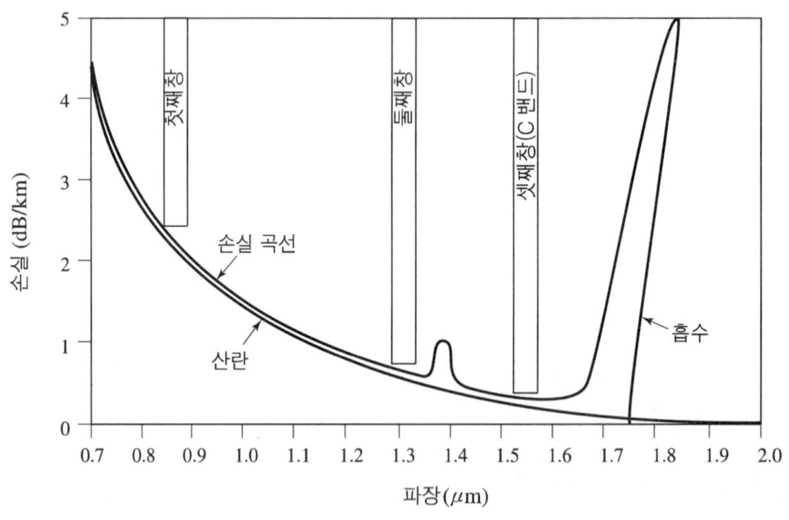

그림 7.18 광섬유의 파장에 따른 손실곡선

그림 7.19(a)에서 보는 바와 같이 광섬유의 구부림 손실은 구부림에 의해 곡률반경이 작아지는 지점에서는 전반사가 깨져서 빛의 누설이 발생하여 생기게 됩니다. 그림 7.19(b)에서 보는 바와 같이, 구부림에 의해 곡률반경이 일정 값 이하($R < \sim 20\ \mathrm{mm}$)로 줄어들게 되면 손실이 급격히 증가하는 것을 확인할 수 있습니다.

단일모드광섬유는 다중모드 분산이 일어나지 않습니다. 따라서 단일모드광섬유의 전송대역은 색 분산(chromatic dispersion)에 의하여 결정됩니다. 색 분산은 파장에 따라 광섬유의 굴절률이 달라져 전파속도가 달라지므로 동일한 광 경로 길이라 하더라도 출사면에 도착하는 시간의 차가 생기는 것에 기인하는 현상입니다.

일반적으로 광통신에서 사용하는 반도체레이저는 그림 7.21에서 보는 바와 같이 공진기길이(cavity length)와 반도체물질의 굴절률에 의해 결정되는 몇 개의 다중 종 모드

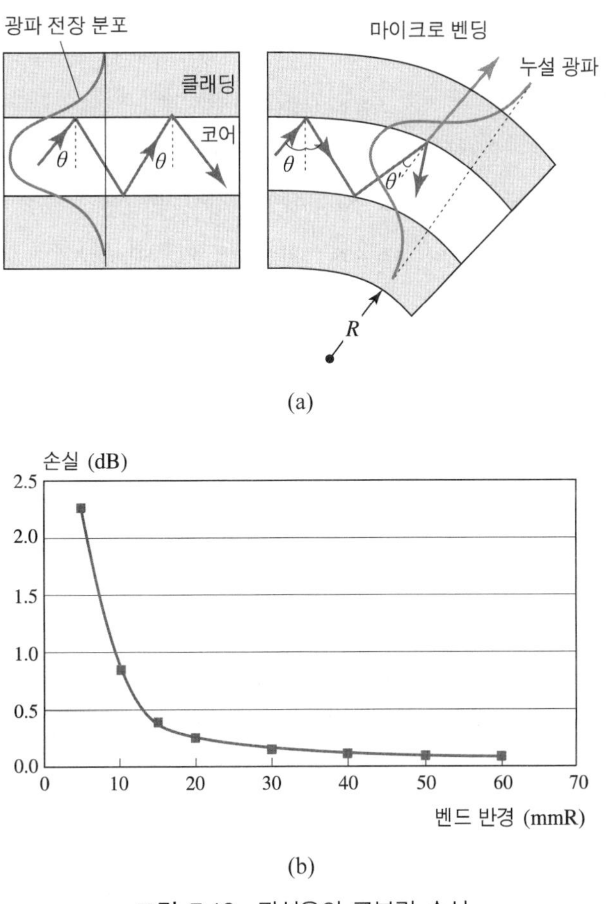

그림 7.19 광섬유의 구부림 손실

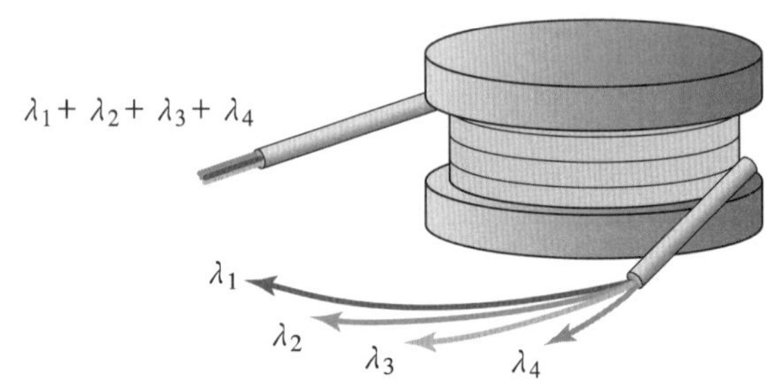

그림 7.20 광섬유에서의 색 분산

(multi-longitudinal mode)로 발진하기 때문에 완전한 단색(mono-chromatic) 광이라고 할 수 없으므로 파장의 차이에 따른 색 분산이 발생하게 됩니다.

색 분산은 전송거리에 따라 일정한 비율로 누적되어 펄스퍼짐 현상을 유발하므로 전송대역에 제약을 주며, 전송거리가 길수록, 전송속도(bit-rate)가 빠를수록 더 심각한 문제가 됩니다. 실제로 일정한 전송속도로 광섬유에 전송시켰을 때의 전송대역(광 펄스확산)은 전송거리와 반도체레이저의 스펙트럼선폭에 의존합니다. 따라서 광섬유 자체의 색 분산은 단위 전송거리[km]당, 단위 광원선폭[nm]당, 펄스폭[ps], 다시 말해서 [ps/km · nm]로 표시합니다. 유리재질의 단일모드광섬유의 색 분산은 1,310 nm대역에서 zero가 되도록 설계되었는데, 1,550 nm대에서는 17～20 [ps/km · nm]라는 비교적 큰 값을 가지게 됩니다.

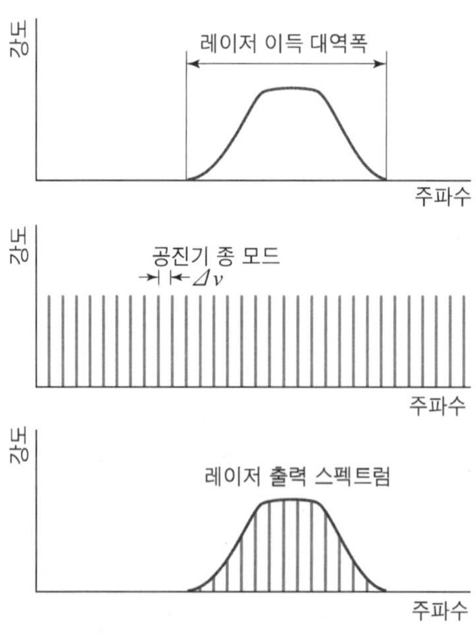

그림 7.21 반도체 레이저에서의 발진모드

한편, 색 분산은 전송속도가 증가함에 따라 증가비율의 제곱에 비례하여 심각해지므로 10 Gbps의 전송에서는 2.5 Gbps의 전송에 비하여 색 분산의 영향이 16배나 증가하게 됩니다. 따라서 10 Gbps 이상의 초고속 전송시스템에서는 단색(단일모드)광원이나 특수 광섬유를 사용하여 색 분산을 최소화하거나, 발생하는 분산을 보상하기 위한 여러 가지 시도들을 하게 됩니다.

특수 광섬유 중, 분산천이(遷移)광섬유(DSF, dispersion shifted fiber)는 색 분산이 zero인 파장을 손실이 가장 작은 1,550 nm 근처로 이동시킨 광섬유로, 1,550 nm 파장에서 이 광섬유를 사용하면 전송손실과 색 분산을 동시에 최소화할 수 있어 전송성능이 매우 우수합니다. 그러나 분산천이광섬유의 제작을 위해서는 도파로 구조에 변화를 주어 분산특성을 변화시켜야 합니다. 따라서 단일모드광섬유보다 내부의 구조를 복잡하게 구성하여 굴절률분포에 변화를 주어야 하므로 제작이 어렵고 가격이 비싼 것이 단점입니다.

분산평탄화광섬유(DFF, dispersion flattened fiber)는 1,300~1,550 nm의 넓은 파장대역에서 광섬유의 색 분산과 손실을 최소화한 광섬유로 여러 개의 파장을 사용하는 파장분할다중화(WDM) 시스템에서 특히 우수한 전송성능을 보입니다. 하지만 분산천이광섬유와 마찬가지로 구조가 복잡하여 제작이 어렵고 가격이 비쌉니다.

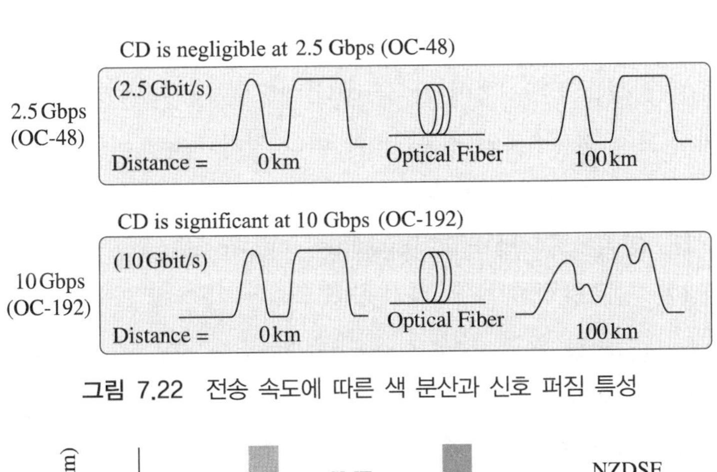

그림 7.22 전송 속도에 따른 색 분산과 신호 퍼짐 특성

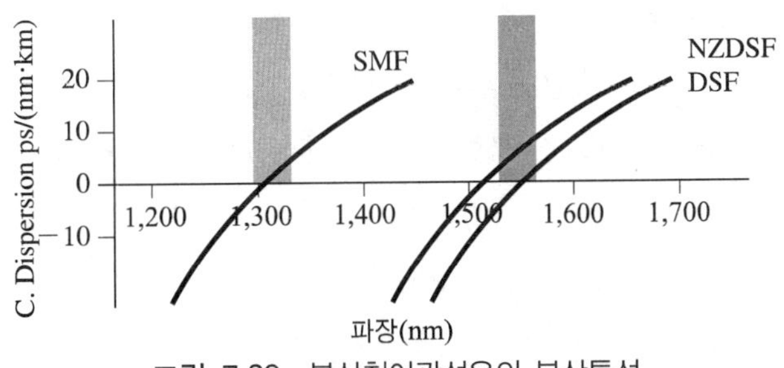

그림 7.23 분산천이광섬유의 분산특성

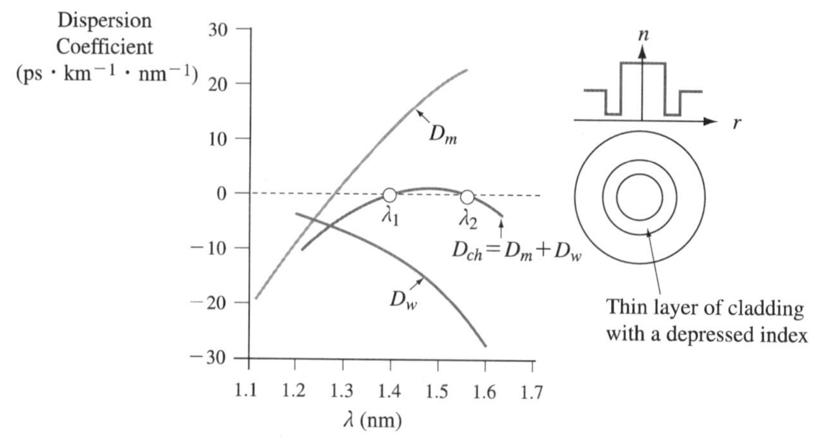

그림 7.24 분산평탄화광섬유의 구조와 분산특성

마지막으로 분산보상광섬유(DCF, dispersion compensation fiber)는 색 분산을 최소화하는 개념이 아니라 이미 발생한 색 분산을 보상하기 위한 특수 광섬유입니다. 이 광섬유는 광전송에 사용되는 일반 단일모드광섬유가 갖는 분산특성을 상쇄(보상)시키기 위해 사용되는 광섬유로 광섬유 코어의 직경을 일반 단일모드 광섬유에 비해 매우 작게 함으로써 부호가 반대이고 값은 5∼10배 정도 더 큰 분산 값을 가지게 한 것입니다. 이 광섬유는 코어의 직경이 극단적으로 작기 때문에 제작이 매우 어렵고 가격이 매우 고가입니다. 실리카 계 광섬유의 광전송에서는 유리의 매질특성과 광원의 스펙트럼선폭에서 기인한 색 분산의 정도가 전송속도와 전송거리에 따라 얼마나 누적이 되는지 예측이 가능하므로 단일모드광섬유의 중간 중간에 분산보상광섬유를 일정한 길이로 삽입하여 발생한 색 분산을 상쇄시키는 방식으로 분산보상(dispersion compensation)을 할 수 있습니다.

국수와 광섬유는 제조방식이 매우 유사하나 국수는 중간에 알맞은 길이로 끊어내는 반면에 광섬유는 끊어내지 않고 스풀(spool)에 길게 감습니다. 광섬유에 따라 다르지만 일반적인 다중모드 광섬유는 길이 당 단가가 국수보다 더 저렴합니다.

실리카 계 광섬유의 제조공정은 유리 모재(母材, preform)를 합성하는 공정과 광섬유 인출(fiber drawing) 공정으로 대별됩니다. 코어 또는 클래딩의 재료로 사용되기 위한 유리재료를 고 순도의 봉의 형태로 가공한 것을 모재 봉(preform rod)이라 하고 이것을 인출(drawing)하면 광섬유가 만들어집니다. 특히 모재 봉을 유리의 연화점(softening point) 이상으로 가열하여 소정의 직경을 갖는 광섬유를 만드는 공정을 광섬유인출이라고 합니다. 보통 인출 직후의 광섬유에는 1차 코팅을 하는데 주로 플라스틱이 코팅됩니다. 인출된

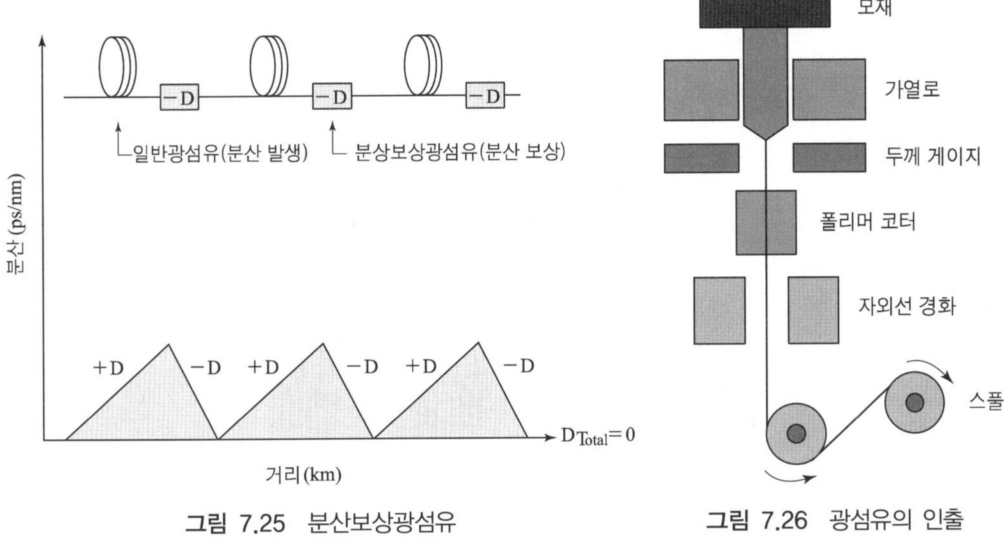

그림 7.25 분산보상광섬유

그림 7.26 광섬유의 인출

광섬유는 코어 및 클래딩의 직경이 일정하고 완전한 원형을 유지하여야 하며, 특히 코어의 중심이 클래딩의 중심과 동일한 위치(동심원 형태)가 되도록 가공되어야 하므로 세심한 주의가 요구됩니다.

7.4 광변조

변조(modulation)란 통신시스템에서 전송하려고 하는 신호의 진폭에 맞추어 반송파(carrier wave)의 진폭(amplitude), 주파수(frequency), 위상(phase) 등의 어느 것이든 변화를 주어, 정보를 지닌 고주파 신호를 발생시키는 과정입니다. 이 때 전송하려고 하는 신호의 형태가 아날로그(analog) 신호이면 아날로그 변조이고, 디지털(digital) 신호이면 디지털 변조입니다.

광변조(optical modulation)는 광을 반송파로 사용하는 광통신에서의 변조를 의미하며 높은 주파수를 갖는 광파에 신호를 얹어 정보를 가진 광 신호를 만드는 과정입니다. 광변조 방식에는 레이저의 구동전류를 조절하여 레이저에서 나오는 광 출력을 직접 조절하는 직접변조(direct modulation)방식과, 외부변조(external modulation)방식으로 나뉘게 되는데, 외부변조방식에서는 레이저는 일정한 출력으로 연속발진(continuous-wave, CW) 시킨 상태에서 외부변조기(external modulator)를 이용하여 변조를 수행하게 됩니다.

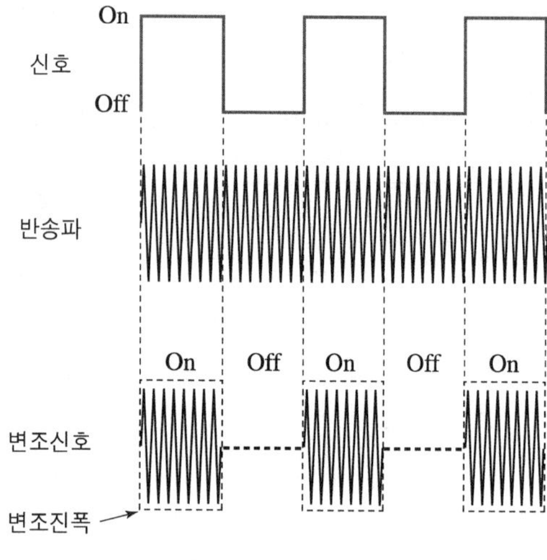

그림 7.27 디지털변조

직접변조는 가장 간단하고 가장 비용이 저렴한 변조방식이나 레이저를 초고속으로 직접 변조하다 보면 급격한 구동전류의 변화로 인해 레이저의 파장이 변하는 현상(chirping, 처핑)이 발생하여 전송에 제약이 발생하므로 초고속 장거리전송에는 부적합한 점이 있습니다. 외부변조는 레이저의 주입전류에 변화가 없으므로 처핑이 줄어들어서 직접변조보다 초고속 장거리 전송에 훨씬 유리합니다. 외부변조에서 외부변조기로 사용되는 소자에는 전기광학변조기(electro-optic modulator, EOM)와 전계흡수변조기(electro-absorption modulator, EAM)의 두 종류가 있습니다.

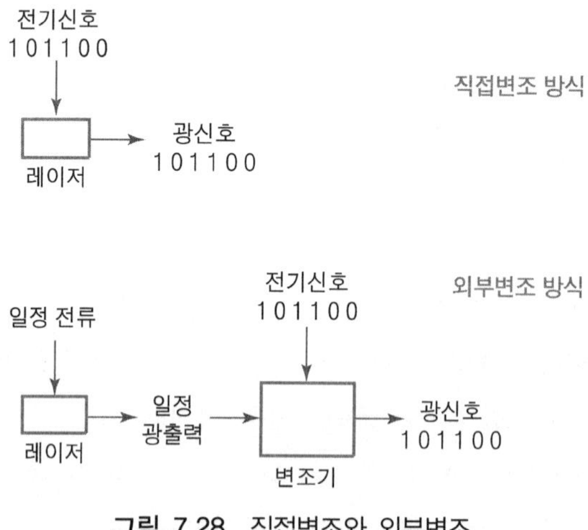

그림 7.28 직접변조와 외부변조

전기광학변조기는 마흐-젠더 간섭계(Mach-Zehnder interferometer) 형태로 구성하여 간섭효과를 이용하여 디지털 변조를 수행하는 소자입니다. 이 변조기는 광학매질에 전기장이 인가되면 굴절률이 변하고 이에 따라 진행하는 광파의 위상이 변하는 현상을 이용하여 나누어진 두 개의 광파가 다시 합쳐질 때에 위상차가 각각 0°와 180°가 되도록 조절하면 0°일 때에는 보강간섭으로 디지털 '1' 신호를, 180°일 때에는 상쇄간섭으로 디지털 '0' 신호를 구현하는 방식으로 변조를 수행합니다. 이 방식은 변조성능이 가장 탁월하나 충분한 위상차를 주기 위해 변조기가 커지고 소비전력이 많이 소요되며 가격이 고가인 단점이 있습니다.

전계흡수변조기는 반도체구조에 전기장을 걸면 빛을 흡수하고 그렇지 않으면 빛을 투과시키는 효과를 이용하여 변조기에 걸리는 전압을 빠르게 조절하여 변조를 행하는 소자입니다. 이 변조기는 변조성능도 우수한 편이며 크기, 소비전력, 가격 면에서 장점이 있습니다. 무엇보다도 반도체레이저와 유사한 구조를 가지고 있어 동일한 반도체기판 상에 레이저와 변조기의 집적화(monolithic integration)가 용이하다는 장점이 있습니다.

한편, 전계흡수변조기 집적 레이저(electro-absorption modulator integrated laser, EML)는 반도체레이저와 전계흡수변조기를 동일한 반도체기판 상에 집적화한 소자로, 가격대비성능이 우수하고 소형, 경량, 저소비전력 등 장점이 풍부하여 현재 도시망(metro network) 이상의 장거리 광통신에 폭넓게 사용되고 있습니다.

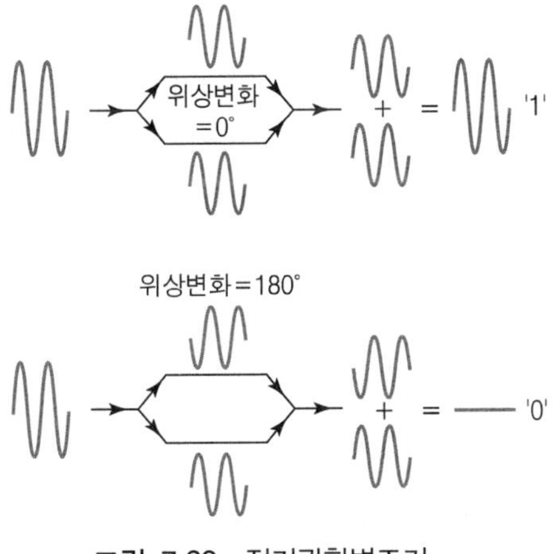

그림 7.29 전기광학변조기

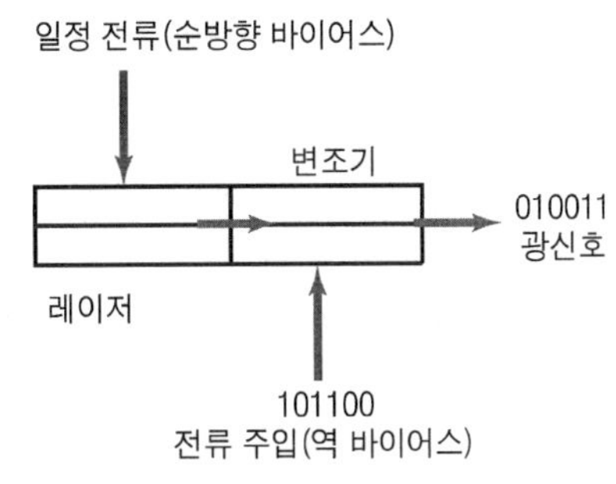

그림 7.30 전계흡수변조기 집적 레이저

7.5 광통신시스템

7.5.1 여러 가지 광통신시스템

현재의 기술로는 도달하는 데 무리가 따르지만 파장분할다중화(WDM) 기술이 최고로 성숙한 단계에 이르러 광원소자, 광섬유, 광 검출소자 및 관련 WDM 부품들이 최고의 성능을 발휘하게 되면 광섬유 1회선에 무려 100 Tbps의 엄청난 정보를 실어 보내는 시대가 올 것으로 봅니다.

한 가닥의 디지털전화회선의 대역폭이 64 Kbps이므로 대략 13억 회선의 전화전송량과 같은 양입니다. 따라서 중국 인구를 대략 13억 명으로 추산할 때, 광섬유 1회선으로 중국전체의 전화시스템을 해결할 수 있게 되는 것입니다. 100 Tbps급 전송용량이란 1 Mbps급 디지털가입자회선(DSL)보다 백 배 이상 빠른 초고속정보통신을 100만 가입자가 동시에 사용할 수 있는 막대한 전송용량이며, 5 GB짜리 DVD에 실린 영화 2,500편을 1초에 전송하는 속도입니다. 또한 하루 50면 분량 조간신문의 약 2만 년 분량을 1초에 전송하는 속도이기도 합니다.

광 네트워크에서 'long haul'은 'long distance', 'backbone', 'core network' 또는 기간망이라 부르고, 'access network'은 'subscriber network' 또는 가입자망이라 부릅니다.

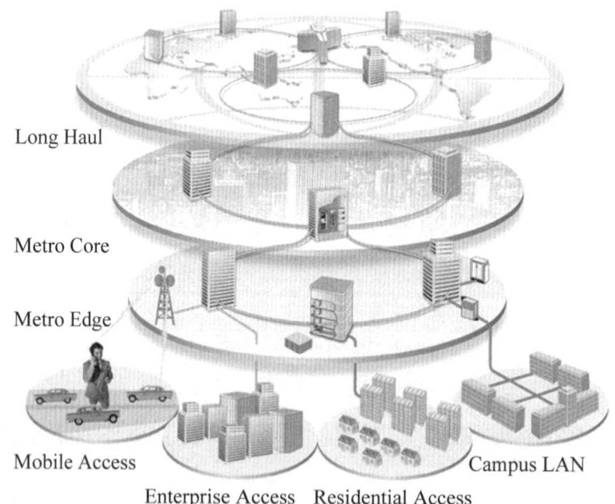

그림 7.31 광통신네트워크

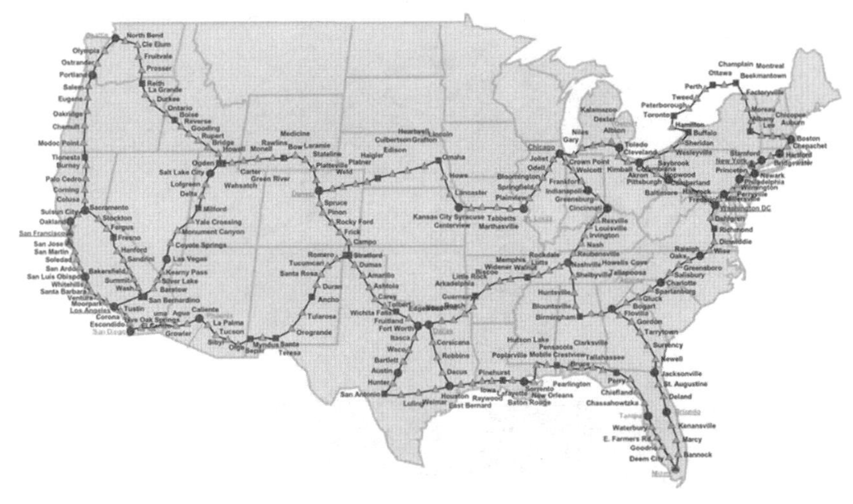

그림 7.32 미국 기간망 지도

기간망과 가입자망의 사이에는 지역망(regional network)과 도시망(metro network)이 있습니다.

초장거리망(ultra long haul network)이나 장거리망(long haul network)과 같은 기간망은 국가 대 국가 간의 전송망이나 대륙 또는 대양을 횡단하는 초장거리 노선을 포함합니다. 광 링크(optical link)의 길이는 최대 9,000 km 정도까지 가능하고 중계기의 간격은 대략 600 km 정도입니다. 이때는 전송성능이 가장 중요한 고려사항이므로 가장 고가의 전송망으로 구성됩니다.

지역망은 국가 내의 지역 간의 전송을 위한 망이고 도시망은 광역도시 내의 전송을 위한 망으로 대략 전송거리가 100 km 내외입니다.

가입자망은 1～20 km 범위의 전송망으로 통신가입자들을 위한 서비스망이기 때문에 가입자들의 욕구를 만족할 수 있는 범위 내에서의 적당한 성능과 저렴한 비용이 가장 중요한 관건입니다. 따라서 전화망(telephone network)에서 기간망이 성능우선(performance driven)이라면 가입자망은 비용우선(cost driven)으로 요약됩니다.

한편, 데이터통신(data communication)은 음성신호 대신에 펄스열로서 디지털화된 신호를 통신하는 것이나 이와 관련한 시스템전반을 가리킵니다. 특히, 원격지단말기와 컴퓨터, 컴퓨터와 컴퓨터 사이에 데이터 교환을 행하는 것을 가리키기도 합니다.

데이터통신은 1～500 m의 전송거리에서 사용하게 되며, 전송속도는 구성하는 망의

그림 7.33 데이터통신 네트워크

규격(spec, specification)에 의해 결정됩니다. 데이터통신은 무엇보다도 비용이 최우선 관건이므로 비용이 저렴한 부품과 시스템을 개발하는 것이 필수적입니다. 데이터통신과 관련한 키워드로는 구내망(premises network), 근거리통신망(LAN, local area network), FDDI(fiber distributed data interface, 광케이블 사용 컴퓨터통신망규격), 기가비트이더넷(giga-bit ethernet), 파이버채널(fiber channel) 등을 들 수 있습니다.

데이터통신을 행하려면, 송신측과 수신측 사이에 어떤 정해진 약속에 따라 신호를 주고받게 되며 상대 확인, 송신요구, 송신개시 및 종료, 수신확인 등의 순서를 거쳐 데이터 전송을 실시합니다. 송신측과 수신측에서는 순서를 나타내기 위한 말에 해당하는 특수한 기호나 암호를 정할 필요가 있습니다.

현재 기업에서 가장 널리 사용되는 방식인 근거리통신망(LAN)은 한 건물이나 방과 같이 비교적 가까운 거리의 컴퓨터와 주변기기들을 연결하는 데 사용되며 정보와 자원을 공유하기에 적합하도록 설계한 컴퓨터통신망으로, 특정한 사용자들만이 폐쇄적으로 사용합니다. 주로 100대 이하의 컴퓨터들을 연결할 때 사용됩니다.

근거리통신망은 고속의 정보통신이 가능하며, 신뢰성이 높은 것이 특징입니다. 근거리통신망은 학내전산망(campus network), 사무자동화(OA, office automation), 공장자동화(FA, factory automation) 등에 폭넓게 이용되고 있습니다.

광역통신망(WAN, wide area network)은 지리적으로 흩어져 있는 통신망을 의미하는 것으로서 근거리통신망과 구별하여 보다 넓은 지역을 담당하는 통신 구조를 나타내는

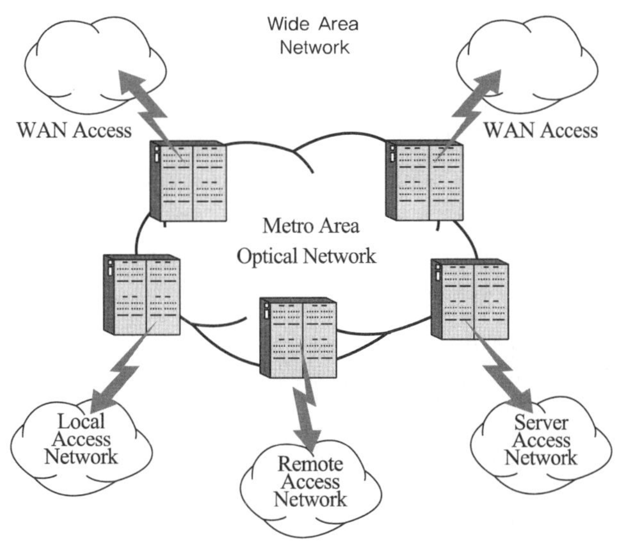

그림 7.34 LAN, MAN, WAN

용어로 사용됩니다. 보통 LAN의 범위는 1개의 빌딩이나 학교, 연구소 및 공장 등의 일정구역 내인 것에 반해, WAN은 넓은 지역을 연결하는 네트워크를 지칭하는 것으로 지방과 지방, 국가와 국가, 또는 대륙과 대륙 등과 같이 지리적으로 완전하게 떨어져 있는 장거리 지역 사이를 연결하고 있는 통신망입니다.

도시권통신망(MAN, metropolitan area network)은 LAN보다는 크지만, WAN이 감당하는 지역보다는 지리적으로 작은 장소 내의 컴퓨터자원들과 사용자들을 서로 연결하는 네트워크입니다. MAN은 한 도시 내의 네트워크들을 하나의 거대한 네트워크로 서로 연결하는 데 적용됩니다.

인간의 대역폭(bandwidth)에 대한 욕구는 가히 '불가사리' 수준이라 할 수 있습니다. 'ElectroniCast'의 조사에 의하면 1990년 이래로 최근까지 음성전화를 위주로 하는 음성정보의 증가량은 연간 10%에 머무르는 반면에, 영상, 데이터 등을 포함하는 총 정보의 증가량은 연평균 35%의 급격한 증가가 예상된다고 합니다.

인간의 대역폭에 대한 욕구의 폭발적 증가는 기간망의 전송률의 지속적인 증가를 가져왔습니다. 1996년까지 OC(optical carrier) 레벨이 OC-1(52 Mbps)에 머무르던 기간망은 1998년까지 OC-12(622 Mbps), 2000년까지 OC-48(2.5 Gbps), 2001년부터는 OC-192(10 Gbps)의 전송속도로 지속적으로 상향되고 있습니다. 현재 10 Gbps에서 잠시 주춤한 상태이지만 가까운 장래에 꼭 기간망은 아니더라도 도시망 이하의 응용에서 OC-768(40 Gbps)의 초고

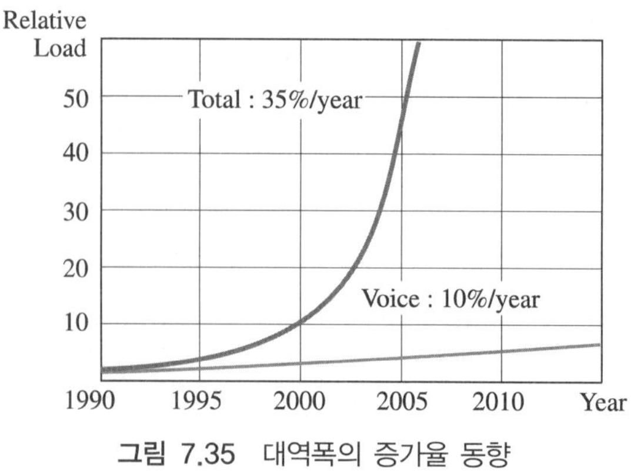

그림 7.35 대역폭의 증가율 동향

속전송의 요구가 활발해질 것으로 전망됩니다.

통신에서, 비트오류율(bit error rate 또는 bit error ratio, BER)은 통신 중 에러가 생긴 비트수를 총 전송한 비트수로 나눈 것으로, 대개 10의 마이너스 몇 승으로 표현됩니다. 예를 들면, 어떤 전송에서 비트오류율이 10^{-6}이라는 것은, 전체 1,000,000비트를 전송하였는데, 1비트의 에러가 발생하는 것을 의미합니다. 비트오류율은 패킷이나 데이터 전송 단위들이 에러로 인해 얼마나 자주 재전송되어야 하는지를 가리킵니다. 너무 높은 비트오류율을 보이는 회선이라면, 느린 속도로 데이터를 전송하는 것이, 재전송해야 할 패킷(packet)의 수를 줄임으로써 비트오류율을 낮출 수 있기 때문에, 주어진 양의 전송 데이터에 대하여 전반적인 전송시간을 실제로 개선시킬 수 있다는 것을 말합니다.

표 7.1 OC 레벨과 전송률

fiber optic signal OC level	synchronous transport signal STS level	synchronous transport mode STM level	line rate	Equivalent Channels		
				DS0	DS1	DS3
OC-1	STS-1		51.84 Mbps	672	28	1
OC-3	STS-3	STM-1	155.52 Mbps	2,016	84	3
OC-12	STS-12	STM-4	622.08 Mbps	8,064	336	12
OC-48	STS-48	STM-16	2488.320 Mbps	32,256	1,344	48
OC-192	STS-192	STM-64	9953.280 Mbps	129,024	5,376	192
OC-768	STS-768	STM-256	39813.12 Mbps	516,096	21,504	768

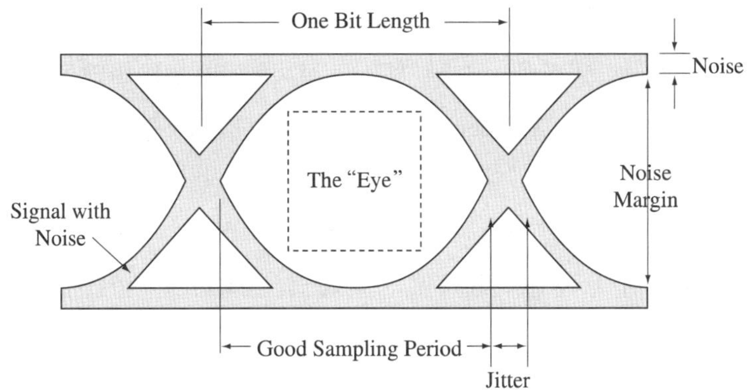

그림 7.36 눈 패턴

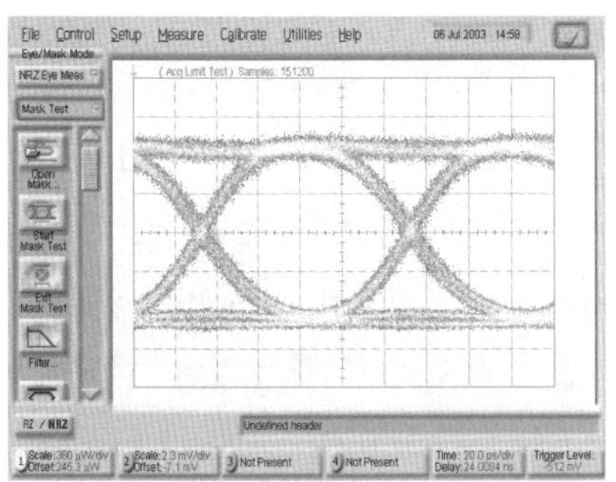

(a) Back-to-back 눈 패턴

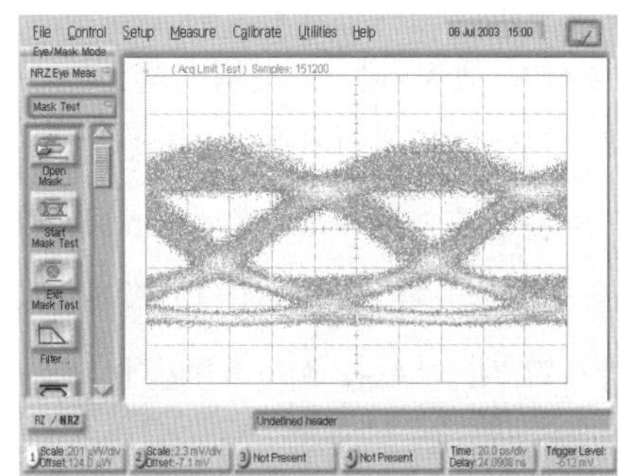

(b) 96 km 전송 후 눈 패턴

그림 7.37 10 Gbps EML모듈의 전송 전후 눈 패턴

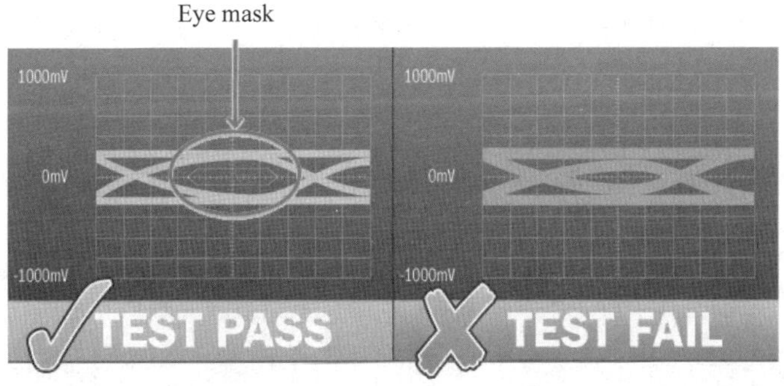

그림 7.38 눈 패턴과 pass/fail

디지털신호는 시간이 흐름에 따라 단계적인 레벨을 이동하면서 파형을 그리게 됩니다. 이러한 단계적인 레벨 이동의 흐름을 특정 시간단위 내에서 중첩하여 보여주는 파형

이 바로 눈 패턴(eye pattern 또는 eye diagram)입니다. 이렇게 중첩하여 디지털파형을 플롯(plot)해 보면 파형이 변화하는 모든 경로가 보이게 됩니다. 만약 이러한 통신시스템에 잡음이 침투하여 파형의 열화(degradation)가 발생하면 파형이 찌그러지면서 벌려진 신호가 닫히는 모양을 하게 됩니다. 이러한 디지털중첩파형이 마치 사람의 눈을 닮았기 때문에 '눈 패턴'이라고 부르며, 눈이 점점 닫히는 형상을 하게 될수록 디지털신호가 '열화 되었다'고 말합니다. 송수신단에서 눈 패턴을 관찰하면 디지털전송특성을 평가할 수 있습니다.

7.5.2 다중화 광통신

다중화통신(multiplexing communication)이란 1개의 전송매체를 이용하여 다수의 신호를 동시에 전송하는 통신방식을 말합니다. 이 방식을 이용하면 값비싼 전송매체를 유효하게 이용하며 경제적으로 신호를 전송할 수가 있습니다. 다중화의 주된 방법으로는 크게 시분할다중화(time division multiplexing, TDM), 주파수분할다중화(frequency division multiplexing, FDM), 파장분할다중화(wavelength division multiplexing, WDM)의 3가지가 있습니다. 어느 방법에 의하든 다중화도를 높여가면 광대역 또는 고속전송이 가능해집니다.

시분할다중화는 동일 전송매체를 이용하여 복수의 신호를 각각 다른 시간에 전송하는 방법입니다. 다시 말하면, 송신 측에서는 각 채널의 메시지의 신호레벨을 규칙적인 순서로 중간 중간 띄어가며 뽑아내어 표본화하고 시간적으로 조금씩 차이를 두어 전송하며, 수신 측에서는 그것을 반대로 분리 및 합성함으로써 원래의 메시지 신호를 재생합니다.

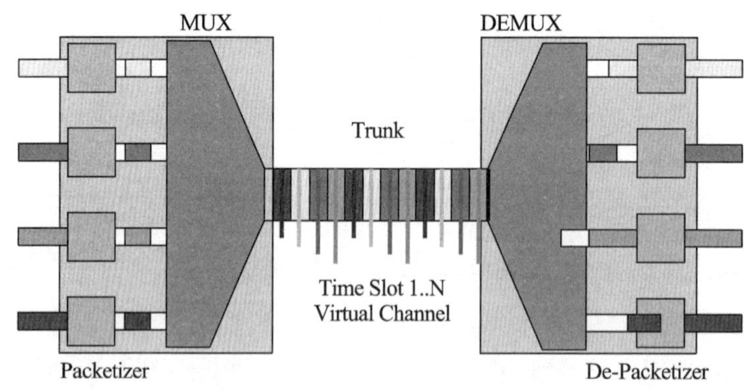

그림 7.39 시분할다중화 방식

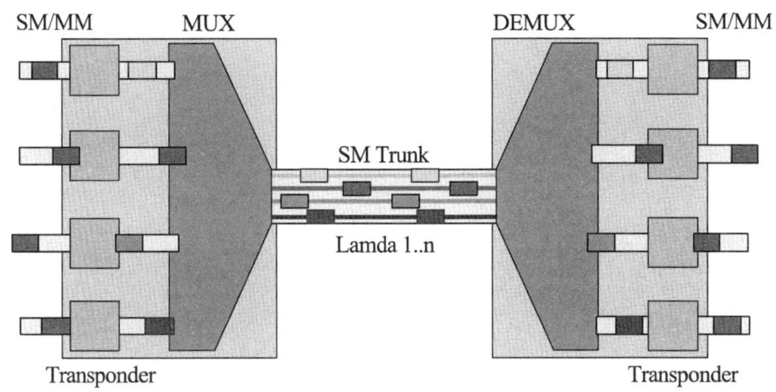

그림 7.40 파장분할다중화 방식

주파수분할다중화는 가입자 각자에게 정해진 주파수대역을 할당하여, 그것들을 하나의 전송매체 안에서 주파수축 상에 바른 순서로 늘어놓음으로써 얻을 수 있습니다. 이를 위해서는 주파수가 겹치지 않도록 조금씩 비켜 놓은 반송파(carrier wave)를 사용하여 각각의 신호를 변조시키고 서로의 신호가 겹쳐지는 일이 없이 하나의 전송로로 다수의 신호를 동시에 전송하는 것이 일반적입니다.

파장분할다중화는 원리적으로 주파수분할 다중화와 동일하나 광의 영역에서 주파수 대신 파장대역을 할당한다는 차이만 있습니다.

그림 7.41에서 보는 바와 같이 TDM은 하나의 광섬유에 복수의 신호를 각각 다른 시간에 전송하는 방법(편도 1차선도로에 비유)으로 전송률이 증가할수록 전송신호의 병목이

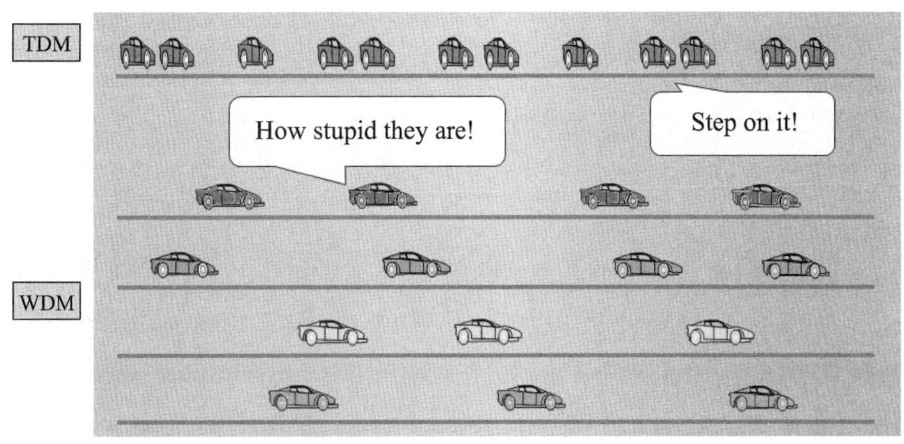

TDM : Time Division Multiplexing
WDM : Wavelength Division Multiplexing

그림 7.41 TDM과 WDM의 비교

발생하므로 근본적으로 전송용량의 확장에 한계가 있습니다.

반면에 WDM은 하나의 광섬유 안에 필요에 따라 서로 다른 파장을 갖는 채널(차선)의 개수를 무한히 증가시킬 수 있으므로 각각의 정보들은 정해진 파장채널(전용차선)을 따라 안정적인 전송이 가능하며, 전송용량도 각 채널의 전송속도와 채널의 수(차선 수)를 증가시키면 무한히 증가시킬 수 있는 장점이 있습니다.

7.5.3 초고속 광가입자망

현재 국내를 포함한 세계 각국에서는 기간망의 광역화와 고속화로 여러 형태의 멀티미디어서비스를 제공할 수 있는 기반을 마련해 오고 있습니다. 그러나 가입자구간은 망이 지역적으로 분산되어 있고, 저수익 고객을 확보하기 위한 새로운 기반구조구축에 거대한 투자가 요구되는 등, 상대적으로 다른 분야에 비해 낙후되어 있는 실정입니다. 그러나 인터넷을 비롯한 광대역 멀티미디어서비스 수요가 크게 증대됨에 따라 이를 수용할 수 있는 가입자망기술이 최근 주목받고 있습니다. 미래의 가입자망은 통신과 방송의 융합, 유선과 무선의 구조적 융합으로 점차 발전하게 될 것입니다. 따라서 단일구조로의 발전은 기대하기 어렵고, 다양한 가입자망기술과 서비스가 공존하는 형태로 진화하게 될 것입니다.

가입자망은 전송망과 기업망 등 기간망과는 달리 가입자망 고유의 특성으로 인해 하나의 서비스에서 다른 서비스로 완전 교체되기까지 상당한 시일이 걸릴 전망입니다. 이는 지역적으로 넓게 분포되어 있는 가입자특성과 투자 시에 상당한 비용이 지속적으로 요구되는 것에 기인합니다. 궁극적인 가입자망의 목표는 모든 가정을 광케이블로 연결하는 초고속 광가입자망(FTTH, fiber to the home) 구조의 초고속 멀티미디어 서비스망입니다. 그러나 이를 구현하기 위해서는 많은 시간과 막대한 투자를 요하는 등 경제성의 문제에 봉착하게 되었고, 현재에는 당분간 이를 대체할 수 있는 다른 기술들이 더 큰 주목을 받고 있습니다. 기존에 이러한 시간적 격차를 해결해 줄 기술로 종합정보통신망(ISDN, integrated services digital network)이 초기에 주목을 받았고, 현재는 통신기술의 발달로 인해 기존 전화선을 이용하는 디지털가입자회선(DSL, digital subscriber line), 케이블텔레비전(CATV)망을 활용하는 광동축 혼합망(HFC, hybrid fiber coaxial), 무선기술을 활용하는 광대역무선 가입자회선(B-WLL, broadband wireless local loop), 위성인터넷, 홈 네트워크 등 다양한 방법들의 상용화가 실현되고 있습니다.

광가입자망의 경우에도 FTTO(Fiber to the Office), FTTC(Fiber to the Curb) 등 다양

한 경제적 방법이 도입되고 있습니다. 이러한 다양한 가입자 전송방식들은 기존 전송기술의 한계를 극복하는 훌륭한 대안으로 떠오르고 있기는 하나, 비용과 서비스 제공능력을 함께 따져 보았을 때 모든 국가, 사업자, 그리고 모든 잠재적 가입자에게 최적인 대안이 없기 때문에 복잡한 문제에 직면하게 됩니다. 초고속 가입자망 구축은 망의 중복투자를 최소화하면서도 가입자망의 전략적 진화방향에 부합되도록 추진되어야 할 것입니다. 그러나 현재는 어떠한 기술도 미래의 우위를 보장받을 수 없기 때문에 가입자의 미래수요와 가입자 선로환경에 따라 각기 다른 가입자 접속기술 대안이 계속 적용되어야 하고, 광가입자망이 궁극적인 미래의 망이 될 것이라는 것에는 이견의 여지가 없기 때문에 광가입자망에 대한 투자 역시 지속적으로 이루어져야 합니다. 따라서 비용이 적게 들면서 서비스 요구변화를 빠르게 수용하고 향후 기술발전에 효율적으로 대체할 수 있는 초고속 가입자망의 단계적 발전방안의 수립이 요구됩니다.

광가입자망은 전화국까지만 사용되는 광케이블을 일반 가정까지 연장해 구축한 멀티미디어 통신 인프라를 말합니다. 광가입자망은 기존의 초고속인터넷(DSL)이나 광동축혼합망 등을 대체해 100 Mbps 이상의 초고속인터넷 서비스, 주문형 비디오(VOD, video on demand), 양방향 데이터방송, 인터넷전화 등 여러 가지 방송과 통신을 융합한 서비스를 가능하게 합니다. 여기서 FTTx(fiber to the x)는 FTTC, FTTH, FTTO 등, FTT로 시작하는 말 전체를 가리키는 용어입니다.

FTTx에는 FTTO(fiber to the office), FTTT(fiber to the TV station), FTTB(fiber to the building), FTTR(fiber to the resellers customer), FTTS(fiber to the school), FTTE(fiber to the executive), FTTMAN(fiber to the MAN), FTTV(fiber to the video), FTTC(fiber to the curb), FTTH(fiber to the home) 등을 들 수 있습니다.

광가입자망은 기존의 전화용 동선케이블의 일부 또는 전부를 광케이블로 대체하여 초고속광대역의 가입자망을 구성하는데, 광케이블의 종단지점과 서비스 대상에 따라 FTTC, FTTH로 구분합니다. FTTC와 FTTH를 구분하여 살펴보면 FTTC(fiber to the curb)는 광선로와 동선을 혼용하여 사용하는데 전화국에서 밀집된 거주지역의 입구(curb)까지는 광케이블로 연결하고, 밀집된 거주지역의 curb에서 가입자댁 내까지는 기존전화선으로 연결(xDSL 등을 활용)하여 광가입자망을 구축하며 가입자댁 내로부터 0.3~1.5 km 거리 내에 10~200 가입자를 수용할 수 있는 ONU(optical network unit)가 설치된 소규모 무인통신시설을 설치합니다. 한편 소규모 무인통신시설로부터 가입자댁 내망까지의 거리가 짧아, 고성능의 모뎀(MODEM)을 설치하는 경우 기존전화선으로 최고

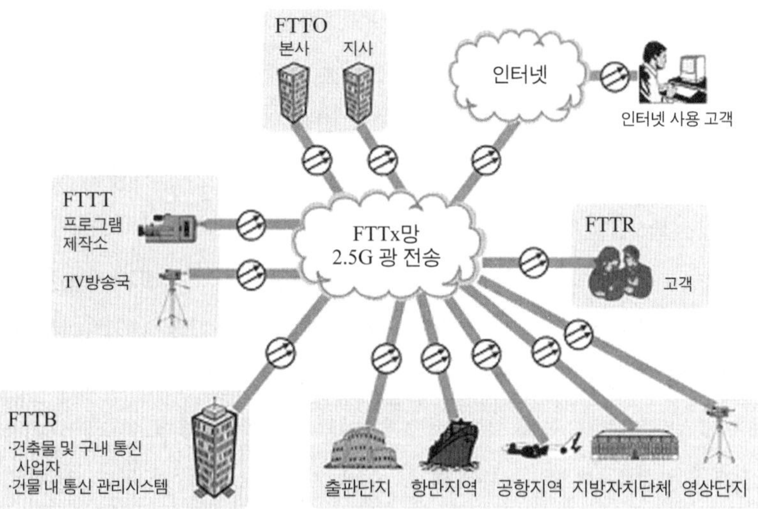

그림 7.42 여러 가지 광가입자망

100 Mbps급의 초고속서비스가 가능합니다. FTTH는 광케이블을 전화국에서, 개별가입자댁 내 망까지 연결하여 광가입자망을 구축하는 가장 최종적인 광대역가입자망으로, 155 Mbps급 이상의 전송속도의 제공이 가능하며, 우리나라와 일본을 비롯하여 미국, 이탈리아, 스웨덴, 영국 등의 세계 각국에서는 FTTH를 차세대 초고속가입자망 구축을 위한 핵심수단으로 활발히 추진하고 있습니다.

FTTH가 구현되면 각 가정에 구축된 광통신을 통해 155 Mbps ~ 수 Gbps급을 지원함으로써, 고품질의 멀티미디어 서비스를 통합적으로 제공할 수 있게 됩니다. 특히, 현재 전화선, 케이블 TV, 기타 유선네트워크 등으로 복잡하게 나눠져 있는 가입자망 환경을 광가입자망으로 단순화함으로써, 통합적인 서비스를 구현할 수 있다는 장점이 있습니다.

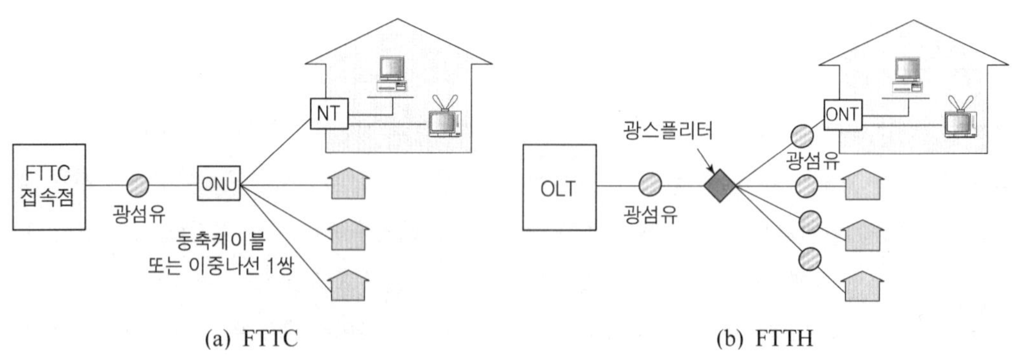

(a) FTTC (b) FTTH

그림 7.43 FTTC와 FTTH

FTTH를 이용한 주요 서비스로는 온라인가상게임, HD-TV, 멀티미디어콘텐츠, 3차원 TV, 원격교육, 원격진료, 사이버아파트, 네트워크로봇 등 기존의 통신수단으로는 상상할 수도 없었던 여러 가지 수준 높은 응용들이 모두 가능해집니다. 결국은 망포설과 유지 및 보수에 드는 비용이 합리적인 수준까지 발전하는 시점이 되면 FTTH는 세상을 주도하는 통신망으로 자리매김할 것으로 전망합니다.

마지막으로 그림 7.45의 광통신 신성장 모델은 대역폭(bandwidth)에 대한 가입자들의

그림 7.44 FTTH를 이용한 원격진료

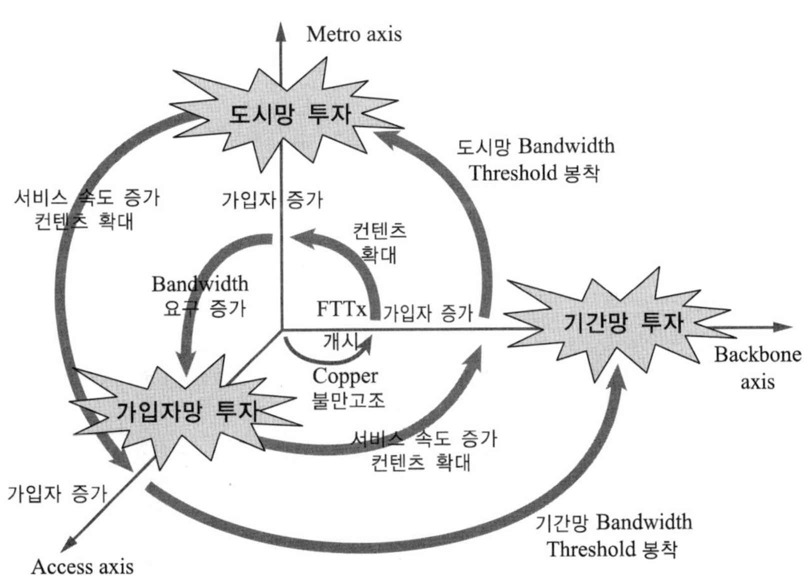

그림 7.45 나선형 선순환 성장모델

수요(needs)의 선순환 과정을 통해 가까운 미래에는 광통신시장이 폭발적으로 성장하고 광기술이 세상을 주도하는 시대가 올 것이라는 시나리오(scenario)입니다. 나선형 선순환(螺旋形 善循環, spiral growth) 과정은 망의 포설에서 출발하여 콘텐츠의 증가, 가입자의 증가, 망의 대역폭 압박의 과정이 반복되면서 선순환이 일어나 가입자망, 도시망, 기간망의 순서로 대폭적인 투자가 일어나면서 광통신시장의 부활이 가능하다는 신성장 모델입니다.

연습문제

1. 광통신의 3요소가 아닌 것은?

   ① 송신기　② 수신기　③ 증폭기　④ 광섬유

2. 광섬유의 세 가지 창에 해당하지 않는 파장은?

   ① 650 nm　② 850 nm　③ 1,310 nm　④ 1,550 nm

3. 광섬유의 분산이 0인 파장은?

   ① 650 nm　② 850 nm　③ 1,310 nm　④ 1,550 nm

4. 광섬유의 손실이 최소인 파장은?

   ① 650 nm　② 850 nm　③ 1,310 nm　④ 1,550 nm

5. 다음 중 전송 특성이 가장 좋은 광섬유는?

   ① Plastic Optical Fiber
   ② Step-index Multi-Mode Fiber
   ③ Graded-index Multi-Mode Fiber
   ④ Single Mode Fiber

6. 다음 중 광섬유에서의 손실에 해당하지 않는 것은?

   ① 열손실　② 흡수손실　③ 산란손실　④ 구부림 손실

7. 전기광학변조기가 전계흡수변조기보다 좋은 점은?

   ① 가격이 싸다.　② 소비 전력이 작다.
   ③ 변조 특성이 더 우수하다.　④ 크기가 작다.

8. O-E-O 변환을 이용하여 광 신호를 재생하는 장치는?

   ① Regenerator　② Amplifier　③ Splitter　④ Modulator

9. O-O-O 변환을 이용하여 광 신호를 변환하는 장치는?

   ① Regenerator　② Amplifier　③ Repeater　④ Modulator

10. 다음 중 3R에 해당하지 않는 것은?

① Repeating ② Retiming ③ Reshaping ④ Re-amplification

11. 다음 중 관련이 적은 하나는?

① long-haul ② back-bone ③ FTTH ④ submarine

12. 장거리 전송에서 증폭기 span은 대략 어느 정도인가?

① 10 km ② 100 km ③ 600 km ④ 1,000 km

13. 장거리 전송에서 regenerator span은 대략 어느 정도인가?

① 100 km ② 600 km ③ 1,000 km ④ 6,000 km

14. 10 Gbps, 100 channel로 WDM 전송을 한다면 총 전송 용량은 얼마인가?

15. 광섬유의 손실 원인이 아닌 것은?

① OH 이온들의 흡수 ② Rayleigh 산란

③ bending loss ④ 편광상태

16. 단일모드 광섬유의 분산 중에서 가장 큰 비율을 차지하는 것은?

① 재료 분산 ② 구조 분산

③ 편광모드 분산 ④ 다중모드 분산

17. 1.5μm 파장의 빛을 내는 광섬유 레이저에서 증폭 매질로 사용되는 원소는?

① 크롬(Cr) 이온 ② 티타늄(Ti) 이온

③ 네오디뮴(Nd) 이온 ④ 어븀(Er) 이온

18. 빛이 어느 한 방향으로만 진행하도록 하고 되돌아오는 것은 차단하는 기능을 하는 소자는?

① Optical Modulator ② Optical Amplifier

③ Optical Isolator ④ Optical Attenuator

19. 광섬유에서 cladding의 조건으로 가장 적합한 것은?

① Core보다 굴절률이 작아야 한다.

② 빛이 새지 않도록 불투명해야 한다.

③ 광섬유가 잘 구부러지도록 plastic 재질이어야 한다.

④ 공기보다 굴절률이 작아야 한다.

20. 광섬유는 1.5μm 근처의 파장에서 가장 작은 손실을 갖는다. 이 파장에 해당하는 주파수는?

① 20 GHz ② 200 GHz ③ 20 THz ④ 200 THz

21. 빛이 광섬유의 core 내부로만 guiding되는 원리를 가장 잘 설명한 것은?

① Core와 cladding 사이에서의 굴절

② Cladding 바깥 면으로부터의 전반사

③ Core-cladding 계면에서의 전반사

④ Plastic coating 면에서의 반사

22. 10 Gbps 다중화신호를 역 다중화하여 얻을 수 있는 결과가 아닌 것은?

① 10 channels @ 1 Gbps ② 40 channels @ 250 Mbps

③ 100 channels @ 50 Mbps ④ 1,000,000 channels @ 10 Kbps

23. 모드 분산이 20 nm/km인 광섬유로 8 km를 전송할 때, 출력 단에서의 광 펄스의 폭은 얼마인가?

① 20 nm ② 40 nm ③ 80 nm ④ 160 nm

24. WDM에서 채널 당 10 Gbps로 1 Tbps의 전송을 하고자 한다면 총 채널의 수는?

25. EDFA의 pumping source는?

① 광섬유에 전류 주입 ② pumping이 불필요

③ Pump LD 사용 ④ 광 신호를 분기하여 광 pumping

26. 광통신에서 주로 사용하는 변조 방식은?

① Intensity Modulation ② Frequency Modulation

③ Wavelength Modulation ④ Voltage Modulation

27. TDM이 하는 역할은?

① 여러 개의 신호를 여러 개의 파장을 사용하여 전송한다.

② 여러 개의 주파수신호를 합하여 하나의 신호로 전송한다.

③ 안전한 전송을 위하여 신호를 암호화한다.

④ 여러 개의 디지털신호들을 interleaving하여 하나의 신호로 전송한다.

28. Receiver의 수신 감도 이내에 들기 위해 receiver 전단에 적용하는 증폭기는?

① Pre-amplifier ② Power Amplifier

③ Post Amplifier ④ In-line Amplifier

29. WDM 시스템에서 채널 파장 간격이 100 GHz이고, 광섬유 증폭기가 1,540 nm에서 1,565 nm의 파장 대역을 갖는다면 전송 가능한 채널의 수는 최대 얼마인가?

① 8 ② 16 ③ 32 ④ 40

30. SOA가 LD와 다른 점은?

① LD만이 유도방출을 일으킬 수 있다.

② SOA는 전류를 흘리지 않아도 구동한다.

③ SOA는 facet의 반사율이 매우 낮다.

④ 두 소자는 전혀 차이가 없다.

31. 다음 중, 영구적인 광 접속에 필요한 소자나 기술은?

① Connector ② Splicing ③ Coupler ④ Switch

32. 전기광학 Modulator에서 디지털 '0' 신호를 만들기 위해서는 분기된 두 신호의 위상 차이가 얼마이어야 하는가?

① 0° ② 90° ③ 180° ④ 270°

33. 다음 중, Optical Carrier Level이 잘못 짝지어진 것은?

① OC-192 : 10 Gbps ② OC-768 : 40 Gbps

③ OC-12 : 155 Mbps ④ OC-48 : 2.5 Gbps

34. EDFA의 장점이 아닌 것은?

① 높은 이득

② 전송 속도에 무관

③ 1.3μm에서 증폭 가능

④ 1.55μm 대역에서 넓은 증폭 대역폭을 가짐

CHAPTER 8

빛으로 정보를 담는다

제8장에서는 CD, DVD, BD, MOD 등의 광 저장장치(光貯藏裝置, optical data storage)들과 레이저프린터(laser printer), 레이저 디스플레이(laser display) 등의 광 정보처리(optical information processing) 전반에 대해 알아보겠습니다.

8.1 여러 가지 저장장치

그림 8.1은 여러 가지 저장매체의 비용(cost)과 속도를 비교한 그림입니다. 자기테이프(magnetic tape), 플로피디스크(floppy disk), 광디스크 등은 가격이 저렴한 대신 속도가 느린 편이고, 하드디스크(hard disk), 플래시메모리(flash memory), 램(RAM)으로 갈수록 속도가 빨라지나 가격은 높아집니다.

플래시메모리(flash memory)는 전원공급이 중단되면 기억된 데이터가 모두 사라지는 휘발성메모리(揮發性, volatile memory)인 DRAM(dynamic random access memory)과는 달리 진원이 꺼져도 데이터가 그대로 남아있을 뿐만 아니라 소비전력이 작고 마음대로 내용을 기록, 수정, 보완할 수 있는 비휘발성메모리(非揮發性, non-volatile memory)입니다. 플래시메모리는 EEPROM(electrically erasable programmable read-only memory)의 일종으로, 일반적인 EEPROM과는 달리 블록단위로 재프로그래밍을 할 수 있습니다. 즉 플래시메모리는 전원이 끊겨도 저장된 데이터를 보존하는 롬(ROM, read-only memory)

의 장점과 정보의 입출력이 자유로운 램(RAM, random access memory)의 장점을 모두 지니고 있습니다.

플래시메모리에는 노어(NOR)형과 낸드(NAND)형이 있는데 NOR형은 주로 휴대전화의 메모리로 사용되며, NAND형은 mp3플레이어, 인터넷폰, 디지털카메라 등의 메모리로 채용됩니다. 플래시메모리는 PC 메모리카드 국제협회(PCMCIA, personal computer memory card international association)와 같은 PC 메모리카드 표준화기관들의 협의에 의해 등장한 규격입니다. 플래시메모리는 PC카드(PCMCIA)로서 하드디스크(hard disk) 대용으로 사용되기도 합니다. 플래시메모리를 가지고 카드크기의 보조기억장치를 만들

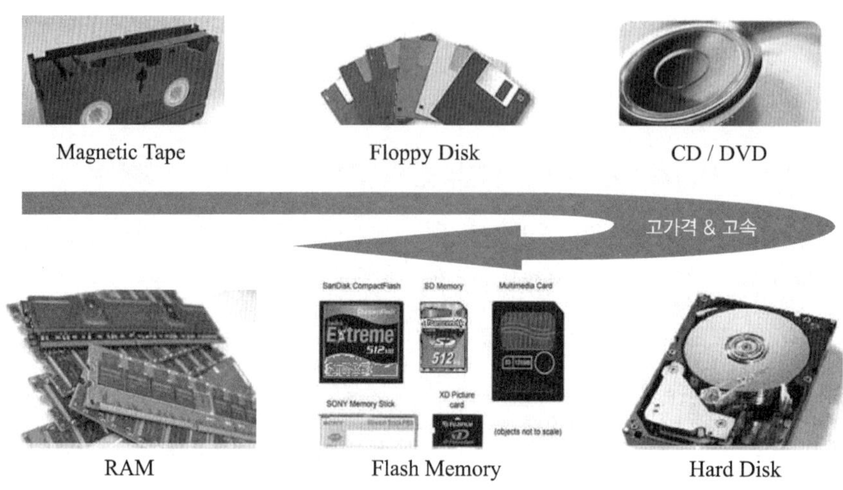

그림 8.1 여러 가지 저장매체

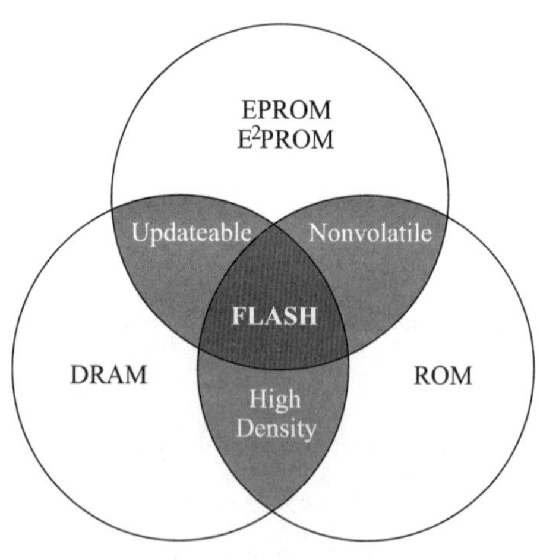

그림 8.2 플래시메모리의 장점

어서 하드디스크 대신 사용하면 엑세스(access) 속도도 하드디스크보다 훨씬 빠를 뿐 아니라 반도체메모리이기 때문에 충격에 매우 강합니다. 또, 기계적인 운동부분이 없어 하드디스크에 비해 전력소모도 매우 적기 때문에 노트북 컴퓨터 등에 많이 사용됩니다. 가격이 고가인 것이 단점이기는 하지만, 현재 가격은 떨어지고 있기 때문에 미래에는 여러 가지 장점을 무기로 하드디스크와 경쟁하게 될 것입니다.

플래시메모리는 읽고 쓰는 일을 할 수 있지만, 램(RAM) 대용으로는 사용할 수 없습니다. 데이터를 읽는 과정은 일반 램과 비슷하게 설계할 수 있지만 데이터를 써넣기 위해서는 시간이 상당히 오래 걸리며 램처럼 쉽게 설계할 수 없기 때문입니다. 또 램은 데이터를 읽고 쓸 수 있는 횟수에 거의 제한이 없어서 칩의 수명이 다하는 동안 가능한 반면, 플래시메모리는 십만에서 백만 번 이상의 쓰기를 한 후에는 데이터를 더 이상 쓸 수가 없습니다. 따라서 램과는 다른 형태로 구별됩니다.

하드디스크(hard disk) 또는 고정디스크(fixed disk)는 컴퓨터의 보조기억장치 가운데 하나로 하드(hard)라는 이름은 필름 등의 무른 재질로 되어 있는 플로피디스크(floppy disk)와는 달리 딱딱한 플래터(platter)로 되어 있기 때문에 붙여진 이름입니다. 하드디스크의 내부에는 유리나 알루미늄으로 만들어진 기판에 자성체를 증착하여 만든 플래터라고 불리는 고체로 되어 있는 원판이 있습니다. 이를 모터의 힘으로 회전시켜 플래터 위에서

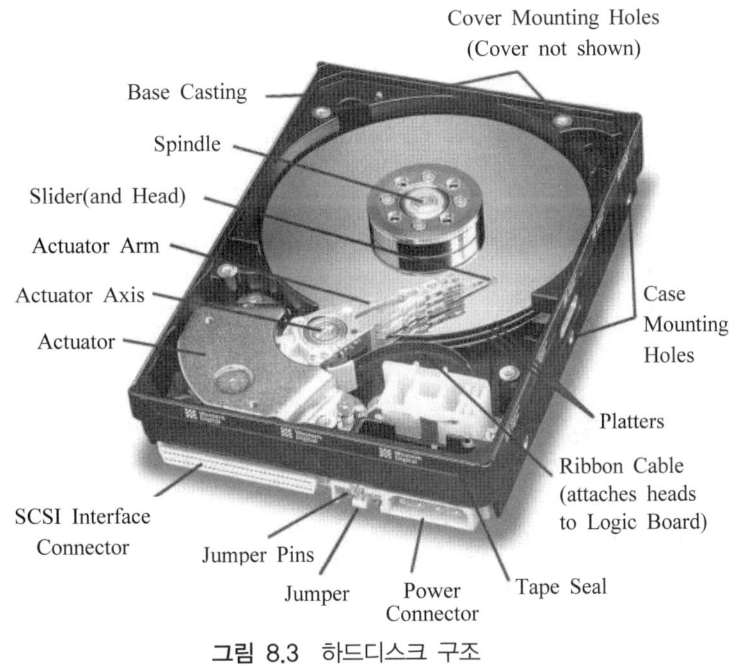

그림 8.3 하드디스크 구조

헤드(head)라고 하는 장치로 자기신호를 읽거나 쓰는 방식으로 데이터의 읽기와 쓰기를 합니다. PC가 보급되던 초기에는 없었으나 80년대를 들어서면서 대용량디스크의 필요성이 대두되어 컴퓨터의 필수적인 보조기억장치로 발전되었습니다.

하드디스크의 역사는 오래되었습니다. 1956년에 미국 IBM사에 의해서 RAMAC (random access method of accounting and control)라고 하는 장치가 개발되었습니다. 1971년에는 IBM사에 의해서 금속케이스의 내부에 플래터를 회전시키는 스핀 모터(spin-motor), 헤드(head), 헤드를 작동시키는 서보모터(servo-motor)와 이것들을 제어하는 기판 등을 이용하여 IBM3340 하드디스크 장치, '윈체스터(winchester)'가 개발되었으며 현재의 하드디스크 장치와 같은 구조를 가진 최초의 하드디스크입니다.

하드디스크는 예로부터 컴퓨터용이나 가정용에 사용되고 있는 저장매체이기 때문에 양산에 유리하고, 그만큼 싸게 만들 수 있는 것과, 큰 사이즈의 하드디스크로부터 휴대전화에 사용되는 소형까지 기술적으로는 공유할 수 있는 부분이 많아 그만큼 가격을 하락시키는 것이 가능한 것도 장점이라고 할 수 있습니다.

반면에, 하드디스크에는 몇 가지의 단점도 있습니다. 우선 플래터를 모터로 물리적으로 구동할 필요가 있기 때문에 그만한 소비전력이 필요합니다. 또 진동이나 충격은 하드디스크에 있어서 치명적인 위협이 됩니다. 하드디스크는 물리적으로 고속회전하고 있는 플래터 상에서 정확하게 자기를 스폿(spot)하기 위해 10～20 nm라고 하는 매우 가까운 위치를 움직이고 있습니다. 이것 때문에 회전하는 디스크 상에 헤드가 가까워지고 있을 때 진동이 발생하면 헤드가 고장이 나거나 플래터의 파손이 일어날 수 있습니다. 일반용의 하드디스크에서는 가속도센서를 내장해서 충격을 느끼기 전에 헤드를 안전한 위치로 피하는 구조를 가지고 있는 것도 있지만 물리적으로 하드디스크와 같은 구동부분을 갖지 않는 플래시메모리와 비교하면 휴대성이라는 관점에서, 하드디스크가 충격에 강하지 않은 것이 커다란 약점이 될 수 있습니다.

8.2 콤팩트디스크

광디스크(optical disk)는 디스크 표면에 무수히 많은 피트(pit)를 천공하여 레이저광의 반사 상태를 변화시킴으로써, 음성, 화상, 문서, 데이터를 기록하고 재생하는 원반이나 그 장치를 말합니다. 광원으로는 반도체레이저를 사용하며 디스크로부터의 반사 신호를 검출하기 위하여 가시광선영역에서 수신감도가 높은 Si 광 검출소자(PD)를 사용합니다.

광디스크는 1972년 네덜란드의 필립스(Philips)사와 미국의 MCA사가 비디오용으로 처음 개발했습니다. 1977년에는 일본에서 문서와 데이터용이 개발되었고, 1982년에는 오디오에 이용한 지름 12 cm인 콤팩트디스크(CD, compact disk)가, 1986년에는 이것을 문서파일에 이용한 CD-ROM(compact disk-read only memory)이 시중에 등장했습니다. 문서나 화상파일용 광디스크는 트랙 간의 거리(track pitch)가 1.6 μm, 피트 간의 거리가 1 μm 이며, 정보는 변형주파수변조 또는 펄스부호변조(PCM, pulse code modulation)에 의해 피트(pit)로 기록됩니다. CD-ROM은 백과사전 등의 대용량 정보를 취급하며 최대 7억 바이트(700 MB)를 기록할 수 있습니다.

콤팩트디스크, 비디오디스크, CD-ROM 등은 재생전용으로, 피트를 프레스(press)한 기판에 알루미늄을 증착하여 만듭니다. 이러한 디스크들은 기록한 데이터를 소거할 수 없는 불편함이 있는데 반해 추기형(rewritable) 광디스크는 디스크 표면에 도포한 유기염료화합물 등을 레이저광으로 녹여 피트를 써 넣을 수 있으며 재생 시에는 레이저의 출력을 1/5로 낮추어 막에 상처가 나지 않게 재생합니다.

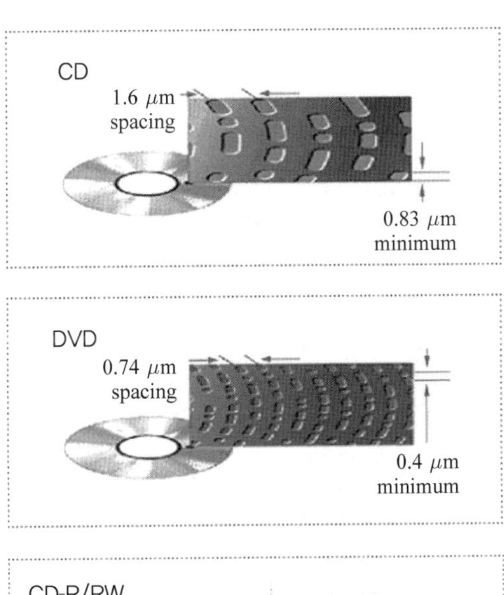

그림 8.4 여러 가지 광디스크

그 이외에도 최근 개발한 것으로 광자기디스크(MOD, magneto-optic disk)와 상변화형(phase-change) 광디스크가 있습니다. 광자기디스크는 광점(spot)에 의해 기판 위에 반사광의 편광면을 변형시키는 자기피트를 만들며, 자기 디스크처럼 이미 기록된 내용을 지우고 다시 바꿔 쓸 수 있도록 된 디스크로서 미니디스크(mini disk)에 사용되고 있습니다. 상변화형 광디스크는 레이저의 열에 의해 기록층을 비결정질(非結晶質, amorphous)화하여, 그것에 의한 반사율의 변화를 이용합니다. 상변화형 광디스크는 추기형 CD-RW (CD-rewritable)에 사용되고 있습니다.

CD-ROM은 은색의 알루미늄 판과 반사막으로 구성되며, 알루미늄 판에 피트가 있어서 이를 따라 트랙(track)이 형성되며, 알루미늄 판의 피트와 랜드(land)에서 반사되는 광량의 차이로 신호를 검출합니다.

사용하는 광원은 AlGaAs 반도체레이저이며 파장은 780 nm, 재생에 필요한 광 출력은 0.5 mW 내외입니다. 일반적으로 정보의 기록과는 달리 재생을 위해서는 높은 출력이 필요하지 않습니다.

CD-R(또는 CD-WORM, write once read many)은 1회 기록용 CD로 폴리-카보네이트층(기판역할과 홈 형성), 유기염료층(신호기록층), 금/은 반사막(재생 시 레이저광 반사), 보호막(반사막의 보호)의 순서로 구성되며 금/은 반사막은 반사율을 높이기 위해

표 8.1 여러 가지 콤팩트디스크의 원리와 특징

<table>
<tr><th colspan="2" rowspan="2">Type</th><th colspan="2">Principle</th><th rowspan="2">Feature</th></tr>
<tr><th>Write</th><th>Read</th></tr>
<tr><td colspan="2">Read-Only</td><td>Phase Pit</td><td>Diffraction</td><td>Mass Productive</td></tr>
<tr><td colspan="2">Write-Once</td><td>Burned Hole</td><td>Reflectivity Change</td><td>Long Archival Life</td></tr>
<tr><td rowspan="2">Re-writable</td><td>Magneto-Optic</td><td>Magnetization Direction</td><td>Polarization Rotation</td><td rowspan="2">Erasable</td></tr>
<tr><td>Phase-change</td><td>Crystal/Amorphous</td><td>Reflectivity Change</td></tr>
</table>

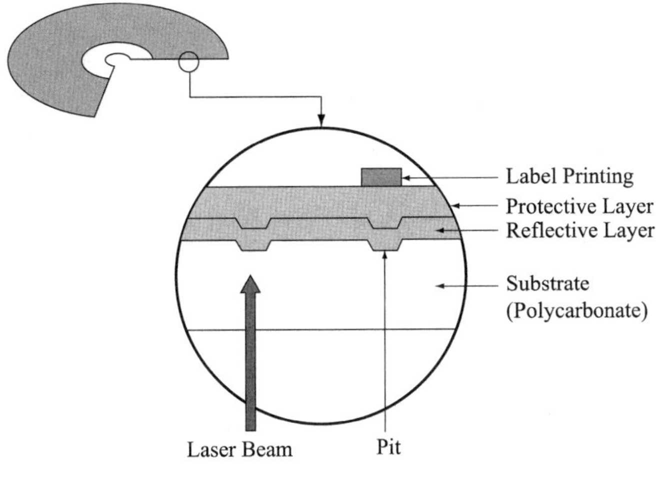

그림 8.5 CD-ROM의 구조

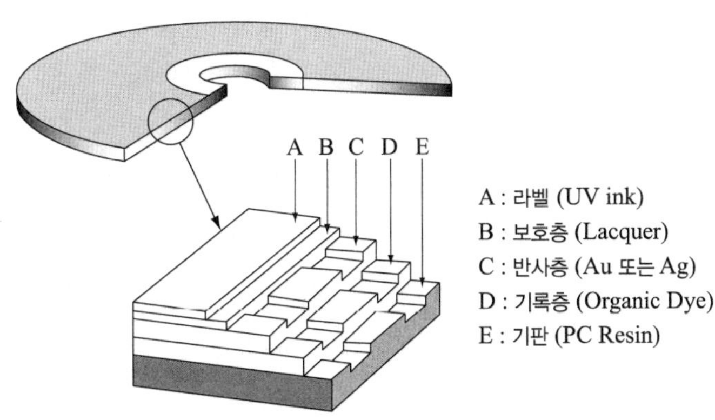

그림 8.6 CD-R(WORM)의 구조

사용됩니다. 정보의 기록은 높은 출력을 가진 반도체레이저를 조사하여 그 열에 의해 염료층을 태워서(검게 변색), 변화되지 않은 부분과의 반사율 차이로 기록 및 재생이 되도록 하였으며 기록되는 부분은 폴리-카보네이트층에 미리 홈(groove)을 파놓아 트랙을 형성하며 기록 시에 피트는 이 홈을 따라 형성됩니다.

사용하는 레이저의 종류와 파장은 CD-ROM과 동일하게 AlGaAs 780 nm 반도체레이저를 사용하나, 정보의 기록을 위해서는 좀 더 높은 광 출력이 필요하므로 광 출력 성능이 우수한 반도체레이저를 적용하여야 합니다. CD-R에서 재생 시에 필요한 광 출력은 대략 0.7 mW 내외이고 기록 시에는 기록속도에 따라 차이가 있으나 유기염료를 태울 수 있으려면, 10~15 mW의 높은 광 출력이 필요합니다.

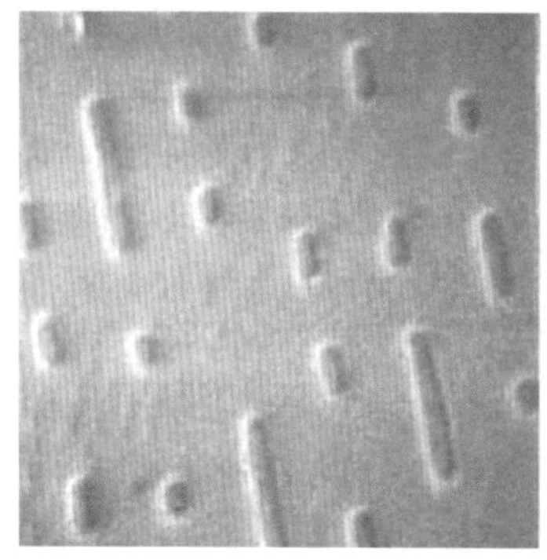

(a) CD-ROM

(b) CD-R

그림 8.7 CD-ROM과 CD-R의 피트의 모양 비교

CD-RW는 폴리-카보네이트 기판, 상변화합금 층(은, 인듐, 주석, 텔루륨으로 구성되며 상변화를 이용한 기록 및 소거), 제1 및 제2 유전체층(기록 층을 보호하며 빛의 간섭에 의해 신호증폭을 향상), 알루미늄 반사막(광 효율의 향상 및 기록층의 산화방지), 보호막(반사 층 보호) 등으로 구성됩니다.

정보의 기록은 높은 출력을 가진 반도체레이저를 조사하여 그 열에 의해 상변화합금을 결정(crystalline) 상태에서 비정질(amorphous) 상태로 만들어 그 반사율의 차이로 기록 및 재생이 되도록 하였습니다. 약 1,000회 정도까지 재기록이 가능하며 재기록 시에는 기존의 데이터를 지우지 않고 덮어씁니다. 기록되는 부분은 폴리-카보네이트층에 미리 홈(groove)을 파 놓아 트랙을 형성하며 기록 시에 피트는 이 홈을 따라 형성됩니다.

사용하는 레이저의 종류와 파장은 CD-ROM이나 CD-R과 동일하나, 정보의 기록을

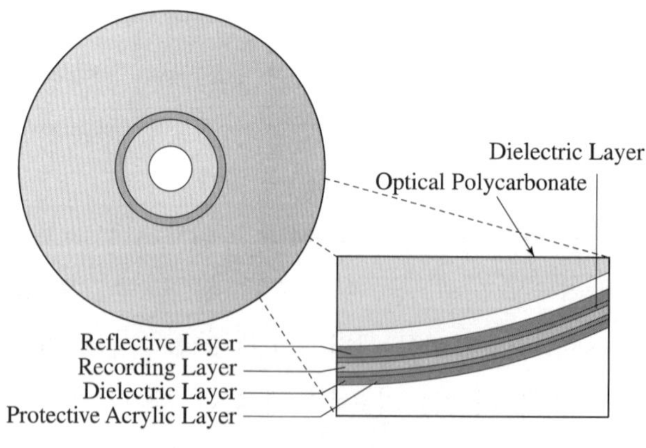

그림 8.8 CD-RW의 구조

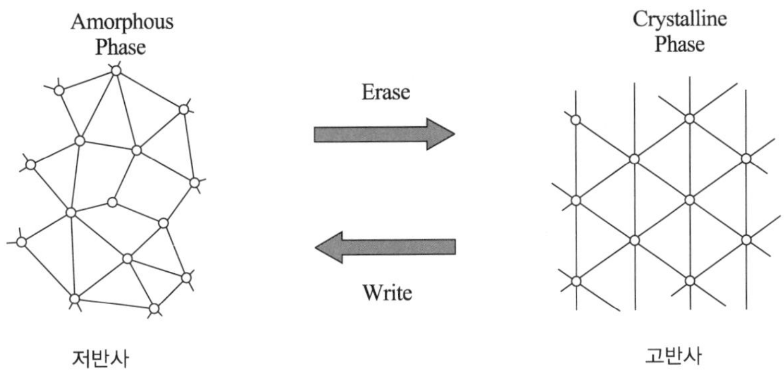

그림 8.9 CD-RW의 피트형성

위해서는 좀 더 높은 광 출력이 필요하므로 광 출력 성능이 우수한 반도체레이저를 적용하여야 합니다. CD-RW에서 재생 시에 필요한 광 출력은 대략 1 mW 내외이고 기록 시에는 기록속도에 따라 차이가 있으나, 대략 8~14 mW의 높은 광 출력이 필요합니다.

8.3 DVD

DVD는 디지털다기능디스크(digital versatile disk)라고도 하고, 디지털비디오디스크(digital video disk)라고도 하는데, 디지털다기능디스크와 디지털비디오디스크는 사실 모두 맞는 말입니다. DVD가 이처럼 두 가지 용어의 약자로 쓰이는 데에는 이유가 있습니다. DVD 개발초기의 주된 목적은 비디오기능의 강화에 있었는데, 구체적인 규격을 협의하는 과정에서 그 활용범위가 점차 확대되었습니다. 이것은 CD가 처음에는 디지털음악을 위한 규격이었으나 나중에 CD-ROM과 같이 대량의 데이터를 저장하는 역할로 쓰이게 된 것과 비슷한 결과입니다.

하지만 DVD는 레이저디스크(LD), CD, 비디오테이프 등 기존매체가 가진 한계를 넘어서 다양한 기능을 수행합니다. 때문에 근래에는 비디오디스크란 의미보다는 다기능디스크에 더 무게가 실리고 있습니다. 즉, CD가 단순히 콤팩트한 원판을 의미하는 것이 아닌 것처럼 DVD도 여러 소프트웨어(software)적 성격을 포함하고 있는 것입니다. 간단히 생각하면 DVD란 단지 저장용량을 늘리고 다양한 기능을 첨가시킨 CD의 발전형태일 뿐이지만, 그로 인해 DVD는 차세대미디어를 대표하는 강력한 기능들을 가지게 된 것입니다. 그래서 DVD는 기존매체의 열악한 저장용량과 비싼 가격, 부족한 멀티미디어

환경을 단번에 해결해 줄 해결사로 주목받고 있습니다.

그러면 CD-ROM 또는 비디오(video) CD와 비교할 때, DVD는 얼마나 많은 양의 영상과 음향을 담을 수 있을까요? 비디오CD는 보통 75분 분량의 동영상을 담을 수 있습니다. 데이터로 환산하면 700 MB 정도입니다. 이것은 상당한 양임에도 불구하고 한편의 영화를 담기 위해서는 보통 2장의 CD가 필요합니다. LD의 경우는 더욱 빈곤합니다.

CD 4장분에 달하는 커다란 크기의 1면에 60분 분량의 동영상밖에 담지 못합니다. 따라서 앞뒤로 꽉꽉 채워야 겨우 120분 분량을 담을 수 있습니다. 물론 한 면을 재생한 다음에는 반드시 다음 면으로 판을 돌려줘야 합니다. 가장 많이 사용되는 비디오테이프도 큰 용량이 180분 분량(최대 540분)입니다. 하지만 화질이 떨어지고 장기간 보존이 어렵다는 단점을 감수해야 합니다.

수평해상도를 기준으로 비교해 보면 VTR(Video Tape Recorder)이나 비디오CD는 240본 수준이며 LD는 420본 수준인 데 반하여 DVD는 500본 이상의 수평해상도를 자랑합니다. 저장용량은 가장 용량이 작은 단면단층(single-side single-layer) DVD(4.7GB) 기준으로 CD-ROM이나 음악용 CD의 7배, 비디오 CD의 2배 용량을 갖습니다.

오디오CD가 1980년에 처음 출시되었고 1985년에 CD-ROM, 1989년에 CD-R, 1993년

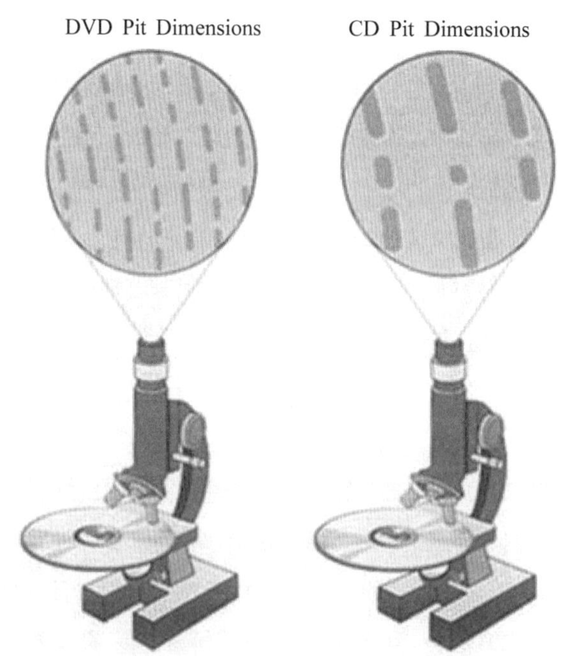

그림 8.10 DVD와 CD의 저장밀도 비교

에 비디오CD가 출시되면서 CD의 시대가 상당기간 지속되리라 예상했으나 1996년에 DVD가 출시되면서 그 방대한 정보저장량으로 인하여 빠른 속도로 시장에 침투하고 있습니다. 1998년에는 DVD-R(recordable)과 DVD-RW(rewritable)이 나란히 출시되어 이제는 CD와 DVD가 나란히 시장을 주도하고 있습니다.

현재 DVD는 정보저장밀도의 향상을 위하여 적색(650 nm) AlGaInP 반도체레이저를 사용하고 있습니다. AlGaInP 물질은 AlGaAs보다 밴드 갭 에너지가 커서 적색파장에서 높은 효율로 발진이 가능한 화합물반도체 재료입니다. 물론 Al이 많이 첨가된 AlGaAs 물질을 이용하면 적색레이저를 만들 수는 있으나 AlGaInP에 비하여 특성이 열등합니다. 처음 개발 당시에는 적색LD가 매우 고가였으나 지금은 가격이 획기적으로 내려서 적색레이저포인터(laser pointer), 바코드리더(bar-code reader), 레이저프린터(laser printer) 등에도 폭넓게 사용되고 있습니다.

DVD-R은 CD-R의 크기에 기록 면이 단면(single-side)인지 양면(double-side)인지, 그리고 기록층이 단층(single-layer)인지 복층(double-layer)인지에 따라 4가지의 조합이 있습니다. 기본적으로 사용될 단면단층 디스크 한 면의 저장용량만 무려 4.7 GB입니다. 이는 고화질, 고음질 동영상 133분 분량을 담을 수 있는 양입니다. 따라서 웬만한 영화 한 편은 충분히 담을 수 있는 분량인 셈입니다.

이보다 더 긴 영화는 8.5 GB의 단면복층(single-side double-layer) 디스크에 담으면 됩니다. 더 큰 용량이 필요하면, 9.4 GB의 용량을 갖는 양면단층(double-side single-layer)나 17 GB의 방대한 용량을 갖는 양면복층(double-side double-layer) 구조의 디스크를 사용합니다.

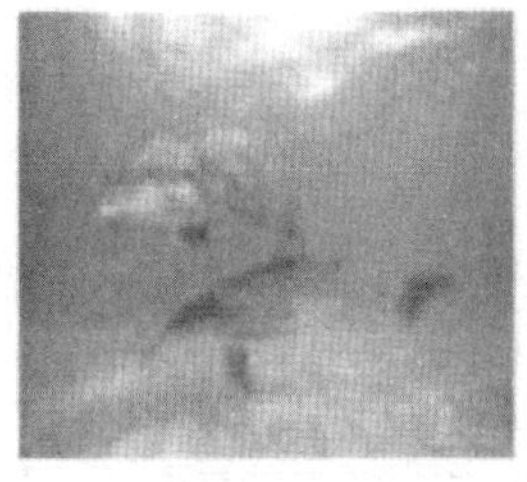

VTR/비디오 CD 화질
(수평해상도 250본)

DVD 화질
(수평해상도 500본 이상)

그림 8.11 비디오CD와 DVD의 화질 비교

그림 8.12 적색 반도체레이저

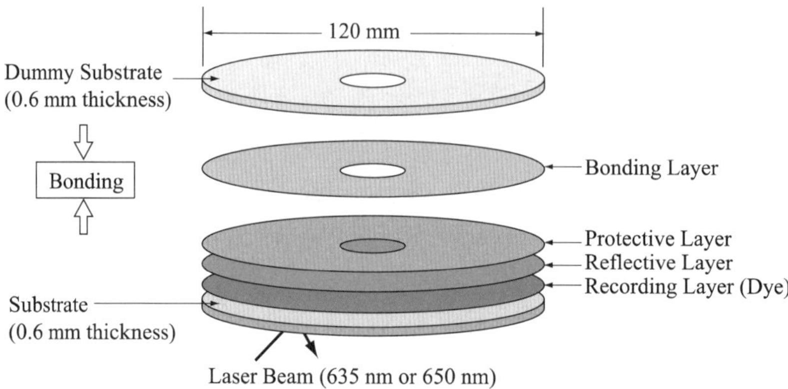

그림 8.13 DVD-R 구조

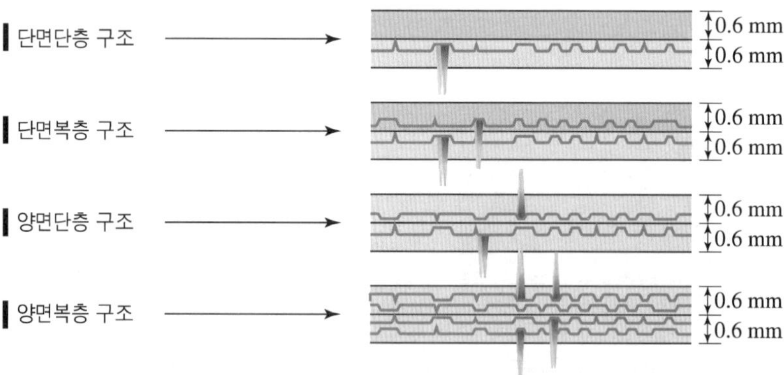

그림 8.14 DVD의 구조와 저장용량

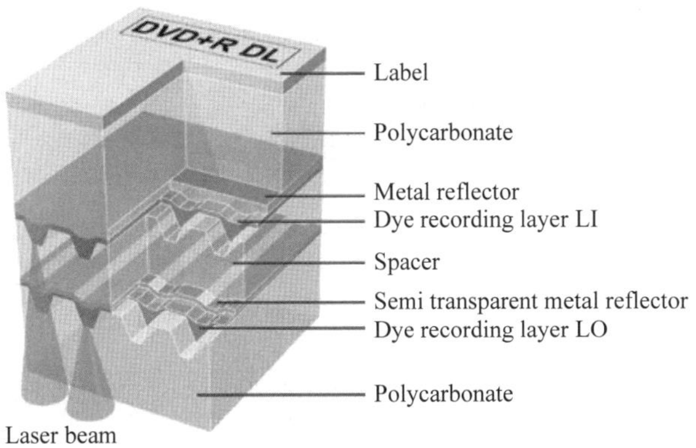

그림 8.15 복층 DVD-R의 구조

8.4 BD

정보화가 급진전되고, 자료의 종류와 용량이 증가하면서 컴퓨터사용자들이 자료를 저장하고 관리할 때 사용하는 정보저장장치는 계속 업그레이드되고 있습니다. 현재 대용량의 정보를 저장하고 관리할 때 많이 쓰이던 CD나 DVD와 같은 광학방식 정보저장매체는 소프트웨어나 게임, 영화 등의 풍성한 자료의 용량에 밀려 그 한계가 나타나고 있습니다. 이에 새로운 저장장치로 떠오른 '블루-레이 디스크'(BD, blu-ray disk)에 대해서 살펴보도록 하겠습니다.

BD는 디지털방송시대의 차세대 DVD로 개발된 대용량 광디스크의 새 규격으로, 나노기술이 발전하면서 차세대 광학방식 정보저장매체로 내놓은 나노제품입니다. 이는 삼성전자(주), LG전자(주), 소니(Sony), 히타치(Hitachi), 마쓰시타(Matsushita), 파이오니아(Pioneer), 샤프(Sharp), 미쓰비시(Mitsubishi), 필립스(Philips), 톰슨(Thomson)으로 구성된 10개사 연합이 2002년 2월에 통일한 새 규격입니다.

현행 DVD가 파장 650 nm의 적색레이저를 광원으로 사용하는 데 대하여, 새로 개발된 이 BD는 파장 405 nm의 청자색레이저를 이용함으로써 약 5배 이상의 기록용량(단면단층 기준, 25 GB)을 갖게 되며, 기록 층을 다층화함으로써 테라바이트(1조) 급의 광디스크기술도 개발되고 있다고 하니 가히 놀랄 만한 수준이 아닐 수 없습니다. 이 저장장치는 단면단층만으로 최고 25 GB를 담을 수 있기 때문에 차세대 대용량저장매체로 주목

그림 8.16 BD 연합과 HD-DVD 연합

받고 있습니다. 결국, 저장장치의 발전은 '플로피 디스크 → CD → DVD → BD'로 그 진보가 진행 중입니다.

블루-레이 디스크는 레이저의 파장이 405 nm로 CD나 DVD에 비해 아주 짧아서 아주 작은 크기의 피트에 데이터를 읽고 쓸 수가 있어 고밀도의 데이터를 저장할 수 있습니다. 따라서 블루-레이 디스크는 복층(double layer) 기준으로 약 50 GB의 용량을 저장할 수 있습니다. 이렇게 데이터 저장용량이 크다보니 물리적으로 같은 형태의 디스크에 블루-레이 디스크는 5~6배 이상의 고화질영상을 2시간 정도 저장할 수 있는 것입니다.

그런데, 블루-레이 디스크의 기록용량이 모두 50 GB인 것은 아닙니다. 데이터저장방식에 따라 단층의 경우는 약 23.3 GB, 25 GB, 27 GB이며 이중층은 46.6 GB, 50 GB, 54 GB를 지원합니다. 이렇게 데이터 저장 공간이 크다보니 전송속도 또한 중요합니다. 블루-레이 디스크의 데이터 전송률은 36 Mbps로 DVD의 전송속도 10 Mbps에 비해 3배 이상 빠릅니다. 한편, HD-TV의 데이터 전송속도가 25 MBps이므로 블루-레이 디스크는 HD-TV방송을 녹화, 재생하는 데 전혀 부족함이 없는 속도입니다.

블루-레이 디스크의 외형은 DVD와 같은 크기인 지름이 12 cm인 원형원반입니다. 두께 역시 1.2 mm로 DVD와 같지만 덮개 층의 두께가 0.1 mm로 상당히 얇아 깨지기 쉬운 단점을 가집니다. 그렇다 보니 블루-레이 디스크는 카트리지가 필요해 일반 DVD디스크와는 달리 카트리지를 사용해야 하는 번거로움이 있었습니다. 하지만, 블루-레이 디스크

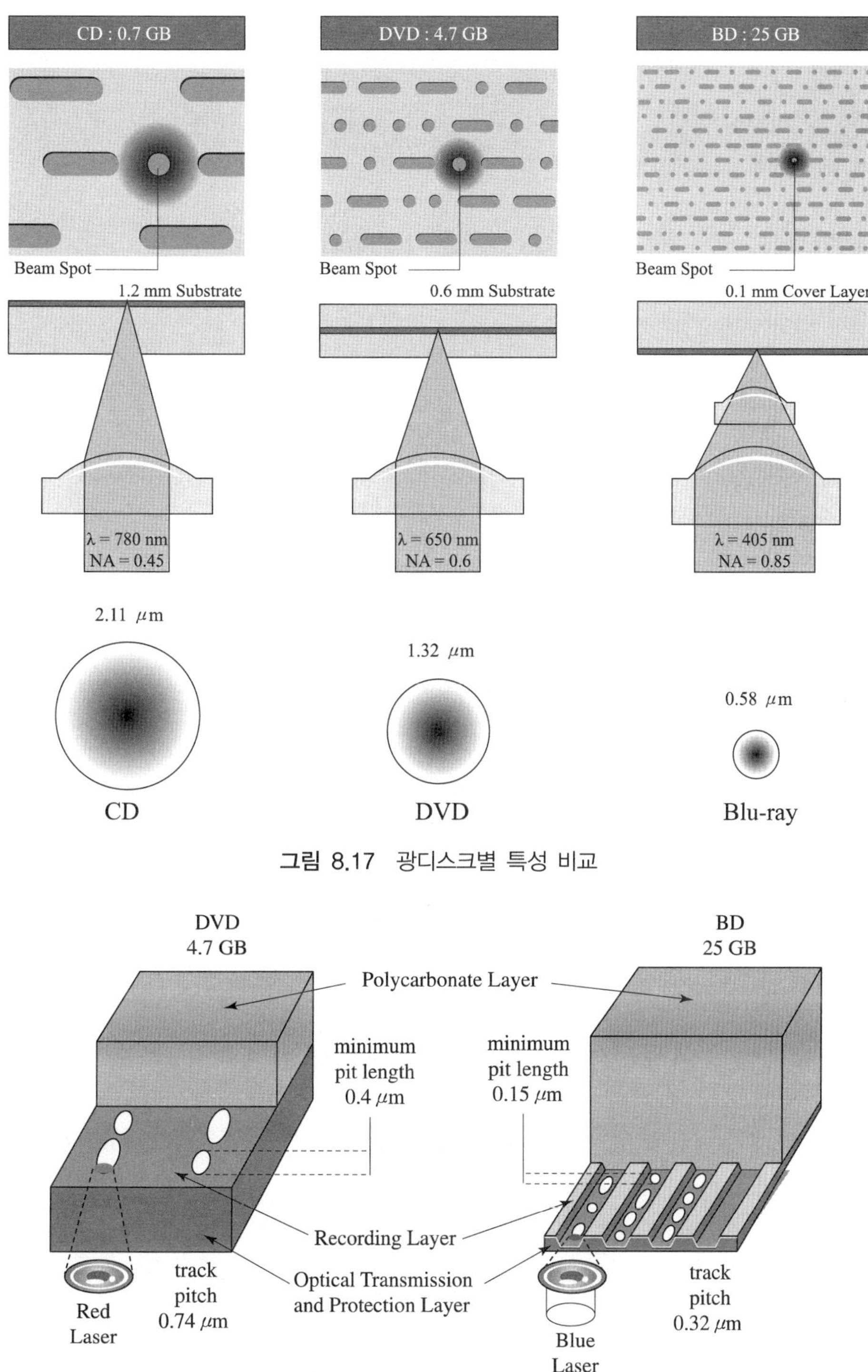

그림 8.17 광디스크별 특성 비교

그림 8.18 적색 DVD와 BD의 비교

표 8.2 BD 표준

Recording capacity	23.3 Gbytes/25 Gbytes/27 Gbytes
Laser wavelength	405 nm(blue-violet laser)
Lens numerical aperture (NA)	0.85
Data transfer rate	36 Mbits/second
Disk diameter	120 mm
Disk thickness	1.2 mm
Optical transmittance protection layer	0.1 mm
Recording format	Phase change recording
Tracking format	Groove recording
Tracking pitch	0.32 micron
Shortest pit length	0.160/0.149/0.138 microns
Recording phase density	16.8/18.0/19.5 Gbits/inch^2
Video recording format	MPEG-2 video
Audio recording format	AC3, MPEG-1, Layer 2, etc
Video and audio multiplexing format	MPEG-2 transport stream
Cartridge dimensions	Approximately 129×131×7 mm^3

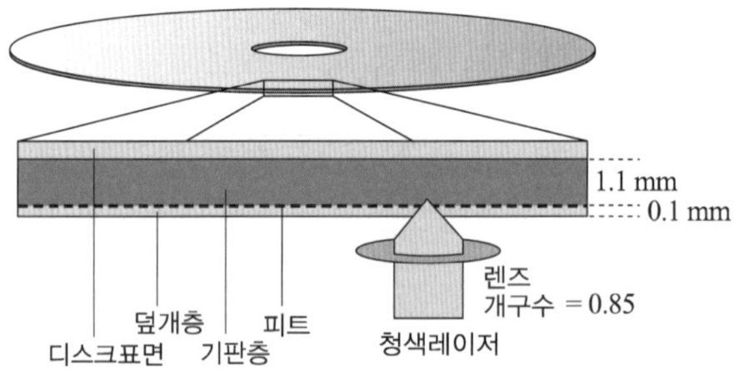

그림 8.19 단층 BD의 구조

기술은 계속 진화되고 있어 코팅을 통해 카트리지가 없이 사용가능한 디스크도 개발되었습니다.

블루-레이 디스크가 적용된 기기들은 비디오재생기와 PC는 물론 다양한 전자기기에 탑재되고 있습니다. 우선 디지털TV 보급에 발맞춰 디지털방송수신기를 내장한 블루-레이 레코더는 고화질의 HD-TV방송을 디지털로 녹화할 수 있도록 해줍니다. 23 GB의 블루-레이 디스크에 최대 12시간(화질에 따라 최소 3시간) 분량의 TV를 녹화할 수 있습니다. 또한 소니 사와 파나소닉 사에서 출시할 캠코더에는 블루-레이 디스크 방식의 15

GB 소형디스크가 장착되어 고화질의 촬영을 가능하게 해줍니다. 그 외에도 LG전자의 셋톱박스(set-top box)에는 일체형 블루-레이 레코더가 탑재됨으로써 디지털방송 데이터를 5.1채널의 음향과 함께 기록할 수 있으며 기존의 CD나 DVD와도 호환이 됩니다.

8.5 청색레이저

청색레이저(blue laser)는 청색의 파장이 짧은 빛을 내는 반도체레이저의 하나입니다. 광디스크나 광자기디스크 등 레이저광으로 작동하는 광 저장기기를 생각할 때, 1비트의 메모리는 레이저광선을 렌즈로 모은 광점의 크기(beam spot-size)로 결정되는 면적만큼을 차지합니다. 이 광점의 지름은 현재 대체로 1μm 정도이지만 이 지름을 작게 할수록 기록밀도를 높일 수 있으므로 더 많은 정보를 기록할 수 있게 됩니다.

청색레이저는 현재 광디스크와 레이저프린터에 사용되는 적색레이저에 비해 파장이 더 짧은 레이저로서, 두 배에서 다섯 배까지 더 많은 데이터를 저장하고 검색할 수 있는 능력을 가질 수 있습니다. 고출력 청색레이저를 이용한 제품이 시판되면, PC사용자들은 최고의 고해상도를 갖는 레이저프린터를 매우 저렴한 가격에 살 수 있을 것입니다. 광디스크에 청색레이저 기술을 적용하면, 장치의 크기를 키우지 않고서도 저장능력을 획기

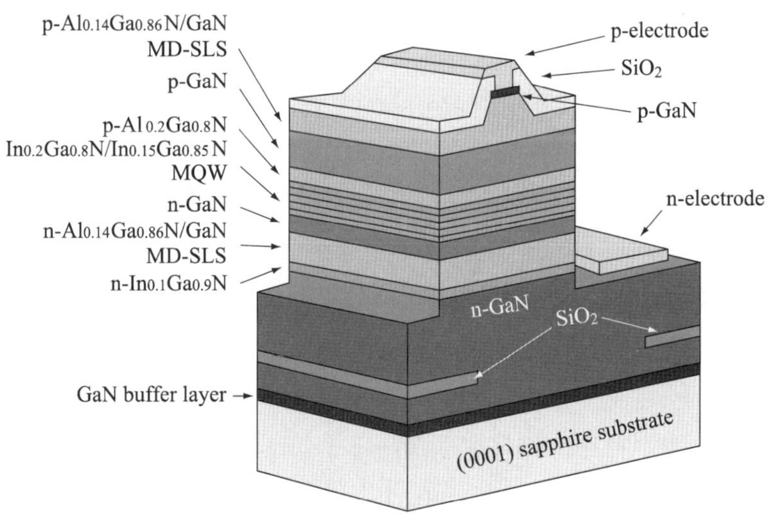

그림 8.20 GaN 청색레이저

적으로 향상시킬 수 있는 극적인 돌파구가 제공될 수 있습니다.

청색레이저를 만들기 위해서는 레이저광원의 파장을 짧게 하여야 합니다. 반도레이저의 파장은 반도체결정의 밴드 갭(band-gap) 에너지라는 물리상수로 결정됩니다. 따라서 청색이나 자외선과 같은 파장이 짧은 레이저를 만들려면 GaN(gallium nitride)와 같은 밴드 갭 에너지가 큰 질화물반도체 결정재료가 필요합니다. 광디스크의 기록밀도는 사용하는 레이저파장의 역수의 제곱에 비례하기 때문에, 반도체레이저의 단파장화가 꼭 필요합니다.

청색 반도체레이저는 질화갈륨(GaN)계 반도체재료로 구성되어 있습니다. 주로 사용하는 사파이어기판(sapphire substrate)은 절연체이므로 다른 전도성기판을 사용한 구조와는 달리, 음극과 양극은 기판의 같은 면에서 형성하여야 합니다. 원리적으로는 InGaN(indium gallium nitride) MQW(multiple quantum-well) 활성 층의 In 조성비(mole fraction)를 변화시키는 것에 의해 적외선부터 자외선까지 발광이 가능하지만 지금으로서는 405 nm 정도의 청자색발광으로 실온에서 연속 발진하는 광원이 주로 사용됩니다.

반도체레이저를 구성하는 반도체 활성매질의 밴드 갭 에너지를 E_g, 이 반도체레이저에서 방출되는 레이저광의 진동수를 ν, 파장을 λ라 하면, E_g와 ν와 λ의 사이에는 다음의 관계식이 성립합니다.

$$E_g = h\nu = \frac{hc}{\lambda} \tag{8.1}$$

여기서 식 8.1의 의미는 반도체레이저의 활성 층을 구성하는 물질의 밴드 갭 에너지에 해당하는 에너지를 가진 광자가 레이저광의 형태로 방출된다는 의미입니다.

$$E_g[\mathrm{eV}] = \frac{1.24[\mathrm{eV} \cdot \mu\mathrm{m}]}{\lambda[\mu\mathrm{m}]} = \frac{1240[\mathrm{eV} \cdot \mathrm{nm}]}{\lambda[\mathrm{nm}]} \tag{8.2}$$

식 8.1에서 계산상의 편의를 위하여 hc 대신에 상수 값을 대입한 식 8.2를 매우 유용하게 사용할 수 있습니다. 예를 들어, 440 nm(0.44 μm)의 청색파장을 갖는 반도체레이저를 만들기 위해서는 활성 층으로 약 2.82 eV의 밴드 갭 에너지를 갖는 반도체재료를 사용해야 합니다. 또 밴드 갭 에너지가 상온에서 1.424 eV인 GaAs를 활성 층으로 사용한 반도체레이저의 발진파장은 871 nm(0.87 μm)가 됩니다. 결론적으로 반도체레이저의 파장과 활성매질의 밴드 갭 에너지와는 반비례 관계에 있으므로, 레이저의 발진파장을 짧게 하기 위해서는 활성 층으로 밴드 갭 에너지가 더 큰 물질을 사용하여야 함을 쉽게 알 수 있습니다.

8.6 광자기디스크

광자기디스크(MOD, magneto-optic disk)는 PC에 저장되어 있는 파일들을 백업하는 보편적인 용도로 사용합니다. 이 용어가 함축하고 있는 바와 같이, 광자기디스크 장치는 높은 데이터밀도를 얻기 위해 자기와 광학기술 모두가 채용되어 있습니다. 보편적인 광자기 카트리지는 3.5″ 플로피디스크보다 약간 크며, 모양은 비슷합니다. 그러나 플로피디스크가 1.44 MB의 데이터를 저장할 수 있는 데 반해, 광자기디스크는 100 MB에서 수 GB에 이르는 많은 양의 데이터를 저장할 수 있습니다.

광자기디스크시스템은 레이저와 자기헤드(magnetic head)의 조합을 사용함으로써 고밀도의 데이터 저장능력을 가능하게 합니다. 디스크에 데이터를 기록할 때에는 레이저와 자기헤드, 둘 모두가 사용됩니다. 즉, 레이저는 디스크표면을 달구어 쉽게 자화되도록 하며, 자화된 구역을 정확하게 위치시키고, 구역이 한정되도록 합니다. 디스크에서 데이터를 읽어 낼 때에는 조금 더 출력이 약한 레이저가 사용됩니다. 데이터는 플로피디스크와 마찬가지로 지울 수 있으며, 횟수의 제한이 없이 정보를 그 위에 덮어쓸 수 있습니다.

대부분의 정보저장기술은 완전히 자기적(하드디스크나 자기테이프 등)이거나 완전히 광학적(레이저디스크, CD, DVD, BD 등)이지만, 광자기디스크는 광학과 자기원리가 결합된 기술을 이용합니다. 자기광학효과(magneto-optic effect)는 자기장 중에 물질이 놓일 때, 물질의 광학적 성질이 변화하는 현상을 말합니다. 특히 광자기 커효과(magneto-optic Kerr effect)는 반사광의 편광(polarization) 방향이 바뀌는 현상을 말합니다. 자료를 기록할 때에는 레이저광을 사용하여 광자기 매체가 자성을 잃어버리는 퀴리 온도(Curie temperature, 약 300 °C) 이상의 온도로 한 점을 가열하면 레이저광이 가해준 자장의 방향으로 자화가 유지되어 정보가 기록되고, 판독 시에는 자화된 상태에 따라 피트에 반사되는 빛의 편광상태가 변하는 특성을 이용하여 광 검출소자에 의해 데이터를 판독합니다. 재생 시에는 출력이 낮은 레이저빔을 사용하고 디스크 표면의 각 데이터 비트의 자기 오리엔테이션(magnetic orientation)을 통하여 기록된 데이터를 읽을 수 있습

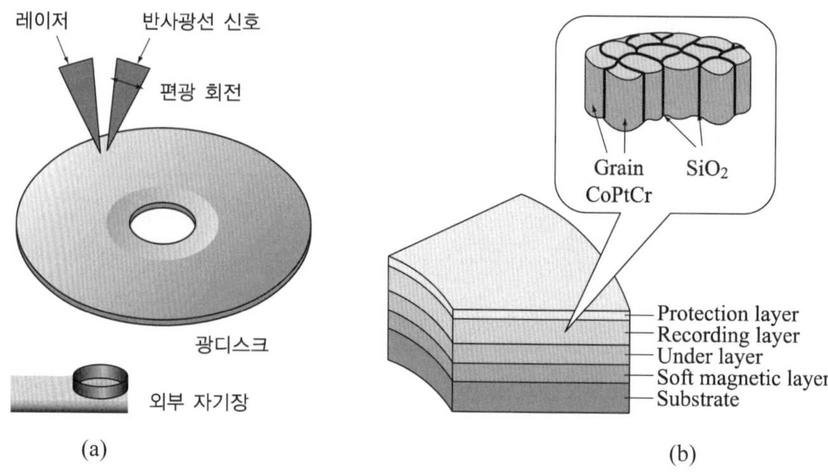

그림 8.21 광자기디스크의 원리와 구조

니다. 데이터를 읽을 때 레이저에서 나오는 편광(polarized light)은 디스크의 표면에서 반사됩니다. 이 디스크표면의 영역에 따른 자기 오리엔테이션의 차이는 레이저빔의 편광면(plane of polarized light)이 특정각도로 회전하도록 하는데 이는 그 영역이 N인가 S인가에 따라서 달라집니다. 이 회전각도는 광학 리셉터(optical receptor)와 레지스터(register)에 의해 1이나 0의 데이터 비트(data bit)로 감지됩니다.

광자기디스크 드라이브의 최고의 강점은 편리성, 적당한 가격, 신뢰도, 그리고 산업계 표준을 준수함으로써 광범위한 가용성이 있다는 점 등을 들 수 있습니다. 다른 광학제품과 비교하여 볼 때, 광자기디스크가 가진 최대의 장점은 1,000만 번까지 기록하고 지울 수 있다는 점입니다. 따라서 광학저장기술에 내재된 높은 신뢰도를 제공하면서 사용자에게 기존의 자기저장미디어와 동일한 추기(rewritable) 능력을 제공합니다.

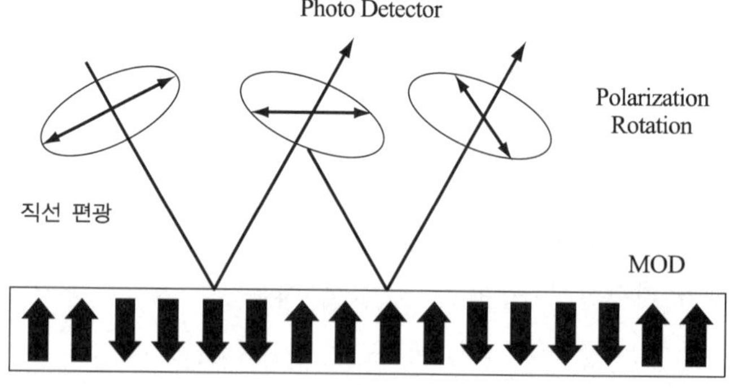

그림 8.22 광자기디스크의 재생원리

8.7 미니디스크

미니디스크(mini-disc, MD)는 1992년 말 일본 소니사에서 개발한 오디오기록 포맷으로 2.5″ 크기의 정사각형 카트리지에 광디스크가 담겨진 형태입니다. MD는 CD와는 달리 기록이 가능한 포맷으로, 지우고 재녹음하고 편집할 수 있는 횟수가 백만 번 이상이 보장됩니다. 카세트와의 가장 큰 차이점은 MD는 디지털오디오포맷(digital audio format)이라는 점인데 광자기디스크(magneto-optic disk)의 응용제품으로 반도체레이저를 이용하여 읽고 기록한다는 점입니다.

MD는 현재 세 가지 길이의 분량을 가지는데 60분용, 74분용, 80분용이 있습니다. 74분 분량은 CD가 음악을 저장할 수 있는 최대용량과 같습니다. 그러나 CD가 700 MB 분량의 디지털오디오를 저장할 수 있지만 MD는 오직 140 MB 분량을 저장할 수 있는데 그것은 MD와 CD가 오디오 데이터를 저장하는 방식이 다르기 때문입니다.

소니사는 2.5인치 카트리지에 담기 위해 작은 디스크를 사용했고, 비록 용량은 적지만 소위 '손실압축 기법'을 사용하여 CD와 동일한 분량의 음악을 저장할 수 있도록 개발하였습니다. 이 방법은 오디오를 약 5:1로 압축하지만 인간이 들었을 때 구별할 수 없을 정도의 손실만 허락하는 것입니다. 따라서 CD에서 MD로 디지털방식으로 녹음을 했다 하더라도 들리는 사운드는 거의 같지만, 같은 데이터는 아닙니다. MD는 또한 개발 당시, 음반업계의 반대로 인하여, 특별한 복사방지시스템을 갖추게 되는데, 이것은 디지털녹음을 최초의 1회만 가능하도록 제약을 가한 것입니다. 그렇다면 1번만 디지털녹음이 가능하다면 과연 CD와 다를 게 무언가 하는 궁금증이 생길 수도 있겠지만 이것은 저작권의 보호를 위한 것이며, 본인을 거쳐 다른 사람이 비합법적으로 디지털사운드를 취할

그림 8.23 미니디스크와 CD의 크기 비교

수 없는 데 그 취지가 있습니다.

한편 Hi-MD는 2004년에 발표된 더 진보된 미니디스크 포맷으로 기존 MD에 비해 1기가라는 대용량을 지원하지만 다소 고가입니다.

8.8 광디스크와 광 픽업

정보기록 및 저장기술은 일반적으로 그 용도에 따라 1차, 2차 및 3차 메모리로 구분할 수 있습니다.

1차 메모리는 컴퓨터의 CPU 등 중앙처리장치와 직접 연계한 주기억장치로서 CPU의 클록속도(clock speed)와 비슷한 빠른 접속 및 데이터 전송속도를 필요로 하며, 캐시 및 메인메모리와 같이 실리콘칩으로 구성된 DRAM, SRAM 등의 반도체메모리가 이에 속합니다. 1차 메모리기술의 특징은 용량보다는 속도에 더 큰 관점을 두고 있습니다.

2차 메모리는 컴퓨터의 보조기억장치 및 멀티미디어를 위한 모든 정보전달매체를 포함하며 CD, DVD, BD, MD 등의 광디스크와 FDD, HDD 등이 이에 속합니다. HDD의 대표적인 기술인 자기디스크의 경우 빠른 동작속도와 대용량을 특징으로 하는 보조기억장치의 역할이 주 임무이며 광디스크는 고밀도화에 의한 대용량화로써 멀티미디어를 위한 저장장치로서 활용됩니다.

3차 메모리는 방대한 정보를 장기적, 안정적으로 보관하고 검색하는 것을 목적으로 하여 정보접속 및 검색속도보다는 저장용량이 가장 큰 관건이 되며, 주로 전자도서관, 대규모서버의 자료저장장치, 슈퍼컴퓨터(Super Computer)의 초대용량저장장치 등이 이에 속합니다. 사용되는 매체기술로는 자기테이프(magnetic tape) 및 자기디스크 어레이(magnetic disk array), 광 테이프(optical tape) 및 광디스크 어레이(optical disk array) 등이 있으며, 많은 디스크 및 테이프를 파일형태로 저장, 검색하는 쥬크 박스(juke box) 형태의 검색기능을 가지고 있습니다.

20세기만 하여도 1차와 2차 메모리 및 2차와 3차 메모리 간에 기술 및 기능적인 간격이 존재하여 이를 극복하기 위한 상호 기술대체가 일어나기는 당분간 어려울 것으로 전망되었습니다. 그러나 차세대에는 위와 같은 인위적인 구분이 모호해질 뿐 아니라 전 분야에서 대용량과 빠른 속도를 동시에 요구하는 정보저장매체가 필요하게 될 것입니다.

오늘날 사용되고 있는 대부분의 광 정보의 기록/저장 기술은 회전하는 디스크매체에 디지털비트신호를 여러 가지 형태로서 기록하고 광 픽업장치(광 헤드)로 읽는 원리로 되어 있습니다. 신호의 기록은 집속된 레이저광과 강한 자기장을 광 매체에 투사하여 미세한 크기의 물리적 변화를 가하는 형태로 이루어지며, 재생 시에는 물리적으로 변화된 부분으로부터 반사되는 레이저의 위상(phase), 반사율 또는 편광(polarization)의 변화에 따른 강도(intensity)의 차이를 감지하여 비트신호로 해석하여 읽습니다. 이 레이저다이오드와 레이저빔의 집속을 위한 렌즈시스템, 입사 및 반사 레이저광을 각각 분리시키는 광파분파기/합파기(beam splitter/combiner) 등이 광 헤드의 주요 구성요소이며 시스템의 부대 장치로는 디스크를 회전시키는 드라이브 모터(drive motor), 레이저빔의 정확한 위치선정 및 초점을 맞추기 위한 트래킹/포커싱 서보시스템(tracking/focussing servo system) 등이 있습니다.

대용량데이터의 기록 및 검색을 위해서는 데이터의 전송속도가 중요한 관건이 됩니다. 데이터 전송속도는 광디스크의 선형밀도(bit/inch)와 디스크 회전속도 등이 변수가 됩니다. 또한 신속하고 정확한 트래킹/포커싱 기술이 중요하며 디스크 회전속도가 증가함에 따라 신호를 읽고 기록하는 레이저광원의 출력도 증가해야 합니다. 그리고 강한 레이저의 출력에 견딜 수 있는 디스크 매체기술도 개발되어야 합니다.

한편, 광디스크의 접속속도는 데이터의 위치를 찾아내는 속도를 뜻하며 광디스크의 경우, 광 픽업의 움직임과 관련이 있습니다. 즉, 레이저빔을 이용하여 광 헤드로써 데이터를 찾아내므로 기계적인 움직임이 수반됩니다. 그러므로 미세한 자기헤드가 빠르게 움직이는 HDD용 자기디스크에 비하여 접속속도가 크게 차이가 나는 것입니다. 이를 개선하기 위해서는 광 헤드의 전체적인 무게를 감소시켜야 하며 데이터의 전송속도를 개선하기 위한 모든 노력이 동시에 이루어져야 합니다.

광디스크의 가격은 드라이버 장치와 디스크 매체로 구분됩니다. 광디스크가 HDD로 사용되는 자기디스크에 비하여 가격경쟁력을 가지는 것은 디스크와 드라이브를 각각 분리시킬 수 있다는 데 있습니다. 하나의 드라이브에 여러 장의 디스크를 사용할 수 있으므로 시스템 가격이 크게 감소됩니다. 반면에 자기디스크는 드라이브와 디스크가 일체형을 이루기 때문에 시스템 가격에서 크게 불리합니다. 광디스크의 가격을 낮추기 위한 노력으로는 주로 단파장레이저를 이용하여 선형밀도를 증가시키거나, 광 픽업장치의 무게를 최대한으로 경량화하고, 고출력레이저를 사용함으로써 광디스크의 회전속도를 높이는 것 등이 연구되고 있습니다.

일반적인 광 픽업 구조는 크게 3가지 부품으로 되어 있습니다. 첫째, 광원 역할을 하는 LD, 둘째, LD에서 나오는 광 신호를 CD로 보내고 CD에서 반사되는 광 신호를 광 검출소자로 송출하는 광학계, 마지막으로 광 검출소자가 있습니다. 그러나 고전적인 광 픽업은 이렇게 3가지 부품이 분리되어 있기 때문에 부피를 많이 차지하고 광학정렬(optical alignment)이 복잡한 문제가 있습니다.

이를 개선하기 위하여 HOE(holographic optical element)를 사용하고 LD와 PD를 동일한 광 모듈에 집적화한 홀로그램 레이저(hologram laser)를 사용하여 광학계를 간소화한 개선된 광 픽업이 각광을 받고 있습니다. 홀로그램 레이저를 이용한 광 픽업은 고전적인 광 픽업에 비하여 소형, 경량, 저가격 등의 장점으로 노트북 PC 등에 적용되는 박형 CD 장치나 박형 DVD 장치 등에 적용되고 있습니다.

CD와 DVD가 혼용되면서 CD-R에 DVD-ROM이나 DVD-R 기능이 추가된 콤보(Combo) 드라이브가 출시되었습니다. 그림 8.25(a)와 같이 초창기의 콤보 드라이브용 광 픽업은 두 개의 LD, 두 개의 PD, 그리고 이를 보조하는 두 개의 광학계로 구성되어 부피와 무게가 문제가 되었습니다. 이 문제를 개선하기 위하여 그림 8.25(b)에서 보듯이 두 개의 LD를 보조하는 광학계와 PD를 각각 한 세트로 구성하는 방식으로 개량된 광 픽업이 출시되었으나 부피와 무게를 줄이는 데 한계가 있었습니다.

일본의 소니사에서는 2파장 레이저커플러(two-wavelength beam laser coupler)라는 장치를 개발하여 콤보 드라이브용 광 픽업의 크기와 무게를 획기적으로 줄여 초박형으로

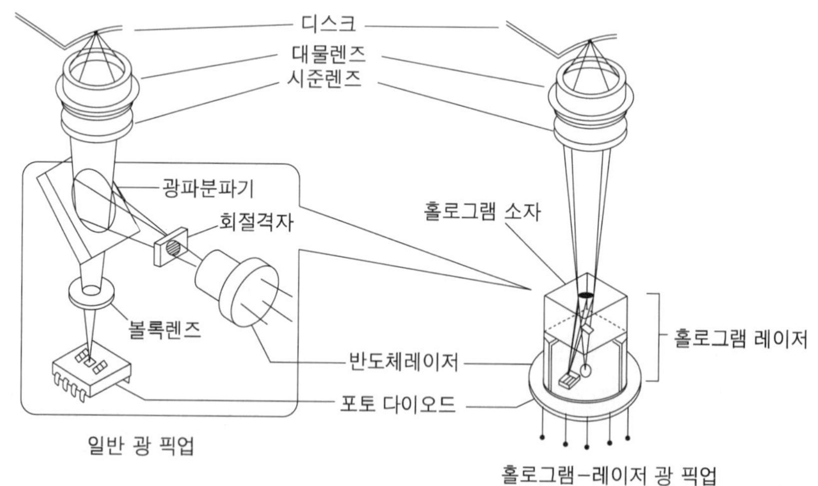

그림 8.24 홀로그램레이저 광 픽업 구조

제작하는 데 성공하였습니다. 이 광 픽업은 그림 8.26에서 보듯이 2파장 레이저커플러와 간단한 광학계만으로 동작이 가능하도록 고안되었습니다.

기존의 구조는 광학부품을 11개를 사용했던 반면에 이 광 픽업은 광학부품의 개수를 4개로 대폭적으로 줄여 초경량 및 초박형을 달성하였습니다.

그림 8.27에서 보는 바와 같이 이 장치에서 사용한 2파장 레이저커플러는 동일 반도체기판 상에 집적되어 780 nm와 650 nm의 2파장의 레이저빔을 만들어 내는 반도체레이저

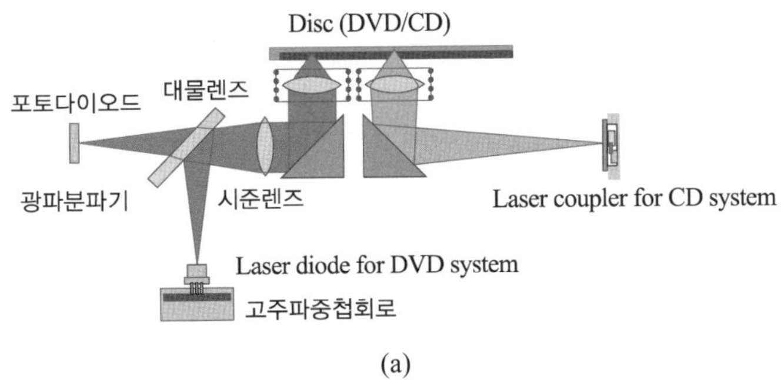

(a)

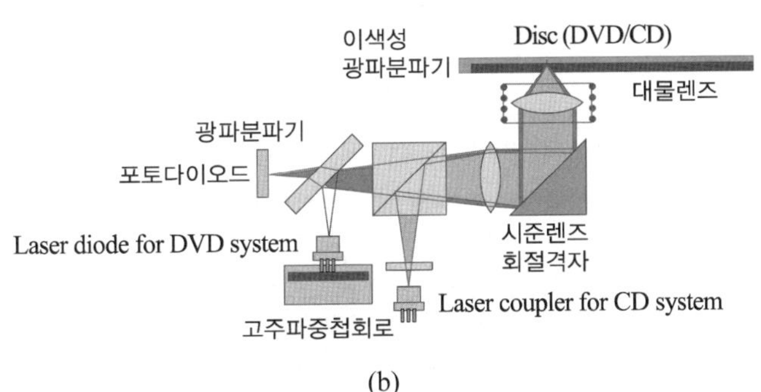

(b)

그림 8.25 콤보 드라이브용 광 픽업

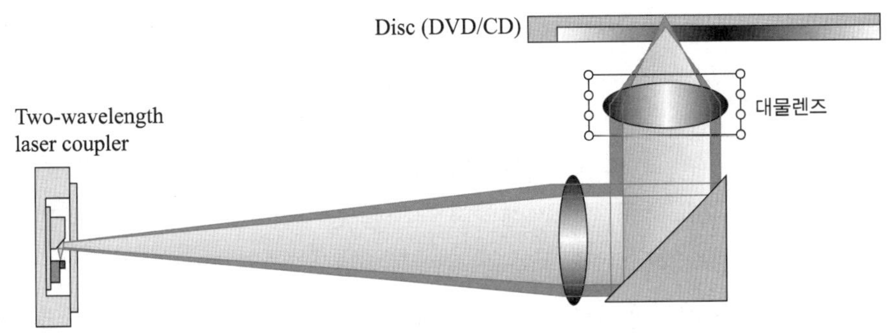

그림 8.26 콤보 드라이브용 초박형, 초경량 광 픽업

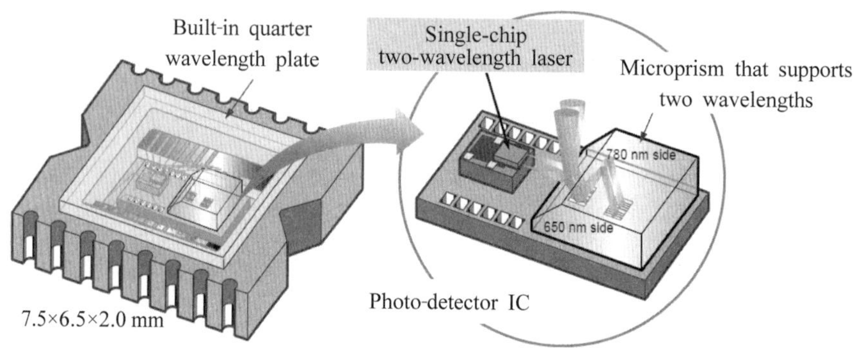

그림 8.27 2파장 레이저커플러

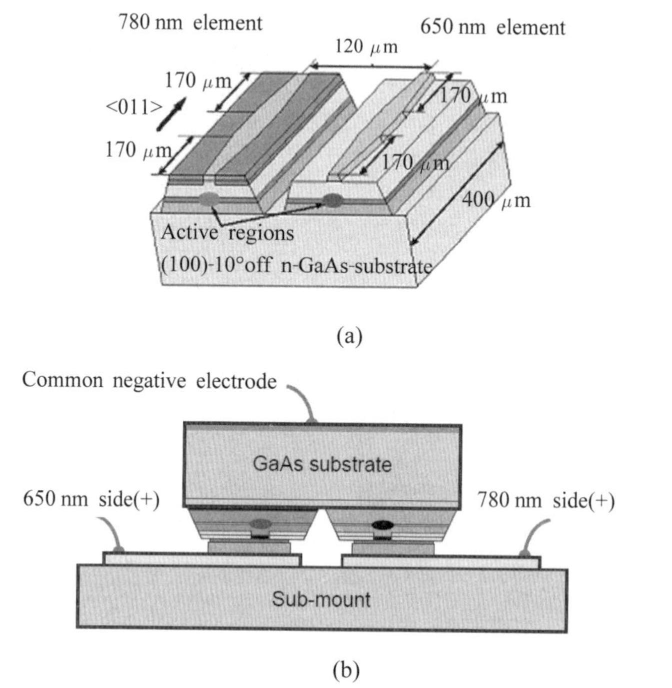

그림 8.28 (a) 레이저소자 구조 (b) 패키징 구조

소자, 신호검출용 PD, 그리고 마이크로프리즘(micro-prism) 등의 초소형광학계로 구성되어 있습니다. 특히 2파장 레이저커플러의 제작을 위해서는 GaAs 기판위에 AlGaAs 반도체레이저 구조와 AlGaInP 반도체레이저 구조를 순차적으로 적층하고 독립된 2개의 소자를 제작하는 기술이 핵심입니다.

그림 8.28에서는 두 레이저 소자의 구조와, 회로를 간략화하고 서브마운트(sub-mount)를 사용하여 방열특성을 개선한 패키징(packaging) 구조가 소개되어 있으며 그림 8.29에서는

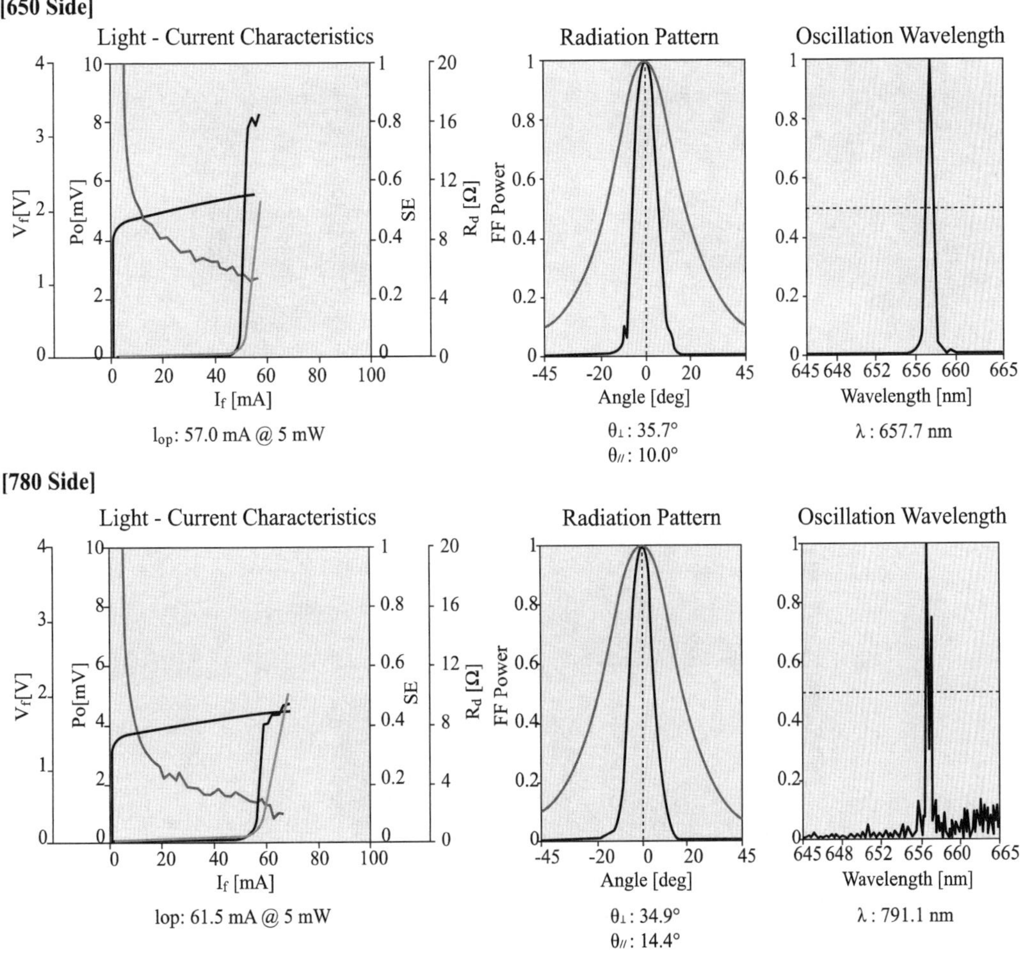

그림 8.29 780 nm/650 nm 레이저의 주요 특성

780 nm 레이저와 650 nm 레이저의 구동전류에 따른 광 출력 특성, FFP(far-field pattern) 및 파장 스펙트럼을 보여줍니다.

한편, BD의 등장으로 CD, DVD, BD를 모두 사용할 수 있는 콤보 드라이브가 필요하게 되었고 회사들마다 앞다투어 제품을 출시하고 있습니다.

그림 8.30과 8.31에서 보듯이 일본 파이오니아사와 히타치사의 3파장 콤보 드라이브는 광학계를 공유하거나 광 디텍터의 개수를 줄이는 방식을 사용하였으나 여전히 부피와 무게에 대한 부담이 느껴집니다. 일본의 니치아(Nichia) 사와 소니 사는 그림 8.32와 같이 650 nm와 405 nm의 2파장 레이저커플러를 제안하였습니다.

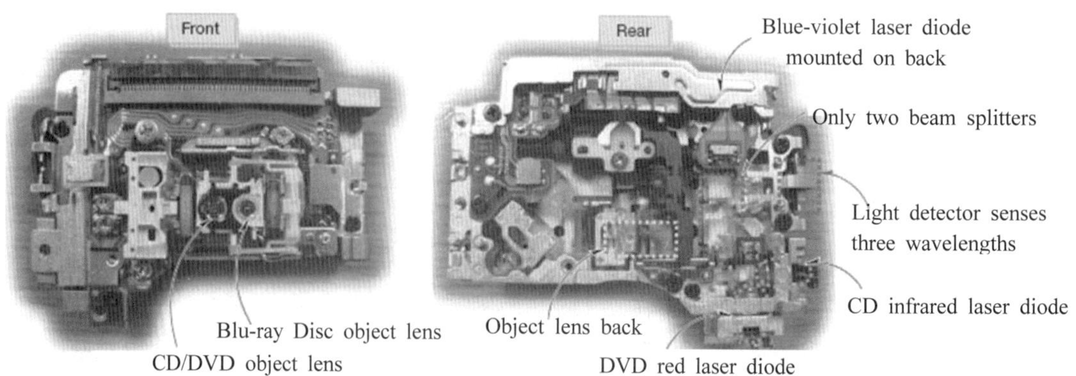

그림 8.30 3파장 콤보 드라이브 (Pioneer)

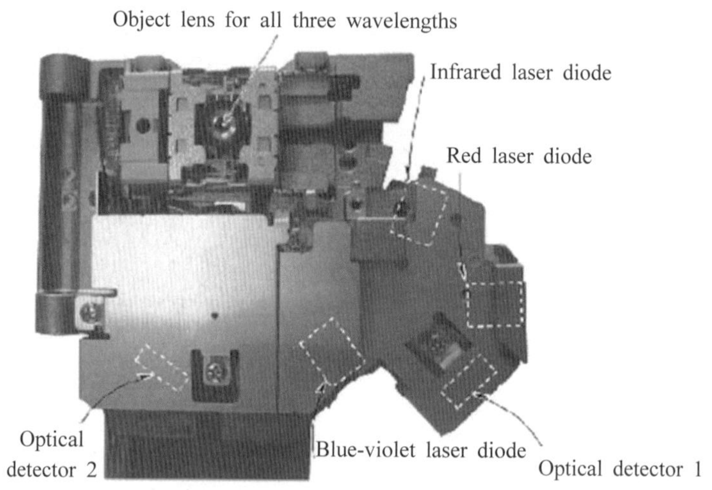

그림 8.31 3파장 콤보 드라이브 (Hitachi)

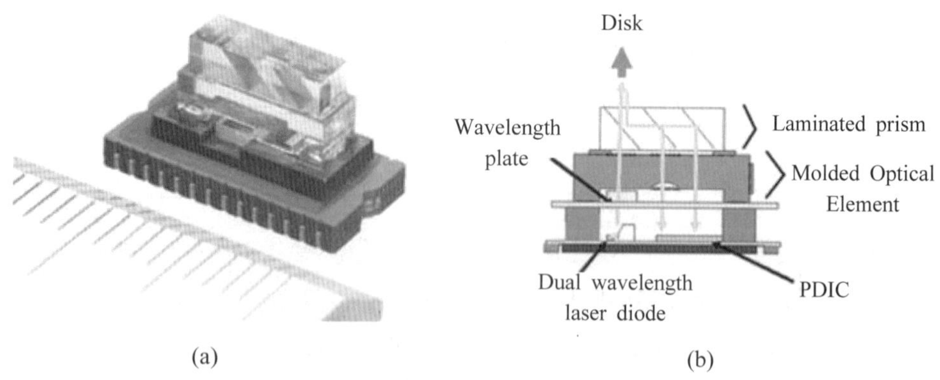

그림 8.32 (a) 레이저커플러 크기 (b) 레이저커플러 구조

기존의 CD/DVD용 2파장 레이저커플러는 동일한 반도체 기판 상에 서로 다른 레이저를 모노리식집적화(monolithic integration)가 가능하였으나 DVD/BD의 경우는 AlGaInP 물질과 GaInN 물질이 사용하는 반도체 기판이 상이하여 모노리식집적화는 불가합니다. AlGaInP는 GaAs를 기판으로, GaInN는 사파이어를 기판으로 사용합니다. 대신 하이브리드집적화(hybrid integration) 기술을 적용하여 광 집적회로소자를 제작하였습니다.

8.9 차세대 저장장치

지금까지 스토리지 시장을 주도해왔던 기술은 크게 자기디스크 기술과 광디스크 기술입니다. 자기디스크 기술은 자기테이프, 플로피디스크를 거쳐서 하드디스크와 외장(portable) 하드디스크의 형태로 발전해왔으며, 매년 엄청난 기술밀도 향상을 보여 왔습니다. 그러나 기록밀도 향상은 단일비트 구현을 위한 자구의 크기를 제약하여 작은 자구 크기로 인해 자구의 보자력이 상온의 열에너지를 극복하지 못하여 상온에서 자력이 소멸되는, 이른바, '초상자성의 한계(super-paramagnetic limit)'를 겪게 되었습니다.

한편, 광디스크 기술은 CD, DVD를 거쳐서 BD까지 속도 및 용량의 측면에서 급격히 발전하여 왔으며, 각종 소프트웨어 및 멀티미디어 콘텐츠 등의 분야에 있어서 값싸고 좋은 플랫폼(platform)으로서 그 자리를 확고히 굳혀 왔습니다. 앞으로도 이러한 콘텐츠의 플랫폼은 광디스크 계열이 주도할 것으로 보입니다. 그러나 이동식 저장장치나 대용량 서버형 저장장치들에 있어서는 광디스크 기술이 제대로 활용되지 못하고 있습니다. 그 이유는 이동식이나 서버형으로 사용되기에는 광디스크의 기록밀도나 시스템 크기가 너무 크기 때문입니다. 이는 광디스크의 본질적인 기록 방식에 그 한계가 있는 것으로 기록 및 판독수단인 광 자체가 파장에 따라 일정크기를 가진다는 것입니다. 다시 말해서, 수백 나노미터 정도의 파장을 가지는 광은 회절한계를 가지므로 이 회절한계에 의해서 그 파장보다 아주 작은 크기를 기록하고 판독할 수 없기 때문입니다. 이것이 이른바 광의 회절한계에 의한 물리적 한계입니다. 물론, 기록밀도 향상을 위해서 다양한 근접 장(near field) 기술을 연구 중에 있으나 그럼에도 불구하고 물리적인 한계가 뚜렷한 것은 사실입니다.

그림 8.33 탐침형 저장장치

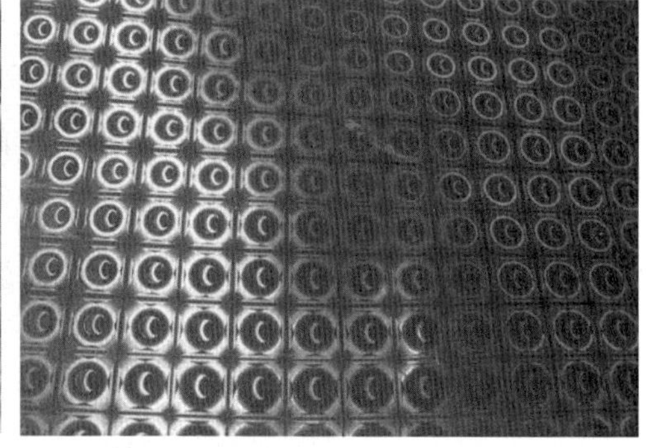

그림 8.34 홀로그래피 저장장치

저장장치의 양대 산맥으로 불리는 자기디스크와 광디스크 기술이 물리적인 한계를 보이자, 새로운 개념의 저장장치들이 속속 탄생되어 연구되고 있습니다. 장기적으로 볼 때 각 저장장치의 개발 방향은 다량의 정보를 직렬(serial) 방식이 아닌 병렬(parallel) 방식으로 한꺼번에 읽고 기록하는 형태가 될 것으로 예견됩니다. 이와 같은 측면에서 21세기에 들어 새롭게 등장할 것으로 예상되는 정보저장기술 중에서 실현 가능성이 높은 차세대의 저장장치는 탐침형 저장장치(probe storage), 다층구조형 저장장치(multi-layer storage), 3차원입체형 홀로그래피 저장장치(3D holographic memory)의 세 가지로 나타날 것으로 판단됩니다. 탐침형 저장장치는 휴대형 저장장치, 즉 사람이 휴대하고 다니는 정보기기의 저장장치에 대한 급격한 수요를 반영하고 광디스크와 자기디스크의 기록밀도 측면의 한계를 극복하고자 제안된 새로운 기술입니다. 한편, 홀로그래피 저장장치는 데이터를 홀로그램에 의해 3차원적으로 기록하므로 면밀도는 타 저장장치에 비해 낮아도 기록밀도 자체는 우위에 있음을 이용한 것입니다.

8.10 다양한 광 정보처리에의 응용

반도체레이저는 기존의 기체레이저나 고체레이저를 사용하던 여러 가지 광 정보처리 시스템에서 기존의 레이저를 대체하여 크기, 효율, 성능, 가격 및 신뢰성을 획기적으로 향상시키고 있습니다.

먼저, 바코드리더(Bar Code Reader)는 바코드판독기로도 불리는데, 광학적으로 표현된 바코드 심벌(symbol)을 컴퓨터가 수용할 수 있는 디지털 데이터로 변환하는 기능을 가진 장비를 말합니다. 리더 내에서 해독된 데이터는 곧바로 컴퓨터로 전송되거나, 또는 리더 내의 버퍼에 임시로 저장된 후 한꺼번에 보내지거나, 리더 내에 머무르는 응용프로그램에 의해 이용될 수 있습니다.

한편, 레이저프린터 분야에서도 AlGaInP 적색 반도체레이저를 이용한 고해상도의 시스템들이 주류를 이루고 있으며, 현재보다 해상도를 획기적으로 개선하기 위하여 InGaN 청색 반도체레이저를 이용한 초고해상도 레이저프린터 시스템들이 개발되고 있습니다.

레이저프린터용 광학계는 일정한 전압으로 대전된 드럼(drum)에 레이저빔을 주사하여 드럼에 광전류(photo current)를 발생시킴으로써 잠상(latent image)을 형성시키는 부분으로 현상계(electro-photographic process)는 이 잠상을 눈으로 볼 수 있는 화상으로 바꾸어 주는 역할을 합니다. 이 때 광학계에 의하여 감광체(toner)에 형성된 잠상은 전압의 차이로 표시됩니다. 즉, 동일한 전압으로 대전된 감광체에 레이저빔이 주사되면 주사된 부분은 광전류가 발생하게 되어 대전된 전하를 소멸시키게 됩니다. 전하가 남아있는 곳과 소멸된 곳으로 화상이 표시되며, 이것은 엔진컨트롤러에서 레이저빔을 적절하게 변조함으로써 얻어질 수 있습니다.

레이저빔에 의하여 감광체 상에 잠상이 맺어지기까지의 과정은 다음과 같습니다. 광원에서 나온 레이저빔은 신호처리장치(signal processor)에 의하여 동작되는 레이저빔 변조(laser beam modulation)에 의해 변조됩니다. 변조된 레이저빔은 레이저빔시준기(laser

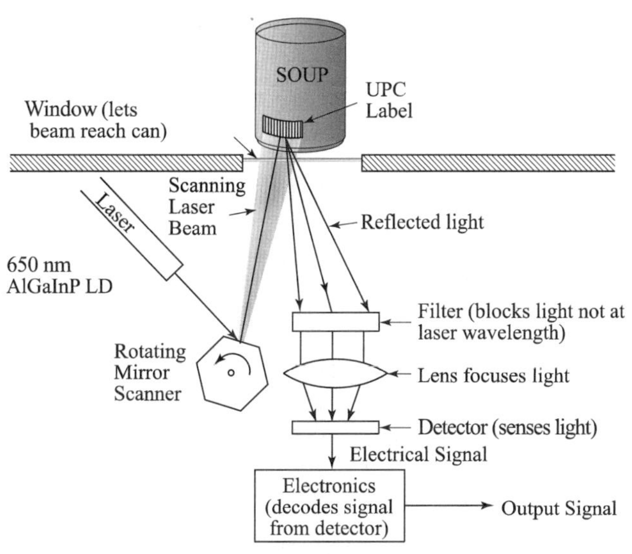

그림 8.35 바코드리더의 광학계

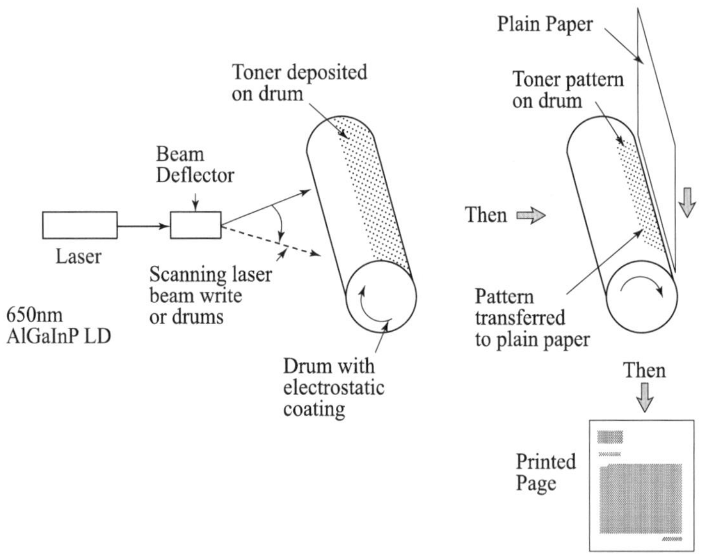

그림 8.36 레이저프린터의 광학계

beam collimator)에 의하여 주사되어 폴리곤 미러 스캐너(polygon mirror scanner)의 경면(mirror facet)으로 입사됩니다. 입사된 레이저빔은 스캐너에 의하여 각 주사(angular scanning)가 되며, 폴리곤 미러와 스캐너 필드 사이의 공간을 지나면서 래스터 스캐너(raster scanner)로 바뀌게 되는데, 그 사이에서 보정렌즈들에 의해 래스터의 떨림과 빔의 왜곡이 보정되어 드럼의 표면 위에 상이 맺히게 됩니다. 이렇게 주사된 레이저빔은 드럼 상에 광전류를 발생시킴으로서 잠상을 형성하게 되며 이 잠상은 현상부분에 의하여 가시화되게 됩니다. 이 때 주사된 레이저빔의 크기는 레이저프린터의 해상도를 결정하며 광원의 파장이 짧을수록 빔의 크기가 작아져 고해상도의 프린터를 구현할 수 있게 됩니다.

8.11 레이저디스플레이

차세대 디스플레이 분야에서는 자연색 및 고해상도 등의 실감형 디스플레이에 대한 소비자의 욕구가 점차 증가하고 있으며, 자연색 표현능력이 가장 탁월한 레이저디스플레이(laser display)가 그 방안으로 제시되고 있습니다. 레이저디스플레이의 응용 분야는 안경식 디스플레이(head-mount display, HMD), 휴대용프로젝터(mobile projector), 프로젝션TV, 초대형디스플레이 등, 소형에서 초대형까지 매우 다양하게 개발되고 있습니다.

레이저TV는 일반적인 TV와는 큰 차이가 있습니다. 일반적인 디스플레이는 RGB 형광물질이 있는 화소(pixel)에 자외선을 비추거나 백라이트(back light)로 발광토록 해서 영상을 만들어 내므로 화소의 크기를 얼마나 작게 하느냐가 화질을 결정합니다. 하지만 화소를 무한정 작게 만들 수가 없어서 고화질에 한계가 있는 셈입니다. 이와는 달리 레이저TV는 화소라는 개념이 없습니다. 사진을 스캔하는 스캐너처럼 R·G·B 레이저빔이 왼쪽에서 오른쪽으로, 위에서 아래로 빠르게 움직이며 영상을 만들어 줍니다. 물론 속도가 매우 빨라서 눈으로는 느끼지 못합니다. 레이저TV는 가장 최적화한 빛의 3원색의 광원을 토대로 영상정보에서 오는 색의 양을 정확히 나누고 빛을 내기 때문에 초고화질을 얻을 수 있습니다.

그림 8.37 미래의 레이저TV

그림 8.38 레이저 프로젝션디스플레이 (26피트 초대형스크린)

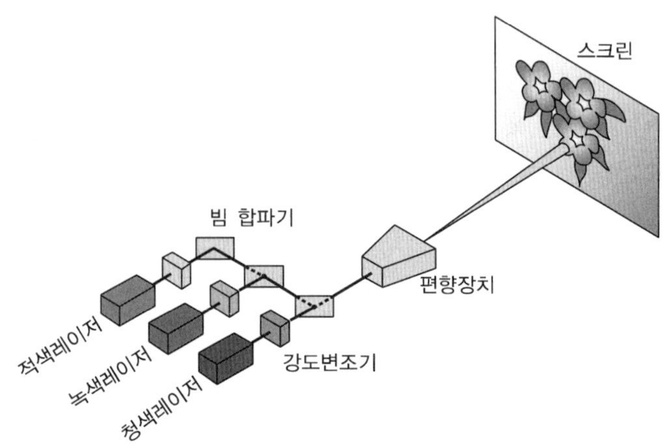

그림 8.39 레이저 프로젝션디스플레이의 원리

레이저TV의 특징은 고휘도에 고색감도이고 스캐닝방식이어서 빔 프로젝터 형태로 구성할 경우, 화질의 변화 없이 크기도 다양하게 할 수 있습니다. 레이저TV는 색 구현 면에서 기존의 TV보다 2.5배 이상 뛰어나며 명암비(contrast)나 휘도 등도 월등합니다. 이 때문에 여러 디스플레이 관련 회사에서는 레이저TV를 차세대 디스플레이의 완결판으로 보고 치열한 기술경쟁을 벌이고 있습니다.

레이저 TV의 형태는 일반적인 TV와 빔 프로젝터와 같은 방식이 모두 가능하며 크기도 자유롭게 키울 수 있어 대형광고판이나 전광판에도 활용이 가능합니다. 또한 PDP를 능가하는 대화면의 홈시어터(home-theater)시스템을 갖출 수도 있습니다. 문제는 가격, 신뢰성 있는 수명, 부피 등 해결해야 할 문제점들이 아직은 많이 남아 있다는 것입니다. 참고로 레이저TV의 실용화를 위해서는 일정출력 이상을 내는 적색, 녹색, 청색 레이저가 갖추어져야 하며, 그 중 가장 개발이 어려운 청색레이저의 경우, 대화면 디스플레이용으로는 적어도 2W 수준의 출력이 확보되어야 합니다.

여러 가지 레이저스캐닝 방식 중에서 특히, MEMS스캐너(scanner)를 이용한 레이저스캐닝 방식은 초소형 광학엔진의 구현이 가능하고, 광 효율이 탁월하여 저소비전력으로 대화면영상을 구현할 수 있습니다. MEMS스캐너는 레이저광을 반사시켜 스크린 상에 주사해 줌으로써 디스플레이를 구현하는 핵심소자입니다. 고화질 디스플레이를 구현하기 위하여 고속 및 광각을 갖는 MEMS스캐너의 역할이 매우 중요합니다. 이 방식을 이용한 레이저디스플레이는 광학계의 소형화와 안정화를 통하여 안경식 디스플레이나 휴대용 프로젝터 등에 효과적으로 적용될 수 있습니다.

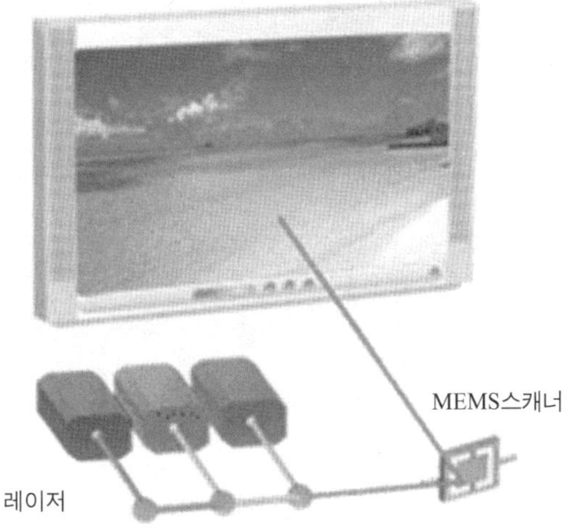

그림 8.40 MEMS스캐너 방식 레이저TV

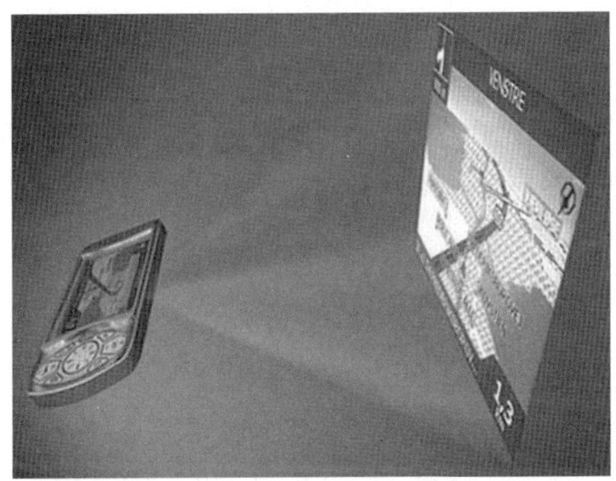

그림 8.41 Coin-sized mobile projector

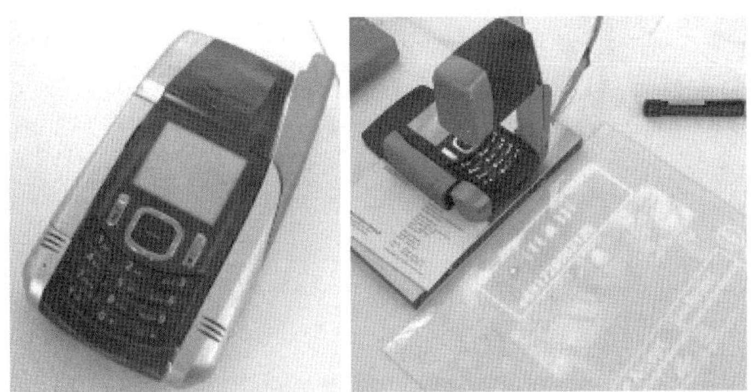

그림 8.42 휴대용 프로젝션디스플레이 장치

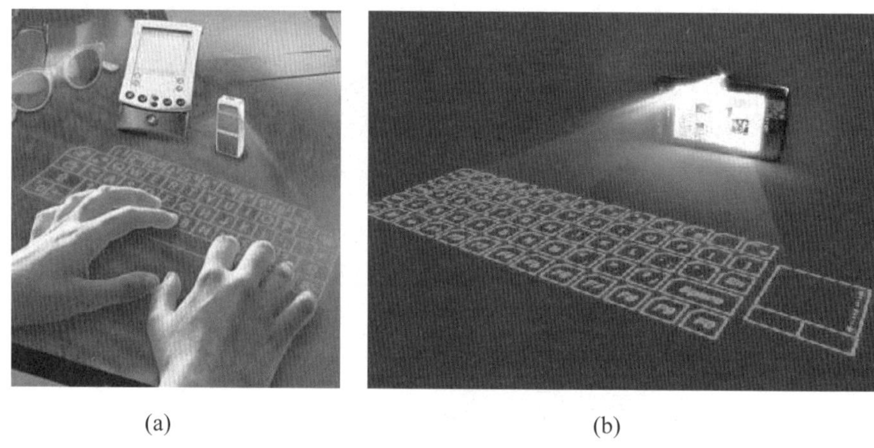

(a) (b)

그림 8.43 가상키보드

그림 8.43(a)의 제품은 레이저디스플레이 기술을 이용한 레이저 프로젝션키보드(projection keyboard) 제품으로 가상(假想)키보드(virtual keyboard)라고도 불립니다. 무게는 2온스 정도로, 충전이 가능한 리튬이온전지를 내장하고 있습니다. 이 장치는 레이저를 통해 가상으로 바닥에 비추어진 화면상에서 키보드를 터치하면 스트로크(stroke)를 카메라가 감지하여 PDA 상에 문자가 입력되는 장치입니다. 그림 8.43(b)의 제품은 가상키보드를 스마트폰에 적용한 사례입니다.

연습문제

1. 다음 중, 광 픽업 장치의 핵심 부품에 해당되지 않는 것은?

   ① LD ② PD ③ LED ④ Beam Splitter

2. 다음 중, 저장매체들을 속도 별로 제대로 표시한 것은?

   ① RAM > HDD > CD-ROM

   ② CD-ROM > HDD > Magnetic tape

   ③ HDD > RAM > Floppy disk

   ④ RAM > Floppy disk > HDD

3. CD-ROM의 특징이 아닌 것은?

   ① 대량생산이 가능하다. ② 데이터의 소거가 가능하다.

   ③ 재생전용 디스크이다. ④ 레이저의 출력이 낮아도 된다.

4. CD pick-up에 사용되는 780 nm 파장의 반도체레이저를 만들기 위해서는 주재료인 AlGaAs의 band-gap energy가 얼마여야 하는가?

5. DVD pick-up에 사용되는 650 nm 파장의 반도체레이저를 만들기 위해서는 주재료인 AlGaInP의 band-gap energy가 얼마여야 하는가?

6. 다음 중 pit와 land에서 반사되는 신호의 광량 차를 이용하여 신호를 검출하는 장치는?

   ① CD-ROM ② CD-R ③ CD-RW ④ MOD

7. 다음 중 laser의 열에 의해 염료 층을 변화시켜 반사율 차이에 의해 신호를 검출하는 장치는?

   ① CD-ROM ② CD-R ③ CD-RW ④ MOD

8. 다음 중 laser의 열에 의해 상변화 합금의 결정성을 변화시켜 반사율 차이에 의해 신호를 검출하는 장치는?

   ① CD-ROM ② CD-R ③ CD-RW ④ MOD

9. 다음 중, 용량이 가장 큰 DVD는?

① single-side single-layer ② single-side double-layer
③ double-side single-layer ④ double-side double-layer

10. 다음 중 자기광학 효과에 의해 신호를 기록하고 검출하는 장치는?

① CD-ROM ② CD-R ③ CD-RW ④ MOD

11. 어떤 반도체레이저의 주재료 물질의 band-gap energy가 2.48 eV라고 할 때, 이 물질을 이용하여 만든 반도체레이저의 발진파장은 얼마인가? 이 레이저를 이용한 광 픽업의 기록밀도는 BD와 비교하여 어떠한가?

CHAPTER 9

레이저는 천하무적

레이저(laser)는 들뜬 원자나 분자를 외부에서 자극시켜 큰 증폭도로 증폭시켜 결이 잘 맞아있는 빛을 방출하게 하는 장치를 말합니다. 레이저는 그 등장과 더불어 인류의 역사를 바꿔놓았고 과학문명의 발전을 크게 앞당긴 20세기 최고의 발명품이라 할 수 있습니다. 제9장에서는 레이저의 이론 및 원리, 역사, 종류 및 특성, 그리고 다양한 응용에 대하여 전반적인 소개를 하겠습니다.

9.1 생활 속의 레이저

그림 9.1은 영화 '엔트랩먼트(Entrapment, 함정, 1999년 작품)'의 한 장면입니다. 감독은 존 아미엘(John Amiel)이고, 숀 코너리(Sean Connery)와 캐서린 제타 존스(Catherine Zeta-Jones)가 주연한 영화입니다.

새로운 밀레니엄을 맞이하면서 전 세계를 불안에 떨게 만들었던 Y2K(컴퓨터의 2000년 인식오류)가 큰 문제없이 지나갔습니다. 너무나 싱겁게 끝난 나머지, 미국의 컴퓨터 관련 대기업들이 사기극을 벌인 것이 아닌가 하는 주장과 차제에 컴퓨터 시스템이 획기적으로 개선되고 일반의 정보화마인드가 확산된 것은 기대 이상의 효과였다는 주장이 팽팽하게 맞섰습니다. 존 아미엘 감독의 영화 엔트랩먼트는 바로 Y2K에 대처하기 위한 국제 금융기관의 컴퓨터 가동중단을 틈타 국제자금을 가로채려는 사이버범죄를 다루고

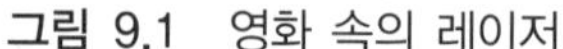

그림 9.1 영화 속의 레이저

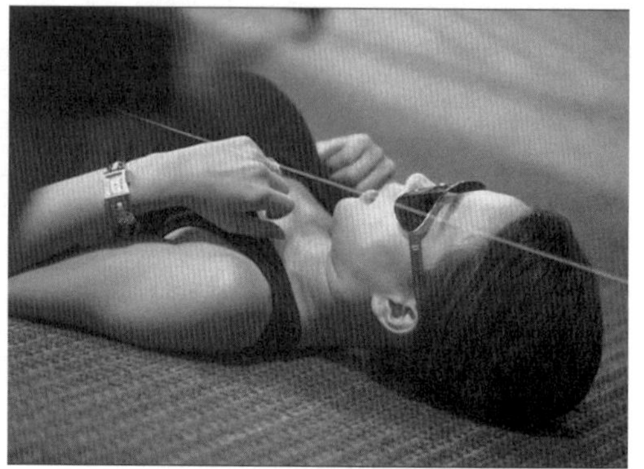

그림 9.2 영화 '가문의 부활' (2006)

있습니다. 이 영화에서 냉철하고 이성적인 도둑 '맥'(숀 코너리)과 젊고 매력적인 여도둑 '진'(캐서린 제타 존스)은 서로의 목적을 위해 팀을 이룹니다. 그러나 사건의 리얼리티보다는 제작 및 주연을 맡은 숀 코너리와 40년 가까이 나이차이가 있는 여주인공(영국 웨일즈 출신인 30세의 캐서린 제타 존스)의 로맨스가 더 화제가 되었던 영화입니다. 또한 이 영화는 FBI 수사관이 공범자로 등장하는데다가 제목부터 형사소송 절차에서 피고인 측 항변으로 자주 제기되는 '함정수사(entrapment)'로 되어 있어 법적인 관점에서도 이야깃거리가 풍부합니다. 이 영화는 특히 캐서린 제타 존스의 레이저경보장치 통과훈련이 인상적이었던 영화입니다. 이 장면은 그 뒤에도 여러 영화에서 패러디(parody)하고 있습니다.

요즘 남녀노소를 막론하고 당구(撞球)를 즐기거나 새로 배우려는 사람들이 많아졌습니다. 큐(cue)와 공, 공과 공이 부딪히는 경쾌한 소리와 자신이 예측한 대로 공이 굴러가서 맞았을 때의 즐거움은 말로 표현하기 어렵습니다. 하지만 당구를 처음 배우는 사람에게는 정확한 당점(撞點)을 겨냥하여 올바른 방향으로 공을 바르게 가격(stroke)하기가 생각보다 어렵습니다. 그럴 때에는 그림 9.3과 같이 레이저포인터(laser pointer)가 부착된 당구 큐를 사용하면 어떨까요?

어두운 밤하늘을 수놓는 레이저쇼(laser show)를 구경한 사람이라면 한 번쯤은 그 아름다움에 넋을 놓고 감탄하였으리라 생각합니다. 레이저광의 직진성과 현란한 색상으로 이루어진 역동적인 움직임, 물론 그것은 쇼를 연출하는 연출자의 몫이기도 합니다. 레이저쇼에는 크게 나누어 두 가지 방식이 있습니다. 첫째, 그래픽(graphic)연출입니다. 레이저광선이 벽과 스크린에 비춰지면, 그것은 작은 빛의 점으로서 보입니다. 그러한 점을

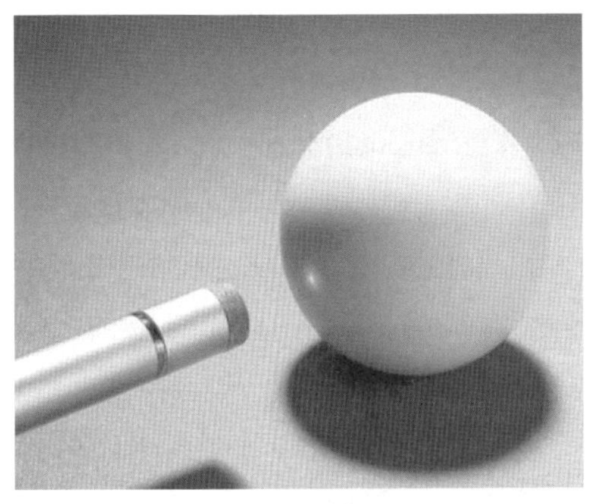

그림 9.3 레이저포인터가 부착된 당구 큐

그림 9.4 크립톤-아르곤 레이저쇼

고속으로 움직여 줌으로서 환상적인 그래픽영상이 만들어지며, 로고, 문자, 정지화면, 동화상 등을 표현하는 다양한 그래픽연출이 가능합니다. 둘째, 공간연출입니다. 공간연출은 공간을 뻗어 나아가는 광선, 그 자체를 보여주는 연출입니다. 이 공간연출에는 빛줄기를 보이는 빔 연출, 빔을 고속으로 진동시킴으로써 생기는 면을 보이는 면체연출이 있습니다. 또한, 거울을 빔을 맞추어 각도를 변경시킴으로 생겨나는 다채로운 연출도 가능합니다. 여러 가지 레이저 중에서 가장 강력한 가시광선 영역의 레이저로서 수백 mW의 출력에서 수십 W의 출력을 내는 대형 크립톤-아르곤 이온레이저가 있습니다. 이 레이저는 청색(488.0 nm)과 녹색(514.5 nm)에서 가장 강력한 레이저 빛이 발생되므로 조명효과가 뛰어나서 특수조명에 많이 쓰이고 있는데, 야외나 실내에서의 레이저쇼라든가, TV 쇼 등 무대조명도 이 레이저가 이용되고 있으며, 연구실에서도 Kr-Ar 레이저는 색소레이저의 여기(pumping)용으로 많이 쓰이고 있습니다.

9.2 레이저의 원리

레이저(LASER, light amplification by stimulated emission of radiation)는 유도방출(stimulated emission)에 의해 빛(light)을 증폭(amplification)시켜서 밖으로 내보내는(radiation) 광학장치를 말합니다.

그림 9.5에서 보는 바와 같이 원자나 분자가 펌핑(pumping, 외부에서 여러 가지 형태

의 에너지를 인가하는 과정)에 의해 유도흡수(誘導吸收, stimulated absorption)과정을 거쳐 높은 에너지상태로 여기(excitation)가 되면 물리적으로 불안정한 상태이므로 매우 짧은 시간 이내에 자발적으로 낮은 에너지 상태로 전이(transition)하면서 그 에너지차이에 해당하는 빛을 자발적으로 방출하는데 이를 자발방출(自發放出, spontaneous emission)이라고 부릅니다. 이러한 자발방출은 LED의 발광원리이기도 합니다. 한편 여기상태에서 외부에서 주입되거나 자체적으로 생겨난 광자(photon)의 도움을 받아 낮은 에너지상태로 전이하면서, 이미 존재하였던 광자와 동일한 파장과 위상을 갖는 또 다른 광자를 방출하기도 하는데 이를 유도방출(誘導放出, stimulated emission)이라 부릅니다. 바로 이러한 유도방출이 레이저의 기본원리입니다. 그림 9.5에서 자발적인(spontaneous) 프로세스는 외부(광자)의 도움이 없이 자발적으로 일어나는 프로세스를 의미하며 유도(stimulated) 프로세스는 전자의 전이과정에 외부의 광자가 관여하는 프로세스를 의미합니다.

만약 원자나 분자에 펌핑을 계속하여 유도방출이 지속적으로 반복될 수 있다면 빛의 증폭이 강하게 일어나 단색성(monochromaticity)과 직진성(directionality)이 우수하고 결맞음(coherence)과 고출력(high-power)의 특성을 갖는 레이저광이 만들어집니다. 이 때, 유도방출이 지속적으로 일어나기 위해서는 외부에서 강한 에너지를 인가하는 펌핑에 의해 레이저매질을 밀도반전(密度反轉, population inversion)의 상태(낮은 에너지 상태보다 높은 에너지 상태에 전자가 더 많이 존재하는 상태)로 만들어 주어야 합니다.

일반적으로 물질이 정상상태(열적 평형상태)일 때에는, 원자나 분자들이 물리적으로 낮고 안정한 상태에 머무르려는 경향 때문에 자발방출된 광자들이 유도방출에 기여하

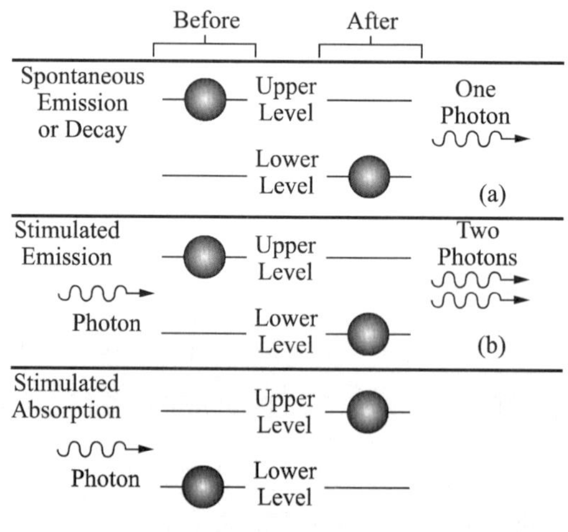

그림 9.5 빛의 자발방출, 유도방출, 유도흡수

기보다는 유도흡수가 더 많이 일어납니다. 그러나 지속적인 펌핑에 의해 밀도반전이 이루어지면 광자들이 유도 흡수되는 비율보다 유도방출에 더 많이 기여하게 되므로 빛의 증폭이 일어납니다.

밀도반전상태를 음수온도(negative temperature)라고도 부르는데 그 이유는 다음과 같습니다. 어떤 물질의 높은 에너지상태를 E_u, 낮은 에너지상태를 E_l라 하고, 각각 그 때의 밀도(population)를 N_u와 N_l이라 할 때, 열적평형상태의 밀도와 에너지와의 관계는 볼츠만분포함수(Boltzmann distribution function)로 표현됩니다.

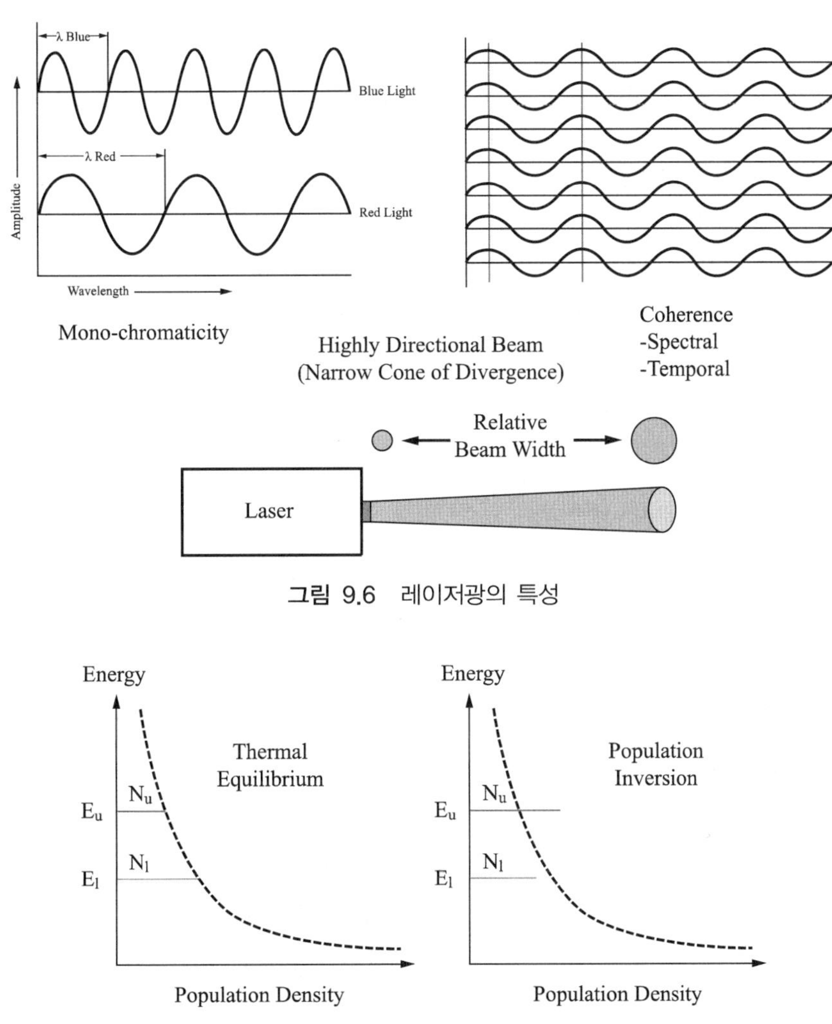

그림 9.6 레이저광의 특성

그림 9.7 열적평형상태와 밀도반전상태

$$\frac{N_u}{N_l} = \exp\left[-\frac{(E_u - E_l)}{k_B T}\right] \tag{9.1}$$

여기서 k_B는 볼츠만상수(Boltzmann constant)로 $1.38 \times 10^{-23} J/K$입니다. 열적평형상태에서는 $T > 0$이므로 $N_l > N_u$가 항상 성립합니다.

레이저에서 밀도반전 상태가 되면 $N_u > N_l$이어야 하므로 $T < 0$(negative temperature)가 되어야 식 9.1을 만족하게 됩니다. 실제로는 절대온도가 음의 값이 되는 것은 물리적으로 불가능하며 밀도반전상태에서는 열적평형상태와는 달리 더 이상 맥스웰-볼츠만분포가 유효하지 않음을 내포합니다.

레이저(LASER)란 'light amplification by stimulated emission of radiation'에서 첫 글자만을 따서 만든 합성어입니다. 따라서 레이저의 원리와 물리적 의미는 각 단어들의 의미를 살펴보면 알 수 있습니다.

먼저, 맨 뒤에 있는 단어에 대해 생각해 볼까요? 'radiation'이란 단어는 우리말로 '복사(輻射) 또는 방사(放射)'를 의미합니다. 복사란, 태양열이 태양과 지구 사이의 빈 공간을 통해서 전달되는 것처럼, 열이 중간에 아무런 도움 없이 직접 이동하는 현상을 말합니다. 그리고 열을 포함하여 복사에 의해 전달되는 모든 에너지를 복사에너지라 부릅니다. 예를 들어 뜨거운 난로에서 방출되는 열선, 태양에서 방출되는 태양광선 등이 모두 복사에너지이고 이런 복사에너지를 내는 물질을 복사체라 합니다. 일반적으로 복사에너지는 전자기파의 형태로 존재합니다.

다음으로 'stimulated emission'이란 유도방출을 의미합니다. 유도방출이란 자발방출과 대응되는 말로, 저절로 방출되는 것이 아니라 자극을 주어 방출시킨다는 뜻입니다. 보어(Bohr)의 원자모형에 의하면 원자 속에 있는 전자는 제멋대로 운동하는 것이 아니라 원자핵 주위의 정해진 길, 즉 궤도를 따라서만 움직일 수 있습니다. 원자핵에서 멀리 떨어진 궤도에 있는 전자일수록 가지고 있는 에너지가 크므로 높은 에너지상태에 있다고 합니다. 이러한 높은 에너지상태에 있는 전자에 외부에서 자극을 주면 전자는 낮은 에너지상태로 떨어지게 됩니다. 낮은 곳에 있는 바위를 굴려 올리기는 어렵지만, 높은 산에 있는 바위는 약간의 힘만 주어도 쉽게 굴러 내려오게 됩니다. 마찬가지로 높은 에너지상태에 있는 전자는 물리적으로 불안정하기 때문에 낮은 에너지상태로 쉽게 떨어집니다. 여기서 높은 에너지상태는 들뜬상태(또는 여기상태, excited state)를 말하며 낮은 에너지상태는 전자가 원자핵에 가장 가까운 궤도를 도는 상태로 기저(基底)상태(또는 바닥상태,

(a) 아인슈타인 (b) 타운즈 (c) 마이만

그림 9.8 레이저를 발명한 과학자들

ground state)라고 합니다. 바닥상태에서는 전자가 오래 존재할 수 있지만, 높은 상태인 들뜬상태에서는 오래 머물 수 없습니다. 바위가 굴러 내려올 때 지면이 패이고 소리가 나며 열이 발생하듯이 높은 에너지상태에 있던 전자가 낮은 에너지상태로 내려올 때도 두 궤도의 에너지 차이만큼의 에너지를 밖으로 방출합니다. 이 때 방출된 에너지가 바로 빛에너지의 형태로 우리 눈에 들어오는 것입니다. 이런 유도방출의 원리를 알아낸 위대한 과학자가 바로 아인슈타인(Albert Einstein)입니다. 1917년 아인슈타인은 기체에서의 열평형상태를 설명하기 위해서는 유도방출을 가정해야 하고, 이렇게 유도방출시키면 강력한 빛을 얻을 수 있다고 예언했습니다. 이러한 아인슈타인의 창의적 아이디어가 오늘날의 레이저를 탄생하게 하였습니다.

끝으로 'light amplification'은 빛을 증폭시킨다는 뜻입니다. 높은 에너지상태에서 낮은 에너지상태로 전자가 떨어질 때 밖으로 방출되는 에너지는 굉장히 작습니다. 그래서 강력한 빛을 얻기 위해서는 이 빛을 증폭시켜야 할 필요가 있습니다. 빛을 증폭시키기 위해서는 이미 앞에서 살펴본 파동의 간섭을 이용하면 좋습니다. 보통의 전등에서 방출되는 빛은 비간섭성으로서, 방출되는 빛들 사이에 진동수(또는 파장)나 위상(phase)이 서로 일치하지 않습니다. 이러한 비간섭성의 빛은 합성을 해도 빛의 세기가 커질 수 없습니다. 그러나 빛의 진동수, 위상, 그리고 편광상태까지 같으면서 같은 방향으로 진행하는 빛을 합성시키면 파동의 중첩의 원리(superposition principle)에 의해서 세기가 큰 빛을 얻을 수 있는데, 이런 빛을 간섭성의 빛(coherence, coherent light)이라 합니다. 따라서 레이저는 간섭성의 빛을 만들어 내는 기구라고도 할 수 있습니다.

레이저는 기존의 비간섭성의 광원들과는 여러 가지 면에서 차이가 있습니다. 레이저의 파장은 선폭(line-width)이 좁아 단색성이 매우 우수합니다. 아울러 유도방출에 의한 빛의 증폭을 극대화시킨 장치로 광 출력이 매우 높으며 펄스(pulse)로 구동할 경우에는 연속발진(CW, continuous-wave) 극도로 높은 첨두 출력(peak power)을 얻을 수 있습니다. 레이저광은 지향성이 우수하고 발산 각(divergence angle)이 매우 작아 멀리 떨어진 곳에서도 매우 작은 빔 크기를 얻을 수 있습니다. 레이저광은 파장, 위상, 그리고 편광상태까지 동일한 빛다발로 결맞음성이 우수합니다. 레이저는 펌핑 에너지를 레이저광으로 바꿔주는 일종의 에너지변환소자입니다. 에너지변환 효율(efficiency)을 따져볼 때, 다른 광원들과 비교하여 훨씬 높은 효율을 갖습니다.

레이저(LASER)와 메이저(MASER, microwave amplification by stimulated emission of radiation)와는 전자기파를 발진시키느냐, 빛을 발진시키느냐의 차이일 뿐 기본적인 원리는 비슷합니다. 그러나 마이크로파와는 달리 빛을 증폭시켜 발진시킨다는 것을 매우 어려운 일이었습니다. 일반적으로 레이저광을 발진시키기 위해서는 다음의 3가지 요소가 반드시 필요합니다.

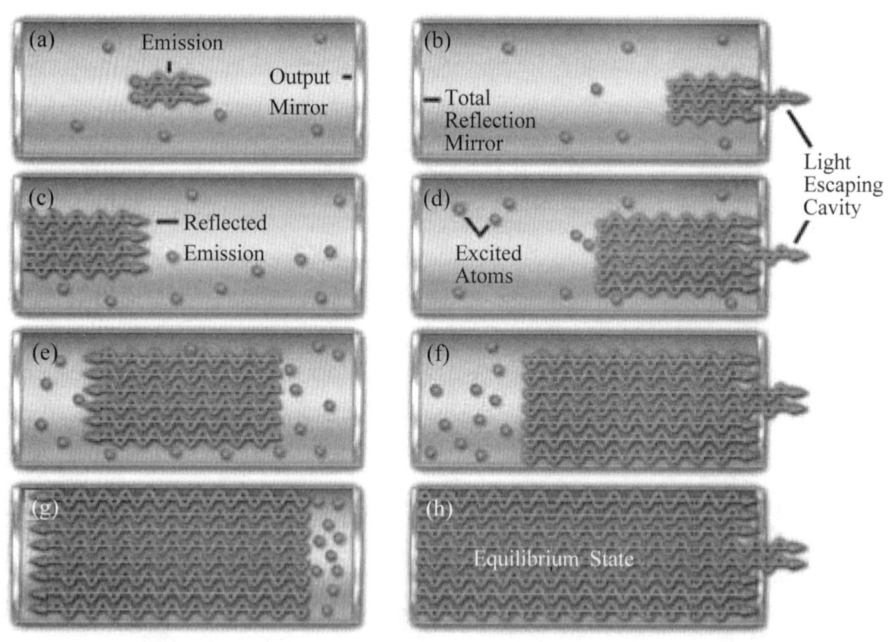

그림 9.9 유도방출과 레이저

첫째, 일정한 진동수를 낼 수 있는 레이저매질(또는 이득매질, gain medium)이 필요합니다. 보통 이것을 활성매질(active medium)이라고도 하는데, 이에는 3준위 매질과 4준위 매질이 있습니다. 예를 들어, 기체레이저인 헬륨-네온(He-Ne) 레이저는 활성매질로 4준위 매질인 헬륨과 네온이 사용되며, 고체레이저인 루비(ruby) 레이저에서는 3준위인 루비가 사용됩니다. 여기서 3준위 매질은 에너지준위가 3개이고 4준위 매질은 에너지준위가 4개인 경우이며, 3준위는 낮은 레이저 준위(lower laser level)와 기저상태가 하나이고 4준위는 별도로 존재하는 차이가 있습니다.

레이저매질에 펌핑 에너지가 주어지면 기저상태에서 들뜬상태로 여기가 됩니다. 들뜬상태의 수명은 극도로 짧지만 이보다 약간 낮은 에너지상태가 높은 레이저준위(upper laser level)로 존재한다면 이 준위는 수명이 상대적으로 길어서 밀도반전의 조건이 훨씬 완화됩니다. 따라서 이 준위를 준안정준위(meta-stable level)라고도 부릅니다. 3준위 레이저에서는 지속적으로 펌핑을 하더라도 빛의 방출과 더불어 밀도반전 상태가 중간 중간 단절되는 부작용이 있어 완전한 연속발진(CW)이 불가능합니다. 반면에 4준위 레이저는 낮은 레이저준위와 기저상태가 별도로 존재하므로 낮은 레이저준위의 수명이 높은 레이저준위보다 짧고 낮은 레이저준위에서 기저상태로의 자발천이(natural depopulation)가 잘 유지된다면 밀도반전이 지속적으로 유지될 수 있으므로 CW 구동이 가능해집니다.

둘째는, 펌핑 시스템(pumping system)이 필요합니다. 바닥상태에 있는 전자나 원자들을 들뜬상태인 높은 궤도로 올려 주어 원자들의 분포상태가 밀도반전이 되게 하기 위해서는 펌핑을 해주어야 합니다. 가장 보편적인 두 종류의 펌핑 에너지는 빛에너지와 전기에너지입니다. 빛이나 전자는 원자나 분자와의 상호작용을 통하여 효과적으로 여기(勵起)시킬 수 있는 대표적인 수단입니다.

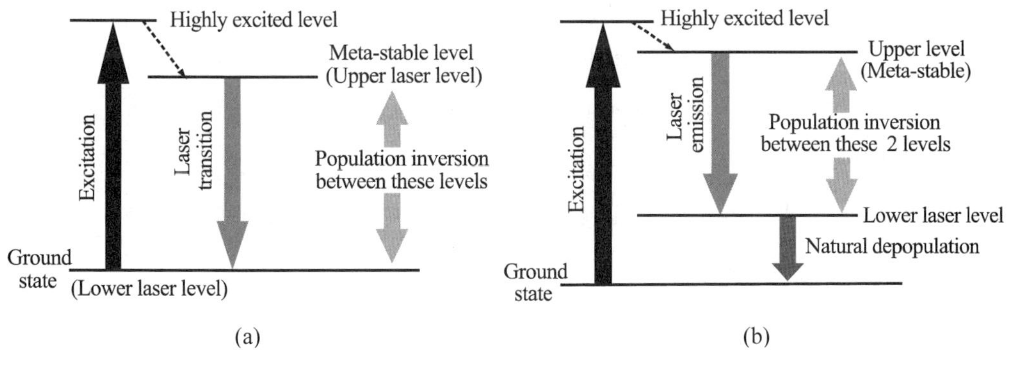

그림 9.10 (a) 3준위 레이저와 (b) 4준위 레이저

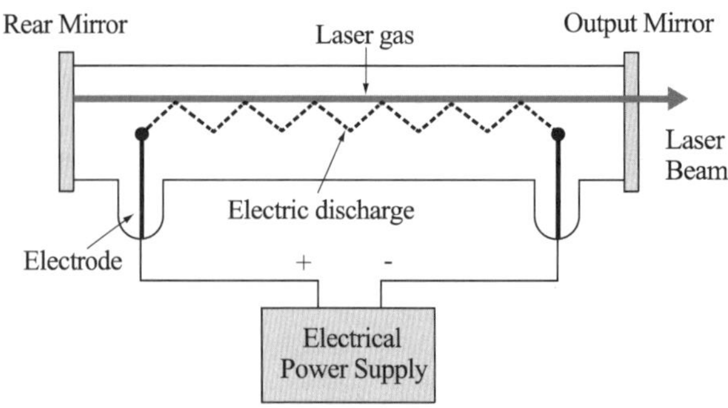

(a) 기체레이저와 전기 펌핑

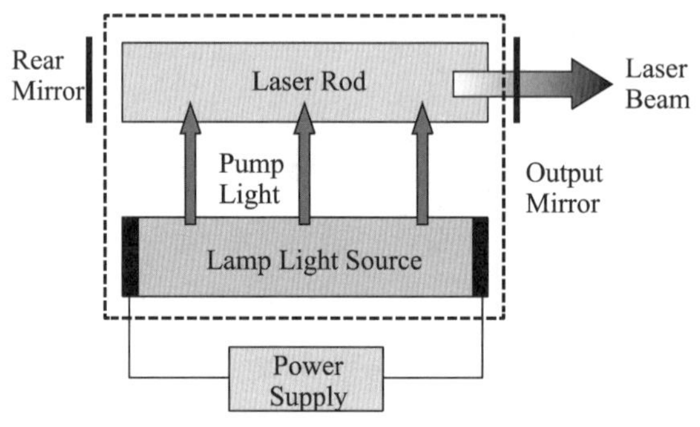

(b) 고체레이저와 광펌핑

그림 9.11 전기 펌핑과 광펌핑

셋째는, 두 개의 거울로 구성되어 있는 공진기(resonator, cavity, 또는 oscillator)가 있어야 합니다. 에너지준위의 차이 때문에 발생하는 빛을 증폭시키기 위해서는 빛의 파동성을 이용하여 중첩시키는 방법이 있습니다. 결이 일치하는 두 개 이상의 파동이 중첩되면 원래보다 큰 파동이 됩니다. 따라서 이렇게 만들기 위해서는 반사율이 높은 거울을 레이저매질의 양쪽에 설치해야 합니다. 공진기 내부의 빛이 거울 사이를 왕복운동하면서 유도방출에 의한 빛의 증폭이 강화되어 높은 출력의 레이저광을 얻을 수 있게 됩니다. 레이저가 발진하기 위해서는 매질, 펌핑, 그리고 거울이 필요하며 이 세 가지를 레이저의 3요소라고 부릅니다.

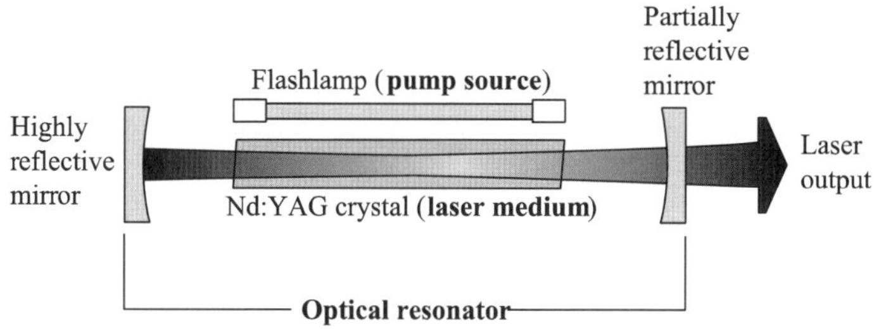

그림 9.12 Nd:YAG 레이저와 레이저의 3요소

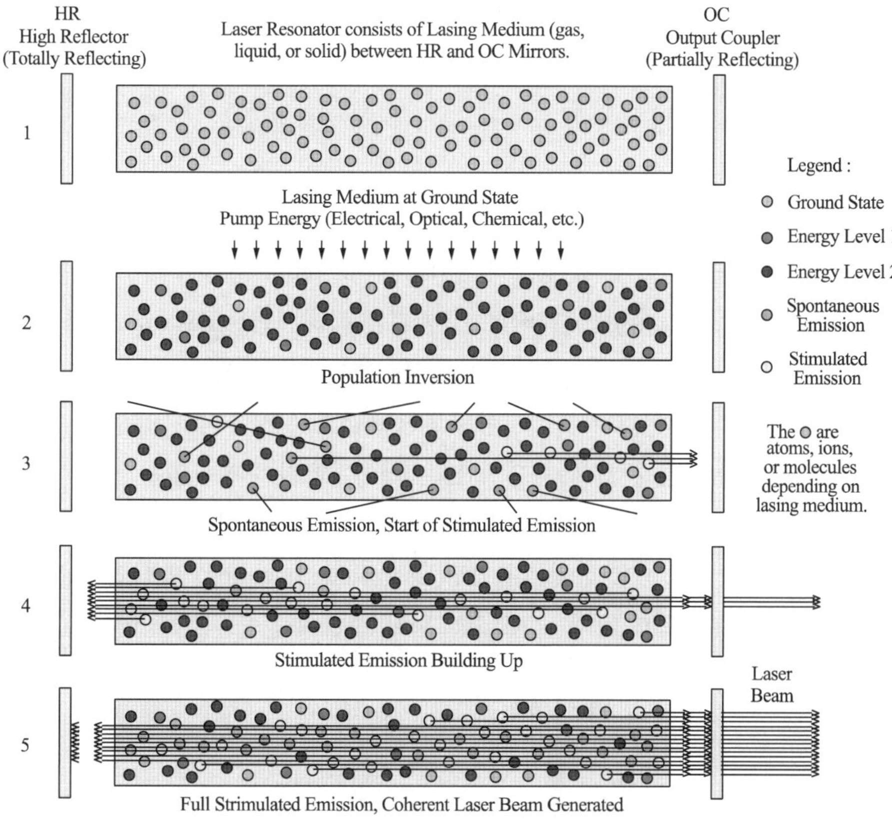

그림 9.13 레이저의 발진원리

레이저매질에 에너지를 주입하여 여기시켜(pumping) 밀도반전을 형성하기 위한 방법에는 다음의 여러 가지 방법들이 있습니다.

1. **전기방전 펌핑**(electric discharge pumping) : 기체레이저에서 가장 일반적인 여기방법입니다. 방전에 의해서 생성된 플라즈마 속의 전자가 기체의 중성원자나 이온,

분자 등과 충돌함으로써 매질에 에너지를 공급합니다.

2. 전자빔 펌핑(electron beam pumping) : 방전에 의해 생긴 플라즈마 속의 전자에너지 분포는 폭이 넓으므로, 방전여기로 특정준위를 선택적으로 여기시키는 것은 어렵습니다. 이 경우에는 에너지 분포가 고른 전자빔을 사용하여서 높은 효율로 여기시킬 수 있습니다. 주로 전자빔에 의해 여기되는 레이저로는 엑시머 레이저(excimer laser)가 있습니다.
3. 광펌핑(optical pumping) : 램프나 레이저광을 레이저매질에 조사해서 여기시키는 방법입니다. 여기용광원은 그 발광스펙트럼이 레이저매질의 흡수스펙트럼과 일치해야 합니다. 하지만 기체의 흡수스펙트럼은 폭이 좁기 때문에, 기체레이저의 여기에는 잘 사용되지 않으며 부도체인 고체나 액체를 매질로 하는 레이저의 펌핑에 주로 사용됩니다.

고체레이저나 액체레이저의 여기방법으로는 여기광원에 따라 아래와 같이 세 종류로 나눌 수 있습니다. 첫째, 램프 펌핑(lamp pumping) 방식입니다. 지속적으로 켜지는 아크램프(arc lamp)나 순간적으로 켜지는 플래시램프(flash lamp)가 용도에 따라 사용됩니다. 가시광선영역의 흡수에서는 제논(Xe) 플래시램프가, 근적외선영역의 흡수에서는 크립톤(Kr) 플래시램프가 일반적으로 사용되고 있습니다. 발광시간이 길기 때문에 높은 준위의 수명이 짧은 레이저매질이나 단일펄스 여기에는 적절하지 않습니다. 다른 여기광원에 비해서 값이 싸기 때문에 고출력레이저 시스템에 많이 사용되고 있습니다. 둘째, LD펌핑(laser diode pumping) 방식입니다. 레이저다이오드는 플래시램프에 비해 발광스펙트럼이 좁기 때문에, 흡수영역이 좁은 매질을

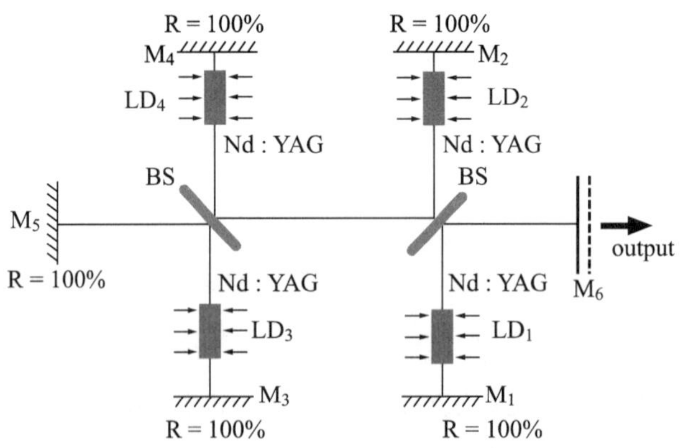

그림 9.14 DPSS Nd:YAG 고출력레이저

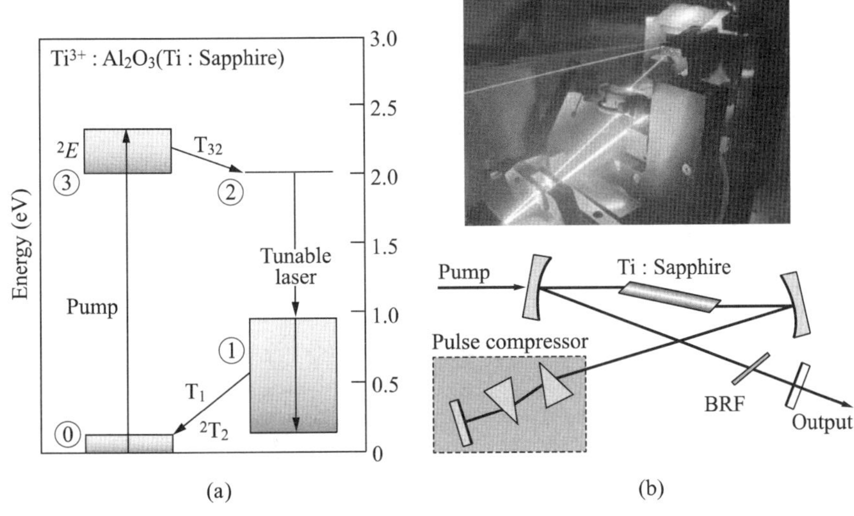

그림 9.15 Ti: sapphire 레이저

여기시키면 특히 효율이 좋습니다. 또, 레이저다이오드는 플래시램프에 비해 효율이 좋고, 수명이 길며, 소형이기 때문에 레이저다이오드로 여기되는 소형의 고체레이저를 특히 'LD여기 고체레이저(DPSS laser, diode-pumped solid-state laser)'라고 부릅니다. 셋째, 레이저광 여기(laser pumping) 방식입니다. 레이저광으로 여기하는 방법은 짧은 시간에 특정준위로만 선택적으로 여기시킬 수 있습니다. 다수의 진동 및 회전 준위를 가진 원적외선레이저의 다원자분자에 있어서 유용합니다. 또, 색소레이저의 여기에서는, 발광시간이 빨라야 하기 때문에 짧은 펄스레이저가 쓰입니다. 마찬가지로 높은 준위의 수명이 짧고 강한 여기를 필요로 하는 티타늄-사파이어(Ti:Sapphire) 레이저에서는 야그(Nd:YAG) 레이저의 제2고조파(second harmonic wave)나 아르곤-이온 레이저(Ar-ion laser)가 쓰입니다.

4. 화학반응 펌핑(chemical reaction pumping) : 화학반응을 할 때 방출되는 에너지를 사용해서 매질을 여기하는 방법입니다. 반응을 일으키기 위해서는 광이나 방전 등으로 처음에 에너지를 주어야 하지만, 그 에너지 이상의 레이저광을 얻습니다. 화학반응으로 여기하는 레이저로는 HF 레이저와 옥소(iodine) 레이저가 있습니다.
5. 전류 펌핑(current pumping) : pn접합에 전류를 흘려서, 전자나 정공과 같은 캐리어(carrier)를 주입하여 밀도반전을 형성하는 방법입니다. 이것은 반도체레이저 고유의 여기방식입니다.

레이저를 연구하던 타운즈(Charles Townes) 교수는 바닥상태에 있는 전자나 원자를 여기상태로 펌핑시켜 줄 수 있는 강력한 펌핑 광원이 없었습니다. 그런데 마침 다른 실험실의 박사과정 학생이었던 굴드(Gould)가 펌핑 광원으로 사용할 수 있는 탈륨(Tl)램프를 가지고 다른 연구를 하고 있다는 소식을 들었습니다. 타운즈 교수는 즉시 굴드에게 탈륨램프를 빌려 줄 것을 요청했습니다. 타운즈 교수의 설명을 들은 굴드는 빛을 증폭시켜 발진시키는 이 연구에 강한 호기심을 갖고 레이저 발진장치를 만들기 시작했습니다. 굴드는 콜롬비아대학의 박사과정도 포기하고 레이저 발진장치를 만드는 일에 열중하였습니다. 그리하여 1958년 9월 타운즈 교수와 굴드는 비슷한 시기에 따로, '레이저 발진장치'로 특허를 신청하였습니다. 오랜 분쟁 끝에 특허는 타운즈 교수에게로 돌아갔습니다. 그렇지만 굴드도 이 분야의 연구를 거듭하여 1977년에는 '광학적으로 펌핑된 레이저 증폭장치'로 특허를 받게 됩니다.

빛은 원자나 분자가 들뜬상태로부터 바닥상태로 되돌아갈 때나 에너지가 보다 큰 들뜬상태로부터 작은 들뜬상태로 될 때에 방출한다고 할 수 있습니다. 실제로 물질을 구성하는 원자는 무수하게 있습니다. 그 때문에 발생하는 빛은 낱낱의 원자가 제각기 에너지를 받아

그림 9.16 레이저와 Nobel prize

들여 빛을 방출하므로 위상이나 파장이 서로 다른 빛의 모임으로 외부로 방출됩니다. 이것을 빛의 자발방출이라고 합니다. 전구나 형광등, 네온사인 등이 발하는 빛은 모두 이 자발방출입니다. 원자 중에는 빛에너지 등을 받아들여 들뜬 준위로 될 때 이 준위에 머무는 시간이 긴 것이 있습니다. 크롬 이온이 들어있는 인공루비도 이런 성질을 가진 물질이며, 이 성질은 레이저광을 만드는 데 중요한 성질입니다. 이러한 물질에 빛에너지를 조사하여 들뜨게 하면 바닥 준위(또는 하위의 들뜬 준위)에 있는 원자수보다도 상위의 들뜬 준위에 있는 원자수가 더 많아집니다. 물질이 들떠서 밀도반전 상태에 있을 때, 1개의 원자가 어떤 계기로 빛을 내면서 상위의 들뜬 준위로부터 하위의 들뜬 준위로 전이하면 다른 들뜬 원자도 자극되어 위상과 파장이 같은 빛이 차례차례 발생합니다.

들뜬 물질의 양쪽에 일정한 반사율을 갖는 거울 2개를 평행하게 놓으면 빛은 2개의 거울 사이를 반사하면서 몇 번씩 왕복합니다. 그동안 차례로 유도방출이 생겨 빛은 자꾸만 증폭됩니다. 2개의 평행한 거울은 유도방출을 일으킬 뿐만 아니라 거울 사이에 빛의

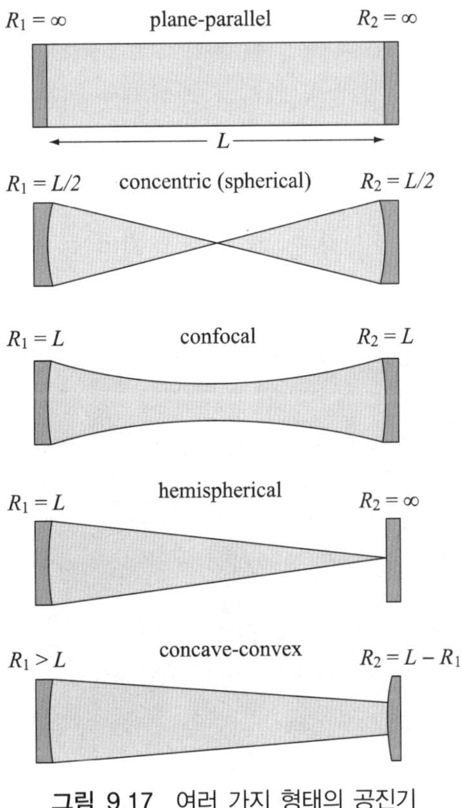

그림 9.17 여러 가지 형태의 공진기

정상파(standing-wave)를 만들고, 이 조건에 맞는 빛만을 증폭합니다. 그 때문에 발생하는 빛의 파장은 선택되어서 하나로 됩니다. 따라서 파장(wavelength)뿐만 아니라 모든 광자의 위상(phase)이 공간적(spatially) 및 시간적(temporally)으로 동일한 특징을 갖습니다. 이 때 2개의 거울 중 1개의 거울을, 대부분의 빛은 반사하지만 일부만을 투과하도록 만들면 거울 사이에서 증폭된 빛의 일부를 외부로 꺼낼 수 있습니다. 레이저광은 이렇게 하여 만들어진 빛입니다. 다음의 그림은 여러 가지 종류의 공진기 형태로, 각각 거울 두 쌍을 배치하여 왕복 운동(round-trip)에 의해 이득(gain)을 얻을 수 있도록 설계되어 있습니다.

9.3 마이만과 루비레이저

흔히 레이저라고 하면 '살인광선'을 연상합니다. 그림 9.18은 1950년대에 등장한 눈에서 레이저를 내뿜는 가상의 괴물입니다. SF소설이나 영화에서 레이저의 강한 빛을 이용한 광선총이 자주 등장하기도 합니다. 그러나 레이저를 이용한 군사무기는 생각처럼 그리 발전하지 못했습니다. 일반적인 총포보다 제작비가 많이 드는데도 불구하고 파괴력은 훨씬 미치지 못하기 때문입니다.

레이저는 20세기의 10대 기술을 꼽을 때면 늘 텔레비전, 컴퓨터와 더불어 선택됩니다.

그림 9.18 Laser-eyed monster

눈에 잘 띄지는 않지만 레이저기술이 쓰이지 않는 곳이 없기 때문입니다. 대형 슈퍼마켓에 가면 모든 물건에 바코드(bar-code)를 붙여 놓았습니다. 이를 읽는 장치를 가만히 살펴보면 레이저를 이용하고 있음을 알 수 있습니다. 또 음악을 담는 CD, 컴퓨터 저장장치인 CD-ROM, 영화 등 비디오를 기록하는 DVD 등은 모두 레이저를 이용해 정보를 읽어 들입니다. 시야를 좀 더 넓혀 보면 그 쓰임새가 더욱 넓어집니다. 측량을 할 때는 레이저의 직진성을 이용해 정확한 직선을 긋거나 거리를 잽니다. 1969년 7월 20일 아폴로 11호가 달에 갔을 때 레이저 반사장치를 설치하고 왔는데, 이를 이용해 지구상에서 수 cm 오차 내에서 달까지의 거리(약 38만 4천 km)를 정확하게 측정할 수 있었습니다. 레이저의 또 다른 특징은 많은 양의 에너지를 좁은 면적에 집중시킬 수 있다는 것입니다. 이러한 특징을 이용해 금속을 자르거나 구멍을 뚫거나 용접할 수 있습니다. 또 안과병원에서는 조직을 상하게 하지 않으면서 시력교정을 위한 안과수술을 하기도 합니다. 레이저로 암을 치료하는 것도 같은 성질을 이용한 것입니다. 최근에는 광통신에도 그 기술이 이용되고 있습니다.

레이저를 처음 생각한 사람은 미국의 물리학자 타운즈(Townes) 교수입니다. 1951년 콜롬비아대학 교수로 있던 시절, 그는 진공관으로 만들 수 없는 매우 높은 주파수의 전자파를 찾으려고 노력했습니다. 만약 이를 얻기만 한다면 정확한 측정은 물론 물리학과 화학에 크게 기여할 것이라고 생각했습니다. 그에게 연구의 실마리가 제공했던 것은 1917년 아인슈타인이 제기했던 '전자파의 유도방출'입니다. 원자는 전자파에 의해 자극을 받으면 그와 똑같은 진동수와 방향을 가진 파장을 내놓는다는 이론으로 1924년에 실험적으로 증명됐습니다. 만약 들뜬 에너지상태의 원자가 낮은 에너지상태의 원자보다 많을 때, 특정파장의 전자파를 충돌시키면, 전자파는 엄청나게 강화됩니다. 이것이 레이저의 원리입니다. 두 번째 실마리는 암모니아 분자였습니다. 암모니아는 높은 에너지준위에서 낮은 에너지준위로 내려올 때 약 1.25 cm의 마이크로파를 내놓습니다. 만약 암모니아가 1.25 cm의 파장을 갖는 마이크로파를 흡수하면 높은 에너지준위로 올라갔다가 내려오면서 처음 충돌시켰던 것과 같은 방향으로 마이크로파를 내놓게 됩니다. 보통의 경우 마이크로파를 충돌시키면 높은 에너지준위로 올라가는 것이 낮은 에너지준위로 내려오는 것보다 많겠지만, 모든 암모니아분자가 높은 에너지준위에 있을 때라면 미세한 마이크로파를 충돌시켰더라도 비슷한 마이크로파를 엄청나게 방출할 것입니다. 타운즈는 암모니아의 특성을 이용해 1954년 진공관에서 만들어 낼 수 없었던 MASER를 개발했습니다. 메이저는 말하자면 레이저의 전신인 셈입니다. 타운즈가 개발한 메이저는 증폭기능이 뛰어났기 때문에 장거리통신과 우주에서 오는 마이크로파를 포착하는 데 이용됐습니다. 한편, 러시아 레베데프 물리학 연구소에 근무하던 바소프(Basov)와 프로호로프(Prokhorov)도 비슷한 시기에 암모니아메이저를 개발하는 데 성공했습니다. 결국 타운즈는 바소프와 프로호로프와 공동으로 1964년 노벨물리학상을 수상하게 됩니다. 메이저를 개발한 타운즈는 1957년 마이크로파보다 더 파장이 짧은 가시광선을 증폭할 수 있는 레이저에 도전했습니다. 그는 이 일이 혼자 힘으로는 힘들다고 보고 콜롬비아대학에서 함께 공부했던 숄로(A. Schawlow)에게 도움을 청했습니다. 당시 벨(Bell) 연구소에서 근무하고 있던 숄로는 광학분야의 전문가로 타운즈의 여동생과 결혼한 그의 매제였습니다. 숄로는 레이저를 만들기 위해선 가늘고 긴 공진기 양쪽에 거울을 달고 그 사이에서 원자와 분자들을 들뜨게 해야 한다고 제안했습니다. 숄로의 아이디어를 토대로 타운즈는 1960년 레이저 시제품을 만들었습니다.

휴즈(Hughes) 항공사에 근무하던 마이만(Maiman)이 타운즈보다 먼저 루비 단결정을 이용하여 세계 최초의 레이저 발진 장치를 만들어 냈습니다. 두 번째 레이저 발진장치는 벨연구소의 제이반(Javan)이 완성한 헬륨-네온(He-Ne) 레이저입니다.

루비레이저에서는 여기광원으로서 제논(Xe) 플래시램프를 사용하며 여기효율을 좋게 하기 위하여 루비막대와 램프 주위에 반사경을 설치합니다. 제논램프는 카메라의 스트로보스코프(stroboscope)와 같이 순간적인 방전을 하는 발광을 내며, 레이저의 발진출력은 제논램프를 발광시킬 때에만 얻습니다. 발진출력광의 파장은 0.69μm로 분홍색을 띱니다. 마이만의 루비레이저와 같은 3-준위(3-level) 레이저의 단점은 기저상태가 낮은

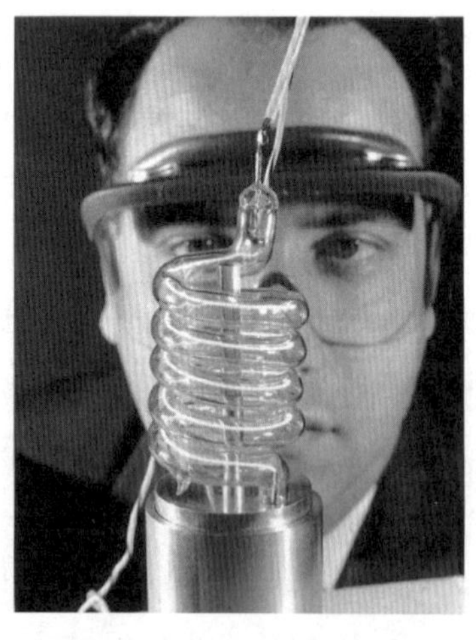

그림 9.19 마이만과 루비레이저

그림 9.20 루비 단결정

레이저준위를 겸하고 있으므로, 대다수의 원자들이 밀도반전을 위해 이미 여기되어 높은 에너지준위로 전이된 상태라는 점입니다. 따라서 추가적인 펌핑을 위해서는 많은 에너지가 필요하게 됩니다. 또한 안정적인 밀도반전 상태를 지속적으로 유지하기가 어려워서 주로 펄스모드로만 동작하게 됩니다.

타운즈 이후 레이저는 여러 명의 노벨상수상자를 배출했습니다. 런던대학의 가보르(Gabor)는 레이저광을 이용한 홀로그래피(holography)를 발명해 1971년 노벨물리학상을 받았고, 벨연구소의 펜지아스(Penzias)와 윌슨(Wilson)은 1964년 메이저증폭기를 사용해 빅뱅(Big-bang)이 일어났을 때 생긴 마이크로파를 발견함으로써 1978년 노벨물리학상을 받았습니다. 그리고 타운즈와 함께 레이저를 발명했던 숄로는 레이저분광장치(spectroscopy)를 발명함으로써 1981년 노벨물리학상을 받았습니다.

2000년에는 러시아의 과학자 알페로프(Alferov)가 그동안 반도체레이저, LED, 태양전지 등의 개발에 많은 업적을 남긴 공로로 노벨물리학상을 수상했습니다.

9.4 레이저의 종류

레이저에는 이득매질의 종류에 따라 고체레이저(solid-state laser), 기체레이저(gas laser), 반도체레이저(semiconductor laser), 액체레이저(liquid laser) 등이 있습니다. 반도체는 기본적으로 고체의 일부이지만 도핑에 의해 전기가 잘 통하게 할 수 있으므로 전류주입 펌핑을 행하는 반면에 레이저매질로 사용하는 고체들은 부도체이기 때문에 광펌핑밖에 방법이 없습니다. 이렇게 펌핑 방식에 확실한 차이가 있기 때문에 반도체레이저와 고체레이저는 구분하는 것이 일반적입니다.

고체레이저는 크롬이온을 혼입시킨 루비(ruby)나 야그(YAG, yttrium-aluminum-garnet) 등의 고체결정을 레이저매질로 사용한 것입니다. 특히 루비레이저는 마이만에 의해 세계최초로 탄생한 대표적 레이저입니다.

루비는 3준위 물질이기 때문에 낮은 펄스반복률(repetition rate)로 펄스구동(pulsed operation)만 가능합니다. 합성루비는 사파이어(산화알루미늄) 단결정에 0.01~0.5%의 크롬이온이 도핑된 물질로 열전도도가 우수하지만 높은 출력을 내기 위해서는 별도의 냉각장치가 필요합니다. 루비레이저의 펌핑에는 제논 플래시램프가 사용되며 레이저봉의 양쪽 단면을 가공하고 코팅하여 공진기를 구성합니다.

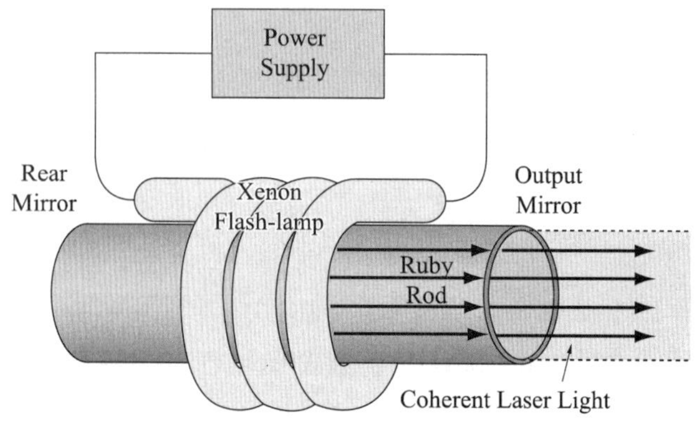

그림 9.21 루비레이저

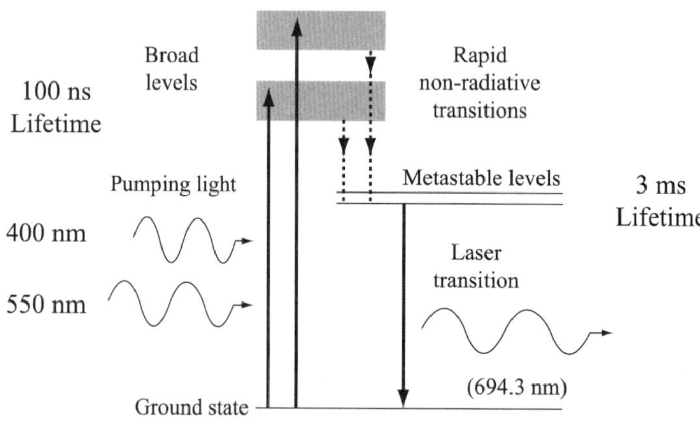

그림 9.22 루비의 에너지준위

네오디뮴-야그(Nd:YAG, neodymium-YAG) 레이저는 대표적인 고체레이저 중의 하나입니다. YAG는 $Y_3Al_5O_{12}$(yttrium-aluminum-garnet)의 머리글자를 취한 것입니다. 활성매질로는 희토류(rare-earth) 물질인 네오디뮴(Nd, Neodymium)이 가장 흔하게 사용되는데 YAG 결정에 Nd를 도핑한 것으로 1.064μm의 발진파장을 가집니다. Nd는 주로 유리나 결정체와 같은 호스트물질(host material)에 도핑되어 발광원소(light emitting element)로 사용됩니다.

주로 사용되는 호스트물질로는 yttrium aluminium garnet(YAG 또는 $Y_3Al_5O_{12}$), yttrium lithium fluoride(YLF, $YLiF_4$), yttrium vanadate(YVO_4), yttrium aluminate(YAlO), 그리고 glass가 있습니다.

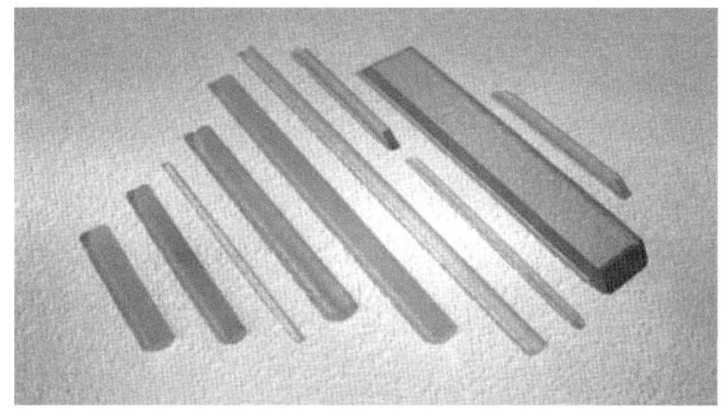

그림 9.23 Nd:YAG 단결정

네오디뮴레이저는 과거에는 주로 플래시램프나 아크램프로 펌핑을 하였지만 최근에는 네오디뮴의 흡수효율이 가장 높은 808 nm 대역에서 AlGaAs 반도체레이저를 이용하여 펌핑하는 기술이 주로 사용되고 있습니다.

일반적인 고체레이저들은 펄스 고출력용으로 사용할 수 있으나 연속발진은 어려운 반면에, 네오디뮴-야그 레이저는 연속발진과 펄스발진이 동시에 가능하므로 실용적으로는 기계가공, 전자부품가공, 의료용, 레이저레이더 등에 폭넓게 쓰입니다. 이 근적외선 레이저광은 세포조직에 대한 투과성이 강하고 혈액의 헤모글로빈(hemoglobin)에 잘 흡수되므로 긴급지혈용으로 사용됩니다. 또 광섬유 속을 잘 전파하므로, 광섬유내시경(fiber endoscope)을 사용하여 장기 내에 생긴 출혈의 지혈이나 암조직의 파괴에도 폭넓게 쓰입니다.

기체레이저에서는 레이저매질로 헬륨(He)과 네온(Ne)의 혼합기체나 아르곤(Ar), 크립톤(Kr), 이산화탄소(CO_2)등의 기체가 사용됩니다. 이 기체들을 가는 유리관에 봉입하여 고전압을 가하여 방전시키고 그 때의 전자와 원자의 충돌에 의하여 들뜨게 하는 것입니다. 대표적인 헬륨-네온 레이저는 헬륨과 네온을 1 mmHg 정도의 압력으로 봉입한 반지름

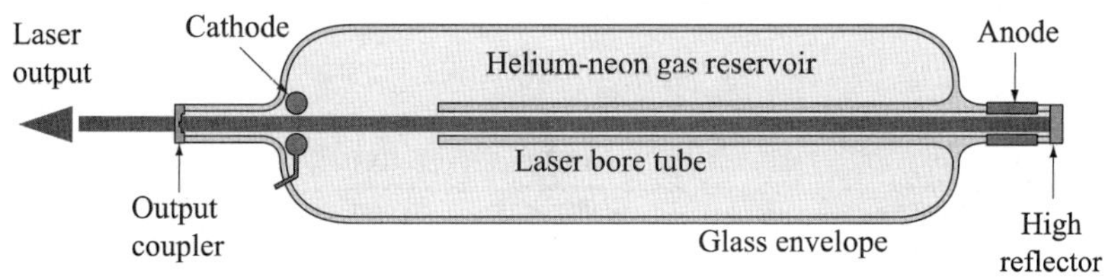

그림 9.24 헬륨-네온 레이저

수 mm 정도의 가늘고 긴 유리관, 전극, 방전하기 위한 전원, 평행한 거울 등으로 구성되어 있습니다. 전기방전에 의해 여기된 헬륨원자가 중성의 네온원자와의 충돌에 의해 에너지를 전달하면 네온원자가 여기됩니다. 여기된 네온원자는 준안정준위에 머무르다가 낮은 에너지상태로 천이하면서 여러 종류의 레이저광을 만들어냅니다. 이 레이저는 루비레이저와 같이 펄스발진이 아니고 연속적으로 출력을 낼 수 있는 연속발진이며 출력은 큰 것이 수십 mW, 대표적인 파장은 632.8 nm인 적색 광입니다. 다른 기체레이저도

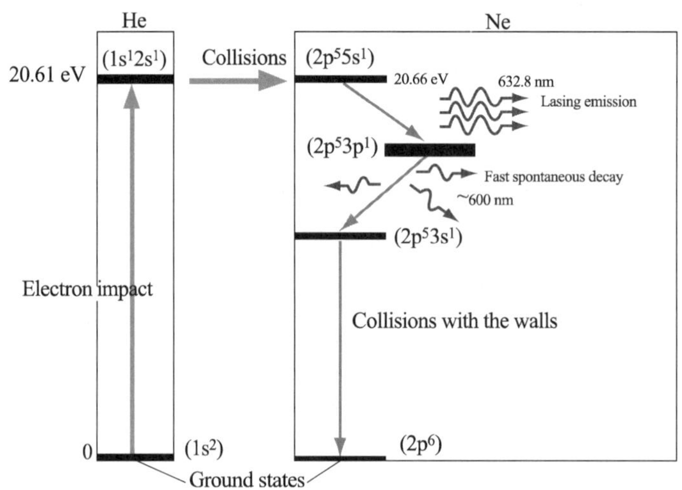

그림 9.25 헬륨-네온 레이저의 에너지준위

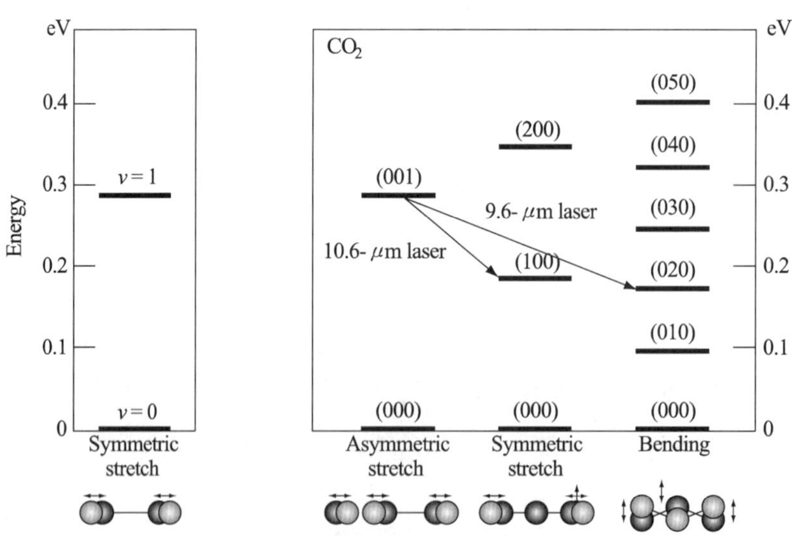

그림 9.26 이산화탄소레이저의 에너지준위

구성은 헬륨-네온 레이저와 같지만 이산화탄소레이저와 같이 출력이 매우 높은 것도 있고 파장도 적외선부터 자외선 영역까지 다양하며 기체레이저의 종류는 대단히 많습니다.

이산화탄소(CO_2)레이저는 펄스나 CW로 모두 구동할 수 있으며 상용 레이저 중에서 가장 높은 출력을 갖습니다. 이 레이저는 이산화탄소 분자의 진동 및 회전모드 간의 천이에 의해 발진이 일어나므로 에너지 간격이 작고 촘촘하여 적외선영역(9.6~10.6 μm)에서 다양한 발진을 일으킵니다. 이 레이저의 매질은 CO_2뿐만 아니라 N_2와 He도 포함하는데 여기된 질소분자는 충돌에 의해 이산화탄소를 여기시키며, 헬륨은 자발천이(natural depopulation)에 의해 밀도반전을 지속시키기 위한 용도로 사용됩니다.

반도체레이저는 GaAs, InP 등의 화합물반도체(compound semiconductor) 재료를 이득매질로 사용합니다. 반도체레이저는 p형 반도체와 n형 반도체를 접합한 반도체 p-n접합 다이오드에 전류를 흘려서 캐리어를 주입하여 레이저를 발진시키는 장치입니다. p-n접합 다이오드에 순방향으로, 즉 p형으로부터 n형 방향으로 전류가 흐르게 하면 반도체레이저가 여기상태가 됩니다. 이 상태로부터 전자가 정공과 재결합할 때 레이저광을 외부에 방출합니다. p-n접합 다이오드에 흐르는 전류를 크게 하면 정공과 전자가 계속 증가하여 밀도반전 분포가 형성됩니다. 그 때문에 왕성하게 유도방출이 일어나 접합면으로부터 레이저광이 발생합니다. 반도체레이저의 특징은 대단히 소형으로 발광부의 크기가 수 μm 정도이며, 직접 전류를 주입하여 여기시키므로 간편하고 발진효율이 다른 어떤 레이저보다도 우수합니다.

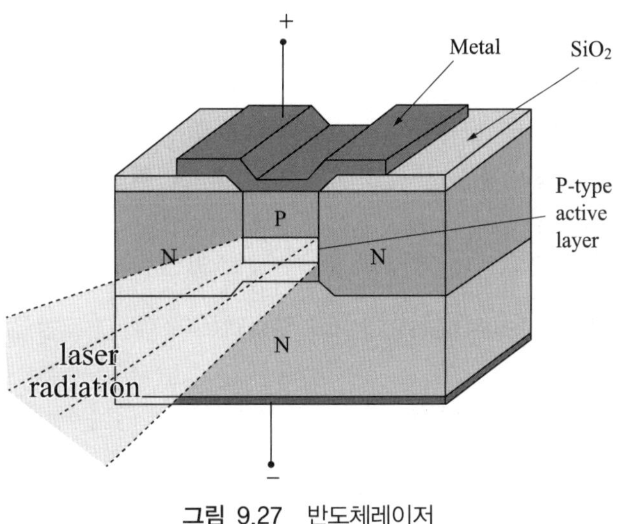

그림 9.27 반도체레이저

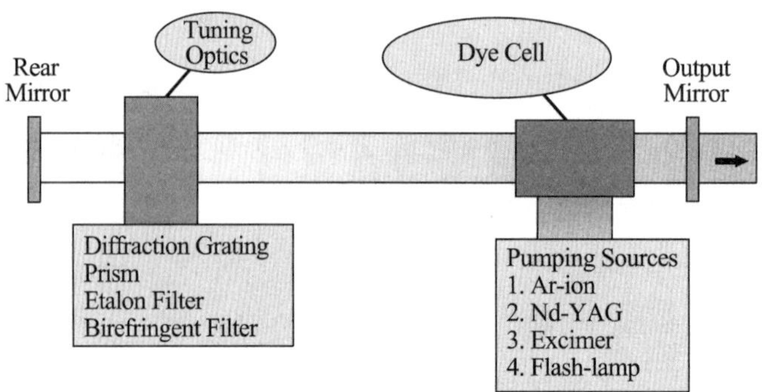

그림 9.28 Dye 레이저

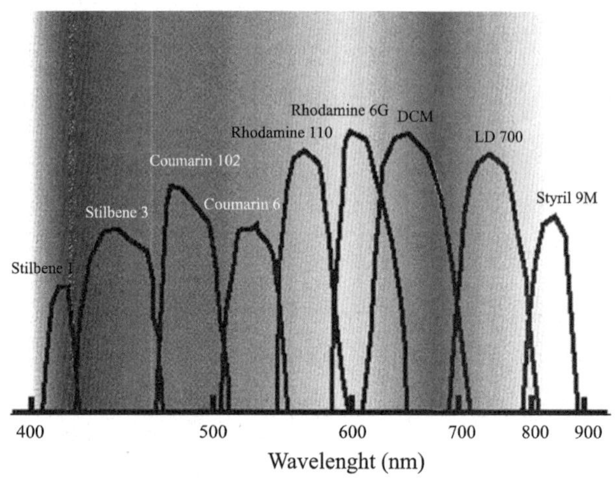

그림 9.29 여러 가지 dye 물질들의 발광대역

마지막으로 액체레이저는 이득매질로 염료(dye)를 사용하므로 dye 레이저라고도 부릅니다. 유기물 dye는 내부에 수많은 에너지준위들을 가지고 있어 레이저매질로 사용할 경우, 광대역(broadband) 파장발진이 가능합니다. 이 레이저는 펄스발진이나 연속발진이 모두 가능합니다. Dye는 액체상태의 유기용제를 사용하여 희석하여 사용하며, 제한된 파장대역을 갖는 몇 가지의 dye를 바꿔가며 사용하면 가시광선 전 대역에서 발진이 가능한 파장가변 레이저(tunable laser) 광원이 됩니다.

9.5 레이저의 응용

레이저의 응용분야는 매우 광범위하지만 대략 다음의 6가지 분야로 나누어 정리할 수 있겠습니다.

1. 통신(communication) 및 정보처리(information handling) 분야
    - Fiber-optic communications
    - Space laser communications
    - Laser printers for computer output
    - Optical computing and signal processing
    - Playing digital audio compact discs
    - Playing video disks
    - Reading and writing computer data on optical disks
    - Reading printed bar codes for store checkout and inventory control
2. 물질가공(material working) 분야
    - Cutting, drilling and welding plastics, metals and other materials
    - Cutting cloth
    - Drilling materials from diamonds to baby-bottle nipples
    - Engraving wood
    - Heat-treating surfaces
    - Making identification codes
    - Laser ablation
    - Laser lithography
3. 계측(measurement) 및 검사(inspection) 분야
    - Detecting flaws in aircraft tires
    - Exciting fluorescence from various materials
    - Illuminating cells for biomedical measurements
    - Measuring concentrations of chemicals or pollutants
    - Measuring small distances very precisely

- Measuring the range to distant objects
- Projecting straight lines for construction alignment and irrigation

4. 의학(medical) 분야
   - Bleaching of port wine stain birthmarks and certain tattoos
   - Clearing vision complications after cataract surgery
   - Dentistry
   - Laser surgery
   - Reattaching detached retina
   - Shattering of stones in the kidney and pancreas
   - Treatment of diabetic retinopathy to forestall blindness
   - Photo-dynamic therapy
   - LASIK/LASEK

5. 국방(military) 분야
   - Anti-satellite weapons
   - Anti-sensor and anti-personnel weapons
   - Range-finding to targets
   - Simulating effects of nuclear weapons
   - Target destination for bombs and missiles
   - War games and battle simulation
   - THEL(Tactical high-energy laser)

6. 기타 분야
   - Basic research
   - Controlling chemical reactions
   - Displays
   - Holography
   - Laser light shows/laser pointers
   - Producing nuclear fusion
   - Separating isotopes

레이저의 (광)출력(optical power)을 말할 때, 레이저가 1초 동안에 1 J의 에너지를 방출하는 출력이 1 W입니다. 이것의 1,000배를 1 kW, 100만 배를 1 MW, 10억 배를 1 GW, 1조 배를 1 TW, 1,000조 배를 1 PW로 표현합니다. 메가와트(MW)나 기가와트(GW)와 같이 높은 출력은 연속(평균)적으로는 발생되지 않고, 펄스동작에 의하여 순간출력으로서 발생됩니다. 고출력레이저는, CW나 펄스가 연달아 나오는 고(평균)출력(high average power) 레이저와 단발이지만 단일펄스의 레이저에너지가 큰, 고 첨두 출력(high peak power) 레이저로 대별됩니다. 이산화탄소레이저는 kW 이상의 파워를 연속으로 출력합니다. 고 첨두 출력의 고체레이저에서는 이미 페타 와트(PW) 급 이상의 높은 첨두 출력이 달성되어 있습니다. 고(평균)출력 레이저는 주로 가공용 등의 산업용으로 많이 사용되고, 고 첨두 출력 레이저는 주로 과학연구용이나 핵융합연구용으로 사용됩니다.

현재 세계에서 가장 큰 레이저는 미국 캘리포니아의 리버모어(Livermore)에 소재한 Lawrence Livermore National Laboratory에 건설된 'National Ignition Facility(NIF)'를 들 수 있습니다. 전체 건설비용은 12억 달러 규모이며 비용으로 보나 크기로 보나 세계에서 가장 큰 레이저시스템입니다.

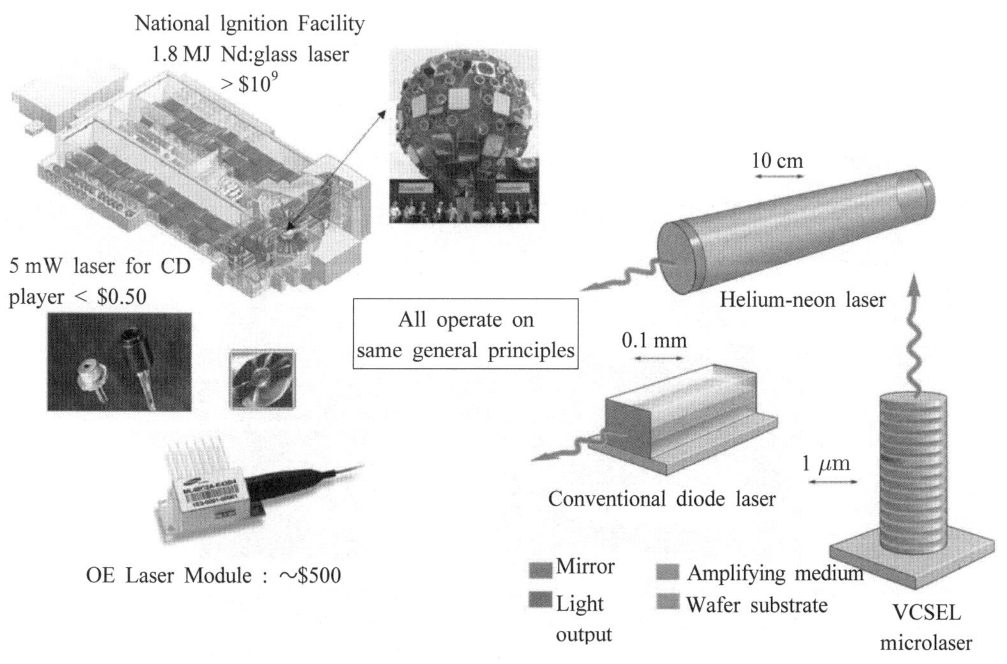

그림 9.30 여러 가지 레이저

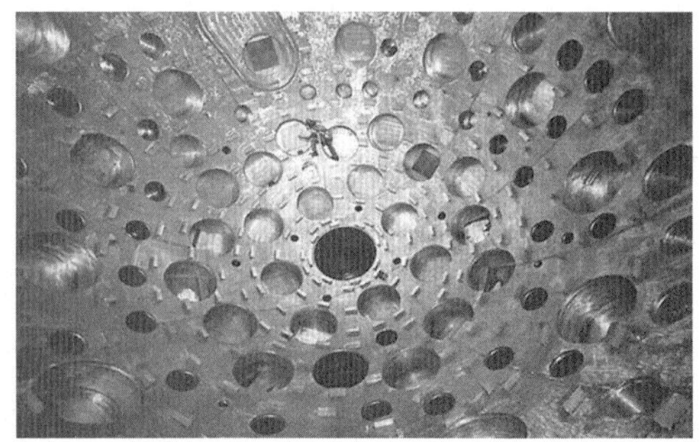

그림 9.31 NIF의 Nd:glass 레이저

이 시스템은 과학자들이 태양의 내부와 거의 동일한 조건을 만들어 낼 수 있는 강력한 연구수단이 될 것으로 기대됩니다. NIF는 크기가 미식축구 경기장 정도인 거대한 건물 안에 설치되었으며, 이곳에서는 192개의 Nd:glass 레이저빔이 자그마한 크기의 용기에 집중이 되며, 이 용기 안에는 중수소와 삼중수소가 가득 차 있습니다. 이 용기에 레이저광이 집중되어 발생하는 압력과 온도는 핵융합에 필요한 점화와 지속적인 반응을 유지시켜 줍니다.

영화 스타워즈 시리즈에서 가장 인상 깊은 무기는 무엇이었습니까? 뭐니 뭐니 해도 제다이의 포스(force)와 이의 상징인 레이저광선 검이 아닐까요? 그 다음으로 생각나는 게 있다면 바로 레이저무기일 것입니다. 레이저 총에서 레이저포까지, 실로 다양한 레이저무기가 영화 스타워즈시리즈에서 맹활약하고 있습니다.

영국의 BBC방송은 2002년 11월 5일 미군이 뉴멕시코 주의 미사일실험장에서 미사일 방어용 레이저무기인 이동식 전술고에너지레이저(M-THEL)를 사용해 비행중인 포탄을 추적해 격추했다고 보도했습니다. 이 레이저무기는 고에너지 레이저광선을 수십~수천 km

그림 9.32 레이저광선 검(영화 'Star wars')

거리에 있는 목표물에 광속으로 명중시킬 수 있기 때문에 향후 강력한 무기가 될 수 있다고 전했습니다. 이처럼 SF영화에서나 볼 수 있었던 레이저무기가 실전에서 첫선을 보일 날도 멀지 않았습니다.

레이저무기에는 고에너지 펄스레이저인 화학레이저와 고체레이저가 사용될 수 있습니다. 그러나 일반적인 레이저로는 무기가 될 수 없고 고출력의 펄스레이저여야 합니다. 고에너지펄스 화학레이저는 1990년대 초, 미국 로스알라모스 국립연구소에서, 고에너지펄스 고체레이저는 미국 로렌스 리버모어 국립연구소에서 최근에 개발됐습니다. 그 중, 고체레이저는 2 cm 두께의 강철판에 지름 1 cm의 구멍을 내는 데 성공했다고 합니다.

고에너지 펄스레이저는 수 마이크로초 동안 수백 J의 에너지를 목표물에 가해 목표물의 표면을 녹이면서 고밀도의 플라즈마를 만듭니다. 이 플라즈마는 연이어 오는 레이저펄스에 의해 가열돼 격렬하게 팽창합니다. 그 이유는 역 브렘스트랄룽(reverse Brehmsstrahlung) 현상 때문입니다. 브렘스트랄룽 현상은 움직이는 전자의 속도가 줄어들 때 생기는데, 전자에너지의 일부가 광자로 방출되는 현상입니다. 그 반대 경우가 역 브렘스트랄룽 현상으로, 전자가 광자에너지를 흡수하면서 속도가 증가하는 현상입니다. 이렇게 가열돼 급속히 팽창하는 플라즈마는 강력한 충격파를 발생시키는데, 이 충격파는 목표물을 날려버릴 정도로 매우 강합니다. 이 고에너지펄스 레이저무기는 레이저충격파에 의한 물리적인 충격뿐만 아니라 엄청난 굉음과 표면을 녹이는 등 다양한 효과를 갖고 있어 다양한 살상 및 비살상무기의 개발로 이어지고 있습니다. 만약 이것을 비살상무기로 사용한다면, 사람이 받는 충격은 플라스틱총알 이상으로 큽니다. 극심한 통증, 피부손상, 조직장애, 일시적인 마비, 호흡곤란, 어지러움 등을 유발하게 됩니다. 실제로 이런 개념의 무기는 현재 개발을 눈앞에 두고 있습니다. 펄스 레이저무기를 트럭, 비행기, 그리고 헬리콥터 등에 싣고 안전한 거리에서 레이저펄스를 발사함으로써 폭도, 저격병, 적군을 충격파로 때려눕혀 제압한다는 시나리오입니다. 이렇게 되면 군인들이 직접 출동했을 때 처할 수 있는 위험들을 사전에 제거할 수 있을 것으로 보입니다.

미군의 다용도차량 개발계획(HMMWV; high mobility multipurpose wheeled vehicle)의 일환으로 AM General사에서 개발된 험머(Hummer)는 1980년 프로토타입(prototype)이 네바다사막에서 시험주행을 했으며 1984년 완성차량 1호가 탄생했습니다. 1985년부터는 미군에 납품되어 군용으로 쓰이기 시작했으며 1990년에 이르러서는 민수용 험머(civilian hummer)가 디자인되기에 이르렀고 1991년 걸프전 당시, 실전에 배치되어 차의 성능을 세계적으로 인정받았으며 같은 해에 일반인에 판매가 결정되었습니다.

그림 9.33 험머에 장착된 M-THEL

1992년에는 민수용 험머가 처음으로 탄생했습니다. 현재는 15종 가량의 모델이 개발되어 민수용으로 판매되고 있습니다. 차의 외형적인 특성으로 앞뒤의 오버행(overhang)이 없고 최저지상고가 40.6 cm로 여타 차량에 비해 거의 두 배 정도로, 60 cm가량의 통나무를 넘는 등 다른 4WD로는 통과하기 힘든 험로를 주파해내는 능력을 가지고 있습니다. 민수용 모델은 겉보기와는 다르게 승차감이 그렇게 나쁘지 않다고 합니다. 미국현지에서는 별문제가 되지 않는다고 하나, 국내 도로 여건의 특성상, 차폭이 220 cm에 달해 시내주행 및 주차상의 몇몇 어려움을 감수해야 할 것으로 보입니다. 험머는 182.9 cm의 높이와 낮은 무게중심을 유지하면서도 최저지상고가 40.6 cm에 달하며 이러한 특징은 험로 주행 시, 안전에 필수적입니다. 험머는 60%(31°) 경사의 등판능력을 자랑하며, 적재중량을 꽉 채운 경우, 포장이 잘된 도로에서 97 Km/hr의 속도로 달릴 수 있습니다. 그리고 56 cm의 수직계단을 거뜬히 올라갈 수 있습니다.

빛의 간섭을 이용해 일상생활에서 볼 수 있는 물체와 다름이 없는 3차원영상의 정보를 사진필름에 기록하는 기술을 홀로그래피(holography)라 하며, 이러한 홀로그래피를 이용해 만든 영상을 사진건판이나 필름에 투과하여 현상하게 되면 피사체가 3차원영상이 되어 보이는데 이를 가리켜 홀로그램(hologram)이라 합니다. 홀로그래피는 기술적 측면에서는 사진과 비슷하지만, 만들어지는 영상이 3차원이며 실물과 똑같이 입체적으로 보인다는 차이점이 있습니다. 홀로그래피란 용어는 'whole(완전한)'의 의미를 갖는 '홀로스(holos)'와 '기록하다'란 의미의 '그래피(graphy)'라는 그리스어를 합성한 것입니다.

홀로그래피에 관한 이론은 1947년에 가보르(Gabor)가 정립하였으며 그는 이 업적으

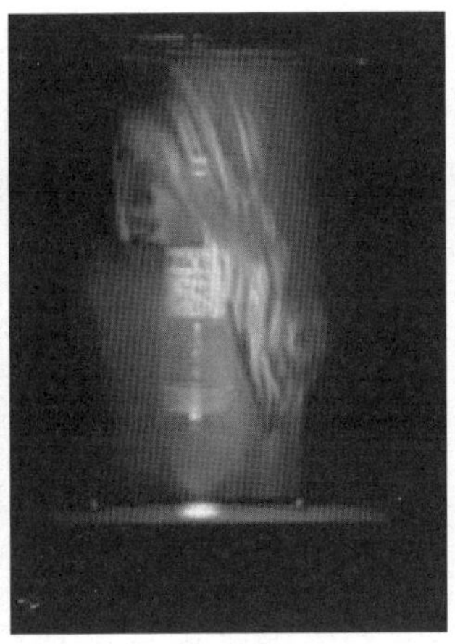

그림 9.34 레이저 홀로그래피

로 노벨상을 받았습니다. 그러나 당시 가보르는 완전한 홀로그래피를 실증하지 못했고, 1963년 미국의 과학자 레이스(Leith)가 레이저를 홀로그래피에 이용하게 됨에 따라 본격적인 홀로그램의 응용기술이 발전되었습니다. 일반사진술은 물체(피사체)에서 반사되는 빛의 세기의 변화량을 기록한 것입니다. 요컨대 반사광이 적은 부분은 어둡고 반사광이 많은 부분은 밝게 표시됩니다. 그러나 3차원 물체로부터 나오는 빛을 2차원 평면에 기록하는 것이기 때문에 한계가 있습니다.

이에 비하여 홀로그래피는 빛의 세기뿐 아니라 파동으로서의 빛이 갖는 위상(phase)까지 기록하기 때문에 우리가 두 눈으로 볼 때나 다름없는 3차원영상을 정확하게 재현합니다. 이런 빛의 위상은 물체에서 반사된 빛과 다른 빛이 만나서 만들어 낸 간섭무늬에 의해 표현됩니다. 그런데 간섭무늬는 자연광 또는 백열등과 같이 여러 가지 색이 포함된 백색광원으로는 형성되지 않고 한 가지의 색을 갖고 있는 단색광원인 레이저를 사용해야 손쉽게 기록됩니다.

레이저광을 사용하여 홀로그램을 만들 때에는, 물체에서 반사되어 나오는 빛을 또 다른 방향에서 온 레이저광과 만나게 하여 사진 필름에 함께 기록합니다. 이 두 개의 빛이 만나면 물체의 각 부분에서 반사된 파의 위상의 차이에 따라서 밝고 어두운 수많은 선으로 이루어진 간섭무늬가 생기는데 바로 이 간섭무늬 안에 물체의 진폭과 위상이 함께 기록된다고 할 수 있습니다. 이렇게 간섭무늬의 형태로 물체의 영상이 기록된 사진필름을 홀로그램이라 하며, 홀로그램에 빛을 비추면 홀로그램에 기록된 물체의 영상이 3차원으로 재생되는데, 그 이유는 사진 필름에 기록된 간섭무늬에 담겨진 물체의 정보가 회절현상이라고 하는 광학적인 원리에 의해 눈으로 들어오기 때문입니다.

홀로그램을 만들기 위해서는 일단 레이저와 사진건판 또는 필름, 반투명거울이 있어야 합니다. 우선, 레이저광을 반투명거울에 비춰 광선의 반은 통과시키고 반은 반사시킵니다. 반투명거울을 통과한 광선의 일부는 레이저광 확산장치를 통해 확산되어 물체를 비추는데 이때 확산된 빛을 물체광(物體光, object beam)이라 부릅니다. 또, 반대로 반사된 광선의 일부는 또 다른 레이저광 확산장치를 통해 확산되어 미리 준비된 사진건판이나 필름에 투사됩니다. 이때 사진건판이나 필름에 직접 투사되는 빛을 참조광(參照光, reference beam)이라 부릅니다. 홀로그램의 핵심은 바로 이 두 빛, 물체광과 참조광의 작용에 있습니다. 물체광과 참조광은 모두 사진건판이나 필름 위에서 만나게 되는데 중요한 사실은 이때 두 빛 사이에 간섭현상이 일어난다는 점입니다. 물체를 비춘 물체광과 사진건판이나 필름에 직접 투사된 참조광은 서로 간섭효과를 내면서 사진건판이나 필름의 전역에 투영됩니다. 결국 두 빛의 간섭효과로 인해 밝은 곳과 어두운 곳으로 된 간섭무늬가 사진건판 또는 필름의 전역에 나타나게 되는 것입니다.

홀로그램은 두 빛의 위치에 따라 두 종류로 나뉩니다. 물체광과 참조광이 서로 반대쪽에서 투영되어 만들어지면 반사형 홀로그램(reflection hologram)이라 하고, 서로 같은 쪽에서 투영되면 투과형 홀로그램(transmission hologram)이라 합니다. 즉, 반사형 홀로그램은 두 빛이 사진건판 또는 필름의 양면에서 각각 투영되는 반면, 투과형 홀로그램은 두 빛이 사진건판 또는 필름의 한쪽 면에서 함께 투영됩니다. 이 중에서 반사형 홀로그램은

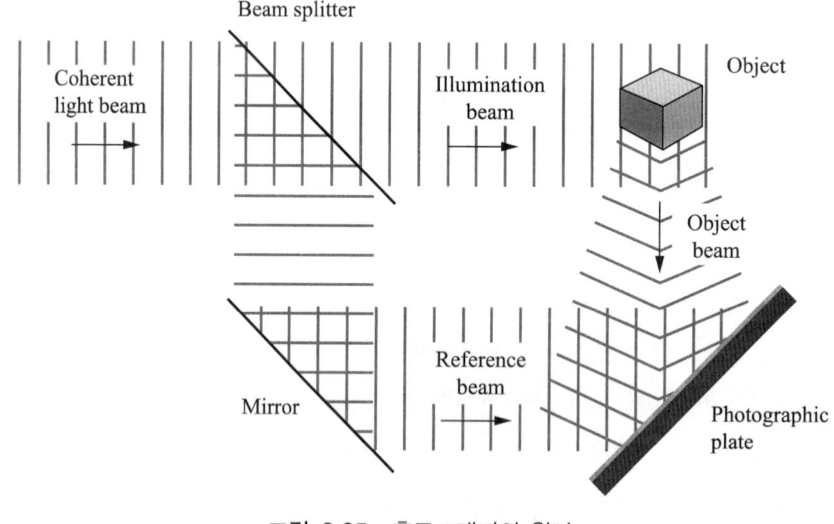

그림 9.35 홀로그래피의 원리

보통 가시광선에서도 원래 영상을 볼 수 있지만, 투과형 홀로그램은 반드시 레이저광을 투과해야만 원래 영상을 볼 수 있기 때문에 화폐 등의 위조방지 등에 널리 사용됩니다.

과거에 레이저포인터 장난으로 비행기가 추락했다는 소동이 있었습니다. 요즈음은 경기장의 선수들에게 레이저포인터를 쏘아 경기에 지장을 주는 사례도 많이 발생합니다. 레이저는 그 유용성에도 불구하고 눈에 직접 조사될 경우에 각막이나 망막에 심각한 영향을 줄 수 있어서 눈의 안전에 각별히 유의해야 합니다. 눈에 보이는 가시광선의 경우에는 위험을 즉시 피할 수 있으므로 상대적으로 덜 위험하지만 눈에 보이지 않는 자외선이나 적외선레이저의 경우에는 취급에 특히 주의를 기울여야 합니다. 특히 자외선은 각막이나 수정체에 강하게 흡수되어 눈에 커다란 문제를 일으킬 수 있으므로 각별히 주의하여야 합니다. 레이저사용자들은 반드시 적절한 보안경(laser goggle)을 착용하고 레이저를 취급하여야 합니다. 보안경은 사용하는 레이저의 파장뿐만 아니라 출력에 따라서도 달라지므로 이에 유의하여야 하고, 레이저의 출력이 높을수록 해당 파장대역에 대하여 높은 반사율로 코팅이 된 보안경을 착용하는 것이 더욱 안전합니다.

한편 파장 1.4~2.6μm의 근적외선 레이저광은 망막까지 도달하지 않아 눈에 손상을 주지 않으므로, 이 파장영역에서 발진하는 레이저는 아이-세이프(eye-safe) 레이저라고 부릅니다. 레이저레이더(laser radar), 레이저 거리측정기 및 레이저에 의한 교통감시시스템 등의 레이저 응용에 주로 사용되는 레이저입니다.

9.6 반도체레이저의 원리 및 응용

반도체레이저(Semiconductor Laser)는 반도체를 활성매질로 이용한 레이저를 말합니다. 반도체결정 속에는 높은 에너지 상태에서 자유롭게 돌아다니는 전자(electron)와 이러한 전자의 빈자리로서 돌아다니는 정공(hole)이 있습니다. 전자가 정공과 만나는 재결합(recombination)이라는 과정에서는, 만나기 전과 후의 에너지상태의 차이에 해당하는 에너지가 반도체 결정구조에서 열(heat)로 방출되거나 또는 빛과 같은 전자기파로 방출됩니다. 따라서 방출광의 파장은 재결합 전후에서의 전자의 에너지 또는 에너지준위의 차로서 주어집니다. 이 에너지차이를 반도체에서는 밴드 갭 에너지(band-gap energy)라고 부르며 반도체물질에 따라 달라지는 고유의 물리량입니다.

이와 같은 전자의 상태전이에 의해 생기는 광의 방출이 방출 광 자신의 영향을 받지 않고 일어나는 경우를 광의 자발방출이라 하며, 이러한 메커니즘은 발광다이오드(LED)의 동작원리에 응용되고 있습니다. 이것과는 달리 방출 광 자신이 전자의 상태전이를 강제적으로 촉진시킨 결과, 발광이 강해지는 순환과정으로 들어가 광의 증폭이 생기는 상태를 유도방출이라 하며, 레이저광은 이 상태에서 얻어집니다. 따라서 반도체레이저의 동작은 전자와 정공이 반도체결정의 어떤 영역에서 동시에 고밀도로 존재함으로써 자발방출 광이 강해지는 것을 첫째 조건으로 하며, 더 나아가 이러한 조건 아래에서 방출된 광을 유도방출 과정에 연계시키는 효율을 높임으로써 광 공진(optical resonance)이 가능하게 되는 것을 둘째 조건으로 합니다.

반도체레이저의 원형이 되는 구조는 다음의 두 가지 기능을 갖추고 있습니다. 첫째, p-n 접합에 전류를 인가하여 전자 및 정공을 발광영역에 동시에 높은 밀도로 주입하는 것과 둘째, 발광영역의 양 끝(facet) 면이 방출 광에 수직인 광의 반사면으로 되는 광 공진기 구조입니다. 이로써 방출광의 일부는 끝 면에서 결정 밖으로 새어 나가지만, 상당

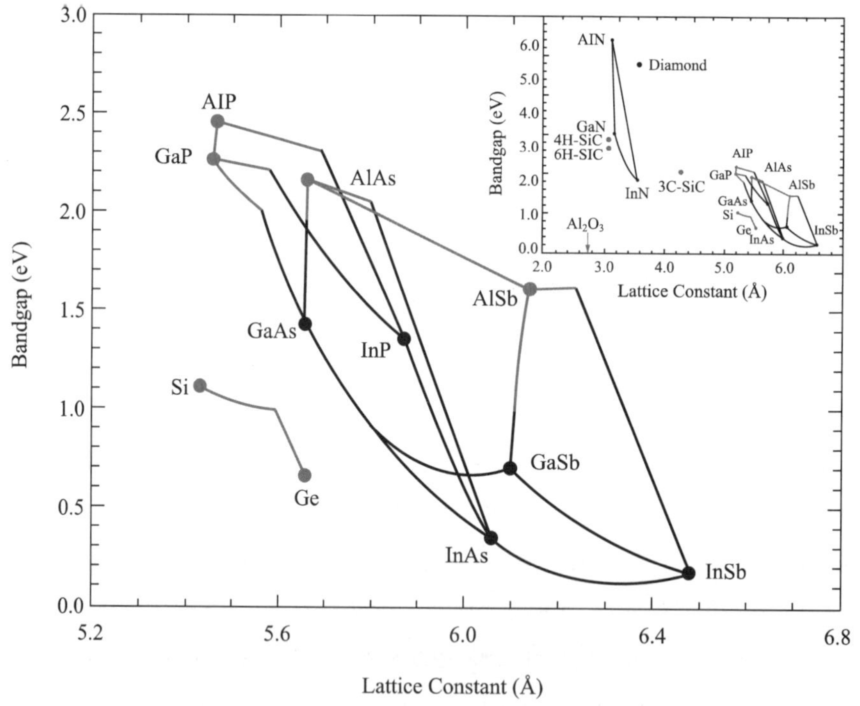

그림 9.36 여러 가지 반도체물질

한 비율의 광은 발광영역으로 되돌아가 광 공진에 이용됩니다. 반도체레이저의 양 끝 면은 보통 거울 면으로 되어 있습니다. 또 이 결정 끝 면을 포함하는 활성영역은 이것을 둘러싸고 있는 영역에 비해 굴절률이 높기 때문에 이 속에서 광이 가두어지기 쉬운 영역이기도 합니다. 여러 종류의 반도체에서 레이저발진이 확인되었으나, 주로 III-V족, II-VI족 화합물 반도체의 p-n 접합구조에서 반도체물질의 성질에 따라 다양한 파장의 레이저광을 만들 수 있습니다.

반도체레이저는 다른 레이저들과 구분되는 여러 가지 특징이 있습니다. 첫째, 높은 이

표 9.1 여러 가지 화합물반도체 재료와 레이저 파장

파장범위	반도체재료	기판재료
< 400 nm	AlGaInN	GaN 등
405 nm	AlGaInN/GaInN	GaN
440~460 nm	AlGaInN/GaInN	GaN
630~680 nm	AlGaInP/GaInP	GaAs
750~850 nm	AlGaAs/GaAs	GaAs
980 nm	InGaAs/GaAs	GaAs
1,310 nm	InGaAsP/InP	InP
	InGaAsN/GaAs	GaAs
1,480 nm	InGaAsP/InP	InP
1,550 nm	InGaAsP/InP	InP
	InGaAsN	GaAs
> 2 μm	Sb계	GaSb
	AlGaInAs/InP계 Quantum cascade	InP
	AlGaAs/GaAs계 Quantum cascade	GaAs

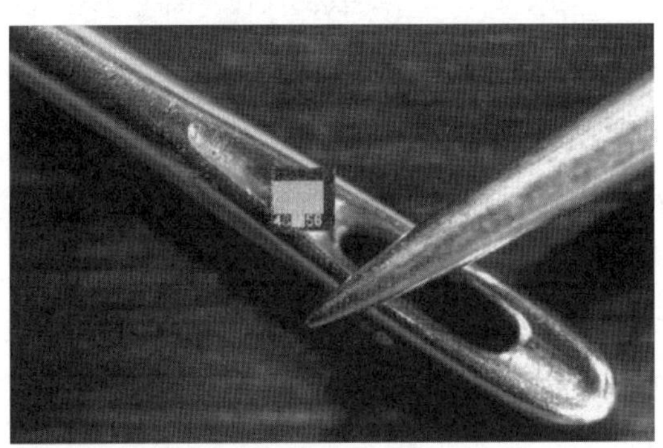

그림 9.37 반도체레이저 칩과 바늘구멍

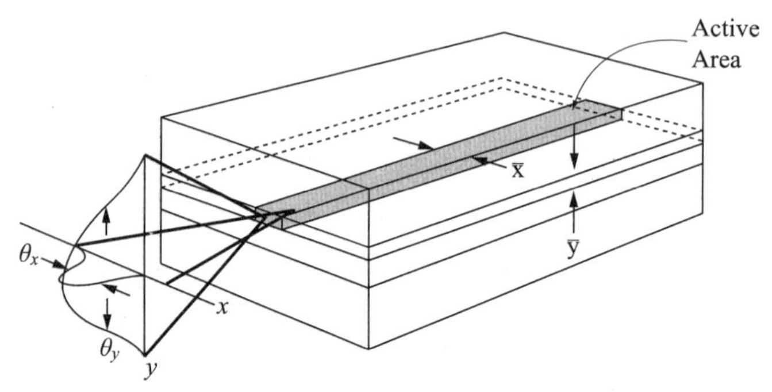

그림 9.38 반도체레이저의 방사각

득을 갖는 반도체를 이득매질로 사용하기 때문에 소형, 경량, 저소비전력과 더불어 높은 에너지변환효율을 자랑합니다. 일반적인 반도체레이저 칩(chip)의 크기는 폭과 공진기 길이는 수백 μm 내외이고 두께는 100 μm 정도로 매우 작습니다. 둘째, 반도체레이저의 발광 점은 면적이 수 μm 내외이므로 다른 레이저에 비해 방출되는 레이저광의 발산 각이 큰 편입니다. 또한 대부분의 레이저가 발광 점의 x-방향의 길이가 y-방향의 길이보다 긴 비대칭 구조이기 때문에 방사빔의 형태는 세워진 타원형의 모양을 갖게 됩니다. 셋째, 반도체레이저는 펌핑을 위해 전류를 직접 주입하므로, 주입하는 전류를 초고속으로 변조하면, 출력 레이저광도 초고속으로 변조됩니다. 이러한 직접변조 특성은 다른 레이저로는 불가능한 것으로 반도체레이저가 초고속광통신용 광원으로 각광을 받는 이유가 바로 여기에 있습니다.

반도체재료가 빛을 내기 위해서는 에너지 갭의 구조가 직접천이형(direct band-gap)이어야 효율이 높고 발광이 쉽게 일어납니다. 실리콘(Si)과 같은 간접천이형(indirect band-gap)의 경우는 전자가 낮은 에너지 준위로 떨어질 때, 빛을 방출하기보다는 열을 방출하게 되어 LED나 LD와 같은 발광소자로는 부적합합니다. 대부분의 화합물반도체 재료는 직접천이형 밴드 구조를 가지고 있으며, 물질마다 고유의 밴드 갭 에너지를 가지고 있어, 물질계(material system)를 잘 설계하면 자외선, 가시광선, 적외선 전 영역에서 다양한 파장의 레이저를 만들 수 있습니다.

초창기의 반도체레이저는 p-n 동종접합(homo-junction) 구조를 이용하여 제작되었습니다. 직접천이 형 p-n접합 다이오드에 순방향전압(forward bias)을 인가하면, 전자와 정공이 접합면 쪽으로 모이게 되어 발광성재결합에 의해 빛을 방출하는 원리로 LED나 LD를 만들 수 있습니다.

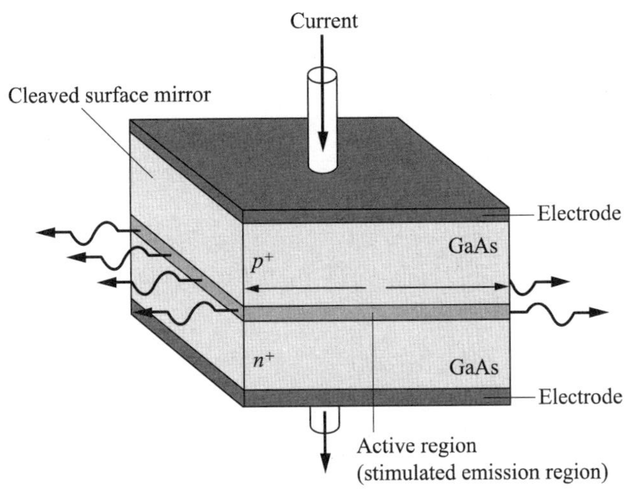

그림 9.39 pn 동종접합 레이저 구조

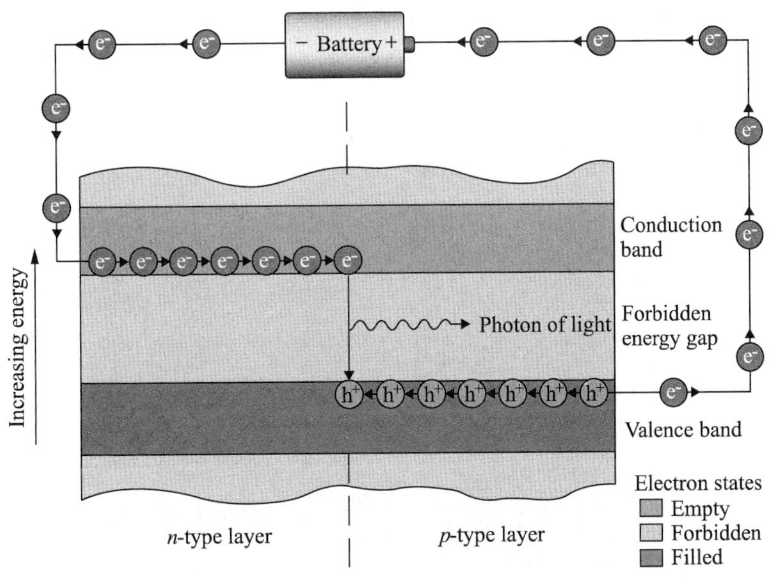

그림 9.40 pn 동종접합 레이저의 발진원리

그러나 접합면에 모인 전자나 정공에 에너지에 의한 구속이 없어서 재결합에 사용되지 않은 캐리어(carrier)들은 확산에 의해 반대편으로 이동하게 되어 발광효율이 낮고, 발진이 어려워서, 상용화(상온 연속발진)하기에는 어려운 문제점이 있었습니다. 따라서 초창기의 동종접합 레이저들은 매우 높은 구동전류를 가지고 있으며 77 K 정도의 낮은 온도에서만 겨우 발진이 가능하였습니다.

이중 이종접합 구조(DH, double hetero-structure) 레이저는 동종접합 레이저가 갖는 문제점을 해결하고 레이저 발진성능을 향상시키기 위해 고안된 구조로 발진이 일어나는 활성 층의 위아래로 활성 층보다 밴드 갭 에너지가 큰 클래드(clad) 층을 배치하였습니다. 그 결과, 전기적으로는 에너지우물 형태로 캐리어들의 전기적인 구속(가둠)(electrical confinement 또는 carrier confinement)이 가능하게 하였습니다. 광학적으로는 광도파로(optical waveguide) 구조(전반사)에 의한 빛의 구속(가둠)(optical confinement 또는 photon confinement) 효과로 레이저의 발진효율을 획기적으로 향상시킬 수 있게 되었습니다.

이 레이저 구조는 종래보다 전기적, 광학적 가둠 효과가 획기적으로 개선되어, 상온에서 연속발진이 가능해졌으며, 문턱전류(발진개시전류)(threshold current)가 낮고 기울기효율(slope efficiency)이 높아서 낮은 구동전류에서 높은 광 출력을 얻을 수 있게 되었습니다.

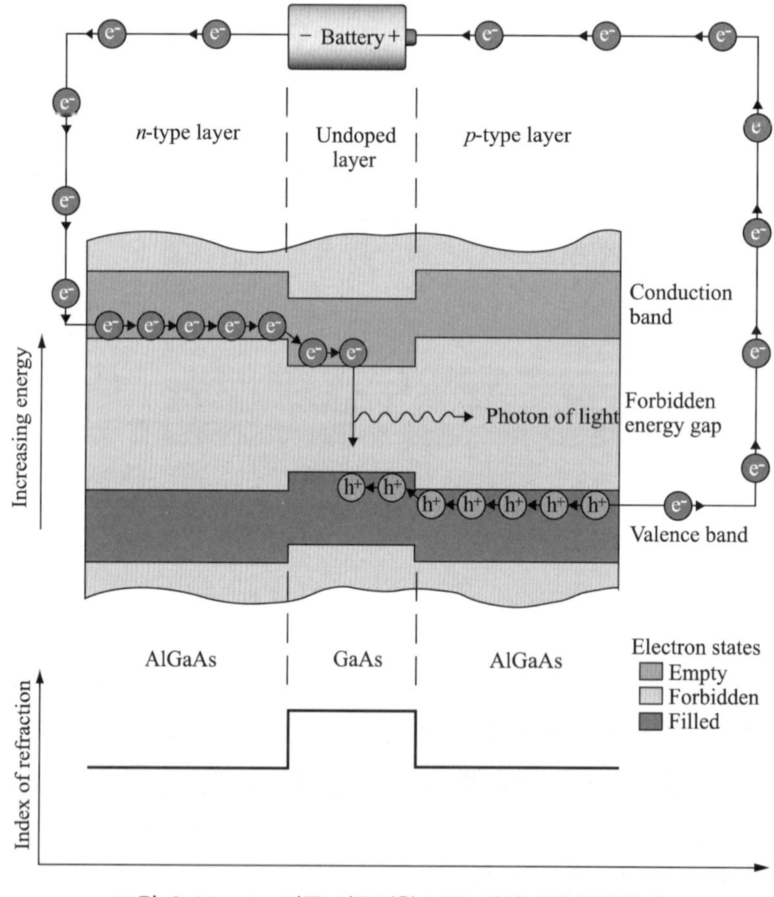

그림 9.41 pin 이중 이종접합 구조 레이저의 발진원리

러시아의 알페로프(Alferov) 박사는 동종접합 레이저의 특성을 개선하고 상온 연속발진이 가능하도록 하기 위하여 GaAs(gallium arsenide) 활성 층의 위아래로 GaAs보다 밴드 갭 에너지가 크고 굴절률이 작은 AlGaAs(aluminium gallium arsenide) 클래드 층을 적용하여 최초로 상온 연속발진이 가능하도록 한 공로를 인정받아 2000년도에 노벨물리학상을 받았습니다.

LED는 빛의 자발방출에 의해 지배되는 소자로 빛의 증폭이 일어나지 않으며 주입한 전류에 비례하여 선형적으로 광 출력이 증가하는 특징이 있습니다. 반면에 반도체레이저는 일정 전류까지는 자발방출의 지배를 받다가, 그 임계값보다 전류가 증가하면 갑자기 유도방출이 시작되어 빛의 증폭이 일어나므로 급격히 광 출력이 증가하는 특징(non-linearity, 비선형성)을 갖습니다. 이 때 비선형곡선의 변곡점을 임계전류(Ith, threshold current), 문턱전류 또는 발진개시전류라 부르며 임계전류 이상에서의 전류의 변화량에 대한 광 출력의 변화량을 기울기효율(slope efficiency)라 부릅니다. 이 값의 단위는 $[W/A]$이며 일반적으로 반도체레이저의 효율을 나타내는 값으로 사용합니다.

일반적으로 반도체레이저의 성능을 이야기할 때에는 임계전류가 적을수록, 기울기효율이 클수록 우수한 레이저로 평가합니다. 또한 레이저 발진구간에서 전류 대 광출력 곡

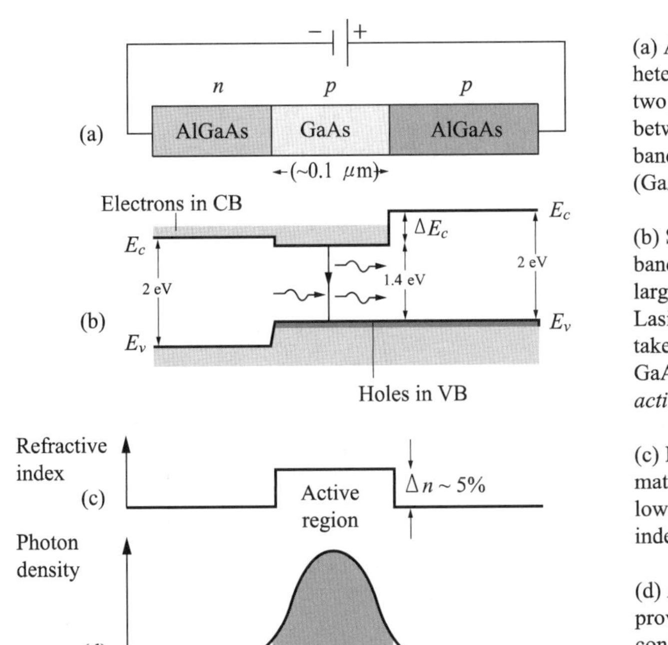

그림 9.42 DH 레이저의 전기적, 광학적 가둠효과

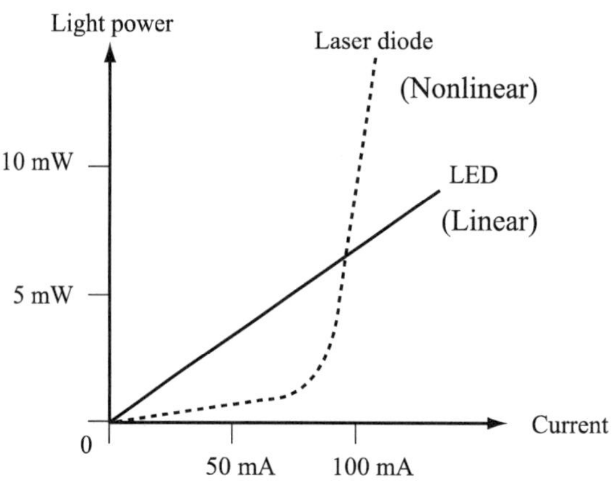

그림 9.43 반도체레이저의 전류 대 광출력 곡선

선(L-I curve)의 기울기의 선형성(linearity)이, 가능한 한 높은 광 출력 값까지 유지되는 레이저가 성능이 우수한 레이저입니다.

반도체레이저는 임계전류 이하에서는 LED와 유사한 넓은 파장대역의 스펙트럼을 보이나 임계전류 이상의 발진영역에서는 좁은 선폭을 갖는 레이저의 전형적인 스펙트럼 특성을 보입니다. 반도체레이저의 효율은 다른 레이저에 비해서는 압도적으로 높지만 100%에는 미치지 못하므로 레이저 구동 시에 주입된 전기에너지의 일부는 빛에너지가 아닌 열에너지로 전환됩니다. 다시 말해서 소자에 열이 발생하는데 이는 소자의 특성을 나쁘게 만듭니다. 반도체레이저 소자에 열이 발생하면 임계전류가 커지고 기울기효율이 나빠져서 출력이 점점 떨어지는 문제가 있습니다. 따라서 일정한 출력으로 동작시켜야 하

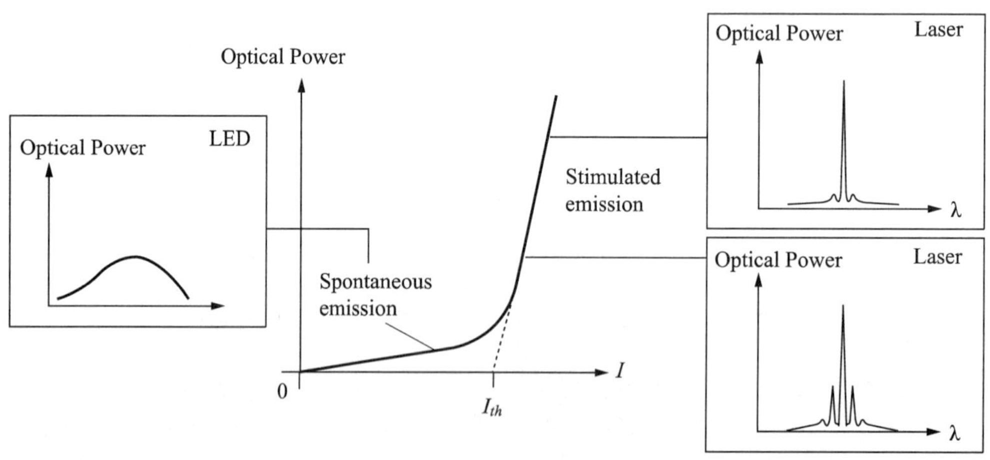

그림 9.44 반도체레이저의 스펙트럼

표 9.2 레이저 다이오드의 응용분야와 출력

<table>
<tr><td rowspan="7">광 정보처리</td><td rowspan="3">광 저장장치용</td><td>CDP용</td><td>< 100 mW</td><td rowspan="5">가시광
근적외선</td></tr>
<tr><td>DVD용</td><td>< 100 mW</td></tr>
<tr><td>차세대 DVD용</td><td>< 100 mW</td></tr>
<tr><td rowspan="2">정보기기용</td><td>Barcode reader용</td><td>< 100 mW</td></tr>
<tr><td>Laser printer용</td><td>< 100 mW</td></tr>
<tr><td rowspan="2">디스플레이용</td><td>프로젝션TV용</td><td>> 500 mW</td><td rowspan="2">가시광</td></tr>
<tr><td>마이크로프로젝션용</td><td>100~500 mW</td></tr>
<tr><td rowspan="5">통신용</td><td rowspan="3">단거리 통신용</td><td>FTTH</td><td>< 100 mW</td><td>적외선</td></tr>
<tr><td>POF용</td><td>< 100 mW</td><td>가시광</td></tr>
<tr><td>광PCB 등</td><td>< 100 mW</td><td>근적외선</td></tr>
<tr><td colspan="2">중/장거리 통신용</td><td>< 100 mW</td><td>적외선</td></tr>
<tr><td>pumping용</td><td>EDFA pumping</td><td>100~500 mW</td><td>근적외선</td></tr>
<tr><td rowspan="4">산업용</td><td rowspan="2">레이저 pumping</td><td>fiber laser pumping</td><td>> 1 W</td><td rowspan="3">근적외선</td></tr>
<tr><td>DPSS pumping</td><td>> 1 W</td></tr>
<tr><td colspan="2">materials processing</td><td>> 1 W</td></tr>
<tr><td colspan="2">alignment</td><td>< 100 mW</td><td>가시광</td></tr>
<tr><td rowspan="6">그 외</td><td rowspan="3">의료용</td><td>수술용</td><td>> 1 W</td><td rowspan="2">근적외선</td></tr>
<tr><td>제모용</td><td>> 1 W</td></tr>
<tr><td>light therapy</td><td>100~500 mW</td><td>가시광</td></tr>
<tr><td>군사용</td><td>조준용</td><td>< 100 mW</td><td>가시광</td></tr>
<tr><td>가스센서</td><td>가스/환경 센서</td><td>< 500 mW</td><td>원적외선</td></tr>
<tr><td>기타</td><td>laser pointer</td><td>< 100 mW</td><td>가시광</td></tr>
</table>

는 경우에는 반도체레이저에서 나오는 열을 식혀주는 장치(TEC, thermo-electric cooler)를 달거나, 출력감시 PD(power monitor PD)를 내장하고, 출력감소분을 보정하기 위하여 구동전류를 더 증가시켜 주는 방식(APC, automatic power control) 등을 사용합니다.

레이저다이오드는 현재까지 크게는 광 저장장치 정보처리용 광원, 광통신용 광원, 펌핑(pumping)용 광원 등으로 적용되어 왔으며, 그 외 여러 응용분야에서 다양하게 활용되고 있습니다. 또한 레이저다이오드와 관련한 기술의 비약적인 발전에 따라 현재 사용중인 기존의 레이저나 다른 광원소자를 대체하거나, 의료/바이오, 디스플레이, 조명 등 새로운 분야에의 레이저다이오드 적용이 요구되고 있는 시점입니다. 레이저다이오드는 응용분야에 따라 다음과 같이 분류할 수 있습니다.

SOA(semiconductor optical amplifier, 반도체 광증폭기)는 반도체레이저와 매우 유사

한 구조를 가지고 있으나, 반도체레이저와 같이 소자가 자체적으로 유도방출에 의해 발진하는 것이 아니라, 외부에서 약한 광신호가 입사되면 그 신호를 레이저의 원리와 동일하게 증폭하여 높은 출력을 얻을 수 있도록 만들어 주는 소자입니다.

광통신에서는 여러 가지 이유로 광 송신기(transmitter)에서 보낸 광신호의 강도가 약해져서 정해진 수신감도(receiver sensitivity)를 갖는 광 수신기(receiver)에서 수신을 하기에는 출력이 부족한 경우가 종종 발생합니다. 특히 전송거리가 긴 경우에는 전송매질인 광섬유 내에서의 흡수나 산란으로 인해 광신호의 강도가 줄어들게 되므로 약해진 광신호를 증폭해야 하는 경우가 자주 있습니다.

광 신호를 증폭하는 방식은 크게 세 가지로, 첫째, 송신기 바로 후단에서 송신신호를 증폭(post-amplification 또는 power-booster amplification)하여 보내는 방법, 둘째, 수신기 바로 전단에서 약해진 광 신호를 증폭(pre-amplification)한 다음 수신기로 보내는 방법, 셋째, 광섬유선로 중간 중간에서 신호가 약해질 때마다 한 번씩 증폭(in-line amplification)을 하는 방법 등이 있습니다.

SOA와 동일한 역할을 하는 장치에는 EDFA(Erbium Doped Fiber Amplifier)와 같은 광섬유증폭기(fiber amplifier)가 있으며, SOA는 광섬유증폭기에 비해 특성을 다소 열등하지만, 소형, 경량, 저가격, 파장가변성, 다기능성 등의 장점으로 각광받고 있습니다.

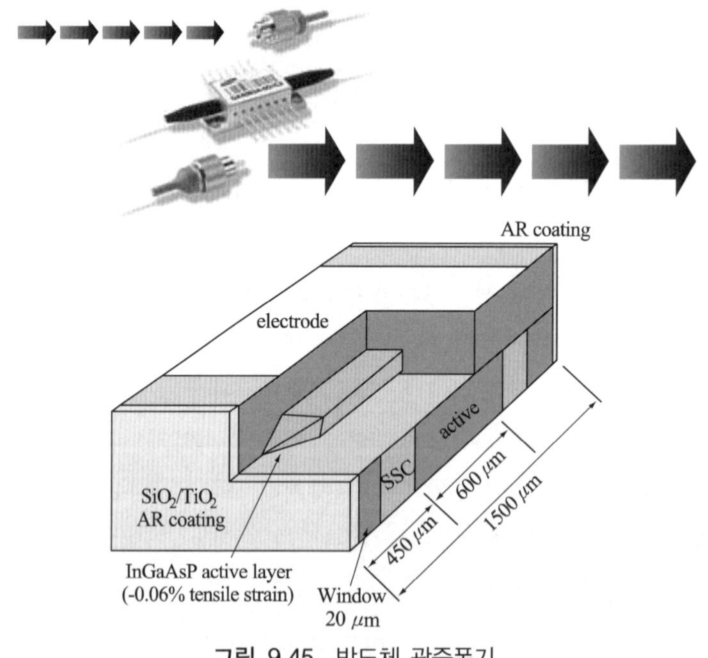

그림 9.45 반도체 광증폭기

연습문제

1. 네온사인에서 네온원자가 방출하는 적색광은 다음 중 어떤 현상의 결과인가?
   ① 들뜬 원자의 자발천이　② 바닥 원자의 자발천이
   ③ 들뜬 원자의 유도천이　④ 바닥 원자의 유도천이

2. 유도 방출에 의해 방출되는 photon의 특징이 아닌 것은?
   ① 동일 파장　② 동일 위상　③ 동일 편광　④ 동일 질량

3. 레이저의 구성에 필요한 필수 요소가 아닌 것은?
   ① gain medium　② cavity
   ③ isolator　④ pumping source

4. 다음 중 III-V 족 화합물 반도체가 아닌 것은?
   ① GaAs　② ZnSe　③ InP　④ GaN

5. 전류 주입 pumping을 사용할 수 있는 레이저는?
   ① 고체 레이저　② 액체 레이저
   ③ 기체 레이저　④ 반도체 레이저

6. "레이저 광은 결 맞는 빛 (coherent light)"이라고 한다. 그 의미는 다음 중 어느 것에 해당하나?
   ① 빛을 이루는 전자장의 진폭이 결을 이룬다.
   ② 빛을 이루는 전자파가 직진한다.
   ③ 빛을 이루는 전자장이 모두 같은 위상을 갖고 전파된다.
   ④ 빛을 이루는 전자장이 공기 중 소리 결을 따라 진동하며 전파된다.

7. 파장 가변성이 우수한 Dye laser는 어떤 레이저인가?
   ① 고체 레이저　② 액체 레이저
   ③ 기체 레이저　④ 반도체 레이저

8. 레이저에서 주로 사용하는 pumping 방식이 아닌 것은?
   ① Optical pumping　② Electrical pumping

③ Chemical pumping ④ Gas pumping

9. 전기 방전 pumping을 주로 사용하는 레이저는?

① 고체 레이저 ② 액체 레이저

③ 기체 레이저 ④ 반도체 레이저

10. 광 pumping을 꼭 사용해야 하는 레이저로 묶인 것은?

① 고체 레이저, 액체 레이저 ② 액체 레이저, 기체 레이저

③ 기체 레이저, 반도체 레이저 ④ 고체 레이저, 반도체 레이저

11. pn 이중 이종 접합 구조는 밴드 갭이 [ ] 물질 사이에 밴드 갭이 [ ] 물질을 집어넣었으며, 굴절률이 [ ] 물질 사이에 굴절률이 [ ] 물질을 집어넣은 구조를 가지고 있다.

① 큰, 작은, 큰, 작은 ② 큰, 작은, 작은, 큰

③ 작은, 큰, 큰, 작은 ④ 작은, 큰, 작은, 큰

12. 다음 고체 레이저 가운데 파장 가변형 레이저는 어느 것인가?

① Ruby 레이저 ② Nd:YAG 레이저

③ Ti:sapphire 레이저 ④ EDF 레이저

13. 사파이어 레이저에서 증폭 매질로 사용되는 원소는?

① 크롬 이온 ② 티타늄 이온

③ 네오디뮴 이온 ④ 어븀 이온

14. 1.06μm 파장의 빛을 내는 YAG 레이저에서 증폭 매질로 사용되는 원소는?

① 크롬 이온 ② 티타늄 이온

③ 네오디뮴 이온 ④ 어븀 이온

15. 다음 중 색소 레이저에 대한 설명으로 옳지 않은 것은?

① 증폭 매질은 액체에 탄 색소 염료이다.

② 광 또는 전기 방전 방식으로 pumping된다.

③ 파장을 가변할 수 있는 레이저이다.

④ 일종의 액체 레이저이다.

16. 가시광선 영역에서 색소 레이저의 펌핑 용으로 주로 사용되는 섬광 전구는 어느 것인가?

① Xe 전구 ② halogen 전구

③ Hg 전구 ④ Kr 전구

17. 근적외선 영역에서 색소 레이저의 펌핑 용으로 주로 사용되는 섬광 전구는 어느 것인가?

① Xe 전구 ② halogen 전구

③ Hg 전구 ④ Kr 전구

18. 반도체 DRAM 제작을 위한 lithography 광원으로 사용되는 레이저는 어느 것인가?

① N_2 laser ② excimer laser

③ CO_2 laser ④ Ar ion laser

19. 다음 중 가시광선 영역의 반도체레이저 재료가 아닌 것은?

① ZnCdSe ② InGaN ③ GaInP ④ InP

20. 헬륨-네온 레이저에서 헬륨의 역할은?

① 레이저광을 방출하는 역할

② 네온으로부터 에너지를 전달받는 역할

③ 전기방전이 잘 일어나도록 돕는 역할

④ 네온의 들뜸을 도와주는 역할

21. 반도체레이저에서 주입 전류를 변화시키면 출력광의 파장이 변하는 이유는?

① 전류의 변화에 의한 압력 변화

② 전류의 변화에 의한 광세기 변화

③ 전류의 변화에 의한 온도 변화

④ 전류의 변화에 의한 자기장 변화

22. 다른 레이저와 비교한 반도체레이저의 특징에 대한 설명으로 잘못된 것은?

① 전류 주입에 의한 직접 변조가 가능하다.

② 크기가 작고, 저소비전력이다.

③ 발산 각이 작고 가 간섭성이 우수하다.

④ 효율이 높고 이득 대역이 넓다.

23. He-Ne laser에서의 red light은 어떤 물질에서 기인하는가?

① He ② Ne

③ both of these ④ neither of these

24. 다음 중, Kr-Ar ion laser에 대한 잘못된 설명은?

① 청색(488.0 nm)과 적색(632.8 nm)에서 주로 발진한다.

② 레이저 쇼나 무대 조명 등에 사용된다.

③ 수 십 W의 고출력까지도 가능하다.

④ 색소 레이저의 펌핑용으로 사용된다.

25. 레이저 발진을 위해 꼭 필요한 요소가 아닌 것은?

① 이득매질 ② 거울 ③ 펌핑 ④ 렌즈

26. 1.4μm에서 2.6μm 파장대의 근적외선 레이저광은 망막까지 도달하지 않으므로 눈에 손상을 주기 어렵다. 이 파장영역에서 발진하는 레이저를 부르는 명칭은?

27. 반도체 레이저와 관련하여 노벨상을 받은 사람은?

① 타운즈 ② 알페로프

③ 프로호로프 ④ 바소프

28. 레이저 TV에서는 모든 색상을 재현하기 위해 모두 몇 개의 Laser가 필요할까?

29. 다음 중, 광 여기를 위한 펌핑(pumping) 광원으로 적당하지 않은 것은?

① laser ② LD ③ LED ④ flash lamp

CHAPTER 10 지금은 LED 시대

LED(light emitting diode)는 반도체 p-n 접합소자로 전기에너지를 빛에너지로 바꾸어 주는 반도체 발광광원소자입니다. 개발초기에는 주로 단순표시장치로 사용되었던 LED는 반도체 공정기술의 발달로 휘도(輝度, brightness)가 매 18~24개월마다 2배씩 증가되어 마침내 반도체조명으로 거듭나고 있습니다.

특히, 1993년 말 가시광선 LED 중, 가장 구현하기 힘든 고휘도 청색 GaN LED가 일본 니치아 화학의 나카무라에 의해 구현되었습니다. 1996년 청색 LED에 YAG 형광체를

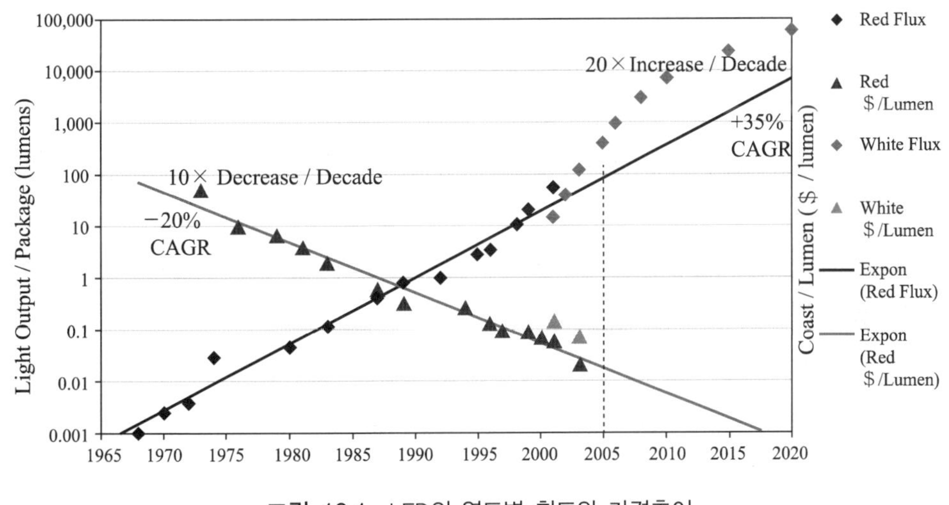

그림 10.1 LED의 연도별 휘도와 가격추이

결합하여 만든 백색 LED가 개발되어, 향후 조명분야에 엄청난 시장창출이 기대되고 있습니다. 제10장에서는 광기술분야의 새로운 스타(star)로 떠오르고 있는 LED에 대하여 자세히 알아보도록 합니다.

10.1 LED 시대의 도래

LED(Light Emitting Diode)란 빛을 발하는 반도체소자, 즉 발광다이오드를 말합니다. LED는 전류가 흐를 때 빛을 내는 반도체소자로, 좀 더 구체적으로는 GaAs, InP, GaN 등의 광 반도체로 이루어진 p-n 접합 다이오드(p-n junction diode)로 전기에너지를 빛에너지로 바꾸어 주는 에너지변환소자를 말합니다.

1907년 라운드(H. J. Round)는 실험 중에 결정상태의 실리콘 카바이드(SiC)에 전극을 꽂고 전류를 흘렸더니 노란색에서 파란색의 빛이 발생한다는 신기한 현상을 보고하였습니다. 이 보고는 오늘날 다이오드에서 빛이 발생하는 발광다이오드(LED)에 대한 최초의 기록으로 인정되고 있으나 본격적인 LED에 대한 연구개발은 고품위 화합물반도체의 결정성장이 가능해진 1960년대로 미뤄집니다.

실용적인 최초의 반도체광원은 1962년 GE에서 개발된 GaAsP를 사용한 적색 LED로, 1969년부터 Monsanto사에 의해 본격적으로 양산되었습니다. 계기표시장치로서의 LED를 벗어나 본격적인 조명장치로서 LED가 부각되기 시작한 것은 1993년 일본 니치아사의 GaN계 청색 LED 개발을 바탕으로, 2000년을 전후해 RGB 및 백색 LED의 효율과 출력이 빠른 속도로 증가하고부터입니다. 오늘날 반도체 LED 광원은 에너지절감 및 친환경적인 광원으로 자리잡아가면서 연간 5조 달러의 전력비를 1/5 수준으로 절감할 수 있는 새로운 광원대체기술로 각광받고 있습니다. 현재 이를 실용화하기 위하여 세계유수의 기업, 연구소 및 학교에서 고효율 고출력 LED를 개발하기 위하여 다양한 신기술을 개발하고 있습니다.

LED는 백열전구와 형광등과 같은 기존의 광원에 비해 저전력소비, 고효율, 장시간 동작수명 등의 장점을 가지고 있습니다. 또한 저가격, 소형, 경량, 저발열, 고신뢰성 등의 장점을 가지고 있으며 반도체공정에 의하여 다른 소자들과의 집적화가 용이한 것도 장점이라고 할 수 있습니다.

그림 10.2 LED헤드램프 (Honda S-2000)

LED에서 나오는 빛의 영역은 적외선, 가시광선, 자외선의 넓은 범위이며 구성하는 반도체물질의 밴드 갭 에너지에 따라 발광파장은 변합니다. LED는 파장에 따라 적외선 LED(IRED, infrared emitting diode), 가시광선 LED(VLED, visible light emitting diode), 자외선 LED(UVED, ultra-violet emitting diode)로 나뉘며, 특히 가시광선 영역의 LED는 적색(630~700 nm)으로부터 보라색(400 nm)까지 모든 색의 광원이 가능하고 청색, 녹색 및 백색까지도 포함하고 있습니다. IRED는 적외선을 이용한 적외선광원(IR emitter), 광섬유통신용 모듈, 리모컨(remocon), 광학스위치, IR-LAN, 무선디지털 데이터통신용 모듈 등에 사용됩니다. VLED는 빨강, 녹색, 청색, 노랑, 오렌지 등 다양한 발광색상으로 각종 전자제품과 계기판 등의 전자표시판에 활용되고 있으며 옥내 외 중대형전광판에도

그림 10.3 LED전광판 (미국 Dolphins stadium)

활용이 증가하고 있습니다. 또한 LCD용 백라이트 광원, 자동차용 조명, 신호등 및 사인, 조명(일반조명과 특수조명) 분야에도 그 수요가 증가하고 있습니다. UVED는 가시광선 형광체를 조합하여 백색 LED(white LED)를 제작하기 위한 여기광원으로 주로 사용되고 있으며, 기존의 자외선광원을 대체하는 용도로도 그 사용이 증가하고 있습니다.

전광판에서는 고휘도 적색, 녹색, 청색 LED의 삼원색을 조합하여 자연색상의 구현이 가능하며 처리속도, 전력소모, 수명 등의 제반사항에서 CRT보다 우수하고 저렴한 비용으로 화면구성이 가능하다는 장점이 있습니다. 픽셀(pixel)은 LED램프를 여러 개 모아 구성한 것으로서 크기 별로 여러 가지 종류가 있으나 그 크기에 따라 LED램프의 수량도 달라집니다. 픽셀은 과거에는 원형을 사용하였으나 최근에는 사각형을 주로 사용하는데, 이는 원형으로 하는 것보다 사각형으로 하는 것이 조립하였을 때 틈새를 줄일 수 있어 해상도(resolution)를 높일 수 있기 때문입니다. 이 픽셀의 크기에 따라 해상도가 달라지며 하나의 픽셀이 화면에 하나의 점을 형성하며, 픽셀이 작을수록 해상도가 좋아집니다. 해상도는 전광판에 나타난 전체 픽셀의 수(가로×세로)를 가리키며 픽셀의 수치가 높을수록 세세한 부분까지 표현할 수 있습니다. 스크린해상도는 픽셀 간의 간격과 전광판의 크기에 의해 결정됩니다.

현재 LED 기술은 초고휘도 적색 AlGaAs LED, 고효율 오렌지색 및 적색 InGaAlP LED, 그리고 고휘도 InGaN 청색 및 녹색 LED의 출현으로 종래의 저휘도 LED를 이용한

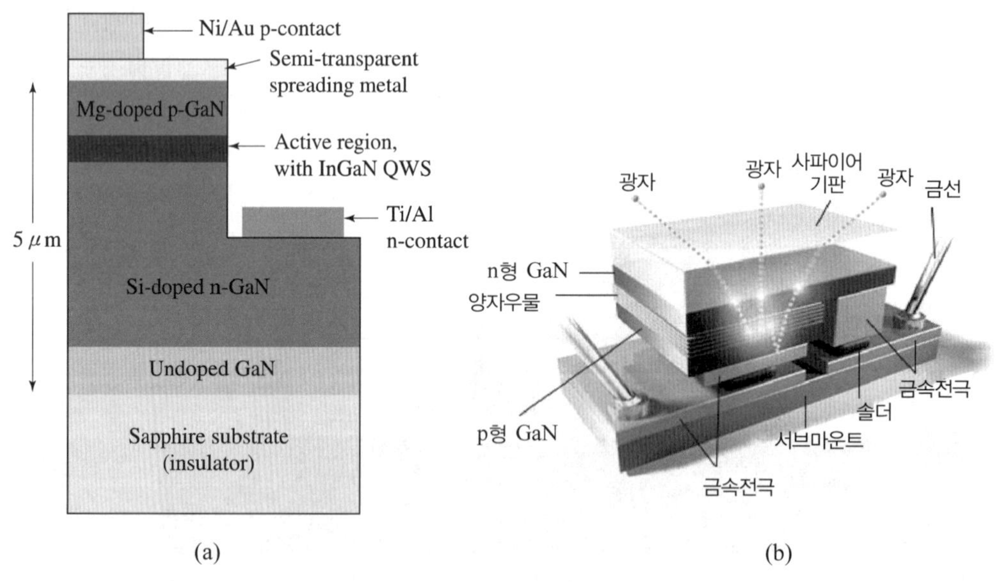

그림 10.4 GaN LED

인디케이터(indicator), 모놀리식 디스플레이(monolithic display) 등의 단순가전, 사무기기에서의 응용분야에서 벗어나 고휘도화에 따른 새로운 응용분야가 크게 창출되고 있는 상황입니다. 특히 대표적으로 대면적 옥외전광판, 자동차분야, 교통표시 및 신호등의 분야 등이 고휘도 가시광선 LED의 새로운 시장으로 각광을 받고 있습니다.

또한 최근의 질화물(窒化物, nitride)계 반도체를 이용한 가시광선 및 자외선 LED의 개발에 힘입어, 인공적인 백색광선을 만들 수 있는 기술이 개발됨에 따라 이에 따른 고품위, 고휘도 가시광선(visible) LED 및 백색 LED의 구현기술이 LED 신기술의 중심으로 자리매김을 하고 있습니다. 백색 LED 램프를 구현하기 위하여 고휘도 RGB-LED들의 조합, 다층구조나 웨이퍼접합(wafer fusion) 등을 통한 단일칩 LED 구현, 고휘도 청색 LED와 황색형광체(phosphor)의 조합, 형광등과 유사한 방식으로 자외선 LED를 사용하여 형광체를 여기시키는 방식 등이 개발되어 있습니다. 다만 LED의 발광강도(luminous intensity)가 백열전구보다는 좋으나 아직까지는 형광등보다 우수한 수준의 광도가 나오지 않고, 전체 광속(flux)이 작은 점광원이며 아직은 기존조명에 비해 고가이므로 일반조명에의 사용을 위한 백색 LED의 구현은 앞으로 계속 연구되어야 할 문제점을 가지고 있습니다.

현재 국내외 다수의 LED 제작회사들은 LED전구(light bulb)를 상용화시키기 위한 많은 투자를 하고 있으며, 미국 및 일본 등의 선진국에서는 정부차원의 많은 투자를 아끼지 않고 있습니다. 지난 몇 년간 고휘도 LED 시장은 계속해서 증가하여 왔으며 앞으로도 증가세는 지속될 것으로 보입니다. 주로 AlInGaP 적색 및 호박색(amber) LED와 InGaN 청색 및 녹색 LED가 고휘도 LED 시장을 주도해 나갈 것으로 보입니다. 한편 일반조명을 위한 백색 LED의 시장 역시 매우 커지고 있으며 2015년이 되면 전체조명의 30% 이상이 LED 조명으로 대체될 것으로 기대되고 있습니다.

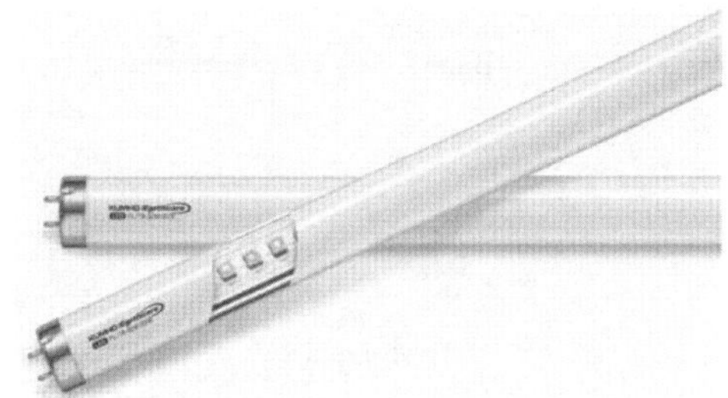

그림 10.5 LED전구

이러한 시장효과는 최근의 InGaN를 기반으로 한 청색, 녹색 및 백색 LED의 개발에 의한 것으로 니치아 화학(Nichia Chemical), 크리(Cree), 오스람(Osram), 루미레즈(Lumileds), 토요다 합성(Toyoda Gosei) 등의 회사들이 주도하고 있으며, 서울반도체, 삼성LED, LG이노텍 등과 같은 국내기업들도 치열한 경쟁에 뛰어들었습니다. AlInGaP, AlGaAs, InGaN 등으로 제작되는 고휘도 황색 및 적색 LED 등은 애질런트(Agilent), 루미레즈, 오스람, 도시바(Toshiba) 등에 의해 공급되고 있습니다.

10.2 빛과 전자

반도체 내부에 광자가 진행하게 되면 광자와 전자의 상호작용에 의해 광자가 흡수되거나 혹은 광자가 방출하게 됩니다. 그러나 이때 광자와 전자가 처음에 가지고 있었던 에너지와 운동량은 광자와 전자가 반응을 끝낸 후의 에너지와 운동량의 크기와 같습니다. 즉, 에너지와 운동량이 보존됩니다. 그러므로 만일 반도체에 입사된 광자의 에너지가 반도체의 밴드 갭 에너지보다 작으면 가전대역에 있는 전자가 전도대역으로 상승할 수가 없게 되어 광자의 흡수가 일어나지 않고 마치 유리창을 통과하듯이 반도체 내부를 그냥 통과하게 됩니다. 만일 광자의 에너지가 반도체의 밴드 갭 에너지보다 크면 가전대역의 전자가 이 빛에너지를 흡수하여 전도대역으로 에너지가 상승합니다. 이때 광자의 운동량은 매우 작으므로 전자의 운동량은 거의 차이가 없게 됩니다.

빛의 생성을 위하여 EHP(electron-hole pair, 전자-정공 쌍)의 생성은 필수적입니다. 그런데 이 EHP를 생성하는 방법에는 여러 가지가 있습니다. 예를 들어 빛으로 EHP를 생성하는 광 발광(photo-luminescence; PL), 그리고 전류주입으로 EHP를 생성하는 전계발광

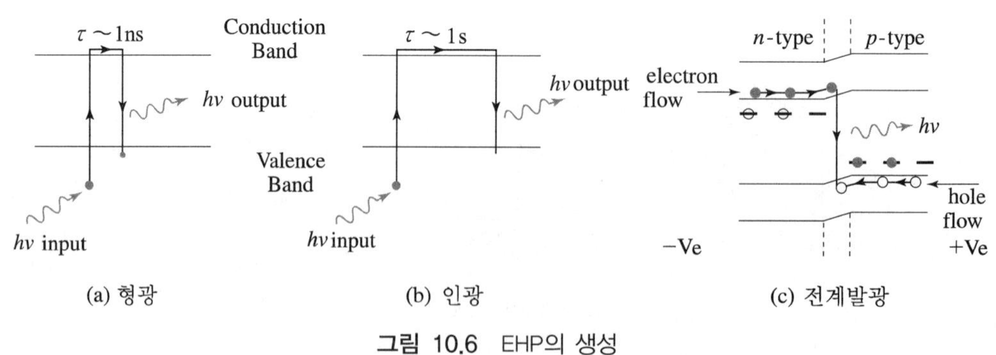

그림 10.6 EHP의 생성

(electro-luminescence; EL), 또한 음극선을 이용한 음극선발광(cathodo-luminescence; CL) 등이 있습니다. 먼저 PL은 반도체나 형광물질에 빛을 조사하였을 때 일어나는 현상으로, 그림 10.6(a)와 같은 형광(fluorescence), 그림 10.6(b)와 같은 인광(phosphorescence)으로 나누어지는데 그 차이는 EHP 생성 후 수 나노초 이내에 재결합하는 경우를 형광, 수 초 이상 지속하는 경우를 인광이라 합니다. 그리고 EL은 그림 10.6(c)와 같이 n-type 반도체와 p-type 반도체를 접합하여 그 사이에 전압을 인가하면, n-type에서는 자유전자가, p-type에서는 정공이 주입되어 이들이 재결합하여 빛을 생성하게 되는 현상을 말합니다.

그림 10.7(a)는 반도체 내에서의 자유전자와 정공의 에너지 분포를 보여주는데, 전자의 전도대(conduction band) 분포와 정공의 가전자대(valence band) 분포는 밴드 가장자리에서 에너지가 커질수록 농도가 급하게 증가하다가 최고점에 도달한 후 다시 천천히 감소합니다. 이는 캐리어의 에너지에 따른 페르미-디랙 분포(Fermi-Dirac distribution) 특성과 상태 밀도(density of state, DOS)의 변화에서 기인한 특성입니다.

광자의 에너지 스펙트럼에 따른 자발방출강도의 분포는 그림 10.7(b)와 같습니다. 이로부터 자발방출은 밴드 갭 에너지보다 조금 더 큰 에너지에서 가장 활발하게 일어나며, 그 파장을 벗어나면 전자와 정공의 분포가 희박해져서 자발방출이 일어나기 어렵다는 사실을 알 수 있습니다. 또한 LED의 발광선폭이 50~100 nm 정도의 넓은 범위를 갖는 이유도 설명이 됩니다.

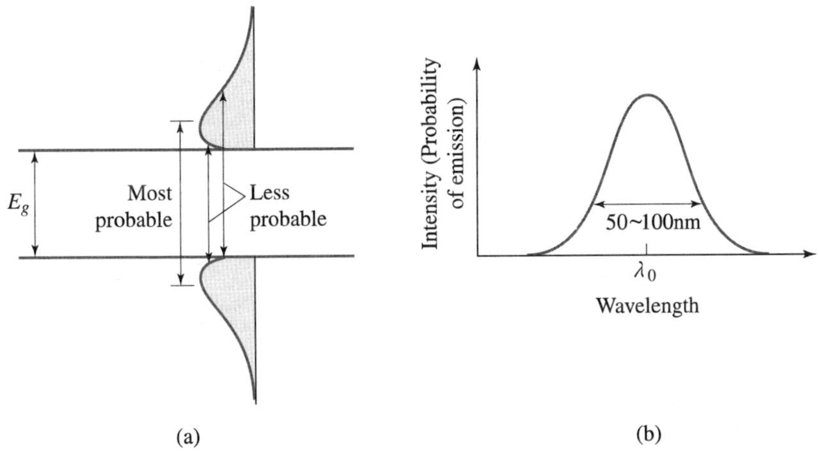

그림10.7 (a) 자발방출 과정 (b) 자발방출 스펙트럼

10.3 빛과 반도체

반도체에서의 전자의 에너지준위는 운동량이 달라짐에 따라 에너지준위도 달라지는 E-k 다이어그램으로 이루어지며, 이를 간단하게 그리면 그림 10.8과 같습니다. 이 그림은 GaAs와 같은 direct band-gap 반도체와 Si과 같은 indirect band-gap 반도체의 E-k 다이어그램을 [100] 방향으로 좌우대칭으로 그린 그림입니다.

그림 10.8(a)와 같은 direct band-gap 구조에서는 전도대역의 전자가 가전대역의 정공을 찾아 재결합할 때 에너지보존법칙에 의해 그 밴드 갭 에너지 E_g만큼의 에너지가 빛에너지로 변환하여 광자를 발생하게 됩니다. 이때 전도대역의 전자나 가전대역의 전자는 동일한 k 값을 갖게 되므로 운동량 보존법칙이 저절로 만족됩니다. 이때 전자의 일부는 E_A 준위에 있는 반도체 내 불순물과 충돌하여 빛을 발생하지 못하는 경우도 있는데 이런 경우를 비발광재결합(non-radiative recombination)이라 합니다. 그러나 대부분의 전자는 가전대역의 정공과 재결합하면서 광자를 발생하게 됩니다. 한편 그림 10.8(b)의 Si과 같은 indirect band-gap 구조에서는 전도대역에 있는 전자는 운동량이 0이 아니어서 운동량이 0인 가전대역의 정공과 직접 재결합할 수 없게 됩니다. 운동량 보존법칙을 만족시키기 위하여 전도대역의 전자는 일단 운동량을 0으로 줄이기 위하여 중간단계를 거쳐야만 가전대역으로 옮겨갈 수 있습니다. 이 중간과정을 거치게 되면 전도대역의 전자가 가전대역으로 떨어지게 되더라도 원래 가지고 있던 에너지가 빛에너지로 변환되지 않고 열이나 음파로 바뀌어 소멸됩니다. 이런 구조에서는 빛이 발생하지 않는 비발광재결합이 주를 이루게 됩니다. 따라서 일반적인 반도체 발광소자는 광자발생이 용이한

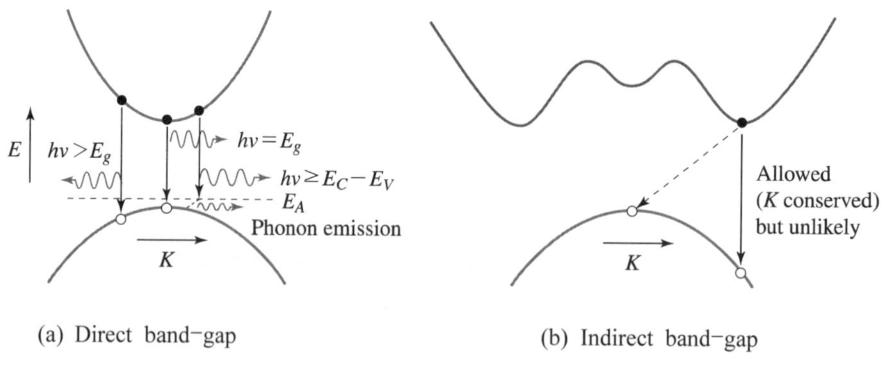

그림 10.8 반도체의 광 발광 다이어그램

direct band-gap 물질로 이루어집니다.

반도체에서의 광흡수는 direct band-gap이나 indirect band-gap 반도체 모두에서 일어날 수 있는데, 그 이유는 두 구조 모두 가전자대는 전자로 가득 차 있고 전도대는 비어 있어 운동량의 변화가 없이 광흡수가 일어날 수 있기 때문입니다. 그림 10.9(a)의 direct band-gap 반도체에서의 광흡수는 $k=0$인 밴드 갭 에너지 근처에서뿐만 아니라 $E > E_g$인 전 영역에서 광흡수가 가능합니다. 한편 그림 10.8(b)와 같이 indirect band-gap 반도체는 운동량보존의 법칙으로 인하여 광흡수가 가능한 에너지는 같은 k 값에 대하여 전도대역과 가전대역의 에너지 갭보다 큰 경우로 한정됩니다. 이 값은 일반적으로 알려진 indirect band-gap energy보다는 더 큰 값이 됩니다.

그림 10.10은 광소자로 널리 사용되고 있는 주요 반도체의 밴드 갭 에너지를 반도체 결정의 격자간격인 격자상수별로 보여주고 있습니다. 이 그림에서 이탤릭체로 나타낸 반도체는 간접천이형 밴드 갭을 의미합니다.

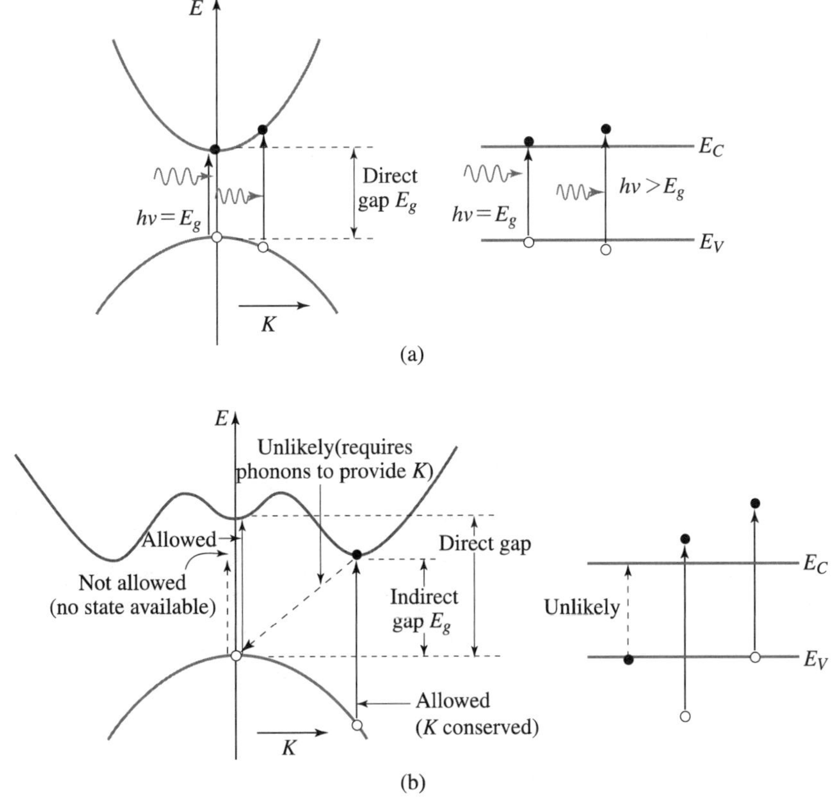

그림 10.9 반도체의 광흡수 $E-k$ 다이어그램

광통신에 사용되는 적외선영역의 광원물질로는 GaAs나 InP가 널리 사용되며 가시광선영역에서 적색광 발생이 가능한 반도체는 InN, CdSe 등이 있으며 청색광원 반도체로는 ZnSe와 CdS 등이 있겠습니다. 그러나 실제로는 GaN와 InN의 합성물질인 $In_xGa_{1-x}N$가 보다 일반적으로 사용됩니다. 이와 같이 그림 10.10에 나타나 있는 반도체는 격자상수가 비슷할 경우 서로 합성이 가능하여 그 조성 비율을 조정함으로써 밴드 갭 에너지를 조절하여 원하는 파장을 정확하게 얻어낼 수 있습니다. 그러나 격자상수가 크게 다른 반도체끼리는 내부 응력(應力, strain)의 증가로 인해 합성에 많은 문제가 있습니다. 그러므로 반도체의 격자상수는 반도체 공정상 중요한 파라미터가 됩니다. 같은 반도체일 경우에도 결정구조에 따라 이 격자상수가 달라집니다. 예를 들어 GaN인 경우, 정육면체모양일 경우 격자상수는 4.5Å이나 육각기둥모양일 때는 3.2Å이 됩니다. 그림 10.10에서 별도의 표시가 없거나 주사위그림을 붙인 반도체는 정육면체구조(cubic)의 일종인 zinc-blende 구조임을 나타내며 육각형그림을 붙여 놓은 반도체는 육각기둥구조(hexagonal)의 일종인 wurtzite 구조임을 나타냅니다.

그림 10.11에는 통신용광원을 위한 반도체로 널리 사용되는 III-V족 화합물반도체의 격자상수별 밴드 갭 에너지와 발광파장이 나타나 있습니다. 원소가 여러 개인 화합물을 조합하여 다층 반도체소자를 제작할 경우, 이 격자상수가 서로 비슷하게 설계하는 것이

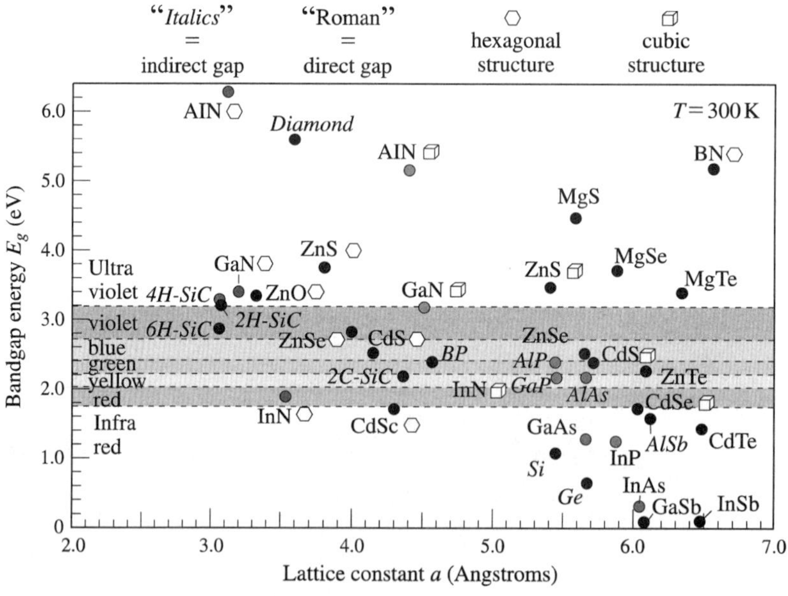

그림 10.10 주요 반도체의 격자상수별 밴드 갭 에너지의 분포

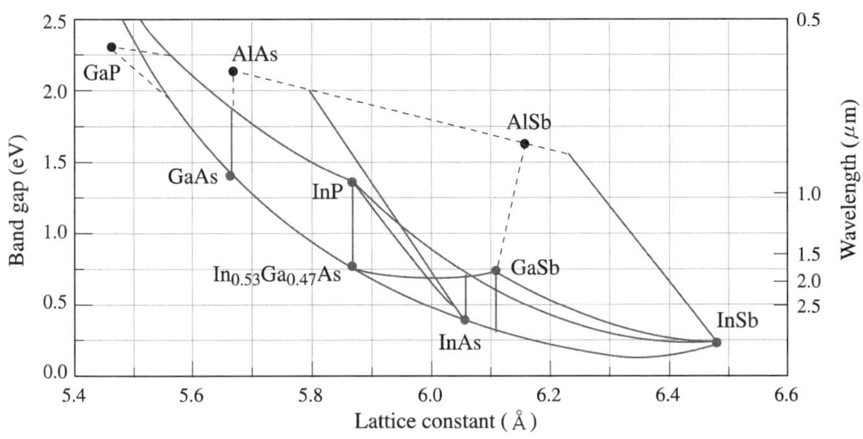

그림 10.11 대표적 반도체의 격자상수와 밴드 갭 에너지 및 밴드 갭 파장

매우 중요합니다. 그러므로 InP기판을 사용하는 경우에는 격자상수가 같은 $In_{0.53}Ga_{0.47}As$를 흔히 사용하게 됩니다. InP 이전에 널리 사용되어온 GaAs의 경우 격자상수정합(lattice matching)을 위해 보통 AlGaAs 화합물을 사용하며, 이 경우 발광파장은 적색부근에서 0.78 μm 근처의 근적외선이 됩니다.

10.4 p-n접합 다이오드

순수한 반도체는 전자나 정공과 같은, 전하를 나르는 자유캐리어(free carrier)의 발생이 미미하여 거의 부도체에 가깝습니다. 반도체의 전기전도도를 높이기 위하여 인위적으로 불순물을 첨가하게 되는데 이를 도핑(doping)이라 합니다. 4가의 원자로 이루어진 반도체에 5가의 원자를 도핑하여 전자, 즉 음성캐리어의 농도가 늘어난 경우를 n형 반도체라 하며, 3가의 원자를 도핑하여 정공, 즉 양성캐리어의 농도가 늘어난 경우를 p형 반도체라 합니다. pn접합 다이오드는 이와 같은 p형 반도체와 n형 반도체를 접합한 소자를 일컫습니다.

그림 10.12와 같이 순수한 4가 반도체에 3가의 원자(acceptor)를 N_A만큼 도핑하여 p형 반도체를 얻습니다. 그 다음, 국부적으로 5가의 원자(donor)를 N_D만큼 추가적으로 도핑합니다. 그러면 이 영역은 양성캐리어가 N_A, 음성캐리어가 N_D만큼 생성되는데 음성캐리어가 더 많아서 결과적으로 그림 10.12(e)와 같이 $N_D' = N_D - N_A$만큼의 음성캐리어를

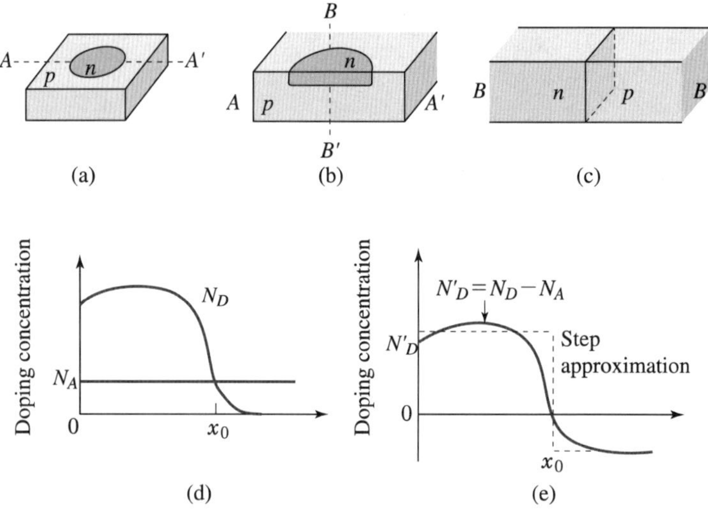

그림 10.12 pn접합 다이오드 제조공정

갖는 n형 반도체가 되며 pn접합이 완성됩니다.

pn접합 다이오드에 전압이 걸리지 않은 zero 바이어스 상태에서는 그림 10.13(a)와 같이 pn 접합에 생긴 전위장벽으로 인하여 효율적인 EHP의 재결합이 일어나지 않습니다. 극소수의 캐리어가 전위장벽을 뛰어 넘더라도 전자와 정공이 서로 상쇄되어 전체전류는 항상 0이 됩니다. 그러나 순방향전압을 걸어주면 전위장벽이 그만큼 낮아져서 캐리어가 상대영역까지 어느 정도 침투하게 됩니다. 이 경우 EHP의 공간적인 간격이 좁아져서 EHP의 재결합이 용이하게 됩니다. 이때 silicon과 같은 indirect-gap 물질에서는 빛이 생성되지 않는 비발광재결합(non-radiative recombination)을 하게 됩니다. 하지만 GaAs와 같은 direct band-gap 물질이나 GaP와 같이 제 3준위의 도움이 있는 indirect-gap 물질

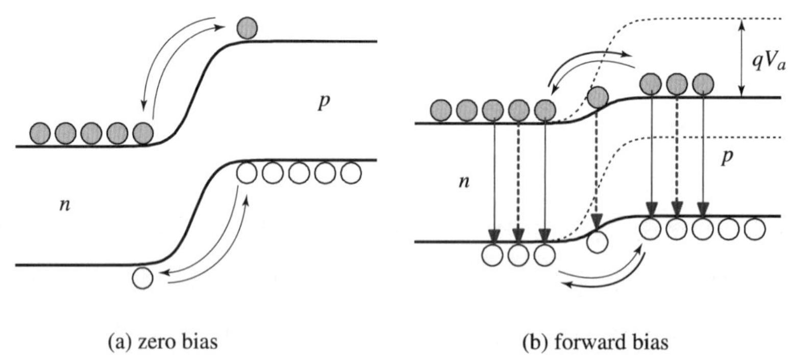

그림 10.13 pn접합 다이오드의 EHP의 재결합

에서는 빛이 생성되는 발광성 재결합(radiative recombination)을 하게 됩니다. 대개의 경우는 direct-gap 물질도 그림 10.13(b)에 점선으로 표시된 것처럼 어느 정도는 비발광재결합이 있는데, 이는 반도체의 불순물이나 결정이 완전하지 못하기 때문입니다.

이와 같은 다이오드를 전자기호로 나타내면 아래 그림 10.14와 같은 화살표로 표현됩니다. 여기서 화살표의 방향은 p에서 n형으로 향합니다. 먼저 그림 10.14(a)와 같이 외부전압을 인가하지 않은 상태에서 pn 접합에 빛을 인가하면 경계면에서 다수의 EHP가 발생합니다. 이때 역방향전압을 인가하면 EHP의 전자는 양극으로, 정공은 음극으로 추출되는데 이렇게 생성된 전류를 광전류(photo current)라 합니다. 이 광전류는 빛의 흡수에 의해 생긴 전기에너지로서 태양전지나 CCD(charge coupled device) 등, 수광 소자의 동작원리가 됩니다.

한편 direct band-gap 물질의 pn 다이오드에 순방향전압을 인가하면 pn접합 영역에서 전도대의 전자와 가전자대의 정공이 함께 늘어나 다수의 EHP가 발생합니다. 이때 그림 10.14(b)와 같이, 같은 k 값, 즉 운동량이 같은 전자와 정공은 쉽게 발광성 재결합을 하게 됩니다. 이런 경우를 자발방출(spontaneous emission)이라 합니다. 그러므로 순방향 인가전압이 커져서 전도대에 전자가 많고 가전자대에 정공이 많아질수록 자방방출도 늘어나게 됩니다.

pn접합 영역에 자발방출이 증가하는 상황에서 계속적으로 EHP가 공급되면 새로 생성되는 광자는 매질을 통과하는 빛의 파동과 위상이 같아집니다. 이러한 경우를 유도방출(stimulated emission)이라 합니다. 유도방출의 원리가 그림 10.14(c)에 나타나 있습니다. 비발광재결합보다 발광성 재결합의 비율이 더 많은 효율적인 발광다이오드에서는 pn 경계영역에서 EHP의 재결합으로 다수의 광자가 발생하게 됩니다. 광자의 수가 충분히 늘어나게 되면 유도방출이 가능하게 됩니다. 한편 전압을 반대극성으로 걸어주게 되면 전자와 정공이 서로 반대방향으로 끌려가게 되어 pn 경계면에서의 광자의 발생이 소멸하게 되어 흡수만 일어나게 됩니다. 그러므로 pn접합 다이오드는 p형에서 n형 방향으로 전압을 걸었을 때는 빛의 생성이 잘 일어나지만 그 반대방향으로는 그렇지 못합니다. 이와 같이 전압을 p형에서 n형으로 인가할 때를 순방향(forward bias), 그 반대방향을 역방향(reverse bias)이라 합니다. 이와 같은 이유에서 pn 다이오드를 기호로 나타낼 때는 아래 그림과 같이 p형에서 n형으로 향하는 화살표로 나타냅니다.

반도체의 전도대역과 가전대역은 단일 에너지준위가 아니라 불연속적인 에너지준위가 매우 촘촘히 밀집되어 존재하고 있습니다. 그림 10.14에는 pn 다이오드의 접합에서 광흡수에 의한 EHP의 생성, 순방향 bias에 의한 자발방출과 유도방출의 원리를 보여주고 있습니다.

일반적인 pn 다이오드는 반도체의 한쪽에 n형 반도체 다른 쪽에 p형 반도체를 형성함으로로 얻을 수 있습니다. 이와 같이 p형 반도체와 n형 반도체의 밴드 갭 에너지가 같은 경우를 동종접합(homo-junction)이라 합니다. 이 pn 다이오드에 순방향전압을 인가하면 그림 10.15(a)와 같이 pn 경계면에 전자-정공쌍이 형성되어 광자가 생성됩니다. 그러나 이 경우 전자와 정공이 pn 경계면에만 국한되지 않고 일부 전자가 p형 반도체로 확산되면서 p형 반도체 내부로도 확대되며 마찬가지로 일부 정공이 n형 반도체로 확산되어 n형 반도체 내부로도 확대됩니다. 그림 10.15(a)에서 L_n은 전자의 확산거리(diffusion length)를, L_p는 정공의 확산거리를 나타냅니다. 그러므로 pn 경계면에서 EHP의 재결합효율이

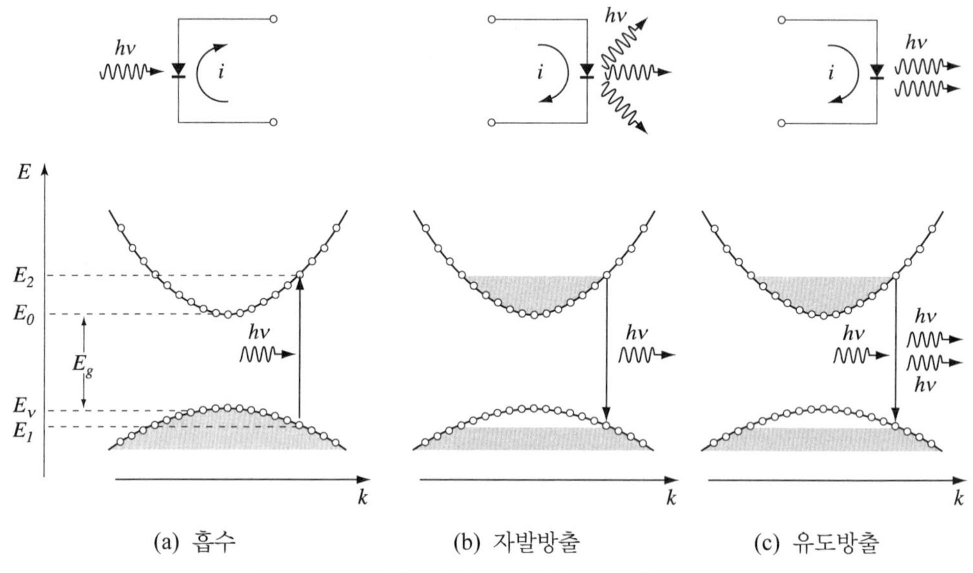

그림 10.14 pn접합 다이오드에서의 빛의 흡수 및 방출

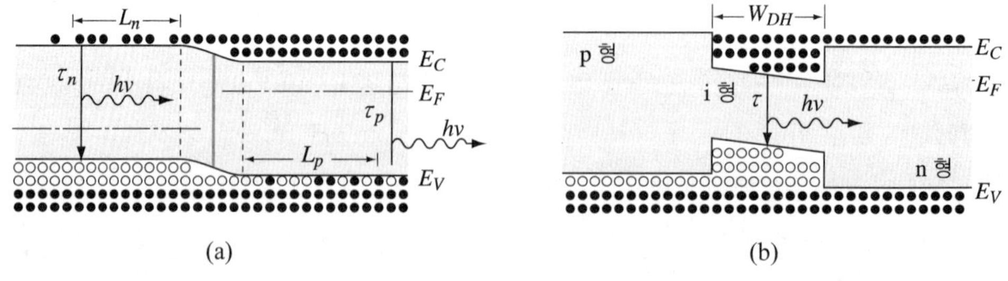

그림 10.15 (a) 동종접합 pn 다이오드, (b) 이중 이종접합 pin 다이오드

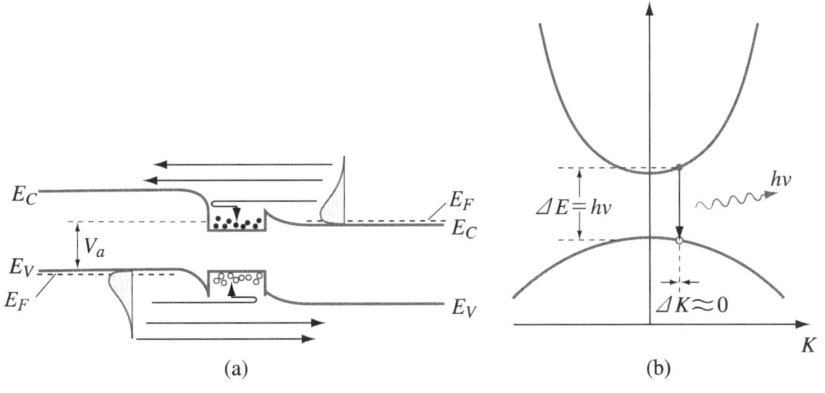

그림 10.16 (a) 이종접합 p-i-n 다이오드의 밴드구조와 (b) 광자방출

감소하게 됩니다. 이런 이유로 인해 동종접합 pn 다이오드에서는 발광효율이 상당히 작습니다. 이 문제를 해결하기 위하여 고안된 구조가 그림 10.15(b)와 같은 이중 이종접합(double hetero-junction)을 이용한 p-i-n 구조입니다. 이종접합이란 반도체의 밴드 갭 에너지가 다른 물질끼리 경계를 이루는 접합을 일컫습니다. 이 중 p-i-n 다이오드는 일반적으로 pn 접합다이오드의 경계면에 아무런 도핑을 하지 않아 p형도 아니고 n형도 아닌 진성반도체(intrinsic semiconductor)를 삽입한 구조입니다.

이 구조에 순방향전압을 인가하게 되면 그림 10.16과 같이 n형 반도체 쪽에서 밀려온 전자는 에너지준위가 낮은 진성반도체 영역에 모이게 됩니다. 그리고 p형 반도체에서 밀려온 정공도 n형으로 확산되어가는 경우는 거의 없이 대다수가 이 영역에 모여 있게 됩니다. 그러므로 이 진성반도체 영역에서 전자와 정공이 재결합하게 되어 광자의 생성 효율이 pn 동종접합 다이오드에 비해 월등히 향상됩니다. 이 경우 빛의 파장은 진성 층의 밴드 갭 에너지에 의해서 결정되며, 이 진성 층에서 가장 활발한 광자의 생성이 일어나므로 활성 층(active layer)라고도 일컫습니다.

10.5 LED의 원리와 구조

발광다이오드(light emitting diode, LED)는 다이오드에서 빛이 방출되는 소자입니다. 그러나 실제의 LED에서는 빛이 발생하는 활성 층에 효율적으로 전류가 공급되고, 이때 발생한 열과 빛이 LED 외부로 효과적으로 방출되도록 하는 여러 가지 아이디어가 숨어

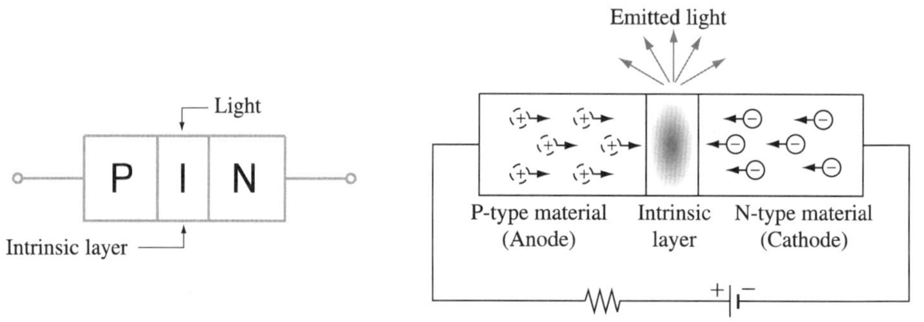

그림 10.17 p-i-n LED의 캐리어분포와 광 방출

있습니다. 그림 10.17은 일반적인 LED의 전류공급 흐름도와 열 및 빛의 방출구조를 나타냅니다. 반도체에서 빛을 얻기 위하여서는 전도대역에 지속적으로 전자를 공급하고, 가전대역에는 전자가 떨어질 빈자리, 즉 정공(hole)을 마련해 주어야 합니다. 이를 위해서 그림 10.17과 같이 p형 반도체에 양의 전압을 걸어주어 정공을 주입하고, n형 반도체에는 음의 전압을 인가하여 전자를 주입하여 줍니다. 이렇게 주입된 전자와 정공은 i층, 즉 활성 층에서 광자를 방출합니다. 빛이 방출할 때 동시에 열도 발생하는데 보통 접합부의 온도는 100~150 °C 정도까지 상승하며 캐리어온도는 이것보다 훨씬 더 높이 올라가 200~900 °C까지 상승합니다. 따라서 LED의 방열을 돕기 위한 여러 가지 패키지 구조가 필요하게 됩니다.

그림 10.18에 여러 가지 전극구조와 광 방출 구조가 있습니다. 먼저 그림 (a)와 같은 인디케이터용 LED는 빛이 반도체 외부로 효율적으로 방출될 수 있도록 LED 상부에 투명한 유리나 플라스틱으로 렌즈를 부착합니다. 아울러 pin 다이오드에 전류를 주입하기 위해 빛이 나오는 중앙부분을 제외하고 바깥부분으로 링 형태의 양극(anode)을 만들어 전류를 인가하면 반도체내부에서는 전류가 퍼져나가 활성 층에 이를 때는 거의 균일하게 캐리어가 공급됩니다. 한편 광통신용 LED는 외부로 방출되는 빛이 광섬유로 바로 입사될 수 있도록 그림 (b)와 같이 LED 표면에 광섬유를 직접 부착하는데, 이를 pig-tailing 패키징이라 합니다. 그림 (c)는 활성 층에서 생성된 빛이 LED의 옆면으로 방출되게 한 단면방출형(edge emitting) 구조입니다. 마지막으로 고출력 LED의 경우 양극을 LED 표면 중앙에 디스크 형태로 만들어 주는 경우도 있습니다. 이 구조는 전극면적을 줄여주어 빛이 효율적으로 방출되게 하며 그 외에 수명과 효율 면에서도 우수한 결과를 보여줍니다. 이 외에도 LED에는 활성 층이 두 종류인 2파장 LED, 3색 형광물질을

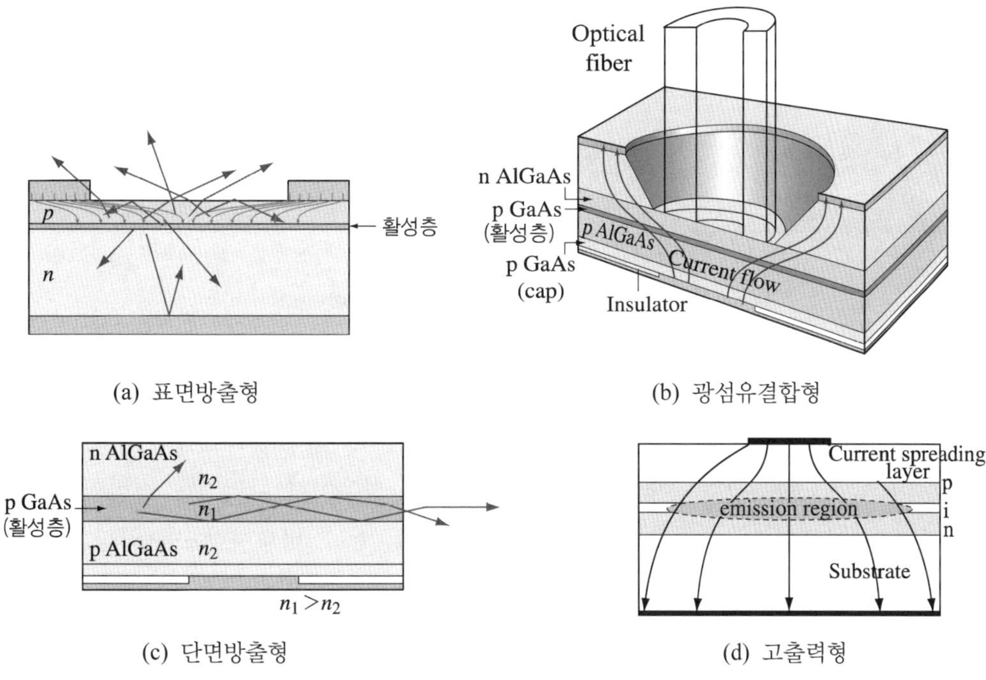

그림 10.18 여러 가지 LED의 구조

코팅한 백색 LED, 양극과 음극이 모두 표면에 있는 수평전극구조, 빛의 외부 추출효율을 향상시킨 표면요철형, 옆면과 아래면의 광 손실을 줄여주는 역 피라미드형 등 매우 다양한 구조가 있습니다.

햇빛이나 백열등과 같은 열광원은 넓은 파장선폭의 흑체복사 스펙트럼을 갖습니다. 그러나 반도체 발광 소자에서 자발 방출되는 빛은 반도체의 밴드 갭 에너지에 의해 파장이 결정되므로 매우 좁은 파장선폭을 갖게 됩니다. 특히 LD와 같은 공진기 구조에서는 결맞음 모드의 빛만 방출되므로 그 선폭은 더욱 좁아지게 됩니다. 그림 10.19에 열광원, LED, LD에서 방출되는 빛의 스펙트럼이 그려져 있습니다.

일반 열광원은 스펙트럼 폭이 100~1,000 nm 정도로서 가시광선 전 영역을 포함합니다. LED는 활성매질의 종류와 물리적 성질에 따라 차이가 있으나 대개 스펙트럼 반치선폭(FWHM, full-width at half maximum)은 10~50 nm입니다. FWHM은 중심파장의 최대치에 비해서 강도가 반으로 줄어드는 파장 범위를 나타내며 스펙트럼선폭을 정의하는 용어로 주로 사용합니다. 그러나 고출력 LED와 같이 전자나 정공의 농도가 증가하면 이 값도 증가하여 50~100 nm까지 큰 경우도 가능합니다. 반면에 반도체레이저는 스펙트럼의 단색성이 매우 우수하여 FWHM은 보통 1 nm 이하가 됩니다.

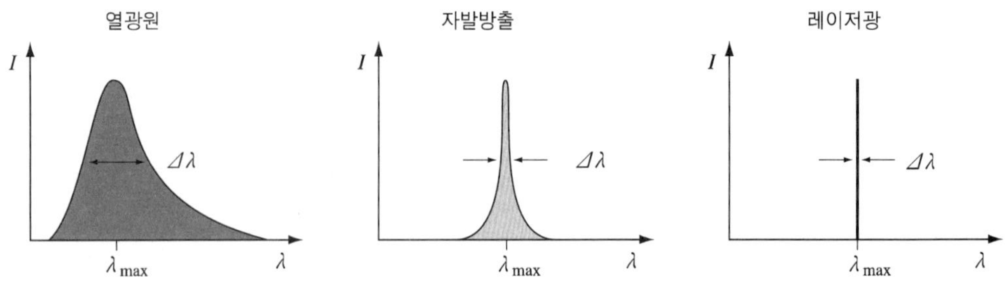

그림 10.19 여러 가지 광원의 스펙트럼

LED에서 발생하는 빛의 중심파장은 활성 층의 밴드 갭에 의해서 결정됩니다. 그림 10.20에 현재 널리 사용되고 있는 반도체의 발광파장이 열거되어 있습니다. 이 중 짙은 막대로 표시된 것은 간접천이(indirect) band-gap인 경우이며 나머지는 직접천이(direct) band-gap인 경우입니다. 이 그림에 같이 표시된 것은 눈의 비교시감도를 나타낸 것으로 400~700 nm의 가시광선 스펙트럼을 나타냅니다.

한편 가시광선영역 외에 적외선영역의 LED는 광통신 분야에 활용되고 있다. 그림 10.21에서와 같이 실리카 광섬유는 1.3μm와 1.55μm 영역에서 광 손실이 낮아 광통신에 사용되는 광원의 파장은 이 영역의 발광파장을 갖도록 하고 있습니다.

일반적으로 광 손실이 가장 낮은 1.55μm에서는 LD를 이용한 장거리 광통신에 널리

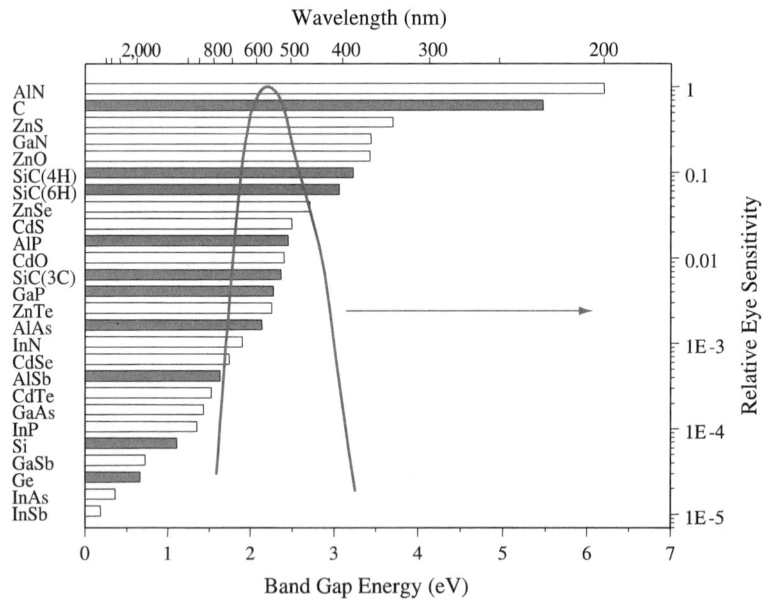

그림 10.20 주요 반도체의 밴드 갭 에너지와 발광파장

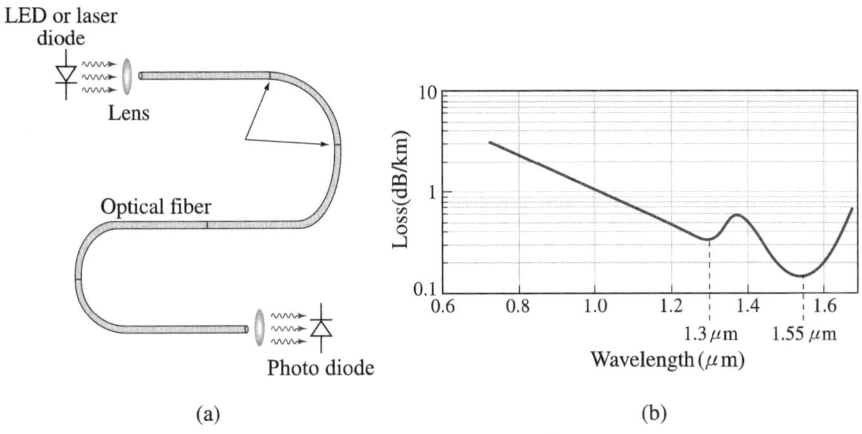

그림 10.21 (a) 광통신 링크와 (b) 파장에 따른 광섬유의 광 손실

사용되고 있으나, FTTH나 LAN 등과 같은 단거리 광통신 링크에는 제작단가가 저렴한 1.3μm LED를 많이 사용하고 있습니다.

LED의 활성 층은 주로 DH(double hetero-structure) 구조를 사용하고 있으나 고출력이 요구될 때는 MQW(multiple quantum well) 구조를 사용하고 있습니다. 이 경우 QW의 양자화에너지에 의해 발진파장은 밴드 갭 에너지보다 상당히 큰 값을 갖습니다. 그림 10.22에 활성 층의 종류와 구조에 따른 발광파장의 범위가 열거되어 있습니다. 특히 UV, 청색 및 녹색파장의 GaN기판을 이용한 AlInGaN계열 질화물반도체, 황색과 적색파장의 GaAs기판을 이용한 AlGaInP반도체와 AlGaAs반도체, 그리고 적외선광통신 파장영역의 InP기판을 이용한 InGaAsP계열 화합물반도체 등 현재 주목되는 반도체물질 그룹들이

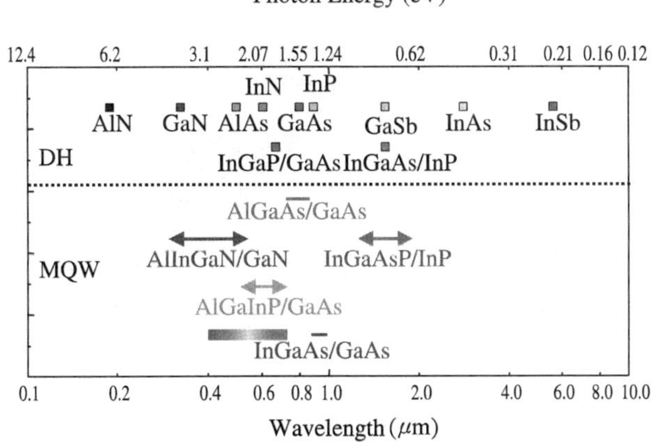

그림 10.22 활성 층의 구조에 따른 주요 반도체의 발광파장범위

모두 열거되어 있습니다.

UV/청색/녹색 파장대역에서는 질화물(nitride) 반도체와 같이 넓은 밴드 갭(wide band-gap) 물질이 개발되어 LED로 제작되고 있습니다. 질화물반도체의 대표 격인 GaN는 3.4eV의 넓은 밴드 갭 에너지를 갖는 직접천이 형 반도체입니다. Al 또는 In을 첨가하여 AlGaN나 InGaN의 3원 화합물을 성장시킬 경우, 그림 10.23에 나타낸 것과 같이

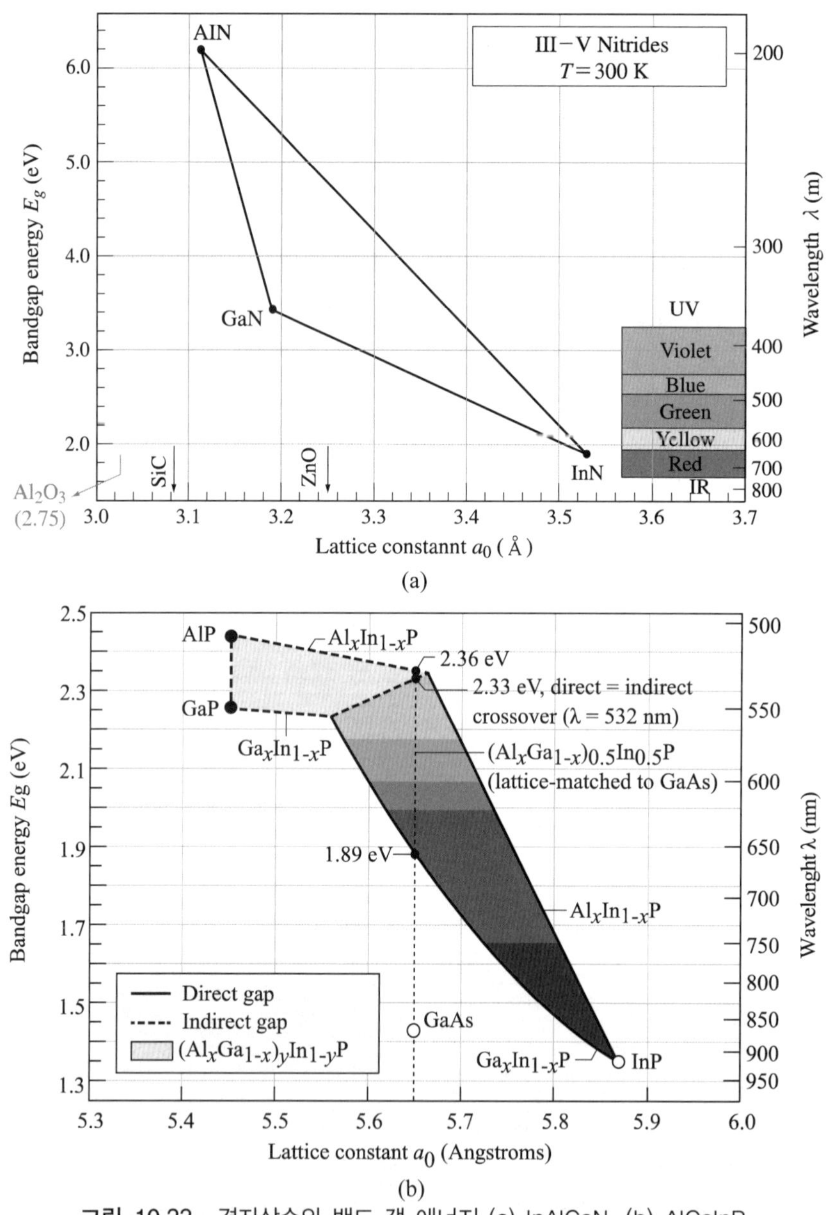

그림 10.23 격자상수와 밴드 갭 에너지 (a) InAlGaN, (b) AlGaInP

물질의 조성비에 따라서 1.8~6.2eV 사이의 밴드 갭 조절이 가능하기 때문에 청색, 녹색, UV LED, 및 단파장 LD 등에 사용되어, 표시장치 분야의 총천연색화 및 단파장 LD 광원구현에 결정적인 공헌을 하였습니다.

그러나 GaN계 물질을 사용하는 데 있어 몇 가지 문제점이 있습니다. 이 물질군이 육방정계 구조를 형성하고 있기 때문에 박막성장에 필요한 적절한 기판이 없으며, 기판의 대면적화 또한 쉽지 않습니다. 최초의 InGaN LED는 사파이어(sapphire; Al_2O_3) 기판 상에 MOCVD법에 의하여 제작되었는데 사파이어의 격자상수는 2.75Å으로서 GaN의 격자상수 3.2Å과 15% 이상 차이가 나, 정상적으로 성장할 수가 없었습니다. 이로 인해 불가피하게 수천 mono-layer의 완충층(buffer layer)을 길러서 기판의 응력을 해소시켜줘야만 되었습니다. 최근에는 GaN와 격자상수가 비슷한 도전체기판인 SiC나 ZnO 위에 성장한 경우가 격자정합이 GaN/Al_2O_3보다 좋고, 높은 전도율을 가지고 있어 전력소모를 완화시키고, 균일한 전류흐름을 제공한다고 알려져 있습니다. 하지만 SiC의 값이 매우 비싸고 흡수율이 커서 외부발광효율을 떨어뜨리는 단점이 있습니다. 이러한 이유로 부도체이며 가시광선에 대하여 투과성을 갖는 사파이어기판이 아직까지 널리 사용하고 있습니다.

10.6 LED의 광 추출효율

일반적으로 LED소자의 효율을 평가할 때에는 외부양자효율(external quantum efficiency)을 사용합니다. LED의 외부양자효율은 외부로 방출되는 광자(photon)의 개수를 주입한 전자의 개수로 나눈 값입니다. 다시 말해서 외부로 나오는 빛의 광 출력(optical output power, P_{out})을 주입한 전력(electrical power, $I \cdot V$)으로 나눈 값입니다.

$$\eta_{EQE} = \frac{P_{out}}{I \cdot V} \tag{10.1}$$

한편, LED의 내부양자효율(internal quantum efficiency)은 내부에서 자발방출에 의해 생성되는 광자의 개수를 주입한 전자의 개수로 나눈 값입니다. 다시 말해서 내부에서 생성되는 빛의 광 출력(P_{in})을 주입한 전력($I \cdot V$)으로 나눈 값입니다. 또한 광 추출효율(light extraction efficiency)은 외부로 방출되는 광자의 개수를 내부에서 자발방출에 의해 생성되는 광자의 개수로 나눈 값입니다. 다시 말해서 외부로 나오는 빛의 광 출력

(P_{out})을 내부에서 생성되는 빛의 광 출력(P_{in})으로 나눈 값입니다.

$$\eta_{IQE} = \frac{P_{in}}{I \cdot V} \tag{10.2}$$

$$\eta_{LEE} = \frac{P_{out}}{P_{in}} \tag{10.3}$$

따라서 LED의 의의 식들로부터 외부양자효율은 내부양자효율과 광 추출효율의 곱으로 나타낼 수 있습니다.

$$\eta_{EQE} = \eta_{IQE} \times \eta_{LEE} \tag{10.4}$$

LED의 외부양자효율을 높이기 위해서는 내부양자효율과 광 추출효율을 모두 높여야 하는데, 내부양자효율은 LED 재료와 소자의 활성 층 구조의 품질에 의하여 어느 정도 결정되므로 현재와 같이 기술수준이 성숙한 단계에서는 개선의 여지가 별로 없습니다. 하지만 광 추출효율은 여러 가지 방식으로 전반사를 깨뜨리는 구조를 적용하게 되면, 많은 개선을 가져올 수 있으며, LED 소자의 패키징 공정에서 돔 형태의 에폭시를 몰딩하는 방식으로 전반사조건을 완화시켜서도 개선할 수 있습니다.

제작된 LED는 빛이 방출되는 방향에 따라 표면발광(surface emitting)과 측면발광(edge emitting)의 두 종류로 나뉩니다. 표면발광 LED는 반도체와 공기의 계면에서 일어나는 전반사의 임계각도보다 작은 각으로 입사하는 빛은 모두 외부로 방출되므로 원형의 방출 콘(escape cone)을 형성하게 되어 원형 광이 방출됩니다. 측면발광 LED는 이보다 조금 복잡한데 수평방사각도는 주로 전반사의 지배를 받으나 수직방사각도는 전반사뿐만 아니라 활성 층을 위아래로 둘러싼 클래드 층과의 굴절률 차이에 의한 도파효과와 발광영역의 회절효과의 지배를 받기 때문에 일반적으로 타원형태의 빛이 방출됩니다.

LED의 활성 층에서 생성된 빛은 육면체 LED의 6개면으로 대부분 방출되지만, 일부는 밖으로 빠져나오는 동안 결함에 잡혀 열에너지로 변환되거나 내부전반사(TIR, total internal reflection)에 걸려 LED 내부에서 소멸됩니다. 전반사현상은 칩의 구조상, 직육면체 칩일 경우 칩 내부의 굴절률과 외부의 굴절률에 차이가 있을 때 칩과 외부매질 사이의 경계면에서 내부반사가 생깁니다. 전반사는 입사각 θ_c가 특정각도 이상에서는 100% 반사만 일어나는 현상입니다. 예를 들어, GaAs물질($n = 3.6$)과 공기와의 계면에서의 전반사 임계각도 $\theta_c = \sin^{-1}(1/n)$는 약 16° 정도로 이 각도보다 큰 각도로 입사한 빛은 모두 전반사에 의해 다시 반도체 쪽으로 되돌아갑니다. 이는 반도체와 공기 사이에 굴절률의 차이가 상당히 크기 때문에 일어나는 현상입니다.

그림 10.24와 같이 LED의 내부에서 발생한 빛 중에서 θ_c보다 작은 입사각으로 표면에 도달한 빛들은 방출 콘에 포함되어 대부분 밖으로 방출되지만 이 각보다 같거나 큰 입사각으로 입사되는 빛들은 직육면체의 LED 구조물 내부에 갇혀서 밖으로 빠져나오지 못하고 내부에서만 계속 돌아다니다 결국은 소멸됩니다.

광 추출효율을 증진시키기 위하여 반도체 LED의 표면을 반원구형이나 포물선으로 하면 좋겠지만, 반도체를 곡면으로 가공하는 것은 매우 어려운 작업입니다. 실제 LED 제작에는

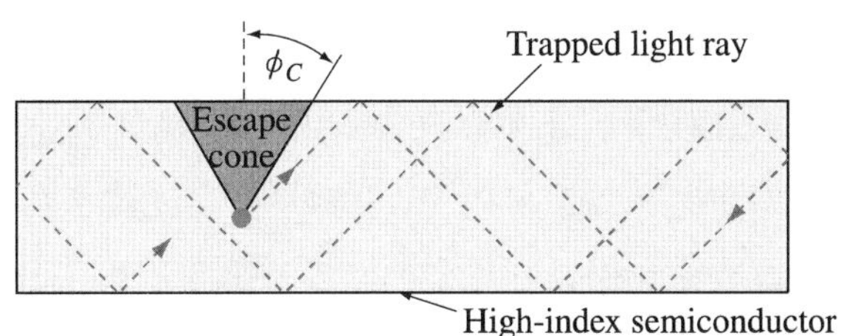

그림 10.24 LED에서 생성된 빛의 광선궤적

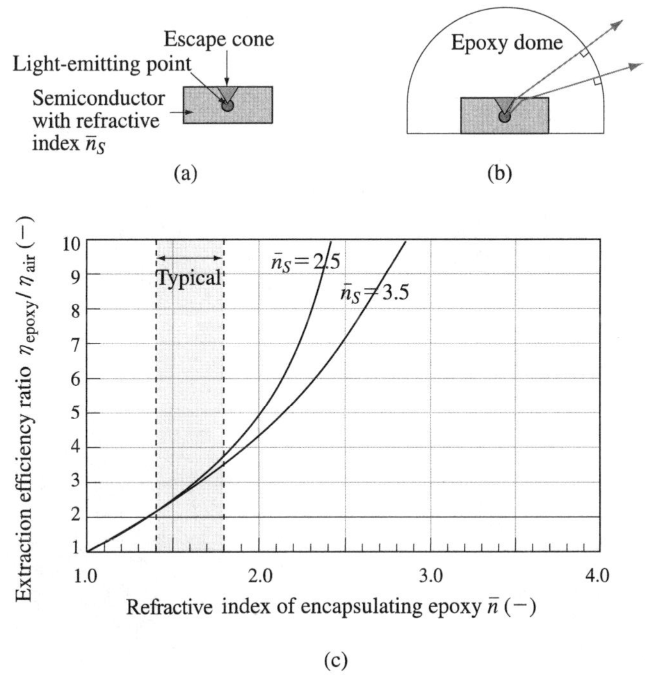

그림 10.25 에폭시의 굴절률에 따른 광 추출효율

반도체표면을 직접 가공하는 대신 굴절률이 높은 에폭시를 이용하여 소기의 광 추출효과를 얻어냅니다. 그림 10.25는 반도체의 굴절률이 2.5와 3.5인 경우에 대하여 에폭시재료의 굴절률을 변화시켜가면서 광 추출효율의 변화치를 계산한 결과를 보여주고 있습니다. 이 그림으로부터 에폭시 돔(dome)의 굴절률이 1.4~1.8로 변할 때 광 추출효율은 2~4배 증가함을 알 수 있습니다. 향후 굴절률이 높은 에폭시가 개발되어 굴절률이 2.5 정도가 되면 광 추출효율은 7배 정도까지 증가하게 될 것입니다.

LED 표면에서의 전반사를 줄이는 방법으로는 표면에 도달한 광자가 난반사가 잘 일어날 수 있도록 표면을 거칠게 만들어 주거나 표면에 패턴(texture)을 형성하는 방법이 있는데, 이를 통해서 광 추출효율을 보다 향상시킬 수 있습니다.

그림 10.26(a)는 GaAs LED의 바닥면에 금 거울을 부착하여 빛을 반사시키고, 표면은 임의의 요철을 갖도록 나노공정으로 표면 처리하여 광 추출효율을 향상시킨 구조입니다. 한편 GaN LED의 경우에는 사파이어기판의 굴절률이 작아 GaN층과 사파이어기판 계면에서의 전반사가 큰 문제가 됩니다. 따라서 그림 (b)처럼, 사파이어기판에 미리 패턴을 형성한 다음, 소자구조를 성장하는 기술을 이용하여 활성 층에서 발생한 광자가 기판

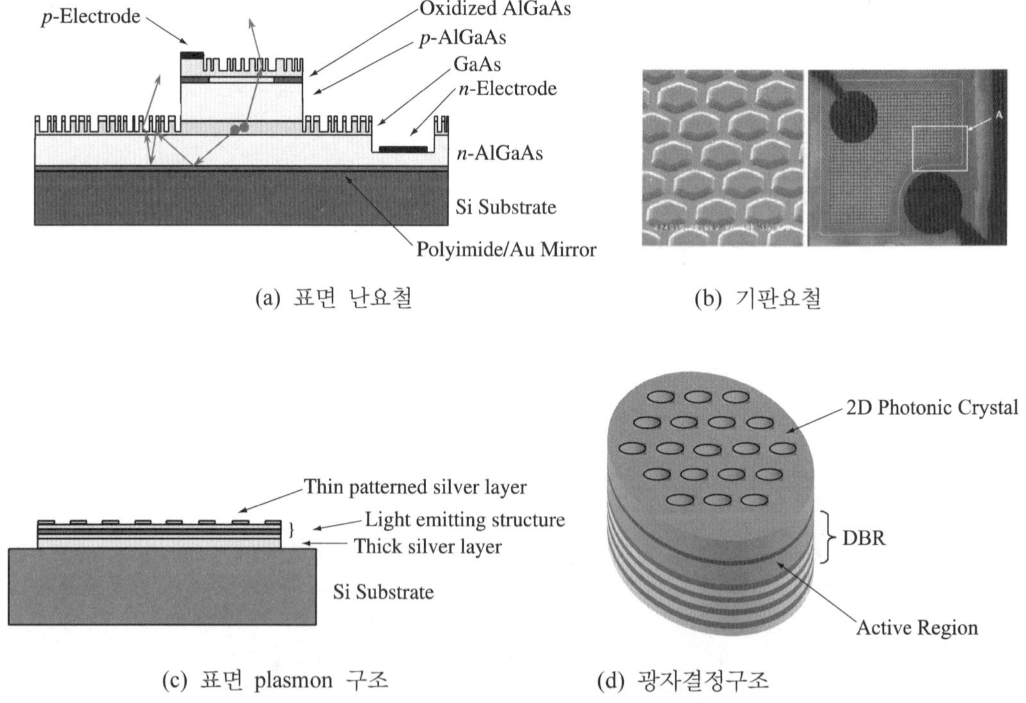

(a) 표면 난요철 (b) 기판요철

(c) 표면 plasmon 구조 (d) 광자결정구조

그림 10.26 표면 패터닝 구조

쪽으로 방사되는 경우에 기판 상의 패턴들에 의해 위쪽으로 난반사가 일어나도록 하여 전반사에 의한 내부에서의 빛의 트래핑(trapping)을 깨뜨려 추출효율을 증대시킬 수 있습니다. 그림 (c)는 표면 플라즈몬(surface plasmon)을 이용하여 전반사되는 빛에 전자기파에 의한 운동량교환을 통하여 표면방출을 증진시킨 구조입니다. 최근에는 특정파장의 광자만 선택적으로 투과 또는 반사시키도록 LED 표면에 광자결정(photonic crystal)을 형성하여 광 추출효율을 개선하는 새로운 방법들이 시도되고 있습니다. 표면에 광자결정구조를 가공한 원형 LED의 입체도가 그림 (d)에 개략적으로 그려져 있습니다.

한편, 칩의 모양을 역 피라미드형(truncated inverted pyramid, TIP)으로 만들어 임계각을 변화시켜 전반사에 의한 빛의 트래핑(trapping)을 깨뜨려 광 추출효율을 종래보다 획기적으로 개선한 구조들이 제안되었습니다. 그림 10.27(a)와 (b)는 GaInN LED를 SiC 위에 성장한 경우이며 그림 10.27(c)와 (d)는 AlGaInP LED를 나타낸 그림입니다.

그림 10.28에 광 추출효율을 개선하기 위한 여러 가지 구조가 열거되어 있습니다. 그림 (a)는 바닥면으로 방출되는 빛을 효율적으로 반사하기 위한 DBR 거울(mirror)이 활성 층 아래에 위치한 구조입니다. 그림 (b)는 원래 기판이었던 GaAs는 AlGaAs/GaAs LED의 발광파장대역을 흡수하여 광 추출효율이 떨어지는 경우를 방지하기 위하여, GaAs 기판을 제거하고 바로 전극을 부착한 경우입니다. 이를 다시 에폭시 반구 돔에 부착하게 되면 그림 (c)와 같아집니다. 여기서 반구 돔을 LED 발광 면에 바로 부착할 수

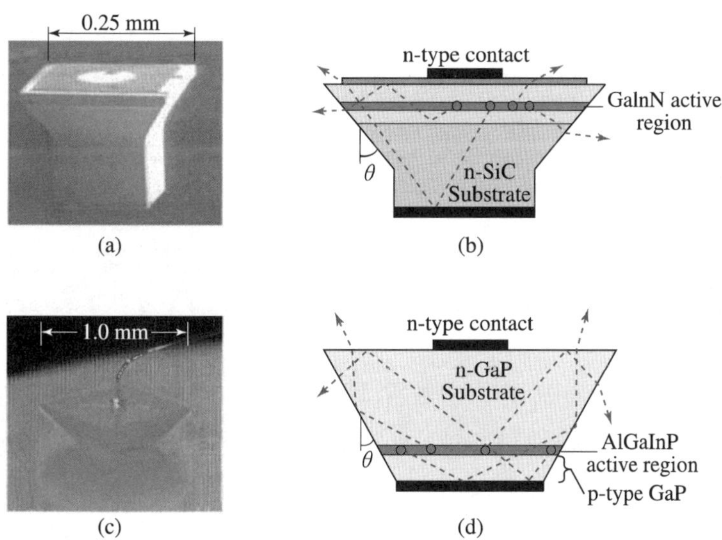

그림 10.27 역 피라미드형 LED (a) and (b) GaInN/SiC LED, (c) and (d) AlGaInP/GaP LED

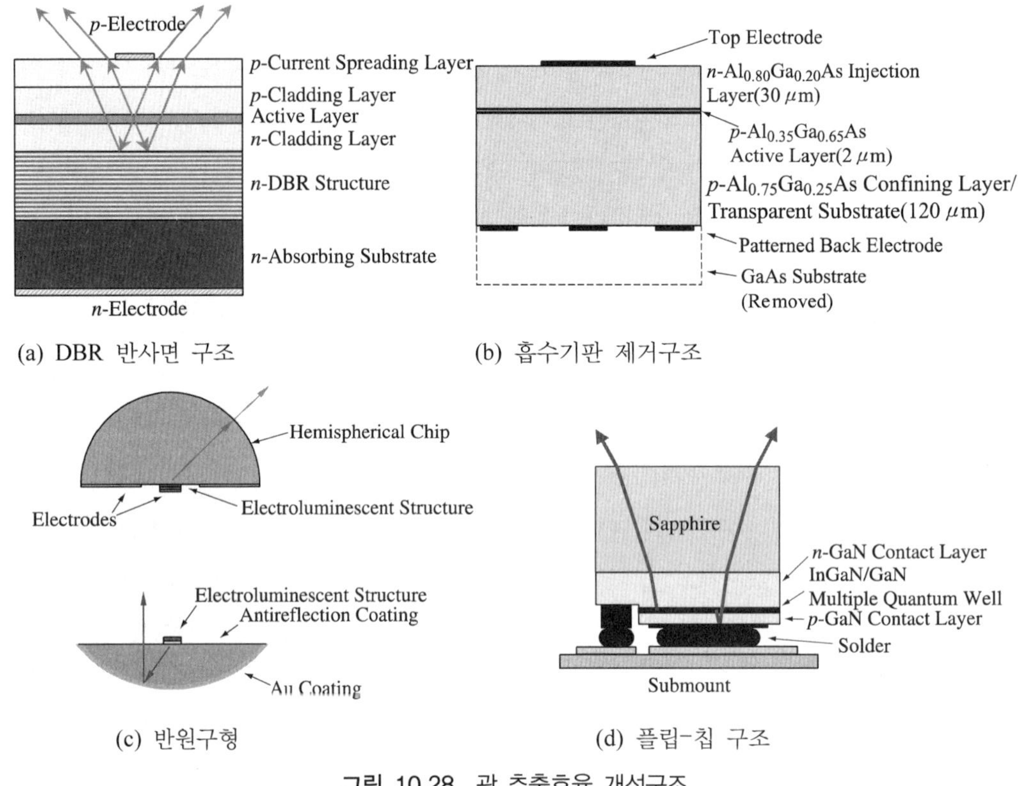

그림 10.28 광 추출효율 개선구조

도 있고, 반구표면에 거울코팅(mirror coating)을 증착하여 빛이 반구에서 반사되도록 하는 경우도 있습니다. 마지막으로 그림 (d)는 플립-칩 본딩(flip-chip bonding)을 통하여 AlInGaN 계열의 청록색에서 투명한 특성을 가진 사파이어 기판 쪽으로 빛을 뽑아내는 구조를 나타냅니다.

10.7 백색 LED

백색 LED의 제조방식에는 크게 다음의 3가지의 방법이 있습니다.

첫째, 에너지가 큰 청색 LED와 청색과 보색관계에 있는 노란색형광체(yellow phosphor)를 사용하여 백색광을 구현하는 방식입니다. 이 방법은 제작이 가장 간단하여 제조원가 관점에서 가장 유리한 방식입니다. 하지만 연색성(color rendering)이 상대적으로 떨어지는 단점이 있습니다.

둘째, 에너지가 가시광보다 더 큰 자외선 LED를 여기광원으로 사용하고 R, G, B 3종류 또는 이보다 많은 형광체를 사용하여 3색 혼합에 의한 백색광을 구현하는 방식입니다. 이 방식은 색 좌표(color chart) 상의 백색 점(white point)을 형광체들 간의 조성비로 조절할 수 있으며 연색성이 다른 방식에 비하여 매우 우수합니다. 하지만 이 방식은 여기광원으로 사용되는 자외선이 직접 외부로 방출되지 않도록 자외선차단필터(filter)가 패키지에 내장되어야 하는 단점이 있습니다.

셋째, R, G, B LED를 3색 조합하여 백색을 구현하는 방식이 있습니다. 이 방식은 아직까지는 신뢰성에 문제가 있는 형광체를 전혀 사용하지 않으므로 신뢰성면에서 가장 유리합니다. 또한 각각의 LED의 휘도를 조절하면 동적인 색 조절(dynamic color tuning)이 가능한 장점이 있으며 연색성도 매우 우수합니다. 하지만 여러 개의 고가의 고휘도 LED를 사용하여야 하므로 가격이 아직까지는 상당히 높아서 LED 소자의 저가격화가 중요한 관건입니다. 최종적으로는 백색 LED 구조가 수명과 성능 면에서 가장 탁월한 3색 LED 조합구조가 대세가 될 것으로 보입니다.

백색 LED를 구현하는 가장 용이한 방법은 청색 LED와 이보다 발광에너지가 작은 YAG:Ce와 같은 노란색 형광체를 사용하여 파란색과 노란색의 보색합성에 의해 백색을 만드는 방법입니다. YAG:Ce은 YAG 물질에 희토류(rare earth) 원소인 세륨(Cerium)을 도핑한 대표적인 야그 형광체로 에너지가 큰 청색파장을 흡수하여 여기되었다가, 에너지가 작은 황색파장의 빛을 형광(phosphorescence)에 의해 발광하는 물질입니다. 일반적

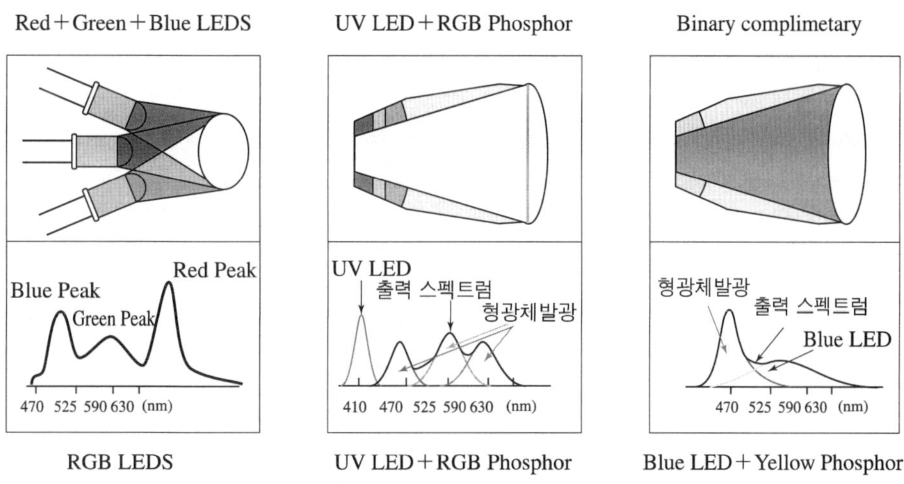

그림 10.29 여러 가지 백색 LED 구현방식

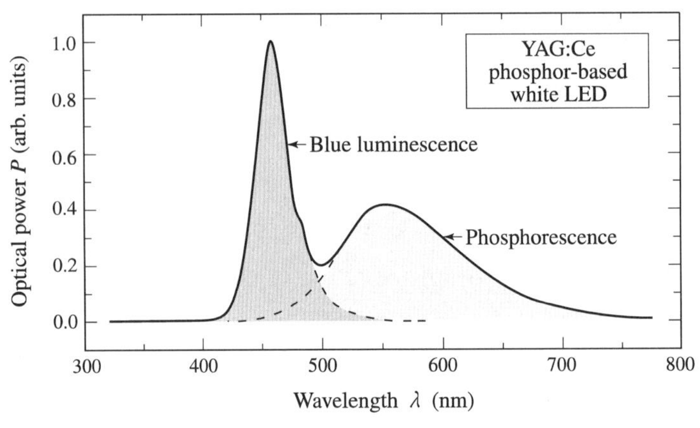

그림 10.30 보색합성에 의한 백색 LED

으로 형광물질에 의한 형광스펙트럼은 LED의 스펙트럼보다 넓고 강도는 상대적으로 약하게 나타납니다.

실제로 백색 LED 소자의 제작은 그림 10.31과 같이 청색 LED 소자의 발광영역 상부에 노란색형광체를 덮어 흡수가 용이하도록 하는 패키지구조를 채택하고 있습니다. 청색 LED에서 방출되는 광자 중 일부는 형광체에 흡수되어 노란색으로 전환되고, 흡수되지 않은 광자는 그대로 청색파장으로 방출되므로 결과적으로 소자전면부에서는 두 파장을 모두 감지하여 백색으로 인식하게 됩니다.

다음으로 자외선 LED와 적, 청, 녹색 형광체를 사용하여 백색을 만드는 방식이 있습니다. 자외선 LED는 주로 380~400 nm의 가시광선에 인접한 파장을 가진 질화물반도체 LED를 사용하며 세 종류의 형광체보다 에너지가 크므로 형광체들을 모두 흡수, 여기시켜서 형광이 가능하게 합니다. 원리적으로는 형광등(fluorescent lamp)과 가장 유사하며, 따라서 연색성도 매우 우수합니다. 이 소자는 기본적으로 형광에 의해 방출되는 빛들만으로 백색을 구현해야 하므로 형광체들의 형광변환효율이 그렇게 높지 않음을

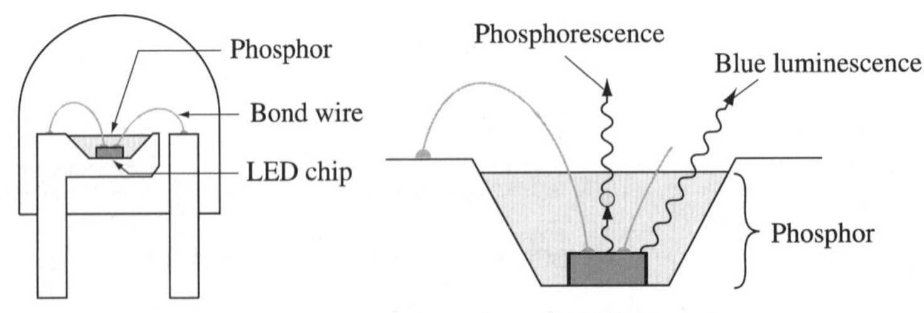

그림 10.31 보색합성에 의한 백색 LED 패키지구조

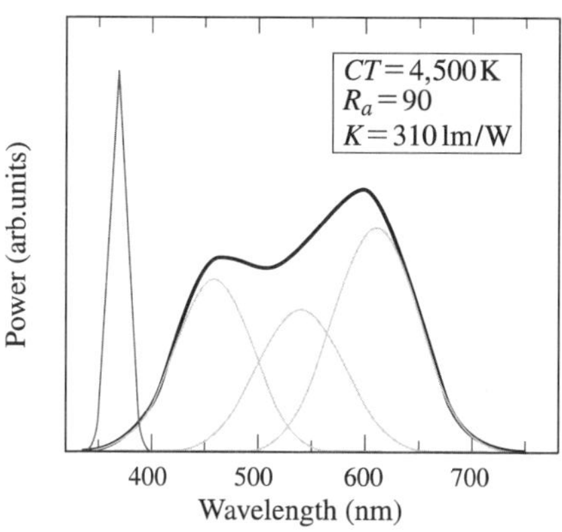

그림 10.32 자외선 LED와 R, G, B 형광체에 의한 백색LED 구조

고려할 때, 매우 높은 출력을 가진 자외선 LED가 필요합니다. 또한 형광체에 의해 흡수되지 않고 밖으로 그냥 빠져나오는 자외선을 차단하기 위한 자외선차단필터가 추가적으로 필요합니다.

앞에서 제시한 두 가지 기술은 모두 형광체를 사용하는 데 반하여 형광체를 전혀 사용하지 않는 순수한 반도체 LED 기반의 백색광원을 구현하는 기술이 있습니다. 가장 간단하게는 보색관계에 있는 두 개의 LED들을 조합하는 구조부터 많게는 서로 파장이 다른 다섯 가지의 LED들을 조합하는 구조까지 있습니다. 기본적으로는 R, G, B의 3색 LED들을 조합한 백색 LED가 가장 보편화되어 있습니다.

그림 10.33에서 보는 바와 같이 사용하는 LED들의 개수가 많아질수록 휘도는 다소 줄어드나 연색성지수는 획기적으로 개선됨을 확인할 수 있습니다. 4 LED 이상의 경우 연색지수는 $R_a = 98$ 이상이 됩니다. 그러나 사용하는 LED들의 개수가 많아질수록 비용이 증가하게 되므로, 휘도가 우선인 응용분야에서는 LED들의 개수가 적은 백색 LED를 사용하고, 조명과 같이 연색성이 더 중요한 응용분야에서는 LED들의 개수를 늘이는 것이 더 유리합니다. 참고로 R, G, B의 3색 LED들을 조합한 백색 LED의 연색성지수는 85 수준으로 자외선과 3색 형광체를 사용한 LED보다는 낮지만 보색합성에 의한 LED보다는 높은 수준입니다.

백색 LED의 제작에 사용되는 3색 LED 중, 청색과 녹색은 사파이어기판 상에 InGaN 활성 층을 사용하여 구현이 가능하나 InGaN 물질로 적색파장을 발광시키는 것은 불가능합니다. 그림 10.34는 LED 소자의 개수를 줄이기 위한 시도로 동일한 사파이어기판 상에 활성 층의 조성을 다르게 하여 수직 적층한 이중 활성 층 구조(double active region)의 2색 LED 소자구조입니다. 빛은 에피택시 성장 면 방향으로 방출되며 520 nm의 녹색광이 내부에서 흡수되지 않도록 460 nm의 청색광을 발광하는 활성 층의 하부에 녹색광을 발광시키는 활성 층을 배치한 구조입니다. 그림 10.34(b)에 의하면 낮은 구동 전류에서는 주로 청색에서만 발광이 일어나나, 전류를 증가시킴에 따라 녹색파장의 발광이 강화되는 것이 관찰됩니다.

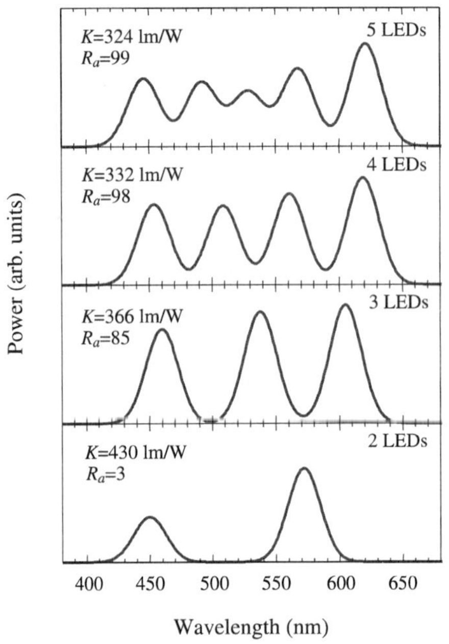

그림 10.33 LED 기반의 백색 LED 구조

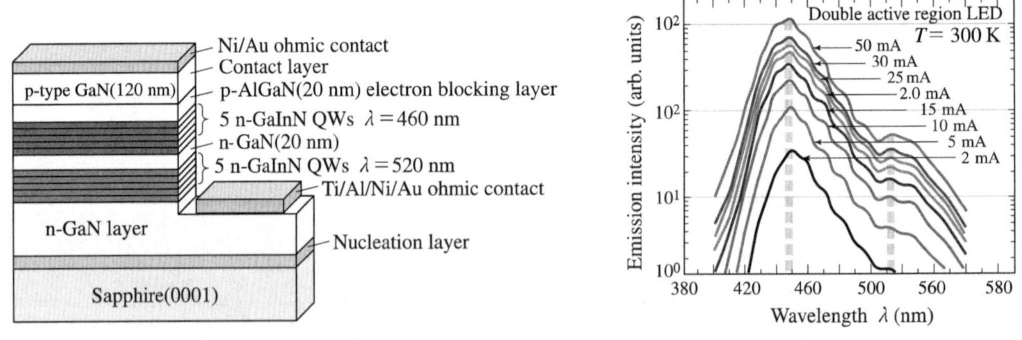

그림 10.34 이중 활성 층 구조의 2색 LED의 구조와 발광스펙트럼

10.8 LED의 조명에의 응용

"하느님께서 '빛이 생겨라!' 하시자 빛이 생겨났다. 그 빛이 하느님 보시기에 좋았다. 하느님께서는 빛과 어둠을 나누시고 빛을 낮이라, 어둠을 밤이라 부르셨다. 이렇게 첫날이 밤낮 하루가 지났다." 성경의 맨 처음에 나오는 이 구절은 빛이야말로 물리적으로는 우주의 기원이자 인류학적으로는 문명의 원동력이 된다는 사실을 단적으로 보여줍니다. 인류 문명의 시작은 낮에 한정된 빛을 어두움에 둘러싸인 밤으로까지 연장시키는 불의 발명부터라고 해도 과언이 아닙니다. 나무나 짚을 태워 얻는 불은 추위를 내쫓고 도구나 무기를 정련하는 열을 제공할 뿐만 아니라 밤이나 암굴에도 빛을 제공함으로써 문명시계를 돌려놓게 되었습니다.

이러한 인공적인 빛 곧 불의 발명은 역사 이전 약 50만 년으로 거슬러 올라갑니다. 나무나 건초를 태워 빛을 얻는 원시적인 불에서 시작한 인공광원 기술은, 기원전 70,000년경부터 사용된 것으로 알려진 등불과 기원전 3,000년경의 이집트 유적에서 발견되기 시작한 촛불 등의 형태로 발달하였으나, 18세기 산업혁명이 일어날 때까지는 크게 발달하지 못하였습니다. 우리나라의 경우에도 관솔불, 횃불, 촛불, 등잔불 등으로 발달하였으며, 이는 고구려와 신라 고분에서 발견된 청동촛대와 칠지토기등잔 등에 드러나고 있습니다. 서양의 경우 등잔은 석기, 철기, 자기로 발전하였고, 1850년경 유리관을 이용하여 공기유입을 향상시켜 밝기를 10배 이상 향상시킨 제네바의 Agrand 램프로까지 발달하였습니다. 촛불은 1830년경 파라핀의 발명과 거대한 샹들리에의 유행으로 획기적으로 발달하였으나 이내 석유램프의 보급으로 인해 의식용이나 무드조명 등으로 용도가 줄어들었습니다.

한편, 18세기 말 영국의 James Watt 증기엔진회사에 근무하던 스코틀랜드 출신의 William Murdoch은 석탄에서 추출한 가스로 불을 밝히는 가스등을 발명하였습니다. 1798년 버밍햄의 회사 내에 가스등을 설치하였고 1802년에는 이를 공공장소에 선보였습니다. 이후로 Murdoch의 가스등은 실내뿐만 아니라 가로등과 같은 공공조명 등으로 이어져 100년 이상 그 전성시대를 구가하였습니다. 이 기간 동안 가스등 자동점멸장치, 가스배관망 등 수 많은 관련 기술이 개발되었습니다. 아직도 베를린이나 밴쿠버 등 세계 도처에서 관광객을 위한 가스가로등을 발견할 수 있습니다.

1900년에는 휴대용 조명장치인 카바이드등이 미국 뉴욕을 중심으로 출현하였는데 이는 칼슘카바이드($CaCl_2$)에 물방울이 떨어지도록 하였고, 이로 인해 생성된 아세틸렌가스를 연소시켜 매우 밝은 빛을 얻는 장치입니다. 20세기 후반까지 포장마차나 전원이 닿지 않는 곳에 널리 사용된 조명기구입니다.

보다 현대적인 빛은 1879년 Thomas Alva Edison과 Joseph Wilson Swan이 미국과 영국에서 각각 특허를 획득한 백열등(incandescent filament lamp)으로부터 시작됩니다. 이전까지의 조명기술은 연소과정을 수반한 염광 현상(pyro-luminescence)을 이용하였습니다. 반면, 백열등은 흑체복사(blackbody radiation)를 수반하는 백열 현상(incandescence), 즉, 물체의 온도가 증가하여 빛의 복사가 증가하는 현상을 이용합니다. 백열 현상은 1800년대 초 Humphry Davy가 Volta의 축전지 양 극 사이에 탄소막대를 연결하면 전하가 방전하면서 빛을 발생한다는 실험으로 알려졌으나, 축전지의 성능이 좋지 않아서 오래 빛을 내지는 못하였습니다. 본격적으로는 1870년대 Z. T. Gramme이 발전기를 발명한 이후인 1876년 Pavel Yablochkov에 의해 실용화되었습니다. 퓨즈로 연결된 평행한 탄소막대에 전류를 흘려줄 때 처음에 퓨즈가 녹으면서 순간적으로 아크를 발생해 빛을 내게 되는 Yablochkov 캔들이 그것입니다. 그러나 수명이 탄소막대가 다 타버리는 4~5시간밖에 되지 않았습니다. 이후 Edison과 Swan 등은 밀폐된 유리튜브 속에 든 탄소필라멘트에 전류를 흘려 빛을 발생하는 백열등을 개발하여 오늘날까지 주요 조명장치로 자리 잡고 있습니다. 이후 탄소막대에서 텅스텐 필라멘트로 바뀌면서 수명도 1,000시간 정도로 늘어났고, 할로겐이나 나트륨 등으로 바뀌면서 밝기와 수명도 증가하였습니다.

한편 Nikola Tesla는 Humphry Davy와 Yablochkov의 기술을 이어나가 탄소막대 전극을 유리로 밀폐하고 불활성기체를 주입하여, 1890년 마침내 탄소막대 아크방전등(arc discharge lamp)을 탄생시켰습니다. 아울러 Faraday에 의해 발명된 교류발전기를 이용하여 매우 높은 전압의 전기를 인가하여 안정적으로 두 전극 사이에 아크가 발생하게 함으로써 매우 강렬한 빛을 얻어내었습니다. 아크등은 주입된 가스의 종류나 전극의 재질에 따라 색깔이 달라지는데, 오늘날 네온사인이나 영사기, 그리고 서치라이트 등에 사용되고 있습니다. 이듬해에 Edison은 특허를 앞세워 Tesla의 회사를 합병, General Electric Company를 만들어 도시조명 사업을 주도하게 됩니다. 이 시점에 조명기술은 과학적으로 중요할 뿐만 아니라 사업적으로 크게 융성하여, GE 외에도, Siemens, Philips 등, 오늘날까지 존속하는 수많은 글로벌 기업을 탄생시켰습니다. 한편 아크방전등 기술은 1893년에 네온사인, 그리고 GE 등에 의해서 1904년 2극진공관, 1907년에 3극진공관 등의 기술로 이어졌는데, 이후 1947년 트랜지스터가 발명될 때까지 전자공학의 주역이 되기도 하였습니다.

1900년 Peter Cooper Hewitt는 수은등을 발명하였는데 고전압방전으로 수은에서 자외선이 나오는 복잡한 구조였으나 그 당시의 백열등보다는 훨씬 높은 발광효율을 보여주었습니다. 이 구조는 발전을 거듭하여 1938년 General Electric과 Westinghouse Electric 등에 의해 저압수은방전등의 형태로 발전하여 오늘날의 형광등(fluorescent lamp)의 효시가 되었습니다. 형광등은 백열등과 달리 백열 현상을 사용하지 않고, 수은원자에서 발생된 자외선이 형광물질과 충돌하여 빛이 나오는 광발광 현상(photo-luminescence)을 이용한 것으로, 열을 수반하지 않아 냉광(cold light)이라고도 불립니다. 형광물질도 초기에는 천연물질을 사용하였으나 1948년부터는 주석과 망간이온을 함유한 칼슘인산화할로겐이라는 합성물질로 바뀌게 되었습니다. 오늘날에는 삼색형광등이나 미니형광등(compact fluorescent lamp; CFL)의 형태로 발전하여 수명이 10,000시간에 이르고 효율도 크게 증가하였습니다.

LED와 백열전구를 비교해 보면 LED가 소비전력은 백열전구의 1/5 수준이고, 수명은 백열전구가 약 1,000시간 내외인 것과 비교하면 LED는 50,000~1,000,000시간으로 50~1,000배 정도 우수합니다. 응답시간(response time)은 백열전구는 0.15초 정도인 데 반하여 LED는 약 60 ns 정도로 비교할 수 없을 정도로 빠릅니다.

그림 10.36의 조명기술 로드맵(road-map)에 의하면, 백색 LED의 발광효율(luminous efficiency)은 이미 100 (lm/W) 수준에 도달하였고, 2015년이 되면 기존의 형광등과 HID 램프를 능가하는 대체조명으로 세상에 화려하게 등장할 것으로 예측됩니다.

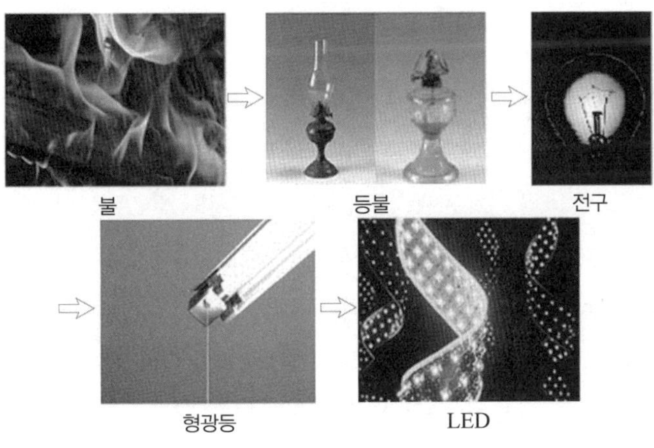

그림 10.35 조명기술의 발전

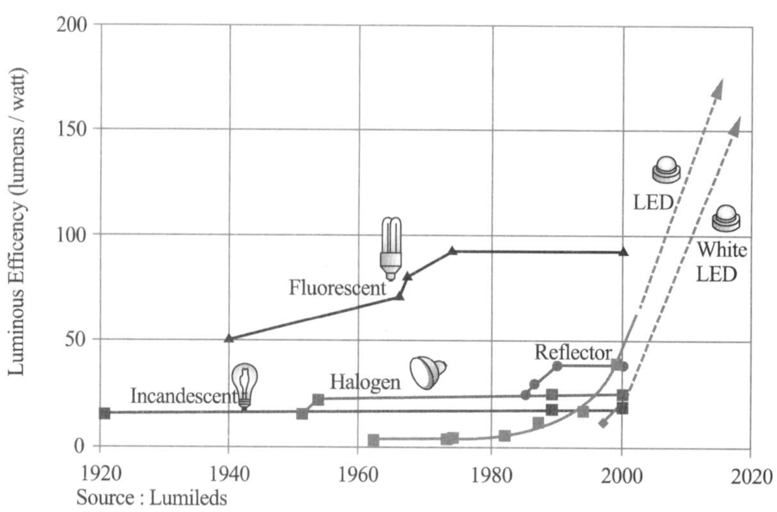

그림 10.36 조명기술 로드맵

그림 10.37 LED 조명

LED 조명(LED lighting)의 장점은 저전력소모에 의한 유지비용의 절감, 장수명으로 인한 보수성 개선, 기구의 소형화 및 디자인의 유려함 등을 들 수 있습니다. LED를 이용한 조명에는 일반건축조명, 건축물 실내외 장식조명, 환경조명, 극한지역조명, 특수조명 등을 들 수가 있습니다. 최근에는 LED를 이용한 가로등이나 신호등과 태양전지(solar cell)를 합쳐서 보수성을 극도로 향상시킨 새로운 개념의 독립광원(solar-powered LED lighting)이 등장하여 각광을 받고 있습니다.

LED전광판은 풀-컬러(full-color)로 동영상 정보전광판 역할을 수행하며, 초대형 LED 디스플레이나 LED-TV로 활용될 수도 있습니다. 풀-컬러 디스플레이에는 RGB(3-lamps), RRGB(4-lamps), RRGGB(5-lamps) 방식이 있습니다. LED전광판에서는 자연색에 근접한

그림 10.38 초대형 LED전광판

영상을 표현할 수 있기 때문에 주로 기업이미지 및 상품광고용, 언론매체의 실시간 시사뉴스 전달용, 경기장의 스포츠 중계용 등으로 사용될 수 있습니다. 또한 LED는 휘도가 높아 주간에도 선명한 화질을 표출할 수 있으며 LED 소자의 수명은 보통 50,000시간 이상을 보장합니다.

LED는 자동차에도 이미 깊숙이 침투하고 있습니다. 특히 자동차 브레이크등, 실내등, 계기판등뿐만 아니라, 전조등, 후미등, 안개등, 방향지시등, 그리고 미등까지 거의 대부분의 자동차용 조명에 활용되고 있거나 활용될 예정으로 있습니다. 자동차에의 LED의 응용은 디자인의 유연성, 긴 수명(자동차의 수명과 거의 비슷함), 소비전력 절감, 친환경성 등을 들 수 있습니다. 특히 LED브레이크등의 경우는 백열등의 브레이크등과 비교하여 응답시간이 훨씬 빠르기 때문에 시속 100 km의 속도로 달리던 차가 앞 차의 브레이크등을 보고 제동하였을 때, 정차거리가 4 m 정도 짧아지는 효과가 있습니다. 다시 말해서

그림 10.39 자동차용 LED

LED브레이크등을 사용하면 급제동 시, 뒤따르던 차에 의한 추돌사고의 가능성을 그만큼 줄일 수 있다는 뜻이 됩니다.

우리나라는 1997년 LED 교통신호등이 처음 제안되었고 현재 전국적으로 활발한 보급이 이루어지고 있습니다. 기존에 사용해 오던 신호등용 램프는 전량 해외에서 수입되는 백열전구를 사용하고 있으며, 낮은 발광효율(10 lm/W), 많은 빛 손실(50~90%), 짧은 수명(약 4,000시간)이 문제였습니다. 신호등용 램프의 전력소비특성은 365일 24시간 점등하므로 큰 에너지를 소비하고 첨두부하(peak load) 증가의 원인이 됩니다. 환경특성 면에서도 잦은 유지보수로 관리비용이 증가하고 교통장애를 가져오며 역광이나 안개 시에는 나쁜 시감 특성을 보이고 있으며 사고의 위험까지 있습니다.

이에 비하여 LED램프는 발광특성 면에서, 특정파장대의 단색광을 발광하므로 색 순도가 높아 시인성이 양호하고, 발광효율이 높아 발열이 매우 적고 전력소비(기존 백열전구에 비해 80% 이상이 절감)가 아주 적은 것이 특징입니다.

점등특성은 백열전구 대비 최소 10배 이상의 장수명을 보장하여 2년 정도면 자본회수가 가능하며, 양호한 반복점등과 내 충격특성을 가지고 있습니다. 밝기는 백열전구의 3배 이상으로 흐린 날이나 안개 낀 날에도 식별이 용이하여 시인성이 매우 우수합니다. 게다가 무엇보다도 LED는 환경유해물질을 전혀 사용하지 않는 친환경광원입니다.

교통 환경 특성은 시인성이 향상되어 교통사고의 유발을 감소시키며 유지보수를 위한 시간이나 비용이 적게 든다는 장점이 있습니다. 그러나 초기투자비가 높고 주위 온도의 변화에 따라 파장이나 출력이 다소 변화하는 특성을 가지는 것이 단점입니다. LED는 옥외에 노출되고, 점등시간이 길며, 점등 및 소등 횟수가 많고, 단색광을 필요로 하는 교통신호용 광원으로 가장 적합하다고 할 수 있습니다.

LED는 휴대용 가전제품에도 적용분야를 넓히고 있습니다. 휴대전화나 디지털카메라

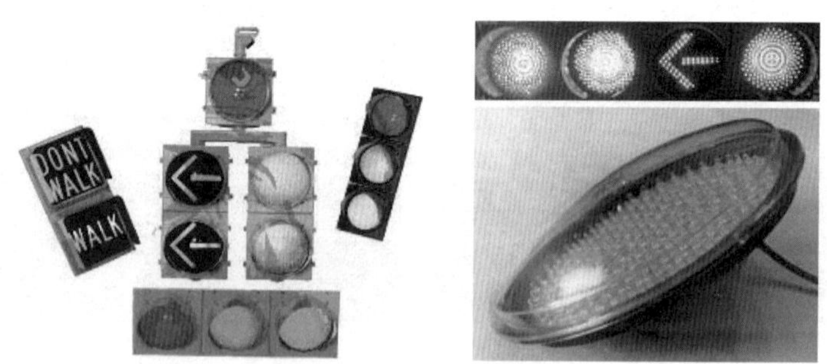

그림 10.40 LED신호등

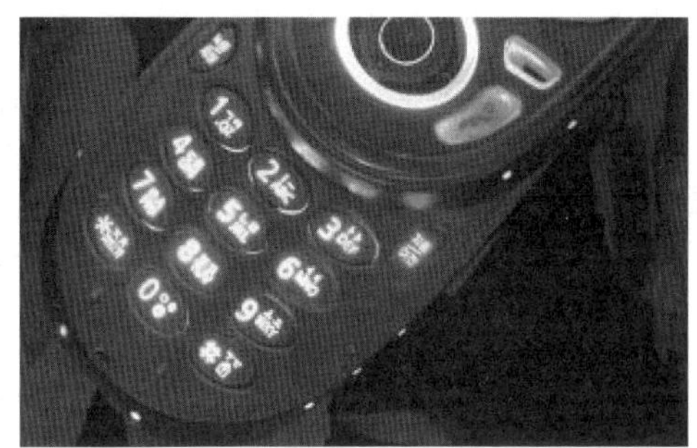

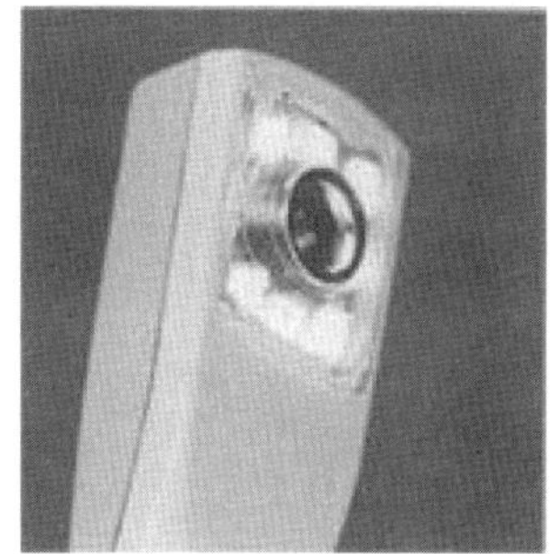

그림 10.41 LED와 휴대용 가전제품

(digital camera)의 경우만 하더라도, 액정패널의 백라이트(back-light), 인디케이터(indicator) 램프, 카메라플래시(camera flash) 등에 LED 램프가 사용됩니다. 그리고 휴대전화의 경우에는 키패드(keypad)용 백라이트까지 거의 대부분의 광원을 LED가 독차지하고 있는 상황입니다.

백색 LED는 전광변환효율이 높아 소비전력이 백열등의 5분의 1에 불과하며 수명도 반영구적입니다. 또한 일반조명과 비교하면 수은과 같은 맹독성물질이 없을 뿐 아니라 소형, 경량화가 가능한 최첨단제품입니다. 아직 다소 미흡한 휘도 문제와 비싼 가격을 해결한다면 미래의 대부분의 조명은 백색 LED 전구가 대체할 것으로 보입니다. 백색 LED전구의 수명을 50,000시간을 기준으로 할 때, 하루 10시간씩 조명을 사용한다고 하더라도 족히 12년 정도를 사용할 수 있습니다.

10.9 LED와 가시광통신

다가올 미래에는 실내조명으로 무선인터넷 통신을 할 수 있게 됩니다. 또한 버스정류장의 조명에 스마트폰을 비추는 것만으로 노선정보, 버스시간표, 버스도착시간 등의 데이터를 실시간으로 확인할 수 있게 됩니다. 자동차들은 주변의 가로등이나 신호등으로부터 교통정보를 받아 운행에 활용할 수 있게 됩니다. 또 기존의 GPS 서비스가 미치지 못하는 지하주차장이나 터널과 같은 장소에서 실내조명을 통하여 실내위치기반의 다양한 특화서비스를 가능하게 합니다. 이 때 통신을 가능케 해주는 것은 랜선이나 와이파이(WiFi) 액세스 포인트(AP)가 아니라 바로 LED 조명입니다.

이처럼 LED 조명을 이용해 편리한 통신네트워킹 시대를 실현시켜 줄 이른바 '가시광통신(visible lighting communication, VLC)' 기술의 국제 기술표준에 관한 논의가 IEEE 802.15.7이라는 국제표준기구를 통해 진행되고 있습니다, 따라서 수 년 이내에 VLC의 상용화가 이루어질 것으로 전망되고 있습니다.

가시광통신은 기본적으로 LED 조명의 빛이 매우 빠른 속도로 깜빡이는 원리를 사용합니다. 우리가 사용하는 LED 조명은 원리적으로 1초에 10억 회 정도의 빠른 속도로 켰다가 껐다가 할 수 있으며, 그렇게 하더라도 사람의 눈으로는 초당 100번 이상의 깜빡임에 대해서는 잔상효과로 인해 인지하지 못하므로 조명 본연의 역할에는 영향을 주지 않습니다. 따라서 LED 조명의 깜빡임에 0과 1로 구성된 디지털정보를 실어 전달하면 별도의 광 수신기가 이 정보를 인식해 영상, 음성, 문자로 신호를 변환합니다. 따라서 실내에 통신기능을 구현하는 LED 조명을 설치할 경우 TV, 스마트폰, 랩톱 PC 같은 전자기기들을 손쉽게 사용할 수 있게 된다는 것입니다. 2011년 독일 프라운호퍼연구소는 천장에 설치

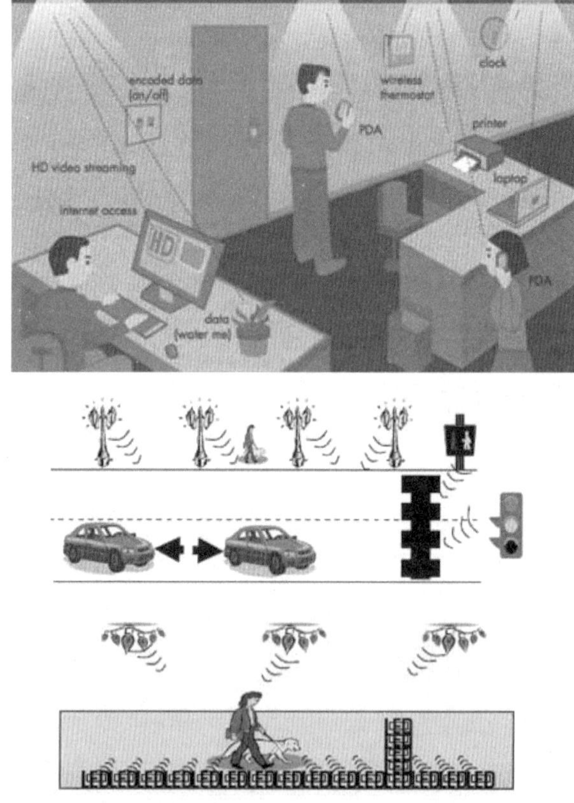

그림 10.42 LED와 가시광통신

된 백색 LED 조명을 이용해 초당 800메가비트를 전송할 수 있는 기술을 개발했습니다.

아직은 표준화와 세부적인 기술개발이 완료되지는 않았지만 LED기반의 VLC를 이용하면 이론상, 20미터 거리에서 초당 1 Gb까지 데이터를 전송할 수 있습니다. 그러나 빛을 이용하기 때문에 속도가 불안정하고, 흐린 날씨 등 외부환경의 영향을 받을 수 있다는 점, 조명을 24시간 켜놓아야 한다는 점 등이 개선해야할 문제로 지적되기도 합니다.

가시광통신은 이미 과부하 상태인 3G망이나 와이파이망을 보완하는 근거리무선통신망으로 사용될 가능성이 매우 높습니다. 더구나 별도의 수신기를 설치할 필요가 없이 조명이 있는 곳에는 통신을 할 수 있다는 점도 강점입니다.

VLC는 LED 조명에 무선광통신이라는 새로운 가치를 부여하여, LED 조명이 단순한 조명산업으로 그치는 것이 아니라 하나의 새로운 IT산업이자, 다양한 부가기능을 가진 시스템조명 산업으로 가도록 만든 매우 성공적인 사례라고 할 수 있습니다.

현재 IEEE 802.15.7 국제 표준화과정에는 한국의 ETRI, 삼성전자 등과 일본 내 가시광통신기술을 연구 개발하는 25개의 기업으로 구성된 VLCC와 인텔(Intel), 지멘스(Siemens) 등이 표준화 작업에 동참하고 있습니다.

10.10 LED 광원의 전망

현재 LED 시장은 고휘도의 InGaN계 청색 LED와 녹색 LED, 및 청색 LED를 이용한 백색 LED의 등장으로 현저한 성장세를 보이고 있고, 백색 LED 분야에서의 시장 확대가 두드러지고 있으며, 시장성장과 더불어 새로운 용도개척도 진행되고 있습니다.

하지만 현재 LED 시장은 급격한 가격하락 여파에 직면해 있으며, 고휘도 LED와 백색 LED 등 비교적 판매단가가 높았던 제품의 경우도 일부는 기존의 저휘도 제품군과 그다지 다름이 없는 수준까지 가격대가 떨어졌습니다. 또한 기존에는 저휘도 제품 여러 개를 탑재했던 용도의 경우도, 고휘도 제품이 절대휘도는 향상되면서도 가격이 저휘도 제품에 가까워짐에 따라, 지금까지 저휘도 제품을 사용했던 것을 고휘도 제품으로 바꾸어, 세트기기 대 당 LED 탑재 개수를 줄이는 경향이 현저해졌습니다. 이런 움직임은 특히 휴대전화용 키패드 분야와 소형 액정패널용 백라이트광원 분야에서 크게 나타나고 있습니다. 백색 LED에서는 조명용도와 같은 고휘도 제품이 요구되는 분야와 휴대전화의 키패드로 대표되는 휘도에 대한 요구가 적은 분야로 시장의 양극화가 뚜렷해져, 각각의 용도에 맞춰 가격설정이 이뤄짐으로써 백색 LED 전체에서의 평균 판매가격의 하락 기조가 가속화되고 있습니다. 고휘도 백색 LED 시장은 대형 LCD 패널용 백라이트 분야와 자동차용 헤드램프 분야에서 수요가 꾸준히 증가하고 있으며 일반조명 시장이 확대되는 2015년을 기점으로 폭발적인 성장을 할 것으로 기대됩니다.

LED, 특히 백색 LED의 용도확대를 위해서는 발광효율 향상, 휘도 향상, 수명의 장시간화, 그리고 1루멘당 코스트 저하 등이 절대적인 조건이 되고 있습니다. 백색 LED의 발광효율은 백열등을 대체하려면 70~80 lm/W, 자동차 헤드램프로 사용되는 HID램프(high intensity discharge lamp)와 가정용형광등의 대체로는 100 lm/W 이상의 효율이 필요합니다. 향후 백색 LED 시장을 확대하기 위해서는 소자단계에서의 외부양자효율(external quantum efficiency) 향상이 필수적입니다. 소자단계에서의 효율향상을 실현할 수 있다면, 투입에너지에 대한 열 발생 비율이 떨어지기 때문에 방열대책을 위한 비용절감과, 장수명화를 동시에 달성하게 됩니다. 현재 가장 큰 문제는 1 lm당 발광에 필요한 비용을 줄이는 것입니다. 백색 LED를 사용하는 응용의 증가와 업체 간의 경합 등에 의해 판매가격은 급속히 떨어지고 있지만, lm당 코스트 값은 여전히 높은 수준에 있습니다. 가장 효율적인 방법은 양산효과에 의한 가격인하이며 양산효과를 얻기 위해서도 각 업체가 응용분야를 늘릴 필요성에 직면해 있는 상황입니다. 현재는 각 업체 모두 응용분야의 증가를 우선시하는 입장을 취하고 있어, lm/코스트 수준은 계속적으로 하락하고 있으며 수년 안에는 실용화에 견딜 수 있는 가격수준에 도달할 것으로 보입니다.

다음으로 LED의 신규수요 분야에 대한 전망을 알아보겠습니다. 우선 자동차분야에서의 LED의 응용입니다. 자동차분야에서는 헤드램프에 대한 백색 LED의 이용이 주요한 변수입니다. 디바이스의 성능측면에서는 백색 LED는 이미 할로겐 등의 대체로 충분히 채용이 가능한 수준까지 도달해 있습니다. 자동차 헤드램프에 LED를 채택함으로써 얻게 되는 장점은 매우 큽니다. 먼저 헤드램프수명의 장시간화입니다. 게다가 디자인의 자유화를 들 수 있습니다. 헤드램프부분의 깊이가 대폭 얇아지기 때문에 프론트(front)면을 전면조명화하는 것도 가능해져 설계의 자유도가 높아집니다. 또한 LED는 비교적 지향성이 강한 광원이므로, 조명유닛으로써 설계의 간소화와 경량화를 꾀할 수 있을 것입니다. 이 밖에도 가시광통신 기술과의 융합에 의해, 안전운행용 정보통신디바이스로써의 이용도 향후 고려될 가능성이 있습니다. 사용되는 LED의 종류와 부위의 관계는 일반적으로 외장(exterior) 계열은 휘도우선, 내장(interior) 계열은 연색성 우선과 같은 관계로 대별됩니다. 구체적으로는 헤드램프는 빛의 도달거리가 우선시되고 색의 재현영역 등은 그다지 요구되지 않기 때문에 휘도특성과 방열특성이 중요합니다. 또한 실내등은 승차하고 있는 사람의 안색이 나빠 보이고 사람들이 지도 등을 볼 때 청색광을 싫어한다는 등의 이유로 인해 연색성이 높은 것이 요구되는 경향이 있습니다. 이 밖에도 계기판용 백라이트나 조작패널용 인디케이터 등은 연색성과는 크게 관련이 없고 휘도가 너무 높으면 조작자가 눈에 피로를 느끼기 때문에, 저휘도이며 가격이 낮은 것이 요구됩니다.

LCD용 백라이트 광원으로 LED를 이용할 경우에는 점등방식이 직하방식 또는 사이드라이트 방식인지에 따라, 용도가 TV인지 아니면 모니터인지에 따라 시장성이 달라집니다. 휘도를 TV만큼은 요구하지 않는 모니터용도인 경우에는 사이드라이트 방식으로 백색 LED만을 이용하고 있습니다. 과거에는 고휘도 및 고연색성을 요구하는 TV 용도이면 R, G, B의 3원색에 의한 직하방식을 이용하는 것이 일반적이었습니다.

하지만 현재 LED 시장에서 유망해 보이는 것은 백색 LED를 사용한 사이드라이트(side-light) 방식의 액정용 백라이트 광원분야입니다. 고휘도 백색 LED의 성능이 획기적으로 개선되면서 최근에는 중대형 LCD 패널용 백라이트 광원으로, 백색 LED를 이용

그림 10.43 자동차용 LED헤드램프

그림 10.44 극한조명의 유지보수와 LED

한 기술들이 개발되어 실제제품에 적용되고 있습니다.

마지막으로 일반조명 분야에서의 LED의 이용입니다. LED의 향후 시장의 최대분야는 일반조명 분야라고 말하고 있습니다. LED는 점광원이므로 기존의 백열등 등의 전구를 대체하기에 적합한 디바이스입니다. 시장규모도 해를 거듭할수록 확대되고 있습니다. 하지만 아직 형광등처럼 면광원 분야에서의 시장성은 생각할 문제가 많습니다. LED를 면광원으로 이용하기 위해서는 디스플레이용 백라이트와 마찬가지로 직하방식으로 LED를 일정한 면에 가득 깔거나, 사이드라이트 방식으로 도광 판을 이용해야만 합니다. 하지만 이런 방식으로는 모두 발광효율이나 코스트 면에서 형광등을 대체하기란 생각보다 쉽지 않으며, 오히려 OLED와 같은 면광원에 적합한 디바이스의 개발이 속속 진행되고 있습니다.

그럼에도 불구하고 LED를 이용한 반도체조명이 지속적으로 부각되고 있는 이유는 고휘도 백색 LED의 성능지수가 100 lm/W로 이미 백열전구와 할로겐램프의 수준을 완전히 넘었고, 일반 형광등 수준에 비해 높은 성능을 보이고 있기 때문입니다. 이 밖에 저 전력소비, 장수명, 그리고 뛰어난 내구성과 견고성, 다양한 집적화 및 정교한 디자인이 가능하다는 점과 수은을 사용하지 않는 친환경적 특성으로 인해 차세대 조명광원으로 급부상하고 있습니다. EU의 RoHS에 의해 2011년 7월 1일부터는 형광등과 같이 수은이 들어가는 광원의 사용을 규제하기로 잠정 협의되었습니다. 그런데 수은을 사용하지 않는 여러 대체광원 중 LED가 가장 접근 가능한 광원입니다. 2020년까지 반도체 LED조명이 대체광원으로 전체조명의 50% 정도를 대체한다면 세계 총 소비전력의 25% 정도가 절약될 것으로 예상됩니다. 결론적으로 LED 조명 시장은 아직 많은 과제와 가능성을 내포하고 있는 분야인 만큼, 시장의 신장가능성은 여전히 매우 크다고 할 수 있습니다.

연습문제

1. 다음 중, LED의 주요 응용분야에 들지 않는 것은?
   ① 신호등　② 홀로그래피　③ 전광판　④ 광통신

2. 기존의 신호등과 비교할 때 LED 신호등이 가진 장점이 아닌 것은?
   ① 설치비　② 수명　③ 소비전력　④ 유지비

3. 100 mA, 2 V에서 구동하는 LED가 200μW 의 광 출력을 낸다면 이 소자의 외부양자효율은 얼마인가?

4. 다음 중 LED에 대한 설명과 거리가 먼 것은?
   ① 전류를 증가시키면 선형적으로 광 출력이 증가한다.
   ② LD보다 발광효율이 우수하다.
   ③ LD에 비해 스펙트럼선 폭이 넓다.
   ④ LD에 비해 방사각이 매우 크다.

5. 다음 중 White LED를 만드는 방식으로 적합하지 않은 것은?
   ① R + G + B LEDs　② UV LED + RGB phosphor
   ③ Green LED + RGB phosphor　④ Blue LED + Yellow phosphor

6. 다음 중, IRED의 응용 분야가 아닌 것은?
   ① 리모컨　② 신호등　③ LAN　④ 무선 데이터통신

7. PN 다이오드에 비해서 PIN 다이오드가 발광효율이 더 좋은 이유는?

8. 열광원은 온도가 올라갈수록 스펙트럼의 중심파장이 어떻게 되는가?

9. 상용화된 기판물질 중에서 GaN와 격자부정합이 가장 작은 물질은?

10. 백색 LED를 구현하는데 있어서 사용하는 LED의 색이 많아질수록 연색성지수는 어떻게 되는가? 또 발광휘도는 어떻게 되는가?

11. 가시광선 영역에서 굴절률이 3.6인 GaAs 물질의 공기와의 전반사 임계각도는?

12. 내부양자효율이 50%이고 광 추출효율이 10%인 LED 소자의 외부양자효율은?

13. 태양광의 연색성지수는 얼마인가?

14. 기존광원과 비교한 LED 광원의 장점은?

15. LED 브레이크 램프의 장점은?

16. 플라스틱광섬유의 손실이 가장 낮은 파장은?

17. 가시광통신에서 LED 조명을 고속으로 변조하여도 조명으로의 역할에 지장이 없는 까닭은 무엇인가?

18. 반도체 LED와 동일한 원리로 동작하며 면광원 형태의 제작이 용이하여 도배식 조명으로의 가능성이 큰 소자는?

CHAPTER 11 빛으로 암을 치료한다

제11장에서는 의 광학(medical optics 또는 medical photonics) 분야에 대하여 개괄적인 소개를 하겠습니다. 의 광학은 빛이 생체조직과 일으키는 상호작용을 이용하여 환자의 진단이나 치료, 또는 의학 기초분야의 발전에 효과적으로 사용하는 학문 및 기술 분야입니다.

11.1 빛을 이용한 여러 가지 치료법

11.1.1 광열 효과(photo-thermal effect)

레이저를 이용한 유용한 치료법으로서 광 응고(光 凝固, photo-coagulation) 치료가 있

그림 11.1 빛을 이용한 치료

습니다. 어떤 환부에 빛을 침투시키면, 환부조직의 온도가 올라가 탈수상태가 됩니다. 탈수상태가 된 나쁜 단백질조직은 시간이 흐르면 결국 괴사하고 맙니다. 광 응고 치료에 사용되는 레이저는 그다지 흡수가 크지 않은 것이 적당합니다. 주로 근적외선 영역에서 발진하는 네오디뮴-야그 레이저 등이 사용됩니다.

빛이 생체조직과 만나게 되면 흡수(absorption)나 산란(scattering)이 일어나게 되고, 일단 흡수된 빛 에너지의 일부는 열에너지로 변환되며, 따라서 생체조직의 온도를 증가시키게 됩니다. 온도증가가 일정치(threshold)를 넘게 되면 조직의 광 응고가 일어나고, 조직표면에서의 온도상승이 특히 심한 경우에는 탄화(炭火, carbonization)가 일어나 검은 색을 띠게 됩니다. 적외선영역의 빛인 경우, 표피의 바로 아랫부분에서 몸속 수분이 빛을 흡수하면 열팽창과 기화가 일어나 조직의 탄성한계를 초과하게 되면 팝콘(popcorn)을 튀길 때와 같은 작은 폭발 현상이 일어나기도 합니다. 한편, 탄화가 일어나면 대부분의 빛에너지가 표면에서 흡수되어 버리므로 빛이 투과하지 못하고 표면온도만 상승하므로 큰 조직을 열적으로 괴사시켜야 할 경우, 목적을 달성하기 힘들어집니다. 따라서 저온의 물이나 액화질소(liquid nitrogen)를 스프레이(spray)로 만들어 표면의 온도를 일정하게 유지하여 빛의 투과깊이를 유지하면서 큰 조직을 광 응고시키는 방법이 많이 쓰이고 있습니다. 이 때 주의할 점은 조직이 응고됨에 따라 광학계수와 조직 주위의 혈류량이 변하여 온도분포가 실시간으로 변화하므로 응고될 부피를 예상하는 데 어려움이 따른다는 점입니다. 광열(光熱) 효과를 이용한 광 응고 치료법은 전립선비대증, 각종 암 조직 응고, 망막치료 등에 사용될 뿐만 아니라, 주위 조직에는 많이 흡수되지 않지만 제거하고자 하는 성분만이 흡수하는 파장을 써서 피부과에서의 모세혈관 확장성 모반(port wine stain)의 치료, 문신(tattoo)이나 털의 제거 등에 걸쳐 광범위하게 사용됩니다.

11.1.2 광기계적 효과(photo-mechanical effect)

광기계적(光機械的) 효과란 조직에 흡수된 빛 에너지가 과도한 경우, 특히 이 에너지가 빠른 시간 내에 조직의 일부 지역에 집중적으로 축적되는 경우, 빛을 흡수하는 흡수체(chromophore)의 온도가 임계점을 넘어 기화되면서 주위 조직이 폭발적으로 제거(ablation)되는 데 따르는 부수적인 현상들을 말합니다. 빛의 파장이 적외선영역에 있는 경우, 주된 흡수체는 물이므로, 물이 기화되어 기포를 형성하고 그 에너지가 주위 조직의 탄성한계를 넘어서면 애블레이션이 일어납니다. 이 때 폭발로 인한 반동압력(recoil pressure)과 기포가 터지면서 생기는 충격파(shock wave)로 인해 주위 조직에 추가적인 기계적 손상이 가해지게 되는데 이를 통해 병변조직을 효과적으로 제거합니다. 다만, 많은 경우에 원하지 않는 큰 손상이 갈 수도 있으므로 레이저의 파라미터(parameter)를 정하는데 각별한 주의가 요망됩니다. 레이저의 파장, 펄스길이, 에너지, 빔의 크기 등의 파라미터에 따라 광기계적 효과가 달리 나타날 수 있습니다. 보통 레이저펄스의 투과깊이가 레이저빔의 반지름보다 작으면, 열이 주위 조직으로 확산되기 전에 작은 부피의 조직에 집적되어 효과적인 광열 또는 광기계적 애블레이션이 가능하며 이를 열적구속(thermal confinement)이라 부릅니다. 펄스길이가 매우 짧아 압력파(pressure wave)의 진행속도보다도 빠르게 조직에 집적되게 되면, 더 많은 에너지가 집적되어 높은 광기계적 조직제거율을 얻을 수 있습니다. 광기계적 효과를 이용한 임상치료로는 어븀-야그(Er:YAG) 레이저를 이용한 치아 등의 경 조직 제거, 홀뮴-야그(Ho:YAG) 레이저 등을 이용한 뼈 조직 제거, 레이저에 의해 생성된 충격파를 이용한 결석치료(lithotripsy)와 뇌졸중(apoplexy) 환자에 대한 혈전(thrombus, 혈관 안의 혈액이 굳어져서 생긴 덩어리) 파괴치료, 이산화탄소(CO_2)레이저를 이용한 경 심근 절제술(trans-myocardial resection, TMR) 등 연조직을 제거하는 데에도 광범위하게 쓰이고 있습니다. 요즈음에는 펄스레이저를 통하여 세포 내의 특정한 구성성분만을 선별적으로 파괴하거나, 세포막에 작은 구멍을 레이저로 만들어 내어 특정 화학물질의 전이를 연구하는 등, 기초생물학에도 그 적용영역을 넓히고 있습니다.

11.1.3 광화학적 효과(photo-chemical effect)

빛의 광화학적(光化學的) 효과는 보통 두 가지 다른 의미로 설명됩니다.

첫째는 엑시머(Excimer) 레이저와 같은 자외선영역의 레이저로 조직을 제거하는 현상을 설명한 것으로서, 이때 광자는 그 높은 에너지로 인해 라디칼(radical)을 형성하거나 분자자체를 쪼개어 전자와 이온 플라즈마(plasma) 가스를 형성하여 제거합니다. 자외선영역의 빛은 단백질이나 핵산(nucleic acid)에 의해 주로 흡수되며 광열 효과보다는 이러한 플라즈마로 인한 조직제거가 주를 이루기 때문에 주위 조직에 열적 손상을 덜 일으킨다는 것이 알려져 있습니다. 따라서 엑시머 레이저와 같은 자외선영역의 빛은 열적 손상을 적게 하며 각막 등을 효과적으로 제거하기 때문에 요즈음 라식수술 등에서 효과적으로 쓰이고 있습니다.

둘째로, 광 동역학(光 動力學) 치료(PDT, photo-dynamic therapy)도 광화학적 효과를 이용한 치료법이라 할 수 있습니다. PDT란 빛을 흡수할 때 산소와 결합하여 라디칼을 생성시키는 광 민감성 약품(또는 광감작제, photo-sensitizer)을 이용하여 암세포 등을 파괴하는 치료법입니다. 이때 광 민감성 약품은 암세포에만 선택적으로 달라붙는 포토프린(photofrin)과 같은 약품을 쓰며, 따라서 주위 조직에 손상을 최소화시키며 암세포만을 공격하는 효과를 얻을 수 있습니다. 보통, 광 민감성 약품이 암세포에만 달라붙고 정상 조직에서는 씻겨나갈 수 있도록 레이저를 사용하기 약 24시간 전에 인체에 투약합니다. 이 때 암세포 주위의 혈관이 손상당하면서 산소의 농도가 저하되어 PDT의 효과가 떨어진다거나, 라디칼이 광 민감성 약품 자체를 파괴시키는 '광표백(光漂白) 현상(photo-bleaching)', 광 민감성 약품이 피부에 축적되어 빛을 쬘 때 생기는 피부화상, 제한된 빛의 투과깊이로 인하여 큰 암조직의 치료에 어려움이 있는 점 등, 아직 개선할 부분이 많으나, 방광, 폐, 식도 등의 암 조직에 효과적으로 쓰일 수 있음이 어느 정도 검증되었습니다. 따라서 매우 매력적인 새로운 치료법이라 할 수 있습니다.

11.2 여러 가지 의 광학용 레이저

최근 들어, 병의 진단이나 치료와 관련하여 레이저가 가진 여러 가지 의학적 장점들이 임상적으로 확인되고 있으며, 이와 더불어 의학 전 분야에 레이저가 폭넓게 사용되고 있습니다. 먼저 치과(dentistry)용 레이저로는 치아의 표백, 레진, 고화 등에 아르곤(Ar) 레이저, 네오디뮴-야그(Nd:YAG) 레이저 등이 사용되고 있고, 물에 흡수가 매우 큰 파장을 갖는 어븀-야그(Er:YAG) 레이저가 경조직(hard tissue) 치료에 적용되고 있습니다. 피부과(dermatology)용 레이저로는 피부재생, 눈 주위 성형, 혈관 이상 치료, 문신, 흉터, 점 제거 등에 루비(Ruby) 레이저, 네오디뮴-야그 레이저, 어븀-야그 레이저 등이 활용되고 있으며, 털 이식 및 제거 시장이 급격히 커지고 노년층 인구증가에 따라 피부재생 레이저시스템의 수요가 증가하고 있습니다. 안과(ophthalmology)용 레이저분야에 서는 엑시머 레이저가 라식(LASIK)이나 라섹(LASEK) 등의 시력교정 수술, 녹내장 및 각막손상 치료, 백내장 치료 등에 활용되고 있으며 홀뮴-야그 레이저를 사용하는 '레이저 열각막성형술(LTK, laser thermal keratoplasty)'이 FDA의 승인을 얻음에 따라 새로운 활용이 기대되고 있습니다. 또한 수술용 레이저로는 이산화탄소 레이저나 엑시머 레이저 등이 심장수술용 레이저로 사용되고 있으며 이 또한 급속한 성장이 예측됩니다.

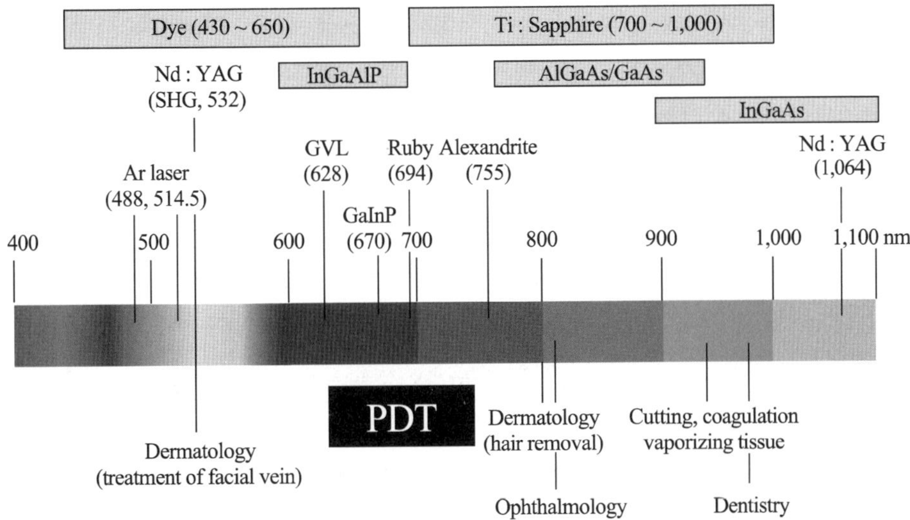

그림 11.2 여러 가지 의 광학용 레이저

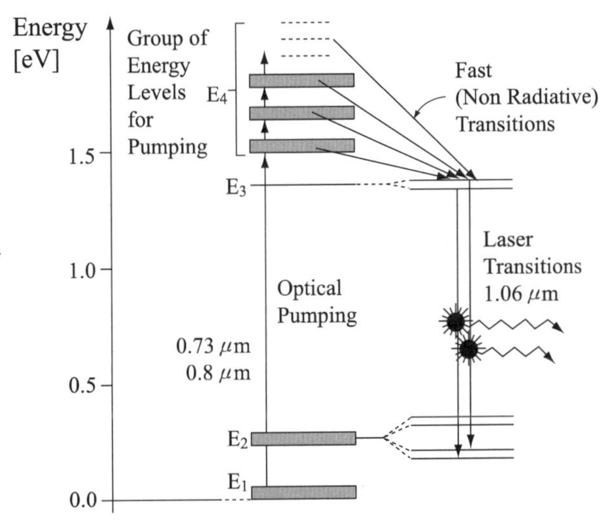

그림 11.3 Nd:YAG 레이저의 에너지준위

레이저 열 각막성형술(LTK)이란 레이저로 각막중심부를 볼록하게 만들어 '노안(presbyopia)'으로 인한 원시증상을 치료하는 방법을 말합니다. 보통 40대 중반에 접어들면 수정체를 수축시키는 '모양체'의 힘이 떨어져 가까운 곳을 볼 수 없는 노안이 찾아옵니다. 하지만 모양체의 힘을 증강시키는 근본적인 방법이 없기 때문에 대신 레이저로 각막의 굴절력을 높여 노안을 교정하는 방식이 있을 수 있습니다. 이 수술은 약한 강도의 레이저를 각막 가장자리의 8곳(정팔각형 모양의 꼭짓점)에 약 3초간, 조사합니다. 이로 인해 각막 주위의 콜라겐(collagen, 경단백질) 섬유가 열을 받아 수축되고 각막중심부가 볼록해집니다. 그렇게 되면 각막의 굴절력이 높아져 노안으로 인한 원시현상이 크게 개선됩니다. 반면 멀리 있는 물체는 수술 전보다 조금 덜 보이게 됩니다. LTK는 라식이나 라섹 수술처럼 레이저로 각막을 깎는 방법이 아니고 에너지가 낮은 레이저를 짧은 시간 동안 쬐는 방법이기 때문에 안전하고 수술 당일 날, 일상생활을 해도 지장이 없습니다. 따라서 LTK는 라식 등에 비해 매우 안전하고 수술 초기에 스테로이드(steroid) 안약을 넣으면 변형됐던 각막이 다시 원래상태로 돌아오기 때문에 수술이 잘못됐을 경우, 재 수술이 가능한 것이 또 하나의 장점입니다.

다음으로 레이저의 열작용에 의한 광 응고, 증발, 절개, 용접, 자극, 충격 등의 효과를 이용한 여러 가지 치료 장치에 대하여 알아봅니다. 사용되는 레이저의 종류에는 고체레이저로는 루비(ruby), Nd:YAG, Nd:Glass 레이저 등이 있고, 기체레이저로는 He-Ne, He-Cd, Kr-Ar ion, CO_2, N_2 레이저 등이 있습니다. 최근에는 반도체레이저, 색소레이저 등도 사용되고 있습니다.

주요한 레이저 치료 장치를 살펴보면 다음과 같습니다. 먼저 레이저메스(laser mes, 또는 laser scalpel)입니다. 뇌나 간 등과 같이 출혈하기 쉽고, 압박이나 봉합이 곤란한 조직의 수술에 레이저메스를 사용하면, 혈액응고에 의한 지혈효과 때문에 수술을 안전하고도 쉽게 할 수 있습니다. 또, 초점을 확산시킨 레이저광을 종양조직에 조사하면, 피를 흘리지 않고도 종양조직을 태워서 제거할 수 있습니다. 일반적으로 이산화탄소레이저는 절개에 적합하고, Nd:YAG 레이저는 응고 및 지혈에 적합합니다. 레이저메스를 내시경과 함께 사용하면, 개복수술을 하지 않고도 소화기관이나 기관지 내의 지혈이나 종양을 잘라낼 수 있습니다. 혈관외과에서는 광섬유(optical fiber)를 사용하여 동맥의 협착, 폐색을 레이저로 태워서 확장하거나, 또는 혈전을 제거하는 치료에 사용되고 있습니다. 안과영역에서는 망막박리에 대한 광 응고 치료법에 레이저가 이용되고 있으며, 녹내장의 치료를 위해서 홍채에 작은 구멍을 뚫는 데에도 사용되고 있습니다. 또한 피부과영역에서는 메스로서의 이용 외에, 초점을 확산시켜서 피부반점이나 문신을 제거하는 데에도 사용되고 있습니다.

레이저용접(laser welding)은 주로 치과나 외과분야에서 사용하는 치료방법입니다. 치아표면에 레이저광을 조사하면, 에나멜질의 일부가 용융하여 내산성이 강한 치밀한 구조로 변화하기 때문에, 충치예방의 효과가 기대되고 있습니다. 또, 레이저는 부러진 뼈를

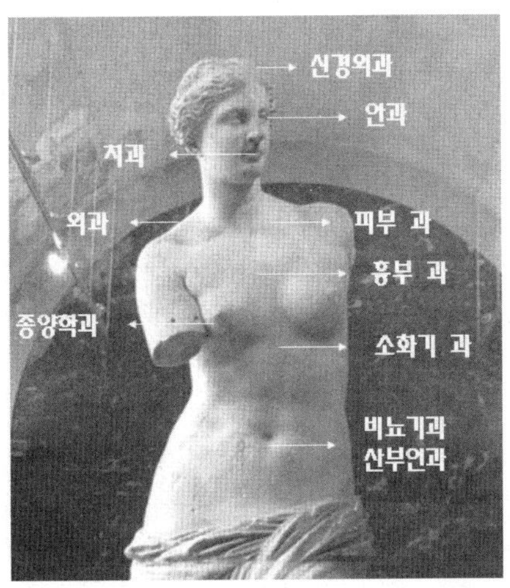

그림 11.4 의 광학용 레이저와 적용분야

다시 이어 붙이는 데에도 응용이 시도되고 있습니다. 한편, 레이저 봉합이라는 기술은 레이저용접의 일종으로, 저출력레이저를 사용하여 혈관을 접합시키는 방법입니다.

레이저 쇄석법은 요로결석(urolithiasis) 등에 레이저광을 이용하여 결석에 구멍을 뚫고 집어낼 수 있는 크기로 부수는 데 사용합니다.

가시광선은 생체 세포에 상처를 입히는 일은 없으나, 세포를 광 민감성 물질에 집어넣으면, 이것이 빛으로 들뜨게(여기)되어 강력한 산화력이 있는 물질을 생성하고 세포가 파괴됩니다. 이 원리를 이용하여 여러 가지 광 민감성 약품을 악성종양의 환부세포에 집어넣어, 레이저광에 의하여 선택적으로 파괴하는 광화학치료법이 연구되고 있습니다.

마지막으로 레이저자극을 이용한 치료법입니다. 생체세포는 광선으로 활성화되므로, 상처가 난 부위에 레이저광을 쪼이면 치유가 촉진됩니다. 또, 동양의학에서는 찜질과 뜸에 저출력레이저를 사용하여 치료하는 방식이 행해지고 있습니다.

레이저를 이용한 치료에서 특히 고려하여야 할 점은 레이저치료의 안전대책입니다. 레이저광선에 의하여 입을 수 있는 상해는 주로 화상이나 절단 등의 외상입니다. 특히 눈은 망막손상 외에, 이산화탄소레이저와 같은 중 적외선 고출력레이저에서는 각막천공, 안구파열 등의 심한 손상을 입을 수 있습니다. 이 때문에 레이저의 치료 및 응용에서는 반드시 충분한 안전대책이 필요합니다. 레이저의 정격출력과 에너지밀도가 일정하게 유지되는가에 대한 점검과 보정(calibration)을 주기적으로 실시하는 것이 꼭 필요합니다.

표 11.1 의 광학용 레이저와 적용분야

적용분야	레이저의 종류
신경외과(Neurosurgery)	Nd:YAG, CO_2
치과(Dentistry)	Ar, Ho:YAG, Er:YAG, Nd:YAG, CO_2
종양학과(Oncology, Phymatology)	Dye, Nd:YAG, CO_2
비뇨기과(Urology)	Dye, Nd:YAG, CO_2
산부인과(Obstetrics, Gynecology)	Nd:YAG, CO_2
피부과(Dermatology)	Dye, Ar, He-Ne, Nd:YAG, CO_2
외과(Surgery)	Dye, Ar, Nd:YAG, CO_2
흉부외과(Chest Surgery, Thoracic Surgery)	Excimer, Dye, Ar, Nd:YAG
혈관학과(Angiology)	Dye, Nd:YAG
소화기과(Gastroenterology)	Excimer, Ar, Nd:YAG
	Ar, Nd:YAG

11.3 레이저수술

레이저수술(laser surgery)의 특징은 절개와 더불어 응고가 동시에 일어나므로 무혈수술이 가능하다는 장점이 있으며, 이 외에도 꼭 필요한 미소체적에만 선택적으로 레이저광을 조사하므로 일반 수술보다 수술부위를 최소화할 수 있고 수술 후, 통증이나 후유증도 적습니다. 또한 레이저광의 광열효과에 의해 고온살균이 가능하며 비접촉방식의 수술이라 세균감염 요인이 훨씬 적어집니다. 이산화탄소 레이저광은 생체조직에 잘 흡수되어 열에너지로 변하고, 생체를 절개 및 절제합니다. 이것을 일반적으로 레이저메스라고 합니다. 금속메스로 생체를 자르면, 당연히 피가 흐르지만 레이저광의 경우에는 조직이 잘릴 때에 혈관의 열수축으로 피가 나오지 않습니다. 이것이 레이저메스의 큰 장점입니다.

레이저 무혈수술의 원리는 다음의 3가지 단계를 거칩니다. 1단계는 흡수 및 가열 단계입니다. 레이저광을 생체 조직에 조사하면 표피를 투과하여 표피하부의 조직에 흡수되며 열에너지가 발생하여 조직이 가열됩니다. 2단계는 증발 및 절개의 단계로 광흡수에 의해 발생한 열에너지가 임계값(臨界値, threshold)을 넘게 되면 수분의 증발과 그 압력에 의한 폭발로 표피의 절개가 일어납니다. 3단계는 탄화 및 지혈의 과정으로 제거되어야 할 나쁜 조직들은 탄화의 과정을 거쳐 절제되며 혈관의 열수축에 의해 자동으로 지혈이 이루어집니다.

반도체레이저의 특수파장과 이 파장에 민감하게 반응하는 녹색색소를 이용하여, '치핵(痔核)'만을 효과적으로 응고해 소멸시키는 치핵 절제술이 좋은 효과를 보이고 있습니다. '반도체레이저 응고법(semiconductor laser coagulation)'으로 알려진 이 시술은 간편하고 안전성이 높으며, 효과도 좋아 새로운 치핵 수술법으로 임상영역을 넓히고 있습니다. 치질환자들이 치료과정에서 가장 힘들어 하는 것은 치핵 절제에 따른 통증과 이에 대한 공포입니다. 그러나 반도체레이저 치핵 치료는 수술시간이 10~15분으로 짧고, 통증이 거의 없으며 별다른 부작용이 발생하지 않아, 환자들의 만족도가 매우 높게 나타나고 있다고 합니다.

어떤 매질에서의 빛의 흡수계수(absorption coefficient) α는 파장의존성을 가지고 있으며 α가 클수록 흡수가 잘 일어납니다. 흡수계수가 α인 매질에 빛을 조사할 때 일정한

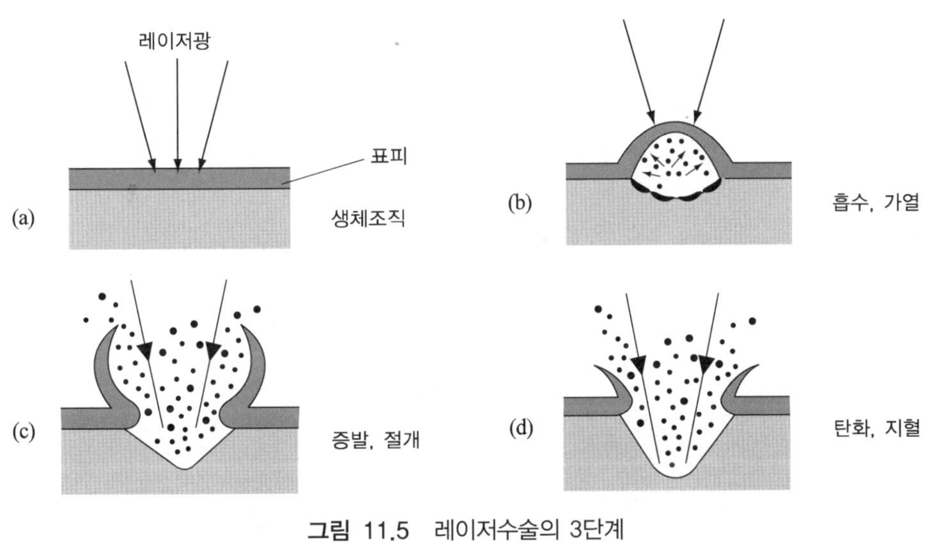

그림 11.5 레이저수술의 3단계

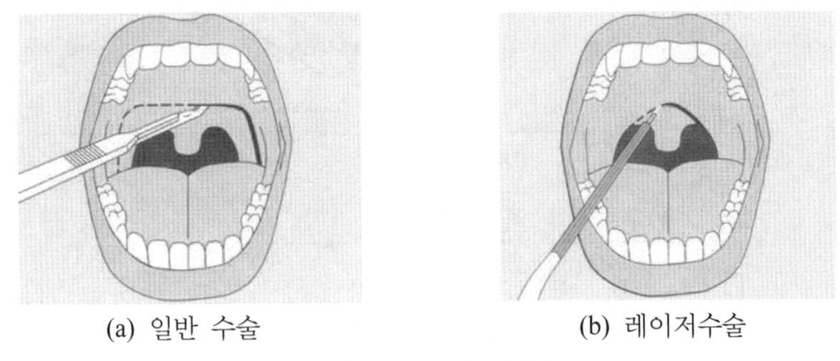

(a) 일반 수술 (b) 레이저수술

그림 11.6 코골이수술

깊이에서의 빛의 강도 I는 다음의 식으로 표현됩니다.

$$I(L) = I_0 e^{-\alpha L} \tag{11.1}$$

여기서 $I(L)$는 깊이 L에서의 빛의 강도, I_0는 표면에서의 빛의 강도, L은 흡수깊이입니다.

인체의 조성 중에서 약 70%가 물이므로 파장 별로 물 또는 혈액(blood)의 흡수 특성을 아는 것이 중요합니다. 가시광선 영역의 빛에서는 대상으로 하는 생체의 색소에 따라 흡수가 다르며 생체색소의 색과 보색관계를 가진 빛에 의해 강하게 흡수됩니다. 예를 들면, 적색인 혈액에서는 청록색 빛이 효과적입니다. 네오디뮴-야그 레이저의 제2고조파(파장 532 nm)나 아르곤레이저(파장 515 nm, 488 nm) 등이 혈액에 잘 흡수되어 혈관의 수술에 유효합니다.

물에 의한 흡수계수가 큰 파장의 빛은, 물의 표면 근처까지밖에 들어가지 못합니다. 이와 같은 파장의 빛은 수분이 많은 생체조직의 수술에 적합합니다. 적외선파장을 갖는 어븀-야그 레이저나 이산화탄소레이저는 물의 표면 가까이에서 흡수되므로, 순간적으로 생체를 증발시키면서 절개 및 절제하는 데 매우 효과적입니다.

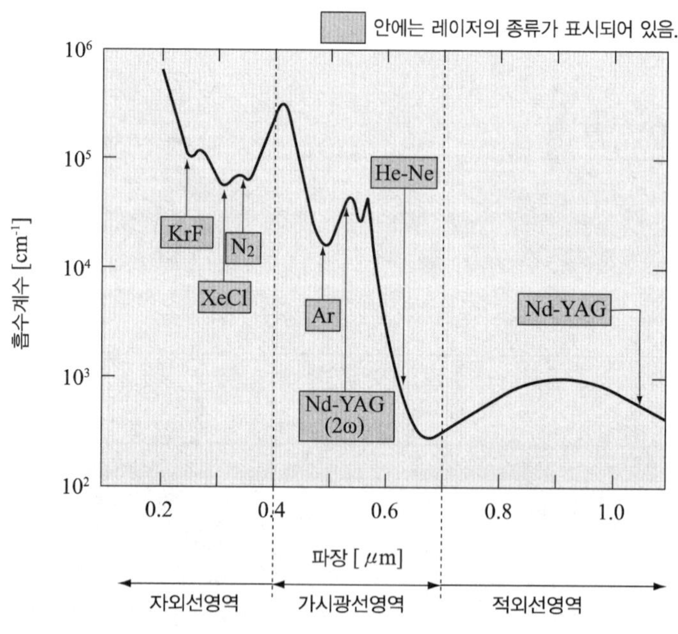

그림 11.7 혈액의 파장별 흡수계수

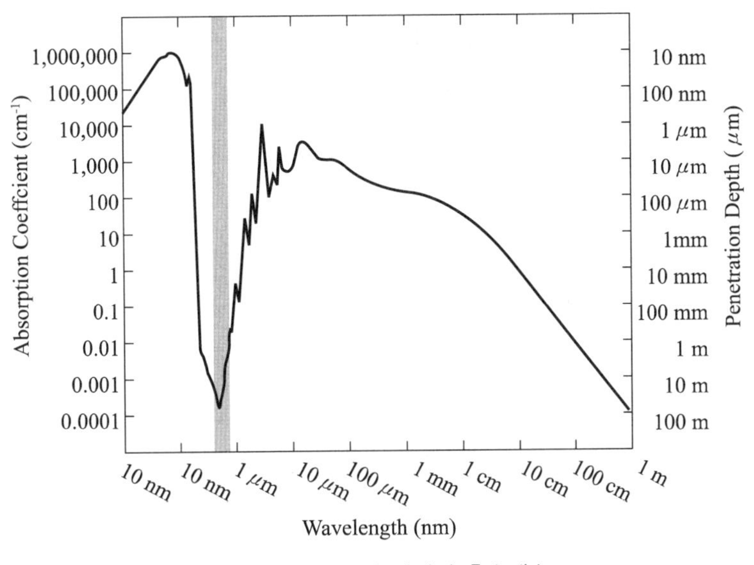

그림 11.8 물의 파장별 흡수계수

11.4 치과의 레이저 응용

치과에서 레이저 임상응용에는 이산화탄소레이저, 네오디뮴-야그 레이저 등을 사용하고, 치주질환 등의 연조직(soft tissue)에 대한 처치나 구강외과에서 종양낭포에 대한 처치를 합니다. 최근, 치과 특유의 치아 경조직(hard tissue)에 대한 처치를 어븀-야그 레이저를 이용하여 하고 있어 치과치료의 커다란 개혁으로 기대되고 있습니다. 또한 어븀-야그 레이저는 특히 치과의 특징인 에나멜질, 상아질의 절삭에 사용하고 있습니다. 또, 반도체레이저나 헬륨-네온 레이저가 상아질지각과민증, 턱관절증 등의 동통완화 및 각종 창상의 치유촉진에 이용되고 있습니다. 아울러 치과의 보철치료에 있어서 불가결한 작업인 금속의 납땜이나 용접에서 네오디뮴-야그 레이저가 이용되고 있습니다.

레이저를 이용한 치과치료의 장점은 다음과 같습니다.

첫째는 정밀한 치료가 가능하다는 점입니다. 건강한 주위 조직의 파괴와 손상을 최소로 하면서 병소를 제거할 수 있습니다. 현재는 광섬유 전달계의 개발로 정밀성이 더욱 증진되고 있습니다. 짧은 파장, 높은 최대출력 및 광섬유 전달계를 갖춘 최근의 시스템이 가지는 레이저의 정밀성은 손상을 최소화시킬 수 있습니다. 레이저는 구강 내의 형태에 적절히 적용할 수 있으며 출력조절과 전달방법에 따라 조직을 기화, 응고 또는 절제할 수 있습니다.

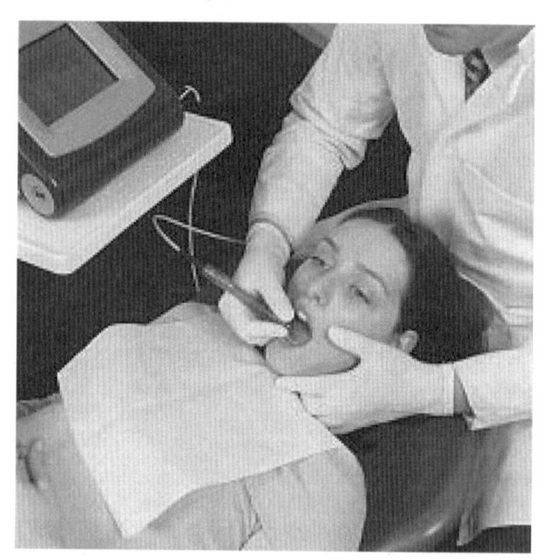

그림 11.9 레이저를 이용한 치과치료

둘째는 지혈성입니다. 레이저는 혈관을 봉쇄하기 때문에 출혈이 없어 시술부위의 시야를 잘 확보할 수 있으며 시술시간을 단축시킵니다. 뿐만 아니라 레이저는 림프관을 봉쇄하여 수술 후 종창(붓는 것)이 최소화되도록 해 줍니다. 이로써 환자는 시간을 절약할 수 있게 됩니다. 지혈은 실제로 환자에게 많은 혜택을 줍니다. 먼저 지혈로 인해 정상 치유과정이 지연되므로 하부 결합조직이 재생될 수 있는 시간적 여유를 줍니다. 그 결과 병소는 부드러우며 흉터의 형성이 적어서 환자의 기능장애가 적고, 더욱 원만한 치유과정을 거치게 됩니다. 레이저는 기계적 외상의 기회를 거의 주지 않으므로 흉터를 최소화시키며 따라서 수술상처의 봉합술이 거의 필요하지 않습니다.

셋째는 살균력입니다. 치과의사에게는 사실 이것이 가장 중요합니다. 우리가 치과에서 매일 대하는 여러 질환을 살펴보면 대부분의 원인은 세균성입니다. 레이저가 조직에 작용할 때 살균효과가 있다면 단순히 증상을 없앨 뿐 아니라 원인균을 제거할 수 있습니다. 이로써 예방 및 치료방법을 발전시킬 수 있습니다. 레이저는 세균을 감소시킬 뿐만 아니라 일부 부위는 멸균되기도 하므로 환자에게는 레이저를 사용하는 것이 매우 도움이 됩니다.

넷째는 레이저를 사용하면 통증을 감소시킬 수 있습니다. 시술시간의 90% 정도는 통증이 없는데 그 이유는 신경섬유가 봉쇄되기 때문입니다. 나머지 10% 정도의 시간은 다양한 세기와 기간의 통증을 느낍니다. 환자에게 가장 중요한 장점은 레이저수술 시, 마취를 거의 하지 않거나, 아예 하지 않아도 된다는 것입니다. 마취가 치과 혹은 치주치료를 받는 환자에게 도움을 주지만, 실제로 환자는 마취되는 것을 좋아하지 않습니다. 그래서 마취가 없이 치료를 받을 수 있다면 환자들은 매우 좋아할 것입니다.

따라서 의사에게 유용한 레이저의 장점은, 정확성, 조절성, 지혈성, 치료시간의 단축 및 살균력이며, 환자에게는 적은 손상과 빠르고 통증이 없는 치유, 흉터가 남지 않는 수술부위 그리고 마취의 필요성이 거의 없다는 것입니다.

그림 11.10은 흔히 '물방울레이저'라고 부르는 치과용 레이저(dental laser)를 이용한 유체동역학적 프로세스(hydro-kinetic process)에 의해 충치를 치료하는 전 과정을 보여주고 있습니다. 이 레이저는 레이저광과 운동에너지를 가진 물방울을 함께 사용하여 효과적으로 충치를 치료하는 장치입니다.

물방울레이저는 엄밀하게 말하면 레이저가 아니라 레이저의 에너지를 받은 물방울을 이용한 장치입니다. 열이 발생하지 않으므로 열에 의한 조직손상과 통증이 없습니다. 물방울레이저 시술은 골유착력이 탁월하여 임플란트(implant)의 성공률이 매우 높고, 치아를 태우지 않고 고르게 깎아낼 수 있으며, 치아 면이 매끄러워 치료기간이 단축되는 장점을 가집니다. 또한, 물방울레이저의 가장 큰 장점은 통증이나 출혈이 없어 시술을 받는 환자들이 마취가 없이 치료할 수 있어 기존시술에 비해 회복이 빠릅니다. 치과치료를 할 때 무섭고 아픈 것은 치과용 드릴에서 나오는 듣기 싫은 소음, 마찰열의 발생, 그리고 진통 때문입니다. 소음은 공포를 유발하고 드릴에 의한 진동과 마찰열은 조직손상과함께 극심한 통증을 가져올 뿐만 아니라 치아에 미세균열을 발생시켜 충치를 확대시킬 수

1. Access Preparations

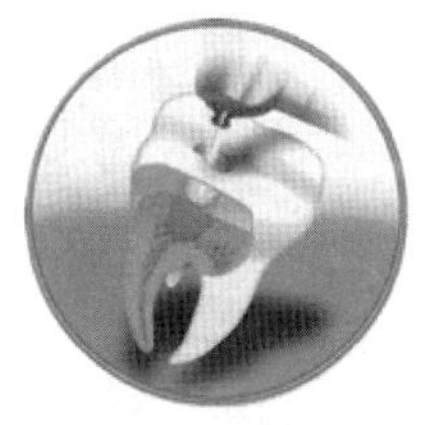

2. Pulpectomy

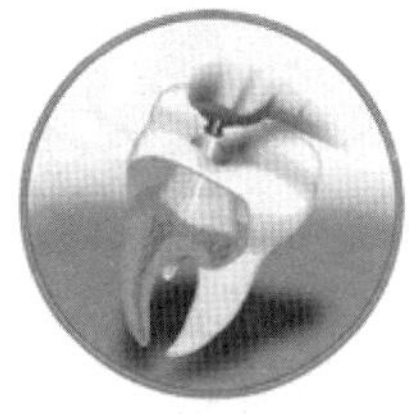

3. Enlargements and Shaping

4. Obturation & Restoration Placement

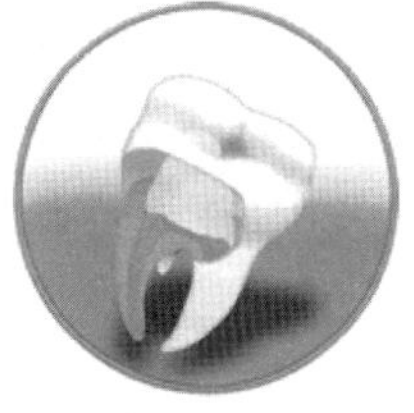

그림 11.10 치과용 레이저를 이용한 충치치료

있습니다. 물방울레이저는 이런 문제들을 일거에 해결한 새로운 개념의 치과용 레이저입니다.

11.5 피부과의 레이저 응용

'오륙도'(56세에 퇴직 안 하면 도둑), '사오정'(45세 정년퇴직), '삼팔선'(38세 조기퇴직) 등의 말이 자연스러워진 시대입니다. 이렇게 퇴직의 나이가 갈수록 젊어지는 사회분위기에 따라 최근 40~60대 중장년층이 한 살이라도 더 젊게 보이려고 피부과나 성형외과 등을 찾는 발길이 잦아진다고 합니다. 과거에는 탈모나 흰머리와 더불어 약간의 검버섯과 잔주름이 연륜으로 비춰졌지만, 요즘에는 자연스런 세월의 흔적이 무능력한 인상으로 여겨진다니 갈수록 살기 힘든 세상이 아닐 수 없습니다.

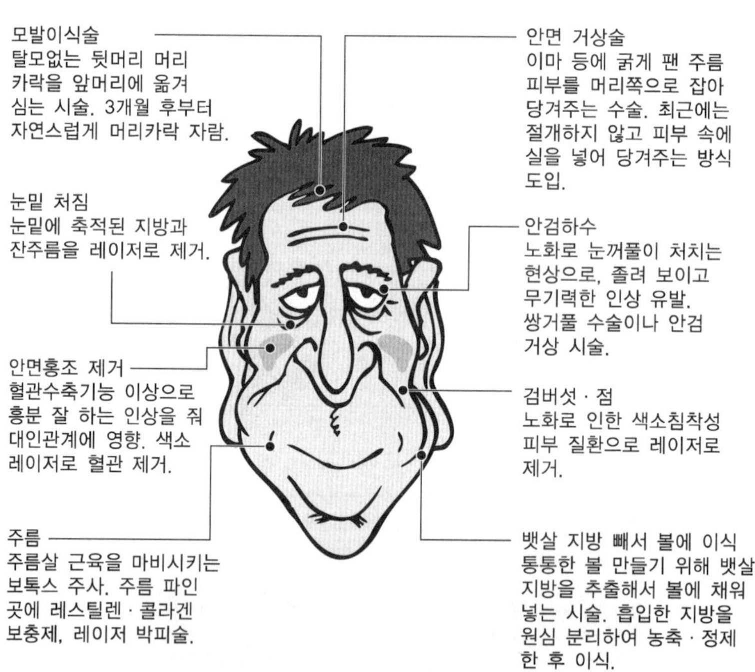

그림 11.11 레이저를 이용한 피부미용 성형

피부과에서 행하는 레이저시술이란 레이저를 이용하여 피부의 여러 가지 색소성 질환을 치료하고 얼굴 피부표면을 깎아내는 데 이용하는 것을 말합니다. 레이저는 그 목적에 따라 다양한 기종이 있으며 질환 별로 적절한 레이저를 골라서 치료에 이용하여야 합니다. 먼저 이산화탄소레이저는 기본적으로 조직을 태워서 깎아내는 데 이용하고 있습니다. 따라서 점의 제거, 레이저 박피술, 여러 가지 피부외과 술에 이용되는 레이저라고 할 수 있습니다.

다음으로, 네오디뮴-야그 레이저는 주로 피부의 색소성질환의 치료에 이용합니다. 멜라닌만을 골라서 선택적으로 파괴하므로 피부에 생긴 평평한 검버섯이나 주근깨 등에 치료효과가 뛰어납니다.

색소레이저는 혈관성병변의 치료에 이용됩니다. 따라서 붉은 점, 모세혈관 확장성 모반, 그리고 안면홍조 등의 치료에 이용합니다.

피부과 레이저시술의 장점은 시술 후, 붉은 기운이 빨리 사라지고 색소가 거의 침착되지 않습니다. 정교하게 필요한 부위만 시술할 수 있고 시술 후 1주일 정도면 화장이

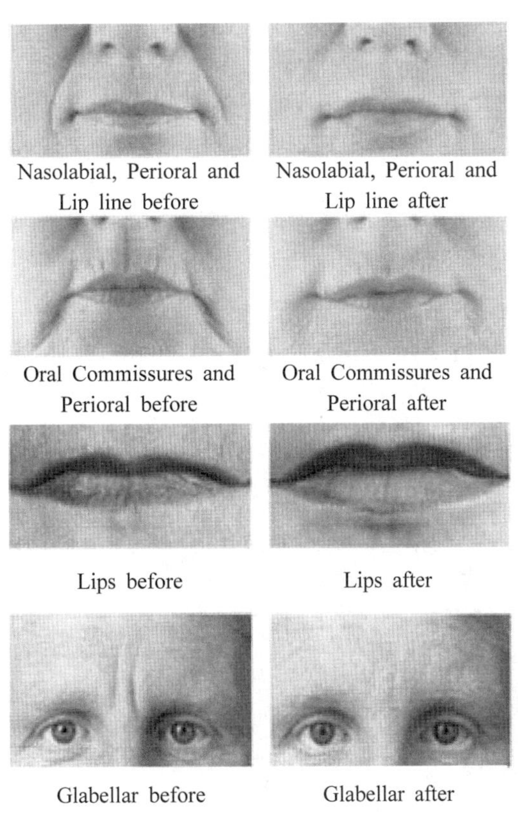

그림 11.12 피부 주름제거

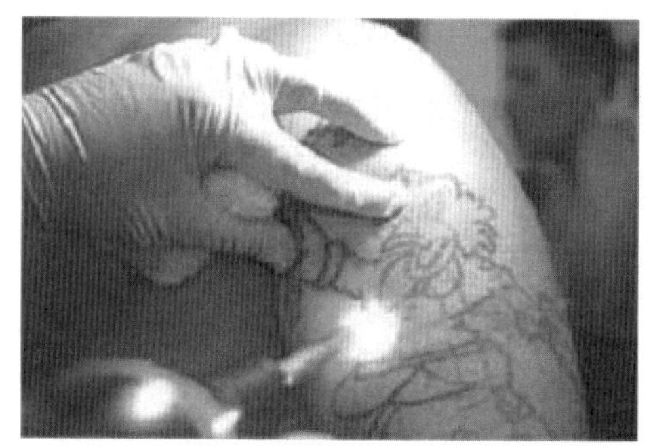

그림 11.13 레이저를 이용한 문신제거

가능합니다. 피부부위에 따라 박피의 깊이를 조절하는 것이 가능합니다. 수술부위를 주사로 마취하지 않습니다. 메스를 사용하지 않기 때문에 흉터가 생기지 않습니다. 마지막으로 피부의 굴곡이 심한 부위도 치료가 가능합니다.

미용성형외과란 미용외과와 성형외과를 합성한 용어입니다. 성형외과는 본래 선천적인 기형이나 후천적으로 보기 싫거나 일그러진 부분을 정상적인 형태로 재건하는 것을 목적으로 하는 외과과목입니다. 한편, 미용외과는 현재의 정상적인 얼굴이나 몸을 보다 아름답게 만드는 것을 목적으로 한 외과과목입니다. 사람은 정상적인 얼굴이나 몸을 가졌다 하더라도 나이가 들면서 변화하게 마련이고, 기형이나 추형을 재건하는 것은 매우 어려운 일입니다. 더구나 미를 의식하지 않고 수술하는 것은 말할 수 없습니다. 그러나 엄밀한 의미에서 성형외과와 미용외과는 다른 것이기 때문에 성형외과가 더 우수한 학문이라고 생각되어져 왔습니다. 하지만 최근 들어 미용외과에 있어서 성형외과적인 수술기법이 많이 도입되고, 학문체계가 정리된 양자가 자연적인 형태로 근접하고 있습니다.

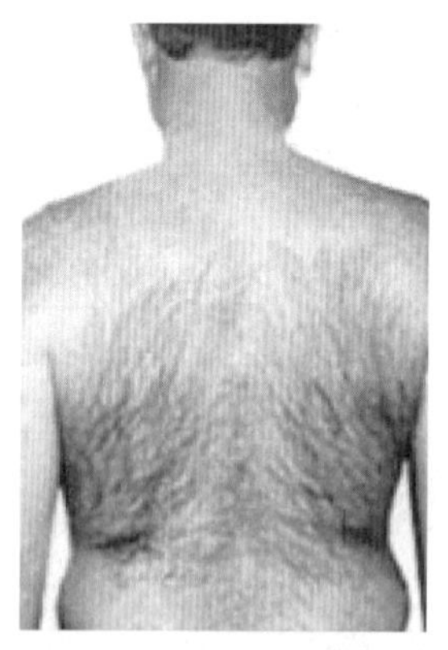

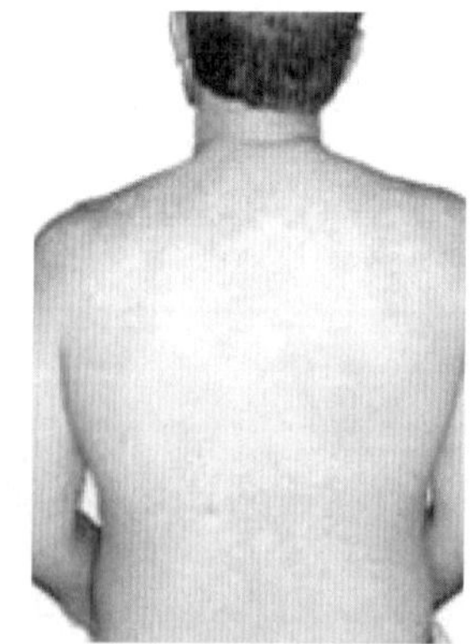

그림 11.14 레이저 제모

미용성형외과는 시술에 있어서 건강하고 기능적인 미를 추구하고, 신체의 윤곽이나 형태, 피부의 색 및 질감을 고려하여야 합니다.

최근 각광을 받고 있는 IPL(intense pulsed light)은 단일파장을 내는 레이저와는 달리 복합파장의 빛을 방출해 다양한 피부트러블을 한꺼번에 치료할 수 있는 장치입니다. 3, 4주 간격으로 5회 정도 IPL을 반복하게 되면 복합적인 파장의 빛으로 주근깨, 기미 등의 색소질환뿐 아니라 넓은 모공이 수축되고 잔주름이 줄어들게 되어 피부의 탄력을 한층 회복시켜 줍니다. 레이저가 특정 매질에서 나오는 특정 파장의 빛을 이용하는 데 반하여 IPL은 고출력의 플래시램프(flash lamp)를 광원으로 사용하며 다양한 파장의 빛(515~1,200 nm)을 강한 펄스형태로 방출시켜서 임상적으로 이용하는 장치입니다.

IPL은 선택된 파장, 펄스의 폭, 펄스 사이의 간격, 및 사용 에너지 등 4가지의 구성요소가 조화를 이루어 사용되며, 최근에는 동양인은 물론 흑인에게까지도 안전하게 사용되고 있습니다. IPL은 다양한 파장을 동시에 조사할 수 있어 모세혈관 확장성 모반, 색소침착, 모공확대 등의 전혀 별개의 질환을 부작용 없이 동시에 치료할 수 있습니다. 반면에 레이저의 경우는 질환별로 다른 기기가 필요하며 일정부분의 표피손상은 불가피합니다.

이 장치는 미국이나 유럽에서는 이미 보편적인 치료방법이며 국내에서도 최근 들어 활발히 보급되고 있으며, 피부과나 미용성형외과에서 기존의 레이저치료를 빠르게 대체하고 있습니다.

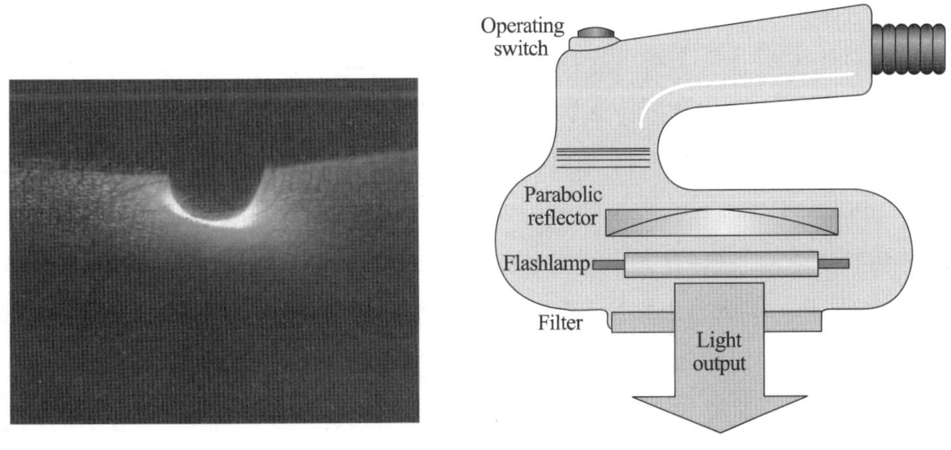

그림 11.15 IPL의 구조

11.6 광화학치료

광화학요법(photo-chemo-therapy, PCT)은 광요법과 화학요법을 합친 것으로 광 요법에서는 자외선 중, A형 자외선(UV-A)을 조사하고, 화학요법에서는 소라렌(psoralen)이라는 약을 피부에 바르거나 복용합니다. 광화학요법은 소라렌과 A형 자외선을 사용하므로 소라렌의 머리글자 P와 A형 자외선을 합쳐서 'PUVA'라고 줄여서 쓰기도 합니다. 소라렌이란 약품은 A형 자외선이 작용하도록 하는 광감작 제(光感作 劑, 광 민감성 약품)입니다. 화학약물인 소라렌과 이의 작용파장인 A형 자외선을 조사하기 때문에 광화학요법이라 부릅니다. 이는 소라렌이 환자의 자외선에 대한 민감성을 증가시켜 치료효과를 극대화하는 방법입니다.

광화학요법은 현재 피부과에서 두 가지 질병(건선과 백반 증)에 표준 치료법으로 사용되고 있으며, 광화학요법 대상 질환으로는 건선, 백반증, 아토피피부염, 피부림프종, 광선과민증 등이 있습니다.

간혹 약을 먹는 것을 빠뜨리고 A형 자외선 치료만을 하는 경우도 있으며, 반대로 약만 먹고 A형 자외선 치료를 거르는 환자들이 있는데 이 경우에는 아무런 효과가 없으므로 둘 중 하나를 거르는 경우에는 광화학치료를 한 차례 쉬는 것이 됩니다.

소라렌이란 약물은 문헌상 BC 2000~BC 1500년경 인도와 이집트에서 이미 사용한 것으로 나타나 있습니다. 기록에 의하면 피부가 하얗게 변하는 백반증에서 소라렌이 함유된 콩과식물의 씨를 바른 후, 햇빛을 쪼이면 그 자리에 물집이 생기면서 흰 색깔의 피부가 색소침착이 된다고 기록되어 있습니다. 위의 기록을 분석하면, 콩과식물의 씨에는 소라렌이 들어있고 햇빛 속에는 A형 자외선이 있는 것이 알려졌으므로, 말하자면 자연적인 광화학요법을 시행한 것이 됩니다.

그 후 소라렌의 화학적인 합성이 가능해지고 햇빛 속에 있는 A형 자외선의 물리학적 개념과 인간 피부에서의 기능이 밝혀졌습니다. 이어서 A형 자외선을 인공적으로 쪼일 수 있는 인공기구가 개발되었습니다. 1974년 미국 하버드대학의 패리쉬(Parrish) 교수 등은 21명의 건선환자를 대상으로 소라렌을 복용한 후 A형 자외선을 조사하여 건선을 처음으로 치료하고 이를 광화학요법이라고 명명하였습니다. 그 뒤 많은 연구가 이루어져 1982년에는 미국 식약청(FDA)에서 건선의 치료법으로 인정을 받았고 현재는 전 세계적으로 건선, 백반증과 그 밖의 많은 피부질환에 널리 쓰이고 있습니다.

표 11.2 자외선의 분류

종류	파장 Wavelength (nm)	단위에너지 Energy Level	침투력 Permeability
UV-A	315~420	약함	강함
UV-B	280~315	중간	중간
UV-C	180~280	강함	약함

자외선은 태양광의 스펙트럼을 사진으로 찍었을 때, 가시광의 단파장보다 바깥쪽에 나타나는 눈에 보이지 않는 빛을 말합니다. 1801년 독일의 화학자 리터(Ritter)가 태양스펙트럼의 가시광선(보라색) 바깥쪽에 '염화은'을 보다 강하게 흑화시키는 빛이 존재하는 것을 확인함으로써, 자외선을 발견하였습니다.

자외선은 약 400~10 nm에 이르는 파장으로 된 넓은 범위의 전자기파의 총칭으로서, 극단적으로 파장이 짧은 자외선은 X선과 거의 구별되지 않습니다. 자외선은 화학작용이 강하므로, 적외선을 '열선'이라 하는 것에 대응하여 '화학선'이라 하기도 합니다. 또 파장에 따라 근자외선(파장 280 nm 이상), 수정범위의 자외선(수정을 투과하는 280~200 nm), 슈만선(200~120 nm), 라이만선(120~60 nm), 밀리칸 선(60~10 nm) 등으로 세분하거나, 200 nm 이하의 파장을 가지는 자외선을 원자외선이라고도 합니다. 근자외선은 파장범위에 따라 UV-A(400~315 nm), UV-B(315~280 nm)로 나뉘고, 수정범위의 자외선을 UV-C(280~200 nm)로 부르기도 합니다.

자외선의 작용에는 크게 다음의 네 가지가 있습니다.

(1) 오존생성(184.9 nm): 공기 중의 산소에 자외선을 조사하면 산소분자(O_2)의 일부가 오존(O_3)으로 변하여 살균, 탈취 효과가 있습니다.

(2) 살균작용(253.7 nm): 수은램프에서 인공적으로 발생되며 공기와 물에서 살균효과가 뛰어나서 살균작용은 최강이 됩니다.

(3) 홍반(紅斑)작용(297 nm): 피부에 자외선이 조사되면 수 시간 후에 모세혈관확장(홍반)이 나타납니다.

(4) 광화학작용(365 nm): 빛에 의해 일어나는 화학반응으로 주로 광화학치료 등에 사용됩니다.

자외선 중, 200 nm보다 짧은 파장의 빛은 공기에 의해 강하게 흡수되기 때문에 진공 속에서만 취급할 수가 있어서, '진공자외선(vacuum UV)'이라고 합니다. 자외선은 가시광선보다도 광자(photon)의 에너지가 크고 화학작용 및 생리작용이 강합니다. 예를 들면, 수은 등에서 나오는 파장 253.7 nm의 자외선은 냉장고 속 등에서 살균광선으로서 사용되고 있으나, 생리작용이 강하기 때문에 직접 육안으로 보면, 급성결막염에 걸릴 수가 있습니다. 진공자외선은 공기뿐만 아니라 거의 모든 물질에 의해 강하게 흡수되어 물질속의 전자를 들뜨게 하거나 물질에서 전자를 방출시키기도 합니다.

일반적으로 고체물질이 고온이 되면 처음에는 적열상태가 되고 그 다음에 백열상태가 되는데, 더욱 고온이 되면 파란색을 띠며 빛을 냅니다. 이것은 표면에서 방출되는 빛의 분포가 차츰 단파장 쪽으로 기울어지기 때문이며, 절대온도 2,000 K 정도가 되면 자외선도 강하게 방출됩니다. 따라서 용접작업 등에서는 반드시 보호안경이 필요합니다.

태양은 표면온도가 절대온도로 5,000 K나 되기 때문에 당연히 자외선도 강하게 방출하고 있습니다. 다행히 우리가 사는 지표에는 300 nm보다 파장이 짧은 자외선은 거의 오지 않습니다. 이것은 대기권의 상층부에 있는 오존층에 의해 자외선이 흡수되기 때문입니다. 다만, 인공위성이나 우주선에서는 오존층의 보호가 없기 때문에 이에 대한 대책이 필요합니다. 300 nm보다 긴 파장의 자외선이라도 장시간 피부에 쬐면 화상을 입기도 합니다. 또한 표백작용, 형광작용이 강하며 특히 형광작용은 곰팡이 검출, 보석류 감정 등에 응용되고 있습니다.

미국 NASA의 total ozone mapping spectrometer(TOMS)는 태양의 UV-B(290～320 nm)가 지표에 얼마나 조사되는지를 측정하는 장치입니다. UV-B의 양이 많은 지역은 피부에 나쁜 영향을 미치는 지역으로 보아야 할 것입니다.

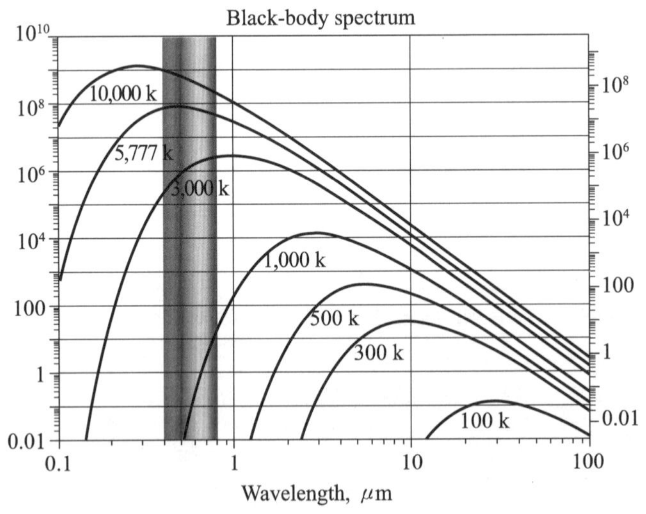

그림 11.16 흑체복사와 자외선

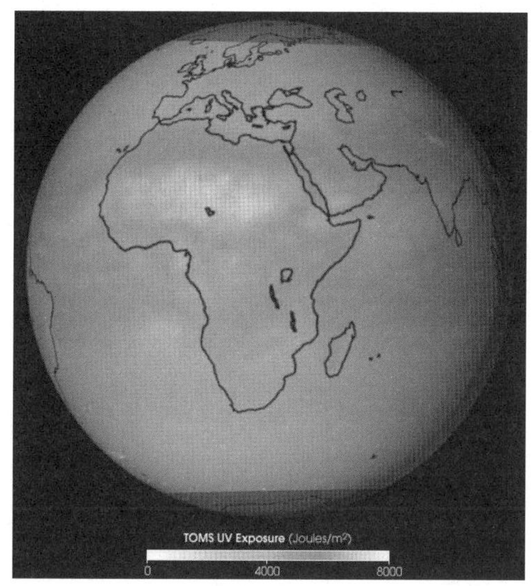

그림 11.17 TOMS

TOMS는 한 달을 주기로 매일 매일 수집한 정보를 합친 이미지를 보여줍니다. 사진에서 보듯이, 황색 지역은 최고 위험지역, 적색과 핑크색 지역은 중간 위험지역으로 분류되고 흰색으로 표시된 지역은 UV-B가 거의 관측되지 않으므로 안전한 지역으로 간주할 수 있습니다.

11.7 엑시머 레이저

엑시머(excimer)는 'excited-dimer'의 준말로 레이저발진을 위한 여기원소로 동종 또는 이종원자끼리의 반응에 의해 형성되는 엑시머를 이용한 기체레이저의 일종입니다. 엑시머는 전기방전에 의해 여기된 원자 종을 만들어 이것과 비활성기체원자를 반응시켜 생성되는 것이므로 엑시머 레이저는 일종의 화학레이저라고도 할 수 있습니다.

엑시머 분자는 구속된 여기상태(bound excited state)와 반발성 기저상태(repulsive ground state)를 가지고 있기 때문에 레이저발진이 일어납니다. 일반적으로 희귀가스(noble gas, rare gas)들은 높은 불활성을 가지며(inert) 다른 물질과의 화학적인 결합을 용인하지 않습니다. 그러나 고전압 전기방전에 의해 높은 에너지 펄스가 생성되면 여기상태가 되어 할로겐족과 일시적으로 구속된 분자결합을 하게 됩니다. 여기된 화합물은

Excimer	Wavelength
Ar_2*	126 nm
Kr_2*	146 nm
F_2	157 nm
Xe_2*	172 & 175 nm
ArF	193 nm
KrF	248 nm
XeBr	282 nm
XeCl	308 nm
XeF	351 nm
CaF_2	193 nm
KrCl	222 nm
Cl_2	259 nm

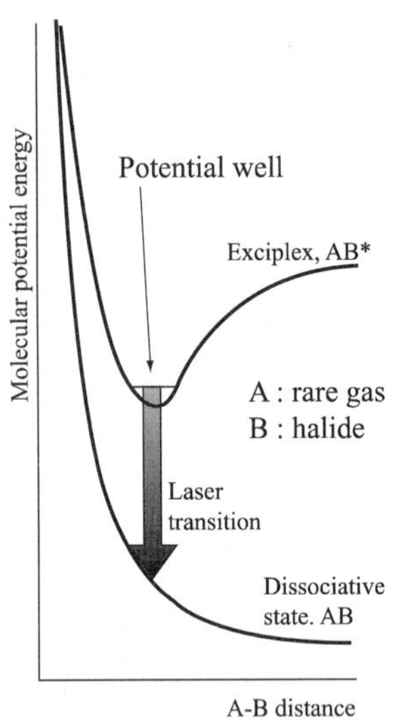

그림 11.18 엑시머 레이저의 종류와 동작원리

레이저전이에 의해 축적된 에너지를 빛의 형태로 방출하고 강한 반발성의 기저상태로 되돌아가 빠른 속도로 두 개의 구속되지 않은 원자들로 분해됩니다. 이것이 두 상태 사이의 밀도반전을 유지시켜 줍니다.

현재 여러 가지 엑시머 레이저가 고안되었으며, 가시광선 영역에서 진공자외선 영역까지 넓은 범위에 걸친 발진파장들이 알려져 있습니다. 주요 여기원소로서 비활성기체 다이머(Ar, Kr, Xe), 비활성기체 할로겐화물(ArF, ArCl, KrF, KrCl, XeF, XeCl), 할로겐

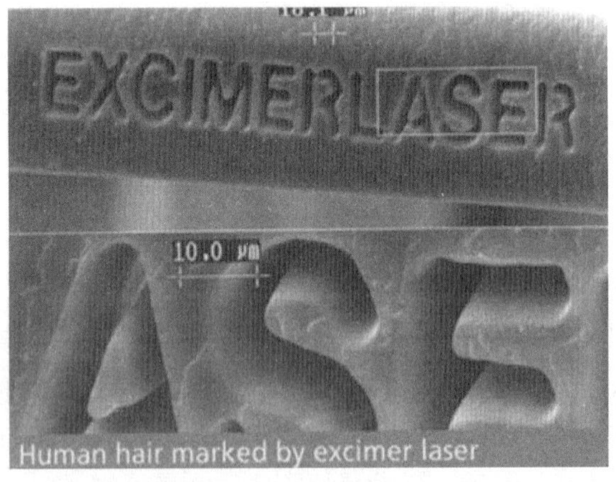

그림 11.19 엑시머 레이저를 이용한 미세가공

화수은(HgCl, HgBr, HgI), 비활성기체 산 화합물(ArO, KrO, XeO), 다 원자 엑시머(KrF, XeF) 등이 여기에 포함됩니다. 특히 비활성기체 할로겐화물 레이저는 고효율이면서 고출력이므로 가장 많이 이용됩니다. 이 레이저들은 발진파장이 자외선영역에서 진공자외선 영역에 있기 때문에 강한 광화학반응이 필요한 경우에 광원으로 이용되기도 합니다. 또한 에너지가 매우 크므로 다른 레이저의 펌핑을 위한 여기광원으로서도 이용됩니다.

리소그래피(lithography)란 마스크라 불리는 미리 작성된 원본의 패턴을 작업물 위에 사진전사하는 것을 의미합니다. 특별히 미세패턴을 형성하는 리소그래피의 경우 접두어 마이크로(micro)를 붙여 마이크로-리소그래피(micro-lithography)라 부릅니다. 이러한 리소그래피의 용도 중, 가장 대표적인 것으로 반도체집적회로(IC, integrated circuit)의 제작을 들 수 있습니다. 즉, 전자빔주사장치(e-beam lithography)를 써서 유리기판 위에 코팅된 크롬 막을 선택적으로 제거하여 포토마스크(photo-mask)를 만들고, 렌즈 계를 사용하여 마스크패턴을 웨이퍼 위에 축소, 투영함으로써 회로형태를 얻는 방법입니다. 흔히 반도체소자의 성능을 결정짓는 요소로는 회로를 구성하는 패턴의 최소선폭(CD, critical dimension)을 들 수 있습니다. 즉, 회로패턴에 가는 선을 사용함으로써 단위면적당 많은 선을 그어 집적도를 높일 수 있으며, 동시에 회로의 길이를 짧게 하여 동작속도를 더 빠르게 할 수 있게 됩니다. 리소그래피 방법에 의해 형성되는 패턴의 최소선폭은 사용되는 빛의 파장 λ와 사용되는 렌즈의 개구수(NA, numerical aperture)의 영향을 받으며 해상력을 좋게 하기 위해서는 파장 λ를 작게 하거나 개구수를 크게 하는 것이 필요합니다. 한편, 광학계의 초점심도(depth of focus)의 관점에서 보면 개구수를 크게 하는 것은 초점심도를 극도로 작게 만들어 주고, 큰 광학계는 그 제작도 비현실적이 됩니다. 따라서 리소그래피 성능개선의 노력은 주로 파장 λ를 작게 하는 방향으로 이루어져 왔습니다. 역사적으로는 수은등 g-선(436 nm), i-선(365 nm), KrF 엑시머 레이저(248 nm), ArF 엑시머 레이저(193 nm) 리소그래피의 순으로 개발되었으며, 현재 F_2 엑시머 레이저(157 nm) 리소그래피의 개발이 진행되고 있습니다.

1960년대 초에 루비레이저를 이용하여 안저(eye-ground, fundus oculi) 광 응고가 실시된 이래, 현재는 아르곤레이저, 색소레이저, 크립톤이온 레이저, 반도체레이저, 네오디뮴-야그 레이저, 홀뮴-야그 레이저 및 엑시머 레이저 등의 레이저장치가 여러 종류의 안저 질환, 녹내장, 후발 백내장 및 굴절이상 등의 치료에 사용되고 있습니다. 또, 주사(scanning) 레이저 검안경 등의 진단 장치에도 레이저는 널리 이용되어지고 있습니다. 치료는 레이저의 열작용에 의한 응고가 대부분이지만, 압력작용에 의한 조직파괴나 광화학작용도 응용되고 있습니다. 안구는 기능상, 빛을 통과하기 쉽게 되어 있는 장기이므로, 레이저에 의한 진단, 치료는 쉽게 행하여지며 자주 사용되어집니다.

11.8 레이저 안과수술

"원장님, 저는 라섹(LASEK)으로 해 주세요. 검사는 다른 병원에서도 받아 봤는데요, 각막이 좀 얇은 편이니까 라섹이 좋을 것 같아요. 그리고 아무래도 웨이브-프론트(wave-front)가 낫겠죠?" 요즘 시력교정수술을 받기 위해 안과를 찾는 환자라면 이 정도쯤은 줄줄 읊는 게 기본입니다. 시력교정수술이 워낙 일반화하고 덤핑경쟁을 벌일 정도로 시술하는 안과가 많다 보니 인터넷이나 주변사람들을 통해 얻는 정보가 무수한 덕분입니다. 그런데 최근 들어 각종 '업그레이드수술법'이 더욱 난무하고 있습니다. 라식, 라섹, PRK 등 잘 알려진 수술법 외에 pain-free 라섹, M 라섹, 양막 라섹, 인트라 라식, 에피 라식, pain-free PRK, 노터치(trans-epithelial)까지 한두 가지가 아닙니다. 이 모두가 기존시술의 부작용을 조금씩 줄이고자 하는 노력의 결과입니다. 자연히 수술대상도 약간 넓어져, 기존방법으로는 수술이 어려운 이들까지도 수술기회를 잡을 수 있게 되었습니다. 만약 시력교정수술을 생각하고 있다면 나에겐 어떤 수술법이 적합하고, 수술법의 장단점은 무엇인지를 잘 알아둬야 합니다.

우리는 흔히 시력교정수술이라면 PRK, 라식, 라섹의 3가지를 꼽습니다.

PRK(photo-refractive keratectomy)는 초창기의 치료법으로 각막상피를 절개하여 제거한 후, 눈동자각막에 직접 레이저를 쏘아 깎아내는 것으로 수술이 가장 간단하나 통증이

그림 11.20 엑시머 레이저 안과수술

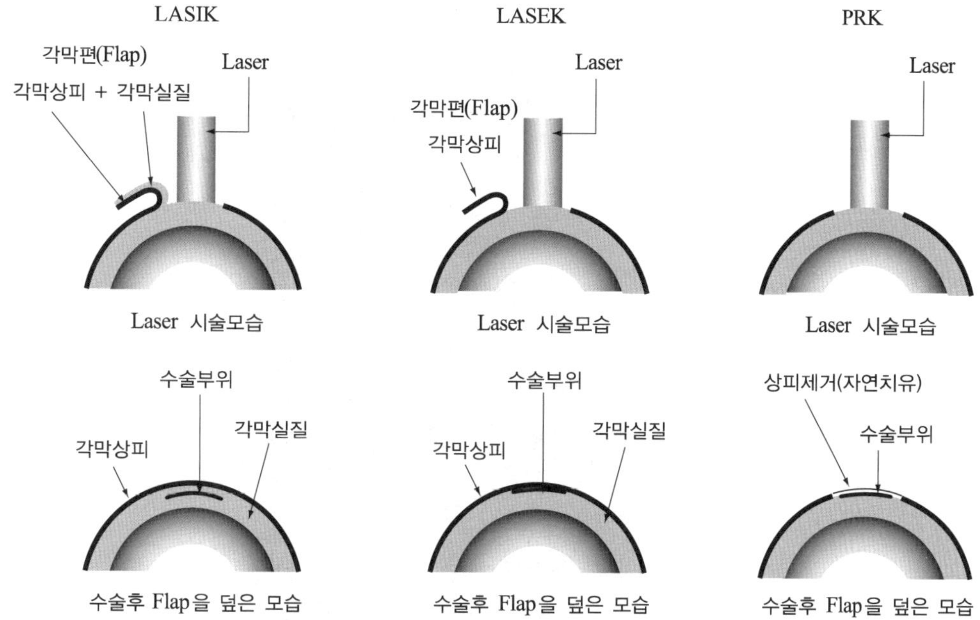

그림 11.21 여러 가지 안과 레이저시술

심하고 치료가 오래 걸리는 단점이 있습니다. 이때 수술부위는 자연치유가 되도록 합니다. 수술시간은 수 분 이내로 가장 짧으며 회복에는 1~4주 정도 소요됩니다. 수술 후에는 약간의 통증, 눈물, 눈부심 등이 있을 수 있습니다. 중등도 이하의 근시, 난시 및 원시 등에 적합합니다.

PRK를 대체한 라식(LASIK)은 각막절삭기로 각막상부를 얇게 저며 각막상피와 각막실질부의 일부를 포함하는 두께 130~160μm의 각막절편(flap)을 만들고, 남은 각막에 레이저를 쏜 뒤, 각막절편을 다시 붙여주는 방법입니다. LASIK은 'laser associated stromal in-situ keratomileusis'의 약자입니다. 고도근시를 포함하여 가장 보편화된 시력교정술로 수술 후에 불편함이 거의 없으며 재수술이 용이하고 시력회복도 1~4일로 가장 빨라서 시력교정술의 붐을 일으킨 시술법입니다. 하지만 각막을 잘라낸다는 시술상의 특징으로 인해 빛이 번져 보이고 밤에 눈부심이 있을 수 있습니다. 매우 드물긴 하지만 각막절편에 주름이 잡히거나 감염되거나 원추각막이 될 수 있어 극단적으로 실명까지도 가능하다는 것이 부담스럽습니다. 그래서 보수적인 의사들은 각막을 가능하면 보존하는 시술을 선호합니다.

라섹(LASEK)은 'laser epithelial keratomileusis'의 약자로, 특징은 고도의 근시, 얇은

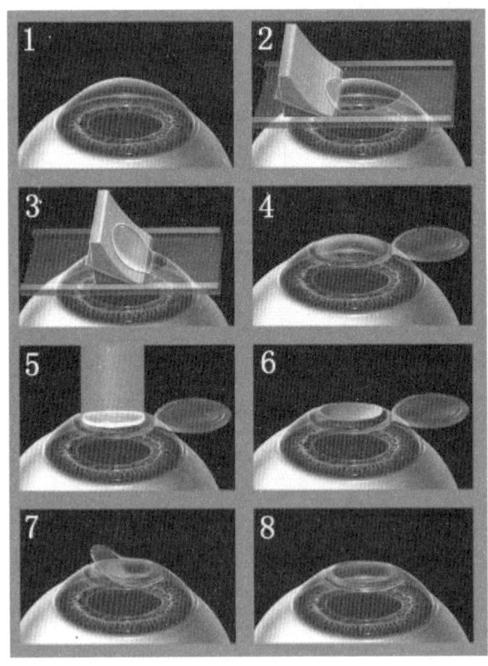

그림 11.22 LASIK 수술

각막, 콘택트(contact) 렌즈를 오래 착용한 경우, 그리고 각막절삭기의 장착이 어려운 작은 안구 등에도 시술이 가능하나, 경도의 각막혼탁이 있을 수 있고 수술방법이 어렵습니다. 수술 후 증상이나 회복기간은 라식과 PRK의 중간정도입니다. 콘택트렌즈를 오래 착용한 경우는 그렇지 않은 경우보다 각막이 얇아집니다.

라섹은 각막을 둘러싸고 있는 바깥층인 각막상피만 알코올로 벗겨 낸 뒤 레이저를 쏘는 것입니다. 벗겨 낸 상피세포(두께 60μm)는 각막 위에 덮어 놓지만 결국 대부분 죽고, 다시 재생됩니다. 각막은 그대로 유지되므로 감염의 우려는 없는 반면, 각막혼탁이 생길 수 있다는 것이 가장 큰 단점입니다. 각막혼탁이 생기는 이유는, 각막에 상처가 생길 경우, 이를 회복시키기 위해 눈물에 포함된 활성인자가 각막세포를 성장시키기 때문입니다. 라식은 상처부위를 각막절편으로 덮어두기 때문에 상대적으로 활성인자가 손을 쓰지 못합니다.

한편, 최근 새로 나온 수술법들의 특징은 각막절편을 만드는 과정을 변형함으로써 단점을 극복하는 기술들입니다. 최근에 시술되기 시작한 에피 라식(epi-LASIK)은 라식과 기본원리는 같지만 에피-케라톰(epi-keratome)이라는 기구를 사용해 각막상피만 얇게 잘라낸다는 차이가 있습니다. 보통 라식에서 잘라내는 각막절편의 두께가 130~160μm

그림 11.23 LASEK 수술

인데 반해 각막상피 두께는 60μm에 불과합니다. 각막상피만 들어낸다는 점에선 결국 라섹과 비슷하게 각막을 유지할 수 있으면서도 각막혼탁과 통증이 거의 없다는 라식의 장점을 살릴 수 있습니다. 고도근시에 대해서는 여전히 라식이 더 안전하다고 볼 수 있습니다. 하지만 각막이 얇거나 밤에 동공이 커져 야간 눈부심이 심해 라식이 부적합하다고 판정된 환자들의 경우, 에피-라식으로 부작용이 없이 시력을 교정할 수 있는 길이 열린 셈입니다.

역시 최근에 도입된 인트라라식(intra-LASIK)은 눈을 가장 편평한 상태로 누른 후 컴퓨터로 제어되는 레이저로 균일하게 각막절편을 잘라내는 방법입니다. 시술자의 손과 미세 각막절삭기로 시술하는 것에 비해 균일하고 안전하다는 점이 장점입니다. 실제 라식수술환자 중, 약 3.2% 정도가 각막절편과 관련된 합병증이 있는 것으로 조사됐습니다. 인트

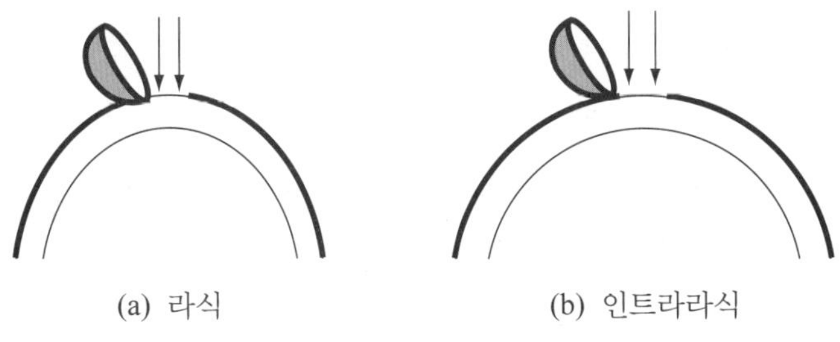

그림 11.24 라식과 인트라라식

라라식은 잘라내는 각막절편의 두께를 90μm까지 줄일 수 있으므로 각막두께를 충분히 남길 수 있어, 시력이 다시 떨어졌을 경우, 재수술이 가능하며 각막중심부와 주변부가 균일하게 절제되므로 난시 등의 부작용도 줄일 수 있습니다. 인트라라식과 에피 라식은 기존의 라식이나 라섹보다 부작용이 적은 대신, 비용은 기존보다 상당히 비쌉니다.

그런가 하면 부작용을 일부를 줄이기 위해 여러 가지 처치를 곁들이는 경우가 많아졌습니다. 안과에 따라 이름은 여러 가지지만 라섹에서 각막혼탁을 해결하는 처치와 레이저를 쏘는 과정을 더 정교하게 하는 것 등이 주류입니다.

최근에는 각막절편을 만드는 기술이 점점 발달하면서 그 부작용의 범위가 줄어들고 있습니다. 하지만 한번 잘린 각막실질부가 수술 전과 같이 완벽하게 붙지 못한다는 점이 가장 큰 문제입니다. 수술 후에 눈에 강한 충격을 받게 되었을 때, 자칫 각막절편이 떨어져 큰 문제가 될 수도 있습니다. 그래서 각막절편을 만들지 않는 수술을 개발하게 되었고, 그 방법이 라섹입니다. 그러나 라섹은 높은 도수를 수술할수록 각막에 혼탁이 생길 가능성이 높아지는 부작용이 발견되었고, 이를 보완하기 위한 여러 방법들이 개발되었습니다. 각막혼탁을 막기 위한 방법으로는 라섹 시술 후, 양막(태반의 가장 안쪽 막)을 사용하여 덮어두거나(양막 라섹), 라섹의 중간에 마이토마이신(mitomycin)이라는 항암제를 이용하여 병행 치료하는 방법(M 라섹) 등이 있습니다. 또한 통증을 줄이는 처치를 부가한 pain-free 라섹이나 pain-free PRK도 있습니다.

노터치(trans-epithelial) 수술은 라섹의 일종으로 각막의 가장 바깥층인 상피부분을 레이저로 제거한 후 시력정도를 좌우하는 각막실질부를 레이저로 조사해 교정하는 방법의 수술입니다. 이 방식은 각막에 다른 기구가 닿지 않는 수술로, 레이저에서 시작해 레이저로 끝나는 방법이라서 물리적인 자극이 없고 안전하다는 장점이 있습니다. 하지만 각막혼탁의 위험성은 남아있게 됩니다.

웨이브-프론트(wave-front)는 레이저를 쏠 때, 미리 측정해 둔 미세한 눈의 굴곡에 따라 레이저의 강약을 조절함으로써 보다 정밀한 수술을 하는 것입니다. 각막을 처리하는 방법은 달라도 레이저를 쏘아 시력을 교정하는 것은 모두 같으므로 웨이브-프론트는 앞의 PRK, 라식, 라섹 등 모든 레이저 시력교정수술에 적용할 수 있는 방법입니다. 이 방식을 사용하면 야간에 눈부심 현상이 적고, 보다 선명하게 보이는 것으로 알려졌습니다.

최근에는 레이저를 사용하지 않는 새로운 방식의 시력교정법들이 등장하였습니다. 먼저 '렌즈 삽입 술'로 각막조직을 레이저로 깎는 대신에 시력에 알맞은 특수렌즈를 눈 속에 삽입하거나 교체하여 시력을 교정하는 방식입니다.

구 분	라섹 (LASEK) 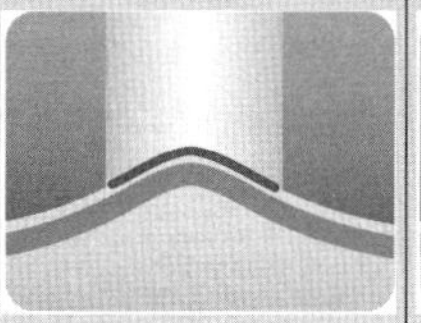	에피라식 (Epi-LASIK) 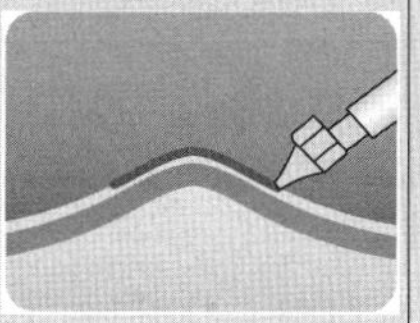	노터치 (No Touch) 	M-라섹 (M-LASEK) 약물처리 
수술방법	각막절편(상피+실질)을 만들지 않고, 상피세포만 제거한 후 노출된 실질 위에 레이저를 조사하여 교정하는 방법			
상피세포 제거방법	알콜 이용 (상피제거)	에피케라톰 이용 (각막절삭기)	레이저 이용	알콜 이용 (상피제거)
문제 및 특징	수술 후 각막혼탁 발생 가능			각막혼탁방지 약물 처치

그림 11.25 여러 가지 최신 시력교정수술

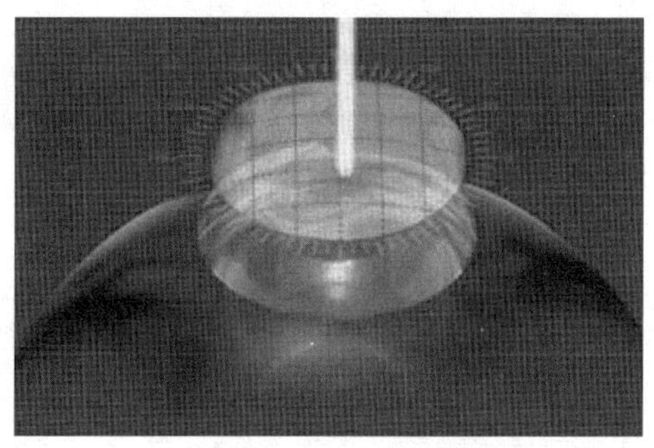

그림 11.26 웨이브-프론트

한편 수술을 하지 않는 시력교정술도 등장하였는데, 시력에 알맞은 특수렌즈(ortho-keratologic lens, 각막굴절 교정렌즈)를 매일 취침 시에만 착용하면, 각막 중심부를 눌러 줌으로써 각막의 모양이 변형되고 굴절력이 바뀌면서 근시와 난시를 일시적으로 교정시켜주고 근시 예방효과를 얻게 됩니다. 특수렌즈는 일종의 콘택트렌즈로 드림렌즈, LK렌즈, OK렌즈 등이 있습니다. 다만 특수렌즈들은 각막손상을 가져올 수도 있으므로 전문가의 도움을 받아 사용하여야 합니다.

11.9 라식과 시력교정

라식을 이용한 시력교정은 다음과 같이 시술합니다. 먼저 근시의 경우는, 각막의 중앙부(직경 6 mm 이상)를 근시의 정도에 따라 깎아내면 각막의 굴절력이 감소되어 초점거리가 증가되며 근시의 교정이 가능합니다. 사람의 각막 전 층의 두께는 중앙 부위가 약 500μm 이며 각막의 일부만 절제되므로 수술 후에도 안전합니다.

원시의 경우는 반대로 각막중심부의 굴절력을 증가시켜 초점거리를 감소시켜야 합니다. 따라서 각막의 주변부분을 원시의 정도에 따라 환형(ring-type)으로 깎아 냅니다.

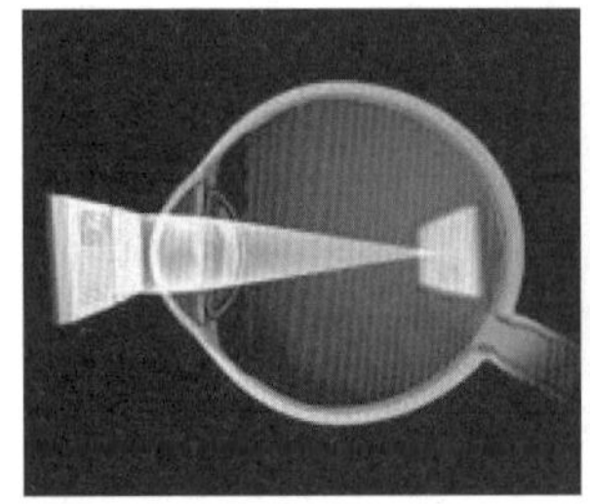

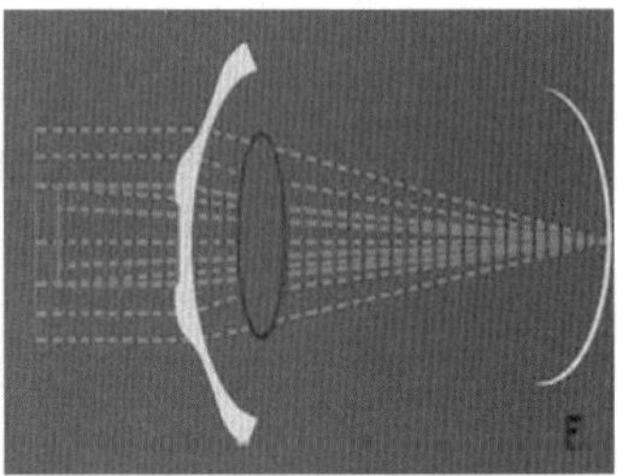

그림 11.27 근시의 교정

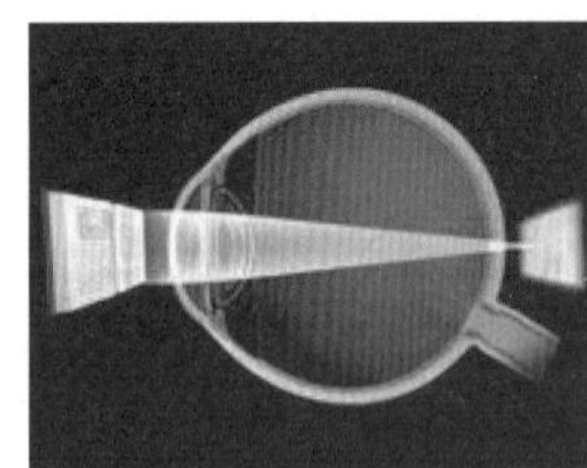
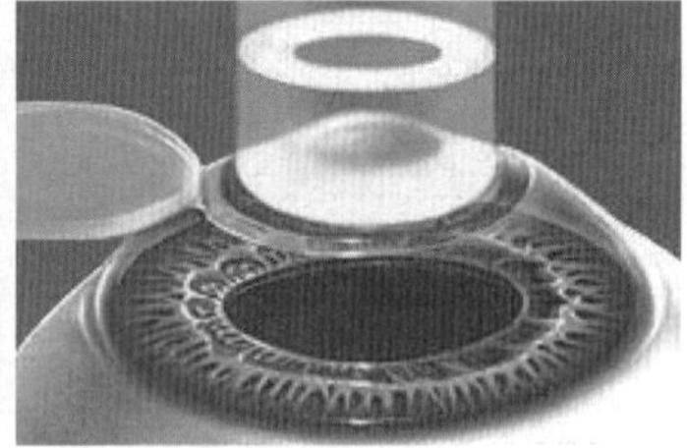
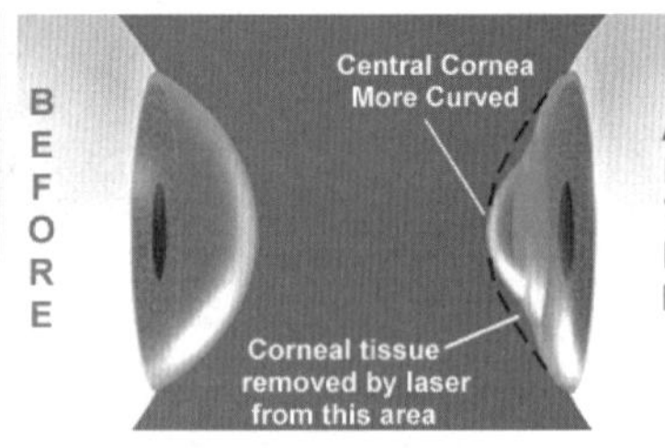

그림 11.28 원시의 교정

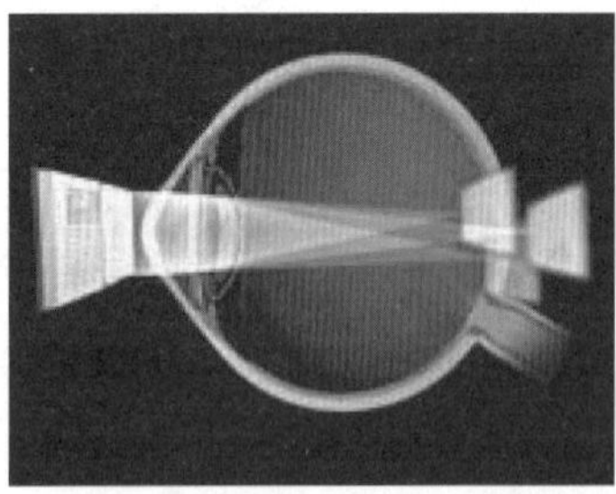
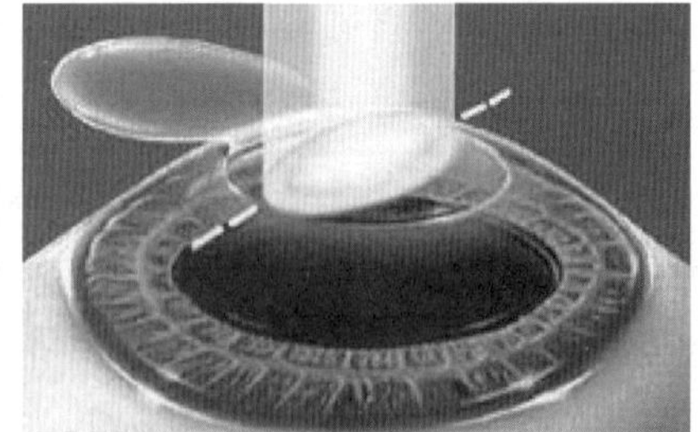

그림 11.29 난시의 교정

난시의 경우는 각막 전체의 굴절력이 일정해 지도록 굴절력이 높은 일부 각막부위들을 그렇지 않은 부위보다 더 많이 깎아 냅니다.

또한, 비점수차에 의한 난시(astigmatism)의 경우는 타원형의 조리개장치를 이용하여 난시 축에 따른 난시교정술을 행할 수도 있습니다.

11.10 광 동력학 치료법

광 동역학 치료법(PDT, photo-dynamic therapy)은 광화학치료법의 일종으로 광 민감성 약품과 레이저광원을 이용한 치료로써 암세포 주위를 감싸고 있는 건강한 세포에 영향을 주지 않고 암세포만을 선택적으로 괴사시키는 새로운 암의 치료법으로 알려져 있습니다. 이 치료법에 의하면 헤마토-포르피린(Hemato-porphyrin) 유도체라고 하는 색소

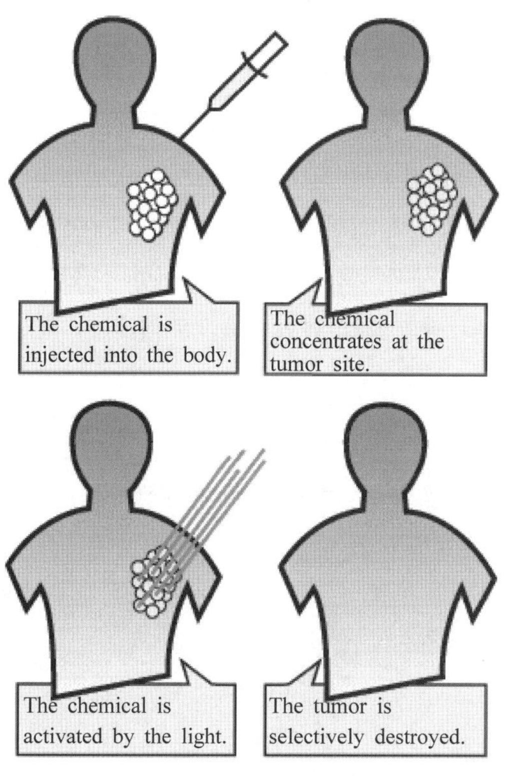

그림 11.30 광 동역학 치료법

(광 민감성 약품)를 암환자의 정맥에 주사하면, 처음에는 전신에 색소가 퍼지지만, 48시간 후에는 암 조직에만 색소가 달라붙게 됩니다. 이때에 색소에 흡수되는 파장(주로 적색)을 가진 레이저광을 조사하면, 빛에너지는 색소의 전자에너지로 변환되어서(광 자극), 조직 내의 산소에 에너지교환이 일어나게 해서 활성산소가 생겨, 산화작용에 의해 색소가 부착된 조직을 사멸시킵니다. 이렇게 해서 암조직을 선택적으로 치료하는 것이 가능해졌습니다. 그러나 이 치료법은 레이저광이 조사가능한 부위에 암이 국한되어 있어야 한다는 것이 근본적인 치료를 하기 위한 조건이기 때문에, 너무 깊은 부위의 암이나 진행된 암에는 근본적 치료법으로서 적용된 사례가 없습니다.

레이저를 이용하는 암 치료는, 레이저광이 작용하는 메커니즘에 따라 다음의 세 가지로 나뉩니다. 첫째, 레이저 응고(laser coagulation)와 증산(蒸散, laser scalper)으로 레이저가 가진 고에너지성과 고집속성을 사용해서, 국소적으로 높은 열에너지를 가해 암 조직을 응고, 괴사시키든지 증산에 의해 절제 혹은 절개하는 방식입니다. 둘째, 레이저 온열요법(laser thermia)은 비교적 낮은 출력의 레이저광을 사용해서, 암 조직을 조사, 가열해, 암 조직을 열적으로 괴사시키는 치료법입니다.

셋째로, 광 동역학 치료법(photo-dynamic therapy, PDT)입니다. 환자에게 미리 색소를 투여해 두고, 이것이 환부에 축적되는 시기를 보아서 레이저광을 광섬유나 다른 방법에 의해 전달하여, 암을 광화학 반응에 의해 괴사시키는 방법입니다. 현재 PDT는 많은 영역에서 암 치료에 사용되어, 임상실험결과도 양호합니다. 여기서 사용되는 색소는 종양친화성 색소라고 부릅니다. 구체적으로 체내의 풍부한 산소와 외부에서 공급되는 레이저광과 광 민감성 색소의 종합적인 화학반응으로 인하여 파생되는 활성산소가 각종

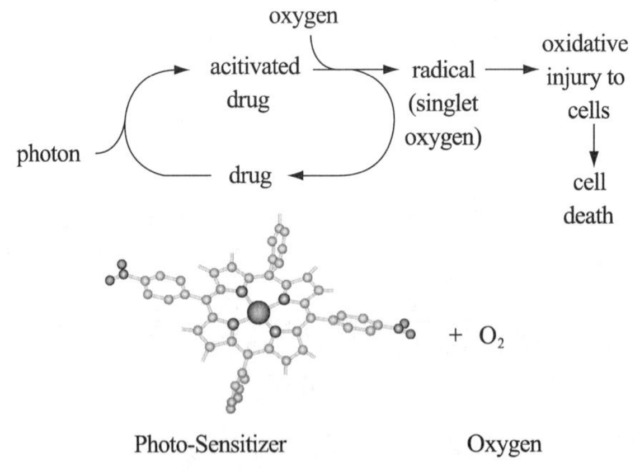

그림 11.31 광 동역학 치료법의 원리

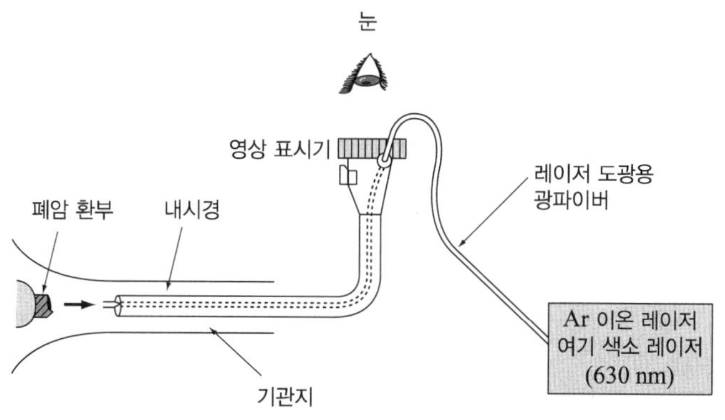

그림 11.32 광 동역학 치료 장치

병변부위나 암세포를 파괴하는 치료방법입니다.

정맥 내에 투여된 종양친화성 감광색소는 선택적으로 암 조직에만 달라붙습니다. 색소는 레이저광을 조사하면 빛을 흡수하여, 단일항(singlet) 상태로 여기됩니다. 이 상태에서 색소는 형광을 내면서 기저상태로 돌아오든지, 또는 에너지가 낮은 삼중항(triplet)상태로 천이합니다. 이 때 나오는 형광은, 암의 형광진단에 이용됩니다. 삼중항 상태에서는, 두 가지 형태의 화학반응을 일으켜서 암을 괴사로 이끌어 갑니다. 첫째 형태의 반응은 삼중항 상태의 색소가 암의 기질과 직접 반응하는 것입니다. 둘째 형태의 반응에서는 산소와 에너지교환을 일으켜 산소의 들뜬 단일항 상태가 생성됩니다. 이 들뜬 단일항 상태의 산소분자(활성산소)는 매우 산화력이 강하기 때문에, 주위의 세포(암)를 산화시켜 암을 괴사시키게 되는 것입니다.

PDT에서 사용되는 감광색소의 조건은 다음과 같습니다. 첫째, 생체에 유해한 부작용이 없이 안정되어 있을 것, 둘째, 암 조직에 선택적으로 달라붙고, 정상조직으로부터는 신속하게 배설될 것, 셋째, 조직투과성이 높은 장파장의 빛에 의해 높은 효율로 여기될 것 등입니다. 이러한 조건을 전부 만족시키는 감광색소는 잘 눈에 띄지 않지만, 그동안의 사용실적이라든지 약재로서의 안전성 등으로 하여, 포르피린(porphyrin) 유사화합물이 가장 많이 쓰이고 있습니다. 최근, 헤마토-포르피린(Hemato-porphyrin) 유도체(HpD)가 임상에 사용가능합니다.

광 동역학 치료에 사용되는 레이저로는 적색(630~660 nm)의 여기 색소레이저나 반도체레이저, 또는 아르곤-이온 레이저가 주로 사용됩니다.

광 동역학 치료법(PDT)이 암세포의 제거를 통한 치료를 위한 방법이라면 광 동역학 검출법(PDD, photo-dynamic detection)은 암세포의 존재여부와 존재위치를 고감도로 검사하는 방법입니다. 형광나트륨(Fluorescent Na) 용액은 440 nm 근방의 광을 흡수하여 540 nm 근방의 광을 방출하는 형광특성이 있습니다. 이 용액은 인체의 정맥에 주사한 후, 일정시간이 경과하면 암세포에 높은 농도로 집중됩니다. 따라서 441 nm의 레이저광을 생체조직에 조사하면 형광나트륨이 많이 집중된 부위, 즉 종양부위에서 많은 양의

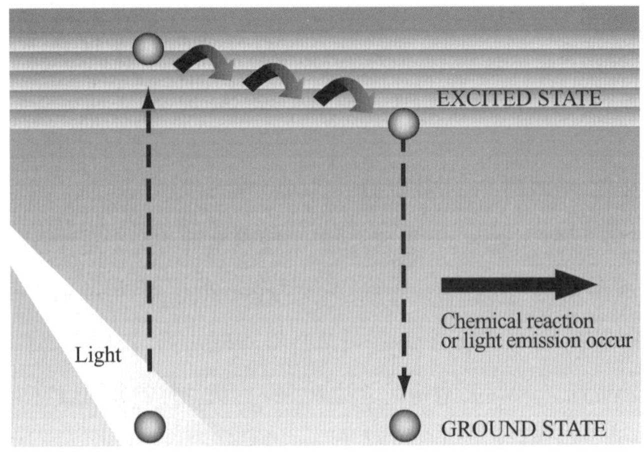

그림 11.33 광 동역학 치료에서의 광흡수

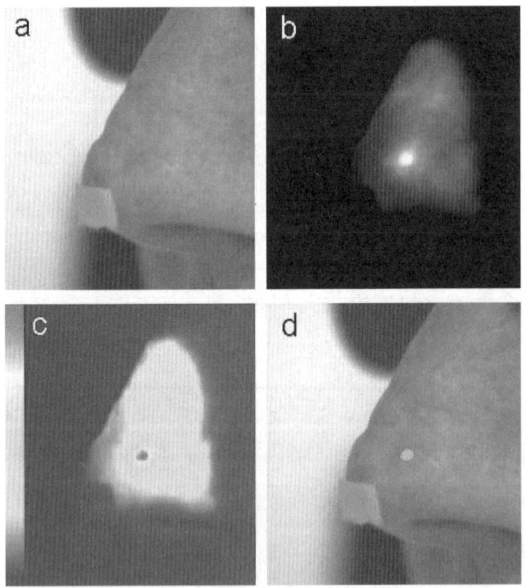

그림 11.34 광 동역학 검출법에 의한 피부암 검사

540 nm 광이 방출되어 이것을 증폭시켜 검사하면 종양의 존재를 고감도로 확인할 수가 있습니다. 입사파(441 nm)와 반사파(540 nm)는 서로 파장이 다르므로 동일한 광섬유 또는 광 파이프를 이용하여도 서로 간섭하지 않으며 반사파만을 선택하여 증폭, 처리가 가능합니다.

11.11 양전자 단층촬영법

양전자 단층촬영법(PET, positron emission tomography)은 포도당과 같은 인체의 기본 대사물질에 양전자(positron)를 방출하는 방사성 동위원소를 붙여 특수 방사성의약품으로 만든 다음, 이를 인체에 주입해 암세포를 영상화하는 첨단진단기술입니다. 방사성의약품이 주입된 환자가 양전자 단층촬영 스캐너에 한 시간 정도 누워 있으면 양전자 단층촬영 기기가 온 몸을 촬영해 암 부위를 찾아냅니다.

암 조직이 정상조직보다 포도당을 훨씬 많이 소모(3~8배)한다는 데 착안, 포도당과 함께 방사성동위원소를 체내에 주입하면 포도당의 소비량이 많은 부위가 컴퓨터영상에 나타나도록 한 것입니다. 포도당은 체내에서 모든 조직들이 이용하고 있는 가장 기본적인 에너지공급원으로서, 정상적으로는 뇌와 심장 등 에너지소모가 많은 기관에서 활발한 포도당대사를 보입니다. 암 조직은 빨리 성장하고, 다른 곳으로 전이하기도 하는 등, 정상적인 성장의 조절이 되지 않는 것이 특징인데, 이러한 성질로 인해 포도당대사가 항진되어 있습니다. 이를 이용하여 포도당에 영상용 동위원소를 합성하여 주사하게 되면, 투여한 약품이 암 조직에 많이 모여들게 되고 이를 촬영하면 암을 진단할 수 있습니다. 양전자 단층촬영법은 각종 암의 진단뿐만 아니라 노인성 치매(Alzheimer's disease)나 정신분열증(schizophrenia)의 조기진단, 운동장애 질환의 감별, 관상동맥 질환의 진단, 심근경색증의 회복가능 심근부위 검출 등 다방면에 활용되고 있습니다.

기존의 X선 촬영이나, 자기공명영상 촬영(MRI, magnetic resonance imaging), 컴퓨터 단층촬영(CT, computed tomography), 초음파 등은 우리 몸의 내부에 만들어지는 암세포나 종양의 해부학적 모양을 영상에 기록하는 기법입니다. 따라서 이런 방법들은 1 cm 이하의 아주 미세한 암세포나 종양은 발견하지 못하는 경우가 많았습니다. 또한 발견했다 하더라도 그것이 양성인지 악성인지를 구별하는 데 어려움이 많았습니다. 반면 양전자 단층촬영법을 이용하면 기존의 방식으로는 발견할 수 없었던 5 mm 크기의 미세 암세포나 종양조직을 조기에 발견할 수 있을 뿐만 아니라 암의 전이와 재발 여부, 항암제 투여효과 등을 확인하면서 치료를 진행할 수도 있습니다. 또한 암이나 종양이 처음 발생한 부위를 추적하는 것도 가능합니다.

양전자(positron)란 특수한 방사성 동위원소에서 추출한 방사선의 일종으로 전자와 무게가 같으면서 양전하를 가진 입자입니다. 양전자는 탄소(C)나 불소(F)와 같은 핵종에서 방출되며 방출 후, 1 mm 정도도 못 가서 주위의 전자를 만나며, 이들은 서로 결합하자마자 511 KeV의 에너지를 가지고 정반대의 방향으로 방사되는 2개의 광자(photon)로 변형되면서 사라집니다. 이 반응을 소멸방사선(annihilation radiation)이라고 하며, 이 때 방출되는 2개의 광자를 한 쌍의 검출기를 통해 검출하는 것이 양전자 단층촬영법의 근본원리입니다. 이러한 양전자 단층촬영법은 부위와 상태에 따른 차이는 있지만 현재 알려진 암 진단방법 중에서 가장 초기에, 가장 예민하게 암 조직을 진단할 수 있는 방법입니다. 또한 한 번의 검사로 전신을 모두 촬영할 수 있는 장점이 있습니다.

PET/CT는 이러한 양전자 단층촬영법과, 형태를 잘 보여 주는 영상인 컴퓨터 단층 촬영을 동시에 시행하는 검사입니다. 포도당대사는 암 조직에서 두드러지게 증가되기는 하지만, 일부 정상적인 조직에서도 증가될 수 있습니다. PET/CT는 양전자 단층촬영 시, 컴퓨터 단층촬영 결과를 같이 얻기 때문에, 양전자 단층촬영만 시행하는 경우에 있을 수

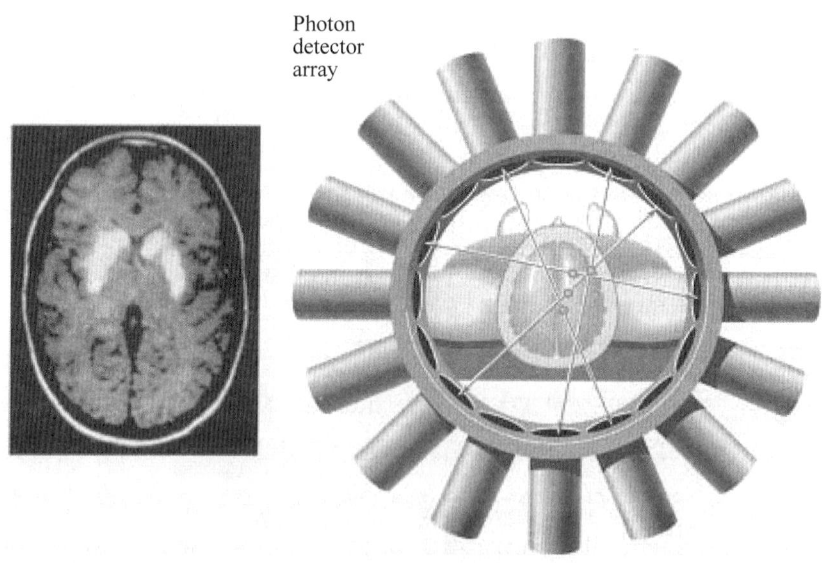

그림 11.35 양전자 단층촬영법

있는 정상조직에 의한 진단오류를 최소화하고 진단 성능을 향상시킬 수 있게 합니다. 또한 검사시간이 단축되어 환자의 편의를 향상시키고, 한 번의 간편한 검사로 다양한 정보를 얻을 수 있게 되었습니다. 즉 소멸방사선과 컴퓨터 단층촬영의 원리를 응용하여 인체 내에서 붕괴하는 방사성 동위원소의 부위별 분포를 컴퓨터로 재형성시켜 단층 촬영된 영상을 얻는 특수기법입니다.

11.12 빛 치료

잊을 만하면 한 번씩 전해지는 자살 소식은 매번 사회에 큰 충격과 반향을 일으킵니다. 자살은 개인뿐만 아니라 우리 사회의 병리현상을 극명하게 드러내고 있으며, 동반자살, 자살클럽, 자살여행 등 사회의 어두운 자화상을 나타내는 단어들이 각종 매체와 인터넷상에서 난무하고 있습니다. 자살의 원인은 우울증으로 대표되는 정신적 문제, 최근 대두되는 경제적 어려움과 가족의 해체, 사회의 안전망과 지지체계의 부족 등 다양하고 복잡하지만, 이 책에서는 환경적 영향의 가능성을 지적하고자 합니다.

환경적 영향으로 일조량이 부족해지면 인간은 여러 가지로 좋지 않은 영향을 받게 됩니다. 왜냐하면 태양은 인체의 건강을 유지하는 데 큰 역할을 하는 생명의 에너지이기 때문입니다. 빛은 물과 더불어 생명의 근원이 되는 자연의 에너지이며, 100여 년 전 에디슨이 전구를 발명하기까지 인류는 대부분의 시간을 야외에서 보내며 태양의 빛에 의존 하며 살아왔습니다.

그림 11.36 빛 치료

현대의 여러 치료약물이 개발되기 전 20세기 초까지만 해도 빛은 결핵, 류머티즘, 구루병, 장염, 건선, 피부염 등 각종 질환치료에 활발히 사용되었습니다. 1930년대 후반 스위스의 롤리어(Rollier)는 태양을 이용한 빛 치료(light therapy, 라이트 테라피)로 한 시대를 풍미하기도 하였습니다.

빛은 신체적인 작용뿐만 아니라 정신적 건강에도 중요한 역할을 합니다. 빛과 그 에너지는 눈의 망막에 있는 1억 개 이상의 광수용체와 시신경을 통하여 시각중추, 시상하부(hypothalamus)로 전달되며 뇌 호르몬과 신경전달물질의 분비에 영향을 주는데, 대표적으로 멜라토닌(melatonin)과 세로토닌(serotonin)을 들 수 있습니다. 낮 동안의 빛은 야간의 멜라토닌의 분비를 상승시켜 숙면을 도와주며 항산화작용에 도움을 줍니다. 또한 밝은 빛은 기분을 조절하며 밝게 만드는 뇌의 세로토닌 활성도를 높여주므로 우울증을 치료하는 효과가 있습니다. 4000룩스(Lux) 이상의 밝은 빛을 이용하는 라이트 테라피는 우울증의 치료법으로 이미 구미에서 많이 사용되고 있습니다.

우울증과 자살과의 밀접한 상호관계는 이미 잘 알려져 있는 사실입니다. 연간 2,000시간 이상의 일조량을 나타내는 뉴질랜드나 칠레의 자살률은 10만 명당 6명 이하로 아주 낮은 편이며 유럽에서 일조량이 많은 나라에 속하는 이탈리아, 스페인 역시 6~10명으로 낮은 편이나 상대적으로 일조량이 부족한 스칸디나비아 국가, 스위스, 독일 등은 자살률이 10만 명당 25명 이상으로 자살 상위국에 속한다는 사실은 많은 것을 말해줍니다. 자살이라는 복잡한 요인이 작용하는 행동을 날씨와 환경이라는 변수 위주로 설명한다는 것에 무리가 있지만 인간의 정신과 행동양식이 날씨와 환경에 많은 영향을 받는 것은 사실이 아닐까 합니다.

겨울철에는 누구나 심리적으로 위축되는 경향이 있으며 일조량이 줄어들기 때문에 우울증이 발병하거나 기존의 우울증이 악화되기가 쉽습니다. 사회적으로 어렵고 외로움이 더욱 크게 느껴지는 시기에 심신의 건강을 위해서 평소 빛을 가까이 하는 생활습관을 가지기를 권합니다. 빛은 자연스럽게 생체리듬을 조절하고 신체적불균형을 해소시키며, 감정과 기억 등의 영역에 긍정적 효과를 나타냅니다. 뿐만 아니라 빛에 의하여 합성되는 비타민 D는 골다공증을 예방하며 전립선암, 대장암, 유방암의 예방효과도 있다고 알려지고 있습니다.

한편, 최근의 연구결과에 의하면 청색 LED를 이용한 인공조명이 알츠하이머 환자들의 생체주기를 변화시켜 그들이 숙면을 취할 수 있도록 도와주는 효과가 있다고 합니다.

빛을 인식할 수 있는 것이 색이므로 고대의 피타고라스로부터 색채요법을 이용하여 병을 치료하고자 했고, 인간의 습관과 음식, 피부색 등을 이용하여 각 개인에게 맞는 치

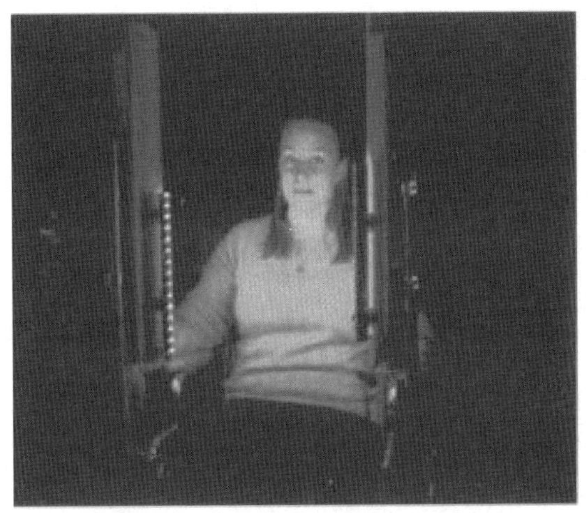

그림 11.37 청색 LED를 이용한 빛 치료

료 색을 처방하였던 것으로 전해지고 있습니다.

색마다 가지고 있는 여러 가지 치유의 능력을 이용한 색채치료(色彩治療, color therapy)의 효능에 대하여 알아봅니다.

(1) Red(빨강)

- 자율신경을 자극해, 긴장상태로 만든다.
- 순환기계, 내분비계의 기관에 영향을 준다.
- 아드레날린의 분비를 증진시켜 기능을 활성화한다.
- 신진대사를 촉진한다.
- 후각, 시각, 청각, 촉각의 결핍을 보완한다.
- 혈압이 상승하고 체온도 오르므로 온열효과가 있다.
- 혈구를 생성하여 혈액을 증가시킨다.
- 장시간 보고 있으면 지치게 된다.

(2) Pink(분홍)

- 살색에 가깝기 때문에, 근육을 이완시키는 효과가 있다.
- 도파민이 분비되기 쉬워져, 피부가 윤택해지는 효과가 있다.

(3) Orange(오렌지)

- 빨강과 노랑의 특징을 겸비한 색이며 복통, 위통, 소화불량에 효과가 있다.

- 신진대사가 활발하게 된다.
- 칼슘과 비타민의 흡수를 촉진한다.
- 갑상선의 기능을 촉진한다.
- 온열효과가 있다.
- 천식, 호흡기질환, 위염, 위통, 복통, 소화불량 등에 효과적이다.
- 피부색에 가깝기 때문에 근육을 이완시키는 효과가 있다.

(4) Green(녹색)

- 신경계통의 진정작용, 통증완화 효과, 긴장완화, 최면작용이 있다.
- 해독 및 살균작용이 있다.
- 교감신경계에 작용하여 혈관의 긴장을 해소시키고 혈압을 내린다.
- 진정제로써 신경계에 작용하여 불면증, 피로, 과민성 등에 효과적이다.
- 근육과 조직을 만들고 조직세포도 만든다.
- 몸을 쉬게 하면서 편안하게 하고 평형감각을 기른다.
- 고혈압, 혈액순환불량, 울혈, 염증, 현기증 등에 효과적이다.

(5) Blue(파랑)

- 발한(發汗)을 억제한다.
- 자율신경 및 육체의 기능을 진정시킨다.
- 진통효과가 있다.
- 해독 및 살균작용이 있다.
- 최면효과가 있어 불면증에 좋다.
- 균형과 조화의 색으로 혈액이 너무 많아지면 혈류를 정상으로 돌린다.

(6) Purple(보라)

- 중추신경을 자극하며 활성화시킨다.
- 혈압과 맥박을 저하시킨다.
- 마취효과와 최면효과가 있다.
- 통증에 대한 반응을 둔하게 한다.
- 치유작용이 있어 질병 후의 회복에 좋다.
- 치주염, 정맥염, 두통, 편두통, 정서불안, 발치 후의 통증 등에도 효과적이다.

연습문제

1. 레이저수술의 특징이 아닌 것은?

① 비접촉　　② 무 출혈　　③ 무 통증　　④ 살균

2. 혈액의 흡수가 가장 잘 일어나는 파장 대역은?

① 자외선　　② 가시광선　　③ 적외선

3. 광 요법에서 주로 사용하는 UV 광의 종류는?

① UV-A　　② UV-B　　③ UV-C

4. 광 화학요법의 대상 질환과 관계가 덜한 것은?

① 문신제거　　② 건선　　③ 백반　　④ 아토피 피부염

5. 안과시술 중 각막이 얇은 사람에게 적합한 시술은?

① LASIK　　② LASEK　　③ PRK

6. 안과시술 중 회복시간이 가장 빠른 시술은?

① LASIK　　② LASEK　　③ PRK

7. 안과시술 중 콘텍트 렌즈를 오래 착용한 사람에게 적합한 시술은?

① LASIK　　② LASEK　　③ PRK

8. LASIK에서 근시를 교정하기 위해서는 각막의 어느 부위를 깎아야 하는가?

① 중앙　　② 가장자리　　③ 전체

9. LASIK에서 원시를 교정하기 위해서는 각막의 어느 부위를 깎아야 하는가?

① 중앙　　② 가장자리　　③ 전체

10. Alzheimer's disease(치매)나 schizophrenia(정신분열증) 등의 검사를 위해 사용되는 입자는?

① Photon　　② Positron　　③ Electron　　④ Neutron

11. 빛을 이용한 치료법에 포함되지 않는 것은?

① 광열 효과　② 광물리적 효과
③ 광기계적 효과　④ 광화학적 효과

12. 다음 중, 광 기계적 효과에 영향을 주는 레이저의 요소가 아닌 것은?

① 파장　② 펄스길이　③ 소비전력　④ 빔의 크기

13. 광 동력학적 치료는 주로 어떤 효과를 이용한 것인가?

① 광열 효과　② 광물리적 효과
③ 광기계적 효과　④ 광화학적 효과

14. 다음의 자외선 중, 파장이 가장 짧은 영역은?

① 근자외선　② 슈만 선　③ 라이만 선　④ 밀리컨 선

CHAPTER 12

빛으로 만들어내는 영상

제12장에서는 빛으로 만들어내는 영상, 디스플레이에 대하여 공부합니다. 차세대 성장 동력으로 각광받고 있는 광 디스플레이 장치 및 기술의 종류 및 그 원리를 알아보고 다양한 응용분야에 관해서도 개관합니다. 디스플레이의 고전이라 할 수 있는 CRT부터, 평판(平版) 디스플레이 장치의 핵심인 LCD와 PDP, 그리고 OLED, FED, 플렉시블 디스플레이(flexible display), 3차원(3D, three-dimensional) 디스플레이 등의 차세대 디스플레이 장치에 대하여 소개합니다.

그림 12.1 영화 'Minority Report'와 디스플레이

12.1 정보화 사회와 디스플레이

정보화 사회(information-driven society)란 신속한 정보의 처리와 전달로 대량의 정보가 끊임없이 생산, 축적, 그리고 전파되고 있는 사회를 말하며, 컴퓨터 및 다양한 통신기술의 비약적 발전을 배경으로 급속도로 발전하였습니다. 이미 1960년대 초, 로스토우(Rostow)와 벨(Bell) 등의 사회경제학자들이 정보화 사회의 도래를 예견한 바 있고, 그 예상은 정확히 들어맞았습니다.

정보화 사회는 물질이나 에너지의 변형과 처리가 주요산업이었던 공업화사회(industrial society) 이후에 나타났다고 하여 벨이 언급한 '탈공업화 사회(post-industrial society)'라는 개념이 쓰이고 있습니다. 즉 공업을 대신하여 정보의 조작으로 부가가치를 생산하는 산업이 GNP의 비율이나 산업종사자 수 등의 측면에서 보다 큰 비중을 차지한다는 의미입니다. 또 일상생활에서 정보에 대한 요구가 높아지고 정보매체를 접하는 시간이 많아져 의사결정을 하거나 적절한 행동을 취하는 데 정보에 대한 의존도가 점차 심화되는 등의 현상이 일반화되고 있는 것도 정보화 사회의 큰 특징입니다. 그런 의미에서 정보가 이미 사회의 주도세력으로 등장했다고 해도 과언이 아닐 것입니다. 한편 기존의 공업화사회를 자원 및 에너지 집약형 사회라고 볼 때 정보화 사회는 지식집약형 산업구조를 특징으로 합니다. 예를 들어 하나의 자동차를 만드는 경우, 단순히 이동을 위한 목적으로만 만드는 것이 아니라, 성능이 좋고 고장이 적으며 적은 연료로 보다 먼 거리를 갈 수 있도록 하기 위해서는 기술력과 함께 풍부한 지식이 필요합니다. 이처럼 같은 제품이라도 고도의 지식을 바탕으로 하여 생산에 주력하는 것이 바로 지식집약형 산업구조입니다. 이것은 공업뿐 아니라 교육, 방송, 출판, 통신, 전자산업 등 모든 분야에 공통적으로 적용됩니다. 또한 컴퓨터의 발전에 따른 소프트웨어의 개발은 물론, 통신과 정보의 결합으로 이루어지는 산업분야도 많습니다. 그 예로 통신망의 단순한 전송기능에 정보의 축적, 가공, 변환처리 등의 가치를 첨가하여 데이터와 정보를 전달하는 부가가치통신망(VAN, value-added network), 데이터를 고도의 구조화된 형식으로 종합하고 정리하여 효율적인 처리를 돕는 데이터뱅크(data bank) 등의 정보산업이 기업의 관심을 모으고 있습니다.

최근 정보화 사회의 단계로 접어들면서 미래학자인 앨빈 토플러(Alvin Toffler)가 1980년대 '제3의 물결(The Third Wave)'에서 제안했던 '전자사무실', '전자주택' 등이 현실화되었을 뿐만 아니라 위성통신이나 광통신 등과 전송기기, 전화기, 휴대전화 등의 통신단말기기가 더욱 발전하여 세계는 바야흐로 하나의 정보권으로 묶일 수 있게 되었습니다. 모든 정보체계를 하나로 묶은 종합정보통신망(ISDN, integrated service digital network)은 데이터뱅크에 연결된 단말기를 통해 원하는 정보를 쉽게 얻어낼 수 있습니다. 이것은 각종 기관과 단체는 물론 직장과 가정을 디지털통신망 하나로 연결하여 공간을 초월한 자유로운 커뮤니케이션을 가능하게 하였습니다. 실제적인 정보전달을 담당하는 전송기기로 위성통신, 이동통신, 광통신과 컴퓨터의 데이터 전송 장치 등을 들 수 있는데, 이것들이야말로 정보화 사회를 이룬 주역이라 할 수 있습니다.

정보화 사회의 발전은 이처럼 여러 가지 편리를 제공하고 사람들의 생활을 쾌적하게 해 줄 것으로 기대되고 있습니다. 그러나 한편으로는 다음과 같은 심각한 문제점들이 나타나고 있습니다. 첫째, 풍부한 정보나 그 효율적 처리가 원칙적으로는 최적의 판단을 가져다 줄 조건이기도 하지만, 개인 각자에게 확고한 선택능력이 없다면 과다한 정보 앞에서 적절한 판단을 내리지 못한 채 오히려 혼란에 빠질 위험이 있습니다. 둘째, 양적으로 풍부한 정보가 있다 해도 구체적인 의사결정을 하는 데 쓸 만한 정보가 부족한 경우인 '질적 빈곤상태'를 들 수 있습니다. 셋째, 컴퓨터나 통신매체의 극히 일부분의 사고로 사회전체의 기능이 마비될 가능성이 큽니다. 이와 관련하여 해커(hacker)와 같은 컴퓨터 범죄자에 의한 데이터나 소프트웨어의 파괴 등은 정보화 사회의 새로운 불안의 씨앗이라 하겠습니다. 넷째, 거대한 조직이나 권력기구가 정보를 숨기거나 왜곡하는 등 이른바 정보조작으로 사람들의 환경에 대한 적응행동을 그르치게 할 위험이 큽니다. 이에 대비하기 위해서는 기업이나 정부에 정보공개를 요구할 필요가 있습니다. 다섯째, 개인의 정보가 본인이 모르는 사이에 부당하게 이용되어 개인의 사생활을 침해할 위험도 적지 않습니다.

2001년에 앨빈 토플러는 한국정부의 의뢰를 받아 만든 보고서 '21세기 한국의 비전'을 발표하였습니다. 이 보고서에서 그는 한국이 선택의 기로에 서있으며 스스로 선택하지 못한다면 선택을 강요당할 것이라고 하였습니다. 구체적으로 세계경제에서 저임금을 바탕으로 한 종속국으로 남을 것인가, 경쟁력을 갖춘 선도국가가 될 것인가의 빠른 선택이 이뤄져야 한다고 하였습니다. 한국이 IMF 경제위기를 겪은 것은 산업화시대의 경제발전모델로 발전한 1970~80년대와는 다른 새로운 가치창출양식이 등장하여, 이전의 모델이 더 이상 들어맞지 않기 때문이라고 지적하고 혁신적인 지식기반경제를 만들어 나갈 것을 제안했습니다. 특히 일본의 실수를 되풀이하지 말고 혁신을 간헐적인 것이 아니라 지속적으로 시도하고 이를 잘 대우하며 보상하는 문화를 갖출 것을 제시하였습니다. 이 밖에도 굴뚝경제시대의 교육체제를 개혁하여 지난 세기의 제2의 물결 식의 산업체제로 길러지는 학교의 교육시스템을 보다 유연하고 지식기반경제로 나아갈 수 있는 인재를 길러주는 시스템으로 바꿔서 새로운 환경에 적응할 능력을 키워야 한다고 주장하였습니다.

디스플레이(Display) 장치는 사전적인 의미로 화면에 문자나 도형의 형식으로 데이터를 시각적으로 표시하는 것으로 '표시장치'라고 부르기도 합니다. 또한 기능적인 측면으로부터 정의하면 전자기기와 인간 사이의 정보교환을 위한 전자적 도구, 또는 인간과 전

그림 12.2 휴먼-머신 인터페이스

자기기를 연결하는 가교의 역할을 담당하는 장치(human-machine interface)로 정의되며, TV, 컴퓨터, 통신기기, 산업용 기기로부터 발생하는 전기적인 정보신호를 빛 정보신호로 변환하여 인간의 시각이 인지할 수 있는 패턴화 정보를 통하여 인간에게 전달하는 일련의 변환장치를 말합니다.

정보화 사회에 있어서 전자디스플레이 장치의 역할은 매우 중요하며, 최근 들어 디스플레이장치가 산업, 문화, 교육, 의료, 엔터테인먼트 분야를 망라한 다양한 응용분야에 광범위하게 사용되고 있습니다.

디스플레이장치 중에서 가장 오래된 역사를 가진 디스플레이는 CRT(cathode-ray tube, 음극선관)로 1897년에 아날로그디스플레이 장치로 처음 발명된 이후로 지속적으로 시장을 주도하고 있습니다. 현재에도 표시품질의 경제성, 시장성, 점유율 등에서 1위

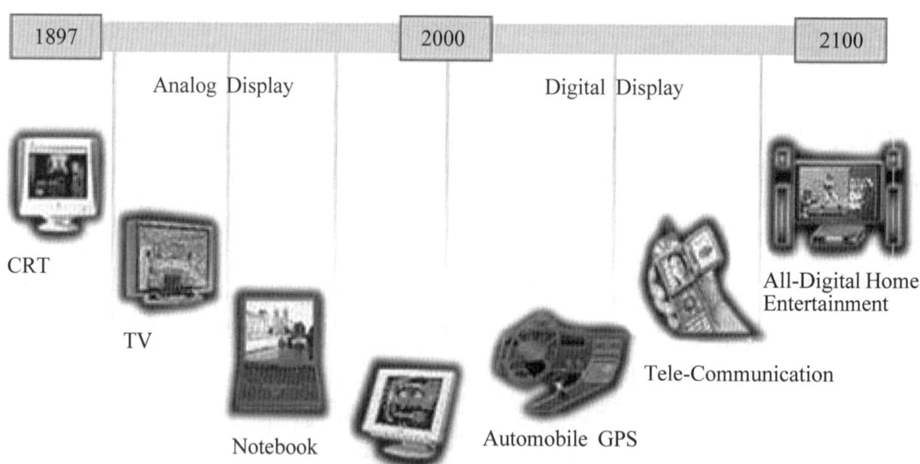

그림 12.3 디스플레이의 진화

를 차지하고 있습니다.

한편, 1973년 전자계산기의 표시장치로 세상에 처음 선보인 평판디스플레이(FPD, flat panel display)의 선두주자인 LCD(liquid crystal display, 액정표시장치)는 CRT의 아성에 강력하게 도전하여 CRT의 시장점유율을 꾸준히 잠식하고 있으며 매년 30~40%의 급속한 신장을 거듭하고 있습니다. 이러한 LCD의 비약적인 발전은 저소비전력, 고화질, 평판, 경량 등의 장점에서 기인한 것으로 지금까지 CRT로는 불가능했던 전자수첩, 펜 입력 컴퓨터, PDA(personal digital assistant, 개인 휴대용 정보단말기), CNS(car navigation system, 차량 항법 장치), 스마트폰 등의 휴대용 정보단말기에 적용이 가능하고, 평판 및 경량의 장점으로 벽걸이TV나 대형 HD-TV에의 응용도 활발히 이루어지고 있습니다. 또한 기존의 CCFL 기반의 BLU(back-light unit) 대신 LED 기반의 BLU를 장착한 LED-TV의 출시로 LCD-TV 시장은 더욱 뜨겁게 달아오르고 있습니다.

위성항법시스템(GPS, global positioning system)은 1970년대 초, 미 국방성에 의해 개발되기 시작하여 1990년대 중반부터 본격적인 가동이 시작되었습니다. 위성항법시스템은 시간이나 기상상태에 관계없이 지구전역에서 사용가능한 가장 이상적인 항법시스템으로서 처음에는 군사적인 용도를 위해 개발되었지만 경제성 및 유용성으로 인해 급속도로 민간용으로 확장되어 현재에 이르러 가장 일반적인 항법시스템으로 자리를 잡고 있습니다. 위성항법시스템의 응용분야는 매우 다양하며 편리성과 성능으로 인하여 그 응용범위는 더욱 다양해지고 확대될 것으로 전망됩니다.

표 12.1 위성항법시스템의 응용

지리 정보	전자 지도, 지하 매설물 지도, 측지, 지각 운동/지진/화산 감시
비행기 항법	착륙, 항로, 비행 교통
우주 항법	궤도 결정, 자세 결정, Rendezvous(랑데뷰)
선박 항법	항만 접근, 정상 운항 항로, 조난 신호, 유전, 어군 추적
자동차 항법	도로 안내, 교통 정보, 차량 추적, 배달 위치 정보, 구급차
일반 레저	등산, 낚시, 조난
기타	농업, 산림 관리

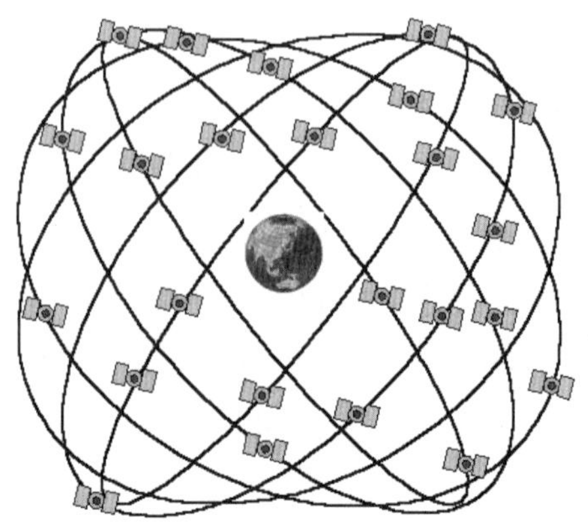

그림 12.4 위성항법시스템

12.2 아날로그 TV와 디지털 TV

아날로그(analog)란 원래 '유사하다'란 의미의 'analogous'에서 기인한 것으로 어떤 연속적으로 변화하는 물리량을 실제의 양과 유사한 크기로 표현하는 것을 의미합니다. 예전에는 인간의 생활에 편리함을 주었던 기기의 대부분이 아날로그방식이었는데, 디지털이 갑자기 나타나 그 자리를 내주게 되었습니다. 최근에는 모든 것이 디지털화하면서 아날로그는 단지 디지털의 장점을 부각시키기 위한 비교대상 정도로만 언급되고 있습니다. 하지만 분명히 알고 넘어가야 할 게 있습니다. 우리가 살고 있는 현실세계는 모두 아날로그입니다. 인간의 오감은 디지털은 전혀 인식하지 못하기 때문입니다. 시작과 끝은 아날로그이고, 단지 그런 정보를 효과적으로 전달하기 위한 수단으로 디지털이 존재할 뿐입니다. 디지털(digital)이란 손가락을 의미하는 'digit'에서 유래한 말입니다. 고대 이집트에서 물건을 젤 때 손가락 폭(약 19 mm)을 이용한 것에서 그 어원을 찾을 수 있습니다. 방송이나 통신 등에서 디지털이라 함은 모든 물리량을 단지 '0'과 '1'의 연속적인 상태로 생성하고, 저장하고, 처리하는 것을 의미합니다. 우리 조상들은 아주 오래전부터 이런 디지털신호를 사용했었습니다. 바로 제주도의 '정낭'이라는 것입니다. 3개의 나무기둥으로 집안의 인적정보를 외부인에게 알려줬는데, 이는 현대의 디지털 2진 3비트 정보표시방법과 매우 유사합니다. 나무기둥이 하나만 걸쳐져 있으면(001), 집에 사람이 없으나 곧 돌아온다는 의미이고, 두 개가 걸쳐져 있으면(011), 이웃 동네에 가 있으나 오늘 중으로 돌아온다는 의미이며, 나무기둥이 모두 걸쳐져 있으면(111), 집에서 먼 곳에 출타해서 오늘은 올 수 없다는 의미입니다. 나무기둥이 하나도 걸쳐져 있지 않으면 (000), 집에 사람이 있다는 의미입니다.

아날로그 TV의 4:3 화면비율은 1889년 토머스 에디슨 연구소의 딕슨(Dixon)에 의해 개발되었습니다. 딕슨은 당시 키네스코프(Kinescope)라고 불렸던 동영상용 카메라를 가지고 실험을 했는데 그 때 사용되었던 필름이 가로 1인치, 세로 3/4인치였습니다. 결국 그는 4:3의 필름규격 그대로 화면비율을 정하여 장비를 개발하였고 이것이 필름과 영상 산업의 표준이 되었습니다. 그 후, 1941년, 미국의 NTSC(national television system committee)에서 텔레비전 방송표준이 제안될 때 이러한 필름산업체의 규격에 따르기로 한 것입니다.

하지만, 영화계에서는 이러한 결정이 못마땅했습니다. 영화사들은 TV와의 경쟁을 두려워했고, 그들은 TV가 할 수 없는 다른 것을 찾아야만 했습니다. 결국 만들어 낸 것이 와이드스크린(cinerama, cinemascope, vista vision 등)입니다. 우리 눈이 볼 수 있는 범위는 정사각형이 아니라 옆으로 기다란 직사각형입니다. 따라서 와이드스크린의 영화를 보면 우리 시야전체로 영상이 펼쳐져 더욱 현실감이 있고 감동을 느낄 수 있는 것입니다. 그런 와이드스크린의 화면비가 대략 16:9이고 결국, 그 장점을 디지털 TV에서 다시 채택하게 됐습니다. TV는 계속 극장에서 상영하는 영화 정도의 수준을 추구해 왔고 이제 극장에서 상영하는 35 mm 영화와 비슷한 수준까지 도달했습니다.

"16:9의 와이드 화면"
전자 프로그램 가이드 제공,
선명한 HD 영상과 5.1채널의
고음질 음향, 양방향 데이터 방송,
자막/해설 방송

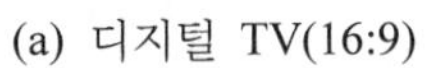

(a) 디지털 TV(16:9)

"4:3의 화면"
방송 수신상태에 따른
화면 노이즈,
FM라디오 수준의 제한된 음향

(b) 아날로그 TV(4:3)

그림 12.5 화면비율 비교

최근에는 디지털방송이 사람들의 관심을 받고 있는데, 같은 디지털방송이라도 SD(standard definition)와 HD(high definition)로 분류됩니다. 디지털이니 아날로그니 하는 것은 신호방식을 말하는 것이고, SD, HD는 방송규격을 말하는 것입니다. 현재 위성을 통해 방송하는 서비스가 SD 방송이며, 각 방송사에서 시험서비스하고 있는 것이 HD 방송입니다. HD 방송은 오직 디지털로만 서비스하기 때문에 HD 방송은 디지털방송이라고 생각해도 틀린 것은 아닙니다. SD와 HD의 가장 큰 차이점은 화질과 음질로 HD는 DVD보다 높은 1,920×1,080의 해상도를 제공해 20인치 모니터에서 봐도 사진과 같은 화질을 제공합니다. 또 5.1채널의 오디오를 제공해 HD로 영화를 보면 그야말로 영화관 수준의 영화를 집에서 감상할 수 있습니다.

지금 우리가 일반적으로 보고 있는 것은 아날로그방송으로, 아날로그방송이 출범한 것은 반세기나 되었고 흑백(black and white)에서 컬러(color)로, 모노(mono)에서 스테레오(stereo)로, 그리고 음성다중과 문자방송 등의 부가기능을 추가하고 있지만 디지털방송과 비교할만한 것은 못 됩니다. 현재 정부에서 디지털 HD 방송을 강력하게 추진하고 있어 곧 아날로그방송은 역사 속으로 사라질 것입니다.

아날로그방송 송출을 중단하는 가장 큰 이유 중의 하나는 디지털방송이 아날로그방송 대비 뛰어난 전파특성을 가진다는 점입니다. 기존의 아날로그방송은 자연적요인 또는 신축건물 등에 따른 인위적 요인으로 난시청지역이 존재해 왔으나 디지털방송으로 변경하게 되면 난시청지역을 대폭 줄일 수 있습니다.

아날로그방송의 종료시점이 2012년 12월 31일 오전 4시로 정해져 있으며, 지상파 TV의 디지털 전환 이후 첫 방송도 이때부터 시작될 예정입니다. 따라서 케이블TV, 위성방송,

그림 12.6 디지털 TV 시대

IP-TV 등 유료방송 가입자들 중 기존의 아날로그서비스 상품에 가입한 경우에는 디지털서비스 상품으로 바꿔야 합니다. 또 유료방송 가입자가 아닌 가구의 경우 아날로그방송 종료시점 전까지 디지털 TV를 구입하거나 디지털 컨버터(digital converter)를 장착해야 디지털방송을 제대로 시청할 수 있습니다. 단, 아날로그 TV는 디지털 컨버터를 연결해도 고화질 HD 방송이나 5.1채널 사운드 재생은 불가능합니다. 물론 지상파 TV의 아날로그방송이 종료되더라도, 기존 아날로그 TV로 방송자체는 볼 수는 있지만, 디지털방송의 고화질 등 제대로 된 서비스를 즐길 수 없게 됩니다.

디지털보다 아날로그가 우수한 이유는 디지털신호는 바이너리(binary) 신호라는 것에 이유가 있습니다. 바이너리라는 것은 두 개의 형태로 이루어진 물체나 방법을 말하는 것으로 신호전송 도중 변질될 가능성이 적다는 것입니다. 아날로그신호는 변질될 경우 노이즈(noise)가 발생하지만 디지털신호는 노이즈가 있어도 복원을 통해 깨끗한 신호를 제공하고 복원이 불가능하면 그 신호는 쓸 수 없게 되어 깨끗한 화질과 음질을 보장해 줍니다.

물론 단점이 없는 것은 아닙니다. 같은 자료라도 아날로그신호를 디지털로 바꾸면 기하급수적으로 데이터의 크기가 커져 그만큼 높은 대역폭(bandwidth)을 필요로 하기 때문에 디지털방송은 아날로그방송보다 대역폭이 넓은 UHF를 씁니다.

TV화면에서 보게 되는 이미지는 픽셀(pixel, picture element)이라 불리는 작은 점으로

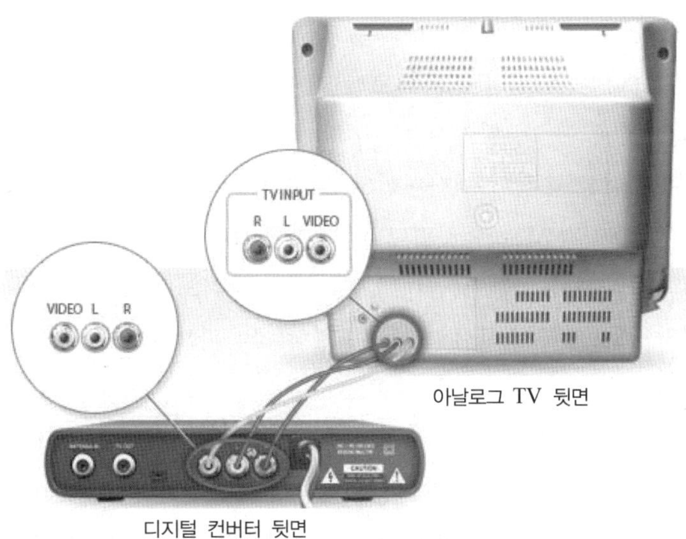

그림 12.7 디지털 컨버터

구성되어 있습니다. 우리말로는 화소(화면요소)라고 하며 우리가 분리해 낼 수 있는 TV 화면의 가장 작은 단위입니다. 실제로, 각 픽셀은 그 자체가 인접한 세 개의 점(R, G, B)으로 구성되어 있습니다. 즉, 형광물질이 발라져 있는 브라운관 표면에 함께 붙어 있어서, 이 세 색이 하나의 색으로 보이게 되는 것입니다. 각 형광물질은 그 표면에 쏘여 주는 전자빔의 강도에 비례하여 빛을 내보냅니다. 표준 텔레비전 스크린의 경우, 전자빔은 약 256단계의 빛의 강도를 각 색깔의 형광물질로부터 만들어 낼 수 있습니다. 따라서 각 픽셀은 세 개의 색으로 구성이 되므로 약 1,670만 가지의 색(256×256×256)을 표현할 수 있습니다. 세 개의 형광물질이 정확히 같은 위치에 있어야 이상적이지만 기술적으로 이는 곤란하고 단지 나란히 붙어서 우리 눈으로 하여금 마치 한 곳에 있는 것처럼 착각하게 만듭니다. 각 픽셀은 결국 다양한 색을 나타내는 하나의 점으로 보여집니다. 하지만, 우리가 자세히 들여다보면 R, G, B 세 개의 색으로 구성되어있는 픽셀을 볼 수 있습니다. 프로젝션(projection) TV를 보면 해상도가 낮기 때문에 이 픽셀을 훨씬 더 쉽게 볼 수 있습니다. 이 해상도(解像度, resolution)를 개선하기 위해서 HD-TV는 더 작고 더 밀집된 픽셀을 사용합니다. 바로 이것이 선명한 화면의 비밀입니다.

아날로그방송용 픽셀은 위아래로 길쭉한 직사각형 모양입니다. 새로운 HD-TV는 컴퓨터모니터와 같이 정사각형픽셀로 이루어져 있습니다. 따라서 과거의 방송에서 볼 수 있었던 화면의 왜곡을 없애 줍니다. 픽셀 자체도 점점 작아지고 있습니다. 아날로그의 한 픽셀 자리에 디지털은 약 4.5개의 픽셀이 들어갈 수 있습니다. 즉 픽셀 자체만 보아도 적어도 4배 이상 더 선명해질 수 있다는 것입니다. 아날로그텔레비전은 640×480 정도의 해상도를 갖습니다. 하지만 컴퓨터모니터는 보통 1,280×1,024 이상입니다. 그런데 왜 우리는 TV화면이 질이 더 떨어진다는 사실을 잘 깨닫지 못하는 것일까요? 그 이유는, TV화면은 보통 항상 움직이는 화면이고, 또 대부분의 시청자는 멀리 떨어져 앉아서 보기 때문에 차이점을 잘 모르는 것입니다. 반면에 HD-TV는 컴퓨터모니터를 훨씬 능가하는 1,920×1,080의 해상도를 갖습니다. 아날로그방식보다 훨씬 선명한 것은 물론이고 게다가 픽셀자체도 작고 정사각형이므로 영상들의 파노라마가 훨씬 더 실감나고 선명하게 펼쳐집니다.

기존의 아날로그 TV의 경우, 왼쪽과 오른쪽, 두 개의 스피커로 스테레오나 음성다중방송 정도가 고작이었습니다. 하지만 디지털 TV에서는 돌비서라운드(dolby surround, 입체음향) 시스템이 가능합니다. 돌비서라운드는 앞면에 세 개(left, right, center) 뒷면에 두 개(left rear, right rear), 합계 5개의 스피커(5채널)에 서브우퍼(sub-woofer)가 하나 더

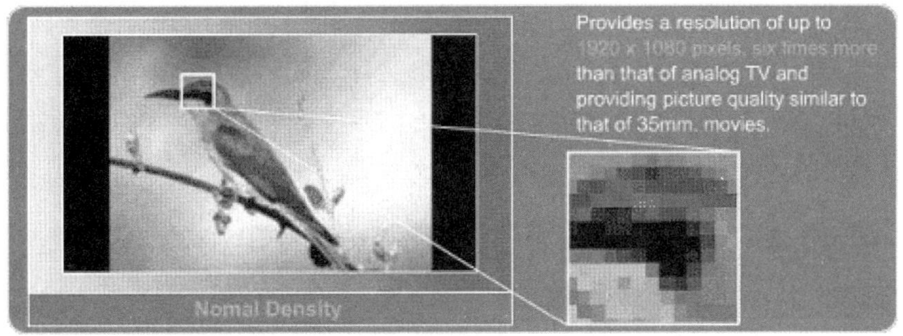

(a) 아날로그 TV (최대해상도: 640×480=307,200픽셀)

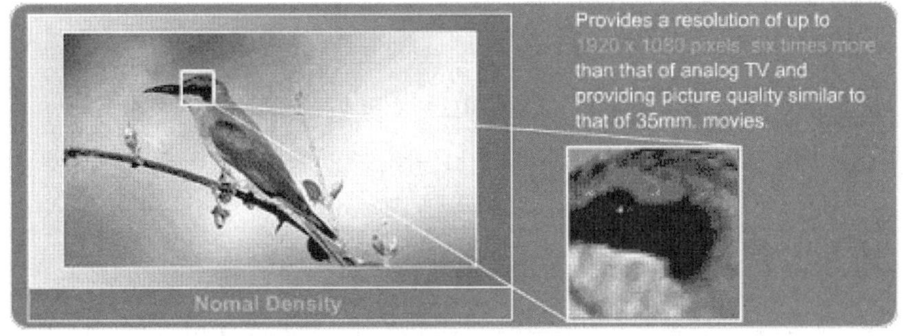

(b) 디지털 TV (최대해상도: 1,920×1,080=2,073,600픽셀)

그림 12.8 해상도 비교

추가된 형태입니다. 중앙(center) 스피커는 대사재생 및 정면효과음을 담당하게 되고, 서브우퍼(sub-woofer)는 다른 오디오에 비해 10%의 저역성분 120 Hz만을 재생해, 저주파 대역의 활성도를 높입니다. 10%는 백분율로 0.1이므로 돌비서라운드시스템을 '5.1채널'이라고 부릅니다. 결국 디지털 TV에서는 화면의 비율뿐만 아니라 음향도 극장에서 느끼는 입체음향과 동일수준의 환경을 충실하게 제공하게 됩니다.

12.3 디스플레이의 분류

디스플레이장치는 문자, 숫자, 도형, 화상 등을 표시(디스플레이)하는 기능을 갖춘 디바이스(device)를 말합니다. 시계나 전자계산기의 숫자표시판, 가정용 텔레비전의 브라운관이나 컴퓨터의 데이터 표시장치에 쓰이는 디스플레이관 등의 CRT 등 이미 보편화된 것을 비롯하여 각 분야에 널리 쓰이고 있습니다. 디스플레이란 일반적으로 상품이나 미술품 등의 전시를 이르는 말이지만, 정보과학이나 전자공학 분야에서는 인간에게 특정정보를 표시, 전달하는 것을 의미합니다. 정보의 표시, 전달의 방법은 청각이나 촉각에 의하기도 하지만, 보통은 시각 디스플레이를 의미합니다. 또한 시각적 정보표시라 하더라도 서적이나 신문과 같은 인쇄물이나 사진 등은 일반적으로 디스플레이라고 하지 않습니다. 또 영화나 슬라이드 등은 디스플레이임에 틀림없지만, 디스플레이 디바이스(display device)라고 할 때는 보통 이들은 대상에서 제외됩니다. 다시 말해서 디스플레이 디바이스는 일반적인 좁은 뜻에서, 원칙적으로 전기신호의 형식으로 되어 있는 정보내용을 직접 시각에 호소하는 형태로 나타내는 기능을 갖춘 장치를 의미합니다. 디스플레이 디바이스의 공간적 정보표시의 기능은 명암이나 색깔 등의 광 정보표시와 점, 선, 형상 등의 위치 정보표시가 요인이 됩니다. 광 정보의 표시방식에서 디스플레이 디바이스는 크게 발광형(emissive display, 능동형)과 수광형(non-emissive display. 비 발광형, 광제어형 또는 수동형)으로 나뉩니다. 간단히 말하면 발광형은 빛 정보신호가 자체의 발광에 의해 표시되는 경우이며, 수광형은 반사, 산란, 간섭 현상 등에 의한 주변 광의 제어, 즉, 광변조로 표시되는 경우를 말합니다.

발광형의 예로 음극선관과 플라즈마 디스플레이, 발광다이오드, 전계 발광(electro-luminescent) 디스플레이, 형광표시관(vacuum fluorescent) 디스플레이 등이 있고, 수광형으로는 라이트 밸브용 음극선관, 액정 디스플레이, 전기화학(electro-chemical) 디스플레이, 전기영동(electro-phoretic) 디스플레이 등이 있습니다.

표 12.2 디스플레이의 분류

구분	종류
발광형 디스플레이	FED(Field Emission Display, 전계 효과 전자 방출 디스플레이) LED(Light Emitting Diode, 발광 다이오드) PDP(Plasma Display Panel, 플라즈마 디스플레이) ELD(Electro-Luminescent Display, 전계 발광 디스플레이) VFD(Vacuum Fluorescent Display, 형광 표시관 디스플레이)
수광형 디스플레이	LCD(Liquid Crystal Display, 액정 디스플레이) ECD(Electro-Chemical Display, 전기화학 디스플레이) EPID(Electro-Phoretic Image Display, 전기 영동 디스플레이) SPD(Suspended Particle Display, 분산 입자 배향형 디스플레이) TBD(Twisting Ball Display, 착색 입자 회전형 디스플레이)

위치정보의 표시에서, 극소수의 문자나 숫자표시는 각 문자를 구성하는 각 소자에 선을 연결하여 제어신호를 모두 병렬로 걸어 주지만, 어느 범위 이상, 문자수가 많을 때에는 그것들을 차례로 전환하여 시분할로 제어신호를 첨가합니다. 이와 같은 전환동작을 어드레스(address, 위치지정) 표시 또는 주사(scanning)라 합니다. 음극선관에서는 형광면 위를 전자빔에 의해 연속적으로 주사하고 있지만, 액정이나 발광다이오드와 같이 개별소자를 늘어놓은 것처럼 구성된 것에서는 각 소자의 배선 접속을 스위칭회로로써 차례로 전환합니다. 이 경우 숫자표시 전용인 것은 한 문자를 7개의 단편(segment)으로 구성해서 문자마다 차례로 전환하지만, 복잡한 문자나 도형의 표시에는 소자를 행렬모양으로 배열한 도트행렬(dot matrix) 디스플레이 방식이 사용됩니다.

정보 디스플레이 소자를 구분할 때, 부피감이 있는 CRT와 투사(projection) 광학계를 사용하는 프로젝션 디스플레이는 별도로 취급하고, 얇고 가벼운 평판 디스플레이(flat panel display) 소자들을 한 묶음으로 분류하기도 합니다.

다음은 각종 디스플레이 소자들의 원리에 대하여 간단히 알아보겠습니다.

먼저, 음극선관(CRT)은 전자총(electron gun)에서 방출된 전자빔을 신호에 의해 변화하는 전기장으로 제어하여, 형광면에 상을 그리게 하는 것으로 현재 가장 널리 쓰이고 있는 디스플레이 장치입니다.

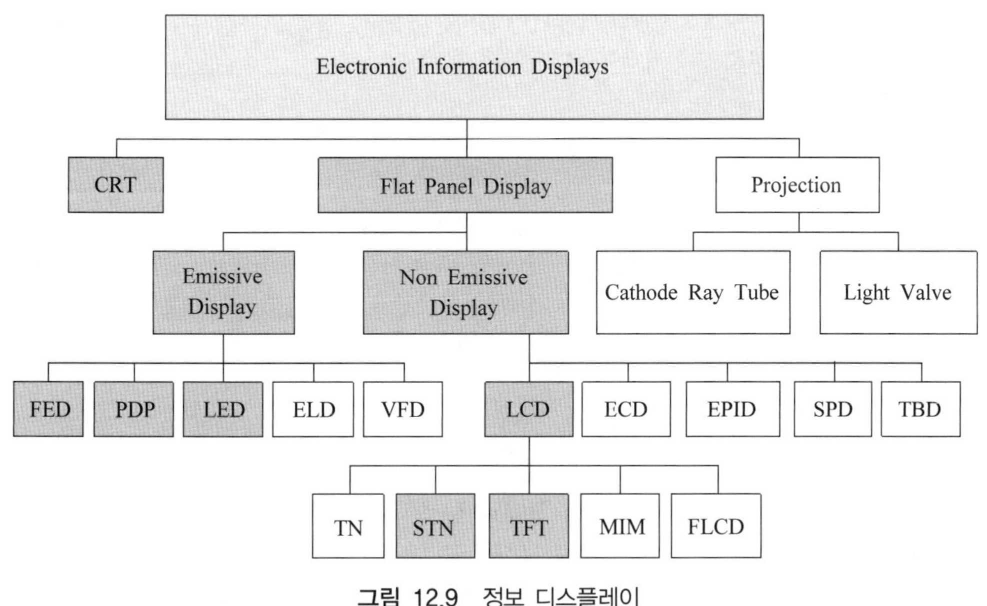

그림 12.9 정보 디스플레이

플라즈마 디스플레이패널(PDP)은 기체의 방전으로 인해 방출되는 자외선으로 형광체를 발광시키는 평판 디스플레이 소자의 총칭입니다.

발광다이오드(LED)는 반도체의 p-n접합에 순방향전류를 흘려서 주입된 소수캐리어(minority carrier)의 재결합(recombination)에 따른 발광을 이용합니다. 소형이며 견고하고 신뢰성이 높아 2～3 V 정도의 낮은 전압으로도 밝은 발광을 낼 수 있습니다. 적색, 녹색, 청색의 발광이 실용화되어 있습니다.

전계발광(EL 또는 OLED)은 박막(thin film)으로 형성된 유기물반도체의 얇은 층들을 끼고 있는 전극 사이에 전압을 가했을 때 일어나는 발광을 이용합니다.

형광표시관 디스플레이(VFD)는 산화물음극을 도포한 가느다란 텅스텐선 필라멘트로부터의 열전자를, 그것과 마주보는 방향으로 평행하게 구성된 그리드 및 형광체를 도포한 양극패턴에 걸어주는 전압으로 제어하여 발광시키는 소자입니다. 구동전압은 수십 V이고, 형광체는 저전압에서 밝게 빛나는 청록색 산화아연(ZnO)이 가장 많이 쓰이고 있습니다.

액정 디스플레이(LCD)는 수광형의 대표적인 디스플레이 디바이스로서, 전자계산기나 시계를 비롯해서 HD-TV까지 널리 실용화되고 있습니다. 액정(liquid crystal)이라는 것은

표 11.3 디스플레이 기술비교

디스플레이 종류	장점	단점	크기	단계	적용분야
CRT (Cathode Ray Tube)	고화질, 저가격	부피, 무게, 대화면 한계	10°～40°	양산	TV, Monitor
TFT-LCD (Thin-Film Transistor Liquid-Crystal Display)	경량/박형, 고해상도, 저소비전력	대화면 시 가격 문제 (50″ 이하)	50° 이하	양산	Note PC, Monitor, 벽걸이 TV
PDP (Plasma Display Panel)	대면적	효율, 가격	40°～80°	양산	벽걸이 TV
유기 EL (Electro-Luminescent Display)	경량/박형, 저소비전력, 저가격	저가격화, 대형화	20° 이하	양산 연구	휴대 제품
FED (Field Emission Display)	고화질, 고효율, 저소비전력	구동 전압, 대형화 문제	30°～60°	연구	HD-TV
전자종이 (Eletronic Paper)	대면적, 저가격	광대역 칼라, 해상도	3°～30°	연구	신문, 잡지, 책, 광고판
3D 디스플레이 (3-Dimensional Display	고도 입체, 실감 3D	가격, 대형화, 입체 효과 제한	30° 이하	연구	3D-TV, 의료, 교육, 게임

일종의 유기화합물에서 나타나는 현상이며, 액체상이면서도 분자배열이 규칙적인 형태를 보이는데, 이 분자배열의 상태는 전기장 또는 전류를 걸어줌에 따라 변화하여, 광학적 성질을 제어할 수 있다는 점에서 디스플레이에 응용되고 있습니다. 여러 가지 작동모드가 알려져 있지만 일반적으로 걸린 전압이 수 V 이하에 불과하여 소비전력이 아주 적은 것이 특징입니다.

전기화학 디스플레이(ECD)는 통전에 의한 가역성의 전기화학반응(산화 및 환원반응)에 따른 착색을 이용하는 것이며, 액정과 마찬가지로 수광형의 디스플레이입니다. 기억표시 기능을 가지며 1 V가량의 저전압에서 작동합니다.

마지막으로 전기영동 디스플레이(EPID)는 전류를 흘렸을 때 양극이나 음극을 따라 움직이는 미세한 나노입자를 이용해 색, 글자, 그림 등을 표시해주는 디스플레이입니다.

12.4 디지털 TV용 디스플레이

디지털 TV는 지원하는 화질에 따라 SD(표준화질)와 HD(고화질)로, 디지털튜너 내장 여부에 따라 일체형과 분리형으로 분류됩니다. 그러나 디지털 TV 방식이 결정되면서 HD급 일체형제품이 대세가 되고 있어, 요즘은 디지털 TV는 크게 디스플레이 방식에 따라 브라운관, 프로젝션, LCD 및 PDP TV 등으로 나누는 것이 일반화되고 있습니다.

프로젝션 방식은 소형 CRT 또는 LCD 및 광학거울, 스크린 등을 이용한 투사방식으로 대화면영상을 구현한 TV입니다. 프로젝션 TV는 조그만 브라운관이나 LCD 화면을 후면스크린을 통해 반사 및 증폭시킨 것으로 최근에는 디지털 광학기술(DLP, digital light processing)을 이용한 프로젝션방식이 인기가 있습니다. DLP란 DMD(digital micro-

표 12.4 대화면 디스플레이 기술비교

	Size	Space	View Angle	Full Color	Resolution	Brightness	Contrast	Power
PDP	◎	◎	◎	◎	○	○	○	△
CRT	○	×	◎	◎	○	◎	◎	△
LCD	○	◎	○	◎	◎	○	○	◎
Projection	◎	×	△	◎	△	△	△	△

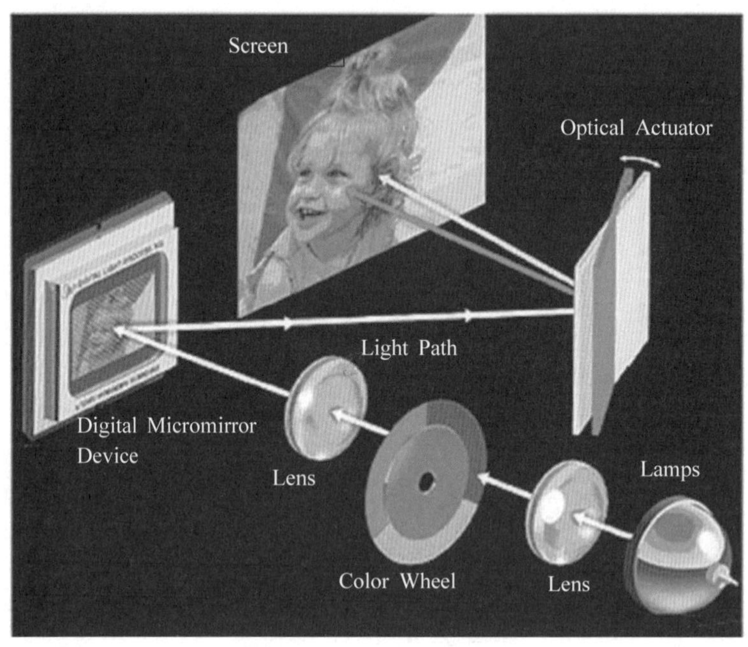

그림 12.10 DLP의 원리

mirror device)라 부르는 92만 1,600개의 미세한 거울들이 신호에 따라 반사 각도를 조절하며 이미지를 구현하는 기술로, 색이 바래거나 불량화소가 발생하지 않는 점이 특징입니다.

프로젝션 TV는 PDP나 LCD보다 가격이 저렴하여 홈시어터(home theater)나 교육 및 업무용으로 과거에는 호응을 받아 왔지만 측면에서 화면이 잘 보이지 않는 데다가, 7,000~1만 시간이 지나면 램프를 교환해야 하는 단점이 있습니다. 게다가 최근에는 LCD나 PDP 대화면 디스플레이들의 가격이 많이 내려서, 초대화면 디스플레이를 제외하고는 사양길에 접어든 것으로 판단됩니다.

PDP TV는 2개의 평판유리 가운데 투명전극을 만들고 이 사이에 방전가스(네온이나 제논가스 등 자외선을 발광하는 불활성기체)를 넣은 후, 방전을 통해 자외선을 발생시킨 후, R, G, B 등 3색의 형광체를 여기 발광시켜 영상을 재현하는 제품입니다. PDP 제품은 옆에서 봐도 화면이 잘 보이며, 명암의 대비가 뚜렷한 것이 장점입니다. 또한 80인치 제품이 상용화될 정도로 대형스크린을 만들 수 있다는 것이 장점입니다. 그러나 전력소모량이 아직은 많고 LCD에 비해 상대적으로 해상도가 떨어지는 것이 단점입니다.

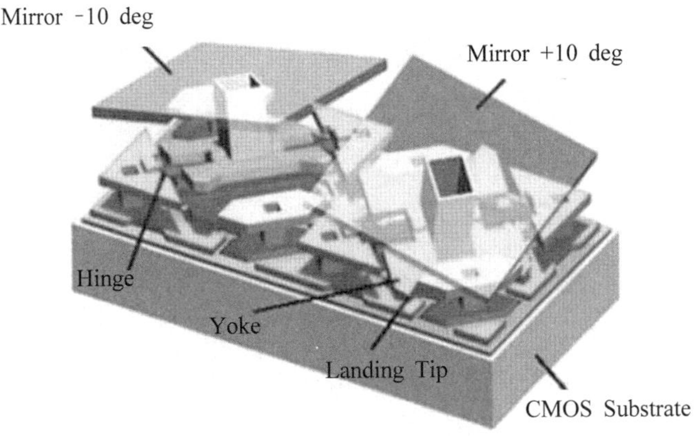

그림 12.11 DMD의 구조

LCD TV는 화질이 가장 우수해 가장 이상적인 디지털 TV로 지목되고 있으나, 아직 가격이 너무 비싸 대중화에 더딘 행보를 보이고 있습니다. LCD TV는 PDP TV에 비해 화질과 해상도면에서 장점을 지니고 있습니다. 또 소비전력도 적고 제품 자체의 수명도 깁니다. CRT에 비해 30% 이상 소비전력이 낮고 유해전자파의 발생이 거의 없기 때문에 환경 친화적인 제품으로도 각광을 받고 있습니다.

CRT 방식의 디지털 TV는 선명한 화질을 제공하면서도 가격이 저렴하다는 장점이 있어 여전히 각광을 받고 있습니다. 단, 무게가 무겁고 넓은 설치면적을 필요로 하는 것이 단점으로 지적되고 있습니다. 한편 최근에는 기존의 CRT보다 두께를 획기적으로 줄인 얇은 CRT(thin CRT 또는 slim CRT)가 출시되어 경쟁이 가속되고 있습니다.

12.5 TV의 역사

Television(TV)은 정지한 사물이나 이동하는 사물의 순간적 영상정보를 전기신호로서 전송하는 통신방식의 하나 또는 그 장치를 말합니다. 즉 멀리 떨어진 장소에서 생긴 일을 전기적인 방법으로 가정에서 볼 수 있도록 한 것입니다. 텔레비전은 유사 이래 인류의 꿈이었으며 꿈의 실현을 위해 본격적으로 연구가 시작된 것은 전기의 정체가 밝혀진 19세기 말부터입니다. 텔레비전 방송은 라디오 방송과 함께 중요한 매스 커뮤니케이션(mass communication) 수단으로 활용되고 있습니다.

1873년 미국의 스미스(Smith)는 창문으로 들어오는 빛에서 셀레늄(Se)의 광전도 현상을 발견하였습니다. 빛의 강약을 전기의 강약으로 바꾸어 먼 곳에 전하는 텔레비전의 개발은 이때부터 시작되었습니다. 1875년 미국의 카레이(Carey)는 다수의 Se 광전지로 화면 각 부분의 명암을 전기의 강약으로 바꾸고, 같은 수의 전송로를 통해 보내는 동시전송 방식 텔레비전을 고안하였습니다. 1884년 독일의 닙코브(Nipkow)는 주변부에 24개의 구멍을 뚫은 원판을 하나의 Se 광전지 앞에서 회전시켜서 화면 각 부분의 밝기를 차례대로 빼내는 순차 전송방식의 텔레비전을 시도하였습니다. 수상기 측에서 재생화상을 들여다본다고 하여, 이 장치를 전기망원경이라고도 하였습니다. 이와 같은 기계식주사와 Se 광전지를 쓰는 촬상 방식은 오래도록 텔레비전의 기본적 수법으로 쓰였습니다. 1889년 독일의 엘스터(Elster)와 가이텔(Geitel)이 알칼리금속을 음극으로 하는 광전관을 발명하였고, 1897년 독일의 브라운(Braun)이 브라운관(Braun tube)을 고안하여 광전변환소자 및 표시소자를 크게 진보시켰습니다. 이 브라운관은 1907년 러시아의 로싱(Rosing)이 텔레비전의 수상 실험에 처음으로 이용하였는데 그 때는 상이 희미하게 나타났다고 합니다. 최초의 텔레비전 공개실험은 1925년 영국의 베이어드(Baird)가 유선으로 실시하였습니다. 1927년에는 미국 벨연구소가 워싱턴과 뉴욕 사이의 장거리 유선전송 실험을 공개하였고, 1928년 베이어드가 런던과 뉴욕 사이의 대서양횡단 송신을 실현시켰습니다. 또 베이어드는 같은 해, 세계 최초로 컬러텔레비전 실험에 성공하였습니다. 현재의 텔레비전에 쓰이고 있는 전자적인 주사방법과 촬상관의 이용은 1911년 영국의 스윈턴

그림 12.12 즈보리킨과 키네스코프

(Swinton)이 루비듐(Rb)막의 광전모자이크를 쓰는 촬상용 음극선관을 발표한 것이 시초입니다. 그러나 안정도와 감도 등 여러 가지 성능 면에서 촬상관이 실용화된 것은 미국의 즈보리킨(Zworykin, 1889~1982)에 의해서입니다. 러시아인으로 로싱의 제자였던 즈보리킨이 웨스팅하우스(Westinghouse)사에 근무하면서 1923년 아이코노스코프(Iconoscope)라는 이름의 촬상관을 발명하고, 1929년 웨스팅하우스사에서 키네스코프(Kinescope) 수상관을 사용한 TV수상기를 일반에게 선보이자, RCA사는 이에 주목하여 즈보리킨을 RCA사로 초빙하여 전자 주사방식 TV의 개발에 착수하게 하였습니다. 1930년에 즈보리킨은 RCA사, 전자공학연구소의 소장이 되었고 1939년에 뉴욕에서 열린 세계박람회에서 최초의 텔레비전을 일반에 선보였습니다.

12.6 CRT의 원리

음극선관(CRT, cathode ray tube)은 전기신호를 광 신호 형태로 바꾸는 디스플레이 장치의 일종입니다. CRT의 음극에 설치된 전자총(열전자 발생장치)에서 음극전자(열전자)가 방출되면 이 전자는 강한 플러스 전기에 이끌려서 튜브를 따라 주사되는데, 이때 편향(偏向)코일(deflection york)은 전자를 상하좌우로 편향시켜 2차원 디스플레이를 가능하게 합니다. 전자는 형광체(phosphor)가 코팅되어 있는 스크린의 뒷면, 즉 형광면을 때려 형광체를 발광시키고 전자빔의 위치와 세기에 따라 전기신호를 변화시켜 가시광의 영상으로 바꾸어 글자나 도형 등의 영상을 화면에 디스플레이하게 됩니다.

CRT는 발명자 브라운(Braun)의 이름을 따서 브라운관이라고도 합니다. 텔레비전 수상기와 비디오기기의 디스플레이, 컴퓨터 등의 주변기기의 표시, 의료용 전자기기와 이화학 기기의 화상관찰, 오실로스코프(oscilloscope), 레이더(radar), 소나(sonar) 등의 관측, 방송국 등의 모니터, 필름녹화, 재촬영 등에 널리 이용됩니다. 브라운관은 브라운에 의해 1897년에 발명되었습니다. 이것은 자기편향방식으로 크룩스 관(Crookes tube) 앞면의 운모판에 형광물질을 바른 간단한 것이었습니다. 그 후 편향전극을 방전관 밖에 붙인 정전편향방식이 고안되었으며, 그것은 다시 편향전극을 관 속에 넣은 것과 함께 열음극을 사용한 것으로 개량되었습니다. 초기의 것은 관측기록을 위해 사진건판을 관 속에 넣고 진공펌프를 사용하였으나, 1920년대에 이르러 진공기술, 형광물질, 전자공학, 기하광학

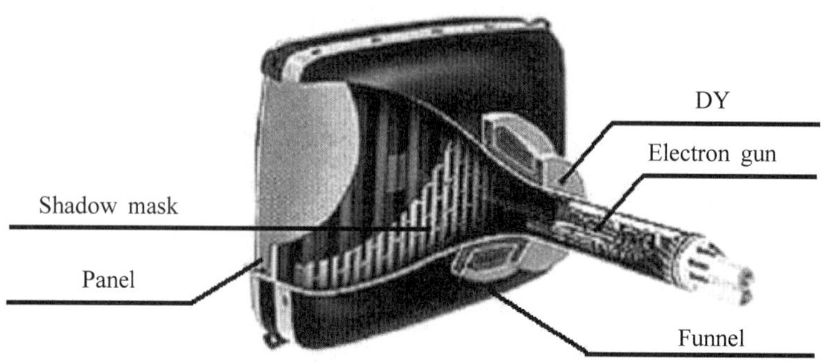

그림 12.13 브라운관

등의 발달로 지금과 같이 간단한 소형 브라운관이 생겨났습니다. 브라운관은 최초에는 관측용이었으나 텔레비전에 이용되면서부터 편향각도 커지고, 1940년대 후반에는 메탈백(metal-back) 수상관, 사각형 브라운관, 90°각 편향관이, 1951년에는 섀도마스크(shadow mask) 식 컬러브라운관이 발명되고 개량이 계속되었습니다. 삼원색의 형광체를 배치하는 것은 1944년 영국의 베이어드의 아이디어였으나, 실용화된 것은 미국 RCA사 연구소에서 1951년 완성시킨 섀도마스크 방식으로, 오늘날 제품의 주류가 되었습니다.

브라운관은 전자총에서 발사된 전자빔을 편향코일이 정전전극에 의해 편향시켜서 빔의 위치를 바꾸어 휘도정보를 형광면 위에 그리는 것입니다. 사용되는 전자총은 열음극에서 방출된 전자를 전기신호로 변화시켜 가늘게 좁히는 제1 렌즈(음극 격자렌즈)와 그 전자빔을 형광면에 집속시키는 제2 렌즈(주 집속렌즈)로 형성됩니다. 제1 렌즈는 3극관형과 4극관 형이 있으며, 4극관 형의 경우는 양극전압의 변동이 전자빔에 영향을 미치지 않고, 집속성이 우수합니다. 제2 렌즈에 정전렌즈를 이용한 것에는 유니-포텐샬(uni-potential) 형과 바이-포텐샬(bi-potential) 형이 있습니다. 유니-포텐샬 형은 집속전극 전압의 전위를 0 가까이까지 낮출 수 있기 때문에 전원변동의 영향이 작아 일반 텔레비전 수상관에 이용됩니다. 그러나 집속성은 바이-포텐샬 형과 전자집속을 이용한 것에는 떨어집니다.

전자빔을 편향하는 데에는 정전편향과 전자편향이 있습니다. 정전편향은 높은 주파수로 편향이 용이하기 때문에 관측용으로 사용되고, 전자편향은 관 바깥에 편향 코일을 붙여야 하므로 10 KHz로 비교적 낮은 주파수 밖에 사용할 수 없으나, 전자빔의 가속과 넓은 각도의 편향이 용이하기 때문에 텔레비전 수상관에 이용됩니다. 어느 쪽이든 전자는 전자총에서 튀어 나올 때 높은 전압(5,000~3만 V 정도)이 걸려 전자빔이 됩니다. 이 전압이 클수록 에너지가 크게 되어 상이 밝아집니다.

섀도마스크 방식의 컬러브라운관은 RGB의 전기신호를 가진 3개의 전자빔을 형광면에서 약 1 cm 떨어진 섀도마스크의 작은 구멍에 동시에 통과시키고 기하학적으로 대응하는 RGB 형광체를 쬐어 발광시켜 컬러화상을 만듭니다. 3개의 전자총은 삼각형으로 배치된 것과 직선으로 배치된 것이 있으며, 형광체는 앞의 것은 둥근 모양으로, 뒤의 것은 긴 사각형 모양의 것을 RGB로 배치합니다. 긴 사각형 모양 쪽이 조금 밝습니다. 광대역용으로 정전편향방식이 이용되는데, 더욱 주파수 대역을 넓히는 데는 편향전극을 작은 조각으로 나누어 분포상수형의 지연회로 구성으로 합니다. 또한 편향감도를 높이기 위해 전자빔의 가속전압을 낮추고 형광면 가까이에서 가속하여 화상을 밝게 하는 후단가속방식도 이용됩니다. 레이더관은 주사와의 관계에서 둥근 모양의 관으로 하고 전자가 맞은 후, 잠깐 빛나는 황록색의 잔광 성 형광체(잔광시간 0.4초)를 이용합니다. 그 밖에 필름녹화, 재촬영, 방송국모니터, 투사 등에는 특별히 고품질의 브라운관이 이용됩니다.

섀도마스크는 컬러텔레비전의 브라운관 속에 형광면과 평행하게 설치한 구멍이 뚫린 얇은 금속판을 말합니다. 섀도마스크는 브라운관의 페이스플레이트(전면 유리) 안쪽에 바른 형광면에서 약 1 cm 떨어져 있는데, 30만 개 정도의 작은 구멍이 뚫려 있습니다. 이 금속판은 두께가 0.15 mm 정도이며 초기에는 둥근 구멍을 뚫은 것이 사용되었으나, 뒤에 슬롯 모양과 슬릿 모양의 구멍을 채용하게 되었습니다. 섀도마스크를 사용한 브라

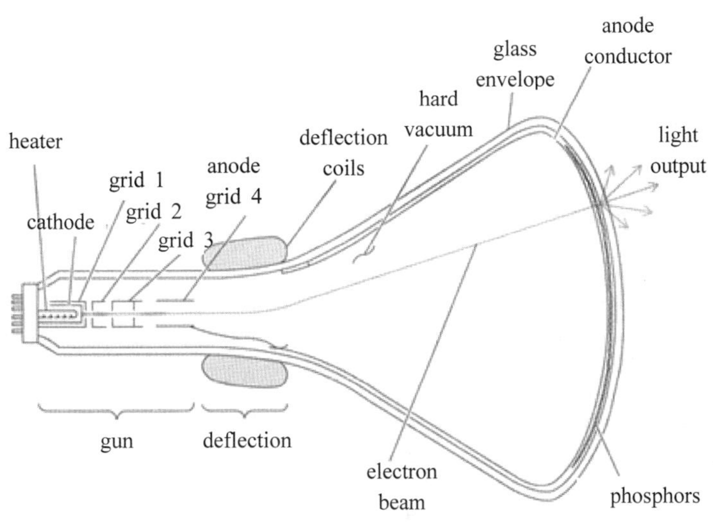

그림 12.14 브라운관의 원리

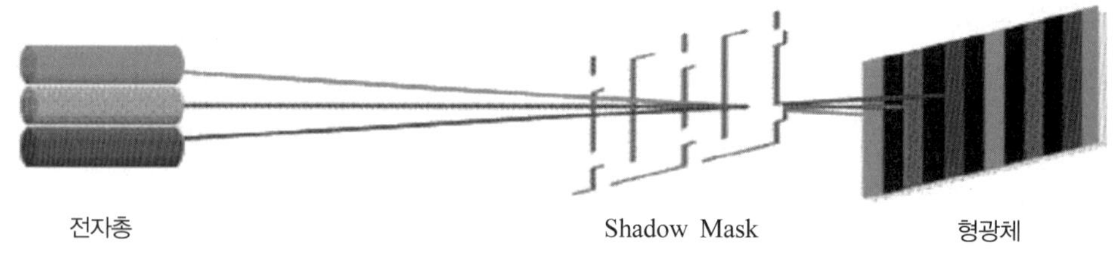

그림 12.15 컬러 TV의 원리

운관을 섀도마스크 관이라 합니다. 컬러텔레비전의 정확한 색을 재현하기 위하여, 형광면에 규칙적으로 도포한 RGB의 세 개의 형광 점을 1조로 한 것에, 섀도마스크의 구멍 하나가 대응하도록 만들어졌습니다. 형광 점과 섀도마스크의 구멍과는 다음과 같은 관계가 있습니다. 즉 RGB의 전자총 각각의 위치에서 섀도마스크를 통해 형광면을 보았을 때, 빨강의 전자총의 위치에서는 적색 형광 점만 보이며, 파랑의 전자총의 위치에서는 청색 형광 점만 보이는 식의 배치로 되어 있습니다. RGB 3원색의 영상신호에 의해 전자총에서 나오는 3개의 전자빔의 세기를 변화시키고 이 전자빔들을 섀도마스크 위에 집속시켜 주사하면 섀도마스크의 구멍을 동시에 통과한 3개의 전자빔은 각각의 세기에 비례해서 대응하는 형광 점을 정확하게 발광시킵니다. 따라서 브라운관의 앞에서는 색 혼합의 원리와 사람의 시각의 특성에 의해서 자연스러운 컬러화면을 볼 수 있게 됩니다. 섀도마스크의 구멍이 크면 전자빔을 많이 통과시키므로 형광 점에 닿는 전자빔이 증가해서 화면이 밝아지는 반면, 전자빔이 다른 색의 형광 점에 닿을 기회도 늘어나 색의 순도는 저하됩니다. 섀도마스크의 전자빔 투과율은 대략 15~20%입니다. 섀도마스크에 의해 차단되는 전자빔은 섀도마스크의 온도를 상승시키는 요인이 되어 안정된 화면을 얻을 수 없는 결과가 생깁니다. 따라서 섀도마스크의 방열을 위해 여러 가지 방안이 검토되고 있습니다.

12.7 액정이란?

액정(液晶, liquid crystal)은 액체의 유동성을 나타냄과 동시에 물리적 성질(특히 광학적, 전기적)은 결정(crystal)과 마찬가지로 비등방성(optical anisotropy)을 나타내는 상태의 물질을 말합니다. 액정은 비등방성 액체라고도 하며, 고체에서 액체 또는 액체에서 고체로 되는 중간상태를 나타냅니다.

1888년, 오스트리아의 식물학자 라이니처(Reinitzer)가 벤조산 콜레스테릴(benzoic acid cholesteryl)을 가열하면 145.5 °C에서 녹아 탁한 액체가 되고, 온도를 더 높이면 178.5 °C에서 투명한 액체가 된다는 것을 발견하였습니다. 1889년 독일의 물리학자 레만(Lehmann)은 이 탁한 액체를 편광현미경으로 관찰한 결과, 빛이 복굴절을 하는 성질(광학적 비등방성)이 있다는 것을 확인하여 이 상태를 액정(liquid crystal)이라고 이름 붙였습니다.

액정연구를 화학적인 면에서 기여한 사람은 독일의 포르랜더(Vorlaender)로, 많은 액정물질을 합성하였습니다. 그리하여 1920년 무렵까지는 약 250종 이상의 액정물질이 알려지게 되었습니다. 현상론적으로 오늘날 밝혀진 많은 성과들은 1930년 무렵까지는 축적되어 있었으나, 이론이나 응용 면에서의 발전이 없어 액정연구는 시들해져 갔습니다.

그 후 1950년 영국의 엘리엇(Eliot)과 암브로즈(Ambrose)는 합성 폴리펩티드(polypeptide)의 진한 용액이 자발적인 배향구조, 즉 액정이 된다는 것을 보고하여, 액정이 생체의 조직, 기능과 관련하여 주목받기 시작했습니다. 1968년에는 미국 RCA사의 하일

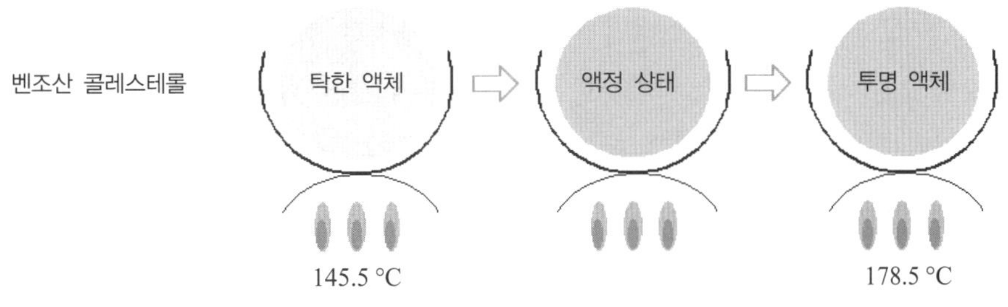

그림 12.16 액정

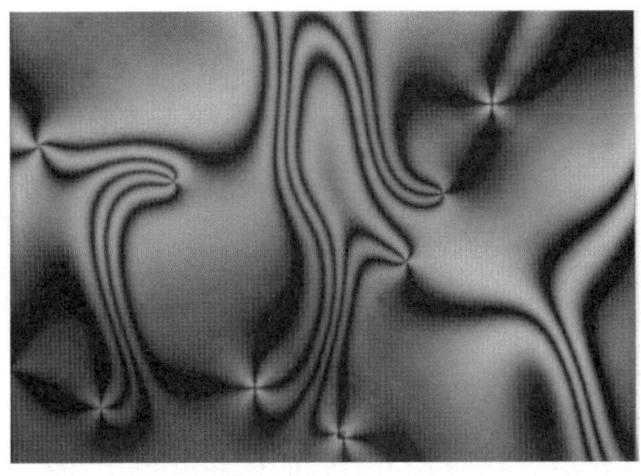

그림 12.17 액정의 무늬와 점 결함

마이어(Heilmeier)가 전기장 속에서 액정이 뿌옇게 흐려지는 것을 발견함으로써 여러 가지 디스플레이 장치, 벽걸이 텔레비전 등에 응용하는 연구들이 다시 활발해졌습니다. 현재 액정물질로는 1만 종 이상의 것이 알려져 있습니다. 액정은 선 모양이나 널빤지 모양의 분자구조를 가지는 물질에서 볼 수 있으며, 분자의 배열방식에 따라 분류됩니다.

1922년 프랑스의 프리델(Friedel)은 광학적 관찰에 바탕을 둔 액정구조에 대하여 스멕틱(smectic), 네마틱(nematic), 콜레스테릭(cholesteric) 상태의 3가지 형태로 분류하였습니다.

스멕틱 상태란 가늘고 긴 막대모양의 분자의 장축이 모두 평행하게 배열되어 널빤지 모양을 이룬 뒤, 이 판이 장축방향으로 여러 겹 쌓여서 층상구조를 이룬 것입니다. 'smectic'이란 명칭은 그리스어로 비누상태를 뜻하는 'smectos'에서 유래하는데, 이러한 타입의 액정이 진한 비누수용액 특유의 편광현미경 상을 공통적으로 나타내기 때문입니다.

네마틱 상태는 가늘고 긴 막대모양 분자가 장축방향을 일정하게 하여 불규칙적으로 배열된 상태로서, 방향성은 있으나 정연한 층상구조를 가지지 않습니다. 따라서 X선 회절에 의해서도 희미한 상만을 나타냅니다. 'nematic'이란 실 모양이라는 뜻의 그리스어인 'nematos'에서 유래합니다.

또한 콜레스테릭 상태는 스멕틱 상태와 마찬가지로 층상구조를 가지는데, 각 층에서의 분자배열은 네마틱 상태와 비슷합니다. 각 분자 층은 매우 얇으며, 층 내에서의 분자배열은 장축방향이고 층의 면은 평행입니다. 또한 각 층 내의 분자의 장축방향은 인접하는 층 분자의 장축방향과 조금 어긋나 있으며 전체적으로는 나선구조를 이루고 있습니다. 콜레스테린(cholesterin) 유도체에서 많이 볼 수 있으므로 이런 이름이 붙었지만, 콜레스테린 자체에는 액정의 성질이 없습니다. 콜레스테릭 상태는 광 활성(光 活性, optical activity)을 갖습니다. 광 활성이란 구부러져 있는 물체의 분자구조로 인하여 편광면이 회전하는 현상을 말합니다. 광 활성 물질은 선형편광이 된 빛이 들어 왔을 때,

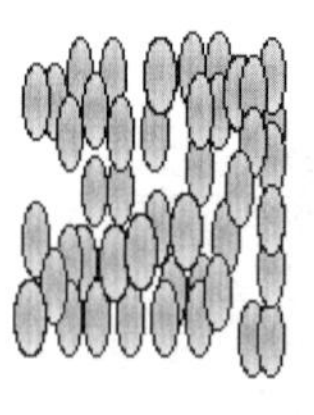
(a) Nematic 액정

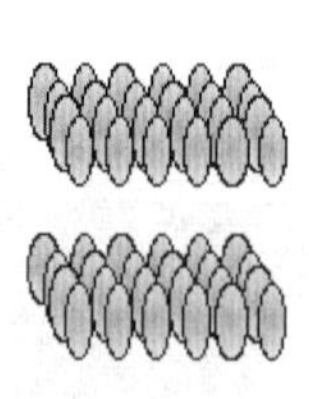
(b) Smectic 액정

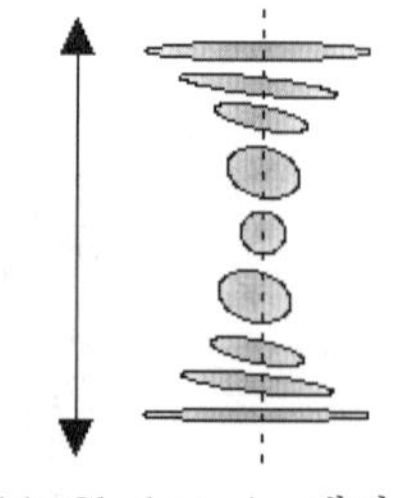
(c) Cholesteric 액정

그림 12.18 액정의 종류

이의 편광방향을 연속해서 회전시키는 성질을 가지고 있습니다. 그러나 콜레스테릭 액정에 전기장을 걸어주면 액정분자가 전기장방향으로 배열하기 때문에 광 활성이 없어집니다. 이렇게 인가되는 전기장에 의해 편광특성이 다양하게 변화되는 전기광학 효과(electro-optic effect)를 이용하여 액정표시장치(LCD, liquid crystal display)를 만들 수 있습니다.

액정은 생성조건에 따라서도 분류할 수 있습니다. 순수 물질의 가열융해, 즉 열에 의해서 생기는 것을 서모트로픽(thermotropic) 액정이라고 하고, 어떤 유기물질에 용매를 가하여 용질의 농도를 바꿈으로써 생기는 것을 용매라는 그리스어인 'lyo'를 따서 리오트로픽(lyotropic) 액정이라고 합니다. 벤조산 콜레스테릴 등은 서모트로픽의 예이고, 비누 류의 진한 수용액은 리오트로픽의 예입니다.

어떠한 분자구조를 가지는 물질이 액정이 될 수 있는가에 대해 일반적으로 다음과 같이 생각되고 있습니다. 분자의 기하학적인 형상은 가늘고 긴 막대모양이나 평평한 널빤지 모양일 것과 분자의 평행배열을 유지하기 위하여 적당한 크기의 분자가 힘을 갖는 것이 필요합니다. 따라서 영구쌍극자를 가지는 작용기나 분극이 되기 쉬운 결합 등을 분자 내에 가지는 가늘고 긴 분자가 바람직하다고 할 수 있습니다.

액정의 생성을 실험적으로 확인하는 데는 편광현미경으로 관찰하면 됩니다. 시료를 슬라이드와 커버글라스에 끼워 박막 층으로 하고, 등방성액체가 될 때까지 가열한 뒤 냉각하면서 관찰합니다. 직교 니콜(Nicol) 사이에서 처음에는 암흑이던 시야에 마침내 액정의 생성과 동시에 반짝이는 입자나 무늬가 나타납니다. 이것은 3가지의 액정상태를 특징짓는 조직(texture)인 무늬입니다. 스멕틱 계에서는 앞에 서술한 진한 비누수용액 특유의 무늬가 나타납니다. 유리판 사이의 박막관찰로부터 유리면에 대해 면내의 2차원 방향으로는 액체이지만, 이것과 수직인 1차원 방향으로는 운동성이 없다는 것도 알려졌습니다. 겉으로 보아도 그리스(grease) 상태로 점성도가 큰, 탁한 액체입니다. 네마틱 계에서는 실 모양 무늬가 나타나며 유동성이 있는 탁한 유체입니다. 네마틱 액정의 가장 큰 특징은 자기장, 전기장, 표면력 또는 기계력의 영향으로 비등방성 분자집단이 불규칙적으로 배열하여 굴절률의 흐트러짐이 일어나 뿌옇게 흐려지는 경향이 있다는 것입니다. 그러나 영향력이 사라지면 투명해집니다. 콜레스테릭 액정은 스멕틱 액정과 비슷한 조직을 나타냅니다. 구체적인 예로, 콜레스테릭 계의 벤조산 에스터(benzoic acid ester) 융해 액을 냉각하면 고화(solidification) 직전에 독특하고 아름다운 무지개색의 반짝임을 볼 수 있습니다. 처음에는 선명한 에메랄드빛으로 빛나기 시작하고 다음에는 청록색, 진한 감색, 황록색, 노랑, 주홍으로 변한 후 새빨갛게 되었다가 냉각, 고화되어 무색이 됩니다. 이것은 콜레스테릭 액정이 광 활성(optical activity)을 갖는 물질이며, 광회전성이 크고, 특정 파장영역에서 원편광 반사를 일으키기 때문입니다. 이들 박막의 간섭색은 온도, 기계적인 어긋남, 전기장 등에 의해 예민하게 변화합니다. 이 가운데 온도효과가 서모그래피(thermography)에 응용되고 있습니다. 리오트로픽 액정에서는 농도-점성도의 관계를 측정하면 액정의 생성을 확인할 수 있습니다. 그 이유는 액정이 생성되기 시작하는 농도를 경계로 하여 농도가 증가하면 점성도가 저하되는 특유의 현상이 나타나기 때문입니다. 이때의 급격한 점성도의 저하를 이용하여 고분자액정을 방사하면 분자배향이 좋은 강한 섬유를 얻을 수 있습니다. 이 섬유는 나일론보다 수십 배나 강한데, 미국의 듀퐁(Dupont)사 등에서 실용화되고 있습니다. 액정은 그 기초연구 성과가 비교적 쉽게 응용과 결부됩니다.

주요 응용은, 디스플레이에의 응용, 검지기 및 수용기로의 응용, 분석화학 및 합성화학으로의 응용 등으로 간추릴 수 있습니다.

디스플레이에의 응용에서는 주로 액정의 전기-광학적 성질과 열적 성질이 이용되며, 드물게는 광화학반응도 이용됩니다. 검지기 및 수용기로의 응용에서는 액정의 열적 성질 이외에 기체흡수에 의한 콜레스테릭 액정의 색변화, 광기전력 등도 이용됩니다. 액정에 의한 온도측정은 온도계 이외에 주로 구조물, 전자 부품 등의 비파괴검사에 응용됩니다. 또한 생체에서의 온도측정, 예를 들면 종양이나 암의 부위를 검진하는 데에도 이용됩니다. 콜레스테릭 액정이 나타내는 색은 아주 미량의 화학물질의 흡착에 의해서도 민감하게 변화하는 경우가 있어 기체검출기 등에 이용되며, 광기전력은 컴퓨터용 입력장치 등에 응용될 수 있습니다. 분석화학 및 합성화학으로의 응용에서는 전기장이나 자기장에 의한 액정분자의 배향성을 이용한 분광학적 연구나 화학반응의 비등방성 용매에도 사용됩니다. 분석화학에서는 주로 분자 모양의 차이를 이용하여 분리하는 액정 고정상의 기체 크로마토그래피(chromatography)가 있으며, 또한 극미량의 광 활성 화합물을 네마틱 액정에 가하여 유발시키는 이색성 스펙트럼으로써 액정구조의 절대배치를 결정할 수 있습니다. 물론 핵자기공명(NMR, nuclear magnetic resonance), 전자 그리고 적외선 스펙트럼 측정용의 배향성 용매로서도 사용되어 분자구조의 결정에 유력한 정보를 제공해 줍니다. 한편 액정을 용매로서 그 배향성을 용질분자에 반영시켜 화학반응을 일으키는 것도 많이 검토되고 있지만, 아직 재현성 등의 명확하지 않은 점도 있기 때문에 앞으로의 과제가 되고 있습니다.

12.8 LCD의 원리

액정표시장치(LCD, liquid crystal display)는 전압을 인가하면 액정의 광학적 성질이 변화하는 것을 이용하여 숫자, 문자, 화상 등을 표시하는 전자장치를 말합니다. LCD는 소비전력이 매우 적고 동작전압도 낮아서 자기발광성은 없지만 1970년대부터 급속히 보급되고 있습니다. 평판디스플레이의 주종을 이루는 LCD는 화면자체가 투과형(transmission type)과 반사형(reflection type)으로 나누어지며, 영상표시를 위해서는 반드시 백라이트유닛(BLU, back-light unit)이나 외부광원이 필요합니다.

LCD는 초기에 응답속도가 수백 ms로 매우 느린 TN(twisted nematic)형 액정으로부터 디스플레이 장치에 실용화되기 시작하였으며, 액정 재료기술의 발전으로 보다 응답속도가 빠른 STN(super-twisted nematic)형의 액정 디스플레이 활용의 단계를 거쳐서, 현재는 동작속도가 수 ms 정도로 매우 빠르고 영상 표시화면의 휘도조절이 보다 용이한 박막트랜지스터 액정표시장치(TFT-LCD, thin-film transistor LCD)가 노트북 PC와 데스크톱 모니터 및 LCD-TV의 주종을 이루고 있습니다.

LCD는 액정의 전기-광학 효과를 이용한 표시장치입니다. 액정은 보통의 상태에서 광 활성을 띠고 있습니다. BLU에서 편광이 되지 않은 조명광이 입사하면, 편광필터(polarizing filter)를 통과하여 선형편광(linearly polarized) 상태가 됩니다. 편광필터는 편광자(polarizer)라고도 부르며 무편광인 빛을 선형편광으로 바꿔 주는 역할을 합니다. LCD에서는 이러한 편광필터를 서로 직각으로 배열하고 그 사이에 액정을 넣은 구조를 채택하고 있습니다. 이 선형편광이 된 빛은 전압이 걸려 있지 않은 액정을 통과하면 수직의 편광상태로 바뀌기 때문에 편광축이 수직인 편광필터를 통과하므로 빛이 투과합니다. 반면에 액정에 전압이 인가되면 액정이 광 활성을 잃고 일정한 방향으로 배열되기 때문에 편광축이 수직인 편광필터를 통과하지 못하고 빛이 차단됩니다.

LCD는 외부로부터 일정한 전압을 인가하여서 액정이 일종의 광 조리개(optical shutter) 역할을 하도록 하여 영상을 표시하며, 액정 자체의 정렬상태를 조정함으로써 BLU에서 나오는 광의 투과율을 조절할 수 있기 때문에 디스플레이 픽셀 하나하나의 휘도를 변화시킬 수 있습니다. 따라서 LCD의 휘도는 BLU의 발광세기와 확산 판(diffuser) 및 도광판(light wave-guide) 등의 광 부품 특성에 밀접한 영향을 받으며, 화질은 컬러필터(color filter)와 광 마스크, 화면의 명암 비(contrast ratio)는 액정의 제어특성의 영향을 받습니

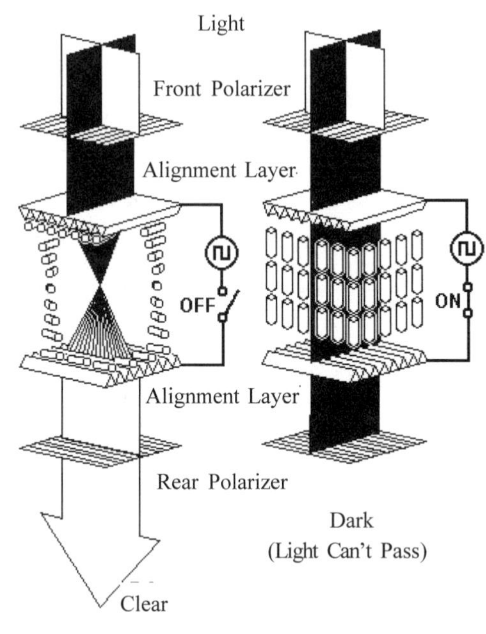

그림 12.19 LCD의 원리

다. 본래 액정은 광의 제어특성상, 디스플레이 화면의 시야각(視野角, viewing angle)이 좁은 것이 문제점이었으나 최근에는 특수한 광 전달구조와 광 시야각 기술을 개발하여 시야각을 160° 이상으로 확대시키는 데 성공하였습니다. 액정재료는 10μm 정도의 두께로 2장의 유리판 사이에 끼워져 있고 에폭시(epoxy) 수지나 유리로 봉하여 고정되어 있습니다. 유리판의 안쪽 면에는 각각의 문자를 표시하기 위한 투명전극이 형성되어 있습니다.

액정은 자체가 빛을 내지 못하고 투과광의 양을 변조(modulation)하는 역할만 하므로 LCD는 화면전체를 균일한 밝기로 유지할 수 있는 면광원 형태의 BLU가 필요합니다. LCD용 BLU에 요구되는 성능은 전체의 휘도(brightness)가 균일해야 하며, 액정패널의 투과율이 10% 미만인 것을 고려할 때, 충분한 휘도가 유지되어야 합니다. 휴대용 LCD에서는 두께는 얇고 무게가 가벼워야 하며 저전력화가 되어야 합니다. BLU는 광원으로 사용되는 냉음극형광등(CCFL, cold cathode fluorescent lamp), 도광판(導光板), 프리즘 시트(prism sheet), 확산판, 반사판 등의 부품으로 구성됩니다. CCFL의 형광체는 효율이 높은 희토류원소(yttrium, cerium, terbium 등)를 주로 사용하고 있고 LCD용에서는 R, G, B의 형광체를 혼합한 백색계의 3파장 타입이 사용되고 있습니다. BLU에서 현재의

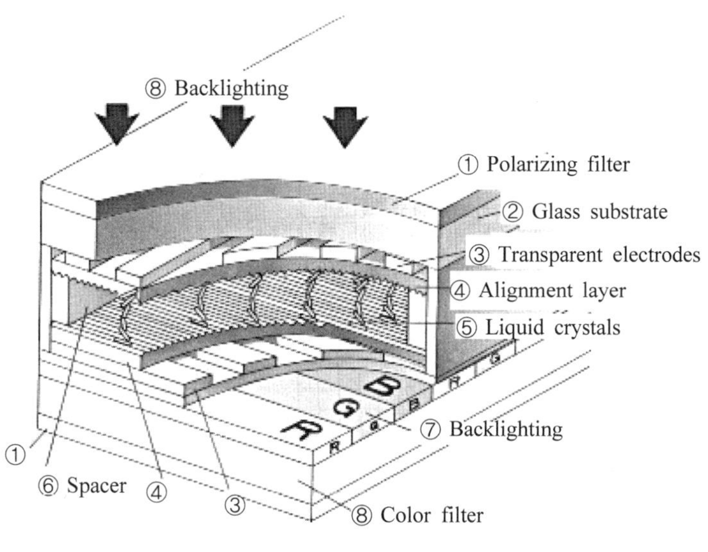

그림 12.20 LCD의 구조

시장 요구사항인 고휘도화를 위해서는 특히 CCFL과 도광판의 품질향상이 중요시되고 있습니다.

한편 기존의 CCFL을 대체하고 LCD의 성능을 발전시킬 수 있는 LED BLU가 각광을 받고 있습니다. 현재, 노트북 PC LCD 화면에 LED BLU를 탑재할 경우, 기존의 CCFL BLU 기반제품보다 더욱 얇은 화면을 구현할 수 있음은 물론 색재현성도 보다 강화해 줍니다. LED 백라이트를 채용하면 화면두께를 기존 CCFL로는 불가능했던 4 mm 이하 수준까지 줄일 수 있으며, 색재현율 또한 NTSC 기준, 최대 105%까지 지원할 수 있어 일반 CCFL의 75% 수준보다 훨씬 뛰어난 색감을 제공할 수 있습니다. 특히 발광효율도 백색 LED의 경우, 와트(W)당 80루멘(lm) 이상으로 CCFL(50 lm/W 수준)을 훨씬 넘어서고 있으며 향후, 기술발전에 따라 급속한 향상을 보일 전망이어서, 전력효율이 중요시되는 노트북 PC 영역에서 더욱 빠르게 입지를 넓혀 갈 수 있을 것으로 보입니다. 또한 TV의 영역에서도 기존의 LCD-TV보다 여러 가지 면에서 성능이 우월한 LED-TV가 출시되어 호평을 받고 있습니다. 이렇게 LED BLU의 기술적 우월성은 이미 충분히 입증된 것으로 보이나 문제는 여전히 높은 가격입니다.

LCD는 디스플레이 형태에 따라 투사형(projection type) LCD와 직시형(direct-view type) LCD로 나눌 수 있습니다. 투사형은 주로 대면적의 화상 디스플레이를 구현하기 위하여 사용되며, 광원을 2차원의 화상정보를 이용하여 제어하여 공간상에 배치된 스크린에 투사하거나, 고휘도의 영상이나 데이터 화면을 광학장치를 이용하여 스크린에 확대 투사함으로써 대화면의 화상을 얻는 디스플레이 장치로 주로 40인치 이상에서 크게는 수백 인치의 화상도 얻을 수 있습니다. 투사형 LCD는 스크린과 투사광원의 위치에 따라 배면투사형(rear projection type)과 전면투사형(front projection type)으로 구분됩니다. 한편, LCD에서 나오는 빛을 직접 보는 직시형 LCD는 다시 투과형(transmission type)과 반사형(reflection type)으로 나눕니다. 투과형은 백라이트를 통하여 나온 빛의 세기를 LCD 패널에서 조절하고, 반사형은 주로 자연광 및 주변의 빛이 LCD 패널에서 반사되어 화상이 형성됩니다. 투과 형은 주변 환경이 어두운 옥내용에 주로 이용되며 노트 PC, 데스크톱 모니터 및 TV 용도로 사용됩니다. 반사형은 백라이트가 불필요하고 빛의 반사율은 흑백 40%, 컬러 30% 수준입니다. 주로 주변 환경이 밝은 옥외용으로 활용되며 휴대 전화나 PDA의 표시화면으로 사용됩니다. 한편 실내외 겸용으로 활용하기 위하여 BLU와 외부의 광원을 동시에 사용하는 반투과형(semi-transmission type 또는 trans-flective type)도 활용되고 있습니다. 두께를 얇게 하거나 구멍을 뚫어 빛의 투과가 가능하도록 합니다. 반사율은 흑백 30%, 컬러 25% 수준입니다.

CRT가 하나의 점에서 전자빔을 쏘아 RGB 형광체를 발광시키는 것과 달리, LCD는 LCD 셀에 의해 on/off되는 백라이트광원의 빛을 이용합니다. 빛은 일정한 방향으로 파

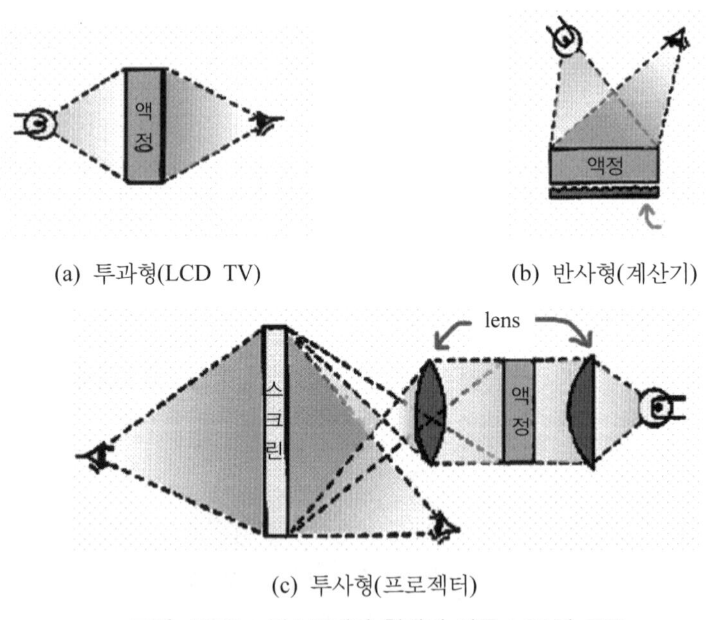

(c) 투사형(프로젝터)

그림 12.21 디스플레이 형태에 따른 LCD의 종류

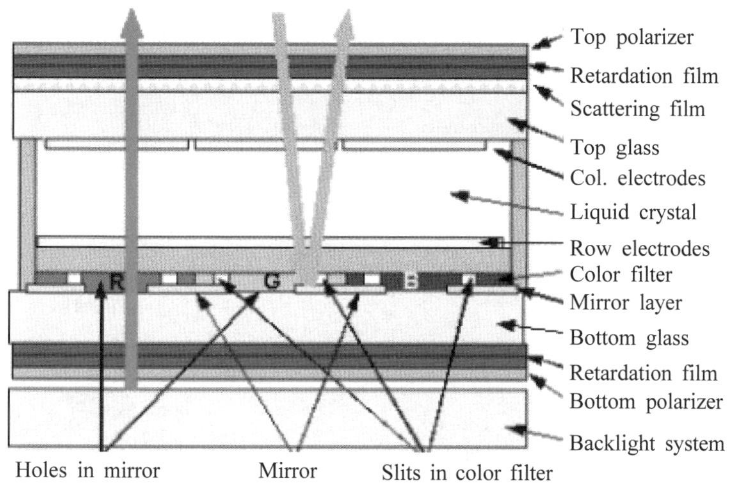

그림 12.22 반투과형 LCD의 구조

동을 가지고 있습니다. 이 파동이 수직으로 필터에 도달하면 빛이 통과하지 못하고, 수평으로 도달할 경우에만 빛이 통과합니다. LCD는 전계에 의해 일정한 방향으로 액정소자 배열이 이루어지고, 이 경우 일정한 방향의 파동을 가진 빛을 선택적으로 통과시킵니다. 즉, 분자구조 특성상, 액정은 전계에 의해 선형으로 배열되고, 기계적인 특성으로 인해 다시 레이어 간에 90° 단위로 회전이 가능합니다. 이러한 90° 단위 회전배열을 TN(twisted nematic)이라고 하고, 270° 단위 회전배열은 STN(super twisted nematic)이라고 합니다. 레이어 2장을 사이에 놓고 이러한 막대모양의 액정에 전기장이 걸리면 전기장의 방향에 따라 액정이 재배열되면서 통과하는 광량이 변합니다.

색상을 표현하기 위해서는 컬러필터(color filter)라는 것을 사용합니다. 필터의 픽셀단위는 RGB의 3개의 서브-픽셀(sub-pixel)로 구성되며, 통상 LCD에서 RGB는 바둑판 구조를 취하고 있습니다. LCD 모니터에서 화면해상도는 수평방향으로 표시될 수 있는 이러한 픽셀 수가 바로 수평방향 해상도와 직결되며, 수직방향은 바로 수직방향 해상도가 됩니다. 따라서 XGA(extended graphics array, 1,024×768) 해상도급 LCD에서는 총 서브-픽셀 수가 1,024×768×3개가 됩니다.

LCD에서는 이러한 개개의 셀 단위 컨트롤을 함에 있어서 두 가지 방식을 취하는데, 이것이 액티브매트릭스(AM, active matrix, 능동행렬)와 패시브매트릭스(PM, passive matrix, 수동행렬)입니다. 능동행렬 방식은 AM-LCD(active matrix LCD)라고 하고, 수동행렬 방식은 PM-LCD(passive matrix LCD) 또는 CSTN(color super twisted nematic)

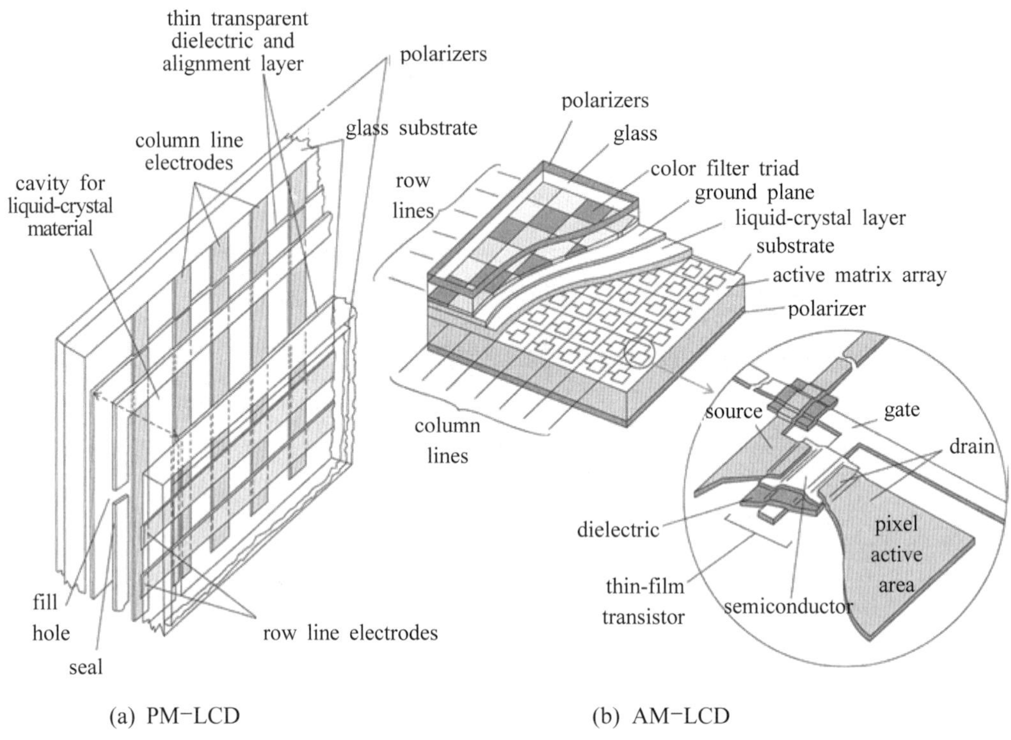

그림 12.23 구동방식에 따른 LCD의 종류

이라 합니다. 수동행렬 방식은 Common 전극과 Data 전극을 X-Y 형태로 배치하고 그 교차부분에 순차적으로 신호를 가하여 디스플레이하는 방식입니다. TN이나 STN-LCD가 여기에 속하며, 표시량이 많은 용도에 STN이, 시계나 계산기 등과 같이 표시량이 간단한 용도에 TN이 사용됩니다. 능동행렬 방식은 각 화소에 공급되는 전압을 조절하는 스위치로서 트랜지스터를 사용합니다. 이 트랜지스터가 독립적으로 화소를 제어하기 때문에 라인(line) 간섭에 의한 누화(cross-talk)가 없고 화질이 깨끗하게 표시됩니다. 현재 데스크톱 모니터, 노트북 PC, LCD-TV 등에 사용되는 대부분의 것이 이 방식에 속합니다.

수동행렬 LCD에서 LCD 셀은 행과 열로 이루어진 전극의 행렬단위로 통제됩니다. 결과적으로 수동행렬에서는 개개의 액정이 전체화면을 표시하는 시간(1/해상도)동안 활성화됩니다. 이러한 셀 수준에서 나머지 시간 동안은 별도의 전압공급도 없기 때문에 액정에서는 화질저하를 막기 위해 충분히 활성화되어야 할 필요가 있습니다. 여기서 듀얼스캔(dual scan)이라는 개념이 도입됩니다. 즉, 셀당 활성화주파수를 배가시킴으로써 화면지속시간을 반감시키는 방법입니다. 능동행렬의 경우는 수동행렬과 다른 형태로 운용됩니다. TFT 방식의 액티브매트릭스에서는 LCD 셀이 LCD 뒷면 유리판에 회로가 형성된 TFT에 의해 활성화되고, 이 TFT에 해당 셀 관련 정보가 저장됩니다. 이 방법을 쓰면 액정을 보다 빠른 속도로 운용할 수 있기 때문에 수동행렬보다 명암 비가 훨씬 우수하며 더욱 선명한 화질을 구현할 수 있습니다. 또, 화면의 깜빡임도 적어지고 반응시간도 개선되는 효과까지 더해집니다. 이로써 동영상 등의 재생에서 더 우수한 특성을 나타냅니다. 하지만, 이 방식은 서브-픽셀 당 트랜지스터를 하나씩 설치해야 하므로 구조적으로 복잡하다는 단점이 있습니다. XGA 디스플레이에서 필요한 트랜지스터 수는 1,024×768×3=2,359,296개입니다. 공정을 따져도 매우 복잡하기 때문에 생산단가가 상승하므로 수동행렬방식보다 높은 가격대를 형성합니다.

능동행렬의 구조는 전면의 경우는 수동행렬과 같으며, 후면의 구조가 다릅니다. 능동행렬의 경우 많은 수의 트랜지스터가 들어가기 때문에 트랜지스터의 결함에 의해서 화면에 결함이 생기는 경우가 필연적으로 수반됩니다. 이를 픽셀에러(pixel error)라고 합니다. 픽셀에러에 의한 불량여부는 제조업체마다 약간씩 기준이 다르며, 통상적으로 일정영역 내에서의 픽셀에러 정도에 따라 불량여부를 판별합니다. 요즈음은 제조기술의 진보로 불량화소 수가 0인 무결점 LCD 패널이 흔하게 공급되고 있습니다.

LCD에서는 유리 기판의 사용이 필수적이기 때문에 유리의 융해점인 400 °C가량의 온도에서는 작업이 불가능합니다. 따라서 TFT의 제작공정도 이보다 낮은 온도에서 수행해야 합니다. 또한 DRAM처럼 트랜지스터를 매우 까다로운 정도로 운용하는 것은 아니지만, 크기가 워낙 작기 때문에 조작이 어려운 특성이 있습니다.

능동행렬 구조에서도 아몰포스(amorphous, 비정질) 실리콘(a-Si), 저온 폴리실리콘(LTPS, low temperature poly silicon) 등 TFT 계열과 MIM(metal-insulator-metal) 다이오드 계 등 여러 가지가 있습니다. STN LCD는 핸드폰의 액정화면으로 주로 사용되고 있으며, 노트북이나 데스크톱용 액정모니터에도 이전에 많이 쓰였습니다. 가격이 싼 편이지만, 정면에서 볼 때에만 잘 보이는 단점이 있으며 측면에서는 화면이 어둡게 보입니다. 전력소모도 크고 색감도 떨어지므로 최근에는 많이 사용되지 않는 추세입니다. TN을 보완한 것이 STN, 이를 보완한 것이 DSTN(double STN) LCD입니다. DSTN은 STN 방식을 2층으로 보강한 방식입니다. 휴대성 위주의 저가형 디지털카메라에 채용되고 있습니다. 최근 노트북 PC는 대부분 TFT 모니터를 사용하기 때문에 측면에서도 자연색을 확인할 수 있습니다. TFT 방식은 빠른 스크롤에도 화면떨림이 적고 색감이나 전력소비면에서도 DSTN보다 우수합니다. 가격은 비싸지만, 시야각이 넓고 속도가 빠르다는 점

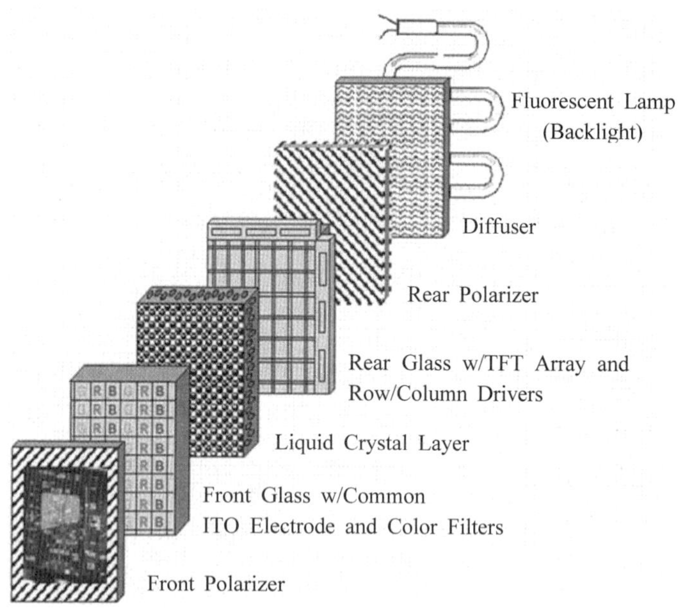

(a) TFT-LCD 조립도

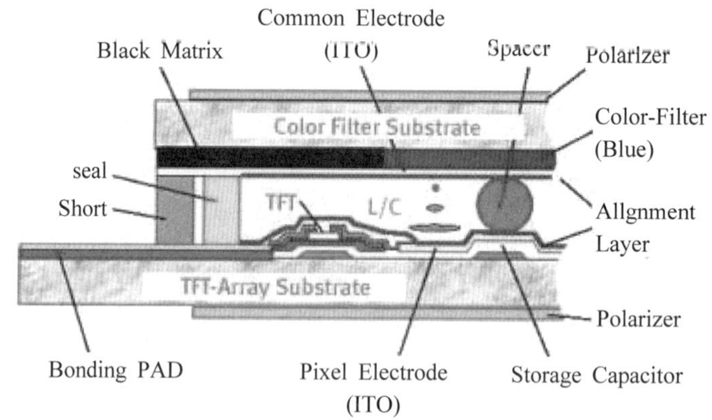

(b) TFT-LCD 단위픽셀 구조

그림 12.24 TFT-LCD의 구조

이 장점입니다. D-TFD(digital thin film diode) LCD는 STN-LCD의 단점을 보완하여 만든 LCD로 TFT-LCD에 비해 전력소모가 적으면서도 품질은 TFT-LCD에 근접합니다. 고급형 디지털카메라에는 LTPS TFT-LCD가 가장 많이 사용되고 있는데, 이는 a-Si TFT-LCD와는 전자를 이동시키는 반도체박막이 다릅니다. a-Si에 비해 LTPS의 전자이동도(electron mobility)가 훨씬 빠르며 그에 따라 응답속도와 화질도 개선되었습니다. 또한 실시간으로 영상을 확인할 수 있으므로 시차가 적은 것이 장점입니다. LTPS TFT는 전기적 특성이 일반 TFT보다 우수하며 온도나 전기장 등의 주변 환경에서도 비교적 안정적입니다.

CRT 모니터의 구동원리는 전자총에서 나온 3색(Red, Green, Blue)용 빔을 상하좌우로 휘어지게 하여 모니터의 앞 유리에 상이 맺히도록 하는 것입니다. 그러므로 화면의 크기가 커지면 같은 각도로 휘어지는 전자빔이 화면전체에 도달되도록 하기 위해서 더 먼 거리가 요구됩니다. 그만큼 모니터의 길이가 앞뒤로 길어지게 되어 부피가 커지게 됩니다. 또한 CRT 내부는 고진공상태이므로 외부의 압력에 아주 약할 수 있습니다. 그래서 이런 외부압력을 견뎌 내도록 두꺼운 유리를 사용하고 있는데 화면이 커지게 되면 그만큼 내부진공도를 견딜 수 있는 두꺼운 유리를 사용해야 합니다. 유리가 두꺼워지고 커진다면 그 무게도 상당히 무거워집니다. 반면에 TFT-LCD 모니터는 아주 얇고 가벼우며 벽걸이(wall-mount) 기능까지도 제공하고 있습니다.

CRT 모니터는 자기장의 힘으로 빔을 화면에 뿌려 주기 때문에 모니터를 회전시키면 화질이 떨어집니다. 그러나 TFT-LCD 모니터의 경우, 구동원리 자체가 외부 자기장의 영향을 받지 않기 때문에 모니터를 90° 돌려서 세로로 사용할 수도 있는 피봇(pivot) 기능을 제공합니다. 그만큼 사용 용도의 폭을 넓혔다고 할 수 있습니다.

이제는 TFT-LCD의 화질개선이 많이 이루어져 CRT 모니터와 거의 비슷한 품질을 보여 주게 되었고, 가격하락도 지속된 것이 TFT-LCD 모니터에 대한 수요증가의 원인으로 판단됩니다. 대부분의 품질이 CRT와 거의 유사하며 화면 밝기나 명암 비는 오히

표 12.5 LCD의 액정에 따른 구분

	TN LCD	STN LCD	FLCD	CLCD
액정	Twisted Nematic	Super Twisted Nematic	Ferroelectric	Cholesteric
비틀림 각	90°	240(180°~270°)	×	> 360°
응답 속도	30 ms	60~400 ms	1 ms 이내	30~100 ms
제조 공정	제조 어려움	제조 용이 (PM 구동)	제조 어려움 (Cell Gap 2μm)	STN과 유사
시야각	좁음	보통	160°	우수(반사형)
구동 방식	AM(TFT LCD)	PM	PM	PM
용도	노트 PC, 모니터, PDA	휴대전화, PDA	노트 PC, 모니터, 휴대전화, PDA	전자액자, 전자북

려 TFT-LCD가 더 우수합니다. 아직까지 개선의 여지가 많이 남아 있는 것은 시야각이 다소 좁다는 것, 표현가능 색상수가 CRT 모니터에 비해 적다는 것, 느린 응답속도 등입니다. 응답속도는 LCD 모니터가 CRT 모니터에 비교하여 현저하게 떨어지지만 응답속도를 높이는 것은 TFT-LCD 패널의 재료인 액정의 전기-광학적 특성으로 인해 한계가 있습니다. 현재 대부분의 국내 TFT-LCD 모니터의 응답속도는 상향, 하향 시간을 합하여 40~60 ms 정도로 CRT 모니터에 비하면 매우 늦지만 동영상을 시청하거나 게임을 할 때, 큰 무리 없이 볼 수 있을 정도이므로 크게 문제되지는 않습니다. 한편, TFT-LCD 모니터는 보는 각도에 따라 밝기, 선명도, 색상 등이 달라 보입니다. TFT-LCD 모니터의 단점 중의 하나라고 볼 수 있습니다. TFT-LCD 모니터의 또 하나의 단점은 구현이 가능한 색상 수가 CRT 모니터만큼 충분하지 않다는 것입니다. 아직까지는 아날로그(analog) 방식인 CRT 모니터만큼 자연스러운 색상구현에는 못 미치고 있습니다.

12.9 LED-backlit LCD-TV(LED-TV)

10여 년 전만 해도 TV를 살 때 그다지 고민할 사항이 많지 않았습니다. 그냥 화면 크기가 몇 인치인지, 혹은 어느 제조사인지만 알고 예산에 맞는 제품을 구입하면 충분했습니다. 하지만 요즘은 같은 제조사, 같은 크기의 TV라도 HD이니 풀 HD이니, 혹은 LCD이니 LED이니 하는 새로운 규격용어들이 난무하기 때문에 고민할 사항이 많아졌습니다.

이를테면 같은 42인치 TV라 해도 HD급의 LCD-TV는 풀 HD급의 LED-TV보다 훨씬 가격이 저렴합니다. 이런 사실들을 잘 모르면 구입한 다음에 금방 후회하는 일이 벌어질 수도 있으므로 사전에 기본적인 공부가 필요합니다.

먼저 풀 HD(full high definition) TV는 일반 HD TV와 화면의 해상도(1,920×1,080)가 같지만 화면을 표시하는 방법에 약간 차이가 있습니다. 본래, 해상도가 1,920×1,080이라면 세로 순으로 나열된 픽셀이 1,080줄이 되어야 하지만 기존의 HD TV는 540줄밖에 표시할 수 없습니다. 그 때문에 총 1,080줄의 완전한 HD 영상신호를 받아도 이를 각각 540줄씩 짝수 줄과 홀수 줄로 나눠 1초에 30번씩 교차적으로 화면에 출력해주는 방식을 썼습니다. 이를 비월주사(飛越走査, interrace can) 방식이라고 하며, 기존의 HD TV는 화면이 약간 떨리는 느낌이 있어 시청할 때 눈이 쉽게 피로해졌고, 동작이 빠른 화상을 표시할 때 화면의 선명도가 떨어지는 느낌이 들었습니다.

이를 해결하기 위해 나온 기술이 바로 풀 HD TV입니다. 풀 HD TV는 비월주사 방식을 쓰지 않고 1,080줄의 픽셀을 교차 없이 한 번에 화면으로 뿌리는 순차주사(順次走査, progressive scan) 방식으로 화면을 구성합니다. 그래서 화면이 떨리지 않고 선명도도 높습니다. 같은 1,920×1,080 해상도라도 기존 HD TV의 화면은 1,080 i, 풀 HD TV의 화면은 1,080 p 규격이라고 합니다. 풀 HD TV(1,080 p)는 HD TV(1,080 i)에 비해 화면의 선명도가 2배 높고 가격도 풀 HD TV가 더 비쌉니다.

LED-TV는 엄밀히 말하면 LCD-TV와 확연히 구분되는 개념이 아닙니다. 기존의 LCD-TV가 액정 뒤쪽의 백라이트를 CCFL로 만드는 반면, LED-TV는 LED 백라이트를 쓰는 것만이 다르기 때문입니다. 따라서 현재 판매 중인 이른바 LED-TV들은 정확히 말해 'LED 백라이트 기반 LCD-TV(LED backlit LCD-TV)'라고 표현하는 것이 정확합니다.

삼성전자에서 LED 백라이트의 LCD-TV를 출시하면서 LED-TV라는 용어를 처음 사용했고, 이를 꾸준히 마케팅에 사용하면서 소비자들은 LED-TV가 기존의 LCD-TV와 완전히 다른 제품이라는 인상을 받게 되었으나 실제로는 그렇지 않습니다. LED-TV의 가격은 아직은 기존 LCD-TV에 비해 상당히 고가입니다.

LED-TV는 크게 LED를 LCD 뒤에 붙이는 직하형(direct type)과 테두리에 붙이는 에지형(edge type)으로 구분합니다.

에지형은 경쟁력 있는 가격대에 화질, 두께, 저전력 등 LED-TV가 갖출 수 있는 장점을 두루 갖췄습니다. LED의 위치를 테두리로 빼내 TV의 두께를 획기적으로 줄였고, LCD 뒷면 전체에 LED를 촘촘하게 넣은 직하형에 비해 핵심부품인 LED도 적게 들어

비월 주사(Interace Scan)

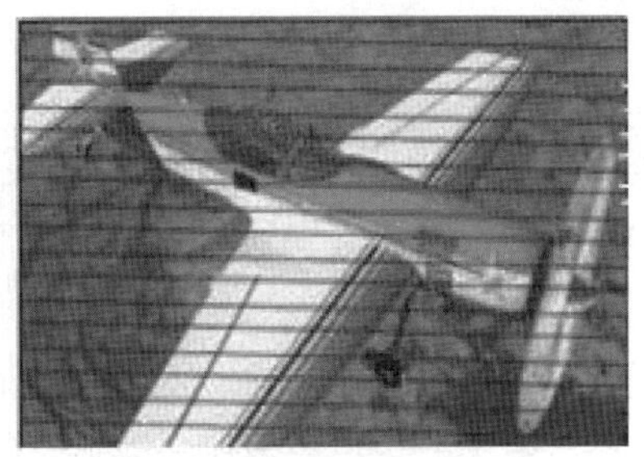

순차 주사(Progressive Scan)

그림 12.25 주사방식 비교

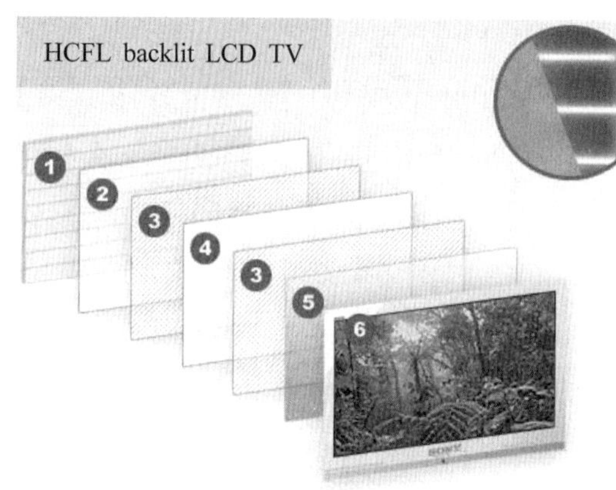

❷ **Diffusers**
To ensure a uniform brightness across the panel

❸ **Polarisers**
The two polarisers in front and behind the LCD panel ensure that the image produced is aligned correctly

❹ **LCD(Liquid Crystal Display) Panel**
An LCD panel is made up of millions of pixels filled with liquid crystals arranged in a grid, which open and shut to let the backlight through and create images

❺ **Antiglare Coating**
Antiglare coating provide a mirror-like finish, making the backlight appear brighter

❻ **Display Screen**

(a) LCD-TV

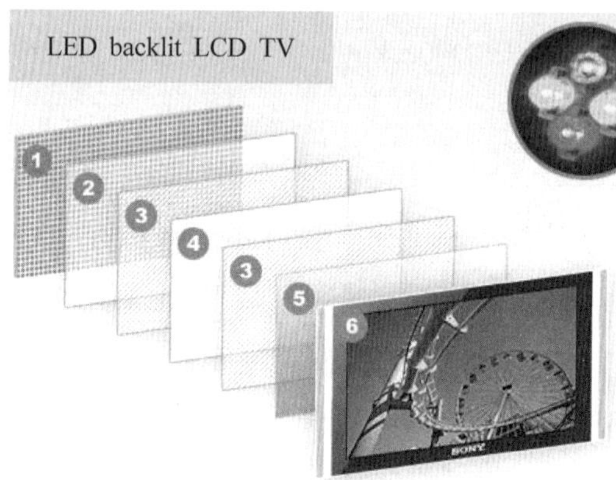

❷ **Diffusers**

❸ **Polarisers**

❹ **LCD Panel**

❺ **Antiglare Coating**

❻ **Display Screen**

(b) LED-TV(direct type)

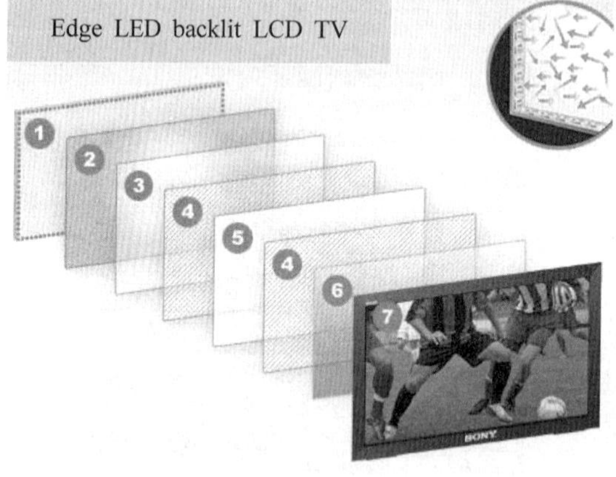

❷ **Light Guide Plate**
Works to focus light forward evenly for a brighter picture

❸ **Diffusers**

❹ **Polarisers**

❺ **LCD Panel**

❻ **Antiglare Coating**

❼ **Display Screen**

(c) LED-TV(edge type)

그림 12.26 LCD-TV의 종류

가 가격이 상대적으로 싸다는 게 일반적인 평가입니다. 다만 LED의 개수가 줄어들기 때문에 효율이 높은 백색 LED를 사용해야 하고 빛을 수직으로 꺾어서 퍼뜨리는 역할을 하는 도광판의 설계가 매우 중요합니다. 특히 LED의 열로 인해 도광판 등이 휘는 현상이 발생할 수 있고 이를 제어하는 기술이 쉽지 않아 높은 기술력이 필요합니다.

직하형은 LED-TV의 최대장점인 고화질의 구현에 중점을 뒀습니다. LED가 뒷면에 바둑판 모양으로 촘촘히 박혀 있어 로컬 디밍(local dimming) 기능을 통해 보다 선명한 화면을 구현합니다. 로컬 디밍 기능은 일부 LED를 부분적으로 꺼버림으로써 명암 비를 극대화하는 기술입니다. 직하형은 에지형에 비해 화질은 더 우수하지만, 두께가 더 두껍고 가격은 좀 더 비쌉니다.

LED BLU를 사용한 LCD는 검은색을 좀 더 완벽하게 표현하기 위하여 아예 백라이트를 꺼버리는 것이 가능한데 이 기능을 디밍(dimming)이라 부릅니다. 이 디밍을 부분적으로 실행하는 것, 즉 화면의 전체가 아닌 일부만 검은색을 표현해야 할 때 그 부분의 백라이트만을 꺼버리는 기능을 로컬 디밍이라 하고, 일부가 아닌 전체 백라이트를 꺼버리는 기능을 글로벌 디밍(global dimming)이라 합니다. 글로벌 디밍에 비하여 로컬 디밍이 고급기능입니다. 로컬 디밍의 경우, 일반적으로 화면을 수십~수백 등분하는 블록으로 나누어 각각의 디밍을 하게 됩니다. 참고로, CCFL 백라이트는 형광등의 반응속도와 구조상의 문제로 이러한 디밍이 아예 불가능했기 때문에 완벽한 검은색의 표현이 어려웠습니다.

현재 출시되는 LED-TV는 동작속도를 240 Hz로 하여 응답속도가 기존의 LCD-TV보다 빠르고 잔상이 적은 것이 특징입니다. 그렇다면 왜 240 Hz일까요? 일반적으로 TV 영상은 60 Hz인데 왜 LCD는 240 Hz이라는 동작속도가 필요한지 알아봅시다.

브라운관의 경우 한 화면을 보여주고 사라지면 다시 전자빔을 쏘아 다음 화면을 보여

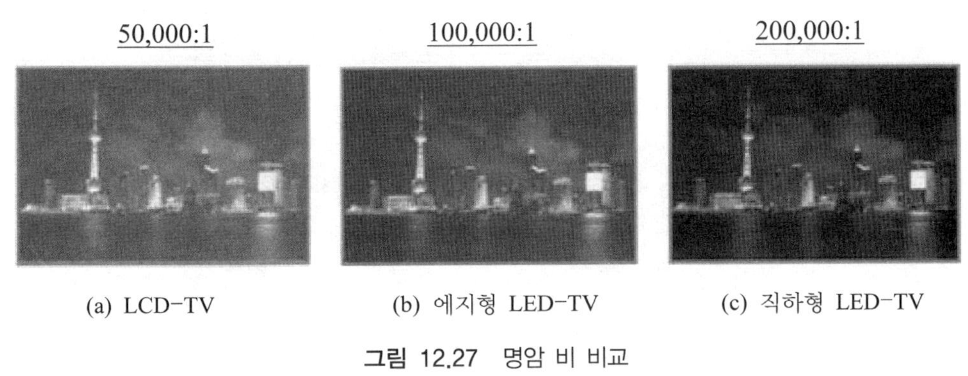

(a) LCD-TV (b) 에지형 LED-TV (c) 직하형 LED-TV

그림 12.27 명암 비 비교

그림 12.28 LCD-TV와 LED-TV의 화질 비교

주는 방식으로 두 화면이 연결되어 있지 않으므로 잔상이 없었습니다. 하지만 LCD-TV의 경우 액정이 움직이면서 빛을 통과시켜 화면을 만들기 때문에 액정이 열리고 닫히는 응답속도가 늦어 잔상이 생깁니다. 바로 이 잔상을 없애주기 위해 높은 응답속도가 필요한 것입니다.

MEMC(motion estimation/motion compensation, 동작예측 및 동작보정) 기술은 초당 60장씩의 원래 영상 사이사이에 가상의 화면을 예측해 추가함으로서 60 Hz 영상을 120 Hz로 바꿔주는 기술입니다. MEMC를 거쳐 120 Hz가 된 영상을 백라이트 스캐닝(back-light scanning)을 통해 240 Hz로 바꾸는 방식이 있습니다. 간단히 말해 눈을 한번 깜박이는 것처럼 한 프레임의 영상을 백라이트를 껐다 켜서 두 프레임으로 보이도록 하는 방법입니다. 이를 통해 동작속도도 240 Hz로 올리고 LCD의 단점인 잔상을 없애주는 것입니다. 주로 LG에서 사용하는 기술로 240 Hz 라이브 스캔(live scan)이라고 부르고 있습니다. 하지만 백라이트 스캐닝 기술은 영상과 백라이트의 동기화 기술이 요구되고, 휘도저하, 화면 깜박임, 이중상 등의 단점이 있을 수 있습니다.

MEMC 기술만을 이용해 원래의 1초 당 60장씩의 이미지에 3장의 예측영상을 추가해

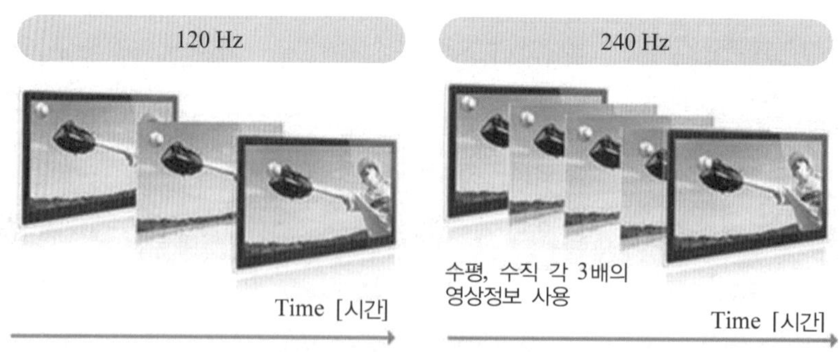

그림 12.29 True 240 Hz 기술

240 Hz를 구현한 방식도 있습니다. 말 그대로 초당 240장, 즉 240 Hz를 구현한 기술입니다. 주로 삼성과 소니가 이러한 'True 240Hz' 기술을 적용하고 있습니다. 하지만 이 방식은 고 정밀 동영상 처리기술이 필요하고, 이것이 부족할 경우 움직임이 부자연스러워지는 단점이 있습니다.

위의 두 기술을 기술적인 측면에서 비교하면 특정장면에서는 약간의 차이를 느낄 수 있지만 전문가도 그렇게 차이를 못 느끼는 정도이므로 일반인들 눈에는 거의 비슷하게 보일 것입니다.

LED는 CCFL에 비해 소비전력이 작고, 고르고 안정적인 빛을 발할 수 있습니다, 또한, 소자의 크기가 작아 TV 전체의 두께를 더욱 얇게 만들 수 있다는 장점이 있어 공간 절약을 하고자 하는 소비자들에게 좋은 반응을 얻고 있습니다. LCD-TV는 형광등의 일종인 CCFL을 사용하기에 수은과 같은 환경 유해물질이 있지만 LED-TV는 유해물질이 전혀 없습니다. 또한 LCD-TV에 비해 다양한 색 표현력과 우수한 명암 비를 갖습니다. 하지만 고휘도 LED의 가격이 여전히 고가이고 충분한 화면밝기를 얻기 위해서는 많은 개수의 LED를 사용해야 하기 때문에 가격을 낮추는 데 더딘 행보를 보이는 것이 가장 큰 문제입니다. 더불어 LED의 특성상, 고온에서 중심파장이 적색편이(red-shift)하여 색좌표가 이동하므로 방열설계를 특히 잘 해야 합니다.

12.10 3D-TV란?

3D-TV는 특수 안경을 이용, TV를 시청할 때 3차원의 입체감을 느낄 수 있는 TV입니다. 화면상에서 앞으로 튀어나오는 물체를 손으로 잡을 수 있다고 생각될 정도로 화질과 입체감이 생생합니다. 월드컵 경기 당시 화면에서 공이 튀어나오는 것 같은 느낌을 받을 수 있어 많은 인기를 끌기도 했습니다.

3D-TV 기술은 패널기술이 아닌 영상전달 방식이므로 LED, LCD, PDP 등 모든 TV에 적용될 수 있지만, 최근 LED-TV가 대세가 되고 있기 때문에 현재 업체들이 내놓고 있는 3D-TV는 대부분 LED-TV라고 보면 됩니다. 물론 3D LCD-TV, 3D PDP-TV도 있습니다. 참고로 2011년의 TV 판매동향에 따르면, 46인치 이상 LED-TV 판매의 45%가 3D-TV입니다.

3D 입체영상 구현방식은 1838년 영국의 과학자 찰스 위트스턴이 고안해 냈습니다. 기본적으로 양안시차(兩眼視差)를 이용한 것입니다. 양쪽 눈이 다른 화면을 보면 뇌가 양쪽 눈에 들어온 영상을 분석하는 과정에서 이를 입체감이 있다고 착각하게 된다는 점에서 착안하였습니다.

현재 3D-TV의 주종을 이루고 있는 두 가지 방식은 삼성전자의 셔터글라스(SG, shutter glasses)와 LG전자의 FPR(film-type patterned retarder)입니다.

SG 방식은 셔터가 안경에 위치해 TV영상을 전기적 신호에 따라 눈에 투과하거나 차단해 입체감을 주는 방식입니다. 화면에 좌우의 영상을 따로 표시하고 왼쪽 영상은 왼쪽 안경이, 오른쪽 영상은 오른쪽안경이 열려 두 쪽의 영상을 분리해 입체감을 제공하는 방식입니다. 즉 TV에서 왼쪽 눈과 오른쪽 눈을 위한 영상이 번갈아 나오면, SG 방식 전용 안경이 영상신호에 반응해 빠르게 번갈아 열려 3D 영상을 인식하는 방식으로 생생한 입체감을 느낄 수 있습니다.

FPR 방식은 TV화면에 특수필름을 붙이고 편광안경을 통해 왼쪽 눈과 오른쪽 눈의 영상이 다르게 보이는 방식을 말합니다. 즉 TV에 붙인 필름 때문에 한 화면에서 보이는 영상이 두 가지 모습으로 달라지고, 안경을 통해 들어오는 영상도 왼쪽과 오른쪽을 달리 하기 때문에 눈에서 영상을 인식할 때는 분리된 영상이 하나로 보이는 것입니다. 뇌는 이 영상을 3D 형식으로 인식합니다. 현재 3D 영화관에서 주로 쓰는 방식이 이 방식입니다.

SG 방식은 좌우 분리된 화면을 쪼개서 출력하지 않아 화질이 좋다는 장점이 있습니다. 그러나 번갈아가며 열리는 안경의 특성상, 깜박거림이 심해 눈의 피로를 증가시키며 센서의 부착으로 안경자체의 무게가 늘어 착용감이 떨어진다는 지적이 있습니다. 또한 전기장치가 필요하기 때문에 안경자체에 배터리가 필요하고, 안경 가격이 비싸다는 문

그림 12.30 3D-TV

제도 갖고 있습니다. 개당 가격도 고가인 데다가 TV를 볼 사람 수만큼 필요하기 때문에 합치면 부담이 가는 액수입니다.

FPR은 장시간 TV를 시청하더라도 눈의 피로가 SG에 비해 훨씬 덜합니다. 그러나 한 화면에 왼쪽과 오른쪽 화면을 동시에 분할해 출력하기 때문에 화질과 해상도가 셔터글라스 방식에 비해 떨어지며, TV에 편광판을 부착하기 때문에 3D가 아닌 화면을 볼 때는 화질이 많이 떨어진다는 문제를 안고 있습니다.

소비자들은 고화질과 편안한 사용 중에서 목적에 맞게 선택하면 될 것입니다.

3D-TV가 시장에 나온 이후로 당초의 기대만큼 폭발력을 갖지 못하는 이유는 가격과 콘텐츠 문제 때문입니다. 3D-TV의 가격대는 같은 크기의 LCD-TV에 비하여 30~40%, LED-TV보다는 20% 이상 고가입니다. 하지만 입체영상을 구현할 수 있다는 점을 고려하면 사실 20~40% 정도의 가격 차이는 큰 문제가 아닐 수도 있습니다. 3D-TV 구입을 망설이게 만드는 결정적인 문제는 그 가격차를 극복할 만한 가치(볼 만한 콘텐츠)가 있느냐의 문제입니다.

전문가들은 현재 IT 수요가 모바일에 집중돼 있으며, 3D-TV를 사도 볼 만한 콘텐츠가 아직은 많지 않기 때문에 아직 시장전망이 불투명한 편이라고 분석합니다. 젊은층은 3D 게임이나 영화를 자주 이용하지만, 고가 TV의 주 고객층인 중장년층은 3D-TV의 필요성을 크게 느끼지 않는다는 점도 문제입니다. 아직은 3D-TV 기술 자체가 불완전하여 높은 가격, 안경착용 문제, 어지럼증 및 눈의 피로의 문제, 지상파에 3D가 없다는 문제 등으로 구매를 주저하고 있는 소비자들이 많습니다.

12.11 스마트 TV란?

3D-TV와 함께 주목받고 있는 것이 스마트(smart) TV입니다. TV시장은 고가라는 특성상 스마트폰이나 소형가전처럼 유연하게 움직이는 시장이 아니어서 한 가지 테마가 소진되면 당분간 잠잠해지는 특징이 있습니다. LED-TV와 3D-TV가 어느 정도 판매되자 전자업계는 스마트 TV에 또다시 사활을 걸고 있습니다. 정부에서도 스마트 TV 육성 방안을 내놓고, 스마트 TV 산업을 적극 지원한다고 밝히고 있습니다.

스마트 TV란 스마트폰처럼 다양한 기능을 가진 TV라고 생각하면 됩니다. TV 1대로 시청자가 실시간방송은 물론 인터넷, 지난 방송 다시보기(VOD), 게임, 문화, 교육 등 콘텐츠, 쌍방향 커뮤니케이션 등을 구현할 수 있는 제품을 뜻합니다.

스마트 TV는 스마트폰의 기능과도 비슷하고, IP-TV(인터넷 TV)와 서비스가 다를 바 없습니다. 이렇게 서비스는 거의 같지만 프로그램 공급자가 아예 TV 안으로 들어온다고 생각하면 됩니다. 다시 말해서, 프로그램이 통신사에서 제공받는 것이 아니고, TV 자체에 장착돼 있는 것입니다. 얼마나 많은 콘텐츠를 제공하느냐, 또 스마트폰이나 태블릿 PC 등 다른 전자기기들과 어떻게 연계하느냐는 등의 문제는 TV를 제작하는 회사가 책임질 문제가 됩니다.

스마트 TV의 관건 역시 3D-TV와 마찬가지로 콘텐츠입니다. 얼마나 많은 사업자와 제휴해 애플리케이션을 TV 속으로 끌고 들어오느냐가 핵심입니다.

스마트 TV의 선택 시 유의해야 할 점은 전력소비량입니다. 스마트 TV가 대세가 되면 TV를 하루 종일 틀어놓게 되기 때문입니다. 전자업계는 전력소비량을 줄인 제품개발에 주력하고 있습니다.

날이 갈수록 전자기기의 경계는 허물어지고 있습니다. TV의 지능은 PC에 가까워지고, PC는 TV 수준의 화질을 구현합니다. 스마트폰도 PC와 TV의 역할을 대신하고, 태블릿PC는 PC와 스마트폰의 역할을 둘 다 수행합니다. 이 기기들은 서로를 넘나들기도 합니다. 또 스마트폰은 스마트 TV의 리모컨이 되기도 합니다. 디지털 컨버전스(digital convergence, 하나의 기기나 서비스에 모든 IT 기술이 융합되는 현상)의 시대를 살아가는 우리는 새로운 제품이 등장할 때마다 관련 기술들을 그때그때 따라잡아야(catch up) 하는 고민이 생겨납니다.

그림 12.31 스마트 TV

12.12 플라즈마란?

일반적으로 물질은 고체, 액체, 기체의 세 가지 상태가 있으며 그들 상태의 기본적인 구성요소는 원자 혹은 원자가 몇 개씩 모인 분자 또는 화합물입니다. 플라즈마(plasma)는 원자 및 분자 또는 화합물을 구성하는 전자가 핵의 속박에서 벗어나 자유롭게 움직이며 돌아다니는 상태입니다. 플라즈마란 외부에서 인가된 에너지(열에너지, 전기에너지, 빛에너지 등)에 의해서 기체가 이온화된 상태를 의미하며, 영국의 랭뮤어(Irving Langmuir)가 처음 사용하였습니다.

보통의 상온, 상압에서는 고체상태의 물질이 있다고 가정합시다. 고체상태의 물질 내에서는 원자들이 일정한 격자를 구성하며 격자 내의 정해진 위치에 잘 정렬되어 있습니다. 이 고체물질에 에너지를 주어 고온으로 만들면 용해되어 액체상태가 됩니다. 액체상태는 원자 간의 결합은 대부분 끊어지나 분자결합 형태는 유지하면서 약간의 유동성을 갖게 됩니다. 이 액체상태의 물질에 더욱 에너지를 주어 고온으로 만들면 증발하여 기체상태가 됩니다. 기체상태에서는 기체원자나 분자들이 에너지를 얻어 무질서하고 활발한 열운동을 하게 됩니다. 이 기체물질에 더욱 에너지를 주게 되면 물질의 제4의 상태(the fourth state of matter)라 부르는 보다 높은 에너지 상태를 갖는 플라즈마 상태가 됩니다. 플라즈마 상태에서는 기체원자 내부의 전자와 원자핵과의 전기적인 결합력을 끊을 만큼 충분한 에너지가 주어지기 때문에 전자가 구속에서 벗어나게 되므로 자유전자(free electron)들과 이온화된 가스(ionized gas) 원자들이 뒤섞여서 무질서하게 운동을 하게 됩니다.

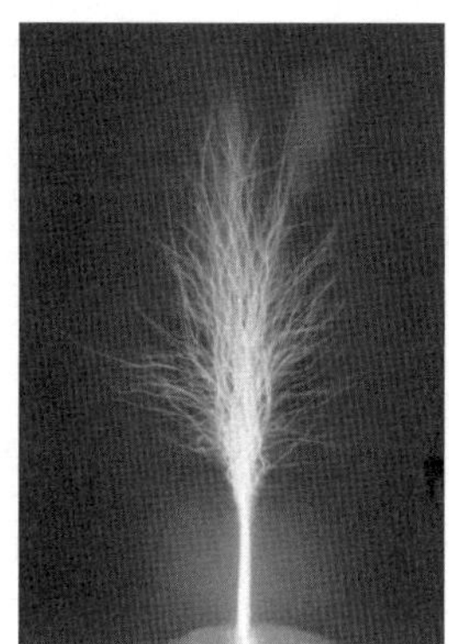

그림 12.32 플라즈마

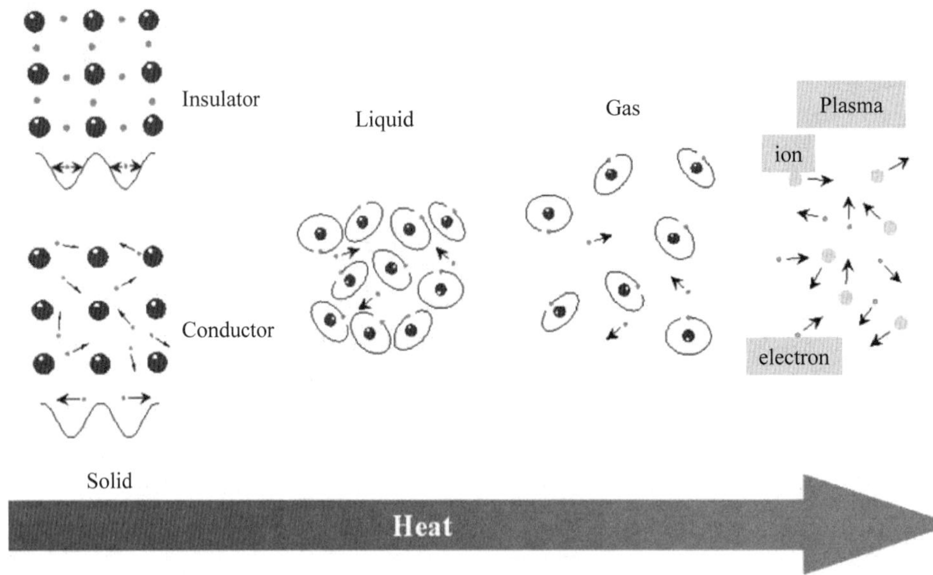

그림 12.33 플라즈마의 발생원리

우주의 99%가 플라즈마 상태로 이루어져 있다고 알려져 있습니다. 플라즈마 상태는 그 밀도와 온도를 그 주 파라미터로 사용합니다. 이 두 가지 요소에 따라 우리 주변에서도 쉽게 찾아볼 수 있는 플라즈마 상태들, 즉, 네온사인이나 형광등으로부터 시작하여 북극의 오로라, 태양, 핵융합에서의 플라즈마 상태 등 광범위하게 분류되어질 수가 있습니다. 플라즈마라는 용어가 일반인들에게는 생소하게 들릴지는 모르지만 각 가정에서 조명등으로 사용하고 있는 형광등이나, 길거리에서 흔히 볼 수 있는 네온사인, 한여름에 소나기가 쏟아지면서 자주 발생하는 번개와 같은 것들이 플라즈마 상태라고 하면 이해하기가 쉬울 것입니다. 그 중에서 공업적으로 이용이 활발한 플라즈마는 저온 글로우 방전(low temperature glow discharge) 플라즈마로서 반도체공정에서 플라즈마식각(plasma etch) 및 증착(PECVD, plasma enhanced chemical vapor deposition), 금속이나 고분자의 표면처리, 신물질의 합성 등에서 이용되고 있습니다. 특히 공정의 미세화와 저온화의 필요성 때문에 플라즈마 공정이 종래의 공정을 대체하고 있으며, 경우에 따라서는 플라즈마만이 제공할 수 있는 물질이나 환경을 이용하기 위한 응용분야가 점점 더 확대되고 있습니다.

플라즈마의 주요 응용분야는 우선 신소재합성 분야가 있습니다. 종래의 초고압, 고온에서 얻어지던 인조다이아몬드가 플라즈마를 이용한 기상 증착법(CVD)에 의해, 특히

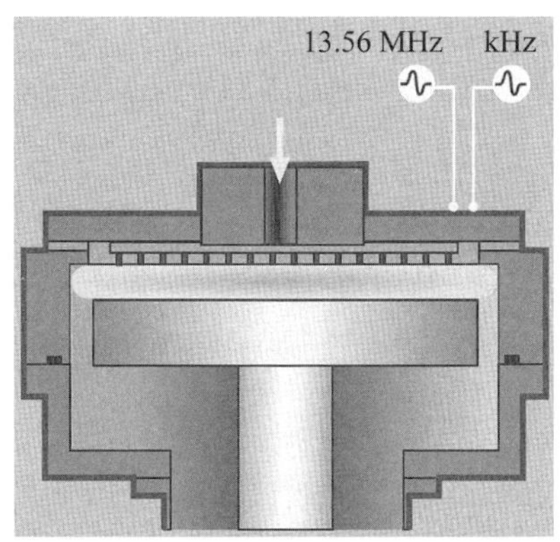

그림 12.34 PECVD와 플라즈마

박막형태로 얻어지고 있으며, 이종기판 상 단결정 다이아몬드 구조의 성장이 가능해질 경우, 극한상황에서도 동작하는 반도체소자나 청색발광 다이아몬드 등과 같은 획기적인 이용분야가 전개될 전망입니다. 고분자의 표면처리 분야에서는 플라즈마를 이용하면 고분자재료의 소수성, 친수성, 염색성, 접착성 등을 개선하여 이들에 의해 만들어지는 섬유나 재료의 기능을 향상시킬 수 있습니다. 또한, 금속표면에 TiN/C, CrN/C, AlN 등과 같은 금속박막을 코팅함으로써 표면의 내마모, 내부식 성질을 개선할 수 있습니다. 플라즈마를 이용한 증착법을 쓸 경우, 부착력이 좋고, 증착온도가 낮아질 수 있어서, 종래의 방법에서와 같이 증착 시, 기판의 고온가열이 필요하여 이에 수반되는 모재(host material)의 변형이나 변성을 줄일 수 있는 등의 장점이 있기 때문에 플라즈마를 이용한 박막 증착기술 등이 산업체에서 쓰여 지고 있습니다. 환경정화 분야에서는 전자빔이나 글로우 방전 플라즈마를 이용하여 공장의 배기가스 중, NOx와 SOx를 제거하는 건식 처리기술이 사용되고 있습니다. 차세대 HD-TV에서 요구되는 대화면(50인치 이상) 평판디스플레이 장치의 하나인 플라즈마 디스플레이 패널(PDP, plasma display panel)에 적용되고 있고, 장기적으로는 21세기에 들어 요구되는 에너지, 신 재료, 반도체소자 제조, 환경 분야 등에서 플라즈마의 이용이 점점 더 늘어날 전망으로 있습니다. 이에 따라 다양한 플라즈마의 생성 및 제어, 측정기술, 플라즈마의 물성을 측정하는 플라즈마 진단법의 개발이 이루어질 것으로 전망됩니다.

12.13 PDP의 원리

플라즈마 디스플레이 패널(PDP)은 기체방전 시에 생기는 플라즈마로부터 나오는 빛을 이용하여 문자 또는 그래픽을 표시하는 소자를 말합니다. PDP는 전면유리와 후면유리 및 그 사이의 칸막이에 의해 밀폐된 유리 사이에 Ne+Ar 또는 Ne+Xe 등의 혼합가스를 넣어 양극과 음극의 전극에 의해 전압을 인가하여 네온 플라즈마 광을 발광시켜 표시 광으로 이용하는 전자 표시장치를 일컫습니다. PDP는 기체방전 현상을 이용한 표시 소자이므로 기체방전 디스플레이(gas discharge display) 소자라고도 부릅니다.

PDP는 현재 활발히 연구되고 있는 LCD(liquid crystal display), FED(field emission display), OLED(Organic LED)와 같은 여러 분야의 평판 디스플레이 중에서도, 특히 대형화에 적합한 많은 장점들을 가지고 있습니다. PDP가 평판으로서 대형화가 가능한 이유는 구조 자체가 비교적 간단한 방법을 채택하기 때문입니다. 두께가 각각 3 mm 정도 되는 유리 기판을 2장 사용하여 각각의 기판 위에 적당한 전극과 형광체를 도포하고 약 0.1~0.2 mm 정도의 간격을 유지하여 그 사이의 공간에 기체를 봉입하여 플라즈마를 형성하기 때문에 소자구조가 간단합니다.

PDP의 주요 특징은 다음과 같습니다. PDP는 매우 강한 비선형성(non-linearity)을 가집니다. 가스방전은 전극 간에 전압이 인가되더라도 방전 개시전압 이하의 인가전압에 대해서는 방전이 일어나지 않는 강한 비선형성을 갖습니다.

PDP는 기억기능(memory function)을 갖습니다. PDP는 이전상태의 조건에 의해 다음

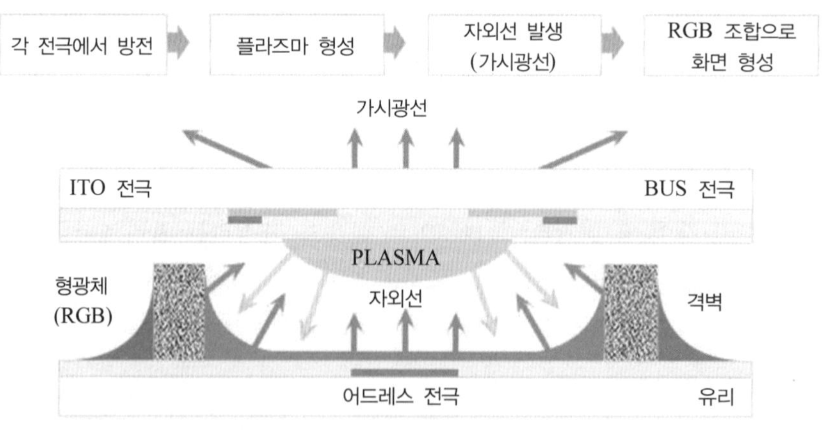

그림 12.35 PDP의 방전 및 표시원리

상태가 결정되는 기억기능이 존재합니다. 이러한 기억기능을 이용한 메모리 구동방식에 의해 구동하는 경우에는 초대형의 패널에 대해서도 휘도의 저하가 없이 고화질의 화상을 표현하는 것이 가능합니다.

또한 PDP는 장수명이 가능합니다. 유전체박막 위에 MgO와 같은 보호막을 이용하여 수명을 연장시킵니다. 현재 상품화된 제품은 최소 2만 시간 이상의 수명을 보장하고 있으며, 이론적으로는 10만 시간 이상이 가능합니다.

PDP는 고휘도 및 고발광효율을 갖습니다. PDP는 가스방전 현상의 이론상, 500 cd/m^2 이상의 고휘도와 4 lm/W 이상의 고효율이 가능합니다. 그러나 CRT의 peak 휘도가 700 cd/m^2, 효율이 수 lm/W임을 감안하면 PDP의 휘도와 효율이 더욱 개선될 필요가 있으며, 이는 효율적인 전극구조 및 구동회로 채용에 의한 플라즈마 생성 및 이로부터의 자외선 방사효율 개선, 형광체의 가시광선 변환효율 개선 등을 통해 이루어질 수 있으리라 기대됩니다.

PDP는 넓은 시야각을 갖습니다. PDP는 자기발광형(self-emissive display) 표시소자로서 시야각이 매우 넓습니다. 보통 160° 이상의 넓은 시야각을 가지며, 이는 CRT와 동일한 수준입니다.

PDP는 full color 표시가 매우 용이합니다. PDP의 컬러구현은 플라즈마 방전에서 형성되는 자외선이 형광체를 자극하여 가시광선을 발광시키는 광 발광(PL, photo-luminescence) 원리를 이용하며, CRT 수준의 색 재현이 가능합니다.

PDP는 저제조비용(low manufacturing cost)이 가능합니다. PDP의 기판유리로는 일반적으로 널리 이용되는 소다-라임 유리(soda-lime glass)를 사용하며, 전극, 유전체박막 및 격벽 등의 재료들도 보편적으로 저가로 제조할 수 있습니다. 따라서 대량생산을 위한 공정기술을 확립한다면, 저가의 생산단가로 양산될 수 있습니다. PDP는 구조가 간단하므로 전체 공정수가 TFT-LCD의 공정에 비하여 대략 40% 수준에 불과하고, 패턴의 미세도도 TFT-LCD의 약 1/4에 불과하여 만들기가 더 쉽습니다.

PDP는 내열 및 내한특성이 우수합니다. PDP는 각 화소에서 생성되는 플라즈마가 격벽이나 전극의 온도가 -100~100 °C 정도의 범위에서는 거의 영향을 받지 않는 특성을 갖고 있습니다. 따라서 PDP의 작동온도 범위(operation range 또는 dynamic range)는 구동회로에 이용되는 반도체소자에 의해 결정된다고 할 수 있습니다.

PDP는 가볍습니다. CRT를 40인치 크기로 만들 경우, TV 세트 무게가 100 kg이 넘게 됩니다. 반면 PDP는 같은 크기의 세트가 불과 30 kg 정도의 무게를 가지며, 부품의 경량화를 통해 더욱 줄일 수 있습니다.

PDP는 내진특성을 가지고 있습니다. PDP는 CRT나 VFD와는 달리 필라멘트를 사용하지 않기 때문에 진동에 강하며, CRT가 안고 있는 폭발과 같은 위험이 없기 때문에 러시아나 미국에서 일찍부터 우주선이나 잠수함 등에서 사용하기 위해 개발되어 왔습니다. 구체적으로 방전 셀의 용적이 작고 패널내부의 압력이 대기압 수준이어서 CRT와는 달리 내폭의 위험이 적습니다.

PDP는 LCD-TV와 비교하여 명실 명암 비(BRCR, bright room contrast ratio)는 떨어집니다. 이는 PDP가 외부 광의 반사가 심해서 발생하는 문제입니다. 하지만 최근에 PDP 업체마다 기존의 패널을 최대한 검정색에 가깝게 만드는 다양한 기술을 개발하여 명실 명암 비를 개선한 제품들을 출시하고 있습니다. 하지만 암실 명암 비(DRBR, dark room contrast ratio)는 PDP가 LCD에 비하여 더 우수하여 비교적 낮은 조도를 유지하는 일반 가정용 TV로 사용하기에는 더 적합합니다.

PDP는 고해상도를 갖기 때문에 HD-TV용으로 적합한 표시장치입니다. 그러나 고휘도를 유지하면서 고해상도를 갖는 PDP를 만들기 위해서는 더욱 효과적으로 고온, 고밀도 플라즈마를 만드는 기술이 필요합니다. PDP는 고전압 구동회로가 필요합니다. 현재 약 150～200 V, 70～80 kHz의 전압과 주파수를 갖는 펄스가 PDP 구동에 이용되고 있어, 구동에 고내압 IC가 필요하게 되어 구동 IC의 가격이 총 패널가격에서 점하는 비율이 매우 높습니다. 따라서 구동전압을 낮춤과 동시에 구동방법의 개선을 통해 구동 IC가

표 12.6 소다-라임 유리의 물성

Glass \ Type	soda-lime glass	
Glass Composition (wt%)	SiO_2	72.5
	R_2O_3	2
	RO	12
	R_2O	13.5
Thermal Analysis	Thermal Expansion($\times 10^{-7}$/ °C)	87
	Softening Point(°C)	735
Optical Properties	Annealing Point(°C)	554
	Strain Point(°C)	511
	Refractive Index	1.52

점하는 비용비율을 낮추는 연구가 지속되고 있습니다.

PDP는 플라즈마를 만들기 위한 목적으로 외부에서 전압을 인가하기 위해 사용되는 전극이 플라즈마에 직접 노출이 되어 전도전류(conduction current)가 전극을 통해 직접 흐르는 직류형(DC 형)과, 전극이 유전체로 덮여 있어 플라즈마에 직접 노출이 되지 않아 변위전류(displacement current)가 흐르게 되는 교류형(AC형)으로 구분을 합니다.

DC형에서는 후면기판에는 수직전극을 형성하고 전면기판의 전극은 후면기판과 같은 구조로 하면서 90° 회전한 형태의 수평전극을 형성하여 전면과 후면기판의 전극끼리 행렬형태로 교차점(dot matrix)을 이루도록 합니다. 전면기판의 수평전극을 양극으로, 후면기판의 수직전극을 음극으로 하여 두 전극 사이에 DC 전압을 인가하면 교차점에서 방전이 일어나는데, 방전은 음극에 따라서 넓어집니다. 이 때문에 음극을 방전 셀마다 격벽에 의해 구분지어 놓는 것이 필요합니다.

AC형은 DC형 구조에서 전면과 후면의 전극 위에 유전체층(dielectric layer)이 추가되는 개념입니다. 후면기판에 수직전극을 형성하고 그 위에 유전체층을 덮은 후, MgO 보호막을 증착한 구조입니다. 전면기판도 전극의 오리엔테이션만 90° 회전한 형태이고 나머지는 후면기판과 동일합니다. 상하 전극에 전압을 가하면 교차점에서 방전하며, 전극 위에 유전체층이 있으므로 변위전류에 의해 AC 펄스파형을 인가하여 표시방전을 합니다.

PDP는 He, Ne, Xe 혼합기체의 방전에 의해 생성된 VUV(vacuum ultraviolet, 진공자외선)이 격벽에 입혀진 각각의 Red, Blue, Green 형광체를 여기시켜서 가시광선을 발생하는 장치입니다. 혼합기체 플라즈마에서 발생하는 14 nm와 174 nm의 진공자외선이 형광체의 모체(host crystal)에서 흡수됩니다. 흡수된 에너지는 격자진동(lattice vibration)을 통해 활성이온(발광물질)으로 전달된 후 여기발광이 일어납니다. VUV의 흡수특성은 모체에 의존하므로 고효율의 흡수특성을 가지고, 또한 열처리 공정에 의한 효율저하에 강

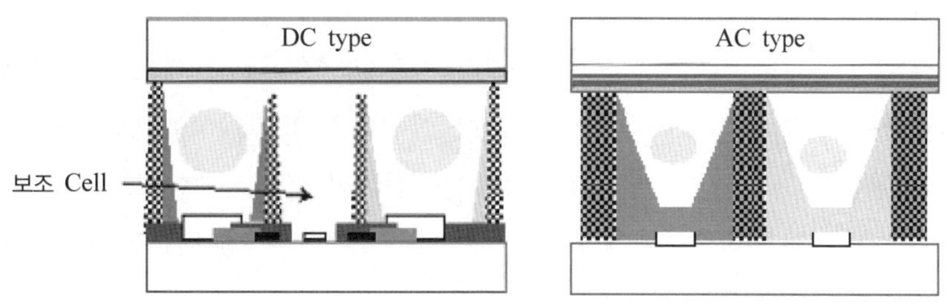

그림 12.36 PDP의 셀 구조

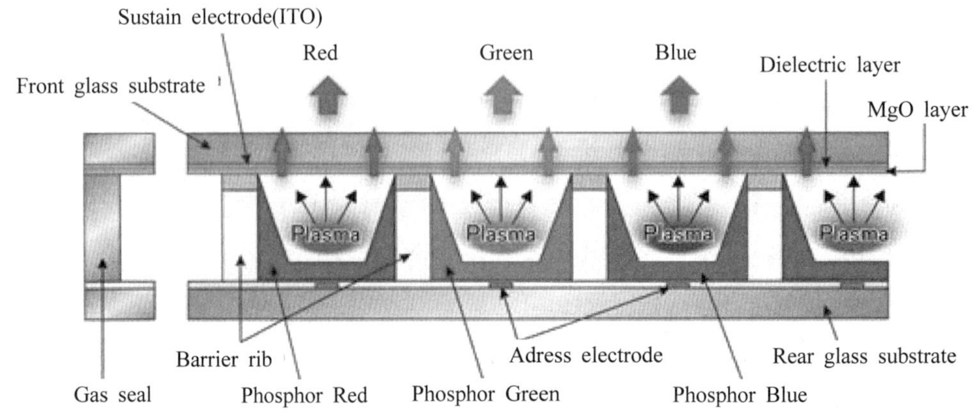

그림 12.37 AC 형 PDP의 full color 표시원리

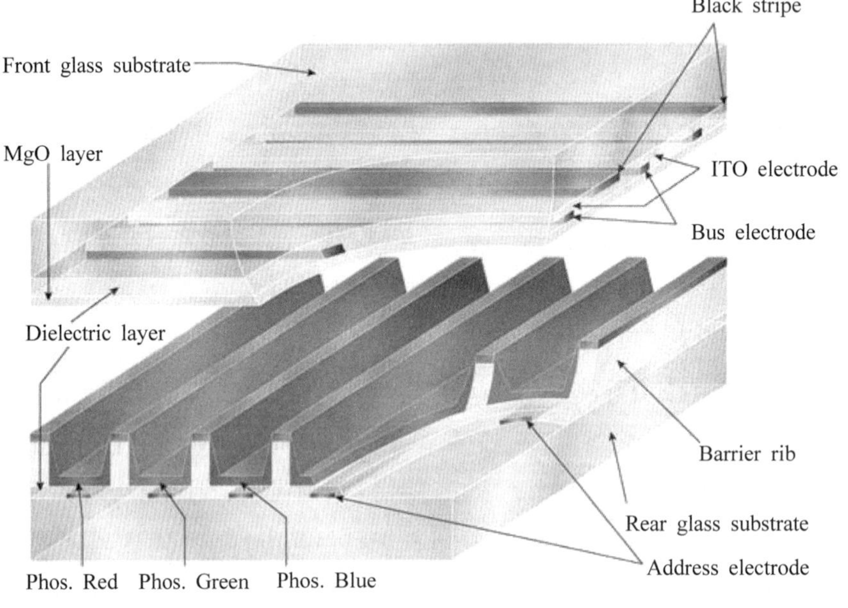

그림 12.38 AC 형 PDP의 셀 구조

한 내성을 갖는 모체를 선택하는 것이 중요합니다. 또한 VUV가 형광체 내부로 침입할 수 있는 깊이는 수백 nm에 불과하기 때문에 형광체의 표면특성이 매우 중요합니다.

PDP는 중대형 HD-TV 부문에서 LCD와 경쟁하기 위해서는 현재보다 인치당 제조단가를 대폭 낮추고 대형(50인치 이상) TV 분야를 공략하는 것이 유리해 보입니다.

12.14 OLED의 원리

OLED(organic LED)는 유기 EL(organic electro-luminescence) 소자라고도 부르며 유기물(단 분자, 저분자 또는 고분자) 박막에 양극과 음극을 통하여 형성된 여기자(勵起子, exciton)로부터의 에너지에 의해 특정한 파장의 빛이 발생하는 현상을 이용한 자체발광형 디스플레이 소자로 현재 차세대 디스플레이용으로 활발히 연구가 진행 중인 소자입니다.

OLED 소자는 기존 LCD 디스플레이의 단점인 시야각, 응답속도, 잔상(殘像) 등의 문제가 거의 없는 획기적인 소자입니다. 또한 백라이트가 필요한 LCD와는 달리 자체발광 소자이기 때문에 휴대용제품에 적용할 경우, 배터리 사용량을 획기적으로 줄일 수 있는 장점을 가지고 있으며, LCD에 비해 제조공정이 단순해 제조수율과 제조단가에서도 큰 장점을 가지고 있습니다. 또한 백라이트가 필요가 없기 때문에 매우 얇으면서도 유연성을 가진 디스플레이의 제작이 가능해져서 응용분야가 매우 넓어지게 됩니다. 시야각 문제에 있어서도 기존 LCD와 비교할 수 없는 우수성을 가지고 있는 것을 볼 수 있습니다.

OLED의 발광원리는 일반 무기재료(예를 들어, 무기물반도체) LED와 완전히 동일합니다. 즉, 외부의 전압인가에 의하여 유기물반도체(organic semiconductor) 내부의 전자(electron)나 정공(hole)과 같은 전하운송자(charge carrier)들의 재결합에 의한 발광현상을 디스플레이에 이용합니다. OLED는 사용하는 재료에 따라서 저분자형(low molecular type)과 고분자형(polymer type)으로 나누어집니다.

OLED는 투명전극과 금속전극의 사이에 전자주입층(EIL, electron injection layer)과 정공주입층(HIL, hole injection layer)을 구성하고, 수십~수백 nm의 얇은 전하수송층(charge transfer layer) 또는 전하포획층(charge trapping layer)을 도포하며, 이와 같은 전하수송층의 사이에 전자와 정공의 재결합에 의해 발광을 일으키는 발광층(EML, emission material layer)을 구성합니다. 외부로부터 양면의 전극 사이에 순방향전압(양극에 +, 음극에 -)을 인가하면, 전자와 정공이 발광층에 주입되고 발광층에서 발광성재결합을 일으키면서 감소하는 에너지의 크기에 비례(반비례)하는 진동수(파장)의 빛을 방출합니다.

OLED는 크게 고분자 EL(PLED, Polymer LED)와 저분자 EL(OLED, Organic LED)로 나누어지며, 각각 장단점이 있으나, 모니터, TV 등 대형 디스플레이용으로는 ink-jet

(a) LCD (b) OLED

그림 12.39 LCD와 OLED의 시야각 비교

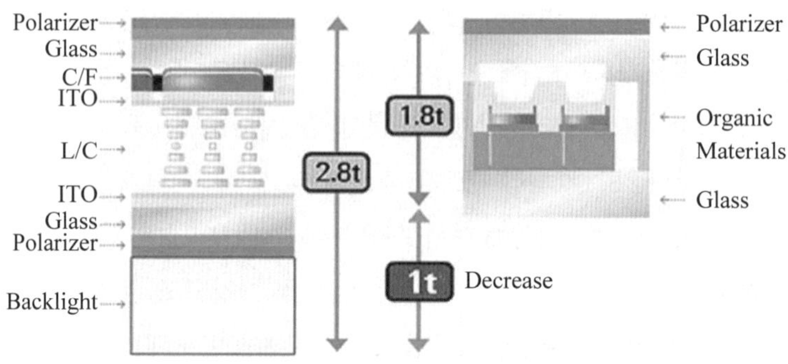

그림 12.40 LCD와 OLED의 두께 비교

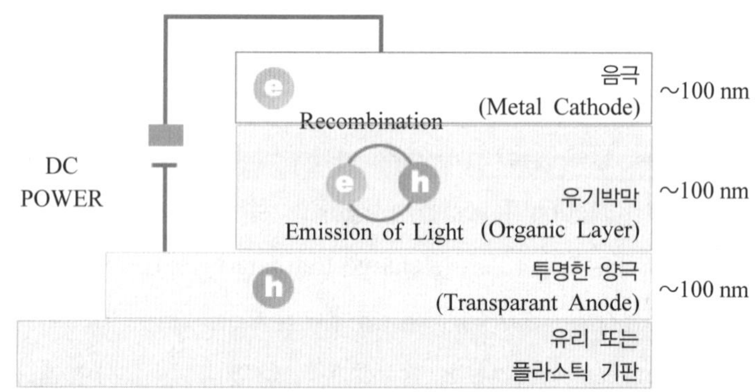

그림 12.41 OLED의 발광원리

방식을 이용하여 대형패널의 제작이 용이한 PLED가 각광을 받고 있습니다. 저분자 EL은 color patterning 공정이 완성단계에 도달하였으나 적색 유기재료의 수명개선이 필요합니다. 고분자 EL의 경우는 대형화가 용이하고 공정이 단순하며 투자비가 적게 드는

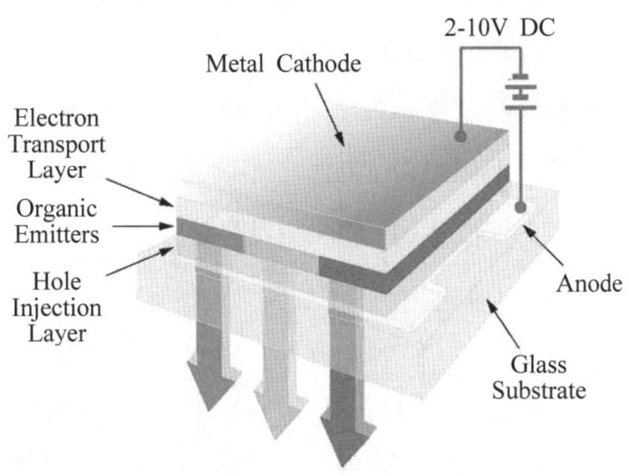

그림 12.42 full-color OLED 구조

장점이 있는 반면에 color patterning 공정이 아직 개발되지 않았고 청색 유기재료의 수명개선이 필요한 단점이 있습니다.

OLED는 유기물재료의 신뢰성 문제로 인하여 아직까지는 다른 디스플레이 제품에 비해 수명이 짧습니다. 아울러 아직까지는 대형화에 어려움이 많이 있어 수명향상과 대형화를 위해서는 시간이 어느 정도 소요될 것으로 보입니다.

최근 동영상 콘텐츠가 활성화되면서 OLED는 스마트폰 디스플레이나 MP3P 디스플레이 같은 소형 디스플레이 시장에서는 확고하게 자리를 잡고 있습니다. 현재 한국 기업인 SMD(Samsung Mobile Display)가 그 선두주자로 나서고 있으며 세계 AMOLED의 거의 대부분을 생산하고 있습니다.

OLED TV와 모니터 분야에서는 일본의 소니사가 2007년 10월 세계 최초로 11인치 OLED TV를 내놓으며 시장을 선도했지만, 이후 대화면 패널의 양산을 포기해 현재는 사실상 삼성과 LG의 경쟁구도로 좁혀진 상태입니다. 삼성과 LG가 2012년 출시를 목표로 대형 OLED TV의 개발에 나서고 있습니다.

현재 세계 OLED 시장을 주도하고 있는 삼성의 경우, 빛을 내는 유기발광 입자들을 패널에 붙이는 'RGB OLED' 방식으로 패널을 만들 계획입니다. RGB 발광입자가 직접 빛과 색상을 내는 OLED 패널입니다. 증착과정 등 일부 공정에 기술혁신이 필요하지만 기존의 방식과 큰 틀에서의 변화는 없을 것으로 보입니다.

LG는 삼성과는 다른 '백색 OLED' 방식으로 개발을 합니다. LCD 패널에 백라이트 광원을 백색 OLED로 대체해 사용하며, 색상은 LCD 컬러필터로 구현합니다. 기존 LCD

생산라인을 그대로 쓸 수 있어 투자부담이 적은 데다 상대적으로 제품개발도 쉬워 상용화를 앞당길 수 있다는 게 LG의 판단입니다.

초기 OLED TV 시장에서 삼성제품은 상대적으로 비싼 가격과 패널수명 등이 이슈가 될 것으로 보이며, LG제품은 OLED와 LCD의 하이브리드(hybrid) 기술이기 때문에 "백색 OLED 기술이 진정한 의미의 OLED 기술인가?"라는 본질논쟁에 휘말릴 가능성이 높습니다.

일반적으로 OLED의 디스플레이 구현을 위한 전극과 화소의 구성은 행렬(matrix) 구동법을 이용합니다. 행렬구동법은 LCD에서와 마찬가지로 수동행렬(PM, passive matrix) 방식과 능동행렬(AM, active matrix) 방식 구동으로 나눌 수 있습니다.

먼저 PM 구동방식은 매우 단순한 구조로 수직전극과 수평전극이 서로 교차하는 지점을 화소로 하여 발광이 일어납니다. 따라서 각 도트마다 순차적인 발광이 일어나므로 화면의 밝기와 해상도(화소밀도)에 한계가 발생하게 됩니다. PM 방식의 장점은 공정이 단순하여 투자비가 적게 소요됩니다. 하지만 로우 라인(row line)의 증가에 따른 휘도저하와 높은 소비전력이 단점입니다.

한편, AM 구동 방식은 PM 방식의 비효율적인 순차적 발광의 단점을 없애기 위하여 수평전극과 수직전극이 교차하는 화소마다 독립적인 구동을 위한 박막 트랜지스터(TFT, thin film transistor)를 형성하여 TFT로 각 화소에 전류를 흘려서 발광을 일으킵니다. 이렇게 하면 순차적 발광이 아닌, 도트 전부가 동시에 발광이 가능해집니다. AM 방식은 TFT의 추가로 휘도향상, 저소비전력, 고해상도, 대면적 등이 가능해지지만, 공정이 훨씬 복잡해지고 투자비가 상승하게 됩니다.

PM 방식은 주로 휴대전화나 PDA 등의 표시화면으로 사용되며, AM 방식은 노트 PC 모니터나 중소형 TV에의 응용이 가능합니다. 현재는 휴대전화, PDA, CNS, 비디오 카메

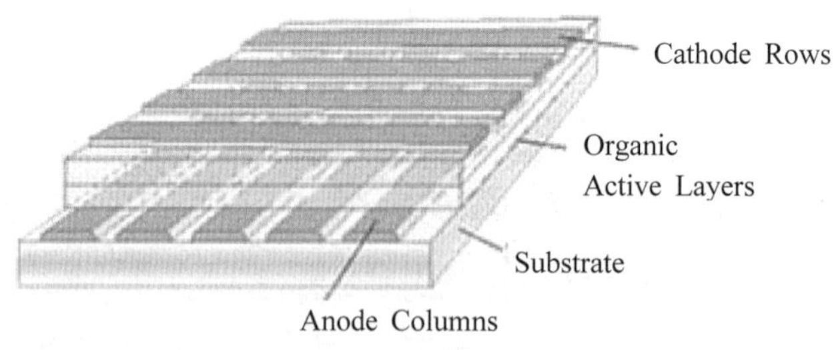

그림 12.43 PM-OLED 구조

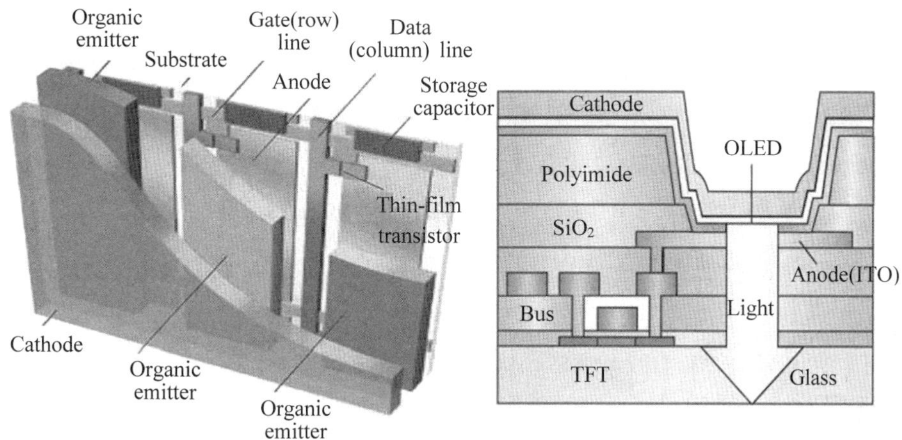

그림 12.44 AM-OLED 구조

라 등 정보통신 단말기에 응용되고 있으며, TFT-LCD와 치열한 경쟁이 이루어지고 있습니다. AM 방식 OLED는 TV용 디스플레이에서 요구되는 빠른 응답속도와 우수한 해상도를 가지며, 시야각 특성이 TFT-LCD보다 우월하기 때문에 스마트 기기뿐만 아니라 TV, 노트북 PC 등 동화상에 적합한 대형패널을 가능하게 하지만, 재료의 신뢰성과 각종 제조 기술이 아직은 성숙하지 못한 문제들이 남아 있습니다. 하지만 이러한 문제점들이 멀지 않은 장래에 해결될 것으로 전망되어 TFT-LCD와의 치열한 각축전이 예상되고 있습니다.

한편, OLED에 고분자(polymer) 발광재료를 사용할 경우에는 투명 플라스틱(plastic) 기판 위에 OLED 소자를 제작할 수 있어 전자종이(e-paper), 플렉시블 디스플레이(flexible display), 그리고 입는 컴퓨터(wearable computer) 등으로 발전할 가능성이 매우 높습니다.

그림 12.45 4″ 플렉시블 OLED 디스플레이 (LG)

또한, R, G, B 층을 하나의 소자로 구성한 백색 OLED(white OLED)를 개발하여 일반조명 및 LCD 백라이트 등에 이용하기 위한 연구도 활발히 진행되고 있습니다.

백색 OLED를 구현하는 방법에는 여러 가지 방법들이 알려져 있으며, 크게 분류하면 적층(stacked)형 백색 OLED, 단층(single layer)형 백색 OLED, 색변환(color-changing)형 백색 OLED 등으로 구분할 수 있습니다. 적층형 백색 OLED는 현재 백색 OLED 구현을 위하여 가장 일반적으로 사용하는 방법으로 적색, 녹색, 청색의 발광층을 적층하거나 또는 청색과 오렌지색 계열의 발광층을 적층하는 방법으로 백색을 구현하는 방법입니다. 적층한 발광층 사이의 발광특성을 조절하기 위하여 interlayer를 적용하는 것이 일반적입니다.

적층형 소자구조와 함께 백색 OLED 소자구조에 적용되고 있는 구조는 단층의 발광층에 두 개 이상의 발광물질을 혼합하거나 하나의 물질을 이용하여 백색을 구현하는 구조입니다. 이 방법에서는 각 컬러에 대하여 독립적인 발광층을 구성하지 않고 하나의 발광층 내에 발광물질들을 혼합하여 구성합니다. 단일층을 이용하여 백색 발광을 유도하는

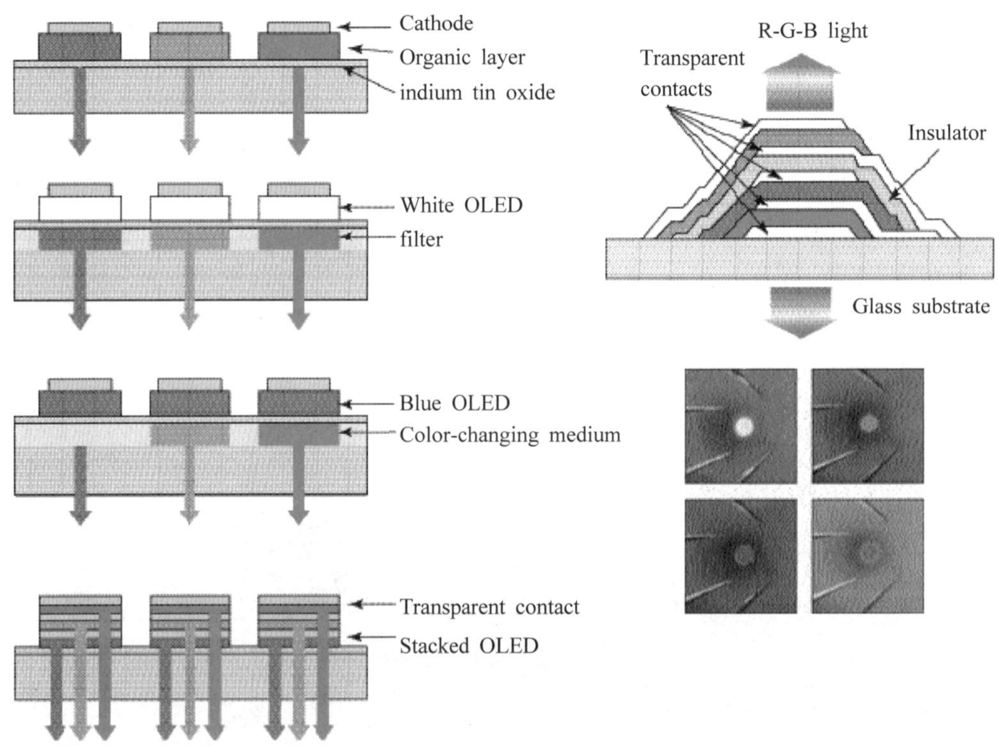

그림 12.46 여러 가지 백색 OLED 구조

또 다른 방법의 하나는 백색을 내는 단일물질을 이용하는 방법입니다. 주로 고분자계열의 발광물질이 사용되고 있으며, 적색, 녹색 및 청색을 낼 수 있는 요소들을 한 분자 내에 모두 포함하여 백색을 만드는 기술입니다.

또 다른 방법은 색 변환을 이용하는 방법입니다. 색 변환 방법은 청색을 내는 청색발광소자와 이를 색 변환할 수 있는 적색 및 녹색의 색 변환층을 이용하는 방법으로 청색 발광소자의 청색과 색 변환에 의하여 얻어지는 적색 및 녹색을 혼합하여 백색을 얻을 수 있게 됩니다.

마지막으로 주로 조명에의 응용을 위한 백색 OLED 구현방법은 적색, 녹색 및 청색을 각각 픽셀구조로 패터닝(patterning)하여 형성하고 픽셀 표면에 확산 판을 사용하여 백색 OLED를 구현하는 방법(side-by-side 법)입니다. 이 방법은 디스플레이와 같은 미세패턴은 필요 없으며, 큰 픽셀 크기에서도 백색을 구현할 수 있기 때문에 조명용 백색 OLED를 구성하는 것이 가능합니다.

12.15 플렉시블 디스플레이

플렉시블 디스플레이(flexible display)는 얇은 기판 위에 디스플레이를 구현하여, 접거나 말아도 손상되지 않는 새로운 개념의 디스플레이 장치입니다.

Flexible display는 구부리거나(bendable) 접거나(foldable) 말거나(rollable) 할 수 있는 영상표시장치로 일명 '두루마리 디스플레이'라고도 불리며 LCD, PDP, LED 등에 두루 활용될 수 있습니다. 플렉시블 디스플레이는 컴퓨터, TV, 휴대전화 등의 화면을 접거나 구부릴 수 있게 해주는 차세대 디스플레이장치입니다. 이를 제작하기 위해서는 기존의

그림 12.47 플렉시블 디스플레이

유리 기판을 투명하고 유연한 새로운 플라스틱(plastic) 기판으로 대체해야 하며, 광 투과도 및 전기전도도가 우수하고 유연한 전극재료도 개발해야 합니다.

미래의 디스플레이의 화두는 “Anytime, Anywhere, Anything in digital”이라 할 수 있습니다. 이를 실현하기 위해서는 이동성과 휴대성을 가지고 있는 플렉시블 디스플레이가 가장 목적에 접근한 디스플레이 방식이라 할 수 있을 것입니다. 휴대형 정보통신 기기에 적용되는 디스플레이장치가 더욱 더 진화하면서 얇은 두께, 경량화, flexibility가 새로운 요구사항으로 대두되고 있으며 이를 위해서는 종래의 유리 기판은 더 이상 사용할 수가 없게 되었습니다. 그 해결책은 플라스틱 기판을 사용한 플렉시블 표시소자가 될 것으로 보입니다.

차세대 디스플레이로 기대를 모으고 있는 플렉시블 디스플레이에 대한 업체들의 개발 열기가 뜨겁습니다. 현재, 플렉시블 디스플레이의 개발은 LCD 기반과 OLED 기반의 기술개발로 나누어 활발한 연구가 진행되고 있으며, 각각 신제품 출시로까지 이어지는 등 활발한 움직임을 보이고 있습니다. 이제 미래형 디스플레이로 각광받는 플렉시블 디스플레이가 매우 빠른 속도로 우리 곁에 다가오고 있습니다. 플렉시블 디스플레이는 휴대전화, 스마트폰, 노트북 PC, TV 등은 물론이고 MP3P, PDA, 전자종이(e-paper), 리모컨, 스마트카드 등 디스플레이가 채택되는 모든 IT제품에 적용이 가능합니다. 이에 따라 플렉시블 디스플레이는 디스플레이 시장규모를 폭발적으로 확대시키는 동시에 LCD 및 PDP가 주도해 온 디스플레이 시장판도 자체를 변모시키는 견인차가 될 것으로 예상됩니다.

현재 연구 중인 대표적인 플렉시블 디스플레이는 기존의 LCD에서 액정을 지지하고 있는 유리 기판을 플라스틱 필름으로 대체하여 접고 구부릴 수 있는 유연성을 부여한 것입니다. 따라서 얇고 가벼울 뿐만 아니라 충격에도 강하며, 또 휘거나 구부릴 수 있고 다양한 형태로 제작이 가능하다는 장점을 갖고 있습니다. 플렉시블 디스플레이는 성장 가능성이 충분하지만 아직 시장자체가 성숙단계에 이르지 못하고 있습니다. 초기단계에

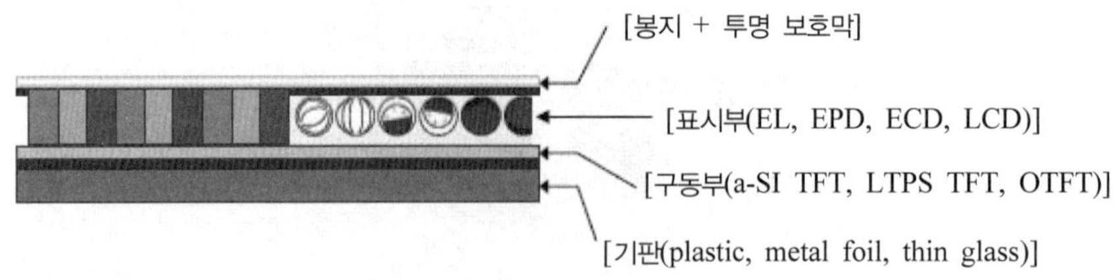

그림 12.48 플렉시블 디스플레이 관련기술

진입한 플렉시블 디스플레이는 현재 디지털시계와 스마트카드, ID 카드 등 제한적인 응용에만 적용되고 있습니다. 하지만 이는 그간 제기돼 왔던 플렉시블 디스플레이의 시장성과 기술 장벽이 상당부분 해소되기 시작했다는 방증이자 미래성장을 예고하는 청신호로 해석됩니다.

플렉시블 디스플레이는 깨지지 않고, 얇고, 가볍고, 공간을 적게 차지하고, 유연하고, 가격이 저렴하고, 디자인과 형태가 자유로운 최상의 디스플레이입니다. 플렉시블 디스플레이는 크게 기판, 구동소자 부, 발광소자 부(표시 부)의 3개의 부분으로 나눌 수 있습니다.

기판은 유연성이 최우선이며 플라스틱(plastic), 메탈 호일(metal foil), 박형 유리(thin glass) 등이 적합한 소재가 될 수 있습니다.

구동소자 부의 후보로는 비정질 실리콘 TFT, 폴리 실리콘 TFT, 유기물 TFT, 산화물 TFT, 나노 TFT 등이 적용될 수 있으며 플라스틱 기판의 내열성이 나쁘기 때문에, 박막 증착이나 소자 제조공정에서 저온의 공정과 신규공정이 필요한 점이 가장 어려운 문제점입니다.

발광소자 부는 LCD, OLED, 전기영동 디스플레이 등이 주로 연구되고 있습니다. 특히, 발광소자 부로 LCD를 사용하는 경우에는 플렉시블 백라이트(flexible back-light)를 추가로 고려해야 합니다.

12.16 FED의 원리

FED(field emission display, 전계방출 디스플레이)는 기존의 브라운관(CRT)과 거의 동일한 원리(전자총에서 나온 전자빔으로 형광물질을 조사하여 컬러영상을 구현)를 이용합니다.

CRT는 하나의 전자총이 수십만 개의 픽셀을 빠르게 스캔하는 반면에, FED는 각각의 픽셀 뒤에 수많은 마이크로 팁(micro-tip) 형태의 초소형 전자총들이 있습니다. 따라서 CRT와는 달리 평판 디스플레이의 형태로 대형화면을 구현할 수 있는 진보된 디스플레이 방식입니다.

음극선관은 자연색에 가장 가까운 빛을 방출할 뿐 아니라 제조공정이 간편하여 지난 100여 년간 대표적인 디스플레이로 사용되어 왔으나, 진공을 유지한 상태에서 몇 개의 전자총으로 화면을 표시하는 방식이 가지고 있는 근본적인 한계로 인해 소형화, 경량화,

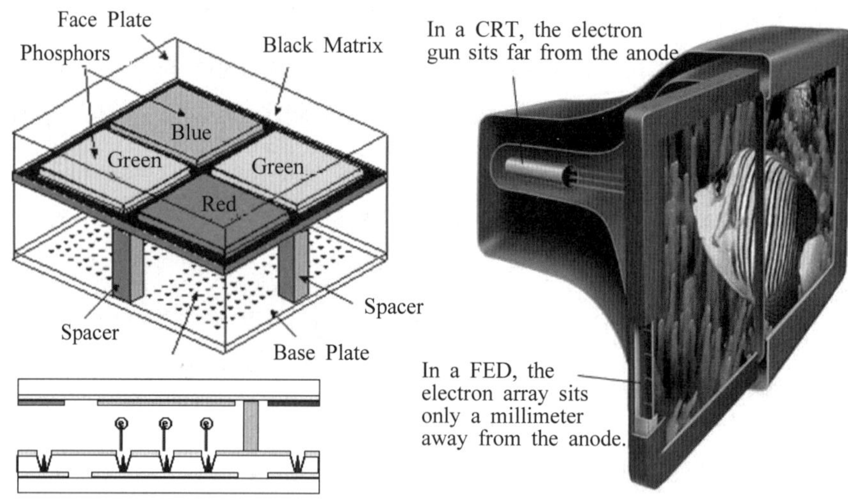

그림 12.49 FED의 구조

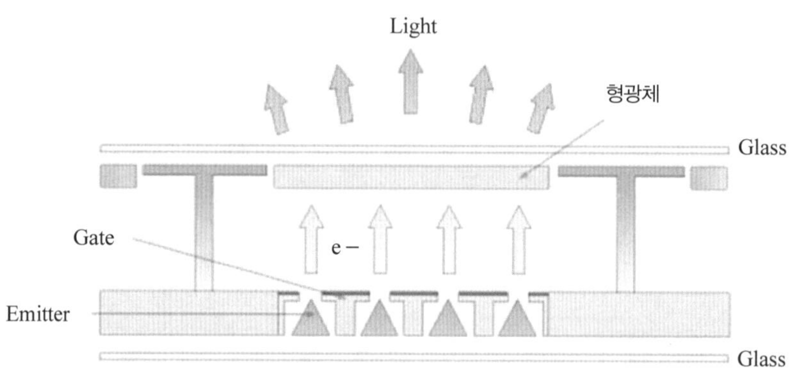

그림 12.50 FED의 발광원리

박형화 및 모바일화 등의 시대적인 요구에 부응하지 못해 점차로 경쟁력을 잃어가고 있는 상황입니다.

FED는 화면의 각 픽셀당, 수십~수백 개 이상의 전자총으로부터 방출된 전자가 형광체와 충돌하면서 영상을 만드는 방식이어서 색의 왜곡이나 번짐이 거의 없이 대형화면을 얇고 가볍게 만드는 것이 가능합니다. CRT에서는 음극의 필라멘트에 많은 전류를 흘려 열을 발생시키면서 전자를 방출하지만, FED는 양자역학적인 터널링(tunneling) 현상으로 게이트(gate)에 약한 전기장을 인가하므로 낮은 온도에서의 전자의 방출이 가능하여 소비전력이 매우 작습니다.

1961년에 미국의 Spindt에 의해 FED의 개념이 처음 제안되었으나 크게 관심을 끌지 못하다가, 1985년 이후부터 집중적인 연구가 진행되었고, 1986년 프랑스의 레티(Leti)라는 회사가 최초로 상품화에 성공하면서 주목받기 시작했습니다. 크기에 따라 부피와 무게가 엄청나게 불어나는 CRT의 단점을 해결하면서 가격, 대형화, 및 시야각의 단점이 있는 LCD의 문제를 해결할 수 있는 고성능제품으로 알려져 있습니다. 얇은두께, 저전력소비, 저공정비용, 뛰어난 온도특성, 고속 동작 등의 고른 장점을 갖추고 있어 상품화가 완성된다면 컬러 TV로부터 산업용 제품과 컴퓨터 등에 이르기까지 광범위하게 활용될 것으로 예상됩니다.

금속이나 반도체의 표면을 가로질러 일정한 방향으로 강한 전기장을 가할 경우, 표면의 에너지장벽이 두께가 매우 얇은 형태로 변하게 되는데, 이 경우 에너지장벽의 높이보다 낮은 에너지를 가진 전자도 물질의 이중성인 파동의 성질에 의해서 에너지장벽을 뚫고 금속이나 반도체의 외부로 이탈할 수 있게 됩니다. 이와 같이 열이나 빛에너지 없이도 전자가 터널링 현상에 의해 이탈하는 현상을 전계방출(field emission)이라고 합니다. 이러한 전계방출에 의한 전자방출은 에너지장벽의 높이와 두께에 의존하는데, 금속 내부의 전자가 표면 에너지장벽보다 낮은 에너지를 가진 상태에서 금속이나 반도체를 이탈한다는 점에서 다른 전자방출들과는 다릅니다. 전계방출은 수 μm^2보다 작은 면적을 가진 뾰족한 전극에서만 일어나며 넓은 면적의 전극 사이에서는 아크방전(arc discharge)이나 파괴(breakdown)가 일어나는 것으로 알려져 있습니다.

FED는 아주 작고 수많은 마이크로 팁 전자총을 사용하는데 아직은 이 전자총들의 안정성이 떨어지는 게 결정적인 한계입니다. 그런데, 이 한계를 극복한 것이 탄소나노튜브(carbon nano-tube, CNT) FED입니다. 탄소나노튜브는 6각형 모양으로 결합된 탄소들이 서로 연결돼 안이 비어있는 튜브 모양의 신소재로 전원을 연결하면 안정적으로 전자를 방출하는 특징을 갖고 있습니다. CNT를 칫솔모처럼 전극 위에 정렬시킨 뒤, 전기장을

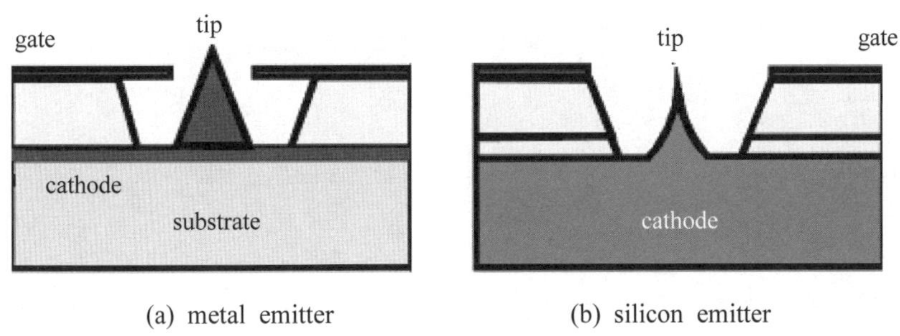

(a) metal emitter (b) silicon emitter

그림 12.51 마이크로 팁 전자총

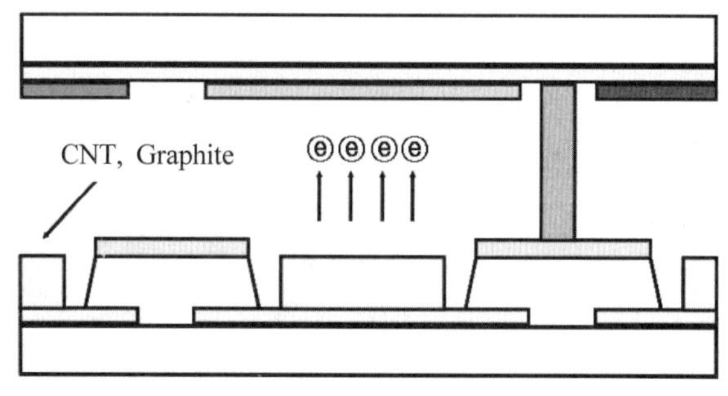

그림 12.52 CNT-FED 구조

걸어주면 정렬된 구조로부터 전자가 빠져나옵니다. 이 전자를 진공상태에서 가속시켜 형광체를 때려 주면 빛이 나오고 이 빛을 모아 영상을 재현시키는 것입니다.

1991년 NEC의 Iijima가 처음으로 발견한 탄소나노튜브는 매우 이상적인 성질을 갖는 물질로 구리보다 전류가 더 잘 통하고, 다이아몬드보다 열을 더 잘 전달하고, 화학적으로 불활성(不活性)이고, 독성이 없는 특성을 갖습니다. 또한 구조에 따라 반도체나 도체의 성질을 띠고, 속이 비어 있는 등의 특성 때문에 평판표시소자, 트랜지스터, 에너지 저장체 등에 뛰어난 소자특성을 보이고 있습니다.

전계방출은 에미터(emitter) 팁의 높이와 굵기에 따라 많은 영향을 받으며, 굵기에 대한 높이의 비가 클수록 전계방출이 유리합니다. CNT는 튜브의 굵기에 비해서 길이가 매우 긴 형태를 가지고 있어, 전계방출 동작전압이 낮고 높은 전류밀도를 얻을 수 있으며, 전계방출 특성의 안정성이 다른 재료에 비해 우수하여 전자방출원으로 큰 관심을 받고 있습니다. CNT를 전자방출원으로 하는 FED는 낮은 생산가격으로 고화질 구현이 가능하므로 매우 유용한 기술로 주목을 받고 있습니다.

연습문제

1. 다음 중 CRT에 대한 설명은?

   ① 미세한 cell에서 방전

   ② Back-light로 액정결정을 조사하여 색상재현

   ③ 전자빔으로 발광체를 조사

   ④ 자외선으로 형광물질을 조사

2. 다음 중 발광형 디스플레이에 속하지 않는 것은?

   ① FED ② LCD ③ PDP ④ OLED

3. 현재 대구경화에서 가장 앞서 있는 디스플레이는?

   ① FED ② LCD ③ PDP ④ OLED

4. 다음 중 FED가 갖는 가장 큰 단점은?

   ① 화질 ② 소비전력 ③ 효율 ④ 구동 전압

5. CRT에서 DY(deflection yoke)의 역할은?

   ① 전자빔 방출 ② 전자빔 편향

   ③ 열전자 방출 ④ 열전자 가속

7. 다음 중 Liquid Crystal의 성질을 잘못 설명한 것은?

   ① 걸어준 전압에 따라 결정체의 정렬 방향이 다르다.

   ② 결정체의 방향에 따라 빛의 투과성이 다르다.

   ③ 전압을 인가하면 빛을 투과한다.

   ④ 액체의 점성과 고체의 결정성을 동시에 갖는다.

8. Active matrix type의 LCD의 특징이 아닌 것은?

   ① TN이나 STN이 여기에 속한다.

   ② 독립적으로 화소를 제어한다.

   ③ Cross-talk이 적다.

   ④ 대구경 모니터에 적합하다.

9. LCD에는 편광판이 기본적으로 몇 개가 필요한가?

① 1 개 ② 2 개 ③ 3 개 ④ 4 개

10. LCD monitor나 TV에 주로 사용되는 광원 투사 방식은?

① transmission type ② reflection type ③ projection type

11. PDP에서 사용하는 방전가스로 적절하지 않은 것은?

① Ar ② H_2 ③ Xe ④ Ne

12. LCD가 CRT와 다른 대표적인 특징이 아닌 것은?

① 얇고 가볍다.

② 지자계의 영향을 받지 않는다.

③ 시야각이 넓다.

④ 소비전력이 적다.

13. 다음 중 플라즈마 상태에 대하여 잘못 설명한 것은?

① 물질의 제4의 상태

② 주로 기체방전에 의해 발생

③ 모든 전자가 핵에 강하게 구속됨

④ 기체 상태에 에너지를 가하면 발생

14. PDP에서 DC형과 AC형에 흐르는 전류를 맞게 짝지어 놓은 것은?

① DC형 - 변위전류, AC형 - 전도전류

② DC형 - 확산전류, AC형 - 전도전류

③ DC형 - 변위전류, AC형 - 확산전류

④ DC형 - 전도전류, AC형 - 변위전류

15. 다음 중 PDP에 대해 올바른 설명이 아닌 것은?

① 구동 전압이 작아도 된다.

② 미세한 cell에서 방전

③ 자외선으로 형광 물질을 조사

④ 삼원색 발광으로 많은 색상을 재현

16. PDP의 plasma에서 주로 발생하는 전자기파는?

① X선 ② 자외선 ③ 가시광선 ④ 적외선

17. OLED에서 주입된 전자와 정공의 재결합에 의해 일차적으로 생성되는 것은?

① electron ② exciton ③ hole ④ photon

18. 다음 중 거리가 먼 하나는?

① flexible display ② 3D display

③ 전자종이 ④ 두루마리 디스플레이

19. 다음 중 flexible display의 기판부로 적절한 소재는?

① plastic ② semiconductor

③ metal ④ glass

20. 다음 중, LCD를 만들 때 사용하는 광학 부품이 아닌 것은?

① laser ② linear polarizer

③ nematic liquid crystal ④ ITO(indium tin oxide)

찾아보기

ㄱ

가법혼색 63
가상(假想)키보드 298
가시광통신 383
가입자망 246
가전자대 353
각막 126
간상세포 59
간섭색 22
간접천이형 336
감법혼색 62
개기일식 16
겉보기 주파수 85
겉보기깊이 109
격자상수정합 357
결맞음 304
계단굴절형 235
고반사 코팅 164
고분자형 485
고정단 157
공진 39
공진기 310
광 경로 차 148
광 동력학 치료 205
광 동역학(光 動力學) 치료 393
광 민감성 약품 408
광 발광 43, 352
광 솔리톤 231
광 응고 391
광 인쇄회로기판 213
광 전신 227
광 집적회로 24
광 추출효율 367
광 픽업 192
광 헤드 192
광 활성 456
광 흡수 43
광감작 제 408
광기계적 효과 392
광배선 25, 213
광섬유내시경 105
광섬유증폭기 342
광압 72
광역통신망 248
광열 효과 391
광자 30
광자결정 24, 212
광자기디스크 268
광전류 359
광전화기 226
광컴퓨터 24
광파분리기 107
광펌핑 312
광표백 394
광학정반 160
광학코팅 162

광합성 49
광화학요법 408
광화학적 효과 393
교류형 483
구면수차 127
구부림 손실 238
구조 색 22, 23
국제통신위성기구 223
국제해사 위성 223
그래핀 209
근거리통신망 248
근시 131
글로벌 디밍 471
금환일식 17
기간망 246
기억기능 480
기울기효율 338

ㄴ

나노기타 206
나노포토닉스 212
난반사 94
난시 133
내부양자효율 367
냉음극 형광램프 68
네마틱 456
네오디뮴-야그 320
노안 132
노터치 418
눈 패턴 252
뉴턴 링 160
능동행렬 463

ㄷ

다중모드 235
다중모드분산 236
다층구조형 저장장치 292
단일모드 235
대류권 81
대역폭 186
도시권통신망 249
도시망 247
도플러효과 84
도핑 357
동종접합 336
두루마리 디스플레이 491
디밍 471
디지털 컨버터 441
디지털TV 197
디코더 196
띠스펙트럼 67

ㄹ

라니냐 145
라마마 145
라섹(LASEK) 415
라식(LASIK) 415
라이브 스캔 472
레이저 쇄석법 397
레이저 애블레이션 204
레이저 열 각막성형술 395
레이저 응고 422
레이저 320
레이저메스 396
레이저세정 204

레이저커플러 286
레일리(Rayleigh) 조건 171
레일리산란 142
렌즈 삽입 술 418
로컬 디밍 471
루비레이저 318
리소그래피 413
리오트로픽 457

ㅁ

마그네트론 55
마이켈슨 간섭계 161
마이크로 팁 493
마흐-젠더(Mach-Zehnder) 간섭계 162
말뤼(Malus)의 법칙 138
망막 128
맥놀이 149
맥락막 129
맹점 130
모스 219
모양체 127
몽즈의 현상 114
무 반사 코팅 163
무아레 간섭 153
무아레 무늬 153
무지개 10
문턱전류 338
문화지체 178
물방울레이저 403
물질파 31
물체광 332
미니디스크 268
미 산란 144
밀도반전 304

ㅂ

바이트-플라이트 7
바이-포텐샬 452
바코드리더 196
박명 시 5
반그림자 16
반도체 광증폭기 341
반도체레이저 응고법 399
반사형 홀로그램 332
반사형 462
반송파주파수 44
반영 91
반치선폭 363
반투과형 462
발광성 재결합 359
발광층 485
발광형 444
발진개시전류 338
배면투사형 462
백색 점 373
밴드 갭 에너지 333
밴드 갭 280
변위전류 483
변조 243
병치혼색 63
보강간섭 148
복굴절 112
본그림자 16
본영 91
부반송파 54
부분난반사 95

부분일식 17
부정난시 133
분산 11, 116
분산매질 117
분산보상광섬유 236
분산천이광섬유 236
분산평탄화광섬유 236
분해능 171
블루-레이 디스크 275
비등방성 454
비발광재결합 354
비월주사 468
비타민 D 15
비트오류율 250
빈스의 현상 115
빛 치료 428

「ㅅ」

사냑(Sagnac) 간섭계 162
상방굴절 114
상변화형 광디스크 268
상쇄간섭 148
상태 밀도 353
색 분산 240
색 좌표 373
색 지각 59
색소 색 22
색수차 122
색채치료 429
섀도마스크 452
서모트로픽 457
선스펙트럼 67
성층권 81
셔터글라스 474
소라렌 408
소멸광파 106
소멸방사선 426
소밀파 38
수광형 444
수동행렬 463
수정체 127
순차주사 469
스마트(smart) TV 475
스멕틱 456
스캐너 196
스패로우(Sparrow) 조건 172
스펙트럼 94
시감도 4
시분할다중화 223
시야각 460
시홍 5
식분 17
신기루 20

「ㅇ」

아날로그 TV 439
암순응 5
압력파 393
앙부일구 91
액정 454
액체레이저 324
야간 시 5
양막 라섹 418
양안시차 474
양자점 212
양전자 단층촬영법 425

언덕굴절형 236
에버네슨트 파 106
에어리디스크 170
에지형 469
에피 라식 416
엑시머(excimer) 411
엘니뇨 145
역 피라미드형 371
연색성 67
연색성지수 185
연속스펙트럼 67
열권 82
열선 46
열음극 형광램프 68
오로라 14
온실효과 145
와이드스크린 439
완전난반사 95
완충층 367
외부변조 243
외부양자효율 367
우산효과 145
우주광통신 189
원시 131
원추세포 59
월식 17
웨이브-프론트 418
위 매질 309
위상편이변조 224
유기 EL 446
유니-포텐샬 452
유도방출 304
유도흡수 304
음극선발광 353
음속폭음 39
음수온도 305
이득매질 309
이산화탄소(CO_2)레이저 323
이상광선 113
이색성 139
이중 이종접합 338
이중성 26
이휘소 76
인광 353
인트라라식 417
일식 15
임계각 100
임계전류 339
입는 컴퓨터 489

「ㅈ」

자기광학효과 281
자동차네트워크 190
자발방출 304
자외선차단지수 34
자유단 157
잔상 59
잠상 293
저분자형 485
저온 글로우 방전 478
적목현상 129
적색편이 85
적외선망원경 51
전계발광 352
전계방출 495
전계흡수변조기 244
전기광학변조기 244

전기방전 펌핑 311
전도대 353
전도전류 483
전리층 82
전면투사형 462
전반사 18
전자빔 펌핑 312
전자종이 446
전자주입층 485
전하수송층 485
전하포획층 485
점묘법 63
정공주입층 485
정난시 133
정반사 94
정상광선 113
제3의 물결 434
주간 시 5
주파수분할다중화 252
준안정준위 309
중간권 82
증산 422
지식정보사회 177
지역망 247
직류형 483
직시형 461
직접변조 243
직접천이형 336
직하형 469
진공자외선 409
진성반도체 361
질화갈륨 280

ㅊ

참조광 332
처핑 244
청색편이 85
초상자성의 한계 291
최소시간의 원리 108
최소편이변조 224
출력감시 PD 341
충격파 39
측면발광 368

ㅋ

컬러필터 463
콜레스테릭 456
크래킹 180

ㅌ

탄소나노튜브 209, 495
탄화 392
탐침형 저장장치 292
투과형 홀로그램 332
투과형 462
투사형 461
투시카메라 52
트래킹 193

ㅍ

파장가변 레이저 324
파장분할다중화 231, 252
파타 모르가나 21
퍼킨제 효과 5

펄스부호변조 223, 267
펌핑 303
페르미-디랙 분포 353
편광자 137
편향(偏向)코일 451
포커싱 193
폴라로이드(polaroid) 안경 141
표면 플라즈몬 371
표면발광 368
프라운호퍼(Fraunhofer)회절 169
프레넬(Fresnel)렌즈 122
프레넬(Fresnel)회절 169
프로토콜 217
플라즈마 477
플래시메모리 263
플래터 265
플렉스-레이 7
플렉시블 디스플레이 489
플렉시블 백라이트 493
플롭스 83
플립-칩 본딩 372
피트 266

ㅎ

하드디스크 265
하방굴절 113
한계진동수 74
한계파장 74
해상도 442
해킹 180
헤마토-포르피린 421
헬륨-네온(He-Ne) 레이저 318
형광 353
호이겐스(Huygens)의 원리 169
홀로그래피 330
홀로그램 레이저 286
홀로그램 330
홈 네트워크 190
홍반(紅斑)작용 409
홍채 128
화학선 47
확산거리 360
활성 층 361
활성매질 309
활성산소 423
황반 130
회전혼색 64
흑체 29

기타

ABL 201
AM-LCD 463
AMOLED 487
BD 275
CATV 187
CAV 194
CD-R 268
CD-ROM 268
CD-RW 268
CD-WORM 268
CL 353
CLV 194
CNT-FED 496
CT 425
DEW 200
DH 365

DLP 447
DMD 447
DSTN 465
DVD 271
dye 레이저 324
ECD 444
EDFA 231
EHP 352
EL 353
ELD 444
EML 245
EPID 444
far field optics 195
FED 444
FPR 474
FTIR 106
FTP 218
FTTC 255
FTTH 254
GBL 201
GPS 87
HD 440
HEL 200
HMD 294
HOE 286
HPM 200
HTTP 218
IPL 407
IP-TV 476
LASER 303
LCD 444
LED BLU 461
LED 444
LTK 394
LTPS 465
M 라섹 418
MEMC 472
MOST 7
MQW 365
MRI 425
near field optics 195
NEMS 209
NRZ 231
NTSC 439
OLED 446, 485
ONU 255
optical tunneling 106
pain-free 라섹 418
pain-free PRK 418
PCT 408
PDD 424
PDP 444
PET 425
pig-tailing 362
PL 352
PLED 485
PM-LCD 463
PRK 414
SBL 201
SD 440
slim CRT 449
SOA 341
SPD 444
SSD 201
STN 459
stop band 164
TBD 444
TEC 341

TFT-LCD 459
THEL 201
TOMS 410
thin CRT 449
TN 459
VFD 444
VLC 384
wurtzite 356
YAG 320
zinc-blende 356
3준위 매질 309
3D 디스플레이 446
3D-TV 473
4준위 매질 309

References

참고문헌

1. 정보화사회와 광기술, 김종렬 저, 인터비젼
2. 현대 반도체광원의 기초, 김종렬 외 저, 북스힐
3. 빛의 과학, 안승준 외 저, 홍릉과학
4. Optics, 4/e, Hecht, Addison Wesley
5. Fundamentals of physics, 7/E, Halliday, Wiley
6. Physics, 6/E, Cutnell, Wiley
7. Concepts of modern physics, 6/E, Beiser et al., McGraw-Hill
8. Conceptual physical science, 3/E, Hewitt, Addison Wesley
9. Introduction to optics, 2/E, Pedrotti et al., Prentice-Hall
10. Optics and photonics : An Introduction, Smith, Wiley
11. Modern physics for scientists and engineers, 3/e, Thornton et al., Thomson
12. The optics encyclopedia(v1~v5), Brown et al., Wiley-VCH
13. 빛의 양자이론, 이해웅 저, 민음사
14. Encyclopedia of modern optics(v1~v5), Guenther et al., Elsevier Academic Press
15. Elements of photonics(v1~v2), Iizuka, Wiley
16. Optoelectronics and photonics : Principles and Practices, Kasap, Prentice Hall
17. Optoelectronics : an introduction to materials and devices, Singh, McGraw-Hill
18. Optoelectronics : an introduction, 3/e, Wilson et al., Prentice Hall
19. Optics, light and lasers, Meschede, Wiley-VCH
20. Fundamentals of photonics, 2/e, Saleh et al., Wiley
21. Optics for technology students, Naess, Prentice Hall
22. The handbook of photonics, 2/e, Gupta, CRC Press
23. Principles of optical engineering, Yu et al., Wiley
24. Principles of modern optical systems(v1~v2), Andonovic et al., Artech House
25. Modern optical engineering, 3/e, Smith, McGraw-Hill
26. Optics (Light & Matter Series), Crowell, free ebook
27. Light and optics (Physics in our World Series), Kirkland, Facts on File
28. Light and dark, Greence, Institute of Physics Publishing
29. The Britannica guide to sound and light, Gregersen, Britannica
30. Light and sound, Karam, Chelser House Publishers

31. Let there be light, Montwill, Imperial College Press
32. Optics - illuminating the power of light, Kirkland, Facts on File
33. Optics, 2/e, Smith et al., Wiley
34. Diffraction, fourier optics and imaging, Ersoy, Wiley
35. Engineering optics, 3/e, Iizuka, Springer
36. Geometrical and trigonometric optics, Dereniak, Cambridge
37. A history of light and color measurement, Johnston, IOP
38. Introduction to optics, Chartier, Springer
39. Light and dark, Greene, IOP
40. Optics - principles and applications, Sharma, Academic Press
41. Photonic structures inspired by nature, Kolle, Springer
42. The light fantastic, Kenyon, Oxford
43. The power of light, Kryza, McGraw-Hill
44. The science of color, 2/e, Shevell, OSA
45. Waves and oscillations, 2/e, Chaudhuri, New Age International Publishers
46. 현대 광공학 개론, 조재홍 외 저, 청문각
47. Laser fundamentals, 2/e, Silfvast, Cambridge
48. Laser engineering, Kuhn, Prentice Hall
49. Principles of lasers, 5/e Svelto, Kluwer Academic
50. Photonics and lasers : An Introduction, Quimby, Wiley
51. Understanding lasers : an entry level guide, 3/e, Hecht, IEEE Press
52. The laser guidebook, 2/e, Hecht, McGraw-Hill
53. Laser electronics, 3/e, Verdeyen, Prentice Hall
54. Introduction to laser technology, 3/e, Hitz et al., IEEE Press
55. Fundamentals of light sources and lasers, Csele, Wiley
56. Encyclopedia of lasers and optical technology, Meyers, Academic Press
57. 레이저 과학(CD-ROM으로 보는), 공홍진 역, 북스힐
58. Semiconductor optoelectronic devices, Bhattacharya, Prentice Hall
59. Laser diode microsystems, Zappe, Springer
60. Semiconductor lasers, 2/e, Agrawal et al., VNR
61. Semiconductor lasers (v.I~v.II), Kapon, Academic Press
62. Diode lasers and photonic integrated circuits, Coldren et al., Wiley
63. Fundamentals of laser diode amplifiers, Ghafouri-Shiraz, Wiley
64. The principles of semiconductor laser diodes and amplifiers, Ghafouri-Shiraz, Imperial College Press
65. Optoelectronic semiconductor devices, Wood, Prentice Hall

66. Optical semiconductor devices, Fukuda, Wiley
67. 레이저의학, 김응기 저, 의학문화사
68. LASEK, PRK, and excimer laser stromal surface ablation, Azar et al., Marcel Dekker
69. Understanding cosmetic laser surgery, Langdon, University Press of Mississippi
70. Laser and IPL technology in dermatology and aesthetic medicine, Raulin, Springer
71. Laser dermatology, Goldberg, Springer
72. Lasers in opthalmology, Fankhauser, Kugler Publications
73. Step by step LASIK surgery, Vajpayee, Taylor and Francis
74. LASIK, Azar et al., Marcel Dekker
75. Understanding fiber optics, 5/e, Hecht, Prentice-Hall
76. Fiber optic communications, 5/e Palais, Prentice Hall
77. Optical fiber communications, 3/E, Keiser, McGraw-Hill
79. 데이터통신, 정진욱 외 저, 생능출판사
80. Data communications and networking, 2/e, Forouzan, McGraw-Hill
81. Wireless communications : principles and practice, Rappaport, IEEE Press
82. Principles of communications, 5/e, Ziemer et al., Wiley
83. Digital communications, 2/e, Sklar, Prentice Hall
84. Fiber optics and optoelectronics, Khare, Oxford
85. Fiber optics communications, Kolimbiris, Prentice Hall
86. Fiber optic communication devices, Grote et al., Springer
87. Laser communications in space, Lambert et al., Artech House
88. Infrared technology, Jha, Wiley
89. Understanding optical communications, Dutton, Prentice Hall
90. New photonics technologies for the information age, Sudo et al., Artech House
91. Optical networks : a practical perspective, 3/e, Ramaswami et al., Morgan
92. Digital and analog communication systems, 6/e, Couch, Prentice Hall
93. Introduction to DWDM technology, Kartalopoulos, Wiley
94. Fiber optic networks, Green, Prentice Hall
95. Fiber-optic communication systems, 4/e, Agrawal, Wiley
96. Digital communications : design for the real world, Bateman, Addison-Wesley
97. DWDM : networks, devices and technology, Kartalopoulos, Wiley
98 City of light - the story of fiber optics, Hecht, Oxford
99. Fiber optic essentials, DeCusatis, Academic Press
100. Fiber optic essentials, Thyagarajan, IEEE Press
101. Fiber optics - physics and technology, Mitschke, Springer
102. Handbook of fiber optic data communication, 3/e, DeCusatis, Academic Press

103. Introduction to fiber optics, 3/e, Crisp, Elsevier
104. Optical communications - rules of thumb, Miller et al., McGraw-Hill
105. Near field optics, Paesler et al., Wiley
106. Nanoelectronics and information technology, Waser, Wiley-CVH
107. Magnetoelectronics, Johnson, Elsevier Academic Press
108. Basics of holography, Hariharan, Cambridge
109. DVD demystified, 2/e, Taylor, McGraw-Hill
110. DVD players and drives, Ibrahim, Newnes
111. High density data storage, Song et al., World Scientific
112. 디스플레이 공학, 이준신 외 저, 홍릉과학
113. 플라즈마 디스플레이 공학, 강정원 외 저, 인터비젼
114. 디스플레이 공학, 박대희 외 역, 인터비젼
115. 정보디스플레이공학, 강정원 외 저, 청문각
116. 정보 디스플레이 개론, 장진 저, 청문각
117. 디스플레이공학 개론, 강대승 외 저, 텍스트북스
118. 디스플레이 공학 I(LCD), 2/e, 김상수 외 저, 청범출판사
119. 디스플레이공학 개론, 이신두 외 저, 청범출판사
120. 기초 디스플레이 공학, 김현후 외 저, 내하출판사
121. 정보 디스플레이 입문, 박병주 저, 들샘
122. Introduction to flat panel displays, Lee et al., Wiley
123. Mobile displays, Bhowmik et al., Wiley
124. Introduction to micro-displays, Armitage et al., Wiley
125. LCD back-lights, Kobayashi et al., Wiley
126. Liquid crystal display drivers, Cristaldi et al., Springer
127. Fundamentals of liquid crystal devices, Yang et al., Wiley
128. Device architecture and materials for OLEDs, Schols, Springer
129. Flexible flat panel displays, Crawford, Wiley
130. Projection displays, 2/e, Brennesholtz et al., Wiley
131. Optics of liquid crystal displays, 2/e, Yeh et al., Wiley
132. Organic light-emitting diodes, Kalinowski, Marcel Dekker
133. Organic light-emitting materials and devices, Li et al., CRC
134. Thin-film transistors, Kagan et al., Marcel Dekker
135. Handbook of luminescence, display materials and devices(v1~v3), Nalwa et al., ASP
136. Photonic Devices, Liu, Cambridge
137. Introduction to solid-state lighting, Zukauskas, Wiley
138. Light-emitting diodes, 2/e, Schubert, Cambridge

139. Handbook of nitride semiconductors and devices(v1~v3), Morkoc, Wiley
140. III-Nitride devices and nanoengineering, Feng, Imperial College Press
141. Nitride semiconductor devices - principles and simulation, Piprek, Wiley
142. Introduction to LED technology and applications, Held, CRC Press
143. Advanced lighting controls, DiLouie, CRC Press
144. Introduction to nitride semiconductor blue lasers and LEDs, Nakamura et al., CRC Press
145. Nitride semiconductors - handbook on materials and devices, Ruterana, Wiley VCH
146. LEDs for lighting applications, Mottier, Wiley
147. Automotive lighting and human vision, Wordenweber et al.,, Springer
148. Heteroepitaxy of semiconductors - theory, growth, and characterization, Ayers, CRC Press
149. III-Nitride semiconductor materials, Feng, Imperial College Press
150. Lighting control - technology and applications, Simpson, Focal Press

빛과 광기술

2011년 12월 15일 1판 1쇄 인쇄
2011년 12월 20일 1판 1쇄 발행

저 자 ◎ 김 종 렬

발행자 ◎ 조 승 식

발행처 ◎ (주) 도서출판 북스힐
서울시 강북구 수유2동 240-225

등 록 ◎ 제 22-457 호

(02) 994-0071(代)

(02) 994-0073

bookswin@unitel.co.kr
www.bookshill.com

값 27,000 원

잘못된 책은 교환해 드립니다.

ISBN 978-89-5526-806-5